突发性地质灾害防治研究

刘传正　著

科学出版社

北京

内 容 简 介

本书阐述了地质灾害防治术语、防灾文化、认识论、方法论及公共管理要求,采用重合度概念研究了中国地质灾害成因规律,概述了地质灾害防治法规建设、技术标准化、防治规划编制、减灾文化培育和地质灾害区域递进评价学术思想及滑坡风险识别方法等,划分了中国崩塌滑坡泥石流灾害成因类型,探讨了高速远程滑坡-碎屑流确定标准,研究了滑坡失稳突变、阶跃演进和缓变趋稳的物理本质及其预测预报,提出了地质灾害防治工程论证与工程设计理念,概述了地质灾害应急体系建设、应急预案编制、应急演练编导和应急处置决策科学技术支持的基本要求,探讨了地质环境安全与生态文明建设的关系等。

本书可供从事地质灾害防治风险评估、监测预警、勘查设计、施工监理和应急处置的科学技术人员使用,也可供政府管理官员和高校师生等参考。

审图号:GS(2020)7124 号

图书在版编目(CIP)数据

突发性地质灾害防治研究/刘传正著. —北京:科学出版社,2021.5
ISBN 978-7-03-068648-0

Ⅰ.①突⋯ Ⅱ.①刘⋯ Ⅲ.①地质灾害-灾害防治-中国 Ⅳ.①P694

中国版本图书馆 CIP 数据核字(2021)第 071763 号

责任编辑:韦 沁 韩 鹏/责任校对:王 瑞
责任印制:肖 兴/封面设计:北京图阅盛世

科 学 出 版 社 出版
北京东黄城根北街 16 号
邮政编码:100717
http://www.sciencep.com

北京九州迅驰传媒文化有限公司印刷
科学出版社发行 各地新华书店经销

*

2021 年 5 月第 一 版 开本:787×1092 1/16
2025 年 2 月第二次印刷 印张:31 1/2
字数:747 000

定价:428.00 元
(如有印装质量问题,我社负责调换)

作 者 简 介

刘传正，男，1961年9月生，1992年6月在中国地质科学院获得理学博士学位，1997年1月晋升教授级高级工程师，2009年7月晋升二级高级工程师。现任应急管理部国家自然灾害防治研究院二级研究员，首席科学家。曾任原国土资源部地质灾害应急技术指导中心副主任，自然资源部地质灾害技术指导中心副主任。

负责完成的主要创新性工作：初步建立环境工程地质学理论体系；提出重大工程选址区域地壳稳定性评价"安全岛"多级逼近与优选理论；负责设计长江三峡链子崖危岩体主体防治工程并提出了三维开裂变形破坏机制、视滑力数学模型和防治工程目标函数方法；创建地质灾害区域"发育度""潜势度""危险度""风险度"和"危害度"等递进分析理论，并在长江三峡库区、雅安监测预警试验区和汶川地震区等地进行应用；负责研发了基于临界降雨量和多因素计算的两代国家级地质灾害区域预警系统，预警产品在中央电视台（CCTV-1）等平台发布；提出了长江三峡巴东复杂斜坡系统"重力成因论"及古川江、古峡江东西贯通形成统一的长江是川江、三峡江段诸多大型滑坡形成主因的科学认识；提出了地质灾害防治认识论、方法论及防灾减灾文化理念；提出了区域降雨正距平与地质灾害易发区的重合度模型并应用研究中国主汛期地质灾害成因规律；划分了中国崩塌滑坡泥石流灾害成因类型；探讨了高速远程滑坡–碎屑流问题；提出了崩塌滑坡灾害风险识别方法和失稳突变、阶跃演进与缓变趋稳的预测预警理论模式；提出了地质灾害防治工程论证设计原则及方法和重大地质灾害应急响应决策支持的科学技术要求；探讨了地质灾害防治、地质环境安全与生态文明建设的关系等。

在技术上负责了全国地质灾害防治"十一五""十二五"规划及汶川地震区地质灾害防治专项规划和国家突发地质灾害应急预案编制。多次参与或主持我国重大地质灾害应急处置决策科学技术支撑工作，如1985年长江三峡新滩滑坡、1994年乌江鸡冠岭山崩、1997年四川兴文县久庆村滑坡、1998年长江洪水九江段溃决、2000年陕西紫阳县群发泥石流、2004年贵州纳雍中岭镇崩塌、2005年四川丹巴县城滑坡、2007年南昆铁路八渡滑坡、2008年汶川地震区崩塌滑坡、2009年四川康定县响水沟泥石流、2010年贵州关岭大寨滑坡、2010年甘肃舟曲县城特大山洪泥石流、2012年四川宁南县矮子沟泥石流、2013年辽宁抚顺西露天矿南帮滑坡、2013年西藏墨竹工卡县普朗沟滑坡、2015年陕西山阳县烟家沟滑坡、2015年浙江丽水里东村滑坡、2018年雅鲁藏布江色东普滑坡堵江堰塞湖、2019年云南绥江县城滑坡和2020年清江沙子坝滑坡堰塞湖等。

以第一作者在国内外公开发表论文150余篇，出版专著7种，合著多种。独著或第一作者专著包括《突发性地质灾害防治研究》（科学出版社，2021）、《汶川地震区地质灾害成生规律研究》（地质出版社，2017）、《重大地质灾害防治理论与实践》（科学出版社，

2009)、《中国地质灾害区域预警方法与应用》（地质出版社，2009）、《长江三峡库区地质灾害成因与评价研究》（地质出版社，2007）、《地质灾害勘查指南》（地质出版社，2000出版，2008年第3次印刷）和《环境工程地质学导论》（地质出版社，1995）。主编《地球科学大辞典》（第三版）自然灾害学科部分（地质出版社，2021）。主要学术兼职有，国家减灾委员会专家委员会委员、全国防灾救灾标准化委员会委员、中国灾害防御协会常务理事、中国地质灾害防治工程行业协会常务理事、北京市应急委员会专家，《中国地质》《水文地质工程地质》《中国地质灾害与防治学报》副主编，《岩土力学》《地质论评》《工程地质学报》《灾害学》编委等。吉林大学兼职教授。原国土资源部首批科技领军人才，自然资源部高层次科技创新人才。曾获全国地质灾害防治科技进步特别贡献奖等。

序

滑坡泥石流等地质灾害是社会发展过程中伴随、遭遇或引发的灾害性地表物质强烈运动过程，不但与人居环境和生存发展息息相关，也是工程建设常常要面对的重大地质问题。从学科发展角度看，地质灾害防治科学尚是一门比较新的学科，需要新概念、新理论和新技术不断丰富它的科学内涵，强化防灾减灾科技支撑。

在地质灾害防治方面，我国大量学者、工程师、城乡社区群众和各级政府管理者做出了持续的努力，取得了卓越的成就。刘传正博士就是具有代表性的一位。他先后毕业于原长春地质学院和中国地质科学院工程地质专业，具有扎实的应用地质学、土力学和岩体力学专业功底，极为丰富的野外实践经验，高度的责任心和使命感。多年来，他多次亲临野外现场实地观测研究，实施了大量的灾害应急处置工作，出色地完成了地质灾害调查评价、监测预警、防治工程、应急处置、政府减灾决策支持和学术咨询等任务。

该著作是刘传正博士三十余年学术研究的结晶，反映了他深厚的学术积累和丰富的减灾经验。著作阐述了地质灾害防治术语、防灾文化、认识论、方法论及公共管理要求，提出了区域降雨正距平与地质灾害易发区的重合度概念，研究了中国汛期地质灾害成因规律，提出了地质灾害区域递进评价学术思想和滑坡灾害风险识别方法，划分了中国崩塌滑坡泥石流灾害成因类型，研究了滑坡失稳突变、阶跃演进和缓变趋稳的物理本质并探讨了高速远程滑坡–碎屑流问题，提出了滑坡监测预警、防治工程论证原则与工程设计方法，阐述了地质灾害防治法规建设、技术标准化、防治规划编制、减灾文化培育，以及地质灾害应急体系建设、应急预案编制、应急演练编导和应急响应决策支持的基本要求，探讨了地质环境安全与生态文明建设的关系等。作者独到的理论见解和创新思维、丰富典型的减灾应用案例对于深化地质灾害科学认识、提升防灾减灾科技支撑能力和培育高端人才等具有重要的科学价值。

中国的地质环境复杂，地质灾害类型多样，季风气候、强烈地震和人类工程活动对地质灾害的诱发作用普遍而强烈，防灾减灾救灾是我国长期的战略需求。该书是刘传正博士立足于他自己开展的大量理论探索和实际减灾案例的研究成果，既有明显的理论深度，又有很强的实用价值，丰富了地质灾害学科的科学内涵。我相信，这部著作必定会成为我国地质灾害防治科学发展历程中的一块重要基石，成为科技服务国家防灾减灾事业的代表作。

我和刘传正博士相交二十多年来，深感他是一位正直坦诚、学识渊博、名利淡泊、视野开阔、思维活跃、富有激情、善于借鉴和探索创新的学者，这部著作就是他优秀品格的反映。相信地质灾害防治领域的同行们和未来即将从事地质灾害防治工作的青年读者，能从这部专著中获得系统丰富且见解独到具有新意的滑坡灾害防治知识，体会到作者注重实践、开拓创新、求真务实的科学精神，感受到防灾减灾科技工作者高度的社会责任感和浓郁的家国情怀。

中国科学院院士

2021 年 4 月

前　言

"游于艺""行不由径"。本书是源自作者发自内心的创作冲动，是游走于理论思维与实践应用的足迹，是作者学习、实践、思考、探索、应用与减灾服务的心得，是基于现场调查或"原型观测"提炼的理论认识和解决问题的经验，也是作者历史责任感和工作使命感的体现。多年来，作者坚持任务决定方向，对象决定方法，观察和试验建立理论，在解决实际问题中提出学术思想，探求技术方法，研发工作平台，深化理论认识或创新性地解决问题，集成整合出"实用""好用"的产品。秉持评判性思维，科学哲学逻辑推理，严谨陈述表达，谋求所遇所见深者不觉其深，浅者不觉其浅，使复杂问题简单化，简单问题求索其丰富内在的理念，是作者的追求。

地质灾害防治是一个复杂性问题，但并不等于排斥或拒绝简单性和还原论的基本原则。在宏观尺度上，解决复杂性问题的整体论和系统论主要来源于简单性和还原论的集成，来源于原型系统的抽象与概化，逐步走向系统仿真，从而追求地质体的整体特性与变形破坏行为内在规律的统一。本书追求支撑防灾减灾决策的"满意解"、综合"最优解"或"有用解"，而不拘泥于科学意义上的"精确解"。科学认识正确是基础，解决问题需要哲学思维。作者力图写出本人的"代表作"，认识问题追索科学本质，解决问题尽可能采用简明方法，努力提高识别地质灾害风险和应急处置决策支持的工作效率。

作者深深体会到，著述是一种深层次的学习，因为本书涉及数学、力学、地质学、工程学、灾害学、管理学、社会学、哲学、法学、心理学、文化学和生态学等知识体系。本书共 8 章，内容涉及地质灾害防治哲学文化、区域规律、风险预防、分析研判、监测预警、防治工程、应急处置和地质安全与生态文明建设等。第 1 章立足风险社会理念，从人类社会需求演进和人格结构发展出发，讨论了地质灾害术语、地质灾害研究认识论、地质灾害防治方法论、防灾减灾文化、地质灾害防治管理与应急管理。第 2 章概述了中国地质灾害特征，分析了崩塌、滑坡、泥石流和地面塌陷等突发性地质灾害的成因规律，提出了区域降雨量正距平与地质灾害易发区重合度模型及应用，总结了中国地质灾害防治成效及存在问题，提出了防治对策。第 3 章从地质灾害风险预防视角，讨论了防灾减灾法规建设、技术标准化、防治规划编制、防灾文化培育、地质灾害区域"五度"（发育度、潜势度、危险度、风险度、危害度）递进分析评价学术思想和地质灾害风险识别方法等，以深圳工程弃土场滑坡、舟曲县城山洪泥石流灾害防治、贵州福泉滑坡和意大利瓦伊昂滑坡激发山洪泥石流等为例深化认识。第 4 章介绍了地质灾害信息获取方法和地质灾害成生分析，划分了中国崩塌滑坡泥石流灾害成因类型，研究了高速远程滑坡确定标准等，以长江三峡链子崖危岩体、重庆鸡尾山危岩体崩塌、贵州大寨崩滑碎屑流和四川文家沟泥石流等为例研究了地质灾害分析研判问题。第 5 章概述了地质灾害监测预警基本问题和以区域临界降雨量、过程有效降雨量和降雨强度为判据的地质灾害区域预警方法，提出并讨论了失稳突变、阶跃演进和缓变趋稳三种滑坡累积变形曲线类型及其物理本质，介绍了滑坡预测预警理论方法，以新滩滑坡、抚顺西露天矿南帮滑坡和盐池河磷矿山崩为例进行了监测预警与防灾减灾应用研究。第 6 章介绍了地质灾害防治的地质观与工程观，提出了地质灾害防治工程方案论证原则与工程设计方法，以长江三峡链子崖危岩体防治工程和某些滑坡治理工程失败的教训进行了举例说明。第 7 章概述了地质灾害应急体系建设、应急预案编制、应急演练编导、应急处置决策科学技术支持的基本要求，介绍了滑坡涌浪计算方法，讨论了滑坡堰塞坝类型及应急处置与尾矿坝渗流稳定问题，以四川丹巴县城滑坡险情应急处置和雅鲁藏布江色东普沟崩滑-碎屑流堵江灾害应对为例进行了具体分析。第 8 章论述了地质环境安全与生态文明的关系、城镇建设与地质环境科学开发利用及灾后重建基本问题，介绍了西方生态马克思主义者的认知，提出了生态文明建设的层次论、阶段论和平衡论等认识。

本着"广积累、重实践、深思索、大集成"和实景应激、发散思维与聚焦突破相结合的原则，作者采用观察、监测、试验、分析、建模、计算、评价、模拟、预测、论证和应用检验等方法寻求解决问题，力求创新而不止于移花接木，引进而不孜孜于搬弄新术语，切身感受到研有所成是自己多年自甘寂寞的艰苦劳作。为了求得真知，较之于"好的开始是成功的一半"，著者对"事到功成半九十"有着更深刻的体会。因为，著述过程更多的是艰辛、乏力、寂寞和无助，也更多地体会到著书立说是一个考验耐力的再完善、再思考、再创新的过程，要做到"定目标、恒执着""思于斯，事于斯，乐于斯"着实不易，有时确实需要"宁肯枝头抱香死，不随落叶舞西风"的风骨。自然，本书完成之时，著者既享受了"行到水穷处，坐看云起时"的悠闲，也有"仁者乐山，智者乐水，仁智者乐居山水"的感悟。既然确定以防灾减灾为己任，就要努力锻造自己的心灵，使之强大到足以愿意为他人服务，个人的价值感在追求地质环境安全的奋斗中得以实现就是最大的幸福！

这部著作奉献给地质灾害防治界的朋友们，愿与大家继续携手开拓，为合理利用地质环境和减轻地质灾害风险献策出力。多年工作过程中，得到政府部门、学界朋友、各地同行的大力支持、鼓励帮助，在此深表谢忱！本书付梓之际，深切缅怀原地质矿产部副部长张宏仁先生、原国土资源部副总工程师李烈荣先生！特别感谢自然资源部凌月明副部长、于海峰司长、熊自立副司长、薛佩瑄副司长和国家减灾委员会郑国光秘书长、应急管理部胡杰副司长、沈伟志处长及学界朋友崔鹏、何满潮、胡瑞林、胡卸文、刘希林、孟兴民、年廷凯、乔建平、秦四清、尚岳全、唐辉明、王清、王连俊、王尚庆、文宝萍、伍法权、谢谟文、徐锡伟、许强、阎长虹、殷坤龙、殷跃平、张茂省等的交流讨论，特别感谢浙江省自然资源厅地质勘察处孙乐玲处长、辽宁省地质环境监测总站于振学站长、国家气候中心艾婉秀研究员、三峡库区地质灾害监测预警中心徐开祥总工、付小林主任和韩子夜、李亚民、温铭生、吕杰堂、陈红旗、肖锐铧、陈春利、祁小博、李凤燕和张明霞等同事给予的具体帮助，谨致谢忱！

　　最后，衷心感谢中国科学院院士崔鹏研究员主持本专著的评审并欣然作序，感谢国家自然灾害防治研究院徐锡伟研究员、中国地质大学（北京）文宝萍教授、北京交通大学王连俊教授、中国铁道科学院张玉芳研究员、中国地震局地震预测研究所张永仙研究员和国家气象中心谌芸研究员等对本书的审评并提出宝贵的建议。

刘传正

2020 年 10 月

目　　录

第1章 绪 论

古代的先哲们在总结历史经验的基础上，提出了许多精辟的防灾减灾思想。殷商时期的甲骨文中就有"灾"字，意为"水""火"之合的现象，泛指天灾，即今天的自然灾害。《诗经》里有"未雨绸缪"的告诫。《左传》里有"居安思危，思则有备，有备无患"的警句。《孙子兵法》讲："百战百胜，非善之善者也，不战而屈人之兵，善之善者也"，就是强调做到平时重预防，事发少损失，坚持和贯彻好这个方针是十分重要的。《周易》中"安而不忘危，存而不忘亡，治而不忘乱"，反映了立足风险、平安生存、防先于治的底线思维。《盐铁论》提出"明者因时而变，知者随事而制"也蕴含了应时达变的唯物辩证指导思想。

在国际上，地质灾害防治研究可能肇始于20世纪60年代的意大利瓦依昂（Vajont）水库滑坡。在中国，如从1989年成立中国地质灾害研究会算起，30年来中国地质灾害防治已取得了突出的进步，地质灾害防治理念不但深入到政府管理、科学研究与工程技术界，也逐渐为公众社会所认可，初步形成了由地质灾害调查区划、勘查评价、监测预警、搬迁避让、工程治理、应急响应、科学技术支撑、工程监理和公共管理等组成的防灾减灾行业体系。

"地质灾害"一词一经被提出，先行者就考虑了地质灾害防治的地质技术因素、相关立法和社会保险方面的需求（Arnould，1976）。今天，地质灾害不但是科学界研究的课题，也是公共管理和社会建设共同关注的涉及人类生存与发展的重大问题。国际上，地质灾害（危险）（geological hazards）一词既包括地球内部动力活动引起的，也包括地球表面因气象、水文或人类活动等外动力作用引起的地球表层活动现象，如活断层、地震、火山、崩塌、滑坡、泥石流、地面塌陷、地裂缝、地面沉降、砂土液化、水土流失、海水入侵、沙漠化、盐碱化、软土淤泥和膨胀土等。在公共管理层面，中国的地质灾害主要指外动力作用引起的崩塌、滑坡、泥石流、地面塌陷、地裂缝和地面沉降等六种。

本书采用地质灾害"风险"而弃用"隐患"一词，因为俗称的"隐患"主要指静态的缺陷，如生产过程或社会活动存在的问题、缺陷、故障、苗头、违规等不安全因素，尤其是作业场所、设备及设施的不安全状态等，而"风险"则是致灾体、引发因素和承灾体三者的动态变化函数，既具有时空上的随机性，又具有相对的确定性。

1.1 风 险 社 会

1.1.1 人类社会需求的演进

人类社会起源于自然界，又超脱于自然界，人类活动既对自然界产生巨大的反作用，又强烈地受到自然界的制约。人类的历史既是自然界演化的组成部分，又是干扰自然进程的主要灵生作用。

马斯洛（Maslow，1954）提出了人类需要层次论（Hierarchy of Human Needs Theory），将人类需求从低到高按层次分为生理需要（physiological needs）、安全需要（safety needs）、社交需要（social needs）、尊重需要（esteem needs）和自我实现需要（self-actualizations），乃至更高层次的自我实现或自我超越需要（self-transcendence needs）。马斯洛认为，人类价值体系存在两类不同的需要，一是沿生物谱系上升方向逐渐变弱的低级需要或生理需要；二是随生物进化逐渐显现的高级需要或意识潜能需求。

人的需要是逐级增高的，较低级需要满足后，就会出现较高级的需要。马斯洛认为，人类需要层次是从低级向高级发展的，人类心态改变—态度改变—习惯改变—性格改变—人生改变是逐次递进的一个链条。在社会发展的低级阶段，生理需要如食物、水、空气、性欲、健康等通常是人类最强烈的需求，只想让自己活下去，而安全、爱和尊重等其他需要则显得不那么重要。只有当人从生理需要的控制下解放出来时，才可能出现更高级的、社会化程度更高的需要，如安全的需要。

生理需要满足之后，人类会自发地走向自觉地寻求人身安全、生活稳定，以及免遭痛苦、威胁或疾病等，甚至把科学和人生观都看成是满足安全需要的一部分。社会管理强调规章制度、职业保障、福利待遇，并保护员工不致失业，提供医疗保险、失业保险和退休福利等。在自我实现的需要层面，高级需要包括实现个人理想、抱负，发挥个人的能力到最大程度，达到自我境界的实现，接受自己也接受他人，解决问题能力增强，自觉性提高，善于独立处事，要求不受打扰地独处，完成与自己的能力相称的一切事情的需要。

人的需要不断递进反映了社会发展的进步，也是公民社会行为演进的表现。地质灾害防治与应急响应的提出就是适应中国社会经济发展水平的需要，是为更有效应对重大突发公共事件或问题而提出的。

社会公众对防治地质灾害提出了更高需求。地质灾害对人类生命财产造成危害，导致公众产生恐慌心理，公众社会要求加大防灾减灾的社会组织、风险识别、预警发布、应急响应、妥善安置和心理抚慰及重建筹划等。随着经济发展、社会进步和公民素质提高，公民对地质灾害的认知、应对能力和防灾减灾需求大幅提升，对防治地质灾害的要求越来越高，对改良地质环境、保证地质安全、促进生态文明建设提出了更高要求。地质灾害防治的公共管理和应急响应事业必须与社会需求相适应，不断提高实际工作的针对性、可操作性和时代性，不但要推动合理利用和保护地质环境，推动社区防灾减灾能力建设，也要推动防灾减灾保险事业的发展等。人类需要协调行动，规避风险，理性生存，持续减轻地质灾害。

1.1.2 减灾意识的自我觉醒

弗洛伊德（Freud，1923）提出的本我（id）、自我（ego）和超我（superego）构成的人格结构理论有助于理解人类自我需求及其发展。

本我（id）是人格结构中最原始部分，从出生起算即已存在。构成本我的成分是人类的基本需求、原始冲动和内驱力,如饥、渴、性等。本我体现为无意识中的本能、冲动与欲望,是人格的生物面。本我中的需求是人类存在的基本条件,是必须给予满足的。支配本我的是本能原则,按快乐原则行事,是"原始的人"。本我在于寻求自身的生存,寻求本能欲望的满足是其原动力。

自我(ego)是在现实社会环境中由本我分化发展而产生的,并在现实社会中受到各种约束,必须迁就现实的限制。自我的作用一方面能使个体意识得到觉醒,另一方面使个体为了适应现实而对本我加以约束和压抑,并学习如何在现实中获得需求的满足。自我按现实原则行事,是"现实的人",既反映本我的欲望并找到途径满足本我欲望,又要接受超我的监督,以促使人格内部协调并保证与外界交往活动顺利进行,出现不平衡时则会产生心理异常。

超我(superego)是个体在社会生活中接受社会文化道德规范的教养而逐渐形成的。超我一方面体现为自我理想的行为目标的实现,另一方面受限于社会道德的限制,良知上约束自己的行为免于犯错,是人格的社会面,是"道德化的自我"。超我的力量是指导自我、限制本我,支配超我的是完美或理想原则。超我追求完美,代表了人的社会性,是"道德的人"。超我监督、控制自我接受社会道德准则行事,以保证正常的人际关系。

显然,本我、自我和超我之间不是彼此割裂的,而是始终处于冲突与协调的矛盾运动之中,人类更多地表现为自我与超我的交织,更多地表现为自我而对本我的冲动与超我的管制进行缓冲与调节。超我遵循"至善原则",监督管制本我活动,并指导自我,抑制本我的不容于社会要求的各种行动,诱导自我用合乎社会规范的目标代替较低的甚至自私的现实目标,使个人向理想努力,努力完善自己的人格。现实社会中,本我、自我和超我的协调、平衡保证了人格的正常发展,如果三者失调乃至破坏,就会产生心理障碍,危及人格的发展。弗洛伊德认为:"文明只不过意指人类对自然之防御及人际关系之调整或累积而造成的结果、制度等的总和"。

人类作为自然存在物,地球上的最高的生命实体,同样是自然界的一部分,决定人的本质中包含人与动物共有的自然属性。人又是社会存在物,人在其无法回避的生产劳动和社会生活中势必结成一定的社会组织形式,并形成相应的生产关系和社会关系。在人类发展的早期,人的自然属性处于支配地位,而随着人类的不断发展,人的本质中的社会文化因素上升到主导地位和支配地位。

弗洛伊德的人格论既肯定了人的生物特征与心理功能,又揭示了人的现实活动与社会约束作用。在认识活动方面表现为理性和非理性交织的人类发展史,并以包括意识、思维、理智、科学逻辑等理性约束逐渐占上风,而非理性的潜意识、意志、本能、直觉等逐渐降低,使自我能够逐渐征服本我。

公民人格结构的完善是追求公共安全的主要基石。公共安全是指社会和公民个人从事和进行正常的生活、工作、学习、娱乐和交往所需要的稳定的外部环境和秩序。公共安全包含信息安全、食品安全、公共卫生、公众安全、避难者行为安全、人员疏散场地安全、建筑安全、城市生命线安全,以及恶意和非恶意的人身安全及人员疏散等。公共安全涉及的公共事件包括自然灾害、事故(技术)灾难、公共卫生事件、社会安全事件。

认识自我,走出生存困境,避免灾难风险,走向安全生境。人类社会居住、出行、活动安全更多地体现为自然-人为环境安全，人类在自然界的活动范围、频次、强度等与遭遇或引发自然灾害或技术灾难问题成正比。居安思危，预防优先，健全公共安全管理机制，健全识别、监测、预测、预报、预警和快速反应系统，加强专业救灾抢险队伍建设，健全救灾物资储备制度，搞好培训和预案演练，全面提高国家和全社会的抗风险能力。

1.1.3　突发公共事件

突发公共事件是指突然发生，造成或者可能造成严重社会危害，需要采取应急处置措施予以应对的自然灾害、事故（技术）灾难、公共卫生事件和社会安全事件。自然灾害主要包括水旱灾害、气象灾害、地震灾害、地质灾害、海洋灾害、生物灾害和森林草原火灾等。

突发事件的构成要素是，突然暴发、难以预料、必然原因、严重后果和需要紧急处理等。根据突发事件的人员伤亡、经济损失、社会危害或影响等因素，突发事件可分为特别重大、重大、较大和一般等。

突发公共事件造成的间接损失同样不可忽视。例如，灾害事件发生之后，公众的生活节奏被打乱，社会公众心理会受到巨大冲击，涉及封闭空间的静态安全和开放空间的动态安全问题。例如，2008年5月12日汶川地震不但造成了惨重的人员伤亡、房产等财产损失和自然环境破坏，基础设施损毁等成为社会瘫痪的重要因素。

突发公共事件的孕育发展一般可以划分为潜伏期、暴发期、高潮期、缓解期和消退期等阶段。地质灾害作为一种公共突发事件也可以划分为潜伏期、显现期、突发期、衰减期和终止期等演化阶段：①潜伏期一般公民不易觉察，应对方法是以专业调查识别为主；②显现期一般公民能够觉察，但不一定认识到灾害风险可能来临，专门人员巡查监测、避险演练、研判原因及发展趋势，必要时发出预警信息；③突发期一般公民有组织地撤离，政府组织研究应急处置办法，专业人员判定延续时间，灾民安置和应对策略；④衰减期公共管理人员与技术顾问应及时考虑有限度地解除预警，研究全面防治地质灾害的措施；⑤终止期开始灾后恢复建设，在人均收入、就业、生产、住房建设、交通、通信、电力和供水等方面全面规划。地质灾害演化的每个时期的特征既取决于地质环境条件组合，也取决于引发因素的类型、作用强度、方式和持续时间等，还要考虑受灾对象的具体情况。

1.1.4　风险社会理念

乌尔里希·贝克（Ulrich Beck，1986年）认为，风险社会是指现代人类处于各种风险对人类的生存和发展严重的威胁之中，是人类社会现代性的特征表现（乌尔里希·贝克，2014）。人类社会进入后工业社会和信息社会后，特别是由于全球化和城镇化进程的快速推进，人类社会交往的物流、人流、信息流等各种活动的强度、范围、频次大幅度增加，遭遇或引发各种突发事件的概率急剧增加，人类实践必须面对和处理各种地域性和全球性风险。风险来源不再局限于自然界，而更多的是人类社会所制造的威胁其生存的风险，如工业的自我危害及工业对自然的毁灭性的破坏。在风险社会中，满足需要的方法引出新的需要，解决问题的方法引出更多的问题。

随着人类活动频率的增多、活动范围的扩大，其决策和行动对自然和人类社会本身的影响力也大大增强，风险结构从自然风险占主导逐渐演变成人为的不确定性占主导。人类具有冒险的天性，也有寻求安全的本能。无论是冒险取向还是安全取向的制度，其自身带来了另外一种风险，即运转失灵的风险，从而使风险的"制度化"转变成"制度化"风险。

"风险社会"中人类对社会生活和自然的干预范围和深度扩大了，决策和行为成为风险的主要来源，人为风险超过自然风险成为风险结构的主导内容。借助现代治理机制和各种治理手段，人类应对风险的能力提高了，但同时又面临着治理带来的新类型风险，即制度化风险（包括市场风险）和技术性风险。

"风险社会"的提出体现了人类对风险认识的加深。现代社会中某些局部的或突发的事件能导致或引发潜在的社会灾难，如核危机、金融危机，以及病毒、细菌传播等；技术发展的副作用会引起灾难；纯工业化社会的"简单现代性"导致自然资源和文化资源的消耗，社会自身产生的威胁与问题可能动摇旧的社会秩序和工业社会文化中的集体或团体理念。

风险环境带来的个人化风险既是普遍的，也是独特的。个人的任何一种选择都会产生风险，选择的数量不断增加，遭遇的风险类别也会增加。个人风险意识提高会更加主动地采取自我保护的措施，并且积极参与改革现有的制度。风险意识是对社会现代性的反思，是抑制"简单现代性"的思想基础。

风险社会是网络型的、平面扩展的。风险既是内生的，又是延展性的、时空上跨界的。大部分风险后果严重，但发生的可能性低。风险社会的结构是由个人作为主体组成的，风险社会中的风险是"平等主义者"，会"公平"地影响到每一个人。因此，风险增加意味着人类社会的接触范畴、安全认知、反思能力和应对能力发生了本质变化，应对风险也需要个人、社会、团体、民族和国家的共同努力。

1.2　地质灾害术语

某种意义上，地质灾害术语含义明确与否代表了学术认识水平。术语是正常进行科学交流的基础。如果学者之间对术语的使用具有歧义，也就无法实现有价值的思想交流和认识沟通。正确使用或准确提炼地质灾害术语是对研究对象求得科学理解与正确描述的前提。地质灾害术语的科学提炼与正确使用既是科学家的素养，也是工程师的遵循（刘传正，2018a）。

1.2.1　术语学

术语是承载科学文化的基本要素，在我国常称为名词或科技名词。术语学是研究概念、定义和事物命名基本要求的学问，"术语"一词仅指"文字指称"。术语学（terminology）是 20 世纪 30 年代由奥地利 E. Wuister 提出来的，指以术语为研究对象，研究术语的构成与发展规律。术语要表达出正确含义及应用,让人明白要表达的意思,给人起到释疑解惑的作用。术语的基本特征包括专业性、科学性、系统性、层次性、单义性、简明性、派生性、习惯性和本地性等。

术语或概念是对事物表象特征与内在本质基本认识的表达,是对事物从感性到理性、个性到共性、特殊性到一般性的认知提炼,代表着对事物的定性。术语描述要尽可能简洁明确,让人望文思义,忌讳泛泛而论、似是而非或离题太远。定义术语要考虑直接含义与间接含义、内涵与外延、全面性与层次性,符合人的理性认识和感性体验,避免笼统模糊、不求甚解、使用随意,或误用混用。

术语的直接含义指事物的直接因果关系,间接含义指关联事物的中间转化关系。术语的内涵指事物内在的本质属性,抽象但客观存在,是事物特有属性的反映,突出反映事物本质属性与基本特征。术语的外延主要描述事物构成,描述事物的时空数量、范围或规模大小的不同或间接含义。

在内涵上,崩塌与滑坡在运动形式上的本质区别在于前者以垂直运动为主,后者以水平运动为主;泥石流与碎屑流的本质区别是前者为固、液、气三相体,后者为固、气两相体,后者的运动速度远高于前者;地面沉降与地面沉(塌)陷的本质区别是前者为土体的连续压缩变形,后者是岩土体的不连续或断裂变形。在外延上,滑坡可以是多个成群出现,也可以单个块体的运动。

概念或术语是分层次的,灾害概念的第一层次分为自然灾害、人为灾害及复合型灾害;第二层次自然灾害分为气象、水旱、地震、地质、海洋、林草火灾和生物灾害等;第三层次地质灾害分为崩塌、滑坡、泥石流、地面塌陷、地面沉降和地裂缝等;第四层次如滑坡按规模、成因、成分、时代、破坏型式等又可细分,如按形成时代可分为古滑坡、老滑坡和新滑坡。

1.2.2　地质灾害基本术语

地质灾害基本术语是描述地质灾害认知水平和防灾减灾应用的最精炼表达。

【地质灾害】自然因素或者人为活动引发的危害人民生命和财产安全的山体崩塌、滑坡、泥石流、地面塌陷、地裂缝、地面沉降等与地质作用有关的灾害(《地质灾害防治条例》,国务院令第394号,2003年)。地质灾害是由于自然或人为作用,多数情况下是二者共同作用引起的,在地球表层比较强烈地危害人类生命、财产、生存环境和社会功能的岩、土体或岩、土碎屑及其与水的混合体的移动事件。广义上,地质灾害包括地球内、外动力作用在地球表层引发的灾害,包括地震、火山喷发、崩塌、滑坡、泥石流、地面沉降、地面塌陷、地裂缝,以及土地沙漠化、石漠化等,甚至包括矿山巷道岩爆、冒顶、突水突泥、瓦斯爆炸、煤层自燃等。在中国,地震灾害单独成类,矿山灾害列入工程生产事故,沙漠化等环境演变归属环境科学,狭义上的地质灾害特指崩塌、滑坡、泥石流、地面塌陷、地裂缝、地面沉降等六种,且强调其与地质作用有关。地质灾害既有自然属性,又有社会属性和资源属性,涉及社会、经济、文化、管理与法律乃至政治的问题,是关系到人的生存权、发展权的重大问题。

【突发性地质灾害】 发生突然，在较短时间内完成灾害活动过程的地质灾害，主要包括崩塌、滑坡、泥石流和地面塌陷。突发性地质灾害一般变形剧烈，运动快速，破坏性大，摧毁性强，前兆现象容易被忽略，预测预报和预防难度大，常常造成严重人员伤亡和经济损失。

【缓变性地质灾害】 又称渐变性地质灾害，发生、发展过程缓慢，持续累进逐步形成，出现宏观危害往往经历数年乃至数十年的时间。缓变性地质灾害主要包括地裂缝、地面沉降等。缓变性地质灾害主要由于自然地质作用和人类活动造成软弱土体缓慢压缩变形或差异沉降造成的。缓变性地质灾害一般不会造成严重人员伤亡，但常常严重破坏土地资源、工程建筑和生态环境，恶化人类生活、生产条件，削弱可持续发展能力，对人类造成广泛深远的危害。

【原生灾害】 由自然动力作用或环境异常变化直接造成的灾害，如火山、地震、飓风、海啸、滑坡、雷暴、强烈降水等直接危害人类的生存安全，造成严重危害。

【次生灾害】 原生灾害作用过程中引发的二次灾害，如地震引起山崩滑坡、地裂缝等，火山喷发或区域强烈暴雨引起的山洪泥石流等。次生灾害是由原生灾害引起的"连带性"或"延续性"灾害。次生灾害的破坏作用有时超过原生灾害本身的破坏程度。例如，1906年4月18日发生在美国旧金山的8.3级地震，除因房屋倒塌造成严重人口伤亡和财产损失外，全城50多处起火，2.8万栋房屋被烧毁，造成严重损失。

【衍生灾害】 由于缺乏对原生和次生灾害的及时防控，或受某些社会因素和心理影响等而造成的三次灾害。例如，地震作为原生灾害引发次生的崩塌滑坡，崩塌滑坡堵河形成堰塞湖淹没上游成灾，或滑坡坝溃决形成山洪泥石流毁灭下游形成灾害，是"链式反应"的后续危害；地震或火灾引起恐慌失措采取跳楼等不恰当的避灾方法导致的悲剧；听信谣言、人心浮动等社会问题引起的灾害。

【自然灾害属性】 自然灾害具有自然属性、社会属性和资源属性。自然属性表现为灾害是环境自然演化的一种表现形式，是环境渐变过程中的一种突变作用，是地球内动力、地表外动力和地外天体引力综合作用的必然产物。社会属性或灾害属性一方面表现为人类社会的可持续发展受到灾害的阻碍，另一方面表现为人类社会生产生活作为一种动力促进了灾害的产生。资源属性强调自然灾害事件为人类社会创造了赖以生存的土地资源和生息场所，同时也是现代社会的人文与旅游资源，如黄河反复泛滥孕育了华北平原；崩塌、滑坡和泥石流堆积区营造了山区城镇或居民点的生息之地，成为山区城镇或居民点建立的基础；地质遗迹如岩溶塌陷坑、构造飞来峰、火山、冰川、风蚀的雅丹和水蚀的丹霞地貌成为游览休闲资源；大雪常阻断交通，但可以净化空气，补充水资源等。

【致灾因子】 指对财产、人的生存发展或环境安全具有危险的作用或现象，可能造成人员伤亡、财产损失、生活和服务设施破坏、社会和经济秩序被扰乱及生态环境恶化。致灾因子包括地质、气象、水文、海洋、生物和工程活动，以及它们的共同作用。致灾因子规模、强度及作用时间决定了破坏性的强弱或大小，如崩塌滑坡的规模与落差决定了解体后碎屑流的冲击速度和冲击距离。高速运动寓含着更大的摧毁力量，远程运动寓含着致灾因子与承灾体更大的遭遇概率。

自然致灾因子指自然的变化过程或现象，用来表述现存的危险或有可能引发未来危险的潜在条件。地质致灾因子包括地球内动力与外动力作用过程，内动力如断裂活动、地震、火山喷发等，外动力如崩塌、滑坡、泥石流、地面塌陷等。水文气象致灾因子包括台风、暴雨、山洪等。人类工程活动失范是技术致灾因子或人为致灾因子。各类致灾因子常会同时或接续出现，多因子耦合会显著加剧致灾作用。

【承灾体】又称受灾体，指遭受自然致灾因子危害的对象，如人类、财产、资源或生态环境。承灾体数量、价值及其对致灾因子的抗御能力与灾后可恢复性不同，自然灾害造成的破坏损失程度也不同。在同等致灾强度下，受灾体数量越多，灾害的破坏损失越严重，对灾害的防御和灾后恢复能力越差。

【易损性】又称脆弱性，是承灾体抵御致灾因子侵袭时表现出的属性，代表着抗损害能力或可能的损害程度。易损性与各种物理、社会、经济和环境因素相关，承灾体易损性越高，对灾害的抗御能力越差，遭受侵袭时发生破坏的概率越大，造成的损失越严重。承灾体遭遇不同种类及不同强度的致灾因子作用会表现出不同的易损性。暴露或暴露度指承灾体在某种致灾因子下的暴露程度，结合物体的脆弱性，可用来估算灾害的风险值。衡量暴露程度的指标一般是多少人或财产。

【地质灾害易发区】具备地质灾害发生的地质条件和气候条件，容易或者可能发生地质灾害的区域。地质灾害易发区多是历史地质灾害活动比较强烈、地质灾害形成条件比较充分、人类活动对地质环境破坏比较严重的地区。地质灾害易发区的实质是区域内地质环境特别是岩土体类型对外界作用因素敏感，容易发生变形破坏。划定地质灾害易发区是地质灾害调查评价的重要内容。

【地质灾害危险区】可能发生地质灾害且可能造成人员伤亡和严重经济损失的地区或者地段。一般意义上，地质灾害危险区包含地质灾害可能危害区和威胁区。地质灾害危害区指位于地质灾害体上或必然冲击位置上，一旦发生地质灾害直接遭受伤害的区域。地质灾害威胁区是指事件发生后其运动过程中可能产生损害的区域。不同类型地质灾害危险区的分布不尽一致，需要进行具体问题具体分析。

【地质灾害成因】引发地质灾害的主要因素及其作用过程。地质灾害成因包括内在因素和外在因素。内在因素包括地形地貌条件、地层岩性条件和区域地质构造活动性及其组合特点，外在因素包括各种自然和人为作用。内外因素耦合累积作用和随机激发条件达到某个临界值时，就会引发地质灾害，造成生命财产的损失。例如，崩塌滑坡的成因可分为降雨引发型、地震激发型、自然演化型、冻融渗透型、地下开挖型、切坡卸荷型、工程堆载型、水库浸润型、灌溉渗漏型、爆破振动型。

【视滑力】层状岩体软弱夹层中沿视倾向方向的作用力，用以概括斜倾层状山体顺层破坏的力源问题。层状岩体沿软弱面（带）向真倾向蠕动滑移受到阻挡或约束，转而向临空的视倾向方向滑动，沿视倾向方向产生拉裂转动效应（刘传正，1995a）。由于长期地质作用，具体地点的地质地貌环境的特殊性及后期人为改造作用，山体沿着视倾向发生变形破坏，最大下滑力在视倾向上的分量称为视滑力。滑移式崩塌或顺层滑坡区一般均存在视滑力作用。

在自然界中，山体的变形破坏或发生显著位移一般都是沿一个明显的面或带进行的，这个面或带可以是原生结构面，也可以是次生结构面或者复合成因，最大下滑作用力一般沿着界面（带）的真倾角方向，即沿真倾向发生效果。事实上，由于长期地质作用，具体地点的地质地貌环境的特殊性及后期人为改造作用，完全意义上的顺其倾向滑动破坏的变形型式极少，而或多或少地偏离真倾向，沿视倾角向视倾向方向滑动。滑动的作用力自然不是最大的下滑力，而是最大下滑力在视倾向方向上的分量，我们称之为"视滑力"。真倾角对应真倾向，是唯一的，最大下滑力及其作用方向也是唯一的，而视倾向是在180°范围内变化，对应的视滑力作用方向也在180°范围内变化。因此，在斜坡破坏特别是层状岩体结构的顺向斜坡破坏研究中，视滑力作用的提出具有普遍意义。

理论上，沿真倾向方向的下滑力最大，其线密度为 ρ_0，而视倾向上的视滑力线密度 $\rho = \rho_0 \cos\theta$，是个变量。对于完整半空间，则总下滑力（图1.1）

$$F = \int_{-\frac{\pi}{2}}^{+\frac{\pi}{2}} \rho_0 \cos\theta \mathrm{d}\theta = 2\rho_0 \tag{1.1}$$

而 $F = W\sin\alpha$。故真倾向上的单位宽下滑力，即线密度

$$\rho_0 = \frac{W\sin\alpha}{2}$$

显然，走向上的下滑力线密度为零。

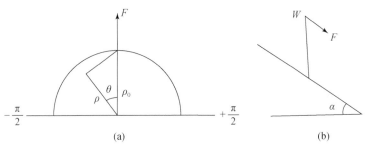

图 1.1 视滑力分析图解

对于非完整半空间，其扇形区域 A 上的总视滑力

$$F_A = \int_{\gamma}^{\beta} \rho_0 \cos\theta \mathrm{d}\theta$$

即

$$F_A = W\sin\alpha \cdot \frac{\sin\beta - \sin\gamma}{2} \tag{1.2}$$

式中，α 为真倾角；θ 为真倾向与视倾向在滑面上投影的夹角。

综上所述，两个视倾向之间的总下滑力与其块体重量（W）、真倾角（α）及视倾向与真倾向在层面上的夹角（θ）有关，而与视倾角的大小无关。

在自然界中，许多崩滑地质灾害发生或人为工程边坡的破坏并非沿其破坏面真倾向发生，而是沿视倾向发生，如乌江鸡冠岭崩滑、远安盐池河山崩和长江三峡链子崖危岩体等。

【变形破坏机理】指岩土体在内外因素作用下发生变形破坏的内在物理化学作用本质，包括应力集中导致结构损伤、溃屈、剪切、拉裂、压缩、蠕滑、弯曲、塑流、挤出、脆性破坏和塑性破坏等，固液耦合作用造成的软化、泥化、崩解、触变、液化、管涌、流土、

渗透、侵蚀和溶蚀等。变形破坏机理分析的理论方法主要有残余强度理论、蠕变理论、孔隙水压力理论、刚体力学、弹塑性理论和断裂力学理论等。

【变形破坏模式】岩土体在内外动力作用下发生变形破坏的表现形式。岩土体常见的变形破坏模式包括倾倒、滑移、错落、座落、崩塌、滑坡、地面沉降、地面沉（塌）陷、地面臃起、地裂缝、岩爆等，可以细分为更多的类型。例如，根据作用力源位置的不同，滑坡可分为推移式、牵引式和座落式；根据破坏模式不同，崩塌可以分为倾倒式、滑移式、坠落式和错落式。推移式滑坡起源于后缘动力作用，上部先变形、滑动，挤压下部产生变形、滑动，由于斜坡上部张开裂缝发育或因过量堆载等引起斜坡上部失稳破坏而推动下部滑动。牵引式滑坡起源于斜坡前缘失去支撑，应力集中作用使变形破坏逐渐由前部向后向上扩展，直至整个斜坡体变形破坏发生滑坡。

【成灾模式】岩土体变形破坏乃至运动产生的直接或间接危害型式。例如，崩塌滑坡直接压覆，整体运动冲击破坏或推挤覆盖，岩土解体形成的碎屑流碰撞冲击摧毁作用，气浪吹袭折断掀翻建筑，入江涌浪激流冲击作用，堵河形成堰塞湖淹没上游，滑坡坝溃决形成山洪冲击下游，或崩塌或滑坡以巨大势能直接冲入水体形成高速激流涌浪翻坝或翻越陡坡形成"瀑布式"洪水倾泻灾害，液化土体沿斜坡奔涌而下形成灾害；地裂缝直接破坏建筑物；地面塌陷突然危害地面的人类生命和财产；泥石流冲击掩埋前进路径上的人员、房舍等。

【关键块体】指在地下工程岩体稳定、边坡工程岩体稳定和地基工程岩体稳定中起关键抗滑阻挡作用，一旦失稳将引起整个工程岩体结构系统破坏，造成地下工程围岩垮塌、岩质边坡开裂滑移乃至发生滑坡或地（坝）基岩体楔形剪出的层状或块状岩体（刘传正，2017b）。简言之，"关键块体"意即岩体结构体系中对整体稳定性起到关键作用的地质块体。岩体是在地质历史发展过程中形成的地质体，由各种成因的地质界面（岩层面、节理、裂隙或断层等）及其切割的地质块体构成，或者说由地质结构面和地质结构体组成。因此，岩体的强度显著低于其构成的岩石块体的强度。岩体稳定性分析主要有两类方法，一是宏观地将岩体作为连续介质，以弹塑性力学为基础建立岩体应力应变本构关系，通过数值模拟方法得到应力场和位移场解答；二是将岩体作为非连续介质，重点研究岩体结构关系，确定工程岩体稳定性。在工程应用研究中，主要涉及地下洞室、边坡和地（坝）基岩体稳定问题。

【危岩体】由于自然或人类工程活动造成高陡临空地形条件的山体出现开裂、向临空方向发生位移，并威胁山下人民生命、财产和生存环境或工程设施的危险山体，容易发生倾倒、坠落或塌滑等形式的崩塌灾害。危岩体发育在地形陡峻临空，尤其是凹型坡（俗称鹰嘴）地段，坡脚一般存在历史上发生的崩塌堆积物。

【崩塌】陡峻斜坡上的岩体或土体，在重力作用或其他外力参与下，突然脱离母体，发生以竖向为主的运动，并堆积在坡脚的动力地质现象。岩土体以垂直向下运动方式为主，特点是从高处快速下落，前兆不明显，突发性强。崩塌有时会砸毁、掩埋房屋和其他工程设施，危害人类生命财产安全。崩塌可划分为不同类型，按照崩塌体成分可分为岩崩和土崩；按照崩塌的规模可分为巨型（$\geq 100 \times 10^4 \text{m}^3$）、大型（$10 \times 10^4 \sim 100 \times 10^4 \text{m}^3$）、中型（$1 \times 10^4 \sim 10 \times 10^4 \text{m}^3$）和小型（$\leq 1 \times 10^4 \text{m}^3$）；按照破坏模式分为倾倒式、滑移式、坠落式（垮落式）和错落式等。

【**滑坡**】斜坡上的岩土体，在重力等因素作用下，沿一定的软弱面或者软弱带，产生以水平运动为主的滑移破坏，整体地顺坡向下运动的地质现象。按滑动的力源不同可细分为后缘加载的推移式、前缘卸荷的牵引式和软弱夹层强度降低引起的平移式等。滑坡类型是多样的。按物质组成分为岩质滑坡和土质滑坡；按滑坡体厚度（或滑床深度）分为浅层滑坡（小于 6m）、中层滑坡（6~20m）、深层滑坡（20~50m）和极深层滑坡（大于50m）；按规模分为小型滑坡、中型滑坡、大型滑坡和巨型滑坡；实际应用时常综合命名，如推动式深层大型黄土滑坡或巨型基岩顺层滑坡等。滑坡的直接危害包括摧毁村镇、工程设施、矿山、铁路、公路和堵塞航道等，造成重大人员伤亡和财产损失。滑坡的次生灾害是阻塞河道、形成堰塞湖淹没上游，堰塞湖溃决后形成山洪泥石流灾害。

【**碎屑流**】是崩塌或滑坡岩土体解体后的岩土碎屑与空气混合物的快速奔流或激流现象。碎屑流主体是固气两相体，不同于泥石流的岩土碎屑与水混合的固液两相体，一般前者的运动速度比后者高一个数量级。碎屑流具有规模大、速度快、流程远、多态化、常转向（碰撞）、冲程多（仰冲和俯冲交替）、冲击性和摧毁性等特征。碎屑流的运动机理在物理学上服从势能动能转化传递原理，宏观上表现为气体浮托效应，微观上体现为颗粒流运动。

【**高速滑坡**】大规模滑坡-碎屑流快速运动的简称，即滑坡运动速度快的现象，实质上是崩滑岩土体解体后的碎屑流运动。国际地科联滑坡工作组（1995）把滑坡位移速度分为"极缓慢、很缓慢、缓慢、中速、迅速、很迅速、极迅速"七个等级，其中"极迅速（extremely rapid）"的下限速度为 5m/s，上限速度为 70m/s。有学者认为高速滑坡的平均运动速度在 10~30m/s，相当于"极迅速"级别的滑坡。基于成年人在复杂地形下能够奔跑逃生，崩塌滑坡-碎屑流前锋的运动速度 5m/s 作为高速运动的下限值是比较合理的。

【**远程滑坡**】崩塌滑坡-碎屑流远距离运动的简称，远程运动的界定尚无一致的意见。国际上有专家建议滑坡体重心位置的垂直位移与水平位移的比值 H/L（等值摩擦系数）作为滑坡是否远程的标准，当 H/L 值小于 0.6（约等于 tan32°，相当于岩质材料摩擦系数经验值）时即为远程滑坡，而高速滑程滑坡-碎屑流的 H/L 值一般小于 0.33（张明等，2010）。实际应用上，滑坡发生后准确确定滑坡体重心位置并不是容易的。据中国数据统计，崩塌滑坡-碎屑流区域的前后缘高差（H）与前后缘水平距离（L）的比值小于 0.4 或大于 2.5 可作为其远程运动的判据（刘传正，2017c）。

【**泥石流**】山区沟谷或坡面上的松散土体，受暴雨、冰雪融化或溃决洪水等水源激发，形成的含有大量泥沙石块的流体，在重力作用下沿沟谷或坡面流动的过程或现象。泥石流具有暴发突然、来势凶猛、运动快速、能量巨大、冲击力强、破坏性大、过程短暂等特点。泥石流是固液两相体，固体碎屑物体积含量至少在 15% 以上，最高可达 80%，或泥石流流体重度大于 1.3t/m³。泥石流的形成必须具备陡峻的地形或较大的沟床纵坡、丰富的固体碎屑物质来源和流域上游应有充足的水源。泥石流常常摧毁城镇、村庄、矿山、交通线、工厂、工程设施和农田植被，造成严重人员伤亡和财产损失。

【**地面塌陷**】地表岩体或者土体，在自然作用或者人为活动影响开裂并向下陷落，在地面形成凹陷、坑洞或裂缝的一种动力地质现象。地面塌陷可以发生在松散的土层，亦可以发生在基岩中,还可以发生在两类岩石共同发育的地方。土层塌陷主要发生在黄土、黄土状土及冻土发育区。基岩塌陷主要发生在碳酸盐岩、钙质碎屑岩、蒸发岩、火山熔岩分布地区。根据形成原因可把地面塌陷分为自然塌陷和人为塌陷两类。其中,自然塌陷可分为岩溶地面塌陷和黄土地面塌陷等,人为塌陷可分为抽水塌陷、蓄水塌陷、振动塌陷、荷载塌陷和采矿塌陷等。地面塌陷常造成房屋倒塌、道路中断、水库漏水、大坝和堤防开裂陷落等,破坏土地资源,造成耕地被毁和生态环境恶化。

【岩溶塌陷】岩溶空洞上方的岩土体在自然或人为因素作用下发生变形破坏,并在地面形成陷坑的一种岩溶地质现象。岩溶地面塌陷实质上是碳酸盐岩,特别是石灰岩体中存在长期溶蚀的岩溶洞穴,上部松散覆盖层强度不足而逐渐发展形成的。岩溶塌陷体一般是覆盖于可溶岩洞穴之上的各类松散土层,有时可见到岩溶裂隙发育的可溶岩。岩溶塌陷的发育过程是岩溶洞隙上方的岩土体和赋存在洞穴中的水、气体系综合作用,特别是地下水位的变化导致上覆土体逐渐失稳破坏。岩溶塌陷在地表表现出很强的突发性和强烈的危害性,但在地下的发展演化过程一般是缓慢的。

【采空塌陷】地下开采固体矿产形成地下空区引发的地面塌陷灾害。采矿使地下大面积被采空后,顶部岩层失去支撑,在自重作用下发生弯曲、下沉、拉裂乃至陷落,并在地表形成塌陷坑或塌陷洼地。采空塌陷的特点是分布广、规模大、危害重,在各类矿区中以煤矿区最为突出。据统计,煤炭采空区的长度和宽度超过采深 1 倍以上时,比较普遍地发生地面塌陷或下沉。塌陷坑或塌陷洼地多呈椭圆形,塌陷中心与采空区基本对应,边缘常有密集的拉张裂缝。采空塌陷严重破坏各种建筑设施、土地资源和地下水资源,严重危害矿产开采和矿区生态环境。

1.3　地质灾害研究认识论

在认识论方面,地质灾害问题可知吗?地质体变化过程是线性渐变的?还是非线性突变的?是确定性的还是随机性的?地质灾害的共性与个性是什么?地质灾害可防可治吗?在方法论方面,地质灾害问题的解决是遵从确定论还是随机论或混沌论?是采用整体论方法还是分割论(还原论)方法?这些一般性问题的解答就涉及从科学哲学或科学学层面探索地质灾害防治研究的自然观与科学观,具体落实到科学认识深度或成熟度、科学原理与技术方法的选择及其应用成效等。因为,认识过程是通过对"现象界"的描述提炼去实现的,既需要扎实的科学技术知识,也需要丰富的感情投入,还需要深刻的哲学思维,才能实现"以情悟道"(丘成桐,2014)!因此,树立"大问题"意识,提炼地质灾害防治研究的认识论与方法论,是推动地质灾害防治科学更加智慧地前行所需要的。

1.3.1　认识论

认识论是研究人类认识的本质及其发展过程的哲学理论,主要研究认识发生、发展的过程及其规律,揭示认识的本质,力求使认识符合客观实际。认识的根本任务是使感性认识上升到理性认识,并能透过现象分析事物的本质和规律。

　　认识论实质上是自然观的一种表现，要求根据自然科学的新进展不断更新人类关于自然图景和自然界的基本认识，包括物质观、运动观、时空观、信息观、系统观、规律观及其相互联系，使自然观适应自然科学的新发展、新思想。

　　与认识论相关的哲学概念是本体论。本体论研究一切客观实在的内在本性，关注本质与现象、共相与殊相、一般与个别等的关系，探讨世界上存在的一切是不是在背后都有一个抽象的、不依赖于现实世界的基础，无论是精神的或是物质的是不是都有自己的抽象的根据，或者说就是探讨形而下的世界的形而上的内在根据的。形而下指的是现实可感的形象世界。形而上指的是可感世界背后的原因，是抽象的，是不可感的，又是作为可感世界的根据存在的。

　　多年从事地质灾害防治研究的体会是，无论是应急响应，还是一般意义上的防治工程方案论证，现实工作过程中虽然科学理论多多、分析综合技术与日俱新、信息多元化和天空地装备整合协调行动的大数据集成和快速反应能力不断提升，但回应公共管理决策的技术支持常常针对性不强、不准确，甚至对关键问题的提炼与解答不正确，从而成为制约有效服务于公共管理与社会经济发展的突出问题（刘传正，2015a）。究其原因，问题的根源主要是地质灾害防治研究还缺乏正确的认识论与方法论指导（刘传正，2015b）。需要思考的是如何快速抓住主要问题，把握住整体属性，认识关键环节，选用正确方法，得出总体符合实际的结论，为防灾减灾决策提供有力高效的支撑。

1.3.2　地质灾害研究的认识论

　　地质灾害的共性和个性都具有复杂性、非线性性、不确定性或随机性，决定了地质灾害发生的空间、时间、强度和危害的确定性研判是有条件的。地质灾害发生的根源是地质体重力作用的失衡，其共性和个性反映了地质体边界条件、初始条件和激发条件的组合变化。对于确定的时间阶段、空间区域和作用条件，地质灾害问题简化为线性和确定性问题处理是可以接受的，简单性的叠加基本可以描述其成因模式，不确定性或随机性可以限制在有限影响的尺度内。因此，立足于反映研究对象的整体特征或满足减灾的基本需求，可以确立地质灾害是可认识、可防治的。

　　1. 地质灾害的共性

　　地质灾害的共性是指地质事件在孕育、发展、运动和产生危害方面所具有的共同属性，包括自然属性、社会属性和资源属性（刘传正，2005）。崩塌、滑坡、泥石流、地面塌陷、地面沉降和地裂缝灾害均体现为岩土体的变形、拉裂和运动过程，多是在重力作用下的宏观变化表象。

　　地质灾害共性的成因要素包括地质体所在区域气候气象条件、地表水文环境、地形地貌、地层岩性、地质构造及其活动性、地下水活动、地震作用和人类改造等。地质灾害体本身的共性要素包括自身的地形地貌、地质结构、岩土体构成、历史演化、地下水位变化、降雨或地震作用、人类活动、变形破坏模式、运动路径、速度和距离及其危害对象等。

地质灾害共性的内在本质是重力作用失衡，外在表现是地质体从微观损伤到宏观变形破坏乃至失稳运动，中间联结因素是各种内外动力作用，实现条件是渐变或突变因素作用下导致地质块体边界条件或初始条件的超临界变化。

2. 地质灾害的个性

地质灾害的个性是指地质事件在孕育、发展、运动和产生威胁或危害方面所具有的特殊性。地质灾害的个性反映其自身成分、结构与环境作用的特点，且随着外界因素的随机扰动表现出发展演化的不确定性（刘传正，2009）。个性的本质是在共性基础上叠加或耦合不同外在作用因素而表现的特殊型式或范式。认识个性是为了识别特殊性，建立或修正一般性理论模型，提高防灾减灾对策的针对性。

崩塌具有发生突然性，运动特征以垂直和翻滚式为主，并可转化为滑坡、碎屑流或成为泥石流物源，变形破坏模式表现为倾倒式、滑移式、座落式抑或是垮塌式等。滑坡以水平运动为主，运动机理上表现为推移式、牵引式、座落式和崩溃式等，常转化为碎屑流或成为泥石流物源。泥石流以流体形式运动和产生危害，因地质环境和引发因素不同表现为沟谷型、坡面型或堵塞溃决型等。地面塌陷表现为岩土体盖层的突然断裂沉陷并产生危害，是一种不连续变形。地面沉降的实质是土体固结压密过程，表现为一个相对长期的连续性变形积累过程。地裂缝是内外动力作用在地表的显现，常与土体差异沉降、地面塌陷、危岩滑坡发生发展相伴，也可以是区域断裂或强烈地震活动在地表的显现。

3. 地质灾害的确定性与随机性

地质灾害事件在大区域空间、长时间尺度上的研判可以说是个"黑箱"问题，对于小区域、短时间事件的研判则可能是个"灰箱"问题，而对于确定地点和块体单元事件的时空分析预测则可能是个"白箱"问题。因此，地质灾害的确定性与随机性、线性与非线性问题的提法是存在前提条件的。

地质灾害是地球表面作用过程的产物，是区域内动力控制下地表各种自然和人为作用耦合的结果，既可能表现为单一事件在某一时段的随机发生，也可以表现为大区域长历时的必然性。因此，地质块体整体稳定与局部破坏、宏观线性与微观非线性、统计线性与解析非线性、确定性与随机性的研判，主要依赖于所要分析研究问题的时空尺度。

重力作用控制下的地质块体系统的运动不可逆，但一定区域内地质体运动的周期性、阶段性、相对稳定性和宏观规律还是可以把握的，变化的时间暂态是可控的，虽然其过程是动态随机复杂的（刘传正和张明霞，1994）。非线性、动态、随机可以作为宏观思考的指导思想，但对某时某地某具体问题可考虑分割为若干个阶段，每个阶段采用静态确定性—静态确定论—静态确定方法，多个阶段联合起来拟合整个的动态过程，可以基本反映实在的规律性。正确的选择是战略上提炼共性，战术上解剖个性，立足于定态去认识不定态问题。

只要清楚地质体的边界条件、初始条件和激发条件，必要时可以采取持续观测的方法弥补对动态过程认识的不足，可以做到比较准确的动态判定，从而避免出现因突然的因素激发而产生悲剧性的结果，尽管这样做会使防灾减灾成本上升，或存在经济社会可接受程度的问题。

黑天鹅事件（black swan event）具有意外性、产生重大影响和事后可解释的特征（丹·加德纳，2009）。地质灾害具有"黑天鹅事件"的某些特征，但不足以作为不可知论的理由或依据。

4. 地质灾害共性与个性的关系

地质灾害的共性（普遍性）是其个性（特殊性）的最大公约数，所谓共性寓于个性之中，即群体的共同性。共性与个性均起源于对象的内在规定性，但个性更多地反映个体所在环境要素的变化性或特殊性。地质灾害的共性与个性在一定条件下是可以转换的。例如，滑坡作为地质灾害的一种型式，相对于地质灾害整体的共性而言就表现为个性。滑坡分类系统是一个共性体系，其构成又存在着因成分、结构、运动型式和引发因素等的不同分为多种类型，也即呈现不同的个性。

地质灾害的共性是建立一般地质、力学和数学模式的理论基础，是说清楚"是什么、为什么、怎么办"的基本依据（刘传正，2000a）。在中国，基于共性与个性研究，初步建立了不同类型地质灾害的调查评价、监测预警、防治工程和应急处置研究体系。地质灾害的"个性"决定了其防治工程的"多样性"，这种"非标准化"也决定了"几乎没有完全相同的工程"。因此，从事地质灾害防治就必须有意识地从地质灾害的"共性"出发，研究地质灾害的"个性"，培育"擅长于建筑地质灾害防治原型工程"的科学与工程素养，而不可以无原则地推崇标准化。

5. 地质灾害研究的认识论

立足于"形而上学"认识问题，滑坡就是斜坡在重力作用下变化的一个本体论认识结果。概括地列出滑坡的共性与个性是认识论问题，而其背后的重力作用则是本体论问题，即感知现象与思维内在的问题。认识地质灾害或许应坚持实证主义与逻辑思辨相结合的道路，因为各类地质灾害都是"形而下"的具体事物，而各种内外因素引起的重力作用失衡则是其内在的"形而上"的根据。

斜坡变形破坏问题实质上是重力作用失衡与地质块体强度的关系，内在作用与外在表现的关系，长期过程与时间效应的关系。解决问题的途径是正确确定地质体的变形破坏力学机理，建立多因素响应的地质力学模型。例如，降雨引发滑坡泥石流的内在机理是降雨渗流增加岩土体的重量、降低岩土体的强度，地下水位变化形成浮托力和渗透力，局部动水压力增大又降低其有效应力（刘传正，2013a）。基于多样性与复杂性提炼出来的地质模型，可以概化出物理模型乃至数学模型用于寻求问题的"通解"，是从个性研究走向共性认知的过程。

地质灾害是可认识的，地质灾害发生的空间、时间和规模强度的确定性研判又是有条件的。对于有限空间、暂态时段的地质体状态，可以确立地质灾害的属性是以线性为主、非线性为辅，简单性的叠加基本可以描述其成因模式。因此，可以确立地质灾害是可评估、可预警和可防治的。

1.4 地质灾害防治方法论

认识论就是矛盾论，方法论就是实践论。在应用范畴，地质灾害防治研究的哲学思考可以指导如何提出问题，选择正确的方法，制定可行的技术方案，预判结论的合理性及公共管理、社会与经济成本的可接受性。例如，开展地质灾害防治决策的技术支持系统研发，可以按共性分类建立科学技术系统范式，实际应用时再针对个性要求调整相关模块的计算参数，减少大量重复性的基础建模工作，满足管理决策需要。

在方法论方面，宏观层面可以立足于非线性、复杂性思考问题，实际工作可以采用线性组合、确定论方法解决问题，现有的数理科学、基础地学、工程地质和岩土体力学等用于研究防灾减灾是有效的。整体论是战略指导性理念，用以宏观把握地质灾害共性，判断概化全局性的问题，谋划防治对策和优化工程主体布局，指导修正基于分割论得到的结果。分割论是战术指导性理念，用以解剖地质灾害个性，分析成因机理，计算单元体的属性，并把结果反馈到整体论层面进行对照检验、评判修正，追求有限时空的确定性，基本达到"逼近实在"。

整体中有分割，分割解析的单元对更次一级而言又是整体，整体与分割是对立的统一。既要避免分割论之"只见树木不见森林"，也要避免整体论之"满眼森林没有树木"，陷入"浓浓绿色近前无"的迷惘，才能最终实现共性分析之于整体论和个性分析之于分割论的相互补充印证，二者结合求得问题的"满意解"。整体论方法突出综合集成、归纳类比和逻辑演绎，用于宏观把握和长时程研判，指导工作的顶层设计或概念设计，如区域风险区划、区域预警、防治规划和方案论证。分割论方法采取观察、描述、分析、建模、评价、预测和验证等，用于具体地域、案例及其暂态阶段的分析，指导地质灾害的信息获取、识别评估、成因研判、预测预警、工程设计和风险评价等。

1.4.1 方法论

方法论可看作对认识过程的一种图解，正如技术应该是科学的一种贯彻。科学方法论是基于科学的认识论研究解决问题的方法的理论、结构、发展趋势和方向，以及各种方法的相互关系。自然科学方法包括观察法、实验法、数学方法等，哲学方法包括分析与综合、归纳与演绎、思维与实证等，二者在逻辑层次上是互通的，都强调内容与形式、共性与个性、整体与局部、结构与功能、线性与非线性、封闭与开放的统一、互补与和谐。

科学方法论探索观察和实验、事实和解释、归纳和演绎、类推和概括、假说和理论、确定性和不确定性、系统和结构、结构和功能、组合和要素、控制和信息、规律和预测、理论和实践等诸多关系。例如，系统科学是一门横断科学，其方法论不仅涉及一般与个别、部分与整体、简单与复杂、原因与结果等传统的哲学范畴，还涉及像系统、要素、层次、结构、功能等具有哲学意义的新范畴；在自身的时空参照系以内，物理学研究现象及规律，而哲学研究其存在及实质。

自然观的认识论突出事物的矛盾论，即物质的运动形式所具有的特殊的本质为它自己的特殊的矛盾所规定（毛泽东，1991）。自然科学观的方法论依赖于实践论，知识获取源于直接经验和间接经验（毛泽东，1991）。科学哲学或科学学的基本方法论是自然辩证法，可以用之对自然界与自然科学开展辩证法研究。科学行为的具体方法论主要是分割论（还原论）与整体论。

1.4.2　分割论与整体论

1. 分割论

分割论或还原论认为，可通过把整体分割成部分的途径了解其本质，是一种把复杂的系统（事物、过程）逐步分解为其组成部分加以认识的过程。分割论的方法就是对研究对象不断进行分析，恢复其最原始的状态，化复杂为简单。分割论方法是以"静止的、孤立的"观点考察系统组成诸要素的行为和性质，然后将这些性质"组装"起来形成对整个系统的描述。工作过程是将复杂问题尽量分解为多个简单的问题，一个一个地分开解决，或将小问题从简单到复杂排列，先行解决容易的问题。

分割论主张可以把高级运动形式分解还原为低级运动形式，是基于每一种现象都可看成是更低级、更基本的现象的集合体或组成物，可以用低级运动形式的组合规律代替高级运动形式的规律，即科学规律等同于许多观察结果的组合。分割论的核心理念在于"世界由个体（部分）构成"，认为复杂的现象都是由低层次的"基本构件"组成的，可以从直接观察到的物体来定义或解释。

分割是一种由整体到部分的思维，由连续到离散的操作，这种"分解性"在很大程度上与人类主体思维的割离本性紧密相关。如果不把不间断的东西割断，不使其简单化、离散化或单元化，就不能利用现有理论方法进行想象、表达、测量、描述其静态特征或动态性状。虽然部分之和确实不等于整体，但部分及其相互作用之和必定等于整体。

分割论并不忽视"部分"之间的相互作用，相反，分割再还原的目的正是为了更好地考察部分之间的相互作用，因为长期的过程"切割"为片段、断开其链条才好考察其结构和功能，才能给整体的性质一个微观的解释。

2. 整体论

整体论认为，将系统分割成部分对正确认识事物的整体属性是受到限制的，复杂系统或事物被分割将会丧失许多信息，事物越复杂因分割而失真的程度就越严重，应该以整体的观点考察事物或系统的整体功能。理论上，越是复杂的事物，整体论的优势就越明显（金观涛，1987）。实践中，整体论者可以总揽全局，把握事物的整体功能，但不知其是如何实现的。因为无从探知事物或问题的内在，自然对事物外貌或现象的关注停留于表象描述，导致结论止于经验，看似系统的理论往往失之于缺乏实证而难脱"主观臆断"。

"老三论"（控制论、信息论和系统论）虽然从整体上考虑问题，但对一般问题的解答还是比较确定的（徐一飞和周斯富，1991）。"新三论"（突变理论、耗散结构理论-混沌理论和协同学）考虑了不确定性，尤其是各种序参量相对于平衡态发生的涨落变化，但以混沌理论为代表的整体论思想尚没有一个有效解决问题的方案，尚多局限于概念描述或理论阐释，只能算是提供了一个思想框架，是整体论科学的一种探索（哈肯，1984；尼科里斯等，1986；阿诺尔德，1992；特科特，1993）。

中国古代哲学思维似乎对于追求确定性缺乏热情，比较热衷于强调事物相互关联的整体性，集成性思维很玄妙，分析性科学不发达，"道可道，非常道；名可名，非常名"应该是代表性之说。讲究从"常无"中"观其妙"，从"常有"中"观其徼"，追求意会、平衡和"中庸"，缺乏对确定的定量关系研究的根基、动力与渴望，甚至对数据统计、量化解析存在天然的思维冷漠或疏离（韩启德，2012）。

《老子》"有欲观"对事物的认识由"形"（徼）而及于"神"（妙），是从分割入手。"无欲观"则由"神"（妙）而及于"形"（徼），是从整体出发。两欲观法互相配合，由"徼"及"妙"，又由"妙"及"徼"，互为体用、反复验证，直至完美获取宇宙真实的形神全貌，是含有了整体观与分割论相结合的内涵，但没有建立相应的方法论体系，可谓"玄之又玄，众妙之门"。

3. 整体论与分割论的关系

整体论研究尚是理想状态的思维推演，还没有建立一套实用的方法体系，一旦深入下去就往往不得不走向分割论及其方法。复杂性理论的任务在于充分揭示出"可区分态"的复杂性，而不是接受其混乱性。因此，面对复杂对象，"分割"或"还原"依然是复杂性科学研究中难以回避的科学哲学理念。例如，航天器的飞行与交会对接依赖于精准的计算，其依据就来源于对天体运行规律的确定性的认知，主体思想是分割论（韩启德，2012）。

非线性科学在工程地质和地质灾害防治研究方面的应用还处于探索阶段，似乎概念清晰，原理成立，方法可以套用，但取得实用的成效尚有很长的路要走（刘传正，1993；黄润秋和许强，1997；王来贵等，1998；秦四清等，2008）。正确的选择可能是，只要问题的主体部分是线性的或采用线性科学能够反映研究对象的整体特征或能够满足目标的达成，不影响对问题性质的认定和趋势把握，则即使存在部分非线性性质也是可以适当修正的。

整体与分割是对立的统一。整体可以分割为若干单元，分割解析的单元对更次一级而言又是整体。"可道""可名""有"似符合"分割论"可说的特点。"非恒道""非恒名""无"更符合"整体论"的不可说或笼统地说的要求。正确的选择可能是，采用整体论进行概念设计或顶层设计，采用分割论进行细部构造和结构设计。既要避免分割论之"只见树木不见森林"，又要避免整体论之"满眼森林没有树木"，陷入"浓浓绿色近前无"的迷惘，才能实现共性提炼之于整体论（综合论）和个性分析之于分割论（还原论）的相互补充印证。

1.4.3 地质灾害防治方法论

1.4.3.1 方法论的选择

地质灾害防治是一个复杂性问题，但并不等于排斥或拒绝简单性和分割论的基本原则。地质灾害防治研究要注意吸收复杂系统之非线性科学思维，更要重视分割论的合理哲学思想内核。解决复杂性问题的整体论需要简单性和分割论的集成，需要原型系统的抽象与概化，才能逐步走向系统仿真，反映地质体的真实特性，反映其变形破坏行为的内在规律。

地质学的基本观察方法是"远观近校"，"远观"就是整体论，"近校"就是分割论。"远观"是在宏观上把握区域地貌后陡前缓的"圈椅状"负地形可能是滑坡遗迹，滑坡创造的平台和土地因易于汇集赋存水分而常常成为植被发育和古老村落选择之地。"近校"就是实地考察滑坡的微地貌，对比研究岩土成分结构、地质时代和地表水文网络等与外围环境的差异，必要时采用技术方法进行精细探测。

地质灾害防治的整体论是战略指导性理念，用以宏观把握地质灾害共性，判断概化全局性的问题，谋划防治对策和优化工程主体布局，指导修正基于分割论得到的结果。分割论是战术指导性理念，用以解剖地质灾害个性，分析成因机理，计算单元体的属性量值，并把结果反馈到整体论层面进行对照检验、评判修正，追求有限时空的确定性，基本达到"逼近实在"（刘传正，2015a）。

科学利用地质环境之于被动防治地质灾害是整体论。地质灾害调查区划按行政单元或流域部署是立足于整体论，野外按分图幅开展工作，按地质块体单元描述是立足于分割论。立足于数理统计分析的地质灾害区域预警是整体论，滑坡单体勘查评价与监测预警是分割论。防治工程的概念设计或顶层设计是整体论，地质块体分析、数值计算和工程结构设计是分割论。

因此，正确的选择是宏观把握采用整体论以定性，具体分析采用分割论以定量，二者结合、相互补充、相互校验、共同解决问题。

1.4.3.2　基于整体论的方法

地质灾害区域研究或防治工程方案论证偏重采用整体集成的方法，可基于整体论的思维提炼主要问题，进行概念设计。整体论的基本方法是综合、归纳、类比和演绎（刘传正，2015b）。

1. 综合

综合是将研究对象各个部分、方面、因素和层次的认识联结起来，形成对研究对象统一整体的认识。综合是在分析的基础上进行的，综合不是关于对象各个构成要素认识的简单相加，综合后的整体性具有新的关于对象的机理和功能的认识。地质灾害调查区划是一个回答地质灾害现状、内在原因、外在因素和危害性的过程，评价区划采取从高到低的方法就是立足于整体论进行宏观把握，再走向分割论逐级分解的工作方式。从低到高的方法先是立足分割论，采用先分解评价单元（网格、行政区或小流域）的性能，再按一定等级区间把属性数值接近且相邻的图斑单元合并同类项形成区划图，即走向整体论综合集成的工作方式。长江三峡库区巴东新县城因地质灾害问题出现三次选址、两次搬迁的决策失误在于"围绕工程需要搞地质"的错误理念，忽视了从整体性调查区划和综合集成去认识问题（刘传正等，2007）。

2. 归纳

归纳是指从许多个别的事物中概括出一般性概念、原则，或通过大量案例的分析引出普遍结论的思维方法。完全归纳的前提是包含该类对象的全体，从而对其做出一般性结论。不完全归纳（枚举）是通过观察和研究，发现某类事物中固有的某种属性，并且不断重复而没遇到相反的事例，从而判断出所有该类对象具有相同属性的推理方法。中国崩塌滑坡灾害成因分为 10 种类型，泥石流灾害成因分为 7 种类型，就是使用了归纳法（刘传正，2014a）。

3. 类比

类比是利用公认的已认识的案例去比对陌生的研究对象，以便快速地做出基本正确的判断。立足于整体论看问题，甘肃舟曲县城快速城市化过程中对地质灾害的风险认知严重不足，不进行类比分析，城区规划建设盲目扩张，以致部分建筑占用了山洪泥石流进入白龙江的通道，增大了人居建筑与山洪泥石流遭遇的可能性和风险性而酿成灾难（刘传正等，2011）。

4. 演绎

演绎是从普遍性的理论知识出发去认识个别的、特殊的现象，从普遍性的前提推出特殊性结论的一种方法。凭借现有的科学概念、理论方法和实战体验进行分析演绎、逻辑推理，可以针对某种现象、事实、说法或观点做出是否正确的基本研判（刘传正，1997a）。思维推演（思想试验）实质上是一种基于学术研究积累与实践体验的形而上学方法。

1.4.3.3　基于分割论的方法

地质灾害防治研究涉及描述其特征，提出其引发因素，分析其成因机制，建立地质概念及力学模型，评价其稳定性或变化性，判断其发展趋势，预测评估其危害性，提出防治工程对策和设计方案，开展工程效果评价等。基于分割论的方法可概括为观察、描述、分析、建模、评价、预测和工程应用等。

1. 观察

地质观察的任务是利用现有的经验、理论、方法或技术按一定空间精度和要求对研究对象的形貌、地质成分、结构、构造和作用因素进行观察、测量。因观察不到位抑或"视而不见"，南（宁）昆（明）铁路八渡火车站址选在古滑坡上，并在建设施工中引起滑坡复活，造成投资增加、工期延长（刘传正，2007）。

2. 描述

科学描述依赖于正确的观察及其精细程度，并对关键问题或关键现象进行正确记录。注意到流路上崩塌体的高度及其跌水作用，甘肃舟曲县城山洪泥石流的流速流量计算才是正确的（刘传正等，2011）。描述了危岩体后缘拉断、底部软弱面摩阻力不足和西-北部边界的岩溶裂隙化，才能正确建立重庆武隆鸡尾山滑移式崩塌的破坏模式（刘传正，2010a）。观察记录了松散物质的真实来源，才能正确核算汶川地震区文家沟泥石流冲出的固体堆积物体积（刘传正，2012）。

3. 分析

分析是将研究对象分解为若干部分、单元或层次分别加以考察认识，研判其本质属性和彼此之间关系的方法。定性分析是为了确定事物是否具有某种性质，主要解决"有没有""是不是"的问题。定量分析是为了确定事物构成的数量关系，主要解决"有多少"的问题。物理系统的隔离体分析是在某个初始条件下对事物性质的独立考察。地质体变形破坏机理分析是基于地质体的成分结构和外在作用因素对其内在作用过程性状的研究。例如，贵州关岭大寨滑坡的内在原因是其斜坡体裂隙化形成的"砌体结构"孕育的"水楔"作用（刘传正，2010b）。

4. 建模

建模是根据对事物的观察描述、数据记录和机理分析，基于已有的理论方法和应用体验对事物的本质概化出的一种抽象的范式，用以表述既有的因果关系，预测未来的可能变化。由于建立的模型比系统原型简化，实际应用时必须考虑根据模型外推的许可误差。地质灾害研究建模一般包括地质概念模型、物理力学模型和数学模型。在地质模型方面，八渡滑坡上段的复活模式是其前缘切坡形成卸荷牵引式，下段的复活是其后缘堆土形成加载推移式（刘传正，2007）。云南保山瓦马乡河东村滑坡则起因于"之"字形公路的三次切坡，形成多级卸荷牵引式滑动（刘传正，2013a）。在物理力学模型方面，考虑主要作用因素给出受力状态的力学图解。在数学模型方面，主要基于统计分析、刚体极限平衡理论、莫尔–库仑（Mohr-Coulomb）定律和太沙基（Terzaghi K.）原理或连续介质离散化的数值解等（陈祖煜，2003；陈祖煜等，2005；Helmut，2006；刘传正，2009）。

5. 计算

地质块体稳定性的极限平衡分析通过二维或三维分割，在不能给出地质结构的应力应变图像的情况下，能对其整体稳定性给出比较准确的结论，体现了分割与整合的统一（刘传正，1996）。数值法如有限元、差分、边界元等通过单元剖分进行结构体的应力–应变分析是分割，把各单元的数值集成整体的应力应变图像以实现宏观的变形与稳定性评价（陈祖煜，2003；陈祖煜等，2005）。

6. 评价

评价是根据模型的计算结果对研究对象的性状进行衡量。在模型确定的前提下，选用合适的计算方法，输入边界条件、初始条件和外界作用因素，得到系列的计算结果，根据设定阈值或界限值，对地质体的状态进行研判，如根据稳定系数划分稳定性，根据地质灾害指数进行危险或风险区划等。这些评价实质上假定了地质体的时间暂态，在时间维度上也是基于分割论。在规模和时间观测尺度上，一般可以把地质体的运动视为是"缓慢的"，是可以离散化为一个暂态点来研究的，除非外界因素剧烈变化或崩塌滑坡已处于剧烈运动阶段（胡广韬，1995）。

7. 预测

地质体动态的预测预报涉及地质体活动的时间、空间、强度（规模、范围、速度）等要素（殷坤龙，2004；刘传正等，2009）。无论是区域还是单体的预测预报，都涉及根据临界值进行预警预报等级划分。根据实际观测或模拟仿真外界因素变化时地质体的响应，研判地质体状态未来可能发生的变化及其幅度，如滑坡动态参数（位移量、位移速度或加速度）可以作为滑坡失稳预警的指标，而滑动时程则取决于外界激发因素作用的弛豫期（Liu *et al.*，2006）。基于变形控制的预测预报是一个运动学问题，由于外因的激发过程和弛豫期具有阶段性，预报外推的有效时段也具有阶段性，自然很少可能是终极预报，依据曲线外推预报是自觉或不自觉地假定了滑动与摩阻作用力偶持续不变（许强等，2008；秦四清等，2010）。若考虑基于强度控制进行预报，地质块体的应力应变态势随空间与时间的变化是可以监测感知和分析计算的，但经济技术代价可能高昂到难以接受。

8. 工程

工程对策或方法包括土地利用规划、监测预警、搬迁避让、工程治理和应急处置等，是人为调整地质要素的控制变量，使地质块体向稳定有序方向发展的方法（崔鹏等，2011）。地质灾害防治研究的应用方面是树立正确的工程观，重点是工程方案论证优化要贯彻"科学有据，技术可行，经济合理，安全可靠"的基本要求（刘传正，2009）。工程治理方法包括截排水、削坡压脚、挡土墙、抗滑桩、锚固工程、格构护坡和柔性防护等（王恭先等，2004；刘传正，2000c）。例如，地质灾害"应急准备"强调主动性，立足于避免滑坡事件的发生，通过调查、监测和应急处置等迟滞其动态进程，延长弛豫期，改变地质体的发展趋势；"准备应急"则具有一定的被动应对性质，立足于滑坡事件可能发生，而着重于按照应急预案部署救援工作，尽可能减少损失，尤其是避免人员伤亡。在防灾减灾社会建设方面，要突出提升意识、增长知识、培育文化、强化能力、完善监管体系和推动社会保险等（刘传正，2010c）。

1.4.4　结论

科学给人以知识，用以分析说明，指导把事做正确。哲学给人以智慧，提供综合的、多维度的解释，用以指导选择做正确的事。科学思维主要应用分割论，哲学思维更多地体现为整体论，或者说，整体论更多地体现为一种哲学观。科学认识与哲学思维相结合，是我们的追求！

（1）科学给人以知识，用以分析说明，指导把事做正确。哲学给人以智慧，提供综合的、多维度的解释，用以指导选择做正确的事。科学思维主要应用分割论，哲学思维更多地体现为整体论，或者说，整体论更多地体现为一种哲学观。

（2）在认识论方面，地质灾害问题是可认识的，可防治的。地质灾害的共性和个性都具有复杂性、非线性、不确定性或随机性。在认识的宏观尺度上，对于确定的时间阶段、空间区域和作用条件，地质灾害问题简化为线性和确定性问题处理是可以接受的，是可以满足防灾减灾需要的。

（3）在方法论方面，现有的数理科学、基础地学、工程地质和岩土体力学等用于研究防灾减灾是有效的。宏观层面可以立足于非线性、复杂性思考问题，实际工作可以采用线性组合、确定论方法解决问题。分割论可以作为解决问题的主要理论依据，技术实现主要是解析方法。整体论和非线性科学可用于指导概念设计，弥补平衡分割论的不足或偏颇，二者结合求得问题的"满意解"。

（4）在应用范畴，地质灾害防治研究的哲学思考可以指导如何提出问题，选择解决问题的正确方法，制定可行的技术方案，预判结论的合理性及公共管理、社会与经济成本的可接受性。

1.5 地质灾害防治文化

法国思想家蒙田（1533～1592年）指出，人类的无知可分为两种：一是粗浅的无知，表现在获得知识或接受教育之前；另一种是博学的无知，表现在获得了知识，但不能有效地运用。在地质灾害减轻成效量度方面，有时博学的无知更加可怕，因为不仅可能害己，也可能害人。因此，培育风险文化，包括畏惧文化、预防文化、防灾文化、应急文化和制度文化等理念，是高于物理设防或物理实体防灾减灾的重要方面，倡导建设防灾减灾韧性社区（resilience）就是一种体现。

1.5.1 基本认识

文化是一个简单而复杂，空泛而实在，熟悉又陌生，柔软又有力的概念。简单说，文化就是"以文教化"使之"人化"，基本表现为人的习惯或行为模式（规则）的达成。因此，菲利普·巴格比（1987）提出，"文化是历史的投影"。文化主要体现在人或团体以什么习惯或模式对待自己，对待他人和对待所处的环境。个人知识、意识、修养和能力等的养成就是个人文化形成的过程，是积累沉淀成为日常言行习惯、信念和行为模式的过程，也是从"俗人"到"圣人"的蜕变过程。一个有文化的人知道尊重自己而慎独，尊重他人而修德，尊重环境而主动适应。文化是可以培育的，可以通过个人实践、经验传承和专门教育而实现。

我们需要防灾减灾文化。防灾减灾文化是社会个体生活、生存和发展的组成部分，是融入自我完善的有机成分，需要公民自我学习养成，也需要外界培育。由于无意识甚至集体无意识，缺知识甚至懂得知识但不会根据具体问题进行具体分析，导致对变化着的现象视若无睹，对突发情况缺乏警醒，针对具体场景不会自然产生应激反应，自发调动知识灵活应用，也就不会针对问题自然产生或寻求正确的应对策略。防灾减灾文化缺乏的实质是基于知识意识的因应能力缺乏问题，文化培育就是把防灾减灾理念能力培养种植在心田里，渗透在血液中，成为个人生存、生活和发展的必要组成部分，由视而不见走向自发乃至自觉。培育防灾减灾文化是可以救人，也是可以自救的。

1.5.2　基本概念

为了培育防灾减灾文化，需要建立一些基本概念，包括思想、意识、知识、认识、方法和文化等。

1. 思想

思想即"观念"，是客观存在反映在人的意识中经过思维活动而产生的结果。思想是从认知格式中诞生的，经由思考之后信息内容凝结形成架构或范式。思是意识运动的引起，是作用于记忆事物形态与现实形态的差异性的对比考量。想是有目的性的意识行为，是使现实形态达成于印象的事物形态而进行的有目的的意识行为。

2. 意识

意识是指大脑对客观世界的反应，或者说是对外界和自身的觉察与关注程度，一般表现为知、情、意三者的统一。知指人类对世界的知识性与理性的追求；情指人类对客观事物的感受和评价；意指人类追求某种目的和理想时所表现出来的自我克制、毅力、信心和坚持等精神状态。意识的自觉性产生人的饥饿、寒冷、欲望需求等内在意向；意识的目的性产生人的清醒、糊涂、注意力集中与分散等外在意识；意识的能动性表现为人的兴趣、意志等人格倾向。潜意识（下意识、无意识）是一种没有被主体明确意识到的意识，是一种主体自身不知不觉的内心的意识活动，是已经发生但并未达到意识状态的心理活动过程。

3. 知识

知识是指被验证过的，正确的，且被人们相信的个体通过与环境相互作用后获得的信息，一般可分为陈述性、程序性和策略性知识。陈述性知识用来描述客观事物的特点及关系，包括符号表征、概念、命题；程序性知识用来描述做事的操作步骤，主要解决"做什么"和"如何做"的问题；策略性知识表述认识活动的方法和技巧，解决如何有效记忆，如何明确解决问题的思维方向等。

4. 认识

认识是人收集客体知识的行为，也是人生产知识的活动，是人脑对客观世界的反映。认识是主体发现客体对主体有所作用和影响后，感知组织在思维组织产生的认识意识的指挥下，有目的、有计划地主动收集目标客体的属性和演化规律的知识，探索通过主体行为解决主体遇到的矛盾和问题的意向、方法、路线和方案的行为。认识的根本任务是使感性认识上升到理性认识，并能透过现象分析事物的本质和规律。或者说，就是探讨形而下的世界的形而上的内在根据的。

5. 方法

方法是为达到某种目的而采取的途径、步骤、手段与行为方式等，是人类认识客观世界和改造客观世界应遵循的某种方式、途径和程序的总和，可以说是对认识过程的一种图解。现实行动中，表现为通过一连串有特定逻辑关系的动作来完成特定的任务，这些动作所构成的集合或整体即方法。

6. 文化

文是"记录，表达和评述"，化是"分析、理解和包容"。文化既体现为知识的积累应用，也体现为根植于内心的修养，涉及知识、信仰、艺术、道德、法律、习俗和作为一名社会成员而获得的能力和习惯等，是众人行事的方法或行为规则（菲利普·巴格比，1987）。文化是生存、生活和发展过程中形成的思想、情感和习惯，体现在物态、制度、行为和心态等方面。个人文化体现为意识、知识、思想、修养和能力等构成的本能反应或习惯行为。

7. 防灾减灾文化

体现为个人或群体预防、躲避、控制和处置可能的灾害或灾难事件的意识、知识、能力、方法和制度等养成的行为习惯或行为模式，也体现为主动学习防灾减灾知识、提升意识、培育能力、完善制度和多种方法融合、协同应用的智慧。"防灾"体现为手段的运用，包括观察识别、监测预警、搬迁避让、工程处理和应急处置。"减灾"体现为目的，包括减少人员伤亡、财产损失、环境破坏和社会功能降低等。地质灾害事件具有意外性或随机性、产生重大影响和事后可解释的特征等"黑天鹅效应"，有效防灾减灾也就需要多维度思维才能实现正确预判（丹·加德纳，2009）。

1.5.3　地质灾害防治文化体现

1. 思想方面

思想上明确防灾减灾是一种自我主导责任，应主动实施自我防灾减灾行动，充分认识实施"自我识别、自我监测、自我预报、自我防范、自我应急和自我救治"，是有效减轻地质灾害，进行自我灾害风险管理的有效手段（刘传正等，2006a）。公民防灾减灾文化培育要树立"自为主，他为辅，公为补"的理念。"自为主"强调事发地的个人或群体是防灾避险，保障自我安全，有效避免灾难的主体；"他为辅"是强调邻居、社区或单位是有效防灾减灾的实时帮助力量；"公为补"主要体现为公共管理或社会力量在灾前预防、指导和灾后救援恢复方面的作用，在应急状态下是不能作为主要依靠对象的。

2. 意识方面

意识方面培育对环境变化特别是异常变化的敏感性、推断力、判断力，避免因无意识防灾减灾，甚至集体无意识而导致灾难发生。例如，2013年4月22日，贵州思南县某交通线二次滑坡，造成抢通的工程人员11人死亡、2人受伤，就是因为没有意识到下部清方必然引起上部堆积体下滑。照明、预警、撤离信号与行动路线、逃生演练等缺乏事前考量，以致出现"牺牲得没有道理"。

3. 知识方面

通过一幕幕的"滑坡灾难故事"，提炼滑坡发生的环境条件、引发因素、地形地貌变化、水文或房屋的前兆变化、预警信号、应急处置和逃生路径选择等方面的知识，使相关人群应知应会，因为"知道了才能预防"。"专家"要在理念上避免把简单问题复杂化，培育能把复杂问题简单化的本领，要成为善于"讲故事"的防灾减灾人才，才能帮助当事人把知识转化为能力（Highland and Bobrowsky，2008）。

知识不等于文化，"没有文化不知道害怕"是对文化认知缺乏的一种调侃说法。诸多事例证明，专业人员不一定真正懂得防灾减灾，正像"滑坡专家"不等于"灾害专家"一样。例如，负责监测预警的专业人员在自己住宿的监测房内因危岩崩塌殉职；滑坡治理工程勘察设计违背常理而酿成灾难；万宜铁路某危岩爆破处理导致35人遇难，施工中既没有设置自我逃生通道，也缺乏公路交通管制和安全警戒措施。因此，工程技术人员需要自觉地向防灾减灾"行家"转变也是突破文化贫乏困局的一个方面。

4. 临机处置能力

有意识有知识还需要养成自我防范能力、争取外援能力和临机处置能力。要做到临危不乱，公众社会就需要消除恐慌心理，加大防灾减灾的社会动员、隐患识别、预警发布、应急响应、妥善安置、心理抚慰和重建筹划等方面的能力。

2018年1月9日凌晨，美国加利福尼亚州蒙特斯托的泥石流，泥石流致17死20多人失踪，居民多未听从疏散警告（图1.2）。虽然当局给受火灾影响过的周边地区在暴雨前发布了强制疏散令，但官员们估计，实际上只有10%至15%的居民在暴风雨前听从了警

图1.2　2018年1月9日，美国加利福尼亚州蒙特斯托泥石流掩埋的房屋

告。8 日南加利福尼亚州多地普降暴雨，降雨总量在 50～110mm。暴发泥石流的圣巴巴拉县、文图拉县等地，上个月才经历过加利福尼亚州史上最严重的山火，大量植被被烧毁，使土地更加松脆而易发泥石流。

2014 年 3 月 22 日，美国华盛顿州斯诺霍米什县奥索镇发生山体滑坡，造成 43 人死亡，数人受伤（图 1.3）。事实上，早在 1999 年，地质学家 M. 丹尼尔和 L. 罗杰斯就提醒、警告过要提防该地潜在的第四纪堆积物滑坡灾害："这迟早都会发生，只是不知道确切的时间"。之后每隔 10 年，地质专家都发布了警报却均未引起相关部门及公众的重视。

图 1.3 2014 年 3 月 22 日，美国华盛顿州斯诺霍米什县奥索镇山体滑坡
（USGS. Open-File Report 2015-1089）

5. 修养素质方面

一个理性的、成熟的社区、城镇乃至国际都市，应该能够具备自我反省的气度、素质和能力，防灾避险意识应不断受到平日里有组织的激发，当灾害来临时才能有序应对，社会建设才能更加智慧地前行。要倡导"尊重自己而慎独，尊重他人而修德，尊重环境而主动适应"。某些情形下，对某些人有利的行动，对整体可能是巨大的伤害。2014 年 12 月 31 日上海外滩踩踏事件中，每一个人都是在本能地逃生，结果却是群体的踩踏灾难。

夸然泰利（E. L. Quarantelli）提出恐慌存在显式和隐式两面性。一方面恐慌包括非社会性的非理性的逃生行为，另一方面恐慌包括一种非常严重的对预期危险的恐惧反应，并针对一种具体的威胁。中国的主流文化是以集体为本，对个人有利的选择，未必是对群体有利的选择，个人逃生是没有道德优势的，普通人在灾难面前恐慌和自我逃生行为往往是不被接受的。恐慌，或者说本能取代理智性思考，导致无法采取更理想的逃生方法。恐慌是一种突如其来的恐惧，替代了正常的思考，影响了人群或兽群的行为。恐慌通常出现在灾难的场合或暴力的场合，影响了所有人的安全水平。

按照"自救优于互救，互救优于公救"的原则，应充分依托社会力量，营造"人人关心安全，人人重视安全，人人参与安全"的社会文化。

1.6　地质灾害防治管理

1.6.1　基本认识

现代灾害管理理念是广泛涉及政策、计划和组织执行等的一个特殊的动态过程。人类社会追求快速发展,但在复杂的地质环境面前懂得适可而止才能避免陷入不可控制的地质灾害风险困境之中。地质灾害可以视为一种具有生命体征的危机事件,显示出有生有死的周期性特征,如划分为五阶段则包括潜伏期、显现期、突发期、衰减期和终止期,然后开始进入下一个循环。每个地质灾害事件的各个阶段都比较分明还是只显示某几个,既取决于地质环境条件组合,又取决于引发因素的类型、作用方式、强度和持续时间等。

地质灾害防治公共管理的核心目的是培育各层级政府公职人员和技术人员要有职业责任感。在思想上明确,当代的灾害管理已成为国家持续发展的需要,对于政府与公众具有同等的重要性,是国家和社会责任的体现,是广泛涉及政策、计划和组织执行等的一个特殊的动态过程。灾害管理是试图通过对灾害进行系统观测和分析,改善有关灾害防御、减轻、准备、预警、响应和恢复对策的一门应用性科学。灾害管理追求系统性,以保证在任何时候,尽最大可能,确保相关的政府部门或非政府组织掌握的资源和行动相互协调,形成最佳的防灾减灾效果。

地质灾害防治基本要求可概括为"十化"(刘传正,2017a)。①隐患识别基层化:倡导当地人自我识别灾害隐患;②调查监测实用化:调查监测资料能够直接服务防灾减灾;③风险管控科学化:依据科学认识主动避免或消除灾害风险;④信息共享实时化:数据信息采集传输与处理能够实时上下互联、左右互通;⑤预报预警超前化:警示服务信息超前发布,简明易懂,指导行动;⑥公共服务多样化:公共服务活动如培训班、报告会、演播互动和避灾演练等,纸质媒介如书籍、报刊、展板、挂图、折页、游戏卡等,音视频如广播、动漫、电视和电影等;⑦培训演练常态化:定期开展培训演练活动,使之成为生产生活的一部分,把防灾减灾培养成一种习惯(文化);⑧防治效益最大化:社会、经济和生态效益综合考量;⑨应急处置属地化:应急响应工作属地为主,外援为辅;⑩防灾减灾法制化:依法分解防灾减灾责任,化解公共管理的无限责任,破解人治混乱和资源浪费的"魔咒"。

地质安全隐患是大概率的"灰犀牛"(gray rhino),地质灾害事件是小概率的"黑天鹅"(black swan),采取科学对策防控"灰犀牛",就能减少乃至避免"黑天鹅"的出现。地质灾害防治应该成为人类生存与发展的一部分,防灾减灾应养成为公众社会的一种习惯,即文化。

香港斜坡安全管理告知市民常见问题,如斜坡的安全标准、斜坡是否安全、地产业主的责任、斜坡或挡土墙破坏识别、植被的变化、渠管–排水井的损坏报告、山泥倾泻警报的应对、私家斜坡和政府斜坡的维修和斜坡安全及维修的例行检查及风险量化评估等。

在一般意义上,地质灾害是随机的突发事件,多种因素的随机耦合造成地质灾害的

"大年"与"小年",但并不意味着"大灾年"就是政府、企业、社会和科技界不努力或工作不到位,而"小灾年"就是防灾减灾成效显著。唯有该坚持的是树立合理利用地质环境的科学观,坚持防治地质灾害(刘传正和刘艳辉,2012)。应该树立的观念是,生存还是毁灭,全靠我们自己!

1.6.2 风险理念

地质灾害防治是一种非常规的科学技术应用过程,地质灾害防治管理的核心理念是风险管理。从实际出发,地质灾害防治管理必须是一个综合的、持续的活动,而不是一时、一地、一灾的反应。不同的地域或机构又组成不同的层级,如国家级、省级、县级、社区级,每级都有自己对应的灾害管理周期。由于灾害在社区中发生,社区成为"灾害前线",因此,任何灾害管理机构必须让合适的社区参与,优先考虑社区的需要再做出安排。

地质灾害防治管理对领导人员的基本要求包括,个人素质、专业能力、自信心、可靠的判断、正确的决策、沟通能力、个人的榜样和适当的领导方式。如在领导方式方面,在有力的领导人和强大的工作队之间,就可能存在"告诉、说服、协商和联合"等几种不同的方式。因此,而拘泥于一般性事务的领导方式可能影响减灾效果。

地质灾害防治管理在广义上应涵盖应急管理,因为风险管理与应急管理均属于危机管理范畴,只是应急管理焦点更突出,问题更集中。风险管理-危机管理-应急管理组成完整链条,前者重在预防,重者准备应对,后者重在响应。地质灾害防治要坚持政府、智库、社会和企业多元合作,才能使地质灾害调查评价、监测预警和工程治理工作的收益最大化。做好地质灾害防治管理必须清楚地质灾害风险识别、分析、评估、控制等基本认识。

【风险识别】指在灾害事件发生之前,运用各种方法系统的、连续的感知或认识已有的或正在发生的致灾因子的变化,研判其对现存的或潜在的、内部的或外部的、静态的或动态的承灾体的危害可能性的工作过程。风险具有可变性,风险识别是一项持续性和系统性的工作,要求密切注意原有风险的变化,并随时发现新的风险。风险识别是研判致灾因子与承灾体遭遇的概率及其可能的危害程度,或者说研判致灾因子在未来某个时间、地点发生,并可能造成生命财产和工程设施损害的程度。实际应用中,需要注意区分现状风险、引发风险和临界风险。例如,地质灾害的风险识别重在关注地质环境要素变化,通过建立风险概率函数,求解各要素随时间的变化可能孕育地质灾害风险的组合概率。

【风险分析】指确定有关因素的变化可能带来的危害可能性及程度。分析在给定条件下的风险有助于正确地做出决策。风险分析方法包括德尔菲法、头脑风暴法、检查表法、SWOT 技术、检查表和图解技术等。德尔菲技术是众多专家以匿名方式就某一专题发表意见得到某种一致性结论的一种方法,其工作过程可能要经过若干轮之后才能得出关于主要风险的一致看法。头脑风暴法的目的是取得一份综合的风险清单,在一位主持人的推动下,与会人员就项目的风险进行集思广益。例如,沟道或河床显然是流水的通道,河漫滩在汛期也是山洪漫溢的区带,沟谷出口自然存在着大石头,说明此地历史上发生过山洪泥石流,沟床以上斜坡少见大树出现的区带应是山洪泥石流经常光顾或能够到达的位置,居住停留都应考虑会否遭遇危害风险。

【风险评估】确认风险性质、程度和范围的分析过程，即通过分析潜在致灾因子和评价现存脆弱条件，以及它们结合时可能对暴露的人员、财产、服务设施、生计和它们依存的环境造成的损害。风险评估包括对致灾因子的位置、强度、发生频率和概率进行研究，分析实体社会、健康、经济和环境的暴露程度和脆弱性状况，评价有效应对可能出现的危害情况的能力，不论是常用的，还是备用的能力。工程规划建设侵占河滩、沟床，随意堆弃工程渣石、生活垃圾，堵塞沟道、流路或桥涵，从而恶化环境，加重灾害。区域防洪规划、土地利用规划、城镇建设规划，乃至生态屏障规划等。这些规划首先要合法合规，而法规制定的依据首先是对区域自然环境限制要素、人文历史限制要素、增长空间需求要素和最大灾害隐患要素等的综合考量。

国际都市如何应对"水浸街"？英国伦敦排水系统 1865 年完工，地下管道纵横交错，全长达到 2000km。法国巴黎密如蛛网的下水道总长近 2400km，下水道里也会标注街道和门牌号码。日本东京地区的地下排水系统 2006 年竣工，主要是为避免受到台风雨水灾害的侵袭而建设的。东京的地下排水系统由一连串混凝土立坑构成，地下河深达 60m，可进行各地的排水调度。莫斯科的排水系统始建于 1898 年，此系统承担 1200km^2 的排水任务，整个系统网络总长 7000km，共 139 个泵站，日排水能力为 $500×10^4$m^3。香港针对 2008 年 6 月的特大暴雨，政府制定了"跑马地地下蓄洪计划"，在跑马地赛马场地下建造 $6×10^4$m^3、约等于 24 个标准游泳池面积的蓄洪池。北京紫禁城的排水设计布置了明暗两套系统。明排水是通过铺地做出泛水，通过各种排水口、吐水嘴排到周边河中。暗排水是通过地下排水道将水排到内外金水河。

【风险区划】根据风险评估结果进行的分区，或者说基于致灾因子与承灾体易损性关系计算得到的可能危害因果进行的分区。风险区划可以根据人、财产、设施和资源的危害可能性或风险性评价结果进行综合区划，也可以根据某一个危害对象的风险评价结果进行单项区划。风险区划的空间精度取决于实际资料的精度，也取决于实际决策的需求。

【风险转移】把某些风险导致的后果正式或非正式地从一方转移到另一方的过程，家庭、社区、企业或国家权威在灾害发生后将从另一方获得资源，作为交换他们不断地或补偿性地把社会或财政收益提供给另一方。保险是著名的风险转移形式，通过保险人对风险的承担，交换性地不断获得保费。风险转移可以非正式地发生在家庭和社区圈子内，那里有对你来我往互惠的期待，通过赠予和欠账的方式互相帮助；正式的风险转移有政府、保险商、多边银行和其他高风险承担实体建立应对重大事件中损失的机制。此类机制包括保险与再保险合同、巨灾债券、应急信贷机制和准备基金，其费用由保险费、投资者捐助、利息和以往的结余分别承担。

【风险控制】指风险管理者采取各种措施和方法，消灭或减少风险事件发生的各种可能性，或风险控制者减少风险事件发生时造成的损失。风险总是存在的，总会有些事情是不能控制的。作为管理者会采取各种措施减小风险事件发生的可能性，或者把可能的损失控制在一定的范围内，以避免在风险事件发生时带来难以承受的损失。风险控制的基本方法是风险回避、损失控制、风险转移和风险保留。

【风险管理】通过动用行政命令、组织和操作技能和能力来实施战略、政策和改进了的应对能力，以减轻由致灾因子带来的有害影响和可能发生的灾害，以处置与灾害风险相关的问题。为了减小潜在伤害和损失，对不确定性进行系统管理的方法和实践。风险管理包括风险评估和风险分析，以及实施控制、减轻和转移风险的战略和具体行动，被广泛地用来减少投资决策中的风险和处置操作中的风险，如商务活动被打乱、生产失败、环境损坏、火灾和自然致灾因子造成的社会影响和损坏。针对自然灾害，风险管理由立法、行政、企业、科技和社会等方面合作实施。灾害风险管理方式包括制作灾害系统管理图、实施灾害目标管理、减灾过程管理、减灾项目管理和减灾职能管理等，促进减灾事业与社会经济的持续协调发展。灾害风险管理的目的是通过防灾、减灾和备灾活动和措施，避免、减轻或转移致灾因子带来的有害影响。

运行维护是实现风险管理的重要举措。2012年北京"7·21"极端暴雨洪水事件后，北京城区雨水排水管道内沉积物的沉积状况调查发现，北京市近80%的雨水排水管道内有沉积物，50%的雨水排水管道内沉积物的厚度占管道直径的10%~50%，个别管道内沉积物的厚度占管道直径的65%以上，这自然更加凸显了排水能力的不足。2005年6月10日，局地降雨山洪淹没校园造成黑龙江省宁安市沙兰镇小学105名小学生遇难，事后调查也发现，除降雨强烈和来水急速外，也与学校前面小河的桥洞被杂物堵塞，短时壅水抬高水位有关。因此，注重日常维护，每年汛前对照预案或规则要求，专门检查清理地下地表排水系统，也是减轻城市内涝的重要举措。

1.6.3 地质灾害防治工作体系

主动预防是基于风险认知而主动采取相关行动，如避开易发区、减少建设盲目性、约束过度的自利性等。被动预防是针对已知的风险采取量化风险、监测预警及防灾减灾措施。地质灾害防治工作体系主要包括地质灾害调查评价、监测预警、避让搬迁与治理、应急响应体系建设和科学技术研究支撑和公共管理体系等。

1. 调查区划体系

实施地质灾害调查评价工程是为了建设地质灾害调查评价体系，基本目的是查清地质灾害发生的地质环境条件、评价其危险性，进行地质灾害风险区划，确定重大地质灾害隐患点，为合理开发利用地质环境，实施地质灾害监测预警和防治工程提供依据，为省级和国家层面决策管理提供支持。调查评价体系服务于地质灾害信息化、防治规划编制、防灾减灾风险管理、土地科学利用和地质环境保护。

2. 监测预警体系

监测预警体系开展地质灾害区域预警预报、单体专业监测预警和群测群防建设地质灾害监测预警体系包括技术和行政两个方面，是防灾减灾成效突出的重要手段。一个运行良好的地质灾害监测预警体系能够在地质环境条件发生变化时及时捕捉前兆信息，针对不同对象及时发出防灾减灾警示信息，为地质灾害避险决策或应急处置提供依据。

3. 搬迁治理工程体系

根据地质灾害调查监测结果，对确认危险性大、危害严重的地质灾害隐患点，经过地质勘察评价，采取搬迁避让或工程治理措施，彻底消除地质灾害隐患。在条件具备时，治理工程可以和灾后重建的土地整理或地质环境合理利用结合考虑，以实现防灾减灾与土地资源再开发的双重目的。综合防治体系的重点工作是搬迁避让和工程治理。

4. 应急响应体系

坚持以重大突发地质灾害应急管理需求为导向，立足于现有科学技术资源集成整合，逐步建成适应公共管理需要的重大地质灾害应急处置技术支撑机构、信息网络系统平台、技术装备体系和应用技术系统，科学、高效、有序地做好重大地质灾害应急响应服务。应急体系建设的重点是地质灾害应急响应、处置能力和恢复重建（刘传正，2006b）。

5. 科学技术支撑体系

开展地质灾害防治科学技术支撑研究，对重大地质灾害成生的典型地质环境、内在机理和成因模式进行研判，开展地质灾害风险区划、监测预警、防控方法和防灾减灾技术标准等研究，建立应急响应与模拟仿真研究体系。科技支撑体系重点解决复杂科学问题和新技术新方法研发应用。

6. 公共管理体系

从战略层面分析，自然环境的合理利用与防灾减灾同等重要，不可偏废。一味强调自然环境的科学利用，人类的生存空间必然狭窄。片面强调防灾减灾，将有可能不顾环境的许可程度，而陷入疲于应对的局面。从操作层面讲，我国城乡社区或工程建设场所的防灾减灾"基本功课"尚很缺乏，甚至包括科学技术界在内，我们在灾害隐患的识别评估、预警响应、应急响应、基础设施、运行维护和发达国家的先进经验吸取等方面都迫切需要认真反思，系统整理，并逐渐有序地付诸建设。

法律上明确政府、企业、个人、社会和科技界五位一体的防灾减灾"伙伴"关系。①政府依法履行防灾减灾责任，法定职责必须为，法无授权不可为；②企业承担其活动范畴内可能遭遇或引发地质灾害的防治责任；③个人（利益相关者，stakeholder）有义务主动了解自己所处环境的地质灾害隐患，履行自己的防灾责任，购买社会保险，增强自我备灾与自救恢复能力；④公众社会（利益不相关者）包括志愿者、捐赠者、非政府组织、新闻媒体和自媒体人等应理性对待地质灾害，在救援、安抚、捐赠和舆论等方面做好自我管控完善工作；⑤科技界是政府、企业、个人和社会相互沟通的桥梁纽带，依法开展技术咨询、决策支持和科学新闻传播工作，促进防灾减灾水平的提升。

7. 安全城乡社区建设

由于灾害常常发生在城乡社区，社区就成为"灾害前线"，优先考虑社区民众参与防灾减灾工作是各级管理者必须提升的基本认识。

社区是在一定地域范围内，按照一定规范和制度结合而成的，具有一定共同经济利益和心理因素的社会群体和社会组织。社区是社会的细胞，社区安全是社会安全、稳定和谐和生产安全的基石，是落实以人为本，实现全面、协调、可持续发展的重要措施之一。社区安全基础差，社会安全意识必然薄弱。

通过建设安全社区，整合社区资源，强化社区功能，开展安全促进活动，大力推广安全文化和安全科技知识，提高全员安全意识和防范能力，是促进安全生产形势稳定好转的重要措施，也是建立安全生产长效机制的客观要求。

安全社区建设体现了先进的社区建设理念，贯彻了公众参与、公众受益的原则，是社区改革发展的需要。安全社区建设也是我国适应全球经济一体化、满足政府和企业的社会责任要求的重要内容。开展社区安全促进活动，不但可以提升社区的服务水平，同时还可以帮助提升社区的社会形象。安全社区和安全文化建设要体现"平安社区""绿色社区""文明社区"等多位一体。在公共安全视角，尤其强调公共场所安全、生存环境安全与防灾减灾抗灾。安全社区的基本理念是预防所有类别的伤害。在生活、工作、环境等诸多领域，资源整合，全员全过程全方位动员组织起来，降低伤害，持续改进。

危机是全民最好的学习机会，是全民学习的最好课堂。建立独立、权威、专业的调查制度，坚持实事求是、科学理性，避免用对相关人员的简单问责代替对事件的全面分析，而是进行客观公正的调查分析并公之于众，发现问题、总结经验教训并持续改进各方面的工作，切实做到"吃一堑、长一智"，已成为当前世界各国应急管理的宝贵经验。例如，1998 年 6 月 3 日造成 101 人死亡、88 人重伤、106 人轻伤的城际特快列车事故发生后，德国进行了长达五年的技术调查和法律审判。

社区抗灾力建设的风险评估一般要列出：①自然灾害危险清单如地质、地震、气象、水文、海洋、生物等并定期排查；②社区灾害脆弱人群清单如老人、小孩、孕妇、病患者、残障人员等并制定帮扶措施；③社区灾害脆弱住房清单如居民危房、公共设施和公共建筑物等并制定治理方案和时间表；④编制社区灾害风险地图，用符号标出灾害危险类型、强度或等级、易发地点、时间、分布等并定期讲解、演练等。

以社区为基础的灾害风险管理，一般包括：①社区组织机构；②社区减灾风险基金；③社区致灾体、脆弱性和能力地图；④社区灾害风险管理规划；⑤社区培训系统；⑥社区防灾演练系统；⑦社区学习体系；⑧社区灾害预警系统等。

8. 减灾保险制度

建立防灾减灾保险制度并普遍实施代表着减灾社会化的水平。社会保险是转移风险的一种重要手段。在自然灾害保险赔付方面，美国、日本、新西兰和中国台湾等国家或地区的制度比较完善。例如，2004 年美国加勒比地区系列飓风造成 622 亿美元经济损失，其中保险赔付 315 亿美元，占 51%。2007 年全世界巨灾损失（包括自然与人为方面）706 亿美元，保险赔付 276 美元，占 39%。相比之下，我国历次巨灾事件中保险补偿值仅占 1%~5%。中国 2008 年 "5·12" 汶川地震灾害的保险赔付不足 1%。

美国地震保险的涵盖范围是，因地震（震动和地裂）直接造成的房屋和个人财产损失。保费根据房屋的地理位置、房屋类型、建造年限、土壤状况、离地震带的距离和地震可能性等进行区别。各地地震险免赔比例差别较大，从 2% 到 20% 不等。地震发生频率较高的加州免赔比例为 15%。即使在美国，公众对地震保险的认知度也并不高，加州购买地震险的房主比例约为 12%。因为地震险较贵，年费率约为房价的 3‰，期限 10 ~ 30 年。

1966 年，日本出台了《地震保险法》，而地震险保单由保险公司、再保险公司和政府三方面共同分担责任，并设定最高保险限额。一般地，损失越大，政府承担的份额越大。1995 年阪神地震后，日本房屋地震险的购买率由 2.9% 升到 20%。

日本的地震险作为财产险的附加险出售，保额为财产险保额的 30%~50%。且住宅险的最高承包金额不超过 5000 万日元。地震保险费率根据风险区划和建筑材料（木质或非木质）定为 0.5‰~3.13‰，且可根据住宅建筑年限和抗震等级进行 10%~30% 的费率折扣。单次灾害的最高赔付限额为 5 万亿日元。

新西兰巨灾保险的核心是风险分散机制。新西兰对地震风险的应对体系由三部分组成，包括地震委员会、保险公司和保险协会，分属于政府机构、商业机构和社会机构。一旦灾害发生，地震委员会负责法定保险的损失赔偿，房屋最高责任限额为 10 万新西兰元，房内财产最高责任限额为 2 万新西兰元；保险公司依据保险合同负责超出法定保险责任部分的损失赔偿；保险协会则负责启动应急计划。

中国台湾 2001 年 11 月颁布实施《住宅地震保险共保及危险承担机制实施办法》。地震保险保障范围为承保住宅因地震震动或地震引起的火灾、爆炸、山崩、地陷、滑动、开裂、决口，或地震引起的海啸、海潮高涨、洪水等导致的实际全损或推定全损。

1.6.4　发达国家防灾减灾管理

自然灾害应急管理模式主要有两类，一是中央集权垂直管理模式，二是联邦政府专设机构组织协调属地管理模式。

1. 中央集权垂直管理模式

中央集权垂直管理模式以日本为代表。决策运作过程是采用中央–都（道、府、县）–市（町、村）三级管理机制，运行机制又分为平时和灾时。平时各层级都定期召开防灾会议，制定防灾业务计划；灾害发生时，则依法建立从上至下的灾害应急体系。特别重大灾害发生时，经中央防灾议会审议，内阁设立非常灾害对策本部进行统筹协调。同时，在灾区设立非常灾害现场对策本部就近管理指挥。

2. 联邦政府组织协调和属地管理模式

这种管理模式以美国、加拿大和澳大利亚等为代表。这种管理模式具有三级责任制，即联邦政府–州、地区–社区三级体系。联邦政府主要负责制定灾害管理政策，积极支持州、地区政府的灾害管理能力建设，在灾害应急和灾后复原阶段提供协助，并对特别的危险提供警告与监控服务。

美国管理模式的基本特点是统一管理，属地为主。统一管理是指各类突发公共事件一律由各级政府的应急管理部门统一调度指挥，同时负责平时与应急相关的工作，如风险评估、培训、宣传、演习和技术保障。属地为主是指一般的灾害应急管理任务均由事发地所在政府承担，联邦政府机构的职责主要是指导、协调和援助，只有出现特别重大灾害，如"9·11"事件和"卡特里娜"飓风等当地政府无力控制的灾难，联邦政府才会直接介入救灾行动。

总结起来，发达国家或地区在减灾方面的主要经验是：

（1）重视对灾害的科学研究，特别是灾害发生的动力学机制问题研究；

（2）重视灾害对自然环境的影响，将减灾和环境保护结合起来；

（3）把人与自然灾害之间的关系放在突出位置上，十分重视人的生命价值；

（4）从制度上、法律上把防灾减灾作为政府的一项日常任务确定下来，并对不同社会成分的减灾责任进行明确的划分；

（5）监测、预报、救灾、通信网络完善，一旦灾情发生，各种服务系统自动进入救灾状态；

（6）工程措施与土地利用规划限制相结合，即一方面重视工程治理，另一方面把地质灾害调查评价结果纳入土地利用规划和土地审批过程中，确立了"软措施"减灾的法律地位；

（7）政府对于救灾、抗灾都有专门的财政预算拨款；

（8）社会捐助和保险业的介入对减灾和灾后恢复起了重要作用。

1.7 地质灾害应急管理

自然是必然与偶然的结合体，必然总体体现为缓变，偶然体现为突变，人类要实现可持续生存与发展，就要学会应对缓变与突变，而应急主要是应对突变。因此，应急响应是基于事件风险的主动应对，不是事件来临后才启动的被动应付。

中国关于地质灾害的应急响应行动可追溯到 20 世纪 80 年代，典型例子如 1982 年 7 月重庆云阳县鸡扒子滑坡阻碍长江航道的应急处置，1985 年 6 月湖北省秭归县新滩镇滑坡前组织当地居民紧急撤离等。在行政管理和科学认识层面，中国关于地质灾害的应急响应理念是明显滞后于行动的，更多地把各类公共突发事件作为一时一地的事故或灾难抢险救灾，而事前事后缺乏系统地考量。应该说，2003 年我国发生非典（SARS）事件以后，关于突发公共事件的应急管理才逐渐获得认可，发达国家的相关科学与管理理念开始系统引入。

1.7.1 基本认识

孙子曰：毋恃其不来，恃已有所备。夸然泰利（E. L. Quarantelli）指出，应急管理有三大基石：灾难的历史与文化代表地方灾情特征；灾难的人群响应特征代表灾难的社会学认识；灾难的自然环节和技术特征代表灾难的工程学认识。

应急管理是指政府及其他公共机构在突发事件的事前预防、事发应对、事中处置和善后恢复过程中，通过建立必要的应对机制，采取一系列必要措施，应用科学、技术、规划与管理等手段，保障公众生命、健康和财产安全；促进社会和谐健康发展的有关活动。危险包括人的危险、物的危险和责任危险三大类。首先，人的危险可分为生命危险和健康危险；物的危险指威胁财产安全的火灾、雷电、台风、洪水等事故灾难；责任危险是产生于法律上的损害赔偿责任，一般又称为第三者责任险。其中，危险是由意外事故、意外事故发生的可能性及蕴藏意外事故发生可能性的危险状态构成。

【应急管理】对资源和责任的组织和管理，以应对突发事件的各个方面，特别是备灾、响应及早期恢复阶段。危机或突发事件是一种危险情况，需要立刻采取行动。有效的应急行动可以避免一个事件上升为一场灾难。突发事件管理要求有预案和机构安排，以利于政府、非政府组织、志愿者和私营机构的努力，使其以综合和协调的方式应对紧急需求的整个局面。

【应急响应】灾害事件发生后或即将发生，按照应急预案有组织地开展抢救生命、转移人员、处置险情以减轻灾害紧急行动。应急响应是涉及因素多、技术含量高、时间要求紧、工作任务重和社会影响大的危机事件管理行为，是跨阶段、高要求、大集成、快反应和求实效的非常规防灾减灾行动。对应着灾害事件的规模和影响，应急响应分为一级、二级、三级和四级。不同层级的政府部门或企事业单位或不同灾种应急响应级别的含义是不同的，如国家级地质灾害一级响应是指一次死亡30人及以上的特大型者，地震灾害一级响应是一次死亡300人及以上者。应急响应包括启动应急预案、值守应急、前后方指挥调度、信息报送处理、分析研判、综合协调、应急处置和物质、交通、通信、安全、医疗、搜救、生活安置和媒体沟通等方面的保障等。一般地，人员搜救完成和险情处置结束即可宣布响应结束，进入灾后恢复重建阶段。

【应急处置】广义上，可以概括为针对事件的整个应急工作过程，指应对灾害事件采取的一切管理和实地工作行为，以减少人员伤亡和财产损失。狭义上，主要是指灾害现场的搜救、工程除险、通信、医疗、交通和安全保障等。现场处置方案应当包括危险性分析、可能发生的事故特征、应急处置程序、工作方案、应急处置要点、注意事项和可能的风险等内容。

【应对能力】各种力量、软实力和资源的集合，并可以被社区、社会和机构动用来实现认可的目标。能力可以包括基础设施和物质手段、机构、社会应对能力，以及人的知识、技能、集体的软实力，如社会关系、领导水平和管理能力。应对能力是人员、机构和系统运用现有技能和资源的能力，以应对和管理有害情况、突发事件或灾害。应对能力需要有持续的意识、资源和好的管理，不仅在平时，而且在危机和有害情况发生的时候。

【抗灾力】遭受灾害损失后的"承受能力"或"恢复能力"。暴露于致灾因子下的系统、社区或社会及时有效抵御、吸纳、承受灾害的影响，并从中恢复过来的能力，包括保存和修复主要的基础设施及其功能，建设"柔性"城市的理念即强调了其在灾害面前的抗灾力与恢复力。一个社区应付潜在危险事件的抗灾力取决于它拥有所需的资源和自我组织能力的程度，不仅在需要前，而且在需要的时候。

1.7.2　应急管理的"三制一案"

应急管理基本管理工作理念是"三制一案"。"三制"是指应急工作的管理法制、工作体制和运行机制，"一案"是指应急预案。"三制"是编制"一案"的依据，决定了应急预案的基本构成。"一案"是"三制"的具体体现，是决定了应急预案的基本构成，是法制、体制和机制实际运用形式。

法制指法律和制度。动态意义上的法制，即指立法、执法、守法和对法律实施的监督。法制在不同国家其内容和形式不同。狭义的法制认为法制即法律制度。广义的法制是指一切社会关系的参加者严格地、平等地执行和遵守法律，依法办事的原则和制度。管理法制化或健全完善应急管理法律规章是应急的基石或依据。主要是加强应急管理的法制化建设，把整个应急管理工作建设纳入法制和制度的轨道，按照有关的法律法规来建立健全预案，依法行政，依法实施应急处置工作，要把法治精神贯穿于应急管理工作的全过程。

体制是管理机构和管理规范的结合体或统一体，是指规定组织形式的制度，管理机构和管理规范相结合形成体制，形成机构之间的层级关系，是国家机关，企事业单位的机构设置、隶属关系和权利划分等方面的具体体系和组织制度的总称。应急管理工作体制是指集中统一、坚强有力的组织指挥机构，发挥我们国家的政治优势和组织优势，形成强大的社会动员体系。建立健全以事发地党委、政府为主、有关部门和相关地区协调配合的领导责任制，建立健全应急处置的专业队伍、专家队伍。必须充分发挥人民解放军、武警和预备役民兵的重要作用。

机制是指各要素之间的结构关系和运行方式，或事物内部各部分作用的相互关系，或协调各个部分之间关系以更好地发挥作用的具体运行方式。机制运作方式一般可划分为行政-计划式、指导-服务式和监督-服务式三种。从功能角度，也可分为激励机制、制约机制和保障机制。应急管理运行机制主要是要建立健全监测预警机制、信息报告机制、应急决策和协调机制、分级负责和响应机制、公众的沟通与动员机制、资源的配置与征用机制，奖惩机制和城乡社区管理机制等。

应急预案是根据发生和可能发生的突发事件，事先研究制订的应对计划和工作方案。应急预案包括总体预案、专项预案和部门预案，以及基层单位的预案和大型活动的单项预案。应急预案是为应对各种突发性灾害进行紧急抢险、救援、转移等的工作方案或工作规划，保证灾害发生时各项工作有序高效进行，最大限度减轻灾害损失。预案内容一般包括职能部门责任分工、组织协调、指挥系统、调查评估、监测预警、信息处理、现场处置、转移安置、医疗救护、通信、交通、供水、供电、治安、防疫、生活和供气保障等，以确保突发性灾害发生后，能及时有序地进行各项减灾救灾工作，减少灾害破坏损失，尽快恢复各种社会功能，为灾后重建创造有利的环境或基础。应急预案需要进行演练和定期更新，以及时发现问题，熟练操作，适应社会经济形势的变化和新的防灾减灾需求。

应急预案体系健全完善要求"纵向到底，横向到边"。"纵向到底"是指从国家到地方各级政府和基层单位都要制订应急预案并相互衔接；"横向到边"是指各类预案对应的突发公共事件都有完善的部门系统工作机制，包括制订专项预案和部门预案。

应急预案确定的原则与社会进步发展、政府切实负责、公众素质提升密不可分。我国《国家突发地质灾害应急预案》工作原则是"以人为本，快速反应，统一指挥，整合资源，分级管理，分工协作，属地为主，信息共享，公众参与"。

美国应急管理的基本原则是"统一管理，属地为主，分级响应，标准运行"。

"统一管理"是指自然灾害、技术事故、恐怖袭击等各类重大突发事件发生后，一律由各级政府的应急管理部门统一调度指挥，而平时与应急准备相关的工作，如培训、宣传、演习和物资与技术保障等，也归口到政府的应急管理部门负责。

"属地为主"是指无论事件的规模有多大，涉及范围有多广，应急响应的指挥任务都由事发地的政府来承担，联邦与上一级政府的任务是援助和协调，一般不负责指挥。联邦应急管理机构很少介入地方的指挥系统，在"9·11"事件和"卡特里娜"飓风这样性质严重、影响广泛的重大事件应急救援活动中，也主要由纽约市政府和奥兰多市政府作为指挥核心。

"分级响应"强调应急响应的规模和强度，而不是指挥权的转移。在同一级政府的应急响应中，可以采用不同的响应级别。确定响应级别的原则一是事件的严重程度，二是公众的关注程度，如奥运会、奥斯卡金像奖颁奖会，虽然难以确定是否发生重大破坏性事件，但由于公众关注度高，仍然要始终保持最高的预警和响应级别。

"标准运行"主要是指，从应急准备一直到应急恢复的过程中，要遵循标准化的运行程序，包括物资、调度、信息共享、通信联络、术语代码、文件格式乃至救援人员服装标志等，都要采用所有人都能识别和接受的标准，以减少失误，提高效率。

1.7.3　应急管理的阶段性

钟开斌（2012）提出了现代应急管理的十大基本理念：①生命至上，保护生命安全成为首要目标；②主体延伸，社会力量成为核心依托；③重心下沉，基层一线成为重要基石；④关口前移，预防准备重于应急处置；⑤专业处置，岗位权力大于级别权力；⑥综合协调，打造跨域合作的拳头合力；⑦依法应对，将应急管理纳入法制化轨道；⑧加强沟通，第一时间让社会各界知情；⑨注重学习，发现问题，总结经验教训；⑩依靠科技，从"人海战术"到科学应对。

一个灾害管理循环或管理周期包括预防、准备、响应和恢复几个阶段，而响应是应急管理的关键所在（石磊，2009）。应急管理是危机管理的一个重要环节，甚至是核心环节。美国联邦应急管理局（Federal Emergency Management Agency，FEMA）的模式，针对地质灾害应急管理进行四个阶段陈述（Haddow，2008）。

（1）预防（prevention），目的在于阻止灾害事件的发生和（或）预防灾害发生对社会造成的有害影响，防止灾难性结果出现。预防在应急管理中有着重要的地位。应急管理中的预防有两层含义：一是事故的预防工作，即通过安全管理和安全技术等手段，尽可能地防止事故的发生，实现本质安全；二是在假定事故必然发生的前提下，通过预先采取的预防措施，来达到降低或减缓事故的影响或后果严重程度，如加大建筑物的安全距离、工厂选址的安全规划、减少危险物品的存量、设置防护墙，以及开展公众教育等。从长远观点看，低成本、高效率的预防措施，是减少事故损失的关键。

发达国家或地区的防灾减灾管理已从工程防控为主走向或进入风险管理阶段，突出表现为非工程措施具有明确的法律地位，即保证其中具备足够的减灾内容（如土地规划、防灾减灾社会保险、社区管理和监测预警等方面），而工程措施反而是补充性的。为了适应我国经济社会快速发展过程中防灾减灾工作的迫切需要，必须探索减小地质灾害风险和在风险下生存的途径，强化和提升对公共应急管理工作的科学技术支撑。

关口前移，预防准备重于应急处置。各国坚持"使用少量的钱预防，而不是花大量的钱治疗"的理念，通过提高全社会的安全意识，开展城乡安全规划和风险评估，建立应急资源储备和经费保障制度，编制应急预案并进行演练等手段，经常性地做好应对突发事件的各项准备。同时，风险管理近年逐步演化为各国政府施政的基本战略，应急管理从以事件管理为主向事件管理与风险管理并重转变，从更基础的层面避免或减少突发事件的发生。2004 年，英国政府提出了风险管理模型，加拿大政府出台了新的风险管理框架，德国联邦政府正式颁布《公民保护中的风险分析方法》。2011 年 11 月，美国开始推行国家战略风险评估（strategic national risk assessment，SNRA）。

（2）准备（preparedness），应急准备是应急管理过程中一个极其关键的过程，它是针对可能发生的灾害，是在非灾害发生期采取的一系列行动，积极阻止灾害事件的发生和（或）预防灾害发生对社会造成的有害影响，防止灾难性结果出现等，能使政府、社会和个人在必要时迅速有效地对灾情或险情做出适度响应。为迅速有效地开展应急行动而预先所做的各种准备，包括应急体系的建立，制定抗灾计划、有关部门和人员职责的落实，预案的编制，应急队伍的建设，应急设备（施）及维护、物质储备，开展人员培训物资的准备和，预案的演练，授权在大众媒体发布警示信息，与外部应急力量的衔接等，其目标是保持重大事故应急救援所需的应急能力。

（3）响应（response），应急响应是针对灾害即将发生、发生过程中和发生后迅速采取的系列行动，包括灾害报警与通报、人员紧急疏散、解救生命、财产急救与医疗、消防与工程抢险措施、信息收集与应急决策和外部救援等，尽可能地保护可能受威胁的人群，尽可能控制并消除事件危害。应急响应可划分为两个阶段，即初级响应和扩大应急。初级响应是在事件初期，相关机构人员应用自己的救援力量，使事件得到有效控制。但如果事件的规模和性质超出本单位的应急能力，则应请求增援和扩大应急救援活动的强度，以便最终控制事件的不利影响。维护社会正常运行，分析研判成灾机理，判断其发展趋势，处理直接的破坏和次生或衍生的灾害隐患。为了赢得社会公众的理解支持，消除谣言的传播，普及防灾减灾知识、提升避险逃生技能，主动适时与新闻媒体进行沟通也是应急响应阶段的一项重要工作。对于重大地质灾害事件或具有普遍影响的地质环境变化事件，应及时与直接相关者、间接相关者甚至所有关注者及时进行沟通，争得理解、支持和实际的或道义上的援助。

（4）恢复（recovery），是在灾害过后帮助社会和政府的功能恢复到适当的水平，包括修复和重建。在恢复阶段突出发展理念是重要的，因为灾害影响往往会促使灾害管理水平提升，区域社会认识整体进步，时机把握得当，会促进区域社会经济"跨越式"发展。恢复工作应该在事件发生后立即进行，它首先使事故影响区域恢复到相对安全的基本状态，然后逐步恢复到正常状态。要求立即进行的恢复工作包括事件损失评估、原因调查、清理废墟等，在短期恢复中应注意的是避免出现新的紧急情况。长期恢复包括厂区重建和受影响区域的重新规划和发展，在长期恢复工作中，应吸取事件应急救援的经验教训，开展进一步的预防工作和减灾行动。

1.7.4 应急响应问题

1. 政府行为

政府行为必须以国家的"三制一案"（法制、体制、机制和应急预案）作为工作准则，以科学技术支持作为决策依据，以最大限度预防或减轻突发公共事件造成的危害为根本原则开展应急管理工作。

政府走向成熟的标志是诚信、公正、坦荡、高效。政府形象、部门职责、官员威信、百姓尊严、公众舆论、社会公信、科技声誉、专家权威和纳税人权益等。地质灾害应急管理涉及政府形象、多部门职责（国土、城建、安全监管、水利、交通、航运等）、地方官员集体威信、百姓尊严、公众舆论、社会公信、科技声誉、专家权威和纳税人权益等。在当前政府为主导的社会转型、公民社会建设发展阶段，突发事件处理不当，则会成为社会不安定的触发因素，当地不安，全国不安，国际形象被动；处理得当，出台经得起历史检验的调查研判结果，提出并实施合理的灾害担当方案，会成为提高政府正面形象，推动防灾减灾联动，促进社会素质整体进步，协调各方共同减轻灾难的巨大推动力。

现代社会形态下政府行为的基本准则是有限责任，依法行政，依法施政，依法保障公民的知情权、参与权、表达权和监督权。应急管理对领导人员的基本要求包括，个人素质、专业能力、自信心、可靠的判断、正确的决策、沟通能力、个人的榜样和适当的领导方式。如在领导方式方面，在有力的领导人和强大的工作队之间，就可能存在"告诉、说服、协商和联合"等几种不同的方式。因此，而拘泥于一般性事务的领导方式可能影响减灾效果。

2. 启动应急预案

启动了哪个层面的或全社会的应急预案，再是如何把应急预案转化为各个层面的应急能力、应急办法、指南或规则。因此，应急预案就是险情或灾害来临时各界共同行动的"协调器"。一旦这样，也就能够避免"暴雨当夜被迫停在街上的汽车被贴条罚款""志愿者去机场免费接人，机场高速照常收费""机场协调无据，旅客因怕受骗而不敢上志愿者的车"等不和谐现象。同时，通过实际检验，也就会不断完善更新预案。这也是美国、德国等发达国家几乎每年都要进行各项预案的演练，根据演练结果修改预案内容的原因。当然是真演练，绝不是"演假戏"。

3. 现场指挥

现场应急指挥是能力、魄力的考验，能力反映在能否综合各方面情况做出正确决策并根据客观情况变化适时调整，魄力反映在能否把握时机把正确的决策立即部署实施到位，并检验校正工作成效。随着应急管理的科学化水平提高，现场处置逐渐走向专业化，现场指挥官制度逐渐被接受。应急响应指挥的责权配置日趋走向专业化、（专业的事需要专业技能）、流程化（清晰的责权关系）、标准化（实现不同部门与队伍的协同）、信息化（事态的实时了解与在线共享）和模块化（条、块组合或合作关系，避免随意性）。例如，美国根据国家突发事件管理系统（National Incident Managment System，NIMS）建立了各级政府应急指挥的统一标准和规范，按照"综合协调、专业处置、属地为主、高度授权"的原则，科学界定宏观战略决策、中观战役指挥、微观战术行动三个层次之间的关系，坚持岗位权力大于级别权力，高层官员在现场"到位不越位""帮忙不添乱"。根据"谁先到达谁先指挥，依法逐步移交指挥权"的原则，建立专业化的指挥团队和动态灵活的现场指挥机制，强化突发事件现场指挥官制度，规范现场指挥权的交接方式和程序，确保应急指挥科学有序进行。

4. 科学技术支撑

科学技术支撑要回答突发事件是什么、为什么、怎么样和怎么办四个基本问题。

回答是什么要求查明地质灾害体的特征及其形成的地质环境，自然演化过程或人为引发因素，初步判断地质灾害体的发展趋势；回答为什么要分析地质灾害成因机制，建立地质概念、力学模型，评价其稳定性或变化性；回答怎么样要研判事件发展趋势，预测评估其对人类社会生存与发展的危害性；回答怎么办要提出工程对策或方案、具体设计和施工技术要求。

分析研判地质灾害事件是原生的、次生的，还是衍生的。判定是单一种类的灾害还是已经或具备形成灾害事件链的条件。引发因素是自然的还是人为的，或多种因素耦合的，给出各类因素的孕灾贡献比例或定性排序，提出可行的减灾工程技术方法或人为断链工程措施等。技术咨询或顾问的基本理念是"科学处置，有效沟通"。因此，专家组既是决策智囊，又是社会情绪的调节阀，还是普及防灾减灾科学技术知识的重要力量。当重大地质灾害事件发生时，不但要及时组建专家组，应急管理部门也要重视和善于使用专家组。

例如，针对"5·12"汶川地震区的地质灾害，科技人员给出崩塌滑坡"堰塞坝"稳定性评价的多工况解算及其应急管理对策是比仅给出单一结果更加需要的，对崩滑体"堰塞坝"的处置提出溃坝、不溃坝、坝顶溢流和人工改造利用等多种选择的风险分析评价结果应是刻意追求的，是应急处置和后续防灾或开发管理需要的。

1980 年 5 月 18 日，美国华盛顿州西南部的喀斯喀特岭的圣海伦火山爆发与地震造成堰塞湖。美国地质调查局论证了天然坝体滑动或溃决的可能性，认为不可能发生溃坝但会溢流威胁下游居民安全。美军工兵团先是修建溢洪道、安置抽水泵站降低水位，后是修建排水涵管保持水位在安全范围内，经过三年努力使其比危险值保持降低 30m，并监测预警。为预防溃坝带来的劫难，州政府投资 2000 万美元，开挖了一条长为 2590m、直径为 3.4m 的自流泄水隧洞，使湖中水位下降，湖水容量稳定在 $2.59\times10^8m^3$，以此来保障下游的安全。同样，科学家和工程师们也应对汶川地震区各类堰塞湖的处置给决策者提供溃坝、不溃坝、坝顶溢流和人工改造等多种选择的风险分析评价结果，而不能只是一种。

5. 信息发布与媒体沟通

信息发布与媒体沟通的基本要求是主动、及时、准确、客观、真实、有序、有利、正效。基本原则是快讲事实，慎说原因，如实陈述，有利减灾。要遵循第一时间原则，要恪守真实坦诚原则。"谣言止于公开，最大限度地压缩谣言传播的空间"。无据定性，强词夺理，会造成"专家为官员服务，社会良知丢失，专业知识让位给官本位"的糟糕局面。因此，要注意地质灾害事件衍生的"社会物理学"问题，特别是不当的信息和表达会造成社会"情绪燃烧"或"社会温度"上升而违反新闻发布的初衷。

信息发布应及时主动、准确把握，坚持事实客观、社会接受、长期后效和耐久检验原则。过度拖延往往成为被动局面，形成负面效应的主因。因为人们需要了解真相，难以接受逐渐严重化或明显淡化的信息倾向。事实清楚了，社会公众自然有自己的判断。信息发布过程应掌握逐步细化，逐步深入，有据说理，而不能无据定性，强词夺理，造成"专家为官员服务，社会良知丢失，专业知识让位给官本位"的糟糕局面。信息发布如果笼统无据，于理于法也缺乏说服力，自然难免陷入急于摆脱责任之嫌和社会舆论的反证之中。坚决摒弃封堵思想，行为恰当，会成为提高政府正面形象，增加正能量。行为不当，会成为社会不安定的触发因素。应急管理要规范管理和引导现场媒体记者采访秩序和报道内容，要求采访记者必须服从现场指挥机构管理，不得干扰或影响事件的处置工作。正确的运用媒体引导社会舆论会掌握突发事件应对过程中的话语权和主动权，迅速化解媒体危机，转危为机、将坏事变成好事，体现的是一种清醒、一种智慧、一种自信和一种能力。沟通需要智慧，钟开斌（2012）提出了危机事件沟通要掌握的七个要素，即何时沟通、何地沟通、沟通什么、谁来沟通、对谁沟通、为何沟通和怎样沟通等。

2013 年 1 月 11 日，云南省镇雄县果珠乡高坡村赵家沟滑坡，造成 16 户群众 46 人死亡、2 人受伤。舆情应对过程中出现了多日雨雪天气为何没有预警、滑坡后山腰的寺庙为何"安然无恙"、滑坡发生是瓦斯爆炸喷起来的、滑坡与采矿是否有关等诸多疑问。

地质灾害应急管理要适应社会发展步伐，逐步建立分层级承担、消减社会管理风险的体制机制，如考虑建立地质灾害成因研判民意代表参与制度及网民介入制度等。每次重大地质灾害事件应急处置都拷问着技术专家和政府官员的社会良知，任何处理不慎的行为均会增大社会负面风险，损害社会对政府的信任。因为伤亡者需要一个公正的说法，无论是生者还是亡者都需要还他们一个尊严。不可否认，无论是天灾还是人祸，公众一般都会做出一个基本的判断，只是认识问题的全面与否、正确程度高低的问题。随着社会的快速发展，公众作为纳税人对政府官员、技术专家的智能与诚信提出了更高要求。

6. 社会组织与志愿者管理

社会组织（NGO）和志愿者是社会动员和社会管理的重要对象，是应急救援的重要力量，努力建立集中、统一、高效的应急志愿服务多级响应联动机制的重要环节。面对新式繁多的突发事件，政府无法也不必"大包大揽""单打独斗"。企事业单位、社会组织、公众等既是突发事件的直接受众，也是应急管理的重要主体。按照"自救优于互救、互救优于公救"的原则，各国充分依托社会力量，营造"人人关心安全、人人重视安全、人人参与安全"的社会文化，让民众自主自发而不是响应号召式地参与应急管理工作。例如，奥巴马提出了"全社会力量"的新概念，动员全社会的力量全面加强应急管理工作。德国建立了庞大的专业化应急志愿者队伍，从事各类应急行动救援。

社会力量是保证在专业应急人员未到达突发事件现场时，应急志愿者就可能成为"第一反应人"，为疏散民众、抢救危难提供初级帮助，会有效降低突发事件的危害程度。应该在组建多支专业应急志愿队伍的基础上，培训大量具有基本应急常识的应急志愿者，利用各种宣传渠道加快突发事件应急知识的普及，提高公民对应急志愿服务的认识以号召更多民众参与到应急志愿服务之中。把应急志愿服务纳入应急管理体系，充分发挥社区、个人志愿者的应急志愿服务作用，明确招募、培训、组织、响应、管理、解散等多个阶段政府和应急志愿组织的角色和作用。

例如，2008 年汶川地震时，对志愿者的管理尚处于很初级的水平，2013 年四川芦山地震时基本能够做到当天或网络化登记管理。同时，要明确灾难——是救死扶伤的战场，要避免志愿者准备不足，蜂拥而至甚至成为救助对象。

7. 社区应急减灾

由于"灾害前线"是城乡社区，基层人员自然是突发事件的"第一响应者"，基层应急管理能力直接决定着突发事件应对的效果。广大公众既是我们保护的主体，更是我们应对突发事件依靠的主体。

研究表明，重大灾难发生后绝大部分被救人员是由基层单位非专业救援人员自发救助完成的，专业救援队伍所救人员只占 5% 左右。为此，目前各国都强调做实做强基层，把应急资源向社区、乡村、学校等基层一线集中，重点强化居民、警察、基层官员、消防人员、急救医护人员、基层组织和公司企业负责人及志愿者等的能力。

汶川地震灾后统计结果是，人员应对突发地震时自己逃生者 76.68%，亲朋帮助者 8.19%，无需逃生者 12.05%，3.01% 属于国家救援、地方政府救援和社会救援，且是救援难度大者（周玲，2009）。1995 年 1 月 17 日 5 时 46 分，日本阪神地震时人们的第一反应行为调查结果是，什么都没做占 32.1%，惊慌外逃者 15.0%，披被躲避者 28.5%，迅速灭掉火源或关闭煤气者 14.0%，其他 10.4%（杨光和沈繁銮，2005）。把握时机，社区、个人可能发挥重大作用，可以极大地减轻伤亡。

2004 年中国地质灾害成功预报避灾实例统计分析，成功避灾方法可划分为居民自我判定、群测群防和临界雨量预报三类，分别占成功预报避让地质灾害总数的 3.5%、86.7% 和 9.8%。陕西省 2018 年统计因专业监测、巡查排查、气象预警和群测群防而实现地质灾害成功避险的贡献率分别为 2%、10%、18% 和 70%。

事实反映了救援效果的外部性远远不如其内部性，也说明应急管理重心下移、逐步培训城乡社区应急管理人员，提升其应急知识的专业性、系统性和完备性，建立区域应急工作联络网等是应该尽快考虑的问题。

2009 年 8 月 8 日，台风"莫拉克"带来的超大暴雨重创台湾中南部，"8·8"灾难死亡和失踪数超过 630 人。"莫拉克"台风使高雄、屏东降雨量达到 2900mm。最大日降雨量 1800mm。"莫拉克"移动速度慢，每小时只走 5~10km。最低的纪录是在 9h 移动 40km，局地持续暴雨引发严重的土石流。

如何响应蓝、黄、橙色等不断升级的预警信息。政府部门、专业部门、工程建设企业和社会公众等各自应该采取什么对策？哪些对策是提示性的？哪些是劝告性的？哪些是强制性的？不同受众对各个环节必须做出怎样的有针对性的安排？四川白鹤滩镇"6·28"

泥石流灾害中，地方各级政府根据雨情预报发布了地质灾害气象预警预报信息，矮子沟中上游流域 557 名群众和施工导流洞的 38 名武警水电人员及时撤离，避免了产生更多的人员伤亡，应该说是一个好例，进一步的问题是如何从好例中提炼出可推广的办法或规则。

在紧急应对突发事件的过程中，存在着不可抗拒的自然原因，但防灾减灾管理意识薄弱、科学技术主动支撑不足，以致未能及时减轻、缩小和阻止灾难等问题也是值得总结的。例如，存在着技术专家工作不深入，风险判别意识缺乏；原住民防灾避灾知识不足，发现险情但熟视无睹；及时应急但未预测远程风险；事前发现但公共管理未到位；当地政府地质环境开发利用不当，防灾责任主体认识模糊，应急技术方案存在着追求复杂新颖而缺乏实用高效；监测到急剧变形但未预警应急；处于泥石流多发环境但公共管理缺乏风险意识和事前原住民发现并提醒未引起行政部门注意等教训。

因此，建立完备的地质灾害应急响应技术体系，尽快强化和提升对公共管理应急响应组织工作体系的科学技术支撑，是快速提高防灾减灾成效的客观需要。

1.7.5 发达国家的应急管理

1979 年前，美国联邦应急管理局（FEMA）的成立标志着美国现代应急管理机制正式建立，同时也是世界现代应急管理的一个标志。1976 年，美国实施《紧急状态管理法》，详细规定了全国紧急状态的过程、期限及紧急状态下总统的权力，并对政府和其他公共部门（如警察、消防、气象、医疗和军方等）的职责做了具体的规范。针对不同行业、不同领域的应对突发事件的专项实施细则，包括地震、洪灾、建筑物安全等。1959 年的《灾害救济法》几经修改后确立了联邦政府的救援范围及减灾、预防、应急管理和恢复重建的相关问题。

2001 年 "9·11" 事件之后，美国对紧急状态应对的相关法规又做了更加细致而周密的修订。联邦应急事务管理署的主要任务是防备、应对灾害和灾后重建和恢复，以及减轻灾害的影响、降低风险和预防灾害等。具体工作包括：①就灾害应急方面的立法和日常管理提出建议；②教会人们如何克服灾害；③帮助地方政府和州政府建立突发事件应急处理机制；④协调联邦政府机构处理突发事件的一致行动；⑤为州政府、地方政府、社区、商业界和个人提供救灾援助；⑥培训处理突发事件的人员；⑦支持国家消防服务；⑧管理国家洪灾和预防犯罪保险计划等。

2017 年，美国发布第三版国家突发事件管理系统（NIMS），更加强调 预防、保护、减缓、响应和恢复事件影响的系统性和主动性方法，除了引导政府、非政府组织和私营机构的合作外，还包括跨机构的工作计划，以便实现实体与虚拟空间应急工作的一致性（游志斌，2020）。

专业处置，岗位权力大于级别权力。欧美主要国家制定了应急指挥标准，实现应急指挥决策自动化、标准化运行。例如，美国根据国家突发事件管理系统（NIMS）建立了各级政府应急指挥的统一标准和规范，按照 "综合协调、专业处置、属地为主、高度授权" 的原则，科学界定宏观战略决策、中观战役指挥、微观战术行动三个层次之间的关系，坚持岗位权力大于级别权力，高层官员在现场 "到位不越位" "帮忙不添乱"。根据 "谁先到达谁先指挥，依法逐步移交指挥权"的原则，建立专业化的指挥团队和动态灵活的现场指挥机制，强化突发事件现场指挥官制度，规范现场指挥权的交接方式和程序，确保应急指挥科学有序进行。

加拿大对突发公共事件的处置一般遵循如下原则：一是基层化解，即力争在最基层解决问题，基层可以处理的事件不上交；二是同类推断，即对类似事件采用相同的处理原则和相似的处理方法；三是资源整合，主要利用现有机构处理突发公共事件，而不是在事件发生后临时组建一个机构；四是统分结合，处置突发公共事件时，集中做决定，分散处理问题，各地区处理自己职责范围内的事情。明确应对紧急事件的工作机制：统一接警、分级管理、协同配合、各司其职、及时发布。

日本《灾害对策基本法》中明确规定了国家、中央政府、社会团体、全体公民等不同群体的防灾责任，除了这一基本法之外，还有各类防灾减灾法 50 多部，建立了围绕灾害周期而设置的法律体系，即基本法、灾害预防和防灾规划相关法、灾害应急法、灾后重建与恢复法、灾害管理组织法五个部分，使日本在应对自然灾害类突发事件时有法可依。

俄罗斯 1994 年颁布了《联邦紧急状态法》，规定了紧急状态范围、预防和应急措施等内容。俄罗斯紧急情况部是俄处理突发事件的组织核心。俄罗斯紧急情况部拥有包括国家消防队、民防部队、搜救队、水下设施事故救援队和小型船只事故救援队在内的多支应对紧急情况的专业力量。俄罗斯紧急情况部的主要任务是制定和落实国家在民防和应对突发事件方面的政策，实施一系列预防和消除灾害、保障人员安全、对国内外受灾地区提供人道主义援助等活动。俄紧急情况部将灾害事故分为两大类：一类包括火山喷发、地震、水灾、旱灾、海啸等自然灾害；另一类包括化学事故、辐射事故、交通事故、建筑物坍塌、火灾、爆炸、气体泄漏等人为事故。俄紧急情况部针对不同灾害事故制定出了详细的应对条例。每个条例除了介绍灾害或事故的性质和特点外，还详细列举各种预防措施及在灾害或事故发生后应采取的各种应对措施。

俄罗斯联邦预防和消除紧急情况的统一国家体系把应急组织体系承担的功能分成三种情况：一是在日常准备阶段，承担诸如制定一般性紧急事件的处理预案、对周围环境的监测、对危险设施的监控及进行应急教育培训等事务；二是在预警阶段，为应对可能发生的紧急事件做准备，比如，提前准备好随时为应急救援服务的化学药品和其他救援物资等；三是在应急阶段，启动疏散、搜寻和营救，以及提供医疗服务等紧急事务功能，执行各项应急任务。俄罗斯应急管理体系的成功经验：统一指挥、分级负责；运转高效、全社会共同参与；权威、完备的法律法规体系。

英国 2004 年颁布《民事紧急状态法》，重心转向提高综合抗灾能力等方面。政府在英国应急管理体系中发挥着建立框架、提出理念、分配资源、创新机制的作用。英国应急管理体系的特色则是重视社区防灾减灾能力的提升和发展：①政府统一规划指导社区建设和发展，目标是建立一个安全的、可持续发展的、绿色的、健康的、繁荣的社区；②理念上推动形成"社区自救"的应急能力。帮助社区及时发现、预防和回应灾害，强调事前、主动、系统地防灾应灾，强调不断加强能力建设，而不是被动应对；③建立"我为人人，人人为我"的社区互动减灾救灾模式；④建立"社区防灾数据库"，推广交流好的经验和做法；⑤建立"社区应急方案模板"，形成统一、完整的社区应急方案保障体系。

　　英国应急志愿服务的日常工作主要是应急计划制定、响应演练、面向公众的宣传、应急志愿者的招募和培训等。英国在1998年建立了《政府与志愿及社区组织合作框架协议》来规范政府与行为，坚持应急志愿组织的独立性，弱化政府对其干预和控制程度，保持伙伴式的框架合作。英国应急志愿资源雄厚。英国政府与志愿服务组织之间有着良好的合作互动关系，相互独立且共同发展。英国的应急志愿服务组织有充分的法律保障。

　　法国中央政府层面主要负责对各类自然灾害、工业及技术灾难等突发事件的应急管理。法国应对突发事件的基本模式是以属地管理为主，市镇一级构成了突发事件救援的主体。当事态严重程度超出市镇级响应能力或者事态影响范围扩大至省级范围时，指挥权则会上移至所在的省，省级如果仍然处置不了，则继续上移至防区层级。在重大危机发生时，最高指挥权限可上升至国家层面，此时由中央政府设立的临时部际联席会议作为最高决策指挥机构。

　　意大利的应急机制包括几个关键环节：①实时监控、注重协商；②重视演习、时刻备战；③协调一致、应急救援；④科学评估、减少损失。

第 2 章　中国地质灾害防治

地质灾害已成为人类生存发展、工程建设甚至休闲活动无法回避的重要问题。中国地质灾害防治的历史进程是与中国社会经济进步的防灾减灾需求紧密相关的，是与社会经济发展水平相适应的。20 世纪 80 年代中期以前，中国滑坡泥石流、地面塌陷或地面沉降等的认识与防范主要服务于工程建设的地质安全选址评价和工程防护方面，一般把其当作工程地质问题进行工程绕避、处理或工程地质改良。90 年代以来，"地质灾害"作为一个专门的术语用于概括崩塌、滑坡、泥石流、地面塌陷、地裂缝和地面沉降等逐步为政府、企业、社会和学术界所接受。进入 21 世纪，中国地质灾害调查评价、监测预警、综合防治和应急响应等已发展成为一个行业，防灾减灾需求也更加多样而迫切。

基于大数据思维研究全国地质灾害相关数据的内在关联性，需要全面考察利用所有数据而非随机样本或部分数据，接受数据的混杂性或不精确性而进行有价值的"提纯"，建立数据群的相关关系才能寻求正确的整体认识，而不苛求精准定位（刘传正，2015b）。事实上，中国地质灾害相关因素如气象、水文、地质、地震、社会、经济和政府管理等大数据的获取、储存、分析、集成和共享等已经具备了从国家尺度和较长的时间尺度研究地质灾害成因和防治成效的数据基础，研究结果可以为国家更加理性地制定防灾减灾对策提供依据。

作者提出了年均降水量正距平与地质灾害易发区的重合度（重合比例）概念及其计算模型，研究了中国年均降水量、地质灾害数量、重合度、降水量距平、年度死亡失踪人数和直接经济损失等数据的相关关系（刘传正和陈春利，2020a）。研究发现，年度减灾成效所谓"人努力，天帮忙"的说法是有一定道理的。"人努力"是指中国地质灾害调查评价、监测预警、综合防治和应急响应，以及公共管理工作取得显著防灾减灾成效的必然性。"天帮忙"是指区域降雨作用与地质灾害易发区的重合度决定灾害大小，重合度大时则灾情大，小时则灾情小，但总趋势上存在时间上的渐趋弱化性和具体地域人类活动干扰的偶然性。

中国地质环境的特殊性决定了地质灾害的多样性、易发性及其区域变异性。地质灾害的发生不仅取决于地质环境演变，还与区域降雨渗流、冻融作用、地震损伤和人类活动等多种因素叠加作用密切相关。基于大数据思维，作者统计研究了中国年均降水量、地质灾害数量、多年降水量距平、死亡失踪人数、直接经济损失等参数的相关关系。提出了重合度概念及其计算方法，计算了 1998~2018 年各年度降水量正距平分布区与地质灾害易发区的重合度，得出地质灾害危害程度与重合度正相关的结论（刘传正等，2020）。例如，1998 年年均降水量距平为 10.5%，重合度达 60%，危害损失大；2010 年年均降水量距平为 7.8%，重合度高达 65%，危害损失巨大；2011 年年均降水量距平为 -9.8%，重合度只有 10%，危害损失小；2018 年年均降水量距平为 5.9%，但重合度仅 15%，危害损失小。研究证明，中国地质灾害防治成效是显著的，灾情大小与年度降水作用和地质灾害易发区的重合度正相关。

2.1　中国地质灾害特征

2.1.1　地质环境特征

1. 地貌气候环境

中国地域广阔，地理环境复杂多样，地貌格局西高东低，从西部的高原沙漠到中部的高中山区，再到东部的低山丘陵平原，山地丘陵约占中国陆域面积的 65%（李炳元等，2008）。以全国性分水岭或雪线为界，全国陆地环境可划分为东北山地平原区、北方干旱沙漠区、黄土高原区、华北平原区、中南东南山地丘陵区、西南中高山区和青藏高原区等区域（刘传正，2009）。

中国气候类型与陆地环境具有显著的相关性，且受东南季风及西南季风影响。东南地区多雨潮湿，西北地区少雨干旱，大气降水的时空分布极不均衡。全国多年平均年降水量630mm 左右，自东南沿海向西北内陆逐渐减少。东南沿海多年平均降水量可达 1500mm 以上，西北地区多地低于 50mm。一般地，年降水量的 70%~80% 集中在每年的 6~9 月。

2. 区域地质环境

中国大陆位于印度板块、欧亚板块与太平洋板块交汇区域，太平洋板块的俯冲和印度板块对欧亚板块的挤压碰撞是中国大陆最主要的地球动力来源，决定了中国大陆的自然地质环境条件和地质灾害的多样性和频发性（张培震等，2013）。

在地层方面，太古宇—古元古界（Ar—Pt$_1$）变质杂岩主要分布在华北地区，如阴山、燕山、太行山、泰山、嵩山和辽东等地；中—新元古界（Pt$_2$—Pt$_3$）轻变质岩系主要分布在长江流域、塔里木盆地边缘和天山、昆仑山、祁连山等地；古生界（Pz）海相沉积主要分布在华北、湘鄂黔桂区域、天山、昆仑山、喜马拉雅山脉、横断山脉、秦岭和台湾等地；中生界（Mz）的三叠纪地层在南方为海相，北方为陆相，到侏罗纪时整体转为陆相为主，白垩系—新近系基本为陆相沉积，东部地区多地分布火山堆积。中酸性侵入岩全国各地广泛分布；基性超基性侵入岩多数小规模出露（任国林，1992）。

新生代（Cz）以来多次强烈的构造运动特别是青藏高原的强烈隆升，奠定了中国地貌的总体格局。断裂构造活动对地形和斜坡岩土体的破坏具有控制作用，沿断裂带的山地滑坡泥石流密集分布。中国大陆地质灾害具有东西分异的特点，东西方向上以贺兰山—六盘山—龙门山—哀牢山和大兴安岭—太行山—武陵山—雪峰山两条线为界，分为三区。西部地区主要发育地震、冻融、泥石流和沙漠化等灾害；中部地区主要发育地震、崩塌滑坡、沟谷泥石流、水土流失、土地沙化、地裂缝和黄土湿陷等灾害；东部地区主要发育地震、地面沉降、地裂缝、坡面泥石流、洪水、海岸侵蚀、海水入侵和盐碱（渍）化等灾害。南北方向上以阿尔金山—祁连山—黄土高原北界—五台山—长白山和祁连山—秦岭—伏牛山—大别山—括苍山为界，北部地区主要发育干旱、沙漠化、盐碱化等灾害及局部山洪泥石流，中部地区黄土湿陷、地裂缝、地面沉降和地面塌陷严重，南部地区崩塌、滑坡、泥石流、山洪和岩溶塌陷等灾害多发。受气候变化影响，青藏高原南缘、东缘冰川冻融作用及崩塌滑坡–碎屑流极为活跃。

3. 地质灾害控制因素

中国地质灾害的空间分布除受地形地貌、地层岩性、地质构造、地震作用及人类活动影响外，主要受控于大气降水或气温变化的引发作用。地形切割程度影响着崩塌滑坡规模，中国大型崩塌滑坡、泥石流一般出现在西部高山峡谷地区的河流两岸、沟谷源头。易滑地层或构造破碎带控制着崩塌滑坡的发育位置和规模，尤其是区域断裂活动、地震反复作用和新构造运动导致河谷下切或剥蚀作用增强的地区（刘传正，2009）。例如，西南地区的第四系昔格达组变质砂板岩、侏罗系砂泥岩、二叠系煤系或铝土、三叠系泥灰岩软层，西北地区的新近系砂泥岩与第四系黄土分界面及第四系松散堆积物。

一般地，丰水年份特别是区域性持续降雨与崩塌滑坡泥石流易发区重合的地区，地质灾害数量会显著增加，而枯水年引发地质灾害的总量会显著减少，局地强降雨与人类活动叠加作用区域仍可能酿成重大地质灾害事件。

2.1.2　地质灾害特征

2.1.2.1　地质灾害空间分布

根据全国地质灾害防治"十三五"规划，中国崩塌、滑坡、泥石流、地面塌陷、地面沉降和地裂缝等地质灾害的基本情况是清楚的[①]。

图 2.1 概略显示了中国突发性地质灾害（崩塌、滑坡、泥石流、地面塌陷）的易发程度分区，高易发区域主要包括青藏高原东缘、川滇藏高山峡谷、云贵高原、川西山地、秦巴山地、黄土高原塬边、天山南北麓、川东鄂西山地、湘鄂中低山和东南丘陵山地区域等（孟晖等，2019）。

崩塌滑坡和泥石流灾害高易发区面积约 $120\times10^4\,\mathrm{km^2}$。岩溶塌陷灾害分布在 24 个省（自治区、直辖市），塌陷坑总数约 5 万处，中南、西南地区约占总数的 70%。华北南部、华中和华南岩溶丘陵盆地是岩溶地面塌陷易发地区，成为城镇和基础工程建设的重大问题（蒋小珍等，2016）。黄土分布地区局部出现湿陷性塌陷灾害。矿山采空沉陷主要出现在煤矿分布区，开裂沉陷区总面积超过 $1200\mathrm{km^2}$。

地面沉降、地裂缝灾害主要出现在华北平原、长江三角洲和汾渭断陷盆地等区域。全国有 80 多个城市存在地面沉降，其中出现灾害性地面沉降的城市或地区 50 多个，总沉降面积约 $5\times10^4\,\mathrm{km^2}$。长江三角洲和环渤海地区的地面沉降范围已从城市扩展到农村，形成区域性地面沉降。沿海城市如上海市多年来超高建筑群荷载作用与深基坑降排水成为中心

---

① 中华人民共和国国土资源部，2016，全国地质灾害防治"十三五"规划。

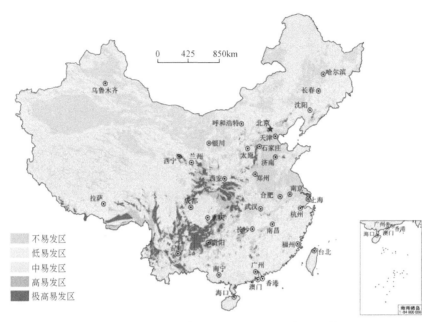

图2.1 中国突发性地质灾害易发程度分区图（据孟晖等，2019）

城区地面沉降的重要影响因素。地裂缝灾害主要分布在汾渭盆地、河北平原、大别山东北麓平原和长江三角洲中北部地区，形成多个地裂缝密集区。

2.1.2.2 地质灾害时间分布

中国崩塌滑坡和泥石流等突发性地质灾害的时间分布既反映了中国气候变化、水文环境与地质环境叠加作用的演化规律，也反映了中国人类工程经济活动干扰地质环境强度与范围的变化。总体趋势上，2001～2010年地质灾害年度发生数量呈上升趋势，2011年以后呈下降趋势。前一时段反映了中国地质环境开发利用盲目无序态势未得到有效控制，地质灾害防治能力不足；后一时段反映国家地质灾害防治能力快速提升，生态环境保护和恢复改良行动逐步加强，地质灾害综合治理体系建设成效逐渐显现，地质灾害发生数量显著减少。

多年统计数据显示，约三分之二的突发性地质灾害主要发生在每年的5～9月。这个时段除了区域地质环境控制和人为因素引发作用外，大气降雨成为主要的直接引发或间接加剧地质灾害的因素。

2.1.2.3 地质灾害强度分布

1. 地质灾害危害特征

中国大型崩塌滑坡或沟谷型泥石流主要出现在地形高陡、构造活动强烈、局地强降雨及冰川消融作用叠加的西北、西南地区，常常表现为高位远程崩塌滑坡-碎屑流灾害和远程沟谷型山洪泥石流灾害。东南、华南山地丘陵区以降雨引发的群发且小型崩塌滑坡或坡面泥石流为主,主要出现在"房前屋后"。"房前"表现为降雨渗流导致的斜坡蠕动变形破坏,"屋后"表现为切坡卸荷崩塌滑坡和植被茂密的高陡斜坡在局地强降雨条件下形成的坡面泥石流(山泥倾泻)。岩溶地面塌陷灾害主要出现在隐伏碳酸盐岩分布区。在危害性方面,造成重大人员伤亡或经济损失的地质灾害事件主要出现在人类聚居和工程经济活动区域。灾害性地面沉降主要出现在地下水资源超采严重的城市群地区,如上海、苏州-无锡-常州地区、天津、西安、北京东北部和河北沧州等地。

根据 1997 年以来全国地质灾害统计数据研究[①~③],中国地质灾害造成的死亡失踪人数随时间显著下降,城乡社区直接经济损失占国内生产总值(gross domestic product,GDP)的比例不断降低,地质灾害数量趋势性减少,但单次地质灾害损失显著增大,地质灾害来临时提前应急避险的主动性提升(刘传正和陈春利,2020a)。

2. 地质灾害数量与危害的趋势性变化

2001~2010 年,地质灾害发生数量呈显著增长趋势,因地质灾害造成的人员死亡失踪数量却呈波动性下降,说明地质灾害防治努力在艰难中取得成效。2011~2018 年,地质灾害发生数量呈持续下降趋势,造成的死亡失踪人数也呈现趋势性下降[图 2.2(a)]。2003 年及以前,地质灾害数量与城乡社区直接经济损失趋势一致,2010~2018 年地质灾害数量出现显著的趋势性下降,但经济损失仍表现为明显的涨落变化[图 2.2(b)]。2010 年是个非常特殊的年份,出现多次强降雨过程与地质灾害高易发区叠加,重大地质灾害事件多次发生,导致死亡失踪人数远高于其前后年份。

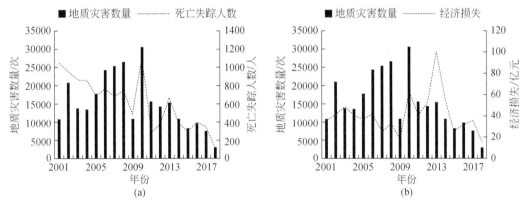

图 2.2 (a)中国地质灾害数量与死亡失踪人数时间分布及(b)中国地质灾害数量与
经济损失时间分布(数据引自《全国地质灾害通报》[①~③])

全国地质灾害数量与造成的死亡失踪人数相关性比较高,但总体上死亡失踪人数并不随地质灾害数量增加显著增加,而是局限于一定范围,反映了地质灾害发展态势逐步得到

---

① 中华人民共和国地质矿产部,1995~1997,全国地质灾害通报。
② 中华人民共和国国土资源部,1998~2017,全国地质灾害通报。
③ 中华人民共和国自然资源部,2018,全国地质灾害通报。

控制，地质灾害防治成效逐步显现［图 2.3（a）］。地质灾害发生数量与直接经济损失的相关性比较离散，其中，2010 年灾情重，2013 年、2016 年中南、东南地区经济损失大［图 2.3（b）］。总体上，地质灾害发生数量从增多到减少，对应的直接经济损失并无明显减轻，单次地质灾害造成的损失大幅增加，反映城乡居民随着社会经济发展个人财富持续增加。

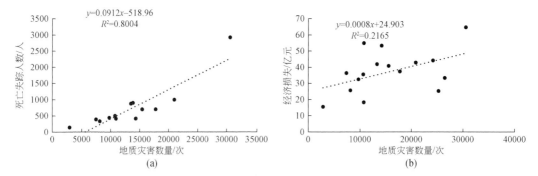

图 2.3　（a）2001 年以来中国地质灾害数量与死亡失踪人数相关性及（b）2001 年以来中国地质灾害数量与经济损失相关性（数据引自《全国地质灾害通报》[①~③]）

2.2　中国地质灾害成因

　　一般地，地质灾害是地质因素、引发条件耦合作用和承灾对象遭遇的结果。地质因素包括地形地貌、地质成分结构和构造活动背景等，决定了地质灾害的易发程度。引发条件包括气温变化引起的冻融作用、降雨渗流、地震作用和人类工程活动等多因素叠加效应（刘传正，2014a）。承灾对象包括人员、财产、基础设施和生态环境等，决定了危害类型及社会影响。

2.2.1　自然演化累积效应

　　地质环境自然演化的必然性与人类生存发展遭遇的偶然性或概率增大，是地质灾害成生的重要因素。例如，长江三峡仙女山活动断裂带既是构造地震带，也是崩滑灾害发育带，沿断裂带南有老林河崩塌体，中有狮子崖崩塌，北部（长江边）则有新滩滑坡，表现出显著的空间系统性。新滩滑坡自汉永元十二年（公元 100 年）以来具有约 460 年的复发周期，与该地区的地震活动期基本对应，崩滑活动期稍滞后于地震活跃期，是内动力作用（地震）控制外动力作用（崩滑）的一处典型案例（刘传正，1990）。

　　自然演化形成的崩塌滑坡和泥石流广泛存在，在地质构造复杂、地壳活动强烈和气候

①　中华人民共和国地质矿产部，1995~1997，全国地质灾害通报。

②　中华人民共和国国土资源部，1998~2017，全国地质灾害通报。

③　中华人民共和国自然资源部，2018，全国地质灾害通报。

变化显著地区的表现尤其突出（王兰生等，1994）。2018 年 10 月，金沙江、雅鲁藏布江先后发生山体滑坡堵江形成堰塞湖，水位升高漫顶泄洪及涌浪造成巨大经济损失和广泛社会影响。事实上，早在 2009 年 7 月，当地政府就发现了金沙江白格滑坡变形迹象，2014 年 11 月，当地政府对滑坡威胁范围内的村民全部实施了搬迁避让（刘传正，2019a）。雅鲁藏布江色东普段数十年来因冰川消融引发多次崩滑–碎屑流堵江事件，2018 年堵江灾害发生前，该河段三分之二处于堰塞状态，沟源区存在崩滑堆积"零存整取"现象，河道多次堰塞形成"累积效应"（童立强等，2018；刘传正等，2019）。

2.2.2　气温变化与冻融地质灾害

2.2.2.1　区域气温变化

全球气候变暖是极端事件增多增强的大背景，气温升高或气温变率加大会导致极端天气气候事件增多趋强，成为暂时性或长期性冰雪冻融和山地斜坡稳定性变化的重要因素。1951～2001 年全国平均气温在 20 世纪 80 年代以后上升更为明显，西南高山低温区在 20 世纪 90 年代以后温度也处于上升状态（王遵娅等，2004）。

由于青藏高原影响着东亚季风气候，使中国成为全球气候变化的敏感区和影响显著区。1951～2018 年，中国地表年平均气温平均升高 0.24℃/10a，升温率高于同期全球平均水平[①]（图 2.4）。其中，北方增温速率明显大于南方地区，西部地区大于东部，其中青藏地区增温速率最大。

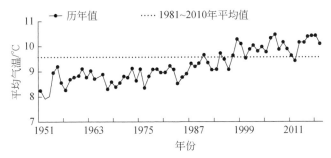

图 2.4　1951～2018 年全国年平均气温变化（数据引自《中国气候公报》[①]）

1961 年以来，西藏高原年气温平均上升 0.32℃/10a，尤其表现在秋冬两季。1981 年以来升温 0.60℃/10a。气候变化造成普遍性冰川退缩、湖泊面积扩张、冻土深度变浅、植被增加和强降水、干旱日数、冰湖溃决、冰崩、滑坡–碎屑流等极端事件显著增多。

2.2.2.2　冻融引发的地质灾害

中国西北、西南高山峡谷地区或黄土塬边对秋冬或春夏交替温度变化引起的冻融作用

---

① 中国气象局，1997～2018，中国气候公报。

反应敏感，冰雪冻融水流下渗或在斜坡前缘形成"冻结滞水"后融化软化引发崩塌滑坡–碎屑流灾害（刘传正，2014b）。2000年4月9日，西藏波密县易贡藏布河扎木弄沟左侧山体巨型冰崩–滑坡碎屑流，堵河形成堰塞湖，溃决后造成下游100多人失踪和巨大经济损失（刘伟，2002）。事后调查，该地段1998年5月以来山体断续出现垮塌，2000年3月数日"高温"和降雨叠加作用引发大规模崩滑事件。另外，冰湖溃决引发的山洪泥石流值得关注（崔鹏等，2003；康志成等，2004）。

2009年11月16日，山西中阳县张子山乡张家咀村降雪融水渗流引发黄土崩塌造成23人死亡；2010年3月10日，陕西子洲县双湖峪镇石沟村降雪融水渗流引发黄土崩塌造成27人死亡；2013年1月11日，云南镇雄县果珠乡赵家沟降雪融水渗流引发滑坡造成46人死亡；2013年3月29日，西藏墨竹工卡县扎西冈乡普朗沟因降雪融水渗透导致矿山弃土场滑坡碎屑流造成83人死亡失踪。

1977～2018年期间，藏东雅鲁藏布江色东普流域因气温升高冰川退缩面积达15.67km²，退缩率为45.46%（童立强等，2018）。气温升高造成南迦巴瓦峰格嘎冰川和加拉白垒峰色东普冰川自20世纪50年代以来多次活动跃进引发崩滑碎屑流，冲击堵塞雅鲁藏布江（刘传正，2019b）。

2.2.3　大气降雨与地质灾害

2.2.3.1　区域"重合度"模型

降雨因素具有覆盖面广、持续时间长和局地冲刷渗流作用强烈等特征，是地质灾害的主要引发因素。本书提出"重合度"概念及其计算模型，用以描述区域降水量与地质环境的叠加作用。

在气象领域，年均降水量距平用当年降水量与多年降水量平均值（一般20年以上平均）的差值与后者的比值表征当年降水的偏多（正距平）或偏少（负距平），一般用百分率（%）表示。

"重合度"是指降雨作用等引发条件与地质灾害易发区或高潜势度区域在空间的叠加重合比例，可用于大范围降雨引发地质灾害的成因分析、趋势预测或风险评估。以年度区域降雨重合度分析为例，年均降水量正距平与地质灾害易发区的重合度计算模型可表达为

$$R = A_{(r \cap s)}/A_s$$

式中，R 为重合度，年均降水量正距平与地质灾害高潜势度区或易发区重合部分的面积比例，%；$A_{(r \cap s)}$ 为年均降水量正距平分布区域与地质灾害易发区重合的面积，km²；A_s 为地质灾害易发区或高潜势度分布区的面积，km²。

全国尺度年度降水"重合度"的计算步骤是：①确定突发性地质灾害易发区，如中南山地区、东南华南山地丘陵区、西南西北高中山峡谷地区、秦巴山区、黄土高原塬边地区等；②确定某一年度的降雨正距平约在20%的区域；③把年均降水量正距平区域与地质灾害易发区进行空间叠加，分别计算各区域的重合比例；④根据地质灾害易发程度设定权值分配，最后合并计算全国的重合比例（重合度）。

2.2.3.2　年均降水量与地质灾害关系研究

中国夏季风的进退同大陆上主要雨带的季节性位移密切相关。1951～2001 年全国年均降水量波动略有减少，但 20 世纪 90 年代以后夏季降水增加明显（王遵娅等，2004）。1951～2009 年期间，中国华北、西南地区年均降水量减少明显（李聪等，2012）。

通过统计分析《全国地质灾害通报》（1997～2018 年）[①~③]、《中国气候公报》（1997～2018 年）[④]和《中国水资源公报》（1997～2018 年）[⑤]，可以研究全国地质灾害数量、死亡失踪人数、直接经济损失与年均降水量、降水量距平、重合度的统计相关关系。要说明的是：①中国年均降水量采用水利部门的数据主要考虑其山地丘陵小流域雨量观测部署较多，更符合地质灾害易发区的实际降水状况。水利部门的年均降水量数据一般比气象部门的数据偏大 10mm 左右，反映了山地丘陵区降水量一般大于临近的平坦地区城镇的降水量。②1997～2018 年共 22 年平均年均降水量为 645.3mm，各年年均降水量距平据此计算。③年均降水量正距平与地质灾害易发区重合度（%）依据中国气象局公布的年均降水量正距平 20% 左右分布图[④]与全国地质灾害易发区分布图（图 2.1）叠加计算。④地质灾害造成的死亡失踪人数、经济损失和地质灾害数量采用自然资源部门统计数据[①~③]。⑤以 0.5、0.3、0.15 和 0.05 分别作为西南西北、中南东南、黄土塬边和天山及北方地质灾害易发区的权重折算重合度。表 2.1 列出了各类数据集成计算处理结果（刘传正和陈春利，2020b）。

表 2.1　中国地质灾害统计研究相关数据

年份	R_a/mm	ΔL/%	R_i/%	N_a/次	D_a/人	E_a/亿元
1997	613	-5			1160	
1998	713	10.5	60		1573	
1999	629	-2.5	40		864	
2000	633	-1.9	30		1080	49.5
2001	612	-5.1	20	10793	1049	35
2002	660	2.3	35	20977	962	42
2003	638	-1.1	20	13832	868	48.6
2004	601	-6.8	25	13555	858	40.9
2005	644	-0.2	20	17751	682	36.5
2006	611	-5.3	15	24340	774	43.2

---

① 中华人民共和国地质矿产部，1995～1997，全国地质灾害通报。
② 中华人民共和国国土资源部，1998～2017，全国地质灾害通报。
③ 中华人民共和国自然资源部，2018，全国地质灾害通报。
④ 中国气象局，1997～2018，中国气候公报。
⑤ 中华人民共和国水利部，1997～2018，中国水资源公报。

年份	R_a/mm	ΔL/%	R_i/%	N_a/次	D_a/人	E_a/亿元
2007	610	−5.4	20	25364	715	24.8
2008	655	1.6	40	26580	757	32.7
2009	591	−8.4	10	10840	486	17.7
2010	695	7.8	65	30670	2915	63.9
2011	582	−9.8	10	15664	277	40.1
2012	688	6.7	45	14323	375	52.8
2013	662	2.6	35	15403	669	101.5
2014	622	−3.6	40	10907	400	54.1
2015	661	2.5	35	8224	287	24.9
2016	730	13.2	55	9710	405	31.7
2017	665	3.1	30	7521	354	35.9
2018	683	5.9	15	2966	112	14.7

注：R_a为全国年均降水量，mm；ΔL为1997~2018年全国年均降水量距平，%；R_i为降水量正距平分布区与地质灾害易发区的重合度，%；N_a为年度地质灾害数量，次；D_a为年度死亡失踪人数，人；E_a为年度城乡直接经济损失，亿元。

2001~2010年间，全国地质灾害数量与年均降水量吻合较好，年均降水量大的年份地质灾害相应高发，如2002年、2008年、2010年［图2.5（a）］。2011~2018年，年均降水量处于偏多态势，但地质灾害发生数量呈逐年下降趋势，且与降水量的相关性显著降低，仅2013年、2016年地质灾害数量与年均降水量趋势一致，且2016年存在超强"厄尔尼诺"效应。

1997年以来，年均降水量与地质灾害造成的死亡失踪人数总体正相关，但死亡失踪人数随时间趋势性下降［图2.5（b）］。1998年、2010年和2013年趋势一致，2005年、2015年和2018年趋势不同，尤其是2011年以后，年均降水量总体增加，但因灾死亡失踪人数显著下降。1998年，中国华中、华南、东北地区强烈降雨引发大规模洪水灾害，同时也是地质灾害严重年份。2005年台风"海棠""麦莎""珊瑚""泰利""卡努"和2006年超强台风"碧利斯"和"桑美"等带来的强降雨在中国东南山地丘陵区引发群发型地质灾害，造成的经济损失较大。2010年人员伤亡最严重，主要是局地强降雨引发的特大型地质灾害事件较多。

2000年以来，全国年均降水量与城乡社区地质灾害造成的直接经济损失总体上趋势一致［图2.5（c）］。2010年以前年均降水量与地质灾害造成的经济损失基本对应，其后年均降水量总体增加，经济损失虽有波动，但出现减少趋势。2010年出现经济损失大主要是地质灾害广泛发生在华东、中南、西南及西北的部分地区。2016年地质灾害造成的经济损失最大，主要是甘肃、四川、重庆、云南、广东、西藏、辽宁和云南等地居民财产和农业损失严重。

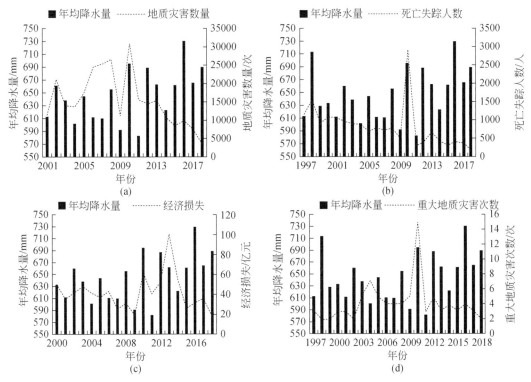

图 2.5　（a）中国年均降水量与地质灾害数量的时间分布、（b）中国年均降水量与死亡失踪人数
的时间分布、（c）中国年均降水量与经济损失的时间分布及（d）中国年均降水量与重大地质
灾害次数的时间分布（数据引自《全国地质灾害通报》《中国气候公报》《中国水资源公报》[①~⑤]）

　　1997 年以来，年均降水量与重大地质灾害（人员伤亡超过 20 人或经济社会影响巨大）次数具有一定相关性［图 2.5（d）］。2003 年以前，重大地质灾害相对低发，平均 2.5 次/a；2003~2010 年，重大地质灾害高发，平均 6.1 次/a；2011 年及以后，重大地质灾害低发，平均 3.4 次/a。2010 年是局地降雨与地质灾害易发区高度叠加的年份，发生重大伤亡的地质灾害事件达 15 次。

2.2.3.3　年均降水量正距平与地质灾害易发区的重合度

　　2001 年以来，全国年度地质灾害数量和降水量正距平 20% 左右区域与地质灾害高易发或高潜势区域的重合度存在一定相关性［图 2.6（a）］。2001~2010 年地质灾害发生数量与重合度基本正相关，只有 2006 年、2007 年相关性较低。2011 年以来，地质灾害发生数量趋势性减少，与降水区域重合度显示弱相关性，如 2016 年重合度为高峰值，但地质灾害数量

①　中华人民共和国地质矿产部，1995~1997，全国地质灾害通报。
②　中华人民共和国国土资源部，1998~2017，全国地质灾害通报。
③　中华人民共和国自然资源部，2018，全国地质灾害通报。
④　中国气象局，1997~2018，中国气候公报。
⑤　中华人民共和国水利部，1997~2018，中国水资源公报。

虽比其前后年份多，但远低于 2013 年以前的年份。部分年份二者波动不一致与局地异常强降水有关，如 2013 年四川省都江堰地区过程降水量达 1106.9mm，引发了区域群发性地质灾害，都江堰中兴镇三溪村"7·10"特大型滑坡灾害造成 161 人死亡失踪。

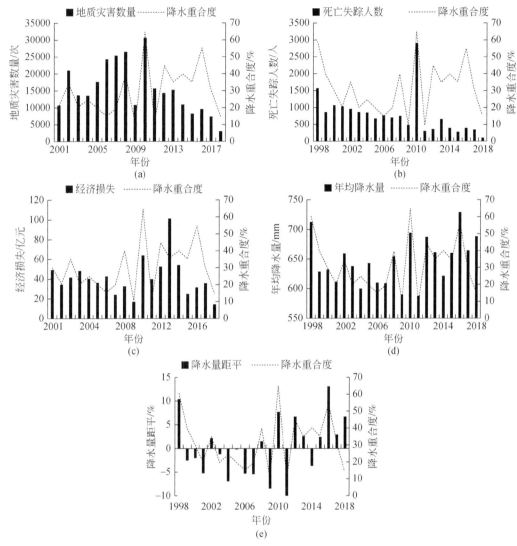

图 2.6　（a）中国地质灾害数量与降水重合度的时间分布、（b）中国地质灾害死亡失踪人数与降水重合度的时间分布、（c）中国地质灾害经济损失与降水重合度的时间分布、（d）中国年均降水量与降水重合度的时间分布关系及（e）中国降水量距平与降水重合度的时间分布关系（数据引自《全国地质灾害通报》《中国气候公报》《中国水资源公报》①~⑤）

① 中华人民共和国地质矿产部，1995~1997，全国地质灾害通报。
② 中华人民共和国国土资源部，1998~2017，全国地质灾害通报。
③ 中华人民共和国自然资源部，2018，全国地质灾害通报。
④ 中国气象局，1997~2018，中国气候公报。
⑤ 中华人民共和国水利部，1997~2018，中国水资源公报。

1998 年以来，全国地质灾害造成的死亡失踪人数与降水重合度波动趋势基本一致 [图
2.6 (b)]。重合度较高的年份，地质灾害造成的死亡失踪人数一般较多，如 1998 年、2010
年和 2016 年。降水重合度较低的年份，地质灾害造成的死亡失踪人数一般较少，如 2009 年、
2011 年和 2018 年。2011 年以来，重合度与地质灾害造成的死亡失踪人数逐渐偏离，即使重
合度处于较高水平，但地质灾害造成的死亡失踪人数仍趋势性降低，说明因地质灾害搬迁避
让和综合防治能力持续提升，应对强降雨引发地质灾害的预警响应和应急避险的成效显著。

2000 年以来，全国地质灾害造成的城乡社区直接经济损失与降水重合度波动趋势基本
一致，2013 年及以前二者相关性比较显著，2014 年以来相关性显著降低 [图 2.6 (c)]。
年均降水量重合度较高的年份，地质灾害造成的直接经济损失一般较高，如 2008 年、
2010 年和 2017 年。降水重合度较低的年份，地质灾害造成的直接经济损失一般较少，如
2001 年、2009 年、2011 年和 2018 年。地质灾害造成的直接经济损失不但与降水重合度有
关，更与地质灾害发生地区的社会经济状况、局地强降雨特征和人类活动密切相关。

1998 年以来，全国年均降水量与重合度总体一致，但例外年份也是明显的，即年均降
水量大的年份重合度不一定高，年均降水量小的年份重合度却较高 [图 2.6 (d)]。例如，
2004 年、2014 年年均降水量小，但重合度相对较高；2018 年年均降水量大，但重合度低。
年均降水量较少而重合度较高，说明降水较多落在地质灾害易发区，降水引发地质灾害的
效应较高。年均降水量较多而重合度低，说明降水落在地质灾害易发区较少，这是 2018
年地质灾害发生数量最少的主要原因之一。

1998 年以来，全国年均降水量正负距平与重合度大小分布总体一致 [图 2.6 (e)]。
1999～2009 年，降水量负距平为主，重合度总体偏低。2010～2017 年降水量正距平为主，
重合度总体较高。例外的是，1999 年、2000 年和 2014 年降水量是负距平，但重合度较
高；2018 年降水量显著正距平，但重合度很低。2014 年降水量为负距平，但重合度高达
40%，年度降水总量虽然较少，但降水较多地落在地质灾害高易发区，引发地质灾害数量
较大，造成的死亡失踪人数较多，直接经济损失较严重。2018 年降水量显著正距平，但重
合度仅为 15%，该年度降水总量虽然多，但降水落在地质灾害高易发区较少，是 2018 年
地质灾害危害小的主要原因。

2001 年以来全国地质灾害数量与年均降水量相关性比较离散，但地质灾害数量与降水重
合度相关性明显 [图 2.7 (a)、(b)]。地质灾害导致的死亡失踪人数和降水重合度相关性较
高，但地质灾害造成的直接经济损失与降水重合度相关性不大 [图 2.7 (c)、(d)]。地质灾
害造成的直接经济损失涉及因素较多，如目前的统计数据主要局限于城乡社区而基本不包括
工矿企业，我国东西部、南北方经济发展水平差距较大等（刘传正和陈春利，2020a）。

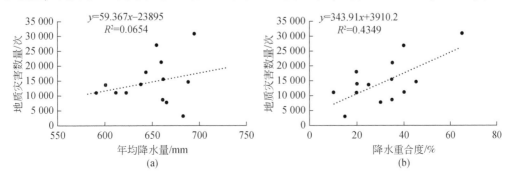

(a)　　　　　　　　　　　　　　　　　(b)

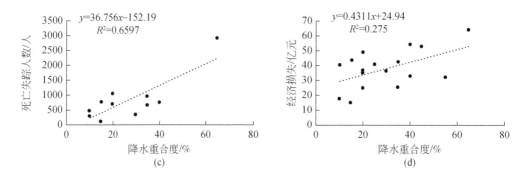

图 2.7 （a）2001 年以来中国地质灾害数量与年均降水量的相关性、（b）2001 年以来中国地质灾害数量与降水重合度的相关性、（c）1998 年以来中国地质灾害死亡失踪人数与降水重合度的相关性及（d）2000 年以来中国经济损失与降水重合度的相关性（数据引自《全国地质灾害通报》《中国气候公报》《中国水资源公报》[①~⑤]）

2.2.3.4　年度地质灾害与降水-地质重合度案例分析

基于降水-地质重合度分析发现，地质灾害的发生与全国年均降水量并不一定正相关，但与降水量和地质灾害易发区的重合程度显著正相关，即地质灾害的发生数量及危害大小取决于降水区域与地质灾害易发区的重合度高低，证明了"人努力，天帮忙"的说法是有一定科学道理的。降水区域与地质灾害易发区的重合度高的年份，即使努力增加防灾减灾成本，危害或损失仍然可能会比较高。

2018 年全国地质灾害共造成 112 人死亡，73 人受伤，是有历史记录以来的最低值。2018 年全国年均降水量为 683mm，比常年（1997 年以来 22 年降水量均值，下同）偏多，正距平 5.9%，局地暴雨次数、强度低于常年。全国地质灾害高易发地区的降水量明显低于常年水平，年均降水量分布正距平与地质灾害高易发区的重合度只有 15%，是 2018 年地质灾害危害低的主要原因。

2011 年全国地质灾害造成 277 人死亡，138 人受伤。2011 年全国年均降水量为 582mm，比常年显著偏少，降水量负距平为-9.8%，全国年均降水量正距平分布区与地质灾害易发区的重合度仅为 10%，是地质灾害显著减少的重要原因。

2010 年全国地质灾害造成 2915 人死亡，是历史记录以来的最高值。2010 年全国年降水量为 695mm，比常年偏多，降水量正距平 7.8%，暴雨日数比常年偏多 21.5%（王遵娅等，2011）。2010 年年均降水量正距平分布区与高地质灾害易发区的重合度高达 65%，甘肃、四川、贵州、云南等地因多次局地强降雨过程的叠加效应或累积效应酿成重大地质灾害事件达 15 次。例如，6 月 2 日，广西玉林地区局地强降雨引发群发性滑坡泥石流造成 43 人死亡；

①　中华人民共和国地质矿产部，1995 ~ 1997，全国地质灾害通报。
②　中华人民共和国国土资源部，1998 ~ 2017，全国地质灾害通报。
③　中华人民共和国自然资源部，2018，全国地质灾害通报。
④　中国气象局，1997 ~ 2018，中国气候公报。
⑤　中华人民共和国水利部，1997 ~ 2018，中国水资源公报。

6月28日，贵州关岭县岗乌镇大寨村持续强降雨引发山体滑坡造成99人死亡失踪；7月18~24日，陕西安康市局地强降雨先后引发大竹园镇七堰村、山阳县高坝镇桥耳沟滑坡分别造成29人、24人死亡失踪；8月8日，甘肃舟曲县城区及上游村庄因后山降雨汇流引发山洪泥石流造成1765人死亡失踪；8月18日，云南贡山县普拉底乡东月谷村泥石流造成92人死亡失踪；9月1日，云南保山市隆阳区瓦马乡河东村强降雨引发滑坡造成48人死亡失踪。

1998年全国地质灾害造成1573人死亡（含部分山洪死亡者，当时泥石流与山洪灾害尚未明确区分）。1998年年均降水量正距平与地质灾害易发区的重合度达60%，造成华中、华南和西南地区地质灾害多发频发，出现地质灾害造成死亡失踪人数高峰值。

2.2.4　地震活动

地震作用表现在长期多次地震活动累积效应造成山体结构损伤、斜坡的渐进性破坏，强烈地震作用直接拉断岩土体，引发崩塌滑坡及碎屑流堆积，其滞后效应可延续数十年（黄润秋，2011；刘传正等，2017）。

一般地，地震烈度Ⅵ度以上区域的山体斜坡才可能出现变形破坏，Ⅷ度及其以上区域可能出现大型山体崩塌滑坡，Ⅸ度及以上区域肯定出现大型崩塌滑坡（刘传正，2009）。2008年"5·12"汶川地震激发的大型崩塌滑坡主要分布在Ⅸ~Ⅺ地震烈度区内，尤其出现在顺向斜坡结构地带或斜坡坡向与地震作用方向一致的区域（黄润秋和李为乐，2008；Liu，2008）。地震台网监测发现，地震PGA超过$0.2g$的区域才会引发比较严重的崩塌滑坡灾害（王秀英，2010）。单就地震引发的崩塌滑坡数量而论，由于不同学者掌握的资料、研究问题的出发点、工作范围、工作方法、现场核实、遥感解译分辨率、地震新生崩滑还是历史存在、规模与危害、地震影响程度和研究深度等的不同，得出的数量可能相差极大。黄润秋和李为乐（2008）提出四川现场调查和遥感解译地质灾害点1.13万处。殷跃平等（2009）提到汶川地震触发1.5万处崩滑流，隐患点1.27万处。崔鹏等（2011）根据卫星遥感数据估算地震触发崩塌滑坡4万~5万处。许冲等（2010）曾进行文献调研，统计了国内外10位学者基于遥感目视解译得到的汶川地震引发崩塌滑坡数量多在不足1万处或5万处左右，但也有高达19.7万处和113.5万处的数据（许冲，2012）。实际上，相当多的研究者把光学遥感能够分辨出的植被裸露或水土流失均作为汶川地震引发的崩塌滑坡了，这与本书关于地震滑坡灾害的界定已完全不同了。

刘传正（2008）在技术上负责编制国家专项规划时采用汶川地震区川甘陕三省51个县（市、区）地质灾害11651处[①]。刘传正等（2016，2017）研究了2008年"5·12"汶川地震烈度Ⅵ度以上地区，涉及川、甘、陕三个省的62个县，约$15\times10^4km^2$，共统计录入数据库地质灾害20865处。其中，"5·12"汶川地震前因降雨、采矿、人工切坡堆载等引发的崩塌滑坡和泥石流灾害4913处，占比23.5%；"5·12"汶川地震直接引发崩塌滑坡灾害共10173处，占比48.8%；"5·12"汶川地震后至2013年年底约5年半时间内因地震作用滞后效应和降雨渗流等综合作用引发崩塌滑坡泥石流灾害5779处，占比27.7%

① 中华人民共和国国土资源部，2008，"5·12"汶川地震区地质灾害防治专项规划。

（图2.8）。后两个时段崩塌滑坡和泥石流的数量占比达76.5%。可见，强烈地震活动及其滞后效应完全改变了该区域的地质灾害时空演化态势。

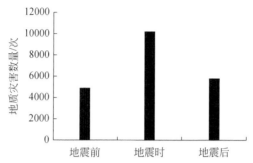

图2.8　2008年"5·12"汶川地震前、地震时和地震后地质灾害数量对比
（数据引自"5·12"汶川地震区地质灾害防治专项规划①）

2.2.5　人类工程活动

人类活动如地下开挖、地表切坡、弃土堆载、水库浸润、灌溉渗漏和爆破振动等会加剧原有的滑坡活动或直接形成新的地质灾害（刘传正，2014a）。多年前开挖的边坡在持续降雨条件下失稳，错误的治理工程可能酿成地质灾难。水库水位涨落伴随的反复浸润岩土体特别是弱化带引发的滑坡可能沿水库周边成带成群出现。溶蚀侵蚀、水位升降（涨落）会在斜坡内部产生软化作用、浮托作用和向外的动水压力作用及其滞后效应，会急剧降低斜坡的整体稳定性。黄润秋（2007）曾概略分析了我国部分大型滑坡的发生机制。

2003～2018年长江三峡水库蓄水及运营期间，水位变动引发957次明显的滑坡活动（图2.9）。2003～2008年水库水位从135m逐渐升到175m，水库作用引发的滑坡活动数量逐年增加，2007～2008年最高水位期间滑坡活动数量达到峰值。2008年以后，水库水位

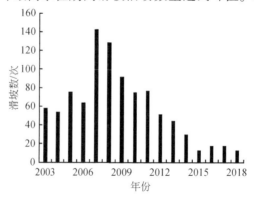

图2.9　长江三峡水库蓄水以来滑坡动态响应数量随时间变化（滑坡变形总数957次）

---

① 中华人民共和国国土资源部，2008，"5·12"汶川地震区地质灾害防治专项规划。

每年在 145～175m 变动，水库水位涨落引发的滑坡活动数量趋势性减少，说明库岸滑坡对水库水位升降作用的敏感性逐步降低，两岸斜坡适应性增强，只有出现局地强烈降雨叠加作用时，滑坡活动响应才会明显增强。

2.2.6　结论

（1）中国地质环境的特殊性决定了地质灾害的多样性、易发性及其区域变异性。地质灾害的发生不仅取决于地质环境演化，还与区域降雨渗流、冻融作用、地震损伤和人类活动等多因素叠加作用密切相关。

（2）中国地质灾害的时间分布主要是由季风气候决定的，即每年汛期是地质灾害高发期，冻融季节则使某些地区滑坡泥石流活跃。特殊地区存在地震激发作用、工程活动与滑坡动态的耦合响应关系及其滞后效应。

（3）中国地质灾害数量、死亡失踪人数、直接经济损失等和年度降水量正距平与地质灾害易发区的重合度正相关。年均降水量正距平大，重合度高，危害损失大；年均降水量负距平，重合度小，危害损失小；年均降水量正距平，但重合度小，危害损失也小。

（4）中国地质灾害数量是趋势性减少的，造成的人员伤亡总体上是逐年降低的。城乡社区直接经济损失总量占国家 GDP 的比例总体下降，但单次地质灾害的直接经济损失呈增长趋势。

（5）地质灾害调查评价、监测预警、工程治理、搬迁避让和应急避险工作的防灾减灾成效是显著的，同时存在"人努力，天帮忙"的现象。2019 年，全国发生地质灾害 6181次，造成 224 人死亡失踪，直接经济损失 27.7 亿元，均远高于 2018 年的对应数据，再次佐证这一认识[①]。

2.3　中国地面塌陷灾害

岩溶地面塌陷是一类典型的突发性地质灾害，由于其存在和发展的隐蔽性，发生的突然性，往往给人类生命、工程建筑和经济开发活动造成极大的危害。

2.3.1　岩溶塌陷地质环境

岩溶塌陷的发生与分布明显地受地质环境条件的制约，在地形地貌、地质构造、区域地质构造格局和地质发展史上均有自己的特点。

1. 地形地貌

在地形地貌上，岩溶塌陷一般发生在岩溶山区与平原的过渡地带，丘陵地带或中低山的山前，丘陵地区的山间洼地或地表地下水活跃的沟谷处，这些地带是岩溶地区的相对负地形，一般存在开口岩溶形态，而上部松散覆盖层又较薄。

---

① 中华人民共和国自然资源部，2019，全国地质灾害通报。

2. 地质结构

在地质结构上，发生岩溶塌陷的地带上部一般是松散的第四纪覆盖层（厚度一般不大于30m）、软岩或盐岩，其厚度和物质成分都不足以抵抗地表地下水的反复作用，下部为具有一定规模的开口岩溶形态，如溶蚀漏斗或落水洞等。

3. 区域地质构造

中国岩溶塌陷的分布明显地受到区域大地构造格架控制，特别是新华夏系第二、第三隆起带和阴山、秦岭与南岭三个巨型纬向构造体系的控制。在岩溶作用发育区，一般构造隆起部位，岩溶塌陷强烈，且南北向构造的控制作用明显优于东西向构造（图2.10）。

具体言之，新华夏系第二、第三隆起带基本控制了中国岩溶地面塌陷的发育强度呈近南北向条带状分异的格局，如第二隆起带的千山—泰山—武夷山和罗霄山脉，以及第三隆起带的太行山—巫山—大娄山一线。相对较老、规模较大的阴山纬向构造体系和秦岭纬向构造体系（主要是其南支桐柏山—大别山一线）起了分隔作用，使中国南北方的岩溶作用与岩溶塌陷呈现不同的特点，如北方有大面积的古岩溶塌陷发育区（岩溶陷落柱），而南方则是广布现代岩溶塌陷区（刘传正，1997b）。相对较新、规模较小的南岭纬向构造带则实现了和第二、第三隆起带的联合作用，导致南方出现了大片岩溶区。

岩溶塌陷除在区域上受大地构造格架控制外，在具体地点上也受构造线控制而呈定向分布，如华北的岩溶陷落柱明显地按北北西和北东东两个方向定向作带状排列延展，且一般北北西组较发育。这两个方面恰与新华夏系两组扭裂面的方位一致，即大义山式断裂和泰山式断裂，且北北西向的大义山式断裂是张扭性，易于岩溶作用发育。

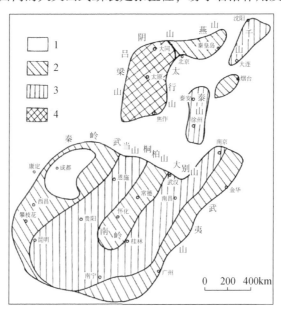

图2.10　中国岩溶地面塌陷发育程度分区

1. 岩溶塌陷不发育区；2. 岩溶塌陷较发育区；3. 岩溶塌陷发育区；4. 古岩溶塌陷（岩溶陷落柱）发育区

　　另外，构造活动会使岩溶塌陷作用加强。第四纪以来，华北的岩溶陷落柱就有复活迹象。1976 年唐山大地震时，矿井涌水量增加，特别是陷落柱发育的地区涌水量增加，煤系地层的地下水位较其他地区明显上升（升高达 30m 余），表明地震作用下，陷落柱复活，柱体下陷松动，致使导水性增加，使高压的岩溶水渗入。

4. 岩溶地质发育史

　　岩溶塌陷主要出现在浅层岩溶作用强烈的时期。除了自身的基础条件外，现代岩溶地面塌陷主要由自然和人类活动双重作用所致，以人类活动的作用占主导地位。自然因素如地震、洪水或干旱造成覆盖层含水性的急剧变化和岩溶地下水位升降，人为因素如各种经济-工程活动造成的地表水下渗与地下水位变动、列车的反复振动疲劳作用和工程或军事爆破的冲击等。

　　岩溶作用强烈期也是岩溶塌陷强烈发育期，且后者滞后于前者。中国北方的强烈岩溶作用时期粗略划分为加里东期、燕山期和喜马拉雅期，中国南方的主要岩溶作用时期只经历了燕山期和喜马拉雅期，这些岩溶作用时期，都可以细分为一系列亚期（卢耀如，1999）。因为燕山运动奠定了中国大陆现今的构造格架，控制了剥蚀与抬升作用，所以，自喜马拉雅期以来，特别是全新世以来，现代岩溶作用表现为对燕山期以来岩溶作用的极大继承性、延续性和叠加性。

　　华北古岩溶塌陷（岩溶陷落柱）的发育始于二叠纪末，形成于燕山运动期间，结束于古近纪、新近纪，也就是说，它的大规模出现滞后于加里东岩溶作用期，盛行于燕山期。现代岩溶塌陷及其范围和强度的加剧，证明了人类活动起了重要引发作用，或者说对自然作用有着放大或加速效应。

2.3.2　地面塌陷基本情况

　　岩溶地面塌陷一般指土层覆盖型岩溶地面塌陷。据不完全统计，除上海、宁夏、新疆等局部地区外，我国 24 个省（自治区、直辖市）内共发生岩溶地面塌陷 2841 处，塌陷坑 40119 个；其中以南方的桂、黔、湘、赣、川、滇、鄂，以及北方的冀、鲁、辽、豫、晋等省（自治区）最为发育；此外，京、苏、皖等地也发生过不同程度的岩溶地面塌陷（李海涛等，2015）。

　　我国有 30 多个大中城市、420 个县市处于地面塌陷高风险区，有 40 余座矿山、25 条铁路线和数百座水库长期遭受岩溶地面塌陷的困扰。在我国已发生的岩溶地面塌陷灾害中，约 70% 为人类活动所诱发。过量开采地下水和矿山排水是产生岩溶地面塌陷的主要原因，其他如拦蓄地表水、岩土工程施工、铁路公路施工、工程爆破等，也会诱发岩溶地面塌陷（罗小杰和沈建，2018）。因此，岩溶地面塌陷灾害往往发生在人口密集的城市、矿山或交通线上，给国民经济建设和人民生命财产带来严重影响和威胁。

　　据不完全统计，1950 年以来，全国 23 个省（自治区、直辖市）共发生岩溶塌陷 3339 处，岩溶塌陷城市化、工程化趋势明显（蒋小珍等，2016）。城市化表现在岩溶地区工程勘探、基坑降水、桩基施工和地铁建设等破坏地下水系统平衡引发地面塌陷，广州、武汉、深圳等多个大中城市影响严重。工程化表现在岩溶地区高速铁路、高速公路，如武广、贵广、沪昆和湘桂高铁等的岩溶隧道建设都引发过严重的岩溶塌陷事件。据统计，约有70%的岩溶塌陷与人类工程经济活动相关联。

20 世纪 70 年代以来，由于人类工程活动强度、频度和范围急剧增大，岩溶塌陷的发生数量成倍增加。以铁路为例，到 1989 年 6 月，在华北、京沪线、中南地区和西南地区共发生岩溶塌陷近 600 处，危害严重的有 57 处，其中路基工程 30 处，桥涵工程 2 处，车站 18 个，隧道 6 座，其他工程 1 处。57 处塌陷中，由于抽取地下水致塌的 19 处，坑道排水致塌的 15 处，降雨与地表积水入渗致塌的 18 处，振动致塌 1 处，成因不明者 4 处（陈国亮，1994）。

2005 年以来，中国岩溶塌陷进入又一个高发阶段，从每年约 50 处上升到约 150 处，30 多个大中城市、328 个县市处于地面塌陷高风险区，40 余座矿山、25 条铁路线和数百座水库长期遭受岩溶塌陷的困扰，尤以桂、黔、湘、赣、川、滇、鄂、粤等省区较为严重（蒋小珍等，2016）。

据 2011～2019 年 17 个省（自治区、直辖市）城市地面塌陷资料统计，全国城市地面塌陷事件的发生以大中城市为主，且以南方城市居多。例如，广州、杭州、深圳、郑州、哈尔滨、西安、兰州等，近三年广州共发生 55 起。城市地面塌陷不仅直接危害生命财产安全，也存在次生衍生灾害风险。

吉林主要煤炭资源开采采空区地面塌陷比较突出。辽源煤矿地下采空区面积为 14.58km²，地面塌陷面积为 18.95km²。其中较为严重的为太信、西安和西孟三大地面塌陷区，塌陷面积达 600.73hm²，最大塌陷深度为 15m。

辽宁省城市地面塌陷主要有采空塌陷、岩溶塌陷、市政工程引起的地面塌陷（地铁施工、人防工程施工、地下管廊、广场施工等）。采空塌陷主要发生于抚顺市、本溪市、阜新市、大连市，均为小型，多为井下开采活动及地下水径流冲刷等引起。城区岩溶塌陷主要由于地震、强降雨和集中开采地下水引发，鞍山市城区最为典型。

山东省 2010～2019 年共发生地面塌陷 102 起，影响最大的是采空塌陷，其次是岩溶塌陷。采空塌陷严重地区主要在泰安、枣庄、济宁、临沂等煤矿、石膏矿区，受灾主体主要为农田、公共设施和房屋开裂等。岩溶塌陷主要在济南、泰安、临沂市沂南县等地较为严重。

陕西省地面塌陷主要发生在榆林、汉中、咸阳、渭南等地的煤矿开采区，特别是榆神府、渭北、彬长等矿区，主要危害为破坏植被、景观、耕地、工程建筑，地下水位下降、地表径流减小甚至断流，以及破坏生态环境等。2017 年调查，因矿业开发引发的地面塌陷 198 处，引发塌陷面积约 160km²，地下采空区面积约 2140km²。

贵州省记录地面塌陷 551 处。采空塌陷主要发育毕节、六盘水等城市，贵阳、六盘水地铁建设及高层建筑基坑开挖抽排水曾引发城市地面塌陷。

青海省城市地面塌陷主要出现在西宁市。2013 年夏天，西宁市城中区南山路地面塌陷致使 1 辆出租车卡住，司机受伤。2017 年 2 月 12 日，西宁市城中区地面塌陷，塌陷坑深约 2m，面积约 10m²。2020 年 1 月 13 日，西宁市城中区地面塌陷造成 10 人死亡，17 人受伤。

浙江省城市区地面塌陷主要由人类地下工程活动（地铁施工和开挖建筑基坑）引发，尤以杭州城市地面塌陷为重。2008 年杭州 "11·15" 地面塌陷造成 21 人死亡失踪，塌陷坑直径约 75m，深约 15m。2016 年 04 月 21 日，杭州市地铁 2 号线施工，文二路学院路口发生地面塌陷，面积约 20m^2；12 月 23 日，杭州市地铁 4 号线施工，婺江路地面塌陷，面积约 10m^2。2019 年 8 月 28 日，杭州市地铁 5 号线施工突发渗漏水，建国北路发生地面塌陷（面积约 200m^2），导致部分燃气泄漏，多幢楼房出现倾斜且墙体开裂。

上海市自 2003 年以来发生地面塌陷案例共 96 起，大部分发生于中心城区，塌陷深度为 1~5m，塌陷面积一般小于 10m^2（图 2.11）。2003 年上海地铁 4 号线工程施工引发 "7·1" 地面塌陷事故，直接造成三幢六层以上楼房损毁直接经济损失超过 1.5 亿元。上海市 2009~2014 年地面塌陷发生频率较高，夏季汛期发生较为集中。地下排水管线结构缺陷、深基坑施工降水和地铁盾构施工断面涉及承压水层等造成冲刷、掏蚀、管涌、流土、喷砂或漏水、漏砂等，并引发地面塌陷。上海地处三角洲沉积平原软土地区，第四系覆盖层深厚，浅部砂层土质松散，地下水位高且大气降水补给呈饱和状态，易产生渗流液化和震动液化作用，造成地下水土流失，如 96 起地面塌陷中浅部砂层分布区域者 62 起。

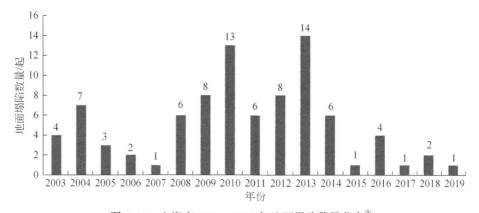

图 2.11 上海市 2003~2019 年地面塌陷数量分布[①]

城市地面塌陷引发因素以地面加载、给排水设施渗漏和地下工程施工等人为活动为主，部分与降水、地震等自然因素相关。人为活动引发城市地面塌陷超过 65%，其中，输水管道破损渗漏、地铁施工为两大主因。塌陷区域下伏空洞既有自然岩溶洞穴或土洞，也有采空区、老旧废弃防空洞和地下工程。

2.3.3 岩溶塌陷影响因素

我国岩溶塌陷灾害 70% 为人类工程活动引发，抽水、矿山疏干排水、隧道突水、桩基振动等是主要因素。由于气候变化，极端降雨引发的岩溶塌陷灾害规模大、后续效应延续时间长。充水矿山岩溶塌陷与疏干排水时间、强度密切相关，大气降水对疏干地区岩溶塌

---

① 上海市地矿工程勘察院，2019，上海市地面塌陷调查报告。

陷具有触发作用。

岩溶塌陷较集中地发生于城市、铁路、矿山和水利工程区,尤以在铁路和矿山地区造成的危害较为严重。除了自然地质环境条件以外,人类工程活动主要通过引起相应地段地下水位急剧升降、增加外荷载或振动等方式引发地面塌陷(刘传正,1997b)。

由于不同地区人类活动方式和强度的不同,对岩溶塌陷的作用不同,最终引发岩溶塌陷的规模、塌坑地点和塌陷坑的数量也呈现不同的特点。图 2.12 给出铁路、水库、矿区和城市四类不同的人类工程活动区的岩溶塌陷分布特点。显然,铁路和水库有相似的特点,即每个塌陷地区的塌坑数量一般不多于 10 个,50 个以下者占了绝大多数,超过 100 个塌坑的占极少数。城市的塌坑数量明显增多,每地达 30 多个居多,其分布区间也加大,直到 500 个塌坑以上者才占少数。矿山地区较为复杂,一般在 300 个左右才占多数,个别地区多达 7000 余个,表现出明显发散的分布特点。

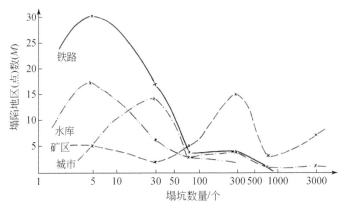

图 2.12　不同行业岩溶塌陷地区(点)数与塌坑数量的关系

从四类不同地区塌陷地点数量的累积百分比曲线来看,水库与铁路均呈曲线下凹式的累积上升,且二者速率相近,尽管统计样本数明显不同(铁路为 56 处,水库为 28 处)。城市明显滞后,但在塌坑数量超过 10 个以后,也呈下凹式累积上升。矿区较为特殊,其塌坑数量在大于 50 个以前,其对应的塌陷地点数无大变化。塌坑数量在 10 ~ 500 个内,塌陷地点所占总量的百分比呈上凹式急剧增加,尤其在 100 ~ 500 个之间最为显著(图 2.13)。

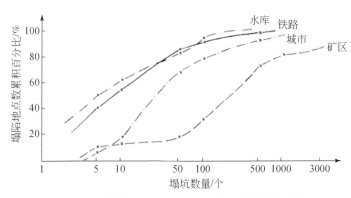

图 2.13　不同类型地区塌陷地点数累积百分比曲线

　　四类地区表现出的不同特点，是统计样本所限而导致的偶然现象，还是不同人类工程–经济活动区引发作用的方式、强度和范围的差别，是值得进一步探讨的。四类地区地面塌陷的不同特点，反映了其作用过程、强度、范围与机理的不同。

　　初步的认识是，岩溶山区水库水位升降与铁路沿线抽水、降雨入渗或河水位涨落有异曲同工的致塌效果，说明干涸地形条件下地表水的急剧漏失，通过增大开口岩溶上部盖层的快速软化作用使盖层失去自承力，形成塌陷。快速抽水导致地下水位下降超过特定限度，也会因其失去对上覆盖层的浮托力而发生塌陷。

　　城市的抽水地点较多，影响范围较大，一旦达到能够引发地面塌陷的程度，则塌坑数量相对较多。不同城市间的差别较大，但当塌坑数在 50 个以上时，则表现了较明显的趋同性，而不像塌坑少时那样离散。

　　矿区的岩溶塌陷成因最为复杂，最主要者一是大量的坑道排水，二是矿井突水，三是采动影响，其中以排水和突水为主要诱因。因各地矿山规模、地下水埋深、储量和承压性等有很大不同，产生突水的强度与持续时间或抽排水的强度与时间也极不相同，矿区产生塌陷坑的规模与数量也就相差悬殊，从一个到数千个，呈现出非常大的离散性。

　　2007 年武广高铁在广州金沙洲施工，引发周边 0.3km² 区域地面下沉、岩溶塌陷、道路房屋开裂、学校搬迁，主要施工活动包括基坑开挖和抽排地下水，地面塌陷主要出现在武广高铁两侧 600m 范围内的岩溶发育区。2007 年 7 月至 2010 年 1 月，金沙洲共发生 23 次岩溶地面塌陷，塌陷坑 32 个，塌陷坑面积一般为 5 ~ 250m²，最大一处为 800m²。岩溶塌陷高发时段为 2007 年 11 月、2008 年 7 月至 2009 年 2 月、2009 年 5 ~ 9 月，对应的地下水埋深分别为 9m（基岩面附近）、36m（基岩面以下 24m）、12m（水位恢复到基岩面），主要原因是武广高铁隧道施工排水影响。

　　2007 年 10 月 28 日至 11 月 18 日，隧道东西两侧相继出现五个塌陷坑，此前地下水位连续下降（图 2.14）。塌陷点附近的岩溶管道裂隙系统中地下水位下降形成的负压急剧增

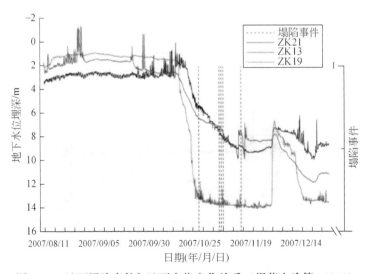

图 2.14　地面塌陷事件与地下水位变化关系（据蒋小珍等，2016）

大，并超过了上覆土体的临界抗渗强度，土体沿岩溶裂隙流向岩溶管道系统，并在土层与基岩接触处逐渐形成土洞，土洞不断向上发展形成塌陷坑。

2.3.4 岩溶塌陷成因分析

岩溶塌陷形成机理是岩溶洞穴上覆土体中发生潜蚀、溶蚀、振动或真空吸蚀（负压）作用而导致的。潜蚀是上覆土体中细小颗粒在地下水流作用下被带走或溶滤掉使土层逐渐变薄而塌陷，包括化学潜蚀和机械潜蚀，主要发生在地下水径流带附近或地表水、潜水与岩溶水交换频繁地带。溶蚀作用是由于地下水的溶滤、溶解及散解作用而破坏洞顶盖层土体，从而引发岩溶塌陷，盐湖区石盐层塌陷是常见的。振动作用产生的动荷载会使薄弱的土层颗粒缓慢位移或快速破坏，甚至土体液化而强度丧失，出现岩溶地面塌陷现象。真空吸蚀作用是岩溶洞穴中地下水位快速下降，土层下部原来存在的顶托水压力突然失去而形成所谓的"真空负压"导致土层塌陷。另外，岩溶洞穴中地下水位突然大幅度上升压缩空气产生向上顶托的"气爆作用"，或地面荷重增加等也可能会引发地面塌陷。

对岩溶地区塌陷的成因认识主要涉及以下术语：

【排水塌陷】工程建设活动强烈疏排、疏干地下水或突水、突泥引起的地面塌陷灾害。矿山开采、隧道开挖等地下工程活动中疏干地下水或突水常使局地地下水位下降数十米到上百米，疏干半径达数千米，造成地下水动力条件的剧烈改变，地下空间上部的岩土层出现失托增荷效应或真空吸蚀效应而引发地面塌陷。在各类人为塌陷中，排水疏干引发的塌陷规模一般比较大，覆盖型岩溶发育地区大水矿床和隧道工程最为常见。排水塌陷发生迅速，破坏严重，一个塌陷区常常出现数十个，甚至数百、上千个塌陷坑，影响范围达数平方千米到数十平方千米。

【抽水塌陷】抽汲取用地下水引起的地面塌陷灾害，形成条件和发生机制与排水塌陷基本相同。抽水塌陷以覆盖型岩溶发育区最为常见，地下水开采量较大的城市地区或大型水源地塌陷危害比较严重。抽水塌陷规模大小不一，主要破坏各种建筑设施和城市环境，影响城市、企业的正常生产、生活。

【蓄水塌陷】水库蓄水引发的地面塌陷灾害，包括大江大河沿岸汛期水位暴涨引起的堤岸塌陷。水库蓄水或洪水位暴涨在汇水区及其附近造成水动力条件发生巨大变化，不但水流渗透软化岩土层、潜蚀、掏空土体，增加地下空洞上部盖层重量，有时还会产生气爆效应、真空吸蚀作用、管涌或流砂等造成地面塌陷。蓄水塌陷一般规模较小，塌陷坑数量不多，但可能造成水库漏水而影响水库效能，江河堤防破坏造成溃堤，甚至会威胁大坝安全。

【渗水塌陷】工程渗水活动形成的地面塌陷灾害。渗水活动主要发生原因有输水管道渗漏、地表污水下渗、大量农田灌溉水下渗等。渗水塌陷分布很局限，多为小型塌陷，个别为中型塌陷，造成的破坏损失一般不大。

【振动塌陷】由于工程振动作用引起的地面塌陷灾害。振动作用包括溶洞空腔中地下水位的剧烈振荡在岩土体中所产生的破坏效应包括破裂位移、压密下沉、振动液化和塑流变形等，容易使溶洞、土洞上部土层陷落。人为振动形成的塌陷以铁路沿线最为常见，是危害铁路运输的重要工程病害。工程爆破振动也会引发地面塌陷。

【荷载塌陷】地表建筑、堆砌物质材料等形成的地面荷载超过地下溶洞或土洞盖层岩土体的允许强度而发生的塌陷灾害。荷载塌陷一般数量少、规模小，但由于多发生在城市或工厂，常造成严重经济损失，有时还会造成人身伤亡。

【岩溶气爆】岩溶管道中的气水压力作用破坏周围岩土的突发现象。溶洞中地下水位迅速恢复时，由于水流急速进入岩洞，空气来不及排出而产生高压。当积聚能量超过周围岩土体强度时，引起周围岩体或土层破裂、塌陷以致穿孔，是一种释放能量并伴有巨响的物理破坏作用。气爆多沿岩体的软弱结构面发生。在利用天然溶蚀洼地修建水库时，岩溶气爆作用常因水库水位的涨落而引起地面塌陷穿孔。

【岩溶突水灾害】储集和运动于岩溶含水层中的地下水流，当被人工揭露或受自然因素影响而骤然产生的大量涌入采矿井巷形成的矿井突水灾害。岩溶突水突发性强，突水量大，常伴随涌沙、涌泥，危害巨大、防治困难。岩溶水涌入采矿井巷的主要通道有断裂、导水岩溶陷落柱、溶洞、暗河管道和未封闭的钻孔等。

【暗河突水灾害】暗河水涌入井巷引起的矿井突水灾害。在喀斯特（岩溶）发育区，常形成连通广泛的地下河道，而且常有地下水流，称为暗河、伏流或地下河。暗河突水是岩溶突水或矿井突水的重要类型。暗河水与地表水体有密切联系，所以暗河突水不但突发性强，而且规模巨大、防治困难、破坏损失严重。

根据可溶岩上覆盖层物质成分、地质结构及其物理力学性能的差异，罗小杰（2015）把覆盖型岩溶地面塌陷划分为沙漏型、土洞型和泥流型。砂性土层分布区，由外界因素的触发导致沙颗粒向岩溶通道和溶洞漏失而产生的地面塌陷现象称为沙漏型塌陷。在黏性土和密实砂性土层中，地表水侵蚀与地下水潜蚀作用、砂土漏失和软土流失等造成土洞洞顶拱效应失效而产生的地面塌陷现象称为土洞型塌陷。软弱土体流失而产生的地面塌陷现象称为泥流型塌陷，是软弱土体向溶蚀通道和溶洞中流失的结果。

罗小杰（2015）认为，岩溶地面塌陷的触发因素包括水的作用（垂直和水平渗流、土-岩界面处地下水位频繁波动）、外加荷载（动荷载和静荷载）和土洞顶板抗力降低（顶板强度降低、厚度减薄和结构破坏）等方面。

项式均等（1986）、康彦仁（1992）先后以按塌陷产生的主导因素和受力状态，将岩溶地面塌陷划分为自然塌陷和人为塌陷两个大类和八种基本类型，即重力塌陷、潜蚀塌陷、冲（气）爆塌陷、真空吸蚀塌陷、振动塌陷、荷载塌陷、溶蚀塌陷和根蚀塌陷，并提出了相应八种致塌模式（即机理）。陈国亮（1994）讨论了岩溶塌陷过程中压强差、浮力、土体强度和酸液作用等四个效应。总之，岩溶地面塌陷现象是多因素共同作用的结果，或者说是多机理叠加的结果。

岩溶塌陷的成因机制与不同地区地质环境条件的差异，人为作用的方式、范围与强度的差异等密切相关，必须进行具体问题进行分析，表2.2概括了我国学者提出的岩溶地面塌陷成因机制。

表 2.2　岩溶塌陷的成因机制（据陈国亮，1994；蒋小珍等，2016）

定义	基本条件	影响因素	成因	机制	结果
岩溶地面塌陷	地表地下水活动	地下水位突变、升降速度、水力梯度、渗入量、降雨、气压变化	施工抽排地下水、基坑降水、采矿疏干、管道漏水；雨水入渗	压强差（含水、气蚀）、自重力、浮托力减少	致塌力大于抗塌力时，发生地面塌陷
				压强差	
				垂直渗透力、抗剪强度低、自重力	
	松散堆积物覆盖层	含水量、厚度、力学性质、岩土类型、结构（一元、多元）	盖层土体重度增加；下部空洞缺乏支撑	渗透变形效应、真空负压效应、气爆（正压）效应、振（震）动破坏效应、土体崩解效应、荷载效应	
	隐伏岩溶洞穴	岩溶发育程度、洞穴大小与埋深、水力联系、充填情况			
	工程施工	其他因素：地貌、地质构造、抽水井结构	桩基施工振动	土液化或触变、冲击力	
			外部荷载	承载力不足破坏	

2010 年 1 月 7 日，因充水矿山疏干排水引发岩溶塌陷，塌陷坑直径 70m、深 30m 的岩溶地面塌陷坑，湖南省宁乡县大成桥福泉小学停课，搬迁学校避险。岩溶塌陷形成过程是：降雨—第四系饱水—岩溶地下水位上升—气爆—土体剥落—垮塌水击效应—土洞形成—地面塌陷（图 2.15）。

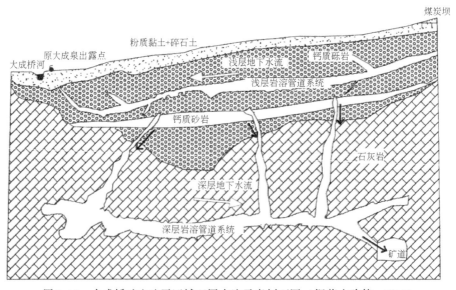

图 2.15　大成桥矿山疏干区域双层水流示意剖面图（据蒋小珍等，2016）

2006 年，广西来宾市良江镇吉利村、山背村极端降雨引发岩溶地区地面塌陷。2006 年 6 月 1 日降雨量为 441.2mm，吉利村和山背村发生大规模岩溶塌陷和地裂缝，出现塌陷坑 22 个，影响范围约 1.5km², 东到南柳高铁，北到武平高速公路。塌陷坑一般直径为 5~85m，深为 3~38m。历史上，吉利村、山背村长期遭受岩溶塌陷地质灾害的危害。1959 年 6 月 13 日降雨量为 162.2mm, 48h 过程降雨量为 235.9mm, 山北村南麒麟山北侧斜坡上出现八个塌陷坑，直径为 10~22m, 曾利用塌陷坑建成蓄水池。1994 年 7 月 6 日降雨量为 311.8mm, 引发一处塌陷。1998 年 6 月 20 日降雨量为 107.6mm, 48h 过程降雨量为 158.2mm, 引发一处塌陷，塌陷坑直径为 1.5~3m, 后回填。

吉利村 XT2-2 塌陷坑地表直径为 85m, 溶洞顶板直径为 9m, 塌陷体高度为 38~82m, 塌陷体积为 21.4m³, 塌陷坑斜坡角为 45°（图 2.16）。2010 年 6 月 1 日强降雨遭遇两次 M_{L} 地震，震级分别为 1.7 级、2.0 级。通过计算不同的塌陷体高度（圆台重量）、落差，第一次为溶洞顶板垮塌引发地震，相应落差为 10m、溶洞顶板直径为 6m、约 3m 厚的石灰岩块体掉落产生地震。第二次地震是上部碎石土及石灰岩巨石掉落，落差大于 10m, 厚度 5m 以上。地面塌陷坑形成于 6 月 3 日，此时地下水位已降至地面以下 38m。

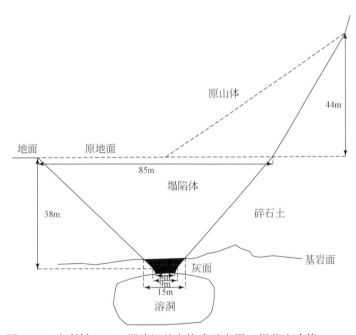

图 2.16 吉利村 XT2-2 塌陷坑基本构成示意图（据蒋小珍等, 2016）

2016 年 5 月 27 日，安徽省马鞍山市示范园区年陡镇发生岩溶地面塌陷，塌陷坑平面形态为半径约 52m 的圆形，中心部位深度约为 10~15m, 中心部位积水（图 2.17）。塌陷坑剖面形态呈上大下小，塌陷坑周缘陡立，高差约为 3~5m, 中下部向塌陷中心倾斜，坑底塌落物成分为粉质黏土与粉细砂，呈流塑状态，塌陷坑周边 10m 范围内均能看到地裂缝，宽度一般为 3~10cm。地面塌陷起源于地层岩性、地下水动态变化、矿山开采排水和地下水源的贯通作用等。

图 2.17　2016 年 5 月 27 日，安徽省马鞍山市年陡镇岩溶地面塌陷

2.3.5　岩溶塌陷防治对策

2018 年，国家强调要"把安全发展作为城市现代文明的重要标志"，城市地质调查、优化城市规划、地下空间开发适宜性评价、开展市政管网及地下空间雷达探测、规范地下工程建设、运行与维护、建立立体监测网、提高工程安全设防标准、地下空间通道协调利用、城市地下空间利用信息系统和加强巡查排查等防范路面塌陷事件。

对于现状塌坑，建议采取清除填堵法：先清除土洞、溶洞或塌陷坑中的松散充填物土，再填入块石或碎石作反滤层，然后上覆黏性土夯实；对受塌陷破坏较轻、经加固后仍可使用的建构筑物建议采取灌浆加固地基等措施；对于因工程活动过度开采或排泄地下水引发的岩溶塌陷。

可选择的防治措施：①对于因大量或长期开采地下水引发的地面塌陷，建议采取优化开采方案或停采等措施；②对于基坑排水引发的地面塌陷，建议采取帷幕灌浆等措施；③对于矿山排水引发的地面塌陷，建议采取围幕灌浆、停采或搬迁避让等措施；④对地下水环境影响较大的建设项目建议在项目前期开展水文地质及地质灾害专项勘查工作，为地面塌陷防治提供依据。

对于降雨、地表水体分散式入渗引发的地面塌陷，建议采用"截、排、疏"措施，完善城市雨水截排系统，疏排地表积水及水塘，减少地表水渗漏量。对于以集中式入渗为主的地表水体，建议采用"围、堵"措施。对于因城市输排水管网渗漏引发的地面塌陷，建议采取加强巡查和及时修复的措施。对于地面塌陷隐患或隐伏土洞，建议采取强夯法、开挖回填法、注浆法、跨越法、深基础法或复合地基法进行防治。加强防灾知识宣传，提高群众防灾意识；建立群测群防网络，完善"群策群防、群专结合"的防灾机制建立和完善城市地面塌陷和地下水动态监测预警系统，开展地下水动态变化-地面塌陷的相关监测和研究，逐步完善城市地面塌陷及地下水监测预警及管控体系。

2.3.6　西宁市城中区地面塌陷灾害

2.3.6.1　基本情况

2020 年 1 月 13 日 17 时 36 分，青海省西宁市城中区因路面塌陷造成公交车陷入塌陷坑内，共造成 10 人死亡、17 人受伤。塌陷坑近椭圆锥形，直径约 9～10m，可见深度约8～10m，地面面积约 80m² （图 2.18）。塌陷坑东侧壁可见地表下埋供水管、电缆、燃气等管网（南北向展布的供水管网、通信电缆、燃气管网埋深为 1.5～2m，近东西向展布的供电管网埋深为 2～4m）（图 2.18）。事故发生前，地下隐伏空洞应该已经形成，在公交车到站停靠后，地表沥青混凝土薄层承载力不足，导致车辆和人员陷入。塌陷发生后塌陷坑南侧供水、电力、燃气、通信等多种管线被截断，并引发瞬时燃爆等现象。

地面塌陷区地貌单元属湟水河南岸Ⅲ级阶地。地层结构自上而下依次为沥青混凝土路面 （厚度为 0.2～0.3m）、填土（绝大部分地区厚度为 1.5m，在东西向管线通过区埋深为2～4m）、黄土状土 （湿陷性黄土状土埋深为 1.5～10.3m、非湿陷性黄土状土埋深为10.3～11.4m、饱水黄土状土埋深为 11.4～13.8m）、砾石层 （埋深 13.80m 以下）。埋深11.6m 处挖掘到地下防空洞顶板。黄土状土-亚砂土-亚黏土组成，钙质胶结，具有大孔性，垂向节理裂隙发育，易软化侵蚀。黄土状土湿陷性程度中等-强烈，湿陷等级为Ⅱ～Ⅲ级自重湿陷。该套地层在西宁市城区湟水河两岸Ⅲ级阶地占 50% 以上。塌陷坑及周边未发现断裂通过。

塌陷区地下水水位埋深为 20.8～29.0m，主要由湟水河河水互补及南侧地下径流的补给，季节性动态变化较明显，年水位变幅约 1.0～1.5m。塌陷发生前无明显大幅降水过程和地表入渗现象。坑壁东侧被错断的铸铁供水管埋深约 1.5m、管径为 50cm、壁厚为0.6cm，下部存在直径约 0.8m、深约 7m 的落水洞。防空洞在塌陷区下部 11.6m 处 （1972年建成投用），洞宽为 1.5m、高为 2.5m，为毛石浆砌拱结构。主洞大体位于塌陷区西侧，呈近南北向展布；耳洞呈近东西向展布，位置与塌陷区大体重合。事后调查，地下防空洞内有 1～2m 深积水，淤泥厚度约 0.5m。

图 2.18　西宁市区黄土塌陷坑侧壁错断供水管电缆及水流涌入情况 （齐干提供，2010 年 1 月 16 日）

事发当天 17 时 24 分前，附近商铺及住户已出现停水现象、随后不久停电。17 时 36 分公交车掉入塌陷坑在停水停电后。

2.3.6.2　塌陷坑形成原因初步分析

齐干赴现场调查后，初步分析了塌陷形成因素[①]。

（1）塌陷区地层主体为湿陷性黄土状土，结构疏松，具垂直节理、大孔隙发育等特征，水敏性强，属Ⅱ～Ⅲ级自重湿陷，湿陷性程度中等–强烈，遇水浸湿后易发生可溶盐溶解，颗粒物质易流失，强度降低。此类地层是引发路面塌陷的基础地质条件。

（2）各类管网埋深最大为 4m，可以认为塌陷地段存在至少厚达 4m 以上的人工填土。填土的开挖回填时间不一，压实程度不同，沥青混凝土覆盖层下的填土可能存在某种程度的不均匀沉降，致使供水管接口处逐渐错位漏水。随着漏水量增加，漏水水流速度增大，水流溶蚀、潜蚀、掏蚀或冲蚀黄土状土的累积作用逐渐显现，导致土体结构破坏，逐渐形成地下空洞（落水洞）并向上部扩展。塌陷坑的形成可排除地下水及地表水影响。

（3）下伏地下防空洞为毛石墙浆砌拱结构，据现场淤积情况调查，来自上部的水土流失、冲刷、重力作用加大使防空洞顶板破坏，为塌陷前后源自上部的水土进入提供了运移通道和储存空间。塌陷前后产生的约 1000m³ 水土混合体部分淤积于防空洞内。

（4）地下空洞的形成与扩大造成路面逐步悬空，路基承载力不足。路面在过往车辆荷载、特别是大型车辆刹车冲击荷载作用下突然破坏，公交车陷入塌陷坑。

地面塌陷事故是由于路基下土体被地下供水管渗漏潜蚀、溶蚀、掏蚀、冲刷，土体随水流失进入地下防空洞，导致塌陷路面下方形成较大规模的空洞体，公交车停靠时，路基承载力不足，导致公交车及人员掉入塌陷坑。水是形成空洞体并引发路面塌陷的主导因素。

2.4　中国地质灾害防治成效

改革开放以前，我国滑坡泥石流、地面塌陷和地面沉降等的认识与防治主要局限于工程建设的地质安全选址评价和工程防护方面。改革开放以后，发达国家防灾减灾的先进理念逐渐引入我国，"地质灾害"作为一个专门术语用于概括崩塌、滑坡、泥石流、地面塌陷、地裂缝和地面沉降等逐步为政府、社会和学术界所接受。

在我国经济建设取得巨大成就，人民物质生活水平不断提升的新形势下，社会公众对防灾减灾科学技术、社会经济活动中个人价值和人文关怀的意识越来越强，对地质环境安全要求及地质灾害识别、认识、评估、预测、减灾服务的期望越来越高。因此，地质灾害防治就成为关系到人的安全生存与发展的问题，成为涉及社会、经济、文化、管理和法律的问题，有时甚至转化为涉及国家安全与社会稳定的重大问题。

[①]　齐干，2020，青海西宁市 2020 年"1·13"地面塌陷灾害调查报告。

2.4.1　地质灾害防治工作

1. 调查评价

1999 年以来，我国先后完成了地质灾害普查 2020 个县（市）、1∶5 万精度地质灾害调查 1517 个县（市）和 3 万多处地质灾害的勘查评价工作，初步建立了包括约 30 万处地质灾害的数据库。1999 年以来，开展了工程建设用地地质灾害危险性评估，作为研究评价土地利用适宜性、工程建设可行性和减轻工程建设遭遇或引发地质灾害的依据。

2. 监测预警

1999 年以来，建立了约 30 万处地质灾害的群测群防体系，全面监测预警已发现的地质灾害隐患点。在重点地区如长江三峡水库区、汶川地震灾区、西南高山峡谷区和西北黄土地区，以及城建、交通、水利等工程行业对约 1 万处地质灾害点开展了专业监测预警。2003 年开始基于气象因素的全国地质灾害预报预警电视播报（CCTV-1）工作，至今已形成国家引领，30 省（自治区、直辖市）、323 个市（地、州）、1880 个县（市、区）联动的地质灾害预警服务工作体系，极大地提升了公众社会对防范地质灾害的认知。

3. 综合治理

在地质灾害工程治理和搬迁避让方面，1996 年国家开始设立地质灾害防治专项资金，资助额度初始阶段每年 0.5 亿元，2011 年以来地质灾害防治年度经费在 30 亿～50 亿元。通过整合国土、水利、住建、移民、环保和扶贫等政策资金，至 2018 年中央财政累计投资超过 600 亿元，各级地方政府按照国家要求，按比例配套了地质灾害防治资金，完成约 6000 处地质灾害防治工程、约 500 万人的综合搬迁避让。防灾减灾与土地资源开发、工程建设或生态改良相结合，积极推动地质灾害开发性治理、社会化治理。鉴于长江三峡工程库区和汶川地震灾区的特殊性，国家分别设立专项，总计投入 300 多亿元实施地质灾害防治工程、监测预警和搬迁避让。2019 年，国家全面启动高效科学的自然灾害防治体系建设，地质灾害综合治理与避险移民搬迁工程是其九项工程之一。

4. 应急响应

地质灾害应急响应是非常规防灾减灾行动，我国在应急值守、灾情速报、调查评估、成因分析、决策支撑和应急处置等方面初步形成了比较完善的工作体系（刘传正等，2010）。2011 年以来，逐步建立了各级地质灾害应急管理机构及相应的技术支撑体系，有力有序有效地开展了大量突发地质灾害事件的应急调查评估和搜救抢险工作。每年汛期组织 200 名国家级地质灾害应急专家和 3000 余名地方专家在各地巡查或驻守指导，在部分地区开展了专业队伍包县、包乡地质灾害防治技术服务工作。

5. 信息化建设

初步建立了国家、省（自治区、直辖市）、市（地、州）、县（市、区）地质灾害数据库、图形库和监测预警信息系统，实现了地质灾害信息采集、传输、处理，应用服务的自动化及地质灾害防治成果的数字化，初步满足了地质灾害区域易发性评价和防治区划的要求，为各级政府组织编制地质灾害防治规划和决策指挥提供了依据。

6. 技术装备建设

天空地一体化的技术装备研发应用进展迅速，初步形成了研发—生产—应用产业链。调查监测技术如卫星光学遥感、合成孔径雷达干涉测量（interferometric synthetic aperture radar，InSAR）、激光雷达（light detection and ranging，LiDAR）、北斗导航、无人机倾斜摄影、三维激光扫描、物联网和智能传感器等，地质测绘勘探技术如全站仪、地质雷达、电法、磁法、重力、声波勘探和钻探及坑槽探等，动态监测技术如位移计、裂缝计、钻孔倾斜仪、渗透计、应力计和孔隙水压力测量等，防治工程技术如锚索、锚杆、挖孔桩、微型桩、锚拉桩、抗滑键、格构梁和柔性防护网等，分析研究工具包括基于统计数学和解析数学物理模拟的一系列软件及各种物理模拟设备等。

7. 标准化建设

先后颁布了有关地质灾害调查评价、滑坡勘查、泥石流勘查、滑坡防治工程设计、防治工程监理、崩塌滑坡泥石流监测、地质灾害灾情统计、地面沉降调查监测和地质灾害危险性评估等行业技术规范，个别规范已升为国家标准。重点地区如长江三峡水库区、汶川地震灾区，以及湖北、重庆、四川、广西、浙江等地根据实际需要制定了专门性技术要求或地方技术标准。社会团体技术标准建设初步覆盖了地质灾害调查区划、勘查评价、工程设计、工程施工、工程监理、监测预警、应急响应、信息化建设、预算定额和综合管理等方面。

地质灾害防治工程涉及的混凝土浇筑、锚喷支护、抗滑桩、挡土墙、排水沟、防护网等的设计施工大量引用了城建、水利、冶金、煤炭、公路、铁道等工程行业相关的工程规范，如岩土工程勘察规范、建筑边坡工程技术规范等。

8. 学术研究

1989 年成立中国地质灾害研究会（2002 年改为中国地质学会地质灾害研究分会），开展了多次不同层次、不同规模的国内外学术交流活动。1990 年创刊《中国地质灾害与防治学报》，目前已成为反映交流地质灾害防治科学技术成果的重要园地。《工程地质学报》《岩石力学与工程学报》等刊物，以及中国地质学会工程地质专业委员会、中国岩石力学与工程学会举办的相关工程地质、岩土力学学术会议等也大量发表交流地质灾害防治方面的研究成果。学习引进和吸收国际先进理论方法，比较系统地建立完善了基于岩土体变形破坏的孔隙水压力理论、残余强度理论、岩土蠕变理论、黏弹塑性理论和损伤断裂理论的地质灾害统计数学和解析数学物理模型及算法体系。诸如李同录等（2018）对水致黄土深层滑坡灾变机理的研究。

9. 行业进步

2005 年以来实施地质灾害危险性评估、勘查、设计、施工和监理单位资质管理制度。

2012 年，国家批准成立"中国地质灾害防治工程行业协会"，标志着地质灾害防治作为一个行业正式得到承认。

10. 法制化建设

1999 年以来国家实施工程建设地质灾害危险性评估制度，2003 年国家颁布《地质灾害防治条例》，2005 年专项发布《国家突发地质灾害应急预案》，2011 年组织开展地质灾害调查评价、监测预警、综合防治和应急响应体系建设，标志着我国地质灾害防治管理与应急响应逐渐走上法制化的轨道。

2.4.2　地质灾害防治成效分析

根据 1995 年以来的《全国地质灾害通报》[①~③]，可以对我国地质灾害的基本状况及防治成效开展统计研究。研究证明，中国地质灾害造成的遇难人数在趋势上显著下降，城乡社区直接经济损失占国内生产总值（GDP）的比例不断降低，地质灾害来临时提前应急避险的主动性提升。

1. 地质灾害造成的人员遇难数量趋势性减少

经过多方面的持续努力，地质灾害造成的人员遇难数量在趋势上逐年下降[①~③]。图 2.19 数据显示，我国 1995~2000 年因地质灾害造成年均遇难 1205 人，2001~2005 年均遇难 884 人，2006~2010 年均遇难 776 人（2010 年数据不含甘肃舟曲县城山洪泥石流造成 1765 人遇难），2011~2017 年均遇难 395 人，2018 年出现了有记录以来的最低值（112 人遇难）。可见，地质灾害是可防治的，可以显著减少人员死亡数量（刘传正和陈春利，2020a）。

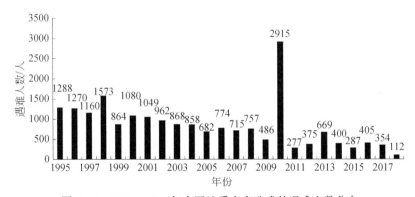

图 2.19　1995~2018 年中国地质灾害造成的遇难人数分布

2008 年数据不含"5·12"汶川地震崩塌滑坡造成的遇难人数；2010 年数据包括甘肃舟曲山洪泥石流 1765 人遇难

①　中华人民共和国地质矿产部，1995~1997，全国地质灾害通报。
②　中华人民共和国国土资源部，1998~2017，全国地质灾害通报。
③　中华人民共和国自然资源部，2018，全国地质灾害通报。

对比分析，中国与美国陆域面积相近，2018 年年底中国约 13.95 亿人，2017 年底美国约 3.26 亿人，中国人口是美国人口的 4.5 倍。2011～2017 年中国年均因地质灾害遇难 395 人，约为美国的 15.8 倍，美国年均因滑坡灾害遇难 25 人[1]。若按等量人口计算，中国地质灾害造成的年均遇难人数仍是美国的 3.5 倍。中国人口基数大，地质环境的复杂性远高于美国，人类活动遭遇或引发地质灾害的概率相当长时期会居高不下，通过逐步提升地质灾害综合防治能力，继续降低因地质灾害造成人员伤亡的防灾减灾空间还是很大的。

2. 城乡社区直接经济损失总量上升，但占国家 GDP 的比例趋势性下降

根据国家自然资源部门统计数据，我国城乡社区因地质灾害造成的直接经济损失呈现波动性变化[2][3]。2001～2010 年发生地质灾害总数量 194702 处，平均 1.947 万处/a；直接经济损失 385.3 亿元，平均 38.5 亿元/a，平均 19.8 万元/处。2011～2018 年发生地质灾害总数量 84718 处，平均 1.06 万处/a；直接经济损失 355.7 亿元，平均 44.5 亿元/a，平均 41.9 万元/处（图 2.20）。2001 年以来城乡社区地质灾害造成的直接经济损失总体上是上升的。

现有统计数据主要反映了我国城乡社区因地质灾害造成的直接经济损失情况，工程行业如城建、公路、铁路、煤炭、冶金、水利、航运、建材、油气管线和能源等因地质灾害造成的直接经济损失情况尚无系统完整的统计数据。

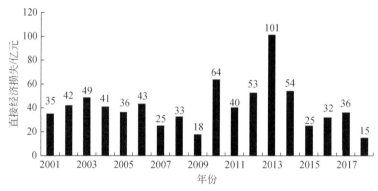

图 2.20　2001～2018 年中国城乡社区地质灾害直接经济损失分布
2008 年数据不含"5·12"汶川地震崩塌滑坡造成的直接经济损失

图 2.21 和表 2.3 数据显示，2001～2018 年中国城乡社区地质灾害造成的直接经济损失占国内生产总值（GDP）的比例是不断降低的。若采用线性估计，中国城乡社区地质灾害造成的直接经济损失年平均降率为 0.016‰，说明减灾就是增产的理念是有依据的。

地质灾害造成的直接经济损失自然是逐年增加的，这从城乡社区单次地质灾害造成的直接经济损失可以反映出来。图 2.22 显示，除 2013 年经济损失数据过高和 2007 年过低

---

①　USGS, 2005, Landslide hazards program 5-year plan（2006-2010）。
②　中华人民共和国国土资源部，1998～2017，全国地质灾害通报。
③　中华人民共和国自然资源部，2018，全国地质灾害通报。

等特殊年份外，统计得到 2001 年以来中国城乡社区年平均单次地质灾害造成的直接经济损失总体呈增长趋势，即从 2001~2010 年间的平均 19.79 万元/处增长到 2011~2018 年间的平均 41.99 万元/处。

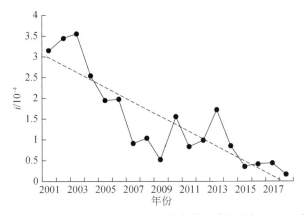

图 2.21　2001~2018 年中国城乡社区地质灾害直接经济损失与 GDP 比值（i）分布

2008 年数据不含 "5·12" 汶川地震崩塌滑坡造成的直接经济损失比例

表 2.3　2001~2018 中国城乡社区地质灾害直接经济损失与国内生产总值（GDP）对比

年份	经济损失（del）/亿元	国内生产总值（GDP）/亿元	del/GDP（i）/10^{-4}	年份	经济损失（del）/亿元	国内生产总值（GDP）/亿元	del/GDP（i）/10^{-4}
2001	35	110863.1	3.14531	2010	64	412119.3	1.545912
2002	42	121717.4	3.45069	2011	40	487940.2	0.819211
2003	49	137422	3.54001	2012	53	538580	0.976227
2004	41	161840.2	2.526124	2013	101	592963.2	1.704576
2005	36	187318.9	1.948436	2014	54	641280.6	0.840432
2006	43	219438.5	1.966798	2015	25	685992.9	0.36142
2007	25	270092.3	0.915984	2016	32	740060.8	0.426301
2008	33	319244.6	1.023425	2017	36	820754.3	0.434611
2009	18	348517.7	0.505753	2018	15	900309	0.16342

注：GDP 数据来源：中华人民共和国国家统计局，http://data.stats.gov.cn/easyquery.htm? cn=C01。

　　工程建设行业因地质灾害造成的直接经济损失应远高于城乡社区。例如，2018 年金沙江白格滑坡–堰塞湖和雅鲁藏布江色东普滑坡–堰塞湖先淹没后溃决泄洪造成的直接经济损失估计在 100 亿元以上，间接损失更是巨大；青海省乐都高家湾滑坡区兰新高铁张家庄隧道变形，自 2016 年以来多次导致动车停运、晚点，同时威胁高压输电线、输气管线、光缆及公路交通等基础设施安全，直接经济损失估计在数亿元。如果按城乡社区地质灾害直接经济损失每年 50 亿元计算，估计我国工程建设行业每年因地质灾害造成的直接经济损失约为城乡社区直接损失的五倍，我国"十三五"以来因地质灾害造成的直接经济损失年平均应在 300 亿元左右。一般认为，地质灾害防治经济效益投入与产出比例在 1∶8 左右，如果只考虑城乡社区地质灾害的直接经济损失，将会出现国家地质灾害防治投入明显大于直接经济损失的情况，自然是令人费解的。

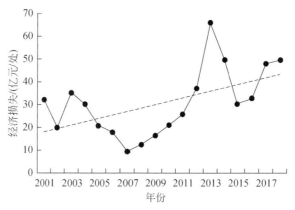

图 2.22　2001～2018 年中国年均单次地质灾害经济损失变化趋势

2008 年数据不含 "5·12" 汶川地震崩塌滑坡造成的直接经济损失

3. 城乡社区地质灾害应急避险能力不断提升

图 2.23 显示，自 2003 年实行基于气象因素的地质灾害预警预报和地质灾害群测群防体系协同行动以来，我国城乡社区成功预报地质灾害数量占地质灾害总数的比例虽然呈波动性变化，但总体上是增加的，从初始的 5% 上升到 20% 左右。

图 2.24 显示，2003～2018 年中国城乡社区地质灾害应急避险人数呈波动性变化，但总体趋于减少。例如，2012 年约 25% 的地质灾害得以成功预报，约 4 万人应急避险撤离，显著减轻了城乡社区地质灾害造成的危害。应急避险人数未出现逐年增加的原因是多方面的：一是城乡居民防灾减灾知识意识不断增强，应急避险的自觉性主动性提升；二是气候的年际变化特别是丰水年或枯水年降水特点与地质灾害易发区的重合情况；三是地质灾害综合治理、搬迁避让或生态移民等专项行动不断减少地质灾害危险区的人数，需要应急避险的人群聚居地或总人数是逐年减少的。

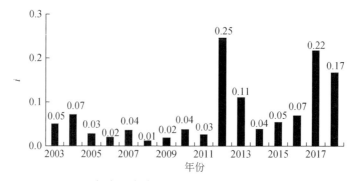

图 2.23　2003～2018 年中国成功预报地质灾害数量占总数的比例（i）变化

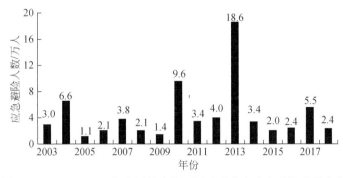

图 2.24　2003～2018 年中国城乡社区因地质灾害应急避险人数变化

2.5　中国地质灾害防治问题与对策

2.5.1　存在问题

　　我国地质灾害调查评价、监测预警、综合防治与应急响应工作已取得显著成绩，但造成群死群伤、重大经济损失或社会影响的地质灾害事件仍年年发生。事后调查分析，几乎所有的重大地质灾害事件在事前都是有迹可循的，是可以避免或大大减轻灾难的。究其原因，存在的问题是多方面的，包括科学认知不足、减灾理念落后，技术方法局限、人类活动盲目和心理预期侥幸或防灾文化缺乏等。

　　（1）从业人员防灾减灾研究的针对性不足。反思起来，每次地质灾害事件发生后的地质科学分析与描述是比较系统全面的，甚至是烦琐的，包括斜坡岩土体形态、成分结构、含水状态、气象条件、水文环境、断层活动、地震作用及人类活动等作用的研判，习惯于地质问题分析而缺乏对防灾减灾决策支持的针对性思考，本质上不够讲究科学的认识论与方法论（刘传正，2015a）。

　　（2）从业人员防灾减灾的职业理念不够。把地质灾害调查监测混同于一般的地质工作，思想上没有上升到"以人为本"的天然职责，没有将防灾减灾思维培育成一种习惯，对地质灾害风险增大甚至灾难来临时的职业敏感性或防灾减灾意识严重不足。没有认识到识别预测"哪里可能会发生崩塌滑坡？""什么条件下会发生崩塌滑坡？"比调查研究"哪里发生过崩塌滑坡？"或详细描述"滑坡的地质过程与运动特征是怎样的？"更为重要（刘传正，2019a；郑光等，2018；曾庆利等，2018）。地质灾害风险识别不主动、不能识别或识别不够，难以有力支撑防灾减灾决策。

　　（3）地质灾害调查监测装备粗放，复杂环境适应性差。我国研发应用地质灾害防治技术装备追赶世界先进水平方面是快速的，成就是显著的，但存在装备保障能力不足、携带不便、天空地设备一体化应用程度低、适应复杂环境条件的性能不够、数据传输处理不及时、集约化应用效率不高、信息化共享程度差和预报预警与应急响应不衔接等。

　　（4）计算技术方法刻画研究对象精细性的功能不够。无论是对于区域还是单体，地质灾害调查评价、监测预警、防治工程设计和应急处置的数学物理模型概化、计算分析或模拟仿真复杂环境岩土体的准确性甚至正确性方面急需提高。评价结果往往需要宏观判断修正，预警研判能力不足，计算软件性能差，计算处理成图效率低和花费时间长等。

（5）人类活动盲目性或缺乏自我约束能力，地质灾害防治对策系统考量或全局观念不够。工程建设、经济活动、休闲旅游和探险考察等遭遇或引发地质灾害风险因视而不见而酿成灾难案例很多。地质灾害防治多谋一域一时，少谋全局长期，酿成重大隐患。例如，云南绥江新县城填方阻水变形，引发后山斜坡开裂，桩锚防治工程未充分考虑地下水的作用，新的阻水又引发更大范围变形，被动抽取地下水只能解决局部问题，形成一种被动防灾循环。陕西西安市灞桥区白鹿塬黄土斜坡的自然休止角约在30°，20世纪90年代人为取土形成70°的高陡边坡，2011年9月上旬降雨渗透的累积效应和17日42mm局地降雨激发作用终于酿成滑坡灾难，造成32人死亡。

（6）地质灾害防治信息共享传播、风险评估、动态跟踪、协调会商、对策研判和联动联防等工作机制存在短板。2018年10月，金沙江、雅鲁藏布江先后发生山体滑坡堵江形成堰塞湖，溃决后洪水涌浪造成巨大经济损失和广泛的社会影响（刘传正，2019a；童立强等，2018；许强等，2018）。事实上，早在2009年7月，当地政府就发现了金沙江白格滑坡变形迹象，2014年11月，当地政府对滑坡威胁范围内的村民全部实施了搬迁避让。类似地，雅鲁藏布江色东普段数十年来多次发生滑坡碎屑流堵江事件，2018年堵江灾害发生前，该河段三分之二处于堰塞状态（刘传正，2019b）。可见，"两江"事件并非事前毫不知情，是具备提前减轻灾害风险条件的。

（7）防灾减灾文化培育不够。防灾减灾文化是知识、意识、认识、制度、法规、习俗和信仰等养成的行为"习惯"。知识不足、意识不强等导致对地质灾害风险视而不见，过度执着于地质研究或灾后回溯仿真分析，心理预期的侥幸甚至"专家的博学、任性"可能酿成严重后果。2010年的重灾事件频频出现虽然存在局地降雨作用引发的异常，但也明显存在建设者无知，不懂地质风险的积累效应，不知避开"河（沟）道、河（沟）漫滩"地质环境的悲憾，绝非技术层面的监测预警或工程防范问题。同样地，2011年全国只有277人死亡或失踪也不代表地质灾害防治工作很到位，而是与中国大陆全年的降水量创自1951年以来60年来最少（年均降水量为556.8mm），局地强降水事件显著低于2010年，外部激发动力显著弱化相关。从更大视野看问题，由于2011年总降水量不足，造成或衍生的旱灾、火灾、污染、农业和生态环境退化等损失明显高于常年，或者说财富的生产量也明显降低。

（8）法制建设方面尚不完善。地质灾害防治尚缺乏国家层面的法律，气象、地震、洪水、森林等相关法律等也是单项法律法规，尚无统一的国家防灾减灾法。

（9）技术标准体系建设滞后，现有的国家或行业技术标准覆盖面不够，团体技术标准在科学性、实用性、严谨性和先进性，以及著作权方面尚需要全面提升。

（10）地质灾害灾情统计主要反映我国城乡社区的直接经济损失情况，没有反映工程建设行业地质灾害造成的经济损失。

2.5.2　未来形势

我国地貌环境复杂、地质构造活动强烈、气候变化孕育的局地暴雨频发和山地丘陵区人类工程经济活动等多重因素的叠加造就了我国地质灾害频繁发生的时空格局。中国地质灾害的活动强度、暴发规模、经济损失和人员伤亡等是比较严重的。特别是山地丘陵区突发性的滑坡泥石流等常常摧毁淤埋城镇、危害村寨、冲毁道路桥梁、破坏水电工程和通信设施、淹没农田、堵塞江河、劣化生态环境、危及自然保护区和风景名胜区，严重制约我国山地丘陵区经济社会的发展。

（1）自然地质环境条件决定了中国地质灾害的时空分布格局，人类活动加剧了地质灾害的频率和强度。我国地形地貌起伏变化大，易滑地层岩土分布广，地质构造复杂，特定的地质环境条件或地质下垫面决定了地质灾害易发多发。地球表层内外动力作用过程的累积效应，包括持续作用的程度与松散体的积累。多重外动力引发因素的耦合激发，如太阳11年周期的活动（主要表现为磁场极性倒转及太阳耀斑、太阳黑子活动异常而影响地球）、月球引潮力的叠加作用，局地降雨的激发作用等。

（2）致灾因子多样化及其叠加作用是地质灾害严重的重要因素。全球气候变化背景下我国极端天气气候事件发生的频率、强度和区域分布变得更加复杂，区域温度升高、局地突发性强降水和台风活动增多、地震活动趋于增强等与地质灾害多发区空间叠加，导致引发地质灾害的概率加大。

（3）地质灾害会显著改变人类生存模式和驱动人类迁徙，从而显著改变人类社会的发展历史。我国仍处于基础工程建设的高峰期，城镇化减少了地质灾害易发区的常住人口，但山地丘陵区城镇扩展向山要地、进沟发展和切坡建房，又会干扰破坏地质环境而遭遇或引发新的地质灾害。某种意义上，地质灾害防治推动了城镇化，反过来，盲目的城镇化也可能会使人类陷入新的地质灾害困境。

（4）休闲旅游或科考探险活动遭遇地质灾害的风险显著增加。由于缺乏防灾减灾理念，一些休闲度假地或游览景观规划建设在危险斜坡下或陡崖下，个人或团队探险探秘活动遭遇崩塌滑坡或泥石流灾害的概率增大。

（5）公众社会对地质安全和地质灾害防治提出了更高要求，"以人为本"体现为生存安全为第一原则，促进资源能源节约集约利用、生态环境和谐与社会经济可持续发展的社会诉求逐渐增强。

（6）现代媒体技术的快速传播，使公众社会对地质灾害的敏感性明显提高，对高效科学的防治地质灾害的期许不断上升。

2.5.3　对策建议

地质灾害防治是一个系统工程，需要全面系统地考量。地质灾害防治应采取硬对策（工程措施）与软对策（非工程措施）相结合，应与区域社会经济人文发展水平相适应，与人类社会可持续发展规划建设及生产生活相融合。地质灾害防治不能只瞄准已知的，更要关注人类聚居区、活动区和工程建设区域可能遭遇或引发的地质灾害风险及其防控。

科学防治地质灾害，既要克服愚昧的无知，也要克服博学的无知。从地质环境历史、现状和未来全面考虑问题，逐步建立地质灾害防治文化是正确的选择，提出基本的防灾减灾对策思考。

（1）地质灾害防治理念应突出从灾害属性入手，围绕有效服务防灾减灾开展工作，解决认识现状、预测未来和研判成灾可能性问题，而不执着于或习惯于从地质属性入手。地质灾害风险识别一要确定危险因素或致灾因子的存在及其变化，二要确定承灾体及其易损性，三要研判致灾因子与承灾体遭遇的可能性或暴露度的大小。地质灾害综合防治与地质环境合理利用相结合，地质灾害防治要逐步减少存量（已发现并记录在案者）；及时应对增量（新发现的，新发生的），城镇化运动向山要地或进沟发展要评估地质安全与实际需要的合理性。

（2）地质灾害风险识别评估要考虑威胁人居建筑或关键基础设施所在的一级斜坡区或局地小流域，优先选择远离地质灾害风险区作为避险搬迁场址，服务于工程建设安全和斜坡地质安全管理。基础理论研究不但要关注精细化的专门问题，更要整合力量建立不同层级的防灾减灾决策技术支撑平台，有区别地建立基于经验准则、理论分析、模型计算和大数据综合评估等不同范式的防灾减灾系统。地质灾害调查区划不但要考虑地质灾害现状，应更多地关注地质环境可能的变化。地质灾害监测预警重点关注激发条件的作用。

（3）研发推广适应中国复杂地质环境的调查监测和防治技术装备体系，建立设备共享和协同配合工作机制。研发有效应对范围广大、地形高陡和变形隐蔽地区的遥感遥测技术，同时发挥常规抵近观察方法在观测精度、经济成本、时间及时性和适应天气变化方面的优势。

（4）建立不同层级的地质灾害信息化平台和监测预警决策支持系统，整合集成地质灾害、基础地理、地质地貌、断裂地震、气候水文、生态人文、社会经济、旅游休闲和产业结构信息等组成大数据体系，实现地质灾害信息共享、远程分析和联合会商。

（5）土地利用规划和工程建设活动要充分考虑遭遇或引发地质灾害的可能性并做好防灾减灾预案。鼓励地质灾害易发区或关键带开展低成本、低密度的工程经济活动，建立能够经受损失但恢复力全面、智能和快速反应的柔性社区，提高抗灾力、耐受力和灾后恢复力（AGI，2012）。土地利用规划和地质环境开发要充分考虑地质环境的改变及可能的负面影响。改良或消除已有的地质灾害隐患，降低新建工程（边坡）的灾害风险，提升规划建设运营中防灾减灾知识、意识、制度和保障等方面的能力。搬迁避让选址要考虑地质环境的适宜性及可能的变化性。强调全过程的地质灾害风险管理，避免因风险认知的不足导致陷入险地而不觉。

（6）建立地质灾害应急响应协同行动机制，在信息共享、传播动员、协调会商、应急响应、对策研判、决策支持和搜救抢险等方面全面提升工作水平。

（7）地质灾害灾情统计应由国家防灾减灾机构统一归口统计，全面科学统计评估城乡社区和工程行业地质灾害造成的直接、间接经济损失，为国家制定更加符合实际的综合减灾政策提供依据。减灾效益评价要综合考量，包括减少人财物的损失、保障人财物的安全、改良生态环境、新增水土资源和推动减灾管理、法规建设、科学认知、技术水平与社区防灾减灾文化建设等。

（8）培育倡导公众社会地质灾害防治文化，提高城乡社区、学校、医院、观光活动场所、工地和旅游休闲地域的防灾减灾能力，使地质灾害防治成为人类生存、生产、生活与发展的组成部分，自觉主动克服因"愚昧"的无知或"博学"的无知而酿成的悲剧。

（9）土地、矿业、水利、能源、农业、林业、民政、建设和应急管理等方面的政府机构要协同会商打好"政策组合拳"，在生态移民、脱贫致富、水库移民、避让灾害和救灾救济等方面做好区域产业发展、基础设施建设、公共服务、移民就业和生活水平提高等相结合，实现资金投入的节约集约化利用，争取安全与收益的最大化。

（10）架构建立完善的防灾减灾法律法规体系，尽快制定颁布《国家防灾减灾法》《自然灾害减轻法》《地质灾害防治法》等，在法律上明确政府、企业、社区、社会（包括保险业）和科技界五位一体的防灾减灾"伙伴"关系。

地质灾害减轻战略拟定的前提是减轻灾害已成为国家持续发展的需要，已有必要和可能成为一种综合的持续的活动。减灾战略要立足于地质灾害属性，针对地质环境变化趋势和适应社会经济发展状况。国家层面地质灾害减轻战略包括目标、对策与行动框架。实现减灾目标和贯彻战略对策的减灾行动包括政府、工程界、科技界、城乡社区与公众社会要建立"五位一体"的减灾"伙伴"关系，明确国家减灾战略中的每个角色的"主角"和"配角"体系。

中央政府制定减灾政策法规，发布技术规章，组织论证未来减灾方向及策略，制定减灾计划和应急预案，监督工程规划、建设和运营过程中地质环境的动态响应，统一组织、协调和管理日常减灾工作。研究提出国家层面地质灾害防治规划的框架及其法律地位，数据信息共享制度，依靠科学技术界对工程企业界和公众社会进行减灾科学技术的咨询培训，推进建立地质灾害多发区的社会保险赔付机制，制定地质灾害损毁土地的整理开发规则等。地方政府根据本辖区的社会经济发展状况和地质灾害特点履行相应的减灾管理职能。

科技界是政府、工程企业和公众社会相互沟通的桥梁，要在减灾法规范围内开展技术咨询、指导和培训有关的优先项目，推进针对当地需要或工程特点选择恰当而有效的减灾措施，促进减灾的舆论监督。科技界要负责任地开展地质灾害调查评估、监测预警、应急处理、工程治理、科学研究、信息共享和教育培训等。

工程企业界在工程规划、设计、建设、运营的各阶段根据地质环境质量与容量设计工程，根据工程需要调查研究地质信息，在工程规划、设计和建设过程中主动实施减灾措施，增强抗损能力，尽可能避免单纯被动地进行补救治理或防范。

城乡社区要履行"在地人办在地事"的防灾减灾责任，大幅度提升个人和社区的责任意识，降低依赖思想，倡导"自为主，他为辅，公为补"，培育自我识别、自我监测、自我预报、自我防范、自我应急和自我救治等"六个自我"能力（刘传正等，2006e）。

公众社会要觉醒法理和科学意识，不盲从、不跟风、不传播不符合事实，或造成混乱的言行，多做有利于防灾减灾的舆论宣导工作，主动参加社会保险，有组织地参加志愿服务等。

地质灾害是一个复杂问题，"地质"问题是一个科学或工程问题，"灾害"问题则是一个涉及社会、经济、文化、管理和法律的问题，有时甚至转化为政治问题，是关系到人的生存权、发展权的重大问题。因此，地质灾害防治对策是需要多方面考量的。

第3章　地质灾害风险预防

3.1　公共管理法规建设

3.1.1　法规建设

法律包括宪法、法律、行政法规、地方性法规、自治条例和单行条例。宪法是国家法的基础与核心，法律是国家法的重要组成部分，是国家管理社会运行发展的依据，是通用的社会规则。法律是从属于宪法的强制性规范，是宪法的具体化，在特定领域或范畴，法规体系应包括条例、规定、决定和办法等。行政法是有关国家行政权运作的国内公法总称，涉及行政机关执行职务时所适用之各项法律。

法律是由国家制定或认可并以国家强制力保证实施的，反映由特定物质生活条件所决定的管理意志的规范体系，是国家治理的工具。法律是由享有立法权的立法机关行使国家立法权，依照法定程序制定、修改并颁布，并由国家强制力保证实施的基本法律和普通法律总称。法律是法典和律法的统称，分别规定公民在社会生活中可进行的事务和不可进行的事务。

国家的防灾减灾法规政策要与社会经济发展水平相适应，要体现不同层次、不同地域的需要。因此，制定公共政策的重要前提一是要认清推行减灾政策的制约因素，二是充分理解文化背景、科技水平和社会经济发展程度等方面的约束。同一国家的不同地区因条件差异，必然要求减灾政策和技术要求存在差异，避免使用建设费用高昂的技术措施。

政策法规的制订必须考虑到损失者和受益者双方的责任和权益，要把普及防灾、避灾和报灾知识，提高公众防灾意识置于等同于甚至高于直接实施工程治理的地位。制订地质灾害防治法规时，应充分考虑：①谁受影响？②影响程度与范围多大？③影响的价值有哪些（经济价值和社会心理损伤）？④不采取措施的后果是什么？⑤问题的成因？⑥某些对策的影响能否预测？⑦国家的责任与地方政府的作用及其协调机制如何确立与分工？⑧科学技术支撑条件；⑨政府的职能；⑩公众的义务；⑪必要的资金；⑫工程利用与管护。

自然灾害防治法规体系一般涉及防灾、减灾和救灾等方面。防灾体系包括对灾害风险的调查识别、巡查监测、预测预警与应急响应及相关的管理程序。减灾体系是指通过实施工程措施与非工程措施，实现减轻或避免灾害的具体目的，包括防治灾害的规划论证、避险搬迁、工程治理和合理利用等。救灾体系主要是指灾后救助与重建的具体措施，包括灾情评估、政府救助、社会保险和社会救助（含非政府组织的救助）。

同时，地质灾害防治法规建设还应与土地资源、矿产资源、环境保护、能源利用和基础工程建设等方面的管理法规相衔接，尤其是要与气象、水文、生态、环境整治法规及社会保险结合。

3.1.2　地质灾害防治法规体系

地质灾害防治法规体系包括法律、条例、行业规章和管理办法等。

1. 法律

中国国家层面尚无地质灾害防治的专项法律，相关法规涉及国家矿产资源法、突发事件应对法、气象法、防震减灾法、水法、防洪法、水土保持法、防沙治沙法、环境保护法、环境影响评价法、建筑法、城市规划法、土地管理法、安全生产法、国家安全法和固体废物污染环境防治法等。

2007 年 11 月 1 日起施行的《中华人民共和国突发事件应对法》包括总则、预防与应急准备、监测与预警、应急处置与救援、事后恢复与重建、法律责任和附则等，是重大地质灾害应对的基本依据。

2. 行政规章

行政规章是指国务院、国家行政主管部门和地方政府为管理国家、行业或地方相关行政工作，根据宪法、法律，按照行政法规规定的程序制定的各类法规、规范性文件的总称。行政法规是对法律内容具体化的一种主要形式。在我国，行政规章是行政管理活动的重要根据，数量多、适用范围广、使用频率高。

条例是典型的行政法规，是行政机关依照宪法和法律而制定并发布的，针对相关领域内的某些具体事项而做出的，是从属于法律的，具有法律效力，比较全面系统、具有长期执行效力的规范性文件。《地质灾害防治条例》（国务院令第 394 号，2003 年）、《国家突发公共事件总体应急预案》（国发〔2005〕11 号，2005 年）及附件《国家突发地质灾害应急预案》是地质灾害防治方面的重要的国家行政规章。

根据特殊需要，国家或地方也会颁布专项法规，如《汶川抗震救灾条例》（国务院令第 526 号，2008 年）、《长江三峡工程建设移民条例》（国务院令第 299 号，2001 年）和《地震安全性评价管理条例》（国务院令第 323 号，2001 年）。

办法是有关行政机关根据党和国家的方针、政策及有关法规规定，是就某一方面的工作或问题管理提出具体做法和要求的文件，一般侧重于行政约束力，是一种指导、指示或行动规则。地质灾害防治资质管理方面，国务院行业主管部门（自然资源部）颁布相关管理办法，对地质灾害危险性评估和地质灾害勘查、设计、施工、监理进行市场准入管理，颁发资质等级证书。

3. 决定

决定是针对某个具体问题或重要事项做出的决策、部署或具体要求，具有全局性、指令性、规范性的特点。《国务院关于加强地质灾害防治工作的决定》（国发［2011］20 号，简称《决定》）就是一种指挥性决定。《决定》明确，"到 2020 年，全面建成地质灾害调查评价体系、监测预警体系、防治体系和应急体系，基本消除特大型地质灾害隐患点的威胁，使灾害造成的人员伤亡和财产损失明显减少"。

3.2　地质灾害防治技术标准化

3.2.1　基本概念

技术标准是对需要协调统一的技术事项制订的规定，从事科研、设计、工艺、检验等技术工作及商品流通中共同遵守的技术依据，一般包括规范、规程、技术要求或指南、导则等。

标准是对重复性事物和概念所做的统一规定，它以科学、技术和实践经验的综合为基础，经过有关方面协商一致，由主管机构批准，以特定的形式发布，作为共同遵守的准则和依据（GB/T 20000.1—2000）。国际标准化组织提出，标准是由一个公认的机构制定和批准的文件。它对活动或活动的结果规定了规则、导则或特殊值，供共同和反复使用，以实现在预定领域内最佳秩序的效果。

规范是指对于某一工程作业或者行为进行定性的信息规定，一般符合逻辑、客观真实、全面完整、准确及时，达标，因为无法精准定量而形成的标准。

规程是将工作程序贯穿业务始终的标准、要求和规定。规程，简单说就是"规则+流程"。流程是实现特定目标而采取的一系列活动组成的工作程序。规则则是工作的要求、规定、标准和制度等。

技术要求是为了某项技术工作在目的性、科学性、可行性、实用性和成果表达等方面提出的一系列具体要求。

技术指南或技术导则为了某项技术工作所制定的方向性、指导性、资料性、方法性或行为要求的指导规则，反映国内外公认的科学认识、技术方法、重要经验及经典案例，内容全面、科学、实用，为规范、提升和引领行业工作起到指导性作用。

3.2.2　标准化建设的目的意义

一般地，按照要求程度划分，标准分为规范性、规程性标准和导则、指南性标准。前两者具有强制性，后两者是参考性的。规范性标准遵循导向、效能、约束、可操作和可验证原则，规定需要满足的要求。规范产生的初始阶段一般是某个系统内部的技术要求或实施细则。规程性标准以明确工作程序及技术要求条款为主，包括部分陈述性条款，重点规定工作过程的操作步骤。指南性标准或技术导则以陈述或建议的形式提供宏观的指导，指明正确的工作方向、原则、方法、内容或提供有价值的信息，反映先进成熟的理论方法。

标准化建设是为规范行业科学技术行为而制定共同遵守的行业规则的活动。没有标准化，一个行业就没有立足的基础，产业化就缺乏基石。标准化建设的目的意义是多方面的：

（1）标准化将复杂的问题简明化，模糊的认识清晰化，分散的技术集约化，有用的方法普及化，达到统一工作方法、提高工作质量的目的。

（2）明确界定工作范畴及其具体内容，协调各环节的行动，使各工作环节有机衔接，避免工作重复和资源浪费，降低管理成本。

（3）通过建立技术工作秩序，统一行业交流对话语言，便于讨论交流，避免理解偏差产生歧义。规范约束专业人员的言行，减少因个人自我意识而产生的随意性，消除技术质量通病或因个人认知错误酿成灾难。

（4）科研、生产、工程应用共同遵循统一的技术准则，规范行业复杂的技术行动，指导合理组织施工，营造推广新技术、新工艺和新认识转化的平台。

（5）开展技术工作、咨询审查、监督监理、检测检验、验收评级和资料归档等的科学依据。

（6）吸收推广国内外先进认识、方法与经验，搭建资源共享平台，提升行业整体水平。

（7）科学研究的根基，企业产品评定的依据，通过对各种制约因素进行超前规划和防控，减少盲目行动的风险。

（8）工程安全管理的依据和推广绿色勘查、生态工程的平台。

（9）工程质量评定和工程事故责任追究的依据，也是纠正违法行为和进行奖惩的重要依据。

（10）建立地质灾害防治行业诚信道德、社会良知和契约意识的基础。

3.2.3　标准化建设的基本要求

地质灾害防治标准化建设要遵循一些基本要求，包括科学性、实用性、严谨性、完整性、规范性和先进性等。

（1）科学性：立足于当前国内外公认的理论认识，应用成熟可靠的科学理论、技术方法或成功经验，存在学术争论或认识模糊者不列入。

（2）实用性：技术上易于实现，工程上便于应用，贯彻实用、好用的原则。

（3）先进性：反映国内外新理论新方法，推介新认识新技术，避免落后的理念、方法误导和技术、材料的误用，为未来科学技术发展提供框架（中国国家标准化委员会，2009）。避免盲目引入新技术，以致降低工程的可行性或无意义地增大工程成本。

（4）完整性：一项标准只规范一个方面的工作内容，系统完整地表述前言、适用范围、基本术语、基本要求、工作内容、工作方法、技术要求、工作精度、成果表达、必要的附录和参考文献等，能够相对独立整体性地使用。

（5）严谨性：标准内容结构要逻辑严谨，要求明确，概念、术语、陈述、插图、表格和公式彼此关联一致。避免结构松散，表述模糊。

（6）简明性：问题陈述简明扼要，避免冗繁的陈述，推崇采用简明的文字配合表格、插图说明问题。

（7）规范性：国标和行标标准的制定要遵守基础性国家标准体系的规定，如《标准化工作导则》（GB/T 1）、《标准化工作指南》（GB/T 20000）和《标准编写规则》（GB/T 20001）等提出的系列要求（白殿一等，2009）。团体标准制定的技术要求不得低于强制性标准的相关技术要求，鼓励高于推荐性标准的相关技术要求，甚至制定具有国际领先水平的团体标准。另外，团体标准制定还要符合《团体标准化 第 1 部分：良好行为指南》（GB/T 20004.1—2016）的要求（中国国家标准化委员会，2016）。

标准的含义要明确、无歧义，内容描述、方法说明等采用行业语言，合乎行业习惯，尽量不使用费解或冷僻的术语，如果不可避免，应给予适当的解释和说明。

（8）协调性：标准自身内容上、结构上要前后呼应，彼此协调。多个标准组成的标准体系要组成有机整体，内容上彼此独立又相互衔接，并与国家防灾减灾、工程行业相关的标准相衔接。

（9）国际性：标准制定要与国际相关标准相衔接，如关于高速滑坡的界定，国际上以运动速度大于 5m/s 就属于高速滑坡，国内就不宜再把滑坡运动达到 20m/s 或 30m/s 认定为高速，提法随意不利于制定有效的防灾减灾对策（刘传正，2017c）。

3.2.4　中国地质灾害防治标准化建设历程

我国地质灾害防治标准化建设的历史进程是与我国社会经济进步的防灾减灾需求紧密相关的，是与社会经济发展水平相适应的。

20 世纪末期及以前，滑坡泥石流的认识与防范主要服务于工程建设安全，一般把其当作工程地质问题对待，进行工程绕避、处理或工程地质改良。工程地质调查遵循的国家标准（国标）有：《工程地质术语》（GB/T 14498—1993；国家技术监督局，1993a）、《地质矿产术语分类代码　工程地质学》（GB/T 9649.21—2001；中华人民共和国国家质量监督检验检疫总局，2001）、《综合工程地质图图例及色标》（GB 12328—90；国家技术监督局，1990）、《矿区水文地质工程地质勘探规范》（GB 12719—91；国家技术监督局，1991）、《区域水文地质工程地质环境地质综合勘查规范（比例尺 1：50000）》（GB/T 14158—93；国家技术监督局，1993b）；地质矿产行业标准（行标）有：《工程地质编图规范（1：50 万～1：100 万）》（DZ/T 0095—1994）、《工程地质调查规范（1：10 万～1：20 万）》（DZ/T 0096—1994）、《工程地质调查规范（1：2.5 万～1：5 万）》（DZ/T0097—1994）、《沙漠地区工程地质调查规程（比例尺 1：10 万～1：20 万）》（DZ/T 0059—1993）、《岩溶地区工程地质调查规程（比例尺 1：10 万～1：20 万）》（DZ/T 0060—1993）、《冻土地区工程地质调查规程（比例尺 1：10 万～1：20 万）》（DZ/T 0061—1993）、《红层地区工程地质调查规程（比例尺 1：10 万～1：20 万）》（DZ/T 0062—1993）、《黄土地区工程地质调查规程（比例尺 1：10 万～1：20 万）》（DZ/T 0063—1993）、《岩土体工程地质分类标准》（DZ 0219—2002）和地矿系统内部试行的《省（自治区）环境地质调查基本要求（比例尺 1：50 万）》（1996 年）。

城建、水利、冶金、煤炭、公路、铁道等工程建设行业根据自己遇到的工程地质问题特殊性有针对性地建立相关规范或规程，如主要服务城镇建设工程勘察的国标：《岩土工程勘察规范》（GB 50021—2001；中国人民共和国建设部和中华人民共和国国家质量监督检验检疫总局，2009）；服务水利工程的行标：《中小型水利水电工程地质勘察规范》（SL 55—2019）、《水利水电工程坑探规程》（SL 166—2010）、《水利水电工程岩石试验规程》（SL/T 264—2020）。

《工程地质手册（第五版）》（《工程地质手册》编委会，2018）、《岩土工程治理手册》（林宗元，2005）等工具书，工程地质、地基基础方面的教科书及国外地质工程技术（geological technology）文献等也是工作的主要参考。

到 20 世纪末期，"地质灾害"作为一个专门的术语用于概括崩塌、滑坡、泥石流、地面塌陷、地裂缝和地面沉降等逐步为政府、社会和学术界所接受，地质灾害已成为人类生存发展、工程经济建设甚至休闲活动无法回避的重要问题，地质灾害防治行动迫切需要规范化。

进入 21 世纪，崩塌、滑坡、泥石流、地面塌陷、地裂缝和地面沉降等地质灾害调查评价与工程防治的规范化要求日益迫切，国土资源部适应地质灾害普查需要首先在系统内试行《县（市）地质灾害调查区划基本要求》实施细则（修订稿，2006 年）。随后，国土资源部先后颁布了 12 项地矿行业标准：《滑坡防治工程勘查规范》（DZ/T 0218—2006，2016 年升为国标）、《泥石流灾害防治工程勘查规范》（DT/T 0220—2006）、《滑坡防治工程设计与施工技术规范》（DZ/T 0219—2006，改为《滑坡防治设计规范》拟升为国标）、《地质灾害防治工程监理规范》（DZ/T 0222—2006）、《崩塌、滑坡、泥石流监测规范》（DZ/T 0221—2006）、《地质灾害灾情统计》（DZ/T 0269—2014）、《集镇滑坡崩塌泥石流勘查规范》（DZ/T 0262—2014）、《滑坡崩塌泥石流灾害调查规范（1∶50000）》（DZ/T 0261—2014）、《地质灾害排查规范》（DZ/T 0284—2015）、《地面沉降调查与监测规范》（DZ/T 0283—2015）、《地面沉降水准测量规范》（DZ/T 0154—95）、《地质灾害危险性评估规范》（DZ/T 0286—2015，此前使用内部技术要求）。重点地区如长江三峡库区、汶川地震区，以及湖北、重庆、四川、浙江等地根据实际需要制定了内部技术要求或地方标准。这些标准基本满足了主要方向的工作需求。

地质灾害防治工程涉及的混凝土浇筑、锚喷支护、锚固工程、抗滑桩、挡土墙、排水沟、防护网等的设计施工大量引用了土建和基础工程类标准规范。城建、水利、冶金、煤炭、公路、铁道等工程行业结合本行业的工程地质安全或防灾减灾需要也颁布了一批标准规范，如得到广泛应用的国标：《建筑边坡工程技术规范》（GB 50330—2013；中华人民共和国住房和城乡建设部和中华人民共和国国家质量监督检验检疫总局，2013）。

中国地质灾害防治工程行业协会经过数年组织编制，2019 年初发布了 53 项团体标准（团标），近期还准备发布团体标准 27 项，内容覆盖了地质灾害调查、勘查、设计、施工、监理、监测、应急、信息化、经费预算和综合管理等方面，初步形成了比较完整的团体标准体系。

至今，地质灾害防治已发布或准备发布的国标、行标和团标合计达到 92 项。

3.2.5　地质灾害防治标准体系构成

3.2.5.1　基本认识

中国地质灾害防治标准体系建设是规范行业工作的科学技术法规，是衡量从业机构水平、人员能力、技术质量和监督管理的依据，也是引领科学技术研发转化和诚信建设的风向标（刘传正，2019b）。

地质灾害防治标准化建设要对开展工作依据的科学理论、技术方法、工程指标和成果质量等作出统一的规定，准确地表述标准的技术内容是实现其科学实用的基本要求（刘传正，2019b）。编写标准需要清楚标准的类别，正确界定其基本定位、范畴、边界和作用，并与地质、建筑、水利、煤炭、冶金、铁路、公路等行业的相关标准相衔接。

3.2.5.2　地质灾害防治标准体系基本内容

标准体系架构是从顶层设计的高度，从整体上把握地质灾害防治标准体系的科学性、实用性、完整性、严谨性、规范性和协调性，明确标准约束的对象（白殿一等，2009）。地质灾害防治标准化建设要覆盖崩塌、滑坡、泥石流、地面塌陷、地面沉降和地裂缝等六个灾种，标准化对象包括地质灾害调查区划、勘查评价、工程设计、工程施工、监测预警、工程监理、应急响应、信息化、经费预算和综合管理等方面，把握各方面的技术成熟度不同而繁简不同。每项标准要明确规定标准化对象或主题的适用范围、引用文件、基本术语、总则或基本规定、工作内容、工作方法、技术要求、工作精度、工作量、资料整理、报告撰写、图件编制、规范性附录、参考性附录、参考文献，以及条文说明等内容。

1. 地质灾害调查标准

建设内容要对地质灾害调查评价、风险区划、灾情评估等分别做出规范性要求。地质灾害调查评价目的是查明现状及其引发因素，一般按照 1∶5 万~1∶1 万工作精度规范地质环境条件、地质灾害类型调查评价和信息系统建设，主要服务于地质灾害防治规划编制和群测群防体系建设。地质灾害危险性评估突出土地利用或工程建设区域可能遭遇或可能引发的地质灾害调查评估，针对目标区地质灾害发生的可能性及大小开展工作，按工程布设特点分为面状和线状两类区域提出评估技术标准。面状区域包括城镇规划区、能源资源工程场地、农村居民点等，线状工程包括油气管线、公路、铁路和河流沿线区域等，实际工作时两类的要求可配合使用。地质灾害风险性区划方面，针对目标区人类、财产、社会功能或生态环境等承灾体遭受危害的可能性开展工作，包括区域致灾和单体（滑坡）致灾两种情况的风险评估要求。地质灾害灾情评估针对实际发生灾害的区域规定如何开展工作，为灾后重建提供依据，如区域暴雨或强烈地震引起的地质灾害的灾情调查评估。

2. 地质灾害勘查标准

崩塌、滑坡、泥石流、地面塌陷、地面沉降和地裂缝等六个灾种要分别制定勘查规范。地质灾害的勘查工作精度根据工程需要控制，一般比例尺控制在 1∶5000～1∶500 可满足防治工程方案比选（可行性研究）或初步设计的工程计算需要，重点地段按 1∶500～1∶100 控制可满足工程设计计算和施工图设计的需要（刘传正，2000）。必要时，尽可能衔接参考工程测量、工程地质、岩土工程和专门勘探等方面的相关规范规程。

3. 地质灾害防治工程设计标准

地质灾害防治工程设计标准按崩塌、滑坡、泥石流、地面塌陷（采空塌陷和岩溶塌陷）、地面沉降、地裂缝等灾害类型分别制定，首要的是明确不同灾种类型防治工程的设防标准、设计工况、工程安全系数和预期工程效果。根据选定的工程方案，按工程措施类型分类设计工程布置、工程参数和工程量，包括地表排水、地下排水、削方、回填、格构护坡、锚喷网、抗滑桩、抗滑键、挡土墙、锚杆–锚索、锚拉桩、拦石墙、拦石槽、拦砂坝、防护网、爆破、生物工程、填堵、跨梁（板）、强夯、灌注或旋喷的具体设计等。不同工程单元的设计要彼此间做好衔接，共同服务工程目标，避免重复使用工程量而造成资金浪费。

4. 地质灾害防治工程施工标准

按灾种类型做好施工组织总体设计，提出施工组织的原则性要求，并结合崩塌、滑坡、泥石流、地面塌陷、地面沉降、地裂缝等灾种的不同特点及实际施工环境编制具体设计。具体防治工程单元的施工标准按工程类型制定比较便于使用，一般包括地表排水、地下排水、削方、回填、格构、锚喷网、抗滑桩、抗滑键、锚拉桩、挡土墙、锚杆–锚索、砌体护坡、拦石墙、拦石槽、防护网、爆破、谷坊、拦砂坝、导流坝、固底板、生物工程、填堵、跨梁（板）、强夯、灌注或旋喷等的施工规程或技术要求。

5. 地质灾害监测预警标准

地质灾害监测预警服务于城乡社区防灾减灾、施工安全和防治工程效果评定，相关标准按区域和单体地质灾害编制，如区域降雨或地震作用引发的地质灾害可能成群成带出现的监测预警，或由于地下水等的抽汲引起的地面沉降按区域标准编制。单体的监测预警标准按崩塌、滑坡、泥石流、地面塌陷（采空塌陷和岩溶塌陷）、地裂缝等分别制定，工作内容包括专业监测、群测群防和施工安全监测。监测要素主要是地表位移–倾斜、地面裂缝变化、差异错位、地下位移–倾斜、地应力、目标层压缩量、地表水、地下水、降雨、温度、微震、声发射、声波、化学成分、浑浊度、泥位等，并分别规定监测数据的采集与传输要求。设备方面要规定仪器设备选型、野外选址、施工仪器安装、安全防护和运行要求。预警指标包括地质灾害发生时间、空间、强度三个方面的参数，并明确预警判据、预警等级（红橙黄蓝）、预警信息发布流程和应急响应建议等。

6. 地质灾害防治工程监理标准

防治工程监理包括工程质量、进度和经费的协调控制，目前以施工监理工作为主。理论上，调查、勘查、设计、施工和监测各阶段都需要建立监理规范，勘查、监测工程的监理工作标准化可以先行试点。施工监理整个实体工程，重点是隐蔽工程单元，应分别针对工程类别制定监理规范，并与施工规程相衔接，特别是对旁站监理的要求要具体明确。勘查工程监理的重点是物探、槽探、井探、钻探、硐探和岩土试验及成因分析。监测工程监理的重点是仪器选型、施工安装、运行质量和数据采集传输等。工程设计监理要紧密结合工程设计标准进行科学把握，尤其要对工程方案的科学依据、工程技术的可行性、设防目标、工况确定和参数选择等进行全面考量。

7. 地质灾害应急响应标准

地质灾害应急响应是一种涉及因素多、技术含量高、时间要求紧、工作任务重和社会影响大的非常规防灾减灾行动，其特点是跨阶段、高要求、大集成、快反应和求实效。标准制定包括应急响应启动、调查评价、监测预警、会商定性、防控论证、决策指挥、工程抢险、实施检验和总结完善等多个阶段的要求或导则，还要包括应急预案、应急演练和应急平台建设等方面。主题内容只作一般性要求，具体工作在现阶段参照调查、勘查、设计、施工和监测等方面的专门要求。

8. 地质灾害防治信息化标准

地质灾害防治信息化建设以调查、勘查、设计、施工、监测各工作阶段的需求为主导控制，数据库、图形库和通用信息平台建设、相关软件等的技术标准化要服务于具体工作阶段。标准建设的基本内容应包括一般规定、总体架构、分项设计、数据库、信息代码、元数据标准、信息系统、图形编绘系统、更新完善和共享互通等。

9. 地质灾害防治工程预算标准

地质灾害防治工程预算标准主要涉及地质灾害调查区划、勘查评价、工程设计、监测预警和工程监理等，核心内容是工作量核定、工程材料定额或综合单价、技术工作费、咨询评审费、信息系统建设费、工程管理费和不可预见费等的合理确定，要充分考虑工作地区自然条件或社会环境复杂度等可能增加的工作成本。

10. 地质灾害防治综合管理标准

综合管理类标准建设侧重于技术工作方面，兼顾公共管理需求。工作内容主要包括基本术语、分类分级、图示图例、防治规划、灾情统计、灾情速报、应急工作程序、合同管理、工程竣工验收、工程质量检验评定、事故责任认定和资料归档要求等。

3.2.6　标准体系的应用与完善

地质灾害防治行业的进步离不开标准化，标准化对行业科技工作具有推动和引领作用。标准化建设的作用和意义是重大的，但应用完善的道路也是漫长的，要进行需要与可行两方面考量。标准制定是一项复杂、烦琐、劳神费力、责任重大的工作，编制人员的学术造诣、实践经验、知识广度、逻辑思维、文字能力、责任意识和协调能力对标准的质量至关重要。要编制出一个科学实用的标准，编写人员必须对该方向科学认识的深度、技术方法的成熟度、工程参数的选择、试验方法的限制条件和工程经验积累程度具备足够良好的掌握，这是国家或行业标准出台慎重的原因。

一般地，团体标准的推广应用主要由行业协会成员约定采用或者按照行业协会的规定供社会自愿采用，通过自律公约的方式推动团体标准的实施（中国国家标准化委员会，2016）。现有标准体系中团体标准数量上占比很大，但团体标准层级不够高，其科学性、完整性和实用性对于推动科学合理地利用防灾减灾资源，推广科学技术成果，增强科学技术应用的可靠性、通用性和提高社会效益、生态效益等还有待更多的实践检验。地质灾害防治的某些工作方向，如地质灾害风险评估、预报预警和应急响应等的科学认识尚很不成熟，实践经验积累不足，相关团体标准制定与应用自然问题较多。标准颁布以后，宣传贯彻、培训研讨和工程应用检验要及时跟上，发现问题及时更新完善。经过地质灾害防治工程实践，能够检查各类标准的规定是否科学合理，反馈标准中存在的问题，及时修订、完善、升级标准，以便得到更广泛的认可和应用，促进标准化建设的可持续发展。

3.3　地质灾害防治规划编制

3.3.1　引言

地质灾害防治规划是贯彻落实法规要求，指导一定时期内地质灾害防治行动的基本方案（刘传正等，2020）。地质灾害防治规划编制研究的目的是为了促进规划编制的规范化，增强规划的科学性、实用性和可操作性，提高规划编制效率，减少工作盲目性、散乱性。无论是行政管辖区域或专门地域（如汶川地震区、长江三峡水库区）的规划，都应根据规划区的地质灾害特点、经济社会发展水平、区域自然或人类工程活动类型及强度和防灾减灾需求有针对性地架构规划的基本内容。规划灾种一般包括崩塌、滑坡、泥石流、地面塌陷、地面沉降和地裂缝等，地区性或专门性规划范围可根据具体防灾减灾需要确定。

编制防灾减灾规划实质上是建立一种"有准备的文化"[①]。在陈述基本术语的前提下，本书提出了地质灾害防治规划编制的基本要求、工作准备、指导思想、基本原则、目标任务、规划项目、进度安排、环境评价、效益评估、经费估算、保障措施、成果要求、规划评审和发布实施等，意在为各级公共管理机构、技术支撑单位或工程企业开展地质灾害防治规划编制提供工作指南。

3.3.2　基本术语

1. 地质灾害

规划使用的地质灾害概念是指国家法规明确界定，由自然因素或者人为活动引发的危

[①] FEMA US, 2018, Strategic plan 2018—2022.

害人民生命和财产安全的山体崩塌、滑坡、泥石流、地面塌陷、地裂缝、地面沉降等与地质作用有关的灾害[①]。实际工作时,可根据地方法规或实际防灾减灾需求确定增加或减少地质灾害种类。

2. 地质灾害易发区

由地形地貌、岩土成分结构组合和地质构造及其活动性等综合因素决定的容易出现或引发地质灾害的区域,一般划分为地质灾害高易发区、中易发区和低易发区。

3. 地质灾害防治区

根据地质灾害易发区划,结合区域防灾减灾需求及实施条件而确定的地质灾害防治区域,一般划分为防治重点区、次重点区和一般区。

4. 地质灾害防治规划

考虑区域地质灾害状况、防灾减灾需求和社会经济发展水平等多种要素研究编制的包括地质灾害调查评价、监测预警、治理避让和应急响应等内容,具有指导性、综合性、约束性和时段性的地质灾害防治行动计划或工作方案。

5. 规划基准年

规划基准年(基准期或现状水平年)指编制规划采用的地质灾害灾情、社会经济数据和工程技术指标等参数对应的年份,即背景数据的采集年。实际工作中,将各种基准参数统一到现状水平年作为确定规划目标任务的基础,一般选定规划实施的前一年或可以获得量化数据的年份作为基准年。

6. 规划目标年

规划目标年(水平年)指规划目标实现或达到的年份。例如,我国国民经济与社会发展第十三个五年规划的目标年是 2020 年(中华人民共和国国务院,2016)。

7. 规划期

规划期(规划期限)指规划实施的时间区间或目标任务达成的时间范围。地质灾害防治规划期限一般与国民经济或社会发展规划期一致,一般为 5 年,地震灾区或重大工程地区的专项规划一般为 3 ~ 5 年。一般地,5 年及以内的规划为近期规划,10 年规划为中期规划,15 年规划为远期规划。

8. 规划区

规划区指目标任务部署落实的地区或空间范围,如全国性规划一般覆盖国家领土管辖范围,工程区的专项防治规划限定在工程影响的地域。

---

① 中华人民共和国国务院,2003,地质灾害防治条例。

9. 规划图

按一定精度、图例、图式、色标和符号等标绘规划内容的图件，可细分为地质灾害调查评价、监测预警、治理避让工程和应急响应体系建设等的规划部署图。

10. 工程措施

应用科学技术方法建造避免或减轻地质灾害损失的工程实体，如拦挡工程、抗滑工程、排水工程或生态工程等措施。

11. 非工程措施

通过制定实施法律政策、行政规章、工作制度、技术标准、培训演练等进行风险管理、监测预警、应急避险等减少地质灾害损失的行为，是对应工程实体的软对策。

12. 规划说明

为了便于规划审查批准、有效实施或取得支持理解，在编制正式规划文件的同时，编制说明规划背景、任务由来、编制规划必要性、编制目的、编制过程、编制原则、规划内容或项目设定依据、资金筹措、相关规划衔接和征求意见及修改情况等。

13. 规划衔接

规划衔接包括本级规划与上位规划及同级相关规划的衔接两个方面。本级规划必须贯彻上位规划的指导思想，不能违反上位规划的基本要求。同级规划衔接主要考虑能够相互促进、相互补充和合理统筹，避免内容重叠交叉、重复投资或重复建设。

14. 规划解读

为了争取相关层面及社会公众的理解与支持，由规划编制部门或技术支撑单位借助各种媒体对规划背景、依据、基本内容、实施要求、预期减灾成效和支持合作等进行分析解释和展望。

15. 规划修编

因社会经济条件变化、工程活动或气象地震活动等引起地质灾害形势发生重大变化，为使原规划适应新的形势而对其进行修改补充或完善调整的行为。规划修编需要按程序报批，经批准后组织编制并实施。

3.3.3　基本要求

地质灾害防治规划编制的基本要求包括明确编制主体、编制依据、编制原则、编制程序、编制方法和成果要求等。

1．编制主体

明确规划主体是政府管理部门或责任企业，是编制和执行规划的主要责任者。

2．编制依据

规划编制依据是同层级及以上的相关法规、政策、任务书和技术标准等。

3．编制基础

包括现有工作状况、资料信息、已有规划执行情况、地质灾害防治成效和社会经济防灾减灾需求等。

4．编制原则

遵循问题导向，需求为主，充分考虑必要性、可行性和急迫性，经济合理性与技术可行性等。

5．指导思想

规划编制的指导思想是，坚持立足现状，研判未来，目标适中，适度超前，防灾减灾需要与管理、科技和财政能力许可相结合。

6．编制程序

一般包括准备工作、调研分析、编制大纲、专题研究、分工编制、协调会商、征求意见、评审报批和发布实施等。

7．编制方法

一般采用资料收集分析、调研座谈、需求分析、实地考察、会商论证、走访上级及同级规划单位和编制组内部研讨等方法。

8．成果要求

规划成果包括文本、报告、图件和数据库等，要求简明扼要、层次清楚、结构合理、实用好用，工作内容、工作量和经费预算等依据充分，各种参数、定额钩稽关系合理。

3.3.4　准备工作

3.3.4.1　组织准备

（1）成立规划领导小组，负责审定工作计划，落实编制经费，协调与有关部门的关系，解决规划中的重大问题，组织审查规划文本等。

（2）组建规划编制组，负责地质灾害防治规划编制的具体工作，包括编制工作方案、明确分工和职责要求，开展专题研究和综合分析等，按进度安排完成编制工作。

3.3.4.2 规划大纲编制

（1）概述地质灾害状况，说明防治的必要性、紧迫性和可行性；

（2）说明规划依据、规划对象、规划范围、规划期限、规划基准年及相关规划的衔接等；

（3）提出地质灾害易发区划、防治区划的基本要求；

（4）明确规划编制的指导思想、基本原则；

（5）确定规划目标任务和工作重点；

（6）界定规划内容，包括地质灾害调查勘查、监测预警、避让搬迁、工程治理、应急体系建设和科学技术支撑研究等；

（7）确定进度安排，包括安排的基本原则和分年度工作计划；

（8）确定防治费用估算依据、估算方法及经费筹措办法；

（9）列出防治效益分析和环境影响评价的基本要求；

（10）提出组织管理、政策法规、技术支撑能力和宣传培训等方面的保障措施；

（11）明确主编单位、参编单位和技术支撑单位及人员的职责分工。

规划编制大纲经审定通过并报主管部门备案后，开始实施规划编制工作。规划编制过程中，应采取各种形式广泛征求、听取相关部门、企业、社区和专家的意见建议。

3.3.4.3 技术准备

1. 资料搜集

规划区气象、水文资料数据；基础地质、水文地质、工程地质、环境地质调查资料与成果；地质灾害调查勘查、监测预警、防治工程和应急处置资料，以往规划资料文件等；区域人口、社会经济、人文、自然资源、自然灾害、水利、公路、铁路、矿山、城镇建设、土地利用及输电输气管线工程等有关资料；区域国民经济和社会发展计划、城镇建设总体规划，以及水利、交通、环保、矿山、能源、气象等相关行业的规划、标准等资料。

2. 资料整理或补充

纸质文字报告、数据、图件及相应的电子文件信息核查、整理工作；建立数据库、图形库、文档库，进行资料信息合理性和可靠性分析；根据需要补充适当精度的调（勘）查工作；规划图输出的比例尺根据需要选定，如国家层面的规划图可采用 1∶400 万，省级或专项规划图以 1∶50 万 ~ 1∶10 万为宜。

3. 专题研究内容

既有规划实施成效评价、存在问题分析等；地质灾害防治现状、存在问题、发展趋势与防灾减灾需求分析；地质灾害易发区划研究。选取地形地貌、岩土类型、气象水文、地震作用和人类活动等因素建立评价指标体系，采用定量与定性相结合方法进行因素叠加分析，编制研究报告和地质灾害易发区划图及分区说明表①（刘传正，2020）；地质灾害防治区划研究。考虑地质灾害状况、社会经济发展状况、国民经济建设与社会发展规划及需要保护的对象重要程度等划分地质灾害防治重点区、次重点区和一般区，编制研究报告、地质灾害防治区划图及分区说明表（中国地质环境监测院，2008）；地质灾害防治工程研究。根据地质灾害发育现状、易发区划和防治区划，研究提出地质灾害调查评价、监测预警系统建设、搬迁避让和治理工程项目、应急体系建设和主要科学技术问题的主要内容、技术要求、部署地点、实施条件、经费要求、防治效益和进度安排等；环境影响评价研究。分析评估实施地质灾害防治工程可能产生的有利和不利的环境影响，包括影响区域、方式、强度和持续时间等，提出减轻或降低不利影响的对策措施。

3.3.5　规划内容

3.3.5.1　指导思想

规划的指导思想一般强调符合国家的大政方针、规划区域经济社会发展需求，尤其是人类聚居区、重大基础工程区的地质安全，通过防灾减灾促进可持续发展和改善生态环境等。贯彻落实"两个坚持，三个转变"：坚持以防为主、防抗救相结合，坚持常态减灾和非常态救灾相统一；从注重灾后救助向注重灾前预防转变，从应对单一灾种向综合减灾转变，从减少灾害损失向减轻灾害风险转变。

3.3.5.2　规划原则

一般强调"以人为本，综合减灾""防治结合，以防为主""合理避让，科学选址""动态管理，分步实施""资源整合，信息共享""综合考量，分步实施""依靠科技，提高成效""属地为主，分级负责"和"明确分工，失职追责"等。

3.3.5.3　规划目标

实施规划预期要达到的防灾减灾成效，一般包括基本解决防灾减灾体系存在的薄弱环节或突出问题，显著增强防御地质灾害的能力，减轻人类活动遭遇或引发的地质灾害，最大限度地避免或减轻地质灾害造成的人员伤亡，实现同等致灾强度下年均因灾直接经济损失占国内生产总值或财税收入的比例逐步降低，地质灾害对人文社会和生态环境的影响显著减轻等。具体工作目标如提升地质环境科学开发利用、地质灾害风险管理、监测预警服务于区域防灾减灾和人居环境地质安全水平，以及增强应急响应和抢险处置能力等。

3.3.5.4　规划任务

一般包括地质灾害调查评价、监测预警、综合防治、应急响应和科学技术研究等。

---

① USGS, 2005, Landslide hazards program 5-year plan (2006—2010).

（1）结合人居安全和社会经济发展需求开展地质灾害调查评价和信息系统建设工作[①]（中国地质环境监测院，2008）。

（2）开展地质灾害专业监测预警和群测群防体系建设。

（3）核定地质灾害搬迁避让数量、涉及人数，开展搬迁新址地质安全评价；提出需要工程治理的地质灾害数量及工程措施及工程量。

（4）地质灾害应急体系和响应能力建设。

（5）研究地质灾害防治过程中可能遇到的科学技术问题，为规划项目顺利实施提供支持。

（6）规划项目：

①地质灾害调查评价。查清地质环境条件、地质灾害特征，建立数据库或信息系统，进行地质灾害风险评价区划，提出地质灾害防治建议，开展宣传培训等[①]（中国地质环境监测院，2008）。调查工作精度采用 1∶5 万~1∶1 万，按行政区域、流域或图幅布置工作，重点集镇地质灾害勘查按 1∶5000~1∶500 布置。

②地质灾害监测预警。建立专业监测预警、群测群防和群专结合的工作体系，建立监测数据采集传输、整理分析和预警预报系统及发布平台，明确地质灾害专业监测站（点）数量和部署、群测群防体系建设和监测网建设要求及工作量。

③综合防治工程。列出地质灾害搬迁避让工程地点、涉及人数或户数，搬迁避让选址地质安全评价内容与工作量等；提出工程治理的地质灾害数量、工程措施及工程量。在条件具备时，治理工程可以和土地资源再开发或地质环境合理利用结合考虑，争取社会资金进行开发性治理。

④应急体系建设。提出法规制度、应急预案、工作体制机制、组织管理机构、技术支撑机构、信息网络平台、远程视频会商、应急响应技术装备和个人防护装备配置等方面的需求[②]（刘传正等，2010）。

⑤科学技术支撑研究。针对规划实施可能遇到的科学技术问题，专项研究地质灾害成因机理、风险区划、关键技术、设计方法、观测基地和科学技术标准等（刘传正等，2020）。

3.3.6　环境影响与效益评估

1. 环境影响

分析研究地质灾害防治工程施工过程中的不利影响，一般包括水土保持、植被生态、土地利用、水源质量、河湖淤积、动物活动、自然景观和新址建设等，为降低或减缓不利的环境影响，应事先谋划对策措施，如覆盖裸露区、防治新的水土污染、降低噪声和及时恢复生态环境等。

---

① USGS, 2005, Landslide hazards program 5-year plan（2006—2010）.

② Homeland Security US, 2004, National response plan.

2. 效益评估

规划实施效益一般包括社会效益、经济效益和生态效益三个方面。社会效益主要体现为消除威胁、减少人员伤亡和促进社会安定；经济效益体现为减轻直接或间接经济损失，促进保护或开发土地资源；生态效益体现为减轻地质灾害对生态环境的破坏、减少水土流失，保护土地资源、森林植被、水质和自然景观，改善人居环境等。

3.3.7　经费估算与进度安排

1. 经费估算

根据地质灾害防治工程的具体内容和工程量，按照市场价格、工程定额或取费标准及相关行业标准，按规划当年当地的静态物价水平估算地质灾害防治体系建设经费。考虑地质灾害的复杂性和动态变化性，列出不可预见费。

2. 经费筹措

按照国家法规要求，根据地质灾害成因及危害对象，分级分类制定规划实施经费筹措方案。一般地，因自然因素引发的地质灾害防治由中央与地方政府共同投资，因工程建设等人为因素引发的地质灾害防治资金由责任单位承担。

3. 进度安排

根据经费筹措、技术可行性和现场实施条件等，按照先易后难、急迫先行和循序渐进的原则安排地质灾害防治项目年度计划。

3.3.8　保障措施

1. 政策法规

为确保规划有效实施，应健全完善行政规章、法律法规和技术标准等，推进地质灾害防治法制化、规范化建设。

2. 体制机制

体制上健全完善目标责任制和顺畅的管理体制，探索高效科学的工作机制，主管部门发挥组织、协调、指导和监督作用，相关部门按照各自的职责负责有关的地质灾害防治工作。

3. 资金筹措

明确资金筹措方式、匹配比例、拨付渠道、绩效考核和收益分配等。对于能够结合土地开发的治理项目，可以尝试建立灵活的融资渠道，出台优惠或鼓励性政策。

4. 科技支撑

依托专业技术支撑力量和专家论证咨询，及时解决规划编制和实施过程中遇到的科学技术问题，提高工程质量，缩短工期，促进资金的高效利用，提升管理决策能力。

5. 奖惩结合

给予在地质灾害防治工作中做出突出贡献的单位和个人嘉奖，对引发地质灾害以及在地质灾害防治工作中存在渎职行为的单位和个人追究责任。引入风险管理理念，注意区分地质灾害防治遭遇不可抗力和失职渎职行为，使尽职尽力者得到公正评价和正确对待。

3.3.9 成果要求

3.3.9.1 基本要求

地质灾害防治规划成果包括规划文本、规划图件、规划附表和研究报告等，提交的规划成果包括纸介质和数字化载体两种。

3.3.9.2 规划报告

（1）规划报告（文本）表述简明扼要，层次分明，逻辑严谨，用语规范，重点突出，突出实用性和可操作性。对外发布的规划文本一般是一个简要文件。

（2）数字化文档要求为 Microsoft Word.doc 及 Microsoft Excel 格式。

3.3.9.3 规划图件

规划图件一般包括地质灾害现状分布图、地质灾害易发区划图、地质灾害防治区划图、地质灾害调查工程部署图、地质灾害监测预警工程部署图和地质灾害搬迁避让与治理工程部署等，每类图及专题规划图或镶图要有符合规范的图式图例、简要说明。数字化图件要求为 CAD、MapGIS 或 ArcGIS 格式。

图面内容第一层次为主要地理要素，第二层次为地质灾害类型分布，第三层次反映主题内容，如地质灾害易发区划、地质灾害防治区划或规划工程部署。各类图件根据需要和资料情况选择出图比例尺。

3.3.9.4 规划附表

规划附表一般包括地质灾害统计表、地质灾害调查项目规划表、地质灾害监测预警项目规划表、地质灾害治理工程规划表、地质灾害搬迁避让规划表和经费估算一览表等。附表内容一般包括序号、位置、类型、规模、引发因素、危害或威胁对象（包括已发生危害）或要部署的调查勘探工作量（或监测仪器类型、数量，或工程措施）、进度安排、经费估算等。

3.3.9.5　规划数据库

规划数据库包括属性数据、栅格数据和矢量数据、规划文档、规划表格、元数据等。规划数据库内容应与纸质的规划成果内容一致。地质灾害数据库结构、数据格式应符合有关数据库建设技术要求或规范标准。

3.3.10　规划评审

3.3.10.1　征求意见

（1）规划成果应充分征求相关部门行业单位的意见，检查是否存在交叉重复、新生灾害遗漏或政策疏忽。

（2）召开专家咨询论证会，进一步提高规划的科学性和可行性。

3.3.10.2　评审要求

（1）符合相关法规、政策和区域经济社会发展规划或生态环境整治要求；

（2）符合上级规划要求，并与同级规划衔接；

（3）采用的资料数据依据充分，来源可靠；

（4）地质灾害现状与防治需求分析合理；

（5）地质灾害易发区划和防治区划依据充分，实用易懂；

（6）规划目标任务和项目部署衔接契合；

（7）规划保障措施具体可行；

（8）图、表与规划内容契合一致。

3.3.11　发布实施

（1）地质灾害防治规划经审查批准后，应印发相关机构、相关地区组织实施，并向社会公告；

（2）采用新闻访谈、报纸或网站公布，或新闻发布会等进行解读；

（3）防治规划实施成效应纳入政府管理考核体系；

（4）防治规划实施情况应进行年度或中期检查评估，必要时按规定程序调整规划；

（5）防治规划实施期限截止时，应进行全面的成效考核评估，总结经验，分析存在问题及原因，为新一轮规划编制提供依据。

3.4　地质灾害防治文化培育

前已述及，防灾减灾文化缺失是灾难被放大的重要因素，强调防灾减灾文化培育与宣导是国家与社会能否反思自己，不断推进文明建设的重要体现。

3.4.1　地质灾害防治文化缺失类型

根据理论与实践的认知积累，地质灾害防治文化缺失类型归纳为"前兆明显，视而不见""心存侥幸，漠视预警""主观蛮干，自造灾患""视野局限，只顾当前"和"只见树木，不见森林"等五种（刘传正，2016a）。

1. 前兆明显，视而不见

地表开裂、沉陷、落石或水流等出现异常，短时间内急剧变化，是地质灾害即将发生的前兆现象，但没有人意识到灾难的降临，缺乏识别危险的知识，没有主动应对的文化素养。

2008 年 9 月 8 日，山西省临汾市襄汾县陶寺乡塔山矿区尾矿库溃决灾难，造成下游村庄和集贸市场人员 278 人遇难，伤 34 人（图 3.1）。早在 2008 年 2 月和 8 月初，位于下游的白云村和云合村村民因发现尾矿坝渗水现象曾分别向当地政府递交了"救命报告"和"告状书"，但未引起重视，是管理不到位，失职渎职的表现，根本上还是缺失防灾文化素养。

图 3.1　山西襄汾塔山矿区尾矿库溃决泥石流（2008 年 9 月 8 日）

2. 心存侥幸，漠视预警

事发地知悉或接到过电话、微信、短信、QQ 群、电视、广播或书面通知等地质灾害预警信息，但不相信、不响应，不进行自救，冷漠以对，以致酿成灾难。

2012 年 6 月 28 日，四川宁南金沙江白鹤滩电站矮子沟泥石流灾害造成施工人员 40 人死亡失踪（图 3.2）。令人嗟叹的是，此前 10 多个小时，有关方面已经发出预警，同一条沟内的 557 名群众和 38 名武警水电人员安全撤离，但专业教育背景相对较高的部分水电工程人员却未能幸免。即使没有预警，稍有防灾知识意识的人员，也应该识别出沟口的陈旧大石头是矮子沟发生过泥石流的遗迹，沟口选作宿舍场址不安全，工程开挖导流洞弃渣沟内更是为泥石流的大规模发生提供了物源和阻水壅高水位的条件。如果当事人具有一定的防灾知识、减灾意识和风险管理能力，积极采取应急避险行动，悲剧是完全可能避免的。

图3.2　四川宁南金沙江白鹤滩电站矮子沟泥石流（2012年6月28日）

2003年7月11日，四川丹巴县巴底乡水卡子村"美人谷"泥石流灾害致使当地和外来旅游的多名教师共51人遇难。事发前，当地已连续多日强降雨，相关部门也发布了地质灾害预警信息。事发时，大地晃动并发出沉闷的声响，如果当事人具备警惕意识、响应预警信息和积极开展自救，是可以大大减轻灾难的。

3. 主观蛮干，自造灾患

不了解、不懂得、不尊重自己所处的地质环境，不进行决策科学论证，不进行预加固，随意决策破坏自然山体的稳定性，自己制造泥石流灾害隐患或不消除积水隐患而任性堆填酿成"人造滑坡"灾难。

2009年7月23日凌晨2时57分，四川康定县大渡河长河坝水电站响水沟泥石流灾害造成施工住所内的54人死亡失踪、4人受伤。灾难的发生除了陡峻地形和急剧降雨因素外，工程开掘隧洞弃渣直接倾倒入沟道内，挤占沟道并增加泥石流的物质来源，而工程人员不懂得泥石流知识，缺乏防范意识，把住所选址建设在泥石流沟口，是灾难形成的重要原因。

4. 视野局限，只顾当前

只注意了工程建设自身的安全，缺乏对次生或衍生灾害的预判。没有认识到根据地质环境条件进行规划建设，缺乏对历史地质灾害的认知。只谋一域，不谋全局，酿成重大灾难。

1963年10月9日22时39分，意大利瓦依昂水库左岸近坝地段发生巨型滑坡。滑坡激起的涌浪翻越大坝，摧毁了下游的多个村镇，造成 1925 人遇难（刘传正，2013b）。滑坡导致整个水库失效报废，但大坝安然无恙，只是坝顶部小有损伤。工程专家早就识别出滑坡的存在，并对大坝设计安全采取了对策，但未预测评估滑坡涌浪导致溃坝或翻坝会对水库下游酿成怎样的劫难。事后，技术顾问承认这次灾难是人类的错误、科学错误的案例和缺乏知识的结果，但灾难已经酿成。

5. 只见树木，不见森林

科技人员片面地看待问题，把地质灾害防治工作当成一种简单的机械操作，不懂得采用全面、系统和历史关联的理念开展工作。"关注局部，忽视整体，只见树木，不见森林"，专注于考虑局部问题而忽视了系统整体的功能而导致灾难。

2015 年 8 月 12 日零时 30 分，陕西山阳县中村镇烟家沟钒矿山滑坡造成 65 人死亡失踪。滑坡前兆是明显的，但集体无意识导致灾难，几个关键的逃生时间节点均被错过：①烟家沟村民曾经因此地的滑坡险情搬迁过；②事发前多日 1015 平硐出现裂缝、掉水泥块、滚石，工人也曾向矿上反映；③ 8 月 6 日上方滚石砸坏炸药库墙体，远距离（直距 5km）转移炸药但未意识到生产安全；④ 8 月 11 日 21 时，工棚上方落石频繁，短距离（300m）转移 1015 硐口的工队，但未逃出险地；⑤ 8 月 11 日 23 时，意识到可能有危险，但只是提醒众人睡觉"灵醒点"，发生险情赶紧跑；⑥滑坡即将发生时，山石崩塌频率加剧，矿工被要求把两辆皮卡车向外开，免被砸坏，仍未想到撤离全体人员；⑦滑坡发生时，由于对正确的逃生路线缺乏认识和演练，自发逃生向山上侧向跑者幸存，向山下跑者被掩埋，矿工的新、老住处皆被掩埋。

3.4.2　地质灾害防治文化培育

1. 法规制度学习

法规制度学习要确保"一案三制"（法制、体制、机制、应急预案）的制定、实施与持续完善。灾难的发生固然存在事发突然、来势凶猛、历史罕见、地形复杂和超过设防标准等客观原因，但城乡社区和工程建设者尤其是发达城市应培育自我反省的气度、素质和能力，认真总结应对灾难的经验教训，把好的做法上升为制度或规章。把好的制度或规章落到实处成为内在的自我约束，而不是外在强制，是防灾减灾制度文化建设的方向。例如，山洪沟或季节性河流流路（河床、河漫滩）是自然的流水行洪区，是不可以规划为建设工程区或人类居住区的，但反例大量存在，实是自造灾患。

2019 年 8 月 14 日 12 点 44 分，成昆铁路凉红—埃岱站之间岩体崩塌，导致现场抢险人员 17 人死亡失联（图 3.3）。在地质勘探作业工作中，也多次出现压埋专业人士的悲剧，如 2010 年内蒙古阿荣旗、2016 年甘肃临夏、2019 年广西武宣等地探槽开挖造成的土体崩塌灾难。这些案例的出现，是缺乏技术法规意识知识，违反地质勘探施工操作规程的表现。

图 3.3　成昆铁路凉红—埃岱站段岩体崩塌（2019 年 8 月 14 日）

2. 行为方法

培育防灾减灾的自发性与自觉性，养成防灾减灾意识、知识和避险技能，地质灾害在那里出现就在那里有序应对，突出强调减灾行动的主动性与实时性。例如，划定危险区、设立警示标志、发放明白卡、观察识别、监测变化、响应预警、有序应对，明白何时应急转移、转移到哪里去和按照什么路线来转移等。

工程技术人员防治地质灾害的正确选择是，采用整体论进行概念设计或顶层设计，采用分割论进行细部构造和结构设计（刘传正，2015b）。既要避免分割论之"只见树木不见森林"，也要避免整体论之"满眼森林没有树木"，陷入"浓浓绿色近前无"的迷惘。地质学强调的"远观近校"就是既有"森林"又有"树木"的工作方法，"远观"就是"森林观"（整体论），"近校"就是"树木观"（分割论）。因为不懂得"远观"，南（宁）昆（明）铁路八渡火车站址错误地选在古滑坡上。因为不懂得"近校"，在建设施工过程中，开挖切坡引起斜坡上段牵引式滑动，堆载引起斜坡下段推移式滑动，造成投资增加、工期延长（刘传正，2007）。

3. 预警−应急响应

要明确红、橙、黄、蓝预警信息的基本含义，对应的响应行动是什么。政府部门、专业部门、工程建设企业、新闻媒体和社会公众等各自应该采取什么对策？哪些对策是提示性的？哪些是劝告性的？哪些是强制性的？不同受众对各个环节必须做出怎样的有针对性的安排？2012 年 7 月 21 日，北京气象台一连发出多道暴雨、雷电红色预警信息，相关部门也频频"启动应急预案"，社会公众却不知道如何应对暴雨洪涝灾害，结果酿成了"7·21"灾难。反思起来，应急预案多多，但应急响应意识、知识和能力不足，应急办法、指南或规则缺乏，更没有落地基层，应急预案没有成为各界共同行动的"协调器"。

2007 年 5 月 10 日，因清江水布垭水库蓄水激发影响，湖北省巴东县清太坪镇木竹坪村发生滑坡灾害，滑坡体积约 $600 \times 10^4 \mathrm{m}^3$，246 户 658 人紧急撤离。

2017 年 7 月 1 日，湖南宁乡县沩山乡祖塔村滑坡发生前，所有受威胁群众已经撤离。12 时 30 分，首次山体滑坡将 1 名进入区内转移财物的老年妇女掩埋、死亡。15 时 40 分村民自发搜救工作，16 时 10 分再次发生滑坡，将搜救及围观的群众掩埋，又造成 8 人死亡、19 人受伤（图 3.4）。

图 3.4　湖南宁乡县沩山乡祖塔村滑坡（2017 年 7 月 1 日）

4. 教育宣导

地质灾害防治文化就是把科学理念力求通俗化，将防灾减灾知识技能普及到社会力量中去。教育宣导方法可采取情景再现、书刊画册、挂图、音像制品、多媒体–动漫视频–自媒体等讲授、现场说法、动画模拟和应急演练等，培训产品要形象生动，语言通俗，易于入脑入心。只有受众的防灾避险意识不断受到有组织的激发，当灾害来临时，才能有序应对，社会建设才能更加智慧地前行。

城乡居民要掌握一些基本防灾避险技能，倡导"地质灾害五步避险法"，进行"勤观察，早发现；多监测，知险情；常演练，会应对；接警报，快逃生；听指挥，保平安"等的教育（梁宏锟等，2014）。制作画册、挂图和动漫作品，通过培训班、电视、网络或自媒体等形式传播，增加公众社会防灾减灾知识，强化自我意识，提高应对能力。

5. 群测群防

地质灾害群测群防的对象有三类：一是以单体存在的危岩崩塌、滑坡和泥石流及地裂缝等。孤立存在的滑坡体、具备孕育崩塌灾害的危岩体、可能发生滑坡的变形斜坡或泥石流等一般容易发现的地段；二是由于人类不合理开发利用地质环境，如房屋建设、采矿（石）、修路、堆土（矸石）等孕育的崩塌、滑坡和泥石流灾害隐患点；三是局地区域强烈暴雨孕育的成群出现但单体规模较小的地质灾害，一般当地人掌握地区经验雨量值或专业人员给出统计判据值。

群测群防体系实施的原则是，"政府负责，分级管理，自觉监测，站点预警，协同防御"。群测群防体系由村（组）、乡（镇）和县（区）三级监测预警机构组成，各负其责，责任到人。地质灾害群测群防强调"六个自我"，即"自我识别、自我监测、自我预报、自我防范、自我应急和自我救治"，突出强调以实现防灾减灾的实时性，避免贻误减灾战机，努力把灾害损失和人员伤亡降低到最低限度（刘传正等，2006e）。

2017年8月25日5时30分，云南彝良县两河镇两河村坪子组发生滑坡，造成30户房屋损毁，1.5km县乡公路及龙洞河桥梁损毁，140人提前撤离（图3.5）。滑坡堵塞龙洞河，在其主河道上游及下游支流梅子坝沟交汇处形成两个不同库容的堰塞湖，威胁下游集镇居民约2200余人生命财产安全。8月24日9时许，监测员刘代金巡查北侧的大转拐滑坡点时，发现南侧的公路边坡岩土松动垮塌，及时报告并组织撤离，尽管该地段并未划定为滑坡隐患防范点。

图3.5　云南彝良县两河镇两河村滑坡（2017年8月25日）

滑坡区原始地形坡度20°~35°，纵剖面呈现出上陡下缓的单斜地貌形态，横剖面呈现出不规则的马鞍状负地形，左右两侧"小山脊"走向对滑坡边界的形成起到控制性作用，滑坡中部低洼区有利于周围地表水汇集，对滑坡的启动提供了强有力的水动力条件。滑坡右侧表现为单斜构造顺向坡，地表松散土体厚0.5~1m，下覆基岩为薄层状泥质砂岩，其产状与坡向一致（320°∠25°）。滑坡中部主要为残坡积松散碎石土，厚度为3~5m，应是老滑坡残留体。滑坡体长约300m、宽约200m、厚度为15~30m，滑向为310°，滑坡方量约120×10⁴m³，滑动距离约80m，为推移式顺层岩质滑坡。滑坡向北滑动（张杰等，2018）。

据彝良县两河镇气象站资料，8月23日20时至25日08时，两河镇累计降雨量为242.7mm。8月24日凌晨1时至25日凌晨5时滑坡发生时，累计降雨量达220.6mm，充沛的降水不断入渗，使斜坡岩土体含水量剧增，滑面浸润泥化，沿软弱层面的下滑力不断增大，抗滑力不断降低。图3.6显示，滑坡发生于强降雨过程即将结束之际，即明显滞后于强降雨的发生时间，反映从降雨入渗到滑带土软化泥化需要一定时间（张杰等，2018）。

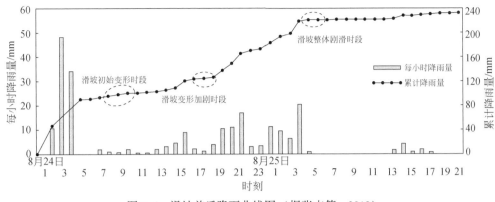

图 3.6 滑坡前后降雨曲线图（据张杰等，2018）

3.4.3 关注弱势群体

调查总结发现，防灾减灾要特别关注特殊区域和特别群体。人员伤亡常常集中出现在农村留守老人-妇女儿童多、外来务工人员多和游览观光人员多的"三多区域"，或对地质灾害预警信息不响应不撤离、撤离不及时和未解除预警或应急响应情况下私自返回危险区的"三类人群"中。

2010 年 6 月 1 日 19 时到 6 月 2 日 6 时，过程降雨量大于 300mm。6 月 2 日 1 时到 3 时降雨量达 210mm。广西容县和岑溪市 300km² 区域暴发群发型滑坡泥石流地质灾害数百处，造成人员伤亡者十余处，造成 43 人死亡。其中，容县六王镇陈村滑坡造成一户共 11 人死亡（一对老年夫妇及媳妇 3 人，孙子、孙女 6 人）（图 3.7）。一家人在暴雨期间只注意排除室内积水，不懂得、未查看也未顾及房后切坡之山体蠕动滑塌的危险。2013 年 7 月 11 日，四川汶川县威州镇七盘沟大面积山体崩塌滑坡，监测预警信息发出后，安全撤离 2000 余人，15 人死亡失踪均为撤离不及时的人员。

图 3.7 广西容县六王镇陈村滑坡（2010 年 6 月 2 日）

由于灾害常常发生在城乡社区，社区就成为"灾害前线"，而女性常常是参与社区工作的主体，女性的性格特质和生活经验也是实施主动减灾的一种无形力量。因此，从国家到社区各个层面的灾害管理必须保证社区女性参与到防灾减灾工作中去。

2012年国际减灾日的主题是：女性——抵御灾害的无形力量（Women and girls—the in visible force of resilience）。提倡防灾减灾男女平等的理念，并纳入从国家到社区等各个层面的灾害管理中去是必要的、紧迫的。强调女性的性格特质和生活经验是一种无形的力量。由于社会习俗、道德约束、文化教育和社会活动参与意识等多方面的限制，女性参与防灾减灾活动显然远低于男性，而遭受灾害的机遇却又明显高于男性，在灾难中死亡的女性人数往往高于男性。从政策、法律、资金和能力等方面开展性别与减灾课题研究，确保女性与男性具有同等的学习培训机会，明显提升女性参与减灾的知识与能力，树立女性减灾形象，是明显提升从国家到社区的减灾能力和区域可持续发展能力建设的重要内容。

2004年12月26日，英国10岁女孩蒂莉·史密斯（Tilly Smith）在泰国普吉岛攀牙湾游玩时，在印度洋海啸前首先注意到海水不正常后退和异常泡沫，她立即联想到老师在地理课上讲述的海啸发生的知识，意识到将有海啸发生，她立即让父母发出警报，及时组织疏散了海滩上的游客，挽救了100多名游客的生命。

3.4.4　菲律宾特大滑坡灾难的教训

2006年2月17日上午10时45分，菲律宾莱特岛（Leyte Island）南部圣博纳德（Saint Bernard）镇附近的昆萨胡贡（Guinsaugon）村发生特大滑坡灾难，造成1221人丧生或失踪，其中253名小学生（Catane et al.，2008）。劫难过后，仅有三栋房屋没有遭到袭击，残存一些零星的小屋屋顶、铁皮房盖和建筑物碎屑，很多大树被连根拔起推走，似乎以前此处不存在村庄。褐色的滑坡土石影响面积约$1km^2$，土石堆积高度为$6\sim10m$（刘传正，2006a）。

山体滑坡发生过程是，昆萨胡贡（Guinsaugon）村后基岩山体的一部分首先开始下陷，并快速扩大，伴随一声类似爆炸的闷响，地面先是一阵颤动，随后刮起一阵猛烈的风，再次岩土体冲向山下的村庄。在冲击过程中，组成斜坡的岩土体发生解体、扩展并覆盖埋没了村庄、稻田和坡地。滑坡所过之处一切都被摧毁埋没，整个过程持续约2分钟。

此次滑坡灾难的前兆是明显的，但未引起重视。由于2月12日该区域曾有小滑坡发生，造成修路人员死亡7人，邻近地区也有16人被淹死，加上连续多日下雨，曾有议员建议受灾村落的村民暂时离开。政府和当地村民也是有警觉的，为了防范泥石流袭击，村民曾晚上疏散避难，白天回家，但对雨停、天晴、白天会发生山体滑坡缺乏认识与防范。滑坡发生前3天，邻村的一个老年妇女曾告诫村民要发生山体滑坡，可惜当时没人相信她的警告，包括村小学的老师，也没有人去后山查看山坡表面变化情况。

事实上，1991~1995年滑坡初始启动出现张裂缝，当地人观察及简易监测；裂缝增多增大加密观察，绘制时间变化图。1995~2005年第二加速阶段后缘出现小型崩塌，专业咨询和避险行动。2005年以后第三阶段渗透水流变浑或泥水出现，坡体上溪流消失，水塘干涧，坡脚膨胀鼓起，居民观察到开裂，Guinsaugon 山脊北部在 1991 年和 1994 年地震期间滑坡源区出现频繁的小崩塌。2005 年 5 月斜坡上出现裂缝、小滑坡和树木倾斜。2006 年 2 月目击者报告小滑坡频繁，滑坡前四天溪流消失。

滑坡发生的原因是多方面的：

①莱特岛处在菲律宾海沟的边缘，发生滑坡的山体为火山喷发堆积物组成，山坡陡而多悬崖，山坡上早就出现多处裂缝；②山坡岩土体遭受严重风化、侵蚀，地形和地质结构破碎，容易发生滑坡；③莱特岛是台风和风暴吹袭菲律宾的必经路径，太平洋产生的"拉尼娜"（La Niña）现象导致莱特岛自 2 月 1 日起十余天的累计降雨量高达 500mm，等于平时的近五倍，雨水浸泡了土层，并冲刷侵蚀地表；④风化层土体长期浸泡饱水，不仅自身重力增加，同时使斜坡整体强度降低，易于失去稳定；⑤山坡上的树木连年被大量砍伐，改种椰子林，这种浅根性植物在长期泡水，特别是风吹摇动下会促进斜坡表层快速整体失稳，加剧了雨水沿裂缝下渗和水土流失（类似于中国东南地区的毛竹分布区）；⑥滑坡发生前约 9 分钟（当日 10 时 36 分）该地区曾发生里氏 2.6 级地震，对滑坡发生起了一定激发作用；⑦村民比较注意防范泥石流，但对山坡岩土体内地下水水位升高和孔隙水压力逐渐达到最大滞后于降雨过程若干日后再发生滑坡缺乏科学知识（如 1985 年 6 月 12 日中国长江三峡新滩大滑坡就是雨后天晴三天后发生的），事后我国新闻媒体报道也普遍笼统地使用了"泥石流"一词（英文媒体多使用"landslide"）；⑧当地政府和村民对早期预警或警告重视不够，自觉防灾意识和自我组织监测预警（如我国的群测群防）措施不到位，如没有到后山巡查山坡地质状态，判断危险来源，而只是被动躲避。

灾后堆积物为高出原地面的土石松散体，是山体高速滑动飘洒后形成的固态岩土堆积体，而非流动或涌动后形成形态相对舒缓的密集堆积。滑坡发生的过程是，山坡体开裂—持续降雨渗水—整体座滑剪出—气垫顶托和空中解体—飘洒堆积和摧毁埋没前进道路上的一切（村庄和稻田等）五个阶段。

3.4.5　苏村滑坡灾难的防灾文化思考

2016 年 9 月 28 日 17 时 28 分，浙江省丽水市遂昌县北界镇苏村上村（自然村，距离遂昌县城 37km）后山山体发生崩塌滑坡，造成 20 户房屋被埋，17 户房屋进水，28 人死亡失踪（包括动员撤离的一名镇干部）。

3.4.5.1　崩塌滑坡特征

此次地质事件的总特征为先崩后滑。崩滑区后缘高程约 700m，前缘高程约 320m，高差约 380m，总长度约 660m，可分为滑移崩塌区，主滑坡区和前缘堆积区。崩滑碎石流总体积约 $40 \times 10^4 m^3$（图 3.8）。

崩塌体纵长约 50m，宽约 90 m，高约 15～35m，体积约 $5 \times 10^4 m^3$。崩塌块石除残留在后缘滑移面上外，主要停积在斜坡中上段。崩积块石尺寸多在 0.5～1.5m，个别为 2.0～3.0m。崩塌后壁倾角为 75°～80°，高差为 40～60m；崩塌北西壁倾角为 60°～70°，高差为 10～20m；南东壁倾角为 75°～85°，高差约 20m。主滑区长约 490m，宽为 60～150m，厚为 8 ~ 20m，滑坡残留体积约 $20 \times 10^4 m^3$。主滑区上段除接受新崩塌冲击块石外，主体是多年崩积体遭冲击而复活滑动。新崩堆积体和滑坡中上段被限制在原已存在的两个陡壁之间，特别是东南壁约束作用显著。主滑体中前缘堆积区压埋村庄，堵塞河道形成堰塞湖。堰塞体长约 120m，宽约 125m，厚约 6 ~ 20m，体积约 $15 \times 10^4 m^3$。前缘堵河堆积的块石主要来源于斜坡上的多年崩积体，石头颜色灰暗。

(a) 卫星影像显示，滑坡前山体已破损，崩塌不断

(b) 滑坡实景照片：滑坡起源于崩塌滑移地段，冲击下部堆积物(2016年9月28日)

图 3.8　苏村崩塌滑坡灾害发生前后影像对比

3.4.5.2　崩塌滑坡过程

此次地质灾害事件是一个链式反应过程，可以划分为山岩开裂—滑移剪出—崩塌冲击—老崩积体滑坡—摧毁上村—堵河堰塞成湖六个阶段。整个事件是后山滑移式崩塌与斜坡中前部推移式滑坡接续作用的产物。

（1）山岩开裂。2012 年拍摄的航片上清楚显示，后缘山顶弧形裂缝已经形成。

（2）滑移剪出。数年来多次掉石头，今年尤甚。后缘山体开裂条件下，山顶危岩一直顺着底部外倾节理面蠕动滑移，高位剪出。

（3）崩塌冲击。崩塌块石流在上段受限于两侧岩壁，特别是东南侧岩壁陡立顺直，中段受到西南侧原有崩积体阻挡，运动过程中略微向左偏转方向。

（4）老崩积体滑坡。新的崩塌块石流挟高位势能冲击山下斜坡上的多年形成的崩塌堆积体，老崩塌块石堆积体复活形成滑坡，形成"零存整取"效应。老崩积体是地质历史上多次断续崩塌在村后基岩斜坡上形成的块石堆积。

（5）摧毁上村。老崩塌体滑坡前缘压埋村庄，酿成灾难。后山崩塌前一直在掉石头，半山腰岩石出现崩裂，接续滚落，崩塌冲击引起堆积斜坡移动，导致村中地面突然拱起，随后滑坡块石流掩埋村庄。

（6）堵河堰塞。滑坡冲入前缘小河，形成堰塞湖，最大水深约 15m。块石流冲到小河对岸（左岸）受到阻挡而壅高，形成高于右岸的"反翘"地形。堰塞体透水性好，降雨停止后，向下游的泄水量较上游来水量，堰塞湖水位缓慢下降。

3.4.5.3　成因分析

苏村后山地名现为破崩岩（石），当地称"破崩砼"，砼是"石玄"的繁体，是遂昌地方字，在浙江丽水地区"砼"意为石头、大石、悬崖峭壁。可见，历史上苏村后山即是危岩崩滑之地。

1. 地貌因素

崩滑区域地形坡度上陡下缓，上部高陡临空面倾角为 70°~80°，中部自然斜坡角为 25°~40°，下部自然斜坡角为 15°~25°。清代毛仪燉游苏村后曾题诗感慨："飞石缘溪千万重，五丁巨手劈高峰，纪念当值元兴日，野客经过骇异踪"。当地流传着的神话故事把古崩塌巨石称为"神仙草鞋"或"草鞋石"。此次崩塌前，后山已拉裂形成"圈椅状"裂缝带。危岩陡壁下到老崩塌堆积体之间存在一段长长的光滑基岩坡面，是历史崩滑遗迹。东南侧陡壁上的灰黑色"包浆"证明该石壁已具有成千上万年的历史。

2. 地质因素

基岩组成上部为花岗岩，下部为熔结凝灰岩，表层风化软化剧烈。滑坡所在坡面构造较发育，岩体较破碎，存在一组外倾结构面（产状为 245°∠53°），滑坡所在坡面地质环境条件较脆弱。崩滑地形起源于南北向岩壁和平行于斜坡后壁的构造节理面。山顶东西向节理裂缝平行坡面且外倾，它与南北向节理共同破坏了山体的完整性，是持续开裂和蠕动滑移崩塌的基本条件。崩塌剪出面可能是后山花岗岩与下部凝灰岩的接触界面。斜坡面上的块石堆积体是持续崩塌的产物，事发前中下段坡面植被茂盛。滑坡面是多年堆积体与基岩斜坡的接触面。

3. 降雨因素

区域属于多雨湿润区，每年经受台风暴雨影响，今年尤甚。今年第 14 号台风"莫兰蒂"和第 17 号台风"鲇鱼"先后影响浙南、浙西南地区，大范围出现持续强降雨。17 号台风"鲇鱼"在 28 日为丽水地区带来持续暴雨，遂昌县气象台发布了橙色暴雨灾害预警信号。28 日 0 时到 19：30 时，遂昌县面雨量达 83.1mm，九个观测站点出现 100mm 以上大暴雨。急剧暴雨导致山顶裂缝充水形成"水楔"，"水楔"不但软化风化破裂面，也起到侧向推动作用，是滑移式崩塌形成的起因。前期持续降雨和短历时强降雨造成老崩积体与下伏基岩坡面泥土饱水软化泥化，下滑阻力减小，易于推动形成滑坡。

4. 防灾知识意识不足

崩滑发生时，轰隆隆巨响。崩塌块石流如洪水般倾泻而下，推动山下堆积斜坡向前奔涌滑坡（走山），约一分钟摧毁了苏村上村。事发前，当地政府组织多批干部多次进村劝说动员村民撤离，并组织转移出 15 人，但仍有多人依旧选择留在自己的家里，或说吃晚饭后再离开或撤离又返回，终于酿成悲剧。

3.4.5.4　分析反思

村民后悔没有早些听劝转移。出事的村落处于河上游，就在被当地人称为"破崩坛"的山下。这座山千百年来经常在暴雨天落石，"破崩坛"是在数百年前发生过较大的山体崩塌后而得名的。大多数村民很难认识到偶尔的几块落石是"破崩坛"发生大面积山体滑坡的前兆。

村人反映后山时常有山石崩落，数百年来如此。当地人感觉后山像是会崩也会向外"长"，实质上是山体蠕动变形。每当"长"到一定程度，又崩下来，多次崩塌而不凹陷，成为一个空"坛"，山下形成一片乱石岗。传说元代以前为开阔地，阡陌纵横，土地肥沃，元末明初已发展为拥有三条街道的村庄。

山体崩塌起源于后山裸露的"山疤"，苏村上村所在的后山危岩崩塌也早就列为县级地质灾害隐患点，当地政府数年来也多次要求搬迁，但当地民众对后山石头滚落或塌滑现象却见惯不惊，不以为意，心存侥幸，反映出当地民众防灾知识缺乏，防灾意识淡漠的"隐伤"。

应该说，群测群防工作是基本到位的，当地人也认识到自家的后山存在安全隐患，地方政府也是尽职尽责的。苏村后山崩塌早就被列为县级重点地质灾害隐患点（崩塌 B 级），也曾多次组织动员搬迁，但因各种因素协商不一致而未全面实施。由于"一到下雨天镇里就会要求村民撤离""狼来了"的疲劳效应导致虽然多次组织紧急撤离但又存有侥幸心理，对后山崩塌滚石的无视或"漠视"，终于错失了主动防灾避灾的机会。

要思考的问题是，如此典型的地质灾害点，历史上多次崩滑，前人记载数百年来如此，威胁苏村 700 多人，且危害交通、河道和上下游安全，专门的勘查防治工作没有跟上或"缺位"也是应该反思的问题，如对 2012 年航片资料反映出的新裂缝没有跟进现场专业工作，专业人士的职业敏感性不够，是防灾减灾文化建设需要提升的一个方面。

3.5　地质灾害区域评价理论

地质灾害区域评价的目的是从宏观上掌握地质灾害发育特征、地质背景、成灾风险和危害分布规律，为制定地区地质灾害防治规划、重点地段地质灾害的预测预警和合理开发利用地质环境提供科学依据。刘传正自 1999 年起关注此问题，结合负责首批国土资源大调查项目（长江三峡库区地质灾害调查与区划）研究，提炼了区域地质灾害发育特征，分析了孕育地质灾害的地质环境，研究了某种诱发因素引发地质灾害的危险性、成灾风险及实际危害等问题，建立了地质灾害区域评价理论体系（刘传正，2004b）。

3.5.1　基本问题

地质灾害区域评价需要回答五个基本问题，是一个调查研究现状、探索内因、分析外因、预判危害和核实灾情的研究过程，以对一个区域形成全面的科学认识与评价。

问题 1：回答地质灾害发育状况。研究一个地区的地质灾害发育状况，对地质灾害发育历史与现状用一个指标来反映。现状评价明确反映一个地区地质灾害发生的种类、数量、灾害体面积和体积的分布比例等，给地区经济社会开发的相关者提供一个背景值。

问题 2：回答孕育地质灾害的地质环境组合特征。对一个地区地质灾害发生的地质环境要素组合特征给予清楚表达，也即反映地质灾害发生的内在原因。地质灾害发生的潜在条件组合或潜能（潜势）包括地形地貌特征、地质体成分结构、区域地壳动力背景、地质构造活动性、植被类型与覆盖度等因素，如平原地区一般不会发生滑坡和崩塌，而山区则不会发生地面沉降，即指上述的内在规定性。地质灾害发育现状也是反映未来发生灾害的基础条件之一，因为已发生灾害的地段既是灾害势能在一定时期内释放的地点，同时也是容易引发新灾害的脆弱地区，常常表现为地质灾害的重复性。

问题 3：回答某种引发因素作用下地质灾害发生的可能性。明确一个地区地质灾害发育现状及基本地质环境要素组合特征的前提下，需要知道的是在什么突发因素下会引发大规模地质灾害。大气降雨、地震和各种方式的人类活动等都是地质灾害的引发因素，因此，需要回答在何时何地何因素作用下，一个地区地质灾害发生的可能性大小，即危险性大小，作为对该地区进行空间预警的依据指标，实现对整个地区的地质灾害大小的明确预警。如果预知一个地区突发因素大小及其持续时间，则不仅可以预警一个地区的地质灾害的发生空间和强度大小，同时也可以预报一个地区地质灾害发生的时间范围，即实现时间预警。

问题 4：回答地质灾害发生后可能造成的危害程度。地质灾害会给人类生活带来危害，而人类又参与到其生成过程之中，会主动减轻地质灾害或有意无意间加剧地质灾害。因此，必须回答地质灾害对人类、财产、工程设施和生存环境等的危害程度，回答诸如低危险区的小型灾害事件在人类社会经济活动发达地区可能表现为高危害性，而高危险区的大型灾害事件发生在无人区或人烟稀少的地区则表现为低危害性。

问题 5：回答地质灾害发生后实际造成的危害程度。回答区域强降雨或强烈地震发生后，实际引发的地质灾害数量、规模和危害程度，为确定应急反应等级和调配抢险救援力量提供依据。

3.5.2 基本概念

针对区域地质灾害调查研究的五个基本问题，可以对应地提出五个概念来描述：用"发育度"描述一个区域的地质灾害现状；"潜势度"描述地质环境要素组合；"危险度"描述一种或多种突发因素参与下地质灾害发生的可能程度；"风险度"描述在某种危险度的状况下地质灾害事件造成危害的可能程度；"危害度"描述地质灾害发生后对一个地区造成的实际危害程度。五者共同构成地质灾害区域综合评价体系。

概念1：地质灾害"发育度"。描述一个区域地质灾害现状的指标，是指某区域有记载的地质环境及人文环境共同作用下地质灾害的发育程度，反映一个区域地质灾害发生的种类、数量、灾害体面积和体积及其区域分布比例等，单纯采用三者中的任何一个都不足以反映实际。"发育度"可以作为地质灾害防治规划区域划分的依据，为土地利用和区域经济社会开发规划者提供决策背景值。

概念2：地质灾害"潜势度"。基于地质环境要素组合空间分析，研究地质灾害孕育成生潜在能力的重要因素，是反映地质灾害成生内因的一种综合表达条件或潜在能力的评价指标，代表着地质环境孕育地质灾害的潜在能力（潜势）。相关因素包括地形地貌特征、地质体成分、结构、区域地壳动力背景、地质构造活动性、植被类型与覆盖度等因素，如平原区域一般不会发生滑坡和崩塌，而山区则不会发生地面沉降，即反映其内在规定性。"潜势度"在性质上类同于敏感性（susceptibility）或易发性指标，区划研究结果可作为合理开发利用地质环境的依据，是各类地质灾害趋势预测的基础指标。

概念3：地质灾害"危险度"。描述一种或多种引发因素作用下地质灾害发生的可能程度，是一定时间内某空间区域在某种引发因素（大气降雨、地震和各种方式的人类活动等）持续作用下发生地质灾害可能性大小的量化指标。"危险度"区划研究结果可用于地质灾害区域预警服务，用于地质灾害预警等级的量化表达。如果预知一个地区未来时段引发因素的大小及其持续时间，就可以根据需要计算相应的地质灾害危险度指标，可作为预警指标发布相应地区的地质灾害发生空间和强度，同时预警该地区地质灾害发生的时间范围，可供公共管理决策是否向公众社会发出防灾减灾预警的信息。

概念4：地质灾害"风险度"。回答地质灾害发生后可能造成的危害程度，是一个地区在一定时间内某种地质灾害"危险度"作用下产生实际危害可能性大小的量度。"风险度"可以是单一对象如对人类生命的伤害，或对工程设施、自然环境的破坏可能性的量度，也可以反映一个地区社会经济活动的易损性和综合抗灾能力。"风险度"可用于防灾减灾公共管理，为制订科学的防灾减灾规划提供依据，也可作为确定预警等级和启动防灾减灾应急响应工作机制的依据。

概念5：地质灾害"危害度"。回答地质灾害发生后实际造成的危害程度，是地质灾害发生后对其影响区内各类承灾体（人、财产、环境和社会功能）的实际伤害或财产破坏损失程度，是对客观实在的危害结果进行评价或灾情评估的主要指标，也可以用"灾度"一词表达。"危害度"反映区域强降雨或强烈地震发生后，实际引发的地质灾害数量、规模和危害程度，可用于指导应急抢险救援和工程处置的总体部署和应急资源的指挥调配，乃至为确定应急响应等级或调整抢险救援力量提供依据。

3.5.3　主要内容

基于地质灾害区域"发育度""潜势度""危险度""风险度"和"危害度"概念体系，可以建立地质灾害空间评价的工作体系，简称 FIMGE（five indices method for geo-disaster evaluation）方法。

3.5.3.1　地质灾害"发育度"

地质灾害"发育度"反映一个地区地质灾害的发育程度，是已发生地质灾害的空间数量分布、面积分布和体积分布的综合表现。地质灾害"发育度"（F）是区域灾害频率（f）、面积（S）和体积（V）等特征的函数，表示为

$$F = f(f, S, V) \tag{3.1}$$

为了建立反映实际情况的地质灾害"发育度"计算模型，三个方面指标需进行无量纲化处理，或归一化处理。结合三峡库区等地地质灾害综合研究，建立如下一般公式：

$$F_i = R_{fi} + R_{si}^{\frac{1}{2}} + R_{vi}^{\frac{1}{3}} + r \tag{3.2}$$

式中，F_i 为第 i 单元的灾害发育度；R_{fi} 为第 i 单元的灾害频数比；R_{si} 为第 i 单元的灾害面积模数比；R_{vi} 为第 i 单元的灾害体积模数比；r 为修正指数，一般取 1.5~2.0。

这个公式不但可以描述研究区的地质灾害发育现状，同时对具体地段的发育状况与整个地区的比较也可以给出明确概念。

为了弥补"盲区"的缺陷，考虑到一个地区灾害点数造成的危害远高于面积和体积，综合考虑三者作用时增加了修正系数 r，以弥补因调查遗漏或过于针对"以人为本"而调查精度不足而出现调查"盲区"或"空区"。

3.5.3.2　地质灾害"潜势度"

地质灾害"潜势度"是各类地质灾害趋势预测的基础，可为地质灾害单因素预警或综合预警提供基础指标，具体量值是通过地质灾害基础因子与响应因子计算实现的。

地质灾害"潜势度"的计算公式：

$$Q = (q_1, q_2, q_3, \cdots, q_n) \tag{3.3}$$

式中，q_1，q_2，q_3，$\cdots$，q_n 是反映地质灾害潜势的因素值。

如采用综合指数模型，式（3.3）可写为

$$Q_i = \sum_{j=1}^{n} a_i b_j \tag{3.4}$$

$$i = 1, 2, \cdots, m; \quad j = 1, 2, \cdots, n$$

式中，Q_i 为第 i 单元的"潜势度"指数；j 为评价因子；a_i 为第 j 评价因子在第 i 评价单元的赋值；b_j 为第 j 个评价因子的权重；m 为评价单元数；n 为评价因子数。

地质环境要素组合为基础因子，而地质灾害的频数比、面积模数比和体积模数比作为地质灾害发生潜势的一种响应，也是基础因子的组成部分，反映地质环境的脆弱性，是地

质灾害发生潜能的一种响应，把"发育因子"也称"响应因子"。

3.5.3.3　地质灾害"危险度"

地质灾害"危险度"是在"潜势度"计算基础上叠加引发因子进行的，其数学模型与"潜势度"计算模型必须一致。地质灾害"危险度"的计算一种方法是采用诱发因子图层与潜势度图层直接叠加运算，另一种方法是用诱发因子图层与潜势因子图层叠加运算。后者为常用方法，计算量小，可为预警和避险撤离赢得时间。

Cristian Jaedicke 等（2014）提出的 ICG（international centre for geohazards）模型则简单地表述为

$$H_r = (S_r \times S_l \times S_v) \times T_p$$
$$H_e = (S_r \times S_l \times S_v) \times T_s$$

式中，H_r 为降雨引发的滑坡危险性指数；S_r 为坡度因子；S_l 为岩性因子；S_v 为植物盖度因子；H_e 为地震引发的滑坡危险性指数；T_p 为降雨因素指数；T_s 为地震因条件指数。

如同样采用综合指数模型，则

$$W_i = \sum_{j=1}^{p} a_i b_j \tag{3.5}$$
$$i = 1, 2, \cdots, m; \ j = 1, 2, \cdots, p$$

式中，W_i 为第 i 单元的"危险度"指数；j 为评价因子；a_i 第 j 评价因子在第 i 评价单元的赋值；b_j 为第 j 个评价因子的权重；m 为评价单元数；p 为评价因子数。

式（3.5）或写成

$$W_i = Q_i C_i \tag{3.6}$$

式中，W_i 为第 i 单元的"危险度"指数；Q_i 为第 i 单元的"潜势度"指数；C_i 为第 i 单元的引发因子指数。

地质灾害"危险度"判别因子选取原则是，从地质环境的角度出发，既要充分考虑地质灾害发生形成的内在基本因素（地形地貌、岩组、地质构造、植被），又要兼顾引发其发生的外部因素，通常指降雨、人类活动、地震等。

3.5.3.4　地质灾害"风险度"

"风险度"是地质灾害空间自然属性和社会属性的综合表现。在数学表达上，风险度是危险度和危害对象易损性（脆弱性）指标的函数。重点考虑地质灾害的强度与受灾区人类生命财产的易损性，并用量化指标表示，表达为

$$R = R(r_1, r_2, r_3, \cdots, r_n) \tag{3.7}$$

式中，r_1，r_2，r_3，$\cdots$，r_n 是反映地质灾害各项可能危害的因素值。

区域地质灾害"风险度"与"危险度"、承灾体的易损性密切相关。研究表明，承灾体易损性是一个难以确定的变量，它不仅与承灾体类型、结构功能等有关，而且与其所处的空间位置（离灾害体远近、灾害体的不同部位）有很大关系。总体上，地质灾害对社会造成的破坏表现为人员伤亡、价值损失及无法用货币衡量的环境破坏效应。

"风险度"评价模型一般为

$$R_i = W_i \times V_i \tag{3.8}$$

式中，R_i 为单元 "风险度"；W_i 为单元 "危险度"；V_i 为单元承灾体易损性指数。

$$V_i = \omega_1 V_{1I} + \omega_2 V_{2I} + \omega_3 V_{3I} + \cdots + \omega_n V_{nI}$$

式中，V_{1I}，V_{2I}，V_{3I}，$\cdots$，V_{nI} 表示各类承灾体（共 n 类）的易损性指标；ω_1，ω_2，ω_3，$\cdots$，ω_n 为各自对应的权重。

3.5.3.5 地质灾害 "危害度"

地质灾害 "危害度" 一般以所在地区目前经济条件下财产的重置费用作为灾损的计算依据。对于已经发生单体或群体地质灾害的区域，"危害度" 也可以作为风险度评价准确性的校验指标。"危害度" 的计算可采用资料统计、抽样检验与模型估算方法进行。

危害度模型的建立一般考虑死亡失踪人数、受伤人数、直接经济损失、间接经济损失（社会功能破坏）和环境损失等。一种是绝对值表示，按照死亡人数、经济损失等单一指标，可以列出数值表格进行判定，如我国地震灾害单事件死亡 300 人以上为特大型，滑坡等地质灾害单事件死亡 30 人以上为特大型。另一种是相对危害比值，可以建立统计公式，如采用区域人口死亡率或直接经济损失与区域经济生产总值（GDP）的比率。

"危害度" 评价模型一般写为

$$D = G_i K_i \times \frac{\left[6(\log R + 1) + 2\log 10 J + \log K \right]}{3} \tag{3.9}$$

式中，D 为地质灾害危害度（灾度）；R 为死亡人数，人；J 为直接经济损失，亿元；K 为受灾人数，100 人；G_i 为地质灾害发育程度影响系数；K_i 为地震烈度影响系数。在汶川地震区地质灾害区域危害度（灾度）评价中，研究团队采用了该模型。

3.5.4 主要应用

开发了地质灾害评估系统，评价结果可针对不同目的而作为区域防灾减灾的决策依据。例如，"发育度" 评价可以服务于地质灾害防治规划编制；"潜势度" 评价可以服务于土地科学利用和地质环境保护；"危险度" 评价可以服务于地质灾害区域趋势预测或区域预警预报；"风险度" 评价可以服务于防灾减灾风险管理和恢复重建；"危害度" 评价可以服务于应急指挥部署、抢险救援、应急处置和救济安置等。

"五度" 分析理论先后在长江三峡库区地质灾害评价区划（54175km²）、四川雅安地质灾害预警试验区（1067km²）、第二代全国地质灾害气象预警平台研发（基于 1∶100 万地质图空间数据库）和汶川地震区地质灾害评价区划（15×10^4 km²）及其他研究区域应用，取得了区域理论认识和应用成效。

例如，在全国地质灾害趋势区域预测方面，考虑地质环境条件、气候条件、人为因素等多种因素的影响，以县级行政区为预测基本单元，量化影响因素可以对全年乃至分时段如主汛期（5~9 月）全国地质灾害趋势进行空间分析预测。地质灾害的发生除了受到其内在因素控制外，还受到气候条件、地震和人类工程活动等外在因素的影响。结合全国地质环境背景条件和主要引发因素对地质灾害的影响，开展叠加分析，预测 2020 年度地质灾害发生趋势及空间分布。

趋势预测分析表达式为

$$T=f(Q,C,E,A) \tag{3.10}$$

式中，T 为地质灾害危险度；Q 为地质灾害潜势度；C 为气候影响因子；E 为地震影响因子；A 为人类工程活动影响因子。

引入确定性系数模型（CF）实现因子的选取及量化。确定性系数模型（CF）是一个概率函数，最早由 Shortliffe 和 Buchanan（1975）提出，由 Heckerman（1986）进行了改进，用来分析影响某一事件发生的各因子敏感性，即

$$CF = \begin{cases} \dfrac{PP_a - PP_s}{PP_a(1-PP_s)} & PP_a \geqslant PP_s \\[3mm] \dfrac{PP_a - PP_s}{PP_s(1-PP_a)} & PP_a < PP_s \end{cases} \tag{3.11}$$

式中，PP_a 为事件（地质灾害）在数据 a 类中发生的条件概率，应用时为数据类 a 中存在的地质灾害个数与数据类 a 面积的比值；PP_s 为地质灾害在整个研究区中发生的先验概率，可以表示为整个研究区的地质灾害个数与研究区面积的比值。

采用基于 CF 的多因子叠加确定权重法确定因子权重。从确定性系数模型（CF）出发，通过各因子之间的 CF 值统计计算，确定各因子之间的权重大小。选取坡度、坡向、岩土体类型、年均降雨量、地形起伏度、人口密度、植被覆盖、地震烈度、河流缓冲区等18 个因子图层，计算得到全国的地质灾害潜势度分布图。

综合分析对地质灾害潜势度、气候、地震和人类工程活动等四个影响因子进行权重赋值，在此基础上对各影响因子进行叠加分析，分别形成 2020 年 3～4 月、5～9 月、10～12 月及年度（3～12 月）地质灾害重点区趋势预测结果。表 3.1 列出了 2020 年全国地质灾害趋势预测因子权重取值，采用 1∶100 万地质图数据库计算，得到预测 2020年地质灾害总体趋势接近近五年平均水平，较 2019 年可能加重，并分别指出了重点防范区域。

表 3.1　地质灾害影响因子权重

因子	地质灾害潜势度	气候	地震	人类工程活动
权重值	0.5	0.2	0.15	0.15

3.6　崩塌滑坡灾害风险识别

崩塌滑坡灾害风险的识别一要确定危险因素或致灾因子的存在及其变化；二要确定承灾体存在及其易损性；三要研判致灾因子与承灾体遭遇的可能性或暴露度的大小。地质灾害风险识别或早期识别的主要任务是研判地质环境因素变化可能产生新的地质灾害，而不是识别出历史上是否发生过地质灾害。

3.6.1　地质灾害风险因素

3.6.1.1　地貌形态

地貌形态及其变化是斜坡变形失稳的重要因素。地貌形态可以是河流冲刷坡脚等自然变化，也可以是开挖或堆载等人为改变，两种情况都会因为外形的变化而引起内部应力作用用的调整，一旦这种调整突破软弱部位的岩土体强度，就会造成损伤破坏，直至导致整体结构的逐渐崩溃，引发危岩崩塌或山体滑坡，尤其是对处于临界稳定的斜坡体（刘传正，2013a）。

地质体形态包括空间几何条件、地质体的边界特征和环境组合条件等，形态的变化常表现为地质体自身形态的改变，如地表开挖、地下开挖和工程堆填等。滑坡边界条件包括地形高差、坡度、微地貌和地质体完整性等。形态变化不但是变形破坏空间条件变化，也代表着内部受力条件及其对外界作用响应的变化。地貌形态的不同，对外界因素作用的响应也不同。地质体表面、内部分割面或交界面特性决定了跨越不连续边界处渗流场、应力场的性质。

自然演化边界的变化使其经受外界因素作用的敏感性提升而失稳破坏。2016 年 7 月 1 日，贵州大方县理化乡偏坡村滑坡造成 23 人死亡、7 人受伤。此次滑坡是其两侧历史上发生过顺层滑坡，缺失了两侧的阻滑约束而更易于滑坡。滑坡区表层为第四系残坡积层，物质成分主要为粉质黏土夹碎石，滑坡中上部被修砌为阶梯状展布的农田。下伏岩层为紫红色薄层泥岩、砂质泥岩夹软弱夹层，岩体破碎，节理发育。地质结构为顺向坡，倾角略小于坡角，易形成顺向滑移。滑坡形成的主要引发因素是持续强降雨，滑前过程降雨量超过 183.8mm，12h 降雨量为 53.5mm。滑动主要是沿层间泥化夹层发生的，降雨渗流使斜坡内的泥化夹层饱水软化，强度急剧降低而逐渐发展为滑动面。新滑坡两侧边界岩体早已滑脱，或者说，顺层岩体两侧为自由边界，缺少连续岩体的约束阻挡容易产生滑坡。

2017 年 1 月 20 日，湖北南漳县城关镇山体崩塌灾害造成 12 人遇难，3 人受伤。崩塌坡面近直立，岩体层面基本平行于坡面且近直立，构造节理面近乎垂直坡面且近直立。崩塌山体由碳酸盐岩组成，岩体风化裂隙和溶蚀裂隙发育。崩塌体东侧以节理裂隙为界，西侧以一凹沟为界。20 年前此处是采石场，废弃后被选为酒店场址。边界条件改变使长期的降雨入渗、淋滤和冻融风化作用加剧，造成岩体卸荷破坏、基座软化损伤。

前缘人为切坡改变边界，卸荷减压导致支撑力降低或抗滑阻力下降，形成应力集中区超过岩土体强度而发生滑坡。例如，云南保山市隆阳区瓦马乡河东村大石房滑坡，造成 48 人死亡，是多级切坡破坏了斜坡的完整性造成灾难的典型案例（刘传正，2013a）。后缘加载也是改变坡形，重心提高直接增加推动力，形成滑坡灾害。

3.6.1.2　成分结构

地质体成分是土体还是岩体，土石颗粒初始糙度是棱角的还是磨圆的，级配是均匀的还是单一的或"等粒度"的，岩土结构是松散的、固结的、胶结的、结晶的或层状的还是块状的，是顺向坡还是逆向坡，决定了其对外界因素的易变性或敏感性。

2013年3月29日，西藏墨竹工卡县扎西冈乡普朗沟泽日山采矿弃土失稳，形成滑坡碎屑流，造成83人遇难。滑坡后缘高程为5359m，运动冲击距离约2km，碎屑流终止高程为4535m。滑坡物质主要是采矿剥离的碎块石土，具有"等粒度"或"等块度"的单一级配，微观上颗粒间易于发生滚动摩擦，宏观运动特征表现为"等粒体"的流动现象。滑坡前连续多次降雪消融与渗透作用起到了增加碎块石土体重量，润滑作用降低块石之间摩擦力，是引发斜坡整体失稳的直接因素。后缘不断弃土加载激发是"压垮骆驼的最后一根稻草"（图3.9）。滑坡启动过程系后缘松散堆积体的整体重力平衡逐渐向不稳定方向调整，物理本质是碎块石点接触与面接触的统计摩擦力学平衡逐渐被破坏，宏观休止角最后被突破而逐渐蠕动—转动—开裂—崩溃形成"雪崩式"滑坡碎屑流或"颗粒流"运动（刘传正，2014a）。从防灾角度分析，沟口安置工棚，顺直沟道上方不断堆载采矿剥离的废弃土石，灾难的发生只是时间早晚问题。

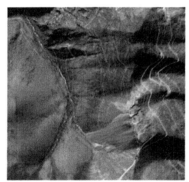

图3.9　西藏普朗沟滑坡前堆载与滑坡冲击矿工营地

顺向坡地质结构出现滑坡主要表现为整体性顺层滑动，一般不会出现碎屑流运动。1963年10月9日，意大利瓦依昂水库发生巨型顺倾层状岩体滑坡，整体滑坡后的岩体基本保持原来的层状，岩体上部平稳下座，岩体下部触底冲向对岸，滑坡地层到对岸后形成地层反倾（刘传正，2013a）。

3.6.1.3　初始状态

初始状态是指事物发生突变前的物理状态，数学物理方程描述为在初始时刻$t=0$时的状态特征。地质体的初始状态变量包括岩土物质组成、物理水理参数、力学参数、地下水条件、初始形变和初始应力状态等。

2013年7月8～10日，四川都江堰地区持续降雨40多小时，降雨量达941mm。强降雨激发该市中兴镇三溪村五里坡发生顺层滑坡，而后转化为高位泥石流，造成161人遇难。持续强降雨使原本破坏的山体和崩坡积物泥化、液化，是形成大规模高位远程滑移塑流的原因。

水库浸润型崩塌滑坡主要是由于水位涨落伴随的反复浸润作用。水位上升会造成岩土体的强度软化和悬浮减重效应。水位快速下降则会在斜坡体内引起向外的动水压力急剧增大，从而引发斜坡急剧变形甚至整体滑坡（刘传正，2014a）。

3.6.1.4　激发条件

激发条件是指对地质体施加的某种作用具有突变性，有可能引起地质体状态发生改变的外界因素。激发作用的实现一方面依赖于激发因素的特点、时机、强度、周期和持续时间等，另一方面也与地质体的边界条件与初始状态对外界激发作用的敏感性密切相关（刘传正，2013a）。

例如，台风暴雨会激发大面积的群发性坡面泥石流，持续降雨会激发形成孔隙水压力或滑动土体完全饱水液化为流态而奔流，大幅度的水库水位下降会引发顺层斜坡或松散堆积体失稳，而强烈地震可能会激发大型顺层滑移式山崩或滑坡。1989 年 7 月 10 日，四川华蓥山溪口滑坡是强降雨引发的斜坡土体超饱水液化流动，滑坡运动路径陡而短，高位俯冲奔涌而下，与崩塌滑坡解体的碎屑流不同（黄润秋，2007）。

在 2008 年 "5·12" 汶川地震区，除地质结构和边界条件控制外，地震烈度分布与崩塌滑坡的数量和规模存在明显的相关性。大型崩塌滑坡一般分布在地震烈度 X ~ XI 度区域，尤其是顺向斜坡结构地带；中型者一般出现在地震烈度 VIII ~ IX 度区域；小型者一般出现在地震烈度 VI ~ VII 度区域（Liu，2008）。

2008 年 6 月 14 日，日本宫城县 M 7.2 级地震引发荒砥沢（Aratosawa）大滑坡，滑坡体积为 $67×10^6 m^3$，但滑动面倾角只有 2°，说明只要激发作用条件足够大，也可引起大规模平缓倾角滑动现象。2014 年 8 月 3 日，云南鲁甸 M_S 6.5 级地震引发甘家寨滑坡，该滑坡是鲁甸地震激发作用下古滑坡堆积体后缘拉断，斜坡整体坐落下滑，在滑移过程中逐渐解体并形成三级台阶。滑坡掩埋甘家寨村民组和昭巧公路及堵塞的多辆车辆和人员，滑坡前缘堰塞沙坝河，造成甘家寨 56 人遇难（图 3.10）。

图 3.10　鲁甸地震引发甘家寨滑坡（2014 年 8 月 3 日）

3.6.1.5　环境条件

崩塌滑坡本身并不一定直接造成大规模灾害，但其运动过程中由于环境因素加入而显著放大了灾害效应。山下存在水塘或冲入江河形成涌浪等环境条件会加剧灾害，或滑坡转化为山洪泥石流，造成远程运动危害。

2015 年 12 月 20 日，深圳光明新区红坳弃土场滑坡灾难除起因于工程弃土堆填于废弃的采石场（坑）内，采坑底部大量积水使堆填土体下部泥化使"人造山体"整体沿液化面滑出的条件外，滑坡出山后山下水塘使滑坡土体进一步液化，是导致流程更远，漫流平铺覆盖面积更大，是危害加剧的环境因素。

3.6.1.6　成灾条件

自然、地质事件可以在地貌形态、成分结构、初始状态、外界激发条件和环境因素件等组合因素下形成致灾体，但不一定造成灾害。灾害的产生是致灾因素（体）或危险因素与承灾因素（体）或受害对象遭遇的结果，而风险评价是反映二者遭遇的可能性，包括地质环境演化、自然作用和人类活动三者遭遇的可能性。

2016 年 5 月 8 日，福建省泰宁县池潭水电工程工地泥石流造成 36 人死亡失踪、14 人受伤，是施工住所选址不当，与致灾体遭遇的一个案例（图 3.11）。事前区域累计降雨量为 180mm，3h 降雨量超过 103.4mm。降雨导致冲沟内小型崩塌滑坡冲入沟内，增加物源，沟内洪水裹挟碎块石土形成泥石流顺沟而下。

图 3.11　福建泰宁县池潭水电工程工地泥石流（2016 年 5 月 8 日）

3.6.2　崩塌滑坡风险识别方法

风险识别既可以通过感性认识和历史经验做出判断，也可通过对各种调查观测资料的分析找出明显的或潜在的规律。崩塌滑坡灾害风险识别方法可概括为历史对比法、直接观察法、间接反演法、遥感遥测法、动态监测法和综合分析法等（刘传正等，2019）。每种方法的应用涉及地质致灾因子的现状认识、外界因素可能引起地质致灾因子恶化和前方存在或遭遇的危害对象（承灾体）及其易损性等，只是不同方法考量研究的全面性、系统性和深入性不同。

3.6.2.1 历史对比法

当地人或属地的专业人员，甚至曾经在当地生活工作过的人，能够敏感觉察或意识到斜坡地质环境的变化，并对其进行历史对比分析，做出灾害风险判断。斜坡前缘地面鼓胀、开裂，斜坡后缘开裂、下沉，斜坡两侧出现羽状排列的剪切裂缝，斜坡冲沟中的泉水变浑、流量变小、水塘突然干涸，以及建筑物变形、树木歪斜或枯死等，且斜坡下方存在人居建筑等危害对象，应列为在降雨、融雪、地震或人为作用下存在崩塌滑坡灾害风险的区域。

3.6.2.2 直接观察法

基于人眼目测的尺度观察问题，是最有效但在广度深度上常常受到局限的方法，包括地表面的和深部的工程勘查。目光所及的观察是直接接触式调查监测方法，可以直接观察感知斜坡表面形态、岩土成分结构、初始状态的变化和成灾条件，但视域受到一定局限，有时因地形障碍、植被覆盖或遮挡而可能观察不及时，没有看到关键变化，或因时间、责任人体力或职业操守不够而没有攀爬到斜坡中后缘关键地带，影响了及时正确地识别滑坡灾害风险。

借助工程技术方法如开挖探槽、浅井、平硐和钻探等可对斜坡局域深部的岩土体成分结构、地下水状况进行直接观察，深化地表观察的认知，对崩塌滑坡危险性、危害区域与风险程度做出更实质性的研判。

3.6.2.3 间接反演法

采用地球物理或地球化学勘探方法探测不能或不宜直接观察的斜坡岩土体成分结构状况，对存在的地球物理场、化学场异常、可能的地下水分布，特别是地下岩溶洞穴或采矿空区的存在形态等进行反演分析，从而对地表变化的原因、发展趋势和致灾因子引发灾害风险范围、强度等做出研判。这种方法可以实现对斜坡体的完整性无损伤的快速探测，但图像数据有时存在多解性。

3.6.2.4 遥感遥测法

基于航天、航空或地面的遥感遥测技术，如卫星影像、天基或地基 InSAR、航空遥测及无人机（UAV）、机载 LiDAR 和三维激光扫描等，观测斜坡体表面特征及其变化的方法（图 3.12）。基于天空地的遥感观测方法宏观视域广大，从整体上解决了视域的局限，可以实现全域掌控、区域环境变化对比、定域多时相扫描和定点多时相聚焦，多种技术长时间序列观测数据图像对比，提取大型崩塌滑坡变形前兆信息，直接测算致灾因子与承灾体的关系。遥感观测是非接触式的远距离的探测技术，克服了高陡地势人力攀爬的困难和视野的局限，省时省力。遥感观测的物理原理是运用传感器或遥感器对物体电磁波的辐射反射或光学特性进行探测，难免存在精度受限，影像多解，定域扫面多点异常同时存在，何处是"黑天鹅"的困惑？遥感遥测法也常会受到天气、空域使用权限、时间周期或经济成本的制约。

图 3.12　台湾 3 号高速公路滑坡前后影像，滑坡埋没 3 车 4 人（2010 年 4 月 25 日）

3.6.2.5　动态观测法

采用 GPS、InSAR、动态遥感遥测、地面激光扫描或地面地下观测技术对岩土体表面变形开裂、深部位移、地下水和地应力等的动态变化进行跟踪观测，实现基于时间序列的数据分析建模，研究崩塌滑坡静力学、动力学和运动学，用以研判致灾危险性和成灾风险性。动态观测分析的目的是通过捕捉致灾因子变化而研判危险的发展，针对承灾体预警灾害的风险。监测预警靶区（点）选择首先是威胁人居建筑、关键设施或公共场所的灾害风险区段。监测布置的点、线、面结合要考虑崩塌滑坡的前后缘、侧缘与关键地点的深部。监测要素的选择要结合实际需要而不求系统全面，设备选型、观测精度、数据处理、模型建立和预警判据设定等要结合属地经济社会条件和技术支撑能力，避免过度追求所谓高精尖技术而脱离减灾宗旨。

3.6.2.6　综合分析法

综合分析涉及崩塌滑坡区域动态的历史对比、直接观察、间接反演、遥感遥测和动态监测等方面数据信息的整合集成和系统研究，全面解决崩塌滑坡灾害风险"是什么"（what）、"为什么"（why）和"怎么样"（how）的"3W"问题。"是什么"是科学描述危岩或滑坡体的几何形态、成分结构与初始状态，是对静态的认识；"为什么"是分析预测外在因素引发危岩或滑坡体的状态变化及其时间效应，是对动态的预测；"怎么样"是研判成灾的可能性，包括致灾因子的冲击路径、加剧或减轻危害的环境条件和承灾体的易损性及其暴露度，为制定防灾减灾对策提供依据。

灾害风险一般用致灾因子发生概率与承灾体易损性因子的乘积表示。

$$R = H \times V$$

式中，R 为灾害风险概率；H 为致灾因子发生概率；V 为承灾体的易损性及暴露度指标。

刘传正（2017d）提出崩塌滑坡灾害风险（R_t）是六个方面因素随时间变化的函数。

$$R_t = f(a, b, c, d, e, v; t) \tag{3.12}$$

式中，a 为岩土体边界形态；b 为成分结构；c 为初始状态；d 为引发条件；e 为环境因素；v 为成灾条件；t 为各要素的变化时间。a、b、c 三者基本决定了斜坡体在某一时刻的稳定状态，按累加效应处理。d 代表引发作用的强弱及其随时间变化。e 代表崩塌滑坡运动过程中环境条件是加重还是减轻破坏作用。v 代表承灾体的易损性及暴露度。

本次研究把式（3.12）写成可运算的综合分析模型：

$$R_t = \left\{ \left[f(a) + f(b) + f(c) \right] d(t) + f(e) \right\} f(v) \tag{3.13}$$

式中，$f(a)$ 为边界形态函数，代表着斜坡地形完整平缓还是陡峻突变，边界开裂情况和底部完整性，寓含着破坏规模大小；$f(b)$ 为成分结构函数，土体成分结构决定斜坡的休止角，岩体成分结构决定综合或等效摩擦角；$f(c)$ 为初始状态函数，反映斜坡体是否明显变形、地下水位和地应力集中的分布状态；$d(t)$ 为引发因素函数，代表着降雨渗透、蠕动损伤、冻胀融缩、地震或人为干扰等外界作用；$f(e)$ 为环境效应函数，是崩滑作用冲击路径通畅或遭遇河塘水体激流加剧灾害，还是沟道曲折、显著跌坎、沟槽洼地阻遏而减轻灾害；$f(v)$ 为承灾体易损性函数，代表着崩塌滑坡碎屑流与承灾体遭遇与否，承灾体的易损性、暴露度及其后果；R_t 为某一时间崩塌滑坡灾害风险度（值），或动态风险指数（刘传正，2019d）。

$d(t)$ 变大意味着快速强烈引发作用，抑或是多次持续缓慢的损伤都会使岩土体成分结构软化、坡脚冲刷导致斜坡前缘临空造成应力集中，地下水位上升增大渗透压力、孔隙水压力并降低有效应力等，会使 a、b、c 三因素改变而使斜坡稳定性降低，崩滑危险性逐渐增大。

定义：$f(h_0) = f(a) + f(b) + f(c)$，$f(h_t) = f(h_0) d(t)$。则式（3.13）可写为

$$R_t = \left[f(h_0) d(t) + f(e) \right] f(v) = \left[f(h_t) + f(e) \right] f(v) \tag{3.14}$$

式中，$f(h_0)$、$f(h_t)$ 分别为初始、某一时间的山体滑动或倾倒危险（趋势）系数，可分别视为初始、某一时间的山体滑动或倾倒稳定系数 $f(s_0)$、$f(s_t)$ 的倒数。

山体崩塌或滑坡发生前，$f(h_t)$ 是小于 1.0 的。人为治理消除或削弱危险因素，$f(h_t)$ 趋于减小，山体向更加稳定方向发展。显然，山体风险状态（R_t）是动态的随致灾因子变化的。初次评价可作为初始状态（t_0），可采用直接观察简单判断或计算 R_0。专业调查后综合分析某一时间对应的风险状态 R_t。自然，内外条件变化不大时，某一时间段的风险值也变化不大。基于 R_t 取值的崩塌或滑坡灾害风险等级划分初步建议为：

$R_t < 0.50$，灾害风险小，一般性观察；

$0.50 \leqslant R_t < 0.75$，灾害风险中等，监测注意；

$0.75 \leqslant R_t < 0.90$，灾害风险大，需要监测预警，做好应急准备；

$R_t \geqslant 0.90$，灾害风险大，必须采取防控措施。

实际分析评估时，必须结合具体情况进行具体分析。现状风险可以作为预防管理依据，降雨、地震或人为干扰状态下的动态风险可以作为预警和应急准备的依据，灾害事件即将发生时的临界风险可以作为应急响应的依据。

一般地，显然，R_t 的计算应采用概率分析、数学物理解析计算或数值模拟等方法才能得到比较准确的解答。初始阶段，可以基于专家经验给某一时间点的 $f(a)$、$f(b)$、$f(c)$、$d(t)$、$f(e)$、$f(v)$ 定性判断赋值，然后计算得到 R_t（刘传正，2019d）。

3.6.3　新磨村"6·24"滑坡–碎屑流灾害风险追溯分析

2017 年 6 月 24 日 5 时 41 分，四川茂县叠溪镇新磨村发生特大型山体滑坡–碎屑流灾害，造成 83 人死亡失踪。事后调查，滑坡变形破坏前兆是存在的，地质环境变化是可观察的，滑坡灾害风险是可以事先识别的，不一定能做到绝对避免灾难，但是可以大大减轻的。

3.6.3.1　风险因素

1. 边界形态函数 $f(a)$

滑动体边界是开裂自由的。后缘高陡开裂，前缘大部分临空，滑动坡体左右边界破裂，斜坡不完整。斜坡高位剪出发生在斜坡上段的前缘临空处，剪出部位不是完整连续岩层，整个斜坡下段的层状山体早已滑动缺失，不存在坡脚应力集中导致岩层强度不够而发生溃屈破坏。斜坡上陡下缓，前缘存在裸露陡坎，坎下存在历史上长期崩落的碎石堆，具备沿软弱层面发生板状滑坡的条件（图 3.13）。

2. 成分结构函数 $f(b)$

滑动山体为中厚层变质砂岩夹板岩，中陡倾角顺向斜坡，岩层倾角与坡面倾角几乎相等。断裂破碎带穿过滑坡体前缘，侵蚀形成临空面。滑坡体内存在两组反倾节理带，与岩层面一起破坏了岩体的完整性。滑体底部开裂面上的泥渍显示形成已久，说明存在长期的蠕动变形和泥水渗入。滑坡后的滑床上显示为土黄色的光面，是雨水入渗带入的土泥沉淀经受蠕动碾压滑移的产物（温铭生等，2017）。

图 3.13　四川茂县新磨村山体滑坡（2017 年 6 月 24 日）

3. 初始状态函数 $f(c)$

观测记录新磨村后山斜坡上的下降泉流量为 6.98L/s，松坪沟口泉水流量曾达 25.7L/s（殷跃平等，2017）。据当地村民介绍，"新磨村后山平台处有洼地，水塘积水"，下部堆积斜坡上的冲沟切割深度超过 1m，沟内"常年流水，但滑坡发生前两年水干枯了"。可以认为，是上部滑坡体的缓慢移动阻塞了泉水的地下水来源［图 3.14（a）］。

2003 年的卫星图像显示，滑坡前山体存在两条对应本次滑坡的右侧和左侧边界裂缝；近两年来的雷达图像干涉条纹明显区别于周围山体，但显著的形变主要发生在滑坡前数月之内；滑坡前三个月 InSAR 数据反映滑源区出现位移方向 195°的变形区，最大形变量达 5.4cm（许强等，2017；曾庆利等，2018）。滑坡发生前 37h 的照片显示，滑坡源区可观察到两条剪出鼓胀裂缝带，且与 InSAR 解译结果一致（殷跃平等，2017）。滑坡体前缘陡坎下的碎石堆反映斜坡体的长期变形活动［图 3.14（b）］。

4. 引发因素函数 $d(t)$

1933 年叠溪 M_S 7.5 级地震、1976 年平武 M_S 7.2 级地震及 2008 年汶川 M_S 8.0 级地震等区域强烈地震活动造成新磨村后山斜坡岩土体松动开裂。2017 年 6 月中上旬叠溪一带累计降雨量超过 200mm，较常年同期偏多 30% 以上，其中，6 月 8~14 日累计降雨量约 80mm。5 月 10 日和 6 月 13 日的日降雨量均超过 25mm（许强等，2017；曾庆利等，2018）。两年前的泉水和冲沟溪水断流应该是滑坡体移动阻塞了原来的地下水径流通道，造成滑坡体底部渗流压力增大，滑坡体底部的摩擦阻力降低，滑坡体变形加大形成新的裂缝。滑坡发生后，泉水重新出露也是证明。

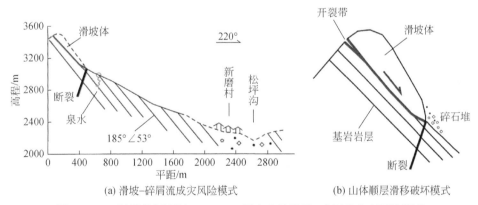

(a) 滑坡-碎屑流成灾风险模式　　　　　　(b) 山体顺层滑移破坏模式

图 3.14　四川茂县新磨村 "6·24" 顺向山体滑坡-碎屑流灾害风险模式

5. 环境效应函数 $f(e)$

松坪沟一带多年平均气温为 11.0℃，多年平均降水量为 800mm，最大日水量为 104.2mm（许强等，2017）。滑源区在海拔 3000m 以上，冬季处于冰冻期，多年长期的冻胀、消融等物理风化作用使裂缝逐渐扩展。滑坡区处于活动断裂的交汇区域，构造运动和多次地震破坏损伤造成岩体结构松动破坏。当地人口述历史与有关资料分析，新磨村所在的老滑坡体是后山斜坡下段顺层滑坡的产物，发生时间应该早于 1933 年叠溪地震（曾庆利等，2018）。

6. 承灾体易损性函数 $f(v)$

当地政府 2016 年曾把新磨村后山列为新增地质灾害隐患点，说明对灾害风险有一定认知。由于滑坡源区地形陡峭，山坡中上部植被茂密，前期泉水异常和变形开裂未能引起当地重视，专业调查人员也没有跟踪研究。"6·24"滑坡解体后的碎屑流冲击力巨大，初始时为有侧限约束沟道型奔流，到中下部为无侧限冲击抛撒，摧毁了沿途树木和新磨村。直接观察，残破的顺倾层状岩体一旦滑坡，沿顺直大斜坡直接冲击新磨村的灾害风险是很大的。

前人对新磨村"6·24"基岩滑坡的体积估算结果差异较大，取 $400 \times 10^4 \mathrm{m}^3$ 可能比较接近实际（温铭生等，2017；殷跃平等，2017；许强等，2017）。这样的规模决定了滑坡解体后的碎屑流具有足够的冲击速度、冲击能量、运动距离和摧毁掩埋能力（刘传正，2017c）。

3.6.3.2 成因机理与成灾模式

新磨村"6·24"滑坡–碎屑流灾害成因是高陡临空顺向层状结构山体在长期重力作用下经受自然演化与多次地震损伤开裂，降雨沿山体裂缝渗流，地下水软化渗透侵蚀、反复冻融形成高位顺层滑坡。变形破坏机理是层状岩体底部的软弱带遭受物理化学侵蚀、结构损伤、软化泥化、渗透积聚孔隙水压力、冻胀融缩和重力时效变形，导致滑坡体底部的抗滑能力逐年降低，出现拉裂蠕动和剪切滑移，最终整体失稳破坏。破坏模式是层状岩体顺层滑移—高位剪出—开裂解体—碎屑流奔涌—冲击铲刮—抛撒堆积。成灾模式是滑坡–碎屑流冲击、碰撞、掩埋村舍和堰塞沟溪。

3.6.3.3 滑坡–碎屑流灾害风险追溯分析

采用综合分析法，可分别追溯分析不同时段的滑坡–碎屑流灾害风险。由于前期技术工作深度和时间局限，本书采用专家赋值法概略估算（表3.2）。

滑坡两年前（2015年），山体破裂边界已经形成，板状岩体成分结构比较稳定，初始状态处于整体稳定阶段，外界作用状态变化不大，冲击路径环境既无加剧也无减轻灾害效应，新磨村易于摧毁且完全暴露。相关函数取值后代入式（3.13），得到 $R_t = 0.78$，对应着正常状态下山体稳定系数 $f(s_0) = 1.28$。

根据地表观察和遥感遥测资料分析，滑坡前 3 个月前（2017 年 3 月），滑带软化，地下水封闭压力增大，滑坡体已处于整体缓慢蠕动状态，成分结构、初始状态和引发因素三个函数取值均增大，其他参数不变。相关函数取值后代入式（3.13），得到 $R_t = 0.90$，对应着蠕滑状态下山体稳定系数 $f(s_t) = 1.11$。

2017 年 6 月 15 日后，持续降雨渗流及其滞后效应和地下水作用双重因素改变滑坡状态，临滑前几天滑坡状态函数和引发因素函数均增大，其他参数不变。相关函数取值后代入式（3.13），得到 $R_t = 0.99$，对应着蠕滑状态下斜坡稳定系数 $f(s_t) = 1.01$，滑坡灾害即将发生。

滑坡-碎屑流运动路径没有增加或减轻冲击作用的因素，环境效应函数 $f(e)$ 取 0.0。村舍不存在抗破坏能力，承灾体易损性函数 $f(v)$ 取 1.0。

可见，2015 年以来，新磨村滑坡-碎屑流灾害风险随着时间逐步增大，地质环境安全性逐步降低。

表 3.2　新磨村滑坡-碎屑流灾害风险分析评估结果

评估函数 时间	$f(a)$	$f(b)$	$f(c)$	$d(t)$	$f(e)$	$f(v)$	R_t
2015 年 6 月	0.3	0.30	0.18	1.00	0	1.0	0.78
2017 年 3 月	0.3	0.34	0.25	1.01	0	1.0	0.90
2017 年 6 月	0.3	0.34	0.32	1.03	0	1.0	0.99

3.6.4　普洒"8.28"崩塌-碎屑流灾害风险追溯分析

2017 年 8 月 28 日 10 时 30 分，贵州纳雍县张家湾镇普洒村发生特大型山体崩塌-碎屑流灾害，造成 35 人死亡失踪。事实上，普洒社区后山的山体开裂、小规模崩塌和落石已延续了数年时间，地质环境变化明显，前兆现象突出，地质灾害风险知识意识与应对能力值得反思。

3.6.4.1　风险因素

1. 边界形态函数 $f(a)$

崩塌的危岩体处于缓倾反向坡的顶端，石灰岩岩溶发育，山顶上分布成串的岩溶落水洞。地形高陡，坡向北西，坡角为 60°～80°。陡壁后缘海拔约 2120m，坡脚海拔约为 1922m，相对高差约 200m。崩塌体积平均高约 85m，宽约 145m，平均厚度约 40m。

2. 成分结构函数 $f(b)$

山体顶部为砂质黏土，普洒"8·28"崩塌山体为中厚层灰岩夹泥灰岩。岩层面总体向山内倾斜，产状 170°∠8°。山体被三组陡倾节理和岩层面切割成"干砌块石堆积结构"，岩体松动开裂破碎。山体底部从上到下存在多年开采的 M_{10}、M_{14} 和 M_{16} 煤层，煤层产状与上部山体岩层产状基本一致。

3. 初始状态函数 $f(c)$

崩塌所在山脊地形陡峻，岩层破裂，危岩区崩塌落石、地裂缝（拉裂槽）和地面塌陷等地表变形迹象在 2009 年即已出现，并持续发展。2017 年 7 月 17 日，再次发生小规模崩塌，崖脚形成碎石堆［图 3.15（a）］。

采矿活动始于 1995 年，2012 年以来规模逐渐加大，采空区埋深 250～300m（郑光等，2018）。2010 年及以前主要开采 M_{16} 煤层，2013 年以来开采 M_{14}、M_{10} 煤层。采用长壁采煤法，炮采工艺，全部垮落法管理顶板。现正在开采的 M_{10} 煤层采空范围一直在扩展，初始条件一直在改变。已有案例研究证明，高陡地形条件、竖直节理体系和底部大面积采空悬板张拉作用下，地下采空对山体的影响高度可达 350m 以上（刘传正，1999，2010a）。

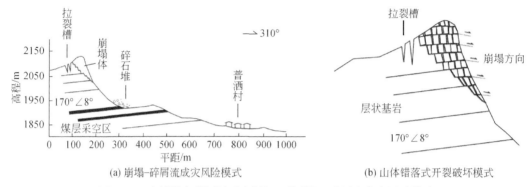

(a) 崩塌-碎屑流成灾风险模式　　　　　　　　(b) 山体错落式开裂破坏模式

图 3.15　贵州纳雍普洒村反向缓倾山体崩塌-碎屑流灾害风险模式

4. 引发因素函数 $d(t)$

尽管煤层采空区内部的冒落带、裂隙带、弯曲下沉带等可能不足以对地表造成直接的拉裂破坏，但随着煤层采空范围扩大，"悬板"效应发展，采空区对山体上部的整体张拉作用逐步增强，山顶拉陷槽的出现及扩展是其宏观表现。

历史上多年的大气降水沿山顶裂缝的渗流软化作用显著加剧了裂隙化岩体的滑移错落。2017 年以来的降雨量明显大于常年，张家湾一带 6 月降雨量为 161.6mm，7 月降雨量为 228.7mm，8 月崩塌前降雨量为 44.3mm，8 月 24 日 12h 雨量为 26.8mm（肖锐铧等，2018）。

5. 环境效应函数 $f(e)$

危岩山前存在宽缓凹地形，但整体是相对开阔的平缓斜坡，崩塌-碎屑流冲击路径比较顺直，危岩崩塌-碎屑流具备直接冲击普洒社区的灾害风险。山头崩塌后变为碎屑流向下翻滚撞击，冲过小沟溪摧毁掩埋大片民宅、树木，房顶被推到 10m 之外。

6. 承灾体易损性函数 $f(v)$

直接观察，普洒"8·28"崩塌灾害风险是存在的。当地人防灾减灾知识意识薄弱，对多年来的小规模崩塌落石"觉得很正常"。专业人员对致灾因子与承灾体的存在及其易损性、暴露度等成灾条件存在一定认知，也开展了一些工作，崩塌时还进行了完整的无人机视频监控，但对大规模崩塌成因机理、成灾模式和灾害风险严重性认识不足，以致未能应急撤离人员。

普洒"8·28"崩塌体规模约为 $55×10^4 m^3$，这个规模在顺直斜坡情况下可以形成碎屑流，并决定其冲击速度、冲击能量和运动距离，具有毁灭性破坏能力（刘传正，2017c；

郑光等，2018；肖锐铧等，2018）。

3.6.4.2 成因机理与成灾模式

普洒"8·28"崩塌是高陡临空的开裂山体在长期降雨渗流溶蚀与大面积煤层采空综合作用下发生的。变形破坏机理是山体底部煤层采空区逐渐扩展的"悬板"效应致使山体上部形成拉应力作用，山顶开裂追踪原生层面和构造节理面逐渐向下延伸，应力集中与调整一直在损伤岩体完整性，岩体在重力作用下不断差异沉陷，使上部反向缓倾层状裂隙化岩体逐渐向松动岩体发展。破坏模式是上部岩体结构开裂倾倒与底部剪切滑移复合作用形成"干砌块体结构"，山体内多层多级追踪竖直破裂面和水平滑移面折线式延伸的错落式破坏，形成集群式、群簇式、积木解体式或雪崩式突出奔涌的崩塌–碎屑流［图3.15（b）］。成灾模式是块裂岩体解体后的碎屑流沿山前顺直大斜坡直冲而下，碰撞、冲击和气浪吹袭作用损毁田地、村舍和树木。

3.6.4.3 崩塌–碎屑流灾害风险追溯分析

采用综合分析法，可分别追溯分析不同时段的崩塌–碎屑流灾害风险。由于前期技术工作深度和时间局限，本书采用专家赋值法概略估算（表3.3）。

2009年的崩塌落石预示危岩体形成，岩体结构开始松动，初始小规模错动蠕动开始，降雨作用正常，采矿作用初步显现，冲击路径环境存在山下舒缓凹槽部分减轻了灾害效应，普洒社区尚未完全暴露。相关函数取值后代入式（3.13），得到 $R_t = 0.72$，对应着正常状态下危岩错落稳定系数 $f(s_0) = 1.30$。

2015年，采矿空区规模持续扩大，岩体开裂扩展和危岩规模具备崩塌条件，采矿作用显著增大，普洒社区完全暴露。相关函数取值后代入式（3.13），得到 $R_t = 0.824$，对应着危岩错落稳定系数 $f(s_t) = 1.14$，正常工况下尚能保持整体稳定。

2017年汛期降雨量远超常年，8月以后降雨渗流和采矿空区的"悬板"张拉效应等持续松动破坏山体结构的完整性，岩体"干砌块裂结构"形成并进入"集群式"临界错落状态，普洒社区完全暴露。相关函数取值后代入式（3.13），得到 $R_t = 0.946$，对应着临界状态下危岩错落稳定系数 $f(s_t) = 1.004$，崩塌灾害即将发生。

崩塌–碎屑流运动路径存在浅缓凹地，可以部分减轻冲击破坏作用，环境效应函数 $f(e)$ 取–0.05。村舍不存在抗破坏能力，承灾体易损性函数 $f(v)$ 取1.0。

可见，2009年以来普洒社区崩塌–碎屑流灾害风险随着时间逐步增大，地质环境安全性逐步降低。

表3.3 普洒崩塌–碎屑流灾害风险分析评估结果

时间 \ 评估函数	$f(a)$	$f(b)$	$f(c)$	$d(t)$	$f(e)$	$f(v)$	R_t
2009年8月	0.20	0.30	0.20	1.10	–0.05	1.0	0.720
2015年8月	0.22	0.32	0.22	1.15	–0.05	1.0	0.824
2017年8月	0.23	0.33	0.24	1.245	–0.05	1.0	0.946

3.6.5　结语

（1）基于斜坡边界形态、成分结构、初始状态、引发条件、环境因素和成灾条件及其时间变化求解崩滑灾害风险状态（R_1）是一种初步的探索，可以作为深化研究的基础，逐步建立基于概率分析或数学物理解析模拟的算法体系。

（2）崩塌滑坡灾害风险识别、分析评估与防控必须围绕有效防灾减灾开展工作。工作的对象是威胁人居建筑或关键基础设施的一级斜坡区或局地小流域，追溯斜坡稳定历史、观察目前状态、预测其随时间的变化和评估可能危害的范围与程度，突破"就滑坡论滑坡"的固化思维桎梏。

（3）科学技术方法的研发应用重在其服务减灾目的的有效性，应理性认识传统方法与现代观测技术各自的合理性和局限性，并结合工作对象的时空要求和社会经济成本考虑最佳选择。天-空-地遥感遥测方法在视域上可以有效应对范围广大、地形高陡和变形隐蔽的地区，但也存在观测精度、经济成本、时间及时性和天气变化的制约。多种方法相互补充和综合应用对灾害风险研判是有效的，没有事先发现不等于"现代技术"更有效，"传统方法"已过时。

（4）四川新磨村和贵州普洒两个案例的灾害风险识别研究只是示意性的，期待未来建立基于严密的科学方法开展类似案例的评估，才能有效支撑防灾减灾决策。

3.7　深圳工程弃土场滑坡成因

3.7.1　引言

工程弃土是指城建、水电、交通和矿山等工程建设过程中因基坑开挖、工程切坡、隧道开掘、矿山剥离、废矿矸石排放和建筑拆除等产生的松散岩土或建筑垃圾。事实上，工程弃土场滑坡泥石流灾害并不罕见。自2003年以来，我国先后发生了贵州三穗平溪高速公路开挖弃土滑坡35人遇难（2003年5月11日）、云南腾冲苏家河电站开挖弃土滑坡29人遇难（2007年7月19日）、山西娄烦尖山铁矿区排土场滑坡41人遇难（2008年8月1日）、四川康定大渡河长河坝电站弃渣泥石流54人遇难（2009年7月23日）、四川宁南金沙江白鹤滩电站弃渣泥石流40人遇难（2012年6月28日）、西藏墨竹工卡甲玛矿区排土场滑坡83人遇难（2013年3月29日）。在国外，英国南威尔士阿别尔方因煤矸石山滑坡144人遇难，其中116名儿童（1966年10月21日），印度尼西亚万隆市暴雨导致垃圾堆垮塌引发滑坡152人遇难（2005年2月21日），缅甸北部克钦邦玉石矿废料堆放区垮塌滑坡114人遇难（2015年11月21日）。总结已有认识，工程弃土场滑坡泥石流主要出现在高陡地形、"量大坡陡"超过其休止角、降雨渗流、沟谷壅水、土体泥化、冰雪冻融、地震与地下水承压作用等诸条件下（刘传正，2016c）。

2015年12月20日11时40分，广东省深圳市光明新区红坳南山城建弃土场滑坡，造成77人遇难或失联，33栋建筑物被掩埋或不同程度损害，西气东输管道爆炸，引起公众社会惊悚，舆情激荡。填方堆积体滑坡约$232×10^4m^3$的，从高124m的红坳受纳场涌喷式冲向下游工业园区，滑坡灾害覆盖面积约$38.5×10^4m^3$，填筑体积约$627.24×10^4m^3$。

深圳红坳弃土场（当地称"余泥渣土受纳场"）滑坡灾难发生后，先后出现了"山体滑坡""人工堆填体垮塌"和"地下高压气体膨胀喷出导致滑坡"等说法。前者没有区分滑移山体是自然地质体还是人造山体；中者强调了"人造山体"滑坡，但用工程弃土"量大坡陡"说明滑坡起因更多的是基于现象的推论；后者显然失之于主观臆断。诚然，这次事件是"人造山体"滑坡，但用工程弃土"量大坡陡垮塌"解释人工堆填体的大规模变形破坏和远程滑动是缺乏说服力的。因为，滑坡前既没有明显的降水直接引发作用，出山口外的平缓地形也不足以提供重力势能转化为动能的条件（刘传正，2014a）。

深圳滑坡的成因机理到底是什么？是"天灾"还是"人祸"？可有办法避免？探求问题的本质需要全面的事实支撑和缜密的科学分析，回答社会各界的疑惑也需要有据说理，才能推动科学防灾减灾，以作为后来者戒。

3.7.2　弃土场地质环境

深圳红坳弃土场主要接纳城市建筑地基开挖弃土、隧道工程出渣和建筑垃圾。"余泥渣土"是指新建、改建、扩建和拆除各类建筑物、构筑物、道路、管网、隧道和地基开挖等以及居民装饰装修房屋过程中所产生的弃土、弃料及其他废弃物。深圳地铁六号线隧道距离事发地直线距离不足百米。滑坡物质主要是由近两年来深圳市施工开挖地基和隧道的渣土组成。

2002年，红坳弃土场所在地是一个花岗岩采石场，山体被挖出一个里大外小的山谷状深坑。2008年，采石场逐渐荒废，降雨时节，周边区域形成的地表径流大量汇入采坑形成积水。2013年，采石场周围裸露的山坡开始复绿，山谷中的深坑积水变成"水库"[图3.16（a）]。2014年，采石场山谷开始"变身"为渣土填埋场，余泥渣土被倾倒进采坑及"小水库"中[图3.16（b）]。

红坳采石场后山最高处海拔为185m，工业园区海拔为30~35m。2005年工业园区已基本成型，生产厂房和民居也逐渐向山脚下靠拢，采石场出山口正对着工业园。采石场西北侧208m为柳溪工业园，北侧90m为混凝土有限公司，东北侧650m隔着混凝土公司为红坳村。2015年初，采石场中心的"小水库"完全被余泥渣土全面覆盖。

在原采石场北部边界即出山口标高为50m的位置，为提高余泥渣土受纳场容量设置了顶面高程为65m的挡土坝。以挡土坝为基础，每10m为一个填埋阶梯，自北向南逐层填埋，直到155m标高。红坳余泥渣土受纳场分为10层梯形台阶，最底部是挡土坝。到2015年9月29日，填埋场填到第五层，填土约有60m高，填土量约为$150×10^4m^3$，各层的绿化覆盖均已完成。滑坡前，受纳场填至第八级台阶（图3.17）。

渣土场后山分布两条冲沟，其中，一条沟位于正南方向，地形坡度为11°，沟长为500m，汇水面积约$50000m^2$；另一条沟位于西南方向，地形坡度为17°，沟长为240m，汇水面积约$24000m^2$。这样，总汇水面积为$74000m^2$。渣土场的地下水主要来源于坡体地表

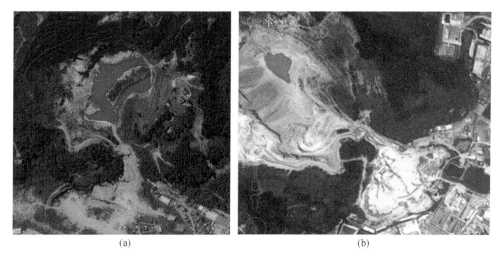

(a)　　　　　　　　　　　　　　　　　(b)

图 3.16　　（a）堆载前采石场积水成"湖"（2013 年 11 月 25 日）及（b）"余泥渣土"
正在堆填入"湖"（2014 年 11 月 23 日）

图 3.17　2015 年 12 月 18 日的"余泥渣土"受纳场（殷跃平提供，2016 年 1 月 10 日）

水和围岩地下水入渗。这两条冲沟及附近植被茂密，花岗岩表面具强风化层，地表水入渗
具有持续性的特点。

3.7.3　填土体基本特征

2015 年 12 月 10 日降雨量为 67.2mm，两条汇水沟面积为 0.7km²。填土中存在地下水
承压、超孔隙水压力和钻孔水面冒泡等现象。由于直接堆放渣土，加之底部凹槽内早期存
在约 $9 \times 10^4 \mathrm{m}^3$ 水体未进行疏干，形成了高含水率的渣土，土体固结差。在堆排区堆填过程
中，堆排渣土逐渐增加的荷载对下部高饱和的渣土产生了部分固结作用，导致超静孔隙水
压力增加。同时，由于前部渣土边坡区的高度大于后部渣土堆填区，致使后部渣土堆填区

内成为相对封闭的积水区，降雨后的地表水直接汇流其中。随着后缘填土的增高，地表入渗水体位置随之提高，相应地，孔隙水压力水头也逐渐增加。

2015 年 11 月 21 日（滑坡前一个月），第三、四级台阶就已出现地面下沉，排水沟部分断裂、多处出现裂缝鼓胀，缝内有水冒出。滑坡前数小时，变形开裂显著，但被认为是填土工程质量问题而不知滑坡险情来临。12 月 20 日 6 时，新倾倒的弃土堆也多处出现裂缝，宽达 40cm，长数十米，显示大滑坡迹象，但未被作为滑坡风险识别防控。

监控录像显示，滑动开始时间是 2015 年 12 月 20 日 11 时 28 分 29 秒，结束时间是 11 时 40 分，滑动或黏滞流体涌动十几分钟总流程不过 1000m；整个流程不具备势能转化为动能的地形条件。7#孔揭露，红坳采石场底部高程为 41.32m；向北约 170m 基底高程为 58.5m（3#孔），向南 203m 基底高程为 48m（12#孔）。北高南低填土体向南滑出的低速涌动性滑坡，低速推挤作用造成工业园及居民建筑的倒塌覆盖，而不是高速滑坡更多地表现为冲击摧毁。

遥感和现场调查表明，滑坡发生前渣土场的堆渣量已达到 $5.83 \times 10^6 \mathrm{m}^3$。截至 2015 年 4 月，T0 ~ T6 台阶（高程为 115.7m）已碾压成型，共堆积了 $4.856 \times 10^6 \mathrm{m}^3$（Yin et al.，2016）。

2015 年 5 ~ 12 月，位于渣土场后部的 T7 ~ T9 台阶（高程为 115 ~ 160m）仍在堆填建设中。根据渣土运输车记录表统计，2015 年 5 月 1 日至 12 月 20 日的 233 天内，堆渣体积约为 $9.74 \times 10^5 \mathrm{m}^3$。这样，为便于分析，可将渣土场的堆放过程划分为五个阶段，其中，第一阶段主要为渣土场前缘边坡和台阶成型阶段，第二至第五阶段为后部堆放阶段。值得指出的是，渣土场的设计和施工没有底部地下排水设施，仅设计有地面排水沟和浅表层盲沟。

2015 年 12 月 18 日，滑坡发生两天前遥感影像展示的渣土场、台阶级数及工程边坡情况。渣土场可以划分为具有低含水率的前缘边坡和具有高含水率且积水的后缘渣土堆填两个区域。渣土场堆放阶段与边坡结构剖面图。渣土场后部 T0 ~ T6 级台阶于 2015 年 4 月 31 日前已碾压成型。2015 年 5 ~ 12 月，后部凹槽内填埋近 $1 \times 10^6 \mathrm{m}^3$ 渣土。因斜坡渗透性低，降水直接汇入后缘凹槽中。

3.7.4 滑坡基本特征

据报道，红坳弃土场设计库容为 $400 \times 10^4 \mathrm{m}^3$，实填为 $580 \times 10^4 \mathrm{m}^3$，按弃土场平均直径为 240m 计算，总弃土厚度约为 128m。滑坡泥流覆盖面积约为 $38 \times 10^4 \mathrm{m}^2$，泥渣土厚度为 3 ~ 16m，平均厚度为 6 ~ 7m，弃土滑出量约为 $270 \times 10^4 \mathrm{m}^3$。工程弃土冲出山体后，部分冲击山下水塘，经受混合泥化或二次泥化。冲毁房屋，推覆了靠近山体的工业园和部分民居建筑。

深圳红坳弃土场主要接纳建筑地基开挖、隧道工程出渣和建筑垃圾。整个滑坡区长约 1100m，其中渣土堆填区（弃土场）长约 310m，剪出口至滑涌区前缘约 790m，后者是前者的 2.5 倍多，表现为低速远程滑坡。任何滑坡的发生都是边界条件、初始条件和激发条件耦合的结果。红坳弃土场的边界条件是早期的采石场造就了有利于滑坡的"圈椅状"地形。初始条件是工程弃土自身松散，采石场底部存在大量积水，下部松散的堆填体被水渗透软化泥化。激发条件是在填方逐渐增加条件下，土水混合体形成承压浮托带，填土过程中采坑周围雨水持续流入加剧了这种形势发展。山下水塘与其说对滑坡推涌前进起了缓冲作用，不如说使滑坡土体进一步稀化，导致流程更远，漫流平铺覆盖面积更大。

整个滑坡区长约1100m，其中弃土场长约310m，剪出口（挡土坝）至滑涌区前缘约790m，后者是前者的2.5倍多，表现为低速远程滑坡。弃土场出山口段斜坡地形倾角不足10°，整个790m滑坡流路的斜坡地形倾角不足2°，工业园区地形倾角不足1°。整个滑坡路径坡度缓，滑程大，表现为泥化涌动，漫流平铺。

滑坡土体非常松散松软，含水量大，为流塑性土质，滑涌时渣土红泥倾泻景观类似"溃坝"或"决堤"。救援开挖证明，滑坡松散土体下有水渗流，洼地积水。一排排房屋多米诺骨牌般接连倒下，最外侧一栋四层高的楼房先是中间出现巨大裂痕，随之向后倾斜，前锋稠粥状褐色泥土推涌平铺，如洪流一样奔涌覆盖（图3.18）。

图3.18　深圳红坳弃土场滑坡后的三维模型（国家测绘地理信息局，2015年12月21日）
左图为滑坡后的后缘开裂（吕杰堂提供，2016年1月8日）

3.7.5　成因机理分析

弃土场早期的采石场底部存在大量积水，工程弃土堆填体被水渗透软化泥化。当上覆填土荷载持续增大到一定限度，地下浸没水位逐渐上升到采石坑的出山口高程乃至挡土坝的坝顶高程时，泥化土体在采坑内的圈闭状态被破坏，地下水托浮、水上土压力和侧向推挤作用共同使"人造山体"向出山口方向（自由开放空间）蠕动变形、牵拉滑移和奔涌流动，滑坡灾难发生（刘传正，2016b）。

早期的花岗岩采石场造就了有利于滑坡的"圈椅状"地形。采石场底部积水（水库）使堆填土体下部泥化，持续填方使隐伏地下水位上升到出山口及挡土坝高度成为"人造山体"奔涌而出的突破口。泥化地基、承压浮托、堆载推挤和临空滑移等综合作用下形成"人造滑坡"，可称为"泥垫托筏效应"或形象地称为"竹筏效应"成因机理。工程弃土湿化泥化甚至稀化，是实现平缓地形条件下远程奔涌和漫流平铺的原因。由于渣土直接堆填在采石场的水坑上面，底部积水导致堆填体泥化，加之持续的填方工作促使了本次低速远程的"人造滑坡"，刘传正提出滑坡的成因机理可称为"泥垫托筏效应"，同时对防灾工作提出了对策。"随着填土增加增高，荷载不断增大，填土内地下水位上升，下部过饱和土体中的孔隙水压力会逐渐增大"，是一个"水体"变为"泥体"，"泥体"变为"土体"的过程，堆载挤出"泥体"中的水必然导致地下水位上升，由于土中黏土质含量高，渗流上升又是有限的，可以说"孔压增加的机制是堆载增加和地下水上升联合作用的结果"。孔压上升幅度当然不能感觉出来，但可以科学推理，更能够直接监测。从滑出土体的含水量分析，实际滑出时地下水位应该达到挡土坝一定高度或到达坝顶，因为这样才更容易突破采石坑的圈闭状态。孔压上升到足以托浮上部土体的地下水面高出出山口高程时，堆体向山外的蠕动乃至滑动就开始了，山下水塘水的加入最终变成黏土体的涌动与部分流动（刘传正，2016c）。

Yin 等（2015）提出，在不良排水措施的情况下，建筑垃圾的大面积、超高堆填导致地表水渗透和固结渗漏，最终引发了填埋场的土体滑坡。

Xu 等（2016）认为，受纳场周边的排水系统年久失修，以及废弃物的堆填速率和总体积均超过设计值等原因导致堆填体内部饱水，形成超孔隙水压力，造成滑坡失稳破坏。

高杨等（2019）采用 DAN3D 数值方法对深圳人工堆填体滑坡运动过程进行了模拟研究，探讨了深圳"12·20"滑坡远程动力成灾过程。通过研究得到以下几点结论：①滑坡后破坏运动主要分为两个阶段：前一阶段为滑源区内运动，体现了高孔隙水压力下滑剪切；后一阶段为在流通区和堆积区内运动，体现了高饱和度滑体流动（涌动）剪切。②饱水渣土滑坡远程流化运动分析中，摩擦模型适合模拟孔隙水压力作用下的滑源区渣土体的失稳下滑运动过程；宾汉姆模型适合模拟非牛顿流体饱和渣土体的流化剪切过程；摩擦-宾汉姆组合模型更适用于该类型滑坡全过程的反演运动分析。③深圳滑坡后破坏运动速度变化主要经历了"启动—加速—持速—减速"的运动过程，高含水渣土的固-流转化致使滑坡远程运动，并造成巨大伤亡损失。

张一希等（2017）通过常水头渗透试验与物理模拟试验研究得出，堆填物底部饱水形成软弱滑动层是滑坡失稳破坏的主要原因。深圳滑坡物质组成主要为松散花岗岩风化砂，以粉粒和细角砾为主，其渗透性比一般黏性土渗透性好，土体渗透系数明显大于一般黏土；渗透系数随着初始含水率和干密度的增大均呈指数函数关系，且相关系数分别大于0.96 与 0.925；在后缘注水的情况下，土体的垂直渗透性大于水平渗透性。

孙玉进等（2018）将深圳滑坡堆填渣土近似视为饱和土，考虑快速填筑效应，假定填筑高度在填筑过程中随时间线性增大，由一维固结理论推导出由于快速加载引起的土体内超静孔隙水压力分布，同时根据修正剑桥模型考虑填土剪缩效应对超静孔隙水压力的影响。总孔隙水压力为静水压力、快速加载和剪缩引起的超静孔隙水压力三个部分之和，从而由总应力得到余泥渣土失稳时的有效应力，进而由有效内摩擦角得到其剪切强度由经典一维固结理论求得填筑土体的平均固结度为40%，即土体内产生的超静孔隙水压力约占土体竖向总应力的30%。根据修正剑桥模型推导出由于剪缩引起的土体内超静孔隙水压力占总竖向应力的5%，同时使土体内竖向有效应力减小相同数值。因此，填土快速加载引起的超静孔隙水压力占主导（孙玉进和宋二祥，2018）。

深圳弃土场滑坡的成因机理是清楚的。初始时松散渣土与采坑积水形成固液混合相"软泥"，随着填方的增加，土体逐渐露出水面，原来的水体成为土体中的隐伏地下水并随着堆填土增加而水位升高。"数月前堆积体地表已有开裂变形"就是宏观前兆。因此，深圳事件是在软泥地基、承压浮托、堆载推挤和临空滑移等综合作用下孕育产生的"人造滑坡"，其成因机制可称为"泥垫托筏效应"或形象地称为"竹筏效应"。自然，工业园区"无知无畏"地向"人造滑坡"现场靠近是酿成灾难的另一个重要因素。

　　任何滑坡的发生都是边界条件、初始条件和激发条件耦合的结果。红坳弃土场的边界条件是早期的采石场造就了有利于滑坡的"圈椅状"地形。初始条件是工程弃土自身松散，采石场底部存在大量积水，下部松散的堆填体被水渗透软化泥化。激发条件是在填方逐渐增加条件下，土水混合体形成软泥浮托带，填土过程中采坑周围雨水持续流入加剧了这种形势发展。山下水塘与其说对滑坡推涌前进起了缓冲作用，不如说使滑坡土体进一步稀化，导致流程更远，漫流平铺覆盖面积更大。

　　深圳渣土场所在地区的多年平均降水量为 1605.3mm，4~9 月为雨季。2014 年最大日降雨量为 5 月 11 日，达到 147.2mm/d。2015 年 12 月 9 日发生过 67.8mm 的暴雨，即滑坡发生前 11 天。深圳弃土场滑坡的成因机理和发展演化过程可以图解说明（图 3.19；刘传正，2016b）。

　　图 3.19（a）表示了填方前采石坑地形及其积存水体水位（A）。填土下部泥化的水源主要来自采石场坑底积水和填方过程中周山降雨持续汇流。图 3.19（b）表示，初始时倾入的松散渣土与采坑中的积水混合形成固液混合相"软泥"。随着填方的增加，部分土体逐渐露出水面，原来的水体成为土体中的隐伏地下水，且地下水位随着堆填土增加而水位升高（B）。图 3.19（c）显示采石坑的积水已完全隐伏在填方土体之下，地表水全部转变为地下水，地下水位以下的土体泥化后成为"软泥"且具有流动性。随着堆填土增加增高，荷载不断增大，填土内地下水位上升，下部过饱水土体中的孔隙水压力会逐渐增大，土颗粒间的有效应力逐渐减小，地下水位以下的土体强度降低，必定引发地下水位以上土体的沉降和开裂变形。虽然地下水位下形成浮托层（软泥浮托带），但因没有推挤流动的空间，水上土体的宏观变形也不明显，但下部的高位"软泥垫"或"水床"（C）已经形成。

　　图 3.19（d）显示，当上覆填土荷载持续增加，地下浸没水位逐渐上升到采石坑出山口高程（50m）乃至挡土坝坝顶高程（65m）时，上部填土与下部泥化土分界带的高程也达到临界位置 D，导致泥化土体在采坑内的圈闭状态被完全破坏。"人造山体"一旦出现可以奔涌而出的突破口，即出山口方向的自由开放空间，就会在其前缘出现蠕动变形，后缘出现牵拉滑移，"数月前堆积体地表已有开裂变形"就是宏观前兆（图 3.18）。因此，"人造山体"在后缘加载推挤、水上土体开裂滑移、水下泥化土体浮托等三者的共同作用下，动水压力浮托、侧向塑流剪切作用达到最大，孔隙水压力又不能及时消散，过饱和土或泥化土体的有效应力不足以维持山体的稳定，形成上部持续填土向下压，下部土中的水被挤出向上涌的态势，类似于"竹筏"作用，可称为"泥垫托筏效应"，或形象地称为"竹筏效应"。当"竹筏效应"形成的泥化区达到并突破出山口的限制时，"人造滑坡"即"致灾体"就诞生了。

　　图 3.19（e）显示弃土场滑坡泥土的远程流动和破坏作用。由于软泥含水量大，且在奔涌过程中不断与上部垮落土体混合，冲入山下水塘后进一步加水泥化，是造成平缓地形

(倾角不足 2°) 条件下远程滑流奔涌的原因。滑坡发生后，弃土场的地下水位（E）又恢复到出山口高程之下。

深圳事件是在持续加水、持续填土条件下形成的软泥地基、承压浮托、堆载推挤和临空滑移等综合作用下孕育蠕动变形、后缘拉裂、前缘挤出、突破山口约束的低速远程"人造滑坡"。工业园区即"承灾体""无知无畏"地向工程弃土场"人造滑坡"区靠近，是酿成灾难的另一重要因素。

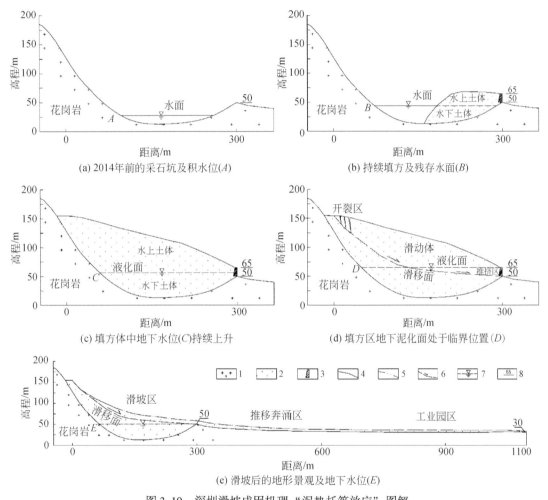

(a) 2014年前的采石坑及积水位(A)

(b) 持续填方及残存水面(B)

(c) 填方体中地下水位(C)持续上升

(d) 填方区地下泥化面处于临界位置(D)

(e) 滑坡后的地形景观及地下水位(E)

图 3.19 深圳滑坡成因机理"泥垫托筏效应"图解

1. 花岗岩；2. 工程弃土；3. 挡土坝；4. 滑前地形线；5. 滑后地形线；6. 推测滑移面；7. 地下水位；8. 高程（m）

3.7.6 经验教训与防灾对策

深圳滑坡可以避免吗？回答当然是肯定的。简单说，采用事前排空矿坑"水库"积水、引走外围来水、堆填体分层压实、沟口护坡拦挡、生态美化、安全监控和风险管理是可以避免灾难的。工程建设必须考虑安全监测，包括人工堆积边坡地表开裂观测、地面沉降和深部位移监测等，这既是工程建设安全要求，也是工程建设效果评定的依据。

深圳滑坡灾难可以看作是一起城市建设管理之殇的偶发性事故，但造成的社会伤痛却是全方位多层面的。公共管理阶层、工业园主和相关社区居民面对危险隐患时的集体无意识，自我管控缺乏，甚至科技人员也未认识到快速城镇化过程中的灾难风险及其防控要求，没有提醒理性地追求繁华与安全之间的"最佳平衡"，是值得总结吸取的教训。培育沉淀城市管理的防灾减灾文化，消除社会认知壁垒，法制化理性化地建设现代城市和社区，避免以侥幸态度看待灾难的"低概率"，是具有普遍意义的。因为，工程弃土场灾难风险可能只是新兴城市管理中诸多问题的"阿喀琉斯之踵"（Achilles' heel）之一。

深圳红坳弃土场主要接纳城镇建筑地基开挖弃土、隧道工程出渣和建筑垃圾。滑坡物质主要是由近两年来深圳市施工开挖地基和隧道的渣土组成。

滑坡发生前一个月，填土的第三、四级台阶就已出现沉降排水沟部分断裂、多处多次出现鼓胀裂缝，缝宽 3~4cm 并有水渗出，说明正在变形破坏。滑坡前数小时，变形开裂显著，但被认为是工程质量问题而不知疏散施工人员及下部居民及企业员工。滑坡当天，新倾倒的弃土堆也多处出现裂缝，宽达 40cm，长达数十米，是大滑坡即将发生的显著迹象，但被忽视或无视了。

3.7.7　结论

（1）深圳事件是在持续加水、持续填土条件下形成的泥化地基、承压浮托、堆载推挤和临空滑移等综合作用下形成的"人造滑坡"，其成因机理可称为"泥垫托筏效应"或形象地称为"竹筏效应"。

（2）滑坡土体本身泥化湿化，山下水塘使之在奔涌前进过程中进一步加水泥化稀化，是泥土在平缓地形条件下远程奔涌和漫流平铺覆盖的原因。工业园区"无知无畏"地向"人造滑坡"区靠近是酿成灾难的另一个重要因素。

（3）深圳事件启示，在快速城镇化过程中，城镇建设与管理必须把"安全第一"法制化理性化，使之成为现实社会经济发展的基本法则，并逐渐内化为社会基层的自觉行为。

类似深圳弃土场滑坡的潜在灾难风险在新兴城市建设运营中可能还存在多多，暴露出城市安全管理的短板或粗放式管理导致防灾减灾"软实力"建设缺位。只有用可持续发展眼光重新审视城市建设中的问题，把城市空间布局与城市居民社区安全结合考量，才会使城市的内在管理走向"有序"，才能避免快速城镇化过程中狂热追求建设速度和"高大上"形象工程的做法。

新兴城市大规模建设初期的待建地和低洼地相对较多，建设项目的土地平整工程以"缺土"为主，工程弃土的产生规模相对有限，弃土排放由社会自发完成或无大问题。随着待建地逐步减少，低洼地带基本填平，大型填海工程也已基本完成，或因国家管控填海行为而不再需要"多余土方"，社会"自发弃土"行为如没有得到及时规范的管控，就会成为现实生活中的"安全风险源"。因此，在法制体制机制和应急预案建设方面，要改变安全生产要求多是从上向下强制推行的做法，要使"安全第一"成为现实生产生活的广泛共识，现实社会经济发展的必守法则，社会基层的自觉行为，灾难就可以避免。

3.8　舟曲县城山洪泥石流灾难及其防治

3.8.1　舟曲"8·8"山洪泥石流灾害基本特征

2010 年 8 月 7 日 23~24 时，甘肃省舟曲县城北部山区三眼峪、罗家峪流域突降暴雨，1h 降水量达 96.77mm，半小时瞬时降水量达 77.3mm，但县城只是中雨。短临超强暴雨于2010 年 8 月 8 日 0 时 12 分在三眼峪、罗家峪两个流域分别汇聚形成巨大山洪，沿着狭窄的山谷快速向下游冲击，沿途携带、铲刮和推移沟内堆积的大量土石，冲出山口后形成特大规模山洪泥石流。在向 2km 外的白龙江奔流过程中，造成月圆村和椿场村几乎全部被毁灭，三眼峪村和罗家峪村部分被毁，数千亩良田被掩埋。截至 8 月 30 日，发现遇难者1467 人、失踪 298 人。山洪泥石流冲入舟曲县城区和白龙江后，造成 20 多栋楼房损毁，河道被淤填长度约 1km，江面壅高回水使舟曲县城部分被淹，县城交通、电力和通信中断（图 3.20）。实景感怀是："北山异象，雷暴雨狂；山呼洪啸，泥冲石撞。三眼惊闭，白龙惧泣；舟曲劫难，举国悼亡！"

舟曲山洪泥石流是短时急骤降雨在沟谷内快速形成高位洪水，由于地形陡峻，洪流运动速度快，能够冲刷、刨刮、推动，甚至漂浮沟内堆积的块石（巨石）一起运动，石借水能，水助石势，形成一堵巨大的"直立幕墙"，像火车飞奔一样冲出山口。目击者称："山洪泥石流就像一堵厚厚的墙一样，高达 10m，裹着一层白白的水雾冲了过来，速度比高速火车还快。"

图 3.20　舟曲"8·8"山洪泥石流灾害破坏概貌

利用 2008 年 5 月 19 日航摄资料和 2010 年 8 月 8 日灾后航摄资料生成 1∶1 万精度数字高程模型（digital elevation model，DEM），采用边长为 5m 的网格单元体计算集成，并结合专家组进行现场校验，最后得出舟曲县城北山三眼峪、罗家峪两沟山洪泥石流共冲出固体堆积物合计 $181×10^4 m^3$。其中，三眼峪沟冲出固体堆积物为 $150×10^4 m^3$（岸上堆积约

$100\times10^4\mathrm{m}^3$，冲入白龙江约 $50\times10^4\mathrm{m}^3$），罗家峪沟冲出固体堆积物为 $31\times10^4\mathrm{m}^3$（岸上堆积约 $21\times10^4\mathrm{m}^3$，冲入白龙江约 $10\times10^4\mathrm{m}^3$）（刘传正等，2011）。

3.8.2　三眼峪山洪泥石流

3.8.2.1　"8.8" 三眼峪山洪泥石流特点

（1）时间短。降水时间短，成洪快，山洪泥石流前锋冲出山口到达县城的时间只有两分钟，根本不及避让。

（2）速度快。初步估算山洪泥石流出山口的瞬时最大速度为 27m/s，相当于火车以每小时约 100km 的速度呼啸而来。

（3）冲（击）高（度）大。出山口水位高度约 8m，县城泥位高度为 4～5m。

（4）路径直。出山口后主体部分并未沿西侧的原排水沟道（一般宽度为 8m）方向走，而是在东侧基本保持一条直线飞跃南下。

（5）危害大。冲击沿途村庄、县城区后又填淤白龙江，造成重大人员伤亡和财产损失，白龙江淤高壅水淹没部分城区。

三眼峪山洪泥石流沟受灾面积为 0.46km²，长度约 2.0km，最大宽度约 335m。三眼峪沟山洪泥石流造成月圆村几乎毁灭；三眼峪村、北关村部分被毁；冲毁县城水源地铸铁供水管线长约 5km，钢筋混凝土减压池四座，压埋供水站一座，蓄水池两座，沟内筑坝施工人员伤亡多人，掩埋耕地约 55hm²。

距三眼峪出山口 165m 处泥位为 3.5m、沟道宽度为 55m，堆积物以碎块石为主。距山洪泥石流出山口 600m 处堆积扇宽度为 270m，堆积物厚度为 1～5m，随原始梯田起伏变化并显示出高 1～1.5m 的陡坎。堆积物中间 50m 以块石为主，一般直径为 40～60cm，最大块径为 5m×6m×7m。两侧以 5～20cm 碎石为主，含少量小块石及砂砾泥土（图 3.21）。

距山洪泥石流出山口 1100m 处堆积物宽度为 220m，西侧 110m 为堆积区，东侧 110m 为冲刷搬运区。堆积物分布中间厚两侧薄，以泥土碎石为主，含大量块石。整个堆积区体积超过 30m³ 的巨石约 100 颗，最大的巨石体积达 200m³ 以上。

大眼峪主沟道宽 8～50m，平均宽 35m，沟道上游植被覆盖较好，沟道冲刷强烈，冲刷、切蚀深度在 2～15m，可见泥位为 2.5～6m；中下游沟道纵比降变化较大，局部沟道出现跌水，最大落差为 17m。沟内松散物质主要为滑坡、山前崩积物及沟道堆积物，可见最大块度为 10m×7m×4.5m。大眼峪沟峪为本次山洪泥石流提供松散物质约占总冲出量的 90%。大眼峪沟口崩塌体（H2）的跌水作用为本次山洪泥石流灾害提供了较高的初速度（图 3.22）。

大眼峪沟口（H2）崩塌体地理位置东经 104°22′31″，北纬 33°48′27″，位于大眼峪沟下游出口右岸，属于基岩崩塌体。崩塌体长约 120m，宽约 200m，厚约 30m，体积为 $72.0\times10^4\mathrm{m}^3$。前缘受山洪泥石流冲蚀切割局部形成多级高 10m 以上的陡坎跌水，整体坡度 45° 以上。坡脚受沟道内地表水的冲刷，多处发生坍塌现象。本次泥石流事件发生后，崩塌体直接堵塞了出山口，其上游基本淤平，下游北侧东端形成跌水，形成类似于黄河"壶口瀑布"一样的景观（图 3.23、图 3.24）。

　　小眼峪沟沟道狭窄，沟口为崩塌巨石堵塞，高出沟口外沟床约 12m，巨石后基本淤满，沟口的拦挡坝基本完好（图 3.25）。根据沟口堆积情况及沟口下游山洪泥石流堆积物，推断小眼峪沟在本次事件中为三眼峪沟山洪泥石流灾害的发生提供了一部分水源，固体松散物质冲出量较少。

图 3.21　三眼峪出山口"狭门"与巨石列阵

图 3.22　三眼峪三沟交汇段及 H2 崩塌体

图 3.23　大眼峪 H2 崩塌体及右侧为过流口

图 3.24　大眼峪 H2 崩塌体上游沟道淤平

图 3.25　小眼峪出口崩塌体与下部拦挡坝

3.8.2.2 流域地质环境

舟曲县区域平均年降水量为 435.8mm，最大年降水量为 579.1mm，最小年降水量为 253mm。阵性、突发性降雨多于一般性降雨。30mm 以上大雨平均一年出现一次，20 年一遇最大日降雨量为 63.3mm，最大 1h 降雨量为 47.0mm。降水日数最多的是 5～7 月，连续降水日数最多为 14 天。

三眼峪山洪泥石流沟位于白龙江北岸，沟口距舟曲县城约 2km。三眼峪沟流域面积为 25.75km²，主沟长为 5.1km，主沟由大眼峪沟和小眼峪沟组成，三者汇流后平面形态呈"Y"形（图 3.26）。

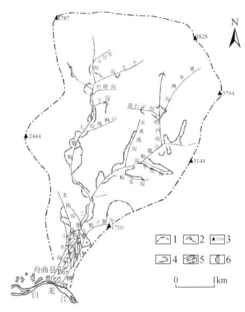

图 3.26　三眼峪流域冲沟流域及分水岭高程
1. 流域边界；2. 沟谷体系；3. 高程点（m）；4. 滑坡或崩塌地带；5. 泥石流堆积区；6. 县城建筑群

历史大地震（1879 年 7 月 1 日武都 M_S 8.0 级地震）引发的大眼峪沟口崩塌体（H2）的跌水作用为本次山洪泥石流灾害提供了较高的初速度。崩塌体前缘受山洪泥石流冲蚀切割局部形成多级高 10m 以上的陡坎跌水，整体坡角 45°以上，局部地段达 65°。崩塌体直接堵塞了出山口，其上游基本淤平，下游北侧东端形成跌水，形成类似于黄河"壶口瀑布"一样的景观。小眼峪出山口也有类似的跌水作用。

三眼峪沟流域面积为 25.75km²，主沟由大眼峪沟和小眼峪沟组成，三者汇流后平面形态呈"Y"形。罗家峪沟流域面积为 12.37km²。舟曲县城北部山区山高沟深，县城高程一般在 1400m 以下，北山汇水区最大高程达 3828m，具备形成强大冲击的重力势能条件。历史上多次强烈地震影响本地区，特别是 1879 年 7 月 1 日武都 M_S 8.0 级地震和"5·12"汶川地震导致北山地区山体松动，岩层破碎。8 月 7 日 23～24 时局地过程降水量达 96.77mm，降雨强度为 77.3mm/0.5h，超过历史记载的最大降雨强度为 47mm/h。

大眼峪主沟长为 5.3km，沟床平均比降为 272‰，两岸山坡平均坡角为 50°；小眼峪主沟长为 3.6km，沟床比降平均为 306‰，两岸山坡平均坡角为 54°。三眼峪出山口高程为 1550m，主沟沟床比降平均为 214‰。流域最高点高程为 3828m（东北部的陡石山顶），三眼峪汇入白龙江的高程为 1340m，区域最大相对高差为 2488m。流域内共有大小支沟 59 条，长度大于 1km 者 13 条，沟壑密度为 1.9 条/km²。

三眼峪上游植被盖度大于 50%，为清水汇集区，面积为 10.19km²；泥石流物源形成区面积为 11.6km²；主沟流通区面积为 0.59km²；堆积成灾区面积为 0.87km²，舟曲县城和城郊多个自然村就坐落在该泥石流堆积扇上。流域地形以中、高山为主，山势陡峻挺拔，坡度多在 45° 以上，沟谷冲蚀、切割强烈，支沟发育，沿主沟呈树枝状分叉。主沟中、上游及支沟断面呈 "V" 型，平均纵坡降 300‰，下游沟谷呈 "U" 型，平均坡降 180‰，显示沟谷发育尚处于旺盛期。堆积区呈扇状向白龙江倾斜，坡度为 8°~10°，前缘多被城区建筑物占用，中、上部大部分地带为耕地。

流域内前第四纪地层有上二叠统、下二叠统（P_2、P_1）和中泥盆统古道岭组上段（D_2g^2）。古道岭组上段为灰色碳质板岩、千枚岩夹薄层灰岩和砂岩，分布于沟口一带；下二叠统上段灰白、灰色中厚层灰岩，分布于流域上游和下游；上二叠统灰色中厚层含硅质条带灰岩，分布于流域中段（马东涛和祁龙，1997）。流域内第四纪地层主要为崩塌滑坡堆积物、泥石流堆积物、残坡积物和黄土，物质成分以碎石、块石为主。

整个流域有三条断裂带穿过。最南侧一条为穿过三眼峪出山口的北西向断裂，主体平行于 1600m 高程；中间一条北西西向，西侧平行于 2400m 高程，穿过大眼峪后在小眼峪的滴水崖子出露；最北侧的一条也是北西西向，西侧经过大眼峪的罐子坪，东侧在小眼峪歪脖子水出露，主要切过 2800m 高程的山梁。断裂两侧二叠系岩层破碎，褶皱强烈，岩层走向凌乱，以南倾为主，倾角多在 80° 以上。

三眼峪沟流域整个沟道松散堆积物储量约 $5163×10^4m^3$，其中，滑坡有 8 处，总体积约 $1303.9×10^4m^3$；崩塌 53 处，总体积约 $2830.2×10^4m^3$；滑塌、坍塌及沟床松散堆积物方量约 $1029.2×10^4m^3$。

3.8.2.3　山洪泥石流灾害史

三眼峪历史上就是一条高发性山洪泥石流沟谷，多次造成重大灾害。从三眼峪主沟段发育的一级阶地判断，三眼峪流域泥石流频发，其活动历史可追溯至早更新世，不同时期泥石流堆积物叠置，现代泥石流活跃期始于全新世（赵尚学，1992）。据清朝以来的有关史料记载，三眼峪沟发生的主要山洪泥石流事件有：

（1）清道光三年（1823 年）、光绪五年（1879 年）、光绪三十年（1904 年）三次山洪泥石流均进村入城，埋田毁房，造成人员伤亡。

（2）民国五年（1916 年）山洪泥石流冲毁三眼峪、月园等村民房 90 余间，耕地 300 余亩，冲垮县城旧城墙，冲走 3 人、牲畜 160 余头，伤 60 余人。

（3）1943 年 7 月，山洪泥石流冲毁三眼峪、月园、北村等村的民房 140 余间，耕地 480 余亩。冲毁县衙、县监狱、县立小学部分围墙、房屋及便桥 8 座。死 7 人，伤 39 人，死牲畜 220 余头。县立中学停课 10 余天。

（4）1961 年 6 月，三眼峪山洪泥石流冲毁民房 160 余间、农田 540 亩、死 1 人、伤

27 人，死牲畜 340 余头。冲毁两郎公路，城内便桥 8 座，中断交通 45 天。淤塞白龙江，江水被逼向对岸。

（5）1978 年 7 月，三眼峪沟暴发山洪泥石流造成死 2 人，伤 56 人，冲毁三眼峪、月园和北关村及城区等地房屋 98 间、耕地 650 余亩。毁桥断路（两郎公路），冲毁邮电局及其通信设施。中断通信 8 天，交通 12 天，小学停课两周。

（6）1989 年 5 月，三眼峪沟暴发山洪泥石流伤 51 人，毁田 955 亩，房屋 360 余间，冲毁城、郊区道路多处、大小桥梁 10 座。冲断供电、通信线路及供水管道，水泥厂停产 98 天。县城大部停电 15 天，全县停水 46 天。

（7）1992 年 4 月 30 日及 6 月 4 日，连续两次大雨，三眼峪沟流域发生多处崩塌、滑坡，山洪泥石流冲毁民房 344 间、农田 1316 亩，伤 87 人。县城大部水、电、交通、通信中断 47 天。三眼峪引水工程受损严重，为近 50 年来危害最严重的一次山洪泥石流。

（8）1993 年 7 月 13 日，三眼峪沟山洪泥石流冲出后严重毁坏引水工程（1989 年 5 月修建），断道、断水，毁田 310 亩、民房 40 余间，水泥厂、砖瓦厂等企业生产遭受严重影响。

以上 10 余次历史灾害事件说明三眼峪是一发生频度高、形成灾害重的山洪泥石流沟谷。据 1978 年以来的统计，三眼峪沟暴发山洪泥石流的激发雨量为 37～63mm。

3.8.2.4　防治工程状况

三眼峪沟内在 1997～1998 年间布置建设七座拦挡坝，设防标准为 50 年一遇的泥石流（最大流量为 203.03m³/s）。已有防治工程在本次山洪泥石流灾害中均发生不同程度的损毁。

据马东涛等陈述，三眼峪沟 1961 年泥石流发生后修建排洪沟，防御标准按 20 年一遇洪水设计。1996 年三眼峪沟中共规划了五座拦砂坝，泥石流的防治标准应为 50 年一遇。三眼峪 1999 年完成一期工程，当时发挥一定作用，后工程失修或失去原有防灾能力。汶川地震后，生态环保工程投资完成谷坊 5936m³、排洪沟 1293m（马东涛和祁龙，1997）。

王根龙等（2011）调查了 2010 年"8·8"山洪泥石流对已有防治工程的损毁情况（图 3.27）。三眼峪主沟的主 1#坝位于三眼峪主沟口上游 150m 处，左侧被冲毁 120m；主

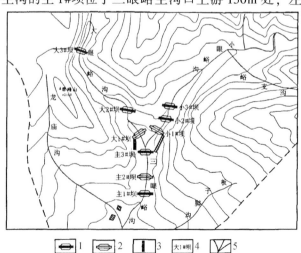

图 3.27　三眼峪沟泥石流灾害以往治理工程示意图（据王根龙等，2011）

1. 1998～1999 年修建的拦挡坝；2. 2010 年修建的拦挡坝；3. 2010 年修建的拦挡墙 I；4. 拦挡工程及编号；5. 水系

2#坝位于三眼峪主沟口上游 250m 处，已整体被冲毁；主 3#坝位于三眼峪主沟上游 350m 处，坝体左侧被冲毁 50m，仅余右侧 10m 左右。大眼峪支沟的大 1#坝距大眼峪沟口约 200m，坝体左侧冲毁 60m，右侧仅残存 10m；大 2#坝距大眼峪沟口 600m，坝体右侧有 7m 被冲毁，残存坝体及基础；大 3#坝距大眼峪沟 1500m，坝体右侧基本被冲毁，左侧残存坝肩。小眼峪支沟小 1#坝位于小眼峪沟口处，坝体左侧有 20m 被冲毁，右侧基本完整，泥石流淤积至坝体下 1m 处；小 2#坝位于小眼峪沟口上游 100m 处，已完全被摧毁；小 3#坝位于小眼峪沟口上游 200m 处，仅残存坝肩。

3.8.3 "8.8" 三眼峪山洪泥石流运动特征

选用陇南地区泥石流速度计算经验式（3.15）进行计算（周必凡等，1991；刘传正，2000a）。根据 1:5 万地形图、1:2 万地质图、"8.8" 灾后 1:4100 航测遥感图和实地调查等资料，可以计算出三眼峪沟与大眼峪沟的山洪泥石流运动速度。

$$v_c = m_c H_c^{\frac{2}{3}} \times I_c^{\frac{1}{2}} \tag{3.15}$$

式中，m_c 为沟床糙率系数（无量纲），一般取值区间为 5~9；H_c 为平均泥深，m，山区取 8m，出山后取 5m；I_c 为沟床比降（无量纲），山区为 0.125~0.286，出山后为 0.084。

三眼峪沟出山口距县城距离 L_1=2000m，得到山洪泥石流前锋出山口后运动时间：t_1=128s，即 2.1 分钟。

根据过程降水量为 96.77mm，降雨强度为 77.3mm/0.5h，考虑舟曲北部山区地形陡峻、山岩裸露、降雨急骤等因素，取超过大雨强度（大于 25mm/h）的降水量作为有效成洪量，即取成洪降水量为 70.0mm，得到三眼峪沟流域（面积 S_1=25.75km²）在该降雨过程的有效成洪汇水量 $Q_{1水}$=180.25×10⁴m³。

三眼峪陆上固体堆积物约 100×10⁴m³，入江固体堆积物约 50×10⁴m³，合计后按 25% 的孔隙率计算其实际固体物的总体积 $Q_{1固}$=112.5×10⁴m³。

混合水体与固体堆积物的山洪泥石流体总体积 Q_1=292.75×10⁴m³。固体物质占山洪泥石流体总体积的 38.4%，反映 "8·8" 事件中三眼峪表现出更多泥石流的特征。

根据降水过程和北山汇流特点，取 40 分钟作为山洪泥石流运动的过程时间，得到三眼峪山洪泥石流出山后的平均流量 q_1=1219.8m³/s。这个数值远大于 20 世纪 90 年代防治工程的设防标准（50 年一遇最大流量为 203.03m³/s）。

典型断面的最大山洪泥石流流量应根据工程测量进行科学计算给出，这里的平均流量只是一个量化的概念而已。

余斌等（2010b）认为，三眼峪泥石流为高容重黏性泥石流，泥石流携带具有强大冲击力的巨石冲毁房屋 5500 余间；在白龙江内形成长约 550m、宽约 70m、高约 10m 的堰塞坝并形成堰塞湖，堰塞湖回水长约 3km，使县城一半被淹。

于国强等（2011）、胡向德等（2012）分别采用雨洪法和形态调查法计算了三眼峪沟不同断面的山洪泥石流最大流量，得出三眼峪峪门口的最大流量分别为 615~756m³/s 和 1530~1890m³/s，认为用雨洪法计算的数值与实际流量吻合性差，采用形态调查法计算流量比较符合实际。

　　于国强等（2011）认为，舟曲特大山洪泥石流是一场局地性、短时强度大的暴雨过程形成的高容重黏性泥石流。朱立峰等（2011）计算，"8·8"特大泥石流一次最大冲出固体物质总量达 $152.18 \times 10^4 \mathrm{m}^3$，所到之处房毁江堵。并形成长约 1.9km 的狭长堆积。堆积量为 $110.58 \times 10^4 \mathrm{m}^3$，最大堆积厚度达 10.8m，堵断白龙江形成堰塞湖，造成白龙江水位上涨约 10m，回水造成舟曲县城区三分之一被淹，三眼峪沟口几乎夷为平地，形成长 1.9km，宽 170～320m，面积达 $0.41 \mathrm{km}^2$ 的堆积区（胡向德等，2010；胡凯衡等，2010；余斌等，2010b）。

　　2010 年 8 月 8 日山洪泥石流流速计算不能囿于一般山洪泥石流的算法，否则无法理解当时的巨大冲击力。因为，1879 年 7 月 1 日武都 M_S 8 级地震引发的大眼峪沟口崩塌体（H2）的跌水作用为本次山洪泥石流灾害提供了较高的初速度。崩塌体的堵塞跌水势能形成大、小眼峪出口洪流加速，高位山洪似瀑布一样倾泻而下，山洪泥石流峰头"幕墙"到达县城仍高达 8m。

3.8.4　罗家峪山洪泥石流

1. 罗家峪山洪泥石流基本特征

　　罗家峪山洪泥石流沟位于白龙江北岸，"8·8"事件成灾长度约 2.0km，其中淹没区面积达 $0.1 \mathrm{km}^2$，位于出山口的堆积扇最大宽度约 150m。

　　罗家峪沟与白龙江的汇流点高程为 1320m，出山口高程为 1600m。流域最高点高程为 3794m，最大相对高差为 2474m。罗家峪主沟长为 7.4km，沟床比降平均为 334‰，沟谷两岸山坡坡角平均为 50°。流域面积为 $12.37 \mathrm{km}^2$，流域内共有大小支沟 19 条，沟壑密度为 1.2 条/km^2。

　　"8·8"事件对罗家峪沟下游的春场村造成毁灭性破坏，损毁道路 4.65km、排导渠 2.88km，损毁桥梁三处。一幢七层砖混结构居民楼"七层楼"生生被山洪泥石流锋头切成了两半，右侧的半幢楼坍塌冲走（图 3.28）。罗家峪出山口外流路中段的北侧大树胸径大于 40cm，在"8·8"事件中除树身保留泥位外未受伤害，证明罗家峪山洪泥石流灾害主要发生在出山口外流路的上下游（图 3.29～图 3.31）。

图 3.28　罗家峪"七层楼"半侧剪断坍塌损毁

图 3.29　罗家峪中段冲刷，大树无损

图 3.30　罗家峪出山口洪水溯源冲刷（镜向下游）

图 3.31　罗家峪出山口地形景观

　　罗家峪出山口具有典型的堆积扇特征，急骤的洪水偏离原排水沟出现强烈溯源侵蚀（图 3.30）。中游以洪流冲刷携带碎石土为主，两侧出现飞跃房顶现象，主要破坏田地。下游再次刨蚀铲刮，泥石流作用加剧，损毁严重。
　　罗家峪距白龙江 1200m 处泥石流泥位为 3.5m、沟道宽度为 15m。出山口堆积物宽度一般为 30~50m，局部可达 150m，堆积厚度一般为 0.5~1.5m，局部可达 4m，堆积物呈规律分布，沟道内以块石为主，一般直径为 20~40cm，最大块石为 2m×3m×4m，沟道两侧以 3~10cm 碎石土为主（图 3.31）。

罗家峪主沟两侧共发育七条支沟。松散固体物质总量约为 $3414.38×10^4 m^3$，流域内可转化为泥石流的固体物质总量约为 $2132.93×10^4 m^3$，占总量的 62.5%。罗家峪沟泥石流容重介于 $1.9~2.0t/m^3$，属黏性泥石流，罗家峪沟泥石流的最大流量为 $642.48m^3/s$，最大流速位置在罗家峪泥石流沟口处，流速达 9.91m/s，冲出量为 $32×10^4 m^3$。泥石流出沟口后形成宽 40~100m 的弯曲长条状堆积区，长度近 2.5km，淤埋面积约 $0.15km^2$。堆积物在白龙江河谷与三眼峪沟泥石流堆积物汇集堵塞河道，形成堰塞湖。罗家峪掏口的扇形堆积区已开垦为农田或修建为房屋，道路等，致使原自然形成的宽 20~30m 的排导沟逐步被压迫挤占为 2~5m 的排导渠，严重改变了沟遭自然排导条件，过流断面严重不足致使泥石流危害加重。

2. "8·8" 罗家峪山洪泥石流运动特征

同样采用式（3.14），可得到罗家峪沟山洪泥石流出山口速度（v_{2max}）、路径中间段（大树）速度（v_{2m}）和 "七层楼" 转南进入白龙江的速度（v_{2min}）。

取三者的平均速度，$v_2 = 7.743m/s = 27.88km/h$，出山路径长 $L_2 = 2000m$，得到山洪泥石流前锋从出山口到进入白龙江的运动时间：$t_2 = 258.3s$，即 4.3 分钟。

罗家峪山洪泥石流总体规模小，携带固体物质少，沟道窄，出山后主沟道缓，但前锋运动时间也不足 5 分钟，这样短的时间如不提前预警一般情况下是很难避险逃生的，特别是居住在楼房上的人。

采用类同于三眼峪流域的降水条件和有效成洪量，即取成洪降水量为 70.0mm，得到罗家峪沟流域（面积 $S_2 = 12.37km^2$）在该降雨过程的有效成洪汇水量 $Q_{2水} = 86.59×10^4 m^3$。

罗家峪陆上固体堆积物为 $21×10^4 m^3$，入江固体堆积物为 $10×10^4 m^3$，合计后按 25% 的孔隙率计算其实际固体物的总体积 $Q_{2固} = 23.25×10^4 m^3$。

则混合水体与固体堆积物的山洪泥石流体总体积 $Q_2 = 109.84×10^4 m^3$。固体物质占山洪泥石流体总体积的 21.2%，反映 "8·8" 事件中罗家峪表现出更多山洪的特征。

根据降水过程和山区汇流特点，取 40 分钟作为山洪泥石流运动的过程时间，得到罗家峪山洪泥石流出山后的平均流量 $q_2 = 457.67m^3/s$。

金凌燕等（2011）采用雨洪法和形态调查法计算罗家峪的最大流量，结果分别为 $510m^3/s$ 和 $642m^3/s$，二者的差值不像三眼峪沟峪门口的计算结果那么悬殊。

3.8.5　"8·8" 山洪泥石流灾害成因分析

舟曲特大山洪泥石流灾害的成因是多方面的，它涉及三眼峪、罗家峪沟谷的成灾历史、区域地形地貌、地质构造、地震影响、区域气候异常、局地强降雨和山洪泥石流作用自身特点及人类社会对所处地质环境的认知程度等。

1. 地形地貌因素

舟曲县属西秦岭南部陇南山地，为高山峡谷地貌。县城北部山高沟深，后山汇水区最大高程达 3828m，县城高程一般在 1400m 以下，运动距离只有 11km，这是快速聚集山洪，形成强大冲击的重力势能条件。

2. 地质构造因素

区内基岩裸露，产状凌乱，层面近直立，节理裂隙发育，整体破碎，沿岩体开裂地带水蚀、风蚀作用强烈。第四系残坡积、重力堆积物主要以碎块石为主，松散杂乱，无层次，形成山洪泥石流灾害的丰富物源。

舟曲县北部山区受北西西、北西向断裂带控制，三条断层带横穿三眼沟、罗家峪流域。沟谷下切强烈，陡坎跌水发育，崩塌、滑坡、山洪泥石流作用活跃，具有显著的新构造活动特征。

3. 历史地震影响

据《舟曲县志》（2002 年）记载，公元前 186 年武都地震曾导致羌道（今舟曲）山崩致死甚众。从明嘉靖三十四年（1555 年）至清光绪十年（1884 年）地震引发的滑坡、崩塌有十数次。历史记载对本区影响最大的地震有四次，即 1654 年 7 月 21 日天水 8 级地震、1718 年 6 月 19 日通渭 7.5 级地震、1879 年 7 月 1 日武都 8 级地震和 1920 年 12 月 16 日宁夏海原 8.5 级地震。其中，武都地震是造成山崩滑坡最强烈的一次。

2008 年"5·12"汶川地震导致区域山体松动、岩层破碎，舟曲县是国家确定受其影响严重的 51 个重灾区（县）之一。"5·12"汶川地震共造成舟曲县 22 个乡镇 3.26 万户，12.61 万人受灾，15 人死亡，369 人伤，1.6 万间民房倒塌，各类基础设施受损严重，受灾面积达整个县域的 96%。"5·12"汶川地震发生后，舟曲县水土流失面积从 2000 年的 1359km² 增加到 2008 年末的 2728km²，即增加一倍。三眼峪沟和罗家峪沟两侧山坡不同程度的发生了滑坡、崩塌等地质灾害。

因此，历史地震是造成舟曲县城北山地区地表地质环境恶化的重要因素，人类活动对生态环境的影响与本次事件没有直接关系。

4. 降雨过程特征

2009 年 8 月至 2010 年 8 月舟曲降水总体以偏少为主，特别是 2010 年以来除 3 月降水接近常年外，其余各月均偏少 4 成，其中 1 月、2 月、6 月偏少 6 成以上。2010 年 1~7 月的降水量（降水量距平,%）分别为 0mm（−100）、0.6mm（−76）、15.3mm（8）、18.1mm（−48）、32.8mm（−42）、22.4mm（−67）和 52.9mm（−30）。持续干旱造成舟曲县城周边山体岩石裂缝扩大、暴露，雨水更容易渗入岩土体，导致崩塌、滑坡和泥石流加剧。

"8·8"山洪泥石流灾害发生的局地过程降水量达 96.77mm，降雨强度 77.3mm/0.5h，远远超过以往引发山洪泥石流的过程降水强度和最大 1h 降雨强度。目前，局地超常暴雨的成因认识和准确预报能力都还很有限。

舟曲县城东南侧约 1km 的东山雨量站在 2010 年 8 月 7 日 23 时之前观测到的降水量仅为 1.5mm，而在 8 月 8 日 0 时观测的降水量即达峰值 77.3mm，至 8 日 1 时则快速衰减至 10.9mm，2 时以后降至 1～2mm 左右。7 日 22 时至 8 日 5 时降水量为 96.77mm，最大 1h 降雨量达 77.3mm（8 日 0 时）。"8·8"泥石流致灾时间约在当晚 23 时 40 分，持续时间约 30～40 分钟。

强降水即使在三眼峪流域小尺度之内，降水也呈现出较强的局地性. 同时间段舟曲县气象站观测到的降水量仅为 12.8mm，且无强降水记录，最大 1h 降雨量仅 6.8mm（8 日 1 时）。经对三眼峪沟流域降水范围进行实地调查，降水区域主要集中于小眼峪支沟及大眼峪罐子坪之间连线以上的沟道中上游，降水面积仅占全流域面积的 71.6%。

5. 防治工程的堵溃效应

2010 年"8·8"山洪泥石流发生后，三眼峪和大、小眼峪沟内的拦挡坝不是被损毁就是被淤满，已完全丧失了防护功能。

王根龙等（2011）认为浆砌块石拦挡坝抗泥石流冲压强度不足。泥石流流量与排导工程断面不匹配，排导沟行洪能力严重不足和弯道过多曲率较大等结论。三眼峪沟流域在 20 世纪 90 年代及汶川地震后，先后修建的九座浆砌块石重力式拦挡坝及两段拦石墙工程，在这次泥石流中，因抵抗泥石流冲压和巨石冲击力不足，已全部遭到毁坏（胡向德等，2011；赵成等，2011）。

赵成等（2011）提出"8·8"舟曲暴雨泥石流致灾特征主要表现为堆积区高密度建筑的挤占行洪通道，致使出谷口后的面状泥石流再次汇集，引起泥石流流量集中和过流断面不足，破坏性增强；其次是流通区天然堆石坝和拦挡坝逐级溃坝出现造成"多米诺骨牌效应"式的毁坏；三是泥石流堵塞白龙江形成堰塞湖，造成城区淹没，加重了灾害。

方海燕等（2010）提出，舟曲城市规划失误，城区人口 2009 年为 4.5 万人（含流动人口），比 1990 年增加 2.1 万人，县城面积为 2.48km²，人口密度高达 1.8 万人/km² 沟道行洪能力受到很大限制，城区扩展建设在三眼峪和罗家峪泥石流沟道内。防洪工程质量标准低，三眼峪内很少见拦洪坝，有坝的地方只剩下很小的一部分，很不结实；原因是失修、工程质量差；经受冲刷和浸泡被洪水冲走，功能失效。

3.8.6 问题讨论

1. "8.8"山洪泥石流灾难的原因

8 月 7 日 23 时 37 分，县政府接到电话报告称罗家峪发生洪水，县委办公楼 23 时 45 分拉响防空警报，但因电源不足仅持续 3 分钟，此后采用警车、警报喊话器报警，并迅速组织群众疏散和救援。三眼峪、罗家峪均为当地重要监测预警点，群测群防措施主要局限于居住场地周围，没有能够顾及或能够及早发现远程灾害风险。1998 年泥石流治理工程实施前，曾在三眼峪沟口建有一座泥石流预警站，但后停用，如若建筑工程占用了山洪泥石流进入主河道的通道，就增大了人居建筑与山洪泥石流遭遇的可能性和危险性，而绝不是监测预警是否到位或工程标准高低的问题。民房建设、施工住所选址，乃至野外旅行等因缺乏知识和意识而对眼前的现象视而不见，甚至人为地制造隐患，如工程规划建设侵占河滩、沟床，随意堆弃工程渣石、生活垃圾堵塞沟道、流路或桥涵，不顾地质环境条件而盲目快速城市化，"向山要地，进沟发展"是恶化环境和加重灾害的重要原因。

2. "8.8" 沟谷型山洪泥石流特征

一般地，三眼峪出口以下定为山洪泥石流堆积区，其上定为形成区、流通区，但事实上，三眼峪沟口并无明显的堆积，由于水量大、水位高、持续时间长，未堆积在出山口而主要进入白龙江才是主堆积区。因此，三眼峪主 1#坝拦蓄洪水，漫顶堵溃后直泻而下，巨大洪水携带力直接冲入白龙江，县城至出山口成为流通区（只残留大石若干），县城至白龙江成为堆积区，宽缓的沟道因高位洪水而没有泥沙停积，出山口以上形成区（整个流域）才符合实际，不同于一般的沟谷形泥石流三分区。大眼峪 H2（大峪口）滑坡以上流水深度不足 2m，流路平缓干净，H2 滑坡跌水急剧消能，三眼峪出口泥位10m，逐级溃决似不存在，出山口推动 10m 长巨石的水流速、悬浮力。三眼峪出山口并未明显的堆积。

罗家峪出山口乱石漫漫，符合一般沟谷型泥石流形成区、流通区、堆积区的划分。

3. "8·8" 山洪泥石流是级联效应还是多次堵溃？

"8·8" 山洪泥石流是级联效应还是最后的三眼峪主 1#坝堵溃？支沟内、峪门口出现堵溃是必然的，县城最后壅堵也是存在的。核心问题是，大眼峪中上游沟道内似渠水一样平稳，后山洪水主要汇集于最后的主 1#坝溃决（高泥位痕迹），才能冲出巨石，显示拦砂坝集水积灾效应，溃决高位山洪。因此，泥石流拦挡坝要设计合理的坝高，稳定的坝基。实现水砂分离，是拦砂的，不是挡水的，是暂态的，不是永久的。自然流域汇水区未能形成大规模泥石流，大、小眼峪与三眼峪交汇区因拦砂坝的存在而形成人工汇水区——暂态性堰塞湖，拦挡坝的阻挡积聚蓄水效应与堵溃效应接续，溃坝造成高位洪水、强大冲击力，增加物源。防治工程大大加剧了灾害。堵溃洪水（相当于暂态水库失事）防治工程失效会加重灾难，高位洪水流量大、持续时间长。

4. 县城排导沟断面要与白龙江疏浚相结合

出山口直至直入白龙江的排导沟断面设计取决于上游流域降水强度、植被涵养滞留水流能力、县城城市规划、土地利用规划、防灾减灾规划与白龙江消纳能力的综合考虑。

舟曲劫难反映出当地多年来对三眼峪沟谷泥石流的危害虽然具有一定防范，但对快速城市化过程中地质灾害风险的认知严重不足，以致部分建筑占用了山洪泥石流进入白龙江的通道，增大了人居建筑与山洪泥石流遭遇的可能性和危险性，10m 多高的洪峰冲击力酿成巨大灾难（图 3.32）。

从地质环境合理利用看问题。山洪沟或季节性河流的河床是流水的通道，河漫滩是在汛期自然的流水行洪区、山洪漫溢、分洪滞洪的区带，居住停留都应考虑会否遭遇灾害风险，是绝对不可以规划为建设工程区或人类居住区的（刘传正等，2011）。因此，城镇规划建设让开河床、河漫滩，自觉疏浚河道，维护行洪区畅通，才能避开或消除灾害风险。

图 3.32　"8·8" 山洪泥石流灾害前的舟曲县城（韦京莲提供，2008 年 6 月）

3.8.7 "8·8" 山洪泥石流灾害防治工程

马东涛（2010）提出，舟曲 "8·8" 特大泥石流侵蚀、搬运和破坏力巨大，1997 ～ 1999 年和 2008 ～ 2010 年建成和正在建设的九座拦挡坝和基础均被毁坏，原排洪沟被夷平，说明此前的设防标准明显偏低。马东涛（2010）认为，应以历史上出现的最大规模灾害，而不是以降雨频率或洪水频率为标准，即以 "8·8" 特大泥石流作为三眼峪、罗家峪泥石流的设防标准。

胡向德等（2012）提出，舟曲县三眼峪沟泥石流灾害治理工程以拦为主，拦排结合的治理观点；对拦挡坝工程类型进行分析选择，提出了采用抗冲击力强的中、高拦挡坝治理该沟泥石流，以确保足够的拦砂库容和工程的安全可靠性

朱立峰等（2011）讨论灾害重建工程，依舟曲县城的重要程度，泥石流防治工程设计标准均为 20 年一遇。但 1961 年按照 20 年一遇的设计标准建成的三眼峪泥石流排导工程在 1993 年即因泥石流失去防灾功能。1997 年重新施工的三眼峪泥石流防治工程按照 50 年一遇的防洪标准，防治工程在 "8·8" 特大泥石流灾害中悉数被毁，说明此前的设防标准明显偏低，不能满足防灾减灾的需求。

三眼峪沟泥石流灾后重建工程泥石流治理工程的排导工程按照 "8·8" 特大山洪泥石流的最大泥石流流量 $1830\text{m}^3/\text{s}$ 进行设防。引发本次 "8·8" 特大泥石流的降水范围按照形态调查法得出的最大流量为 $1830\text{m}^3/\text{s}$，但考虑到极端条件下，按照本次降水强度条件若整个流域范围均发生强降水，则排导工程明显不能满足泄流，该沟可能产生的最大泥石流流量经计算为 $2550\text{m}^3/\text{s}$，对此应在灾后重建治理工程设计中予以重视，排导工程设计流量应按 "8·8" 同等降雨重现期集中降落在全流域的最大峰值流量进行设计。

充分考虑基流量及常遇、偶遇和罕遇泥石流量，建议采取分级防护的复式梯级断面型式。基流槽主要排泄三眼峪基流量；主流槽防护常遇或偶遇百年一遇的泥石流，理论最大排泄量为 1830m³/s；复式全断面用以防御超百年的罕遇泥石流规模，理论最大排泄量达 2600m³/s，同时复式上断面平常也可作为城市道路及县城休闲生态景观带。自然，在上游做好防护和下游应对正确时，这样的考虑可能过于保险了。

三眼峪、罗家峪山洪泥石流灾害治理工程采取拦排结合方案，从出山口到白龙江设计施工了可以顺利排泄"8·8"山洪泥石流灾害规模及以上的排泄通道。三眼峪沟内设置四个拦挡坝。整个工程于 2012 年年底竣工（图 3.33）。

图 3.33　舟曲县城三眼峪山洪泥石流排导槽（左图为实景照片）

按历史上发生最大的"8·8"泥石流灾害规模，为舟曲县城设置了三道安全防线，第一道防线是沟内 15 座钢筋混凝土拦挡坝；第二道防线是 2.16km 的排导堤，主排导槽底宽为 18m，顶宽为 32.6m，高为 6~7.5m，过流能力达 800m³/s，可防护百年一遇的泥石流；主排导堤上部复式断面是第三道防线，可防御与"8·8"泥石流同等规模或更大规模的泥石流。长达 2.16km 的排导堤是泥石流建成的第一道安全屏障。翠峰山下"三眼峪主一号坝"是新建成的三眼峪第一道屏障，坝长为 64m，坝高为 22m，坝底基础厚度达 9.4m，埋在地下的深度达 6.5m。三眼峪主沟及大、小眼峪共修建了五座格栅坝和 10 座重力式拦挡坝。格栅坝主要作用是抵制大石块强大的冲击力。重力式拦挡坝主要作用是拦蓄泥沙、抬高沟床、固沟稳坡，减轻对下游排导沟的淤积。大眼峪主沟长为 5.3km，小眼峪主沟长为 3.6km，整个防治工程按"8·8"实际发生泥石流规模为标准设计，采用拦排结合的治理方案，可抵御百年一遇的泥石流。

3.8.8　结论与建议

3.8.8.1　基本结论

舟曲"8·8"灾害事件是一起特大型山洪泥石流灾害，它既不是单纯的山洪灾害（以水流为主），也不是单纯的泥石流灾害（以泥石涌动为主）；而是既有山洪的快速运动气势，又有泥石流的巨大摧毁能力，是在特殊地质地貌和丰富物质积累背景下，耦合局地超强降雨而形成的一起自然因素引发为主的特大灾难。

3.8.8.2　防灾建议

（1）鉴于三眼峪、罗家峪上游沟谷内崩滑堆积物残留仍然很多，在新的超强降雨条件下仍会暴发大规模山洪泥石流，灾后重建规划和灾民安置必须充分考虑预留足够的地质环境安全裕度。

（2）根据本次灾害事件特征、历史灾害记录和北山地区岩土堆积物残留状况，建议对三眼峪、罗家峪山洪泥石流采用疏导为主，拦截为辅的治理原则，避免沟内松散物质积累过多，以致环境因素剧变时酿成不可控制的泥石流灾害。

（3）目前的科学认识和技术水平尚不能解决所有问题，特别是自然灾害属于小概率事件，在时间研判上可能是一个"黑箱"或"灰箱"问题。应认真总结此次事件和国外类似灾害的防范经验与教训，求得最大限度地减轻危害。

（4）无论是就地重建还是异地迁建，工程选址要充分考虑地基稳定、区域斜坡场址稳定和外围环境因素急剧变化引起远程灾害风险，对于存在地质安全隐患又必须利用的场址，必须实施地质灾害防治工程，达到工程安全要求后再进行建设。

（5）全面建设地质灾害监测预警网络和相应的工作体制和运行机制，对类似三眼峪、罗家峪等离县城一定距离的地质安全隐患，应建立无线遥测系统，一旦需要，立即启动地质灾害远程预警预报工作体系。

3.9　滑坡激发山洪泥石流灾难

崩塌滑坡冲击江湖、水库激发水体翻越倾泻大坝或山体引起的高位洪水应引起重视，高位山洪倾泻而下造成的毁灭性灾难应是防范滑坡灾难风险研究的重要内容，是避免山洪风险或远程危害必须考虑的。

3.9.1　福泉滑坡激发山洪泥石流灾害

3.9.1.1　基本情况

2014年8月27日晚8时30分左右，贵州福泉市道坪镇英坪村发生山体滑坡，此次山体滑坡共造成23人遇难，22人受伤。68户77栋房屋倒塌或被埋，154人受灾。由于滑坡前发现大坡山出现裂缝，研判了滑坡险情，当地政府事前曾组织部分村民撤离。滑坡时撤离不及的5人丧生，另外18人死亡是滑坡激起的山洪涌浪造成的。

3.9.1.2　滑坡问题

滑坡呈扇形，纵长约160m，横宽约60~140m，厚约20~50m，后缘高程为1450m，前缘高程为1231m，垂直高差约219m，滑坡体积约$85\times10^4m^3$，滑坡体残余为$56\times10^4m^3$，总体量达$141\times10^4m^3$。滑坡发生时，滑坡体猛烈冲击下方矿坑水塘，导致大量积水形成类似海啸的高压水气流体,导致矿坑积水形成"冲天"激流涌浪翻越山梁,沿途冲刷携带土石向前奔涌翻越,对英坪村小坝、新湾两个村组造成严重灾难,引发系列灾害链发生。滑坡前,其下方磷矿露采矿坑深约 30m,蓄积水量约 $5×10^4 m^3$。

事实上,当地三年前他们就发现了山坡上出现巨大裂缝,当地政府也曾邀请专业人士现场鉴定,但被认为是的安全的,不会垮塌。英坪矿后寨采区采矿历史已接近 40 年,长期的开采导致矿区生态脆弱,环境破坏十分严重。特别是从 2002 年以后从露天开采转为地下洞采以后,爆破振动作用更加强烈。2006 年后,英坪村后山的大坡槽出现开裂沉陷,背崽坡坡顶出现长大裂缝,最宽处接近 1m。

滑坡区位于白岩–道坪背斜东翼,最高点高程为 1502.5m,最低点英坪溪沟底高程为 1170m,相对高差为 332m。区内地形呈台阶状,斜坡呈陡缓相间展布。滑坡沿 140° 方向由高程 1310m 处高速剪出,大部分滑体冲入滑源区下部蓄水 $2.1×10^4 m^3$ 的深水塘,激起涌浪(高压水波)裹挟着大量滑坡碎屑越过 27m 高的小山脊,摧毁了新湾组三户居民房屋。部分滑坡碎屑运移约 40m 后毁坏了小坝组(图 3.34)。

图 3.34　贵州福泉英坪村滑坡(2014 年 8 月 27 日)

张洪等提供的资料可简单分析滑坡的成因(张洪和林锋,2015)。

(1)小坝斜坡为顺层岩质斜坡,总体走向为 180° ~ 220°,岩层倾角为 30° ~ 40°,容易发生顺层破坏。

(2)岩层组合为上覆硬岩和下伏软岩。下伏软岩的岩层层面或者软硬岩的分界面发生滑动。斜坡下部存在一条横贯斜坡的逆断层,也破坏了层状岩体的完整性。

(3)磷矿开采主要集中在斜坡坡脚,导致斜坡坡脚位置处的硬质白云岩及磷块岩被大量开采掉,严重破坏了对斜坡稳定性起关键控制性作用的主要抗滑段,导致斜坡稳定性降低,斜坡逐渐拉裂、滑动,滑坡发生前斜坡后缘出现几条长大拉裂缝。

(4)2014 年 6 ~ 8 月当地降水量为 600 ~ 800mm,滑坡发生之前当地降雨已经持续了近一个月。降雨不但渗入软化斜坡岩土体,尤其是降雨渗入斜坡后缘存在的几条长大拉裂缝,造成地下水位抬升,形成暂时性"水楔"作用,显著降低斜坡的整体稳定性。

3.9.1.3　滑坡冲击洪水

吕刚等运用 DAN-W 软件对福泉滑坡入水前的运动过程进行了数值模拟（吕刚和朱要强，2017）。结合对滑坡碎屑入水前的模拟结果，运用 FLUENT 软件对滑坡碎屑冲击入水后涌浪传播进行模拟。9.2s 时滑坡碎屑开始入水，滑坡冲击深水塘激起的涌浪传播过程经历了三个阶段：一是滑坡碎屑冲击入水将能量传递到水中；二是水波裹挟着滑体-碎屑流沿运移路径传播，运动 12.2s 时形成 30m 高的首浪；三是涌浪爬坡裹挟滑坡碎屑冲向对岸达到 1280m 高程，并在运动 21.7s 时冲击破坏新湾村（图 3.35）。

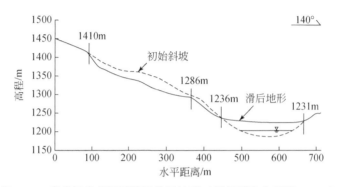

图 3.35　贵州福泉英坪村滑坡前后地形（据吕刚和朱要强，2017）

DAN-W 软件反演和 FLUENT 软件模拟分析结果表明：滑坡前缘在 9.2s 时开始入水，滑坡启动后 21.7s 时涌浪水波裹挟滑坡碎屑冲向对岸，模拟结果与现场调查基本吻合。贵州福泉滑坡激发山洪泥石流灾害是一次"小瓦依昂"灾难事件。

3.9.2　瓦依昂水库滑坡激发山洪灾难

3.9.2.1　基本情况

意大利瓦依昂（Vajont）水库滑坡是世界著名的滑坡灾难事件。2013 年，作者现场考察了意大利瓦依昂（Vajont）水库滑坡，访问了目击者（E. Mazzucco）。整整 50 年后，滑坡后缘的顺层滑床、填满水库的岩土堆积体和冲向右岸的地层反翘等滑坡景观依然清晰如昨，瓦依昂大坝仍然巍然屹立。瓦依昂河出口对岸的隆加罗尼小镇沿着皮亚维河（Piave）右岸展布，安澜祥和，已成为铁路、公路交通要冲。

1963 年 10 月 9 日 22 时 39 分，意大利瓦依昂水库左岸近坝地段发生巨型滑坡。$2.75 \times 10^8 m^3$ 的顺层岩体冲入水库，致使坝前 1.8km 长的水库变为"石库"，并壅塞到水坝前。滑坡激起的涌浪翻越大坝，滑坡冲击掀起的库水高出坝顶约 125m，约 $2500 \times 10^4 m^3$ 的库水宣泄而下。摧毁了下游的隆加罗尼（Longarone）、皮戎格（Pirago）、维拉诺瓦（Villanova）、里札（Rivalta）和法斯（Fas）等多个村镇，造成 1925 人遇难（包括发电厂内的 60 名技术人员）（图 3.36）。滑坡导致整个水库失效报废，但大坝安然无恙，只是坝顶部小有损伤。

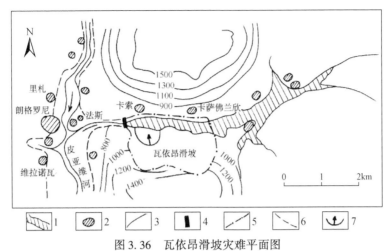

图 3.36　瓦依昂滑坡灾难平面图

1. 瓦依昂水库；2. 村镇；3. 等高线（m）；4. 大坝；5. 滑坡界线；6. 涌浪及洪水淹没线；7.1960 年崩滑体

滑坡导致整个水库失效报废，但大坝安然无恙，只是坝顶部小有损伤。瓦依昂水库总库容为 $1.69\times10^8 m^3$，大坝坝高为 276m，弦长为 160m，是当时世界上最高的混凝土双曲拱坝。大坝建设于 1957 年开工，1960 年初竣工，1960 年 2 月开始蓄水。1959 年 4 月，工程设计专家和技术顾问等就对水库左岸斜坡的稳定性存有疑问。1960 年 5 月安装测量标志，1960 年 6 月确认斜坡滑动的存在，持续开展了三年多的监测工作，直至滑坡发生。

瓦依昂水库修建于瓦依昂河下游，总库容为 $1.69\times10^8 m^3$，设计水位高程为 722.5m，混凝土双曲拱坝坝高为 265.5m，弦长为 160m，为当时世界上最高的拱坝。大坝于 1960 年竣工。边施工，边蓄水。于 1960 年 2 月开始蓄水，1960 年 9 月坝前水深达到 130m，水库最大水深为 232m。

3.9.2.2　瓦依昂滑坡认识

1959 年 4 月，工程设计专家和地质技术顾问等就对水库左岸斜坡的稳定性存有疑问。1960 年 5 月安装测量标志，1960 年 6 月确认斜坡滑动的存在，持续开展了三年多的监测工作，直至滑坡发生。鉴于 1960 年 11 月 4 日发生了局部崩滑，有关学者曾做过一些调查研究，开展了 1:200 的水库滑坡模拟试验。基本认识是水库蓄水至 700m 高程是安全的，1963 年预测到滑坡危险时曾将库水位迅速下降到了"安全"水位。事实上，巨型滑坡是在库水长期作用下，顺层斜坡经过三年多的蠕动变形，进入 1963 年上半年每天的位移尚在毫米量级，到当年 9 月的日位移量才达到厘米级，并从 10 月 1 日的位移 20cm 急剧提速到 10 月 9 日的 80cm 后才发生的。

早在水库蓄水初期，岸坡变形已经发生。1960 年 10 月，当蓄水水位为 642m，超过潜在下滑面高程（约 600m）40m 时，高出河床 500~600m 部位出现了长约 2km 的拉裂缝，外形呈"M"形。一个月以后，蓄水水位上升到 652m，前缘发生崩塌滑坡，体积约 $70\times10^4 m^3$，水库浪高为 2m，大坝处浪爬高为 10m。显然这是由于水位上升改变了下部阻滑体的强度及抗滑能力所致，后缘滑移拉裂，位移速度最大达到 3.5cm/d，前缘弯曲隆起局部失稳破坏，两者促进了变形破裂体的进一步发展。值得注意的是 1960 年 12 月至 1961 年 10 月，水位降到了 60m 以下，也即低于潜在下滑面，位移速度迅速降到 0.3cm/d 以下，并且保持平稳。但是当 1961 年 11 月，水库水位又开始重新上升至 600m 以上时，随水位上升，位移速度逐渐增加；到 1962 年 11 月，水位升到 70m 时，也即超过下部潜在滑面 100m，此时位移速度超过 1cm/d。随后水位从 12 月至次年 3 月，又降到 650m，位移速度也随之下降。1963 年 4 月以后，水位又开始上升，6 月水位上升至 70m 以上，此后位移速度累进增快，即使再调整水位，已无济于事，灾难最终发生。1963 年 10 月 9 日 22 点 39 分，滑坡发生高速滑动，滑入水库并推至对岸，地层发生反翘和弯折。滑坡体将坝前 1.8km 长的库段全部填满，淤积体高出库水面 150m，且滑坡西侧前缘已经抵至大坝脚下（图 3.37），致使水库报废（当时的库容为 $1.2 \times 10^8 m^3$），并形成巨大涌浪翻过大坝，造成重大人员伤亡和财产损失。

图 3.37　滑坡左侧缘已抵至大坝
右图为瓦依昂滑坡后壁及滑坡体

滑坡所在的峡谷区由巨厚的中侏罗统厚层灰岩、上侏罗统薄层泥灰岩与下白垩统厚层燧石灰岩的岩层构成。峡谷区的岸坡上部和分水岭上覆盖第四纪堆积物。瓦依昂河峡谷在构造上属于向斜型河谷，两岸岩层均倾向河床，至河底部位岩层平缓。岩体受数组裂隙（构造裂隙及岸边卸荷裂隙）切割，并发育构造破碎带和岩层软弱带（图 3.38）。

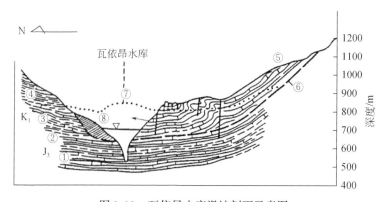

图 3.38　瓦依昂水库滑坡剖面示意图
①石灰岩；②薄层灰岩夹黏土层；③厚层灰岩夹燧石；④泥灰岩；⑤老滑坡残体；⑥新滑坡滑面；
⑦冲入水库的滑坡堆积体；⑧右岸滑坡体

斜坡岩体在河岸斜坡上部倾角为 33°~40°，滑体具有良好的临空条件。这些因素是孕育斜坡岩体沿着由陡至缓软弱面发生碟形滑动的内因。滑坡体沿着被库水软化的泥灰岩及黏土夹层（属上侏罗统）滑动，形成超巨型极深层顺层岩质滑坡。滑动面位于上侏罗统薄层泥质灰岩夹泥化层和下白垩统厚层燧石灰岩的界面上。

滑坡发生在顺向坡上，前缘河谷深切，两岸的两组卸荷节理和构造断层及岩体内部的软弱岩层，尤其是黏土夹层成为主要滑动面，是形成滑坡的基本地质条件。1963 年 10 月 9 日前的两周内大雨，库水位达到最高，同时滑动区和上部山坡有大量雨水补充地下水，地下水位升高，扬压力增大，以及黏土夹层、泥灰岩和裂隙中泥质充填物中的黏土颗粒受水饱和膨胀形成附加上托力，使滑坡区椅状地形的椅背部分所承受的向下推力增加，椅座部分抗滑阻力则减小，最终导致古滑坡面失去平衡而重新活动，缓慢的蠕动立即转变为瞬时高速滑动。

3.9.2.3　滑坡过程

这是一个由岩层顺层理面滑移–弯曲变形发展为滑坡灾害的典型实例。构成滑移面的岩层层面呈"圈椅形"，其上半段倾角为 40°，向下变缓，下半段近于水平。

施工过程中已发现岸坡不稳定。该区多处存在老滑坡。在大滑动之前，滑坡区已陆续发生过几次局部的滑塌现象。水库于 1960 年 2 月开始蓄水。蓄水后滑坡区岸坡即出现裂缝及局部崩塌现象，如 1960 年 11 月 4 日发生的体积为 $70 \times 10^4 m^3$ 的岸边崩滑体。研究人员曾做过一些调查研究工作，并做过比例尺为 1∶200 的水库滑坡模拟试验。根据试验，假设滑体落入水库的持续时间为 1 分钟，则引起的最大涌浪高度为 22.5m。研究结论认为蓄水至 700m 高程是安全的，并于 1963 年发现有产生滑坡的危险时曾将库水位迅速地下降到了"安全"水位。

事实上，最终造成灾难性的整体滑落是在库水长期作用下、岸坡岩层经过了三年蠕动变形之后才发生的。虽然 1960 年 11 月 4 日发生的崩滑体对岸坡整体平衡条件的破坏起了不可忽视的作用，是整个河谷岸坡失稳的征兆（图 3.36），但限于当时的科学水平，有关研究人员未予重视。

1963 年 7~10 月，库水位上升到 700m 高程以上。当 10 月 8 日发现库岸发生整体性下滑时，由于对滑动的速度和滑动体体积无法估计，因而决定将两岸的两个泄水洞全部打开，并以 $140m^3/s$ 流量放水。但因滑落入水库的岩土体不断增加，库水位反而上升。

1963 年 10 月 9 日 22 时 38 分（格林尼治时间），瓦依昂水库大坝上游峡谷区左岸山体突然发生超巨型滑坡，下滑速度估计为 25~50m/s，主要的滑落持续时间约 20s（为模型试验中假定值的 1/3）。由于滑体速度快，滑体前部越过 80m 宽的河谷后，在对岸（即右岸）又继续前进了 500m，并在岸坡上爬高为 140m。在岩体下滑时形成了气浪，并伴随有落石和涌浪。涌浪传播至峡谷右岸，超出库水位达 260m 高，并上升到对岸山坡 260m 高度。涌浪过坝高度超出坝顶 100m。

巨大的滑体落入水库时，曾激起巨浪，约有 $3000 \times 10^4 m^3$ 的水量注入底宽 20m、深 200m 以上的下游河谷中。水流前锋有巨大的冲击浪和气浪，与猛烈的水流一道，破坏了坝内所有的设施，并破坏了大坝下游的河段。9 日 22 时 45 分浪锋到达距大坝 1.4km 远的瓦依昂河口时，水头仍高达 70m，继而涌入皮亚维河，几乎完全毁灭了位于大坝下游的朗格罗尼等五个村镇，酿成了震惊世界的惨痛事件。

滑坡发生过程的基本特征是：①在滑坡发生前，主要在斜坡浸水面发生崩滑，因而浸水斜坡的崩滑是发生滑坡的原因。②由于浸水斜坡的崩滑发生在沿岸长达 100m 的范围内，因此，此时发生的滑坡运动，可以说是近似于崩滑的现象。③如果水位下降速度超过 2m/d，即使水坝完工后经过相当长的时间，也有重新发生滑坡的可能。④从地形、地质上看，这些滑坡发生的位置都是在曾经可能有过滑坡活动的地区。

滑动面的形状是圈椅形，从上部滑坡壁露出的光滑面来看，推断在石灰岩中有比较大的断层，并以该断层为分界，靠河一侧的岩体沿泥灰岩层面滑落。

3.9.2.4　滑坡的动态观测

在瓦依昂水库滑坡发生前三年，已开始进行滑坡位移长期观测工作，观测发现，该滑坡区已出现蠕变迹象，且具有如下规律：①1963 年春季以前，大致保持等速蠕动变形；②1963 年春季到夏季测得的位移速率为 0.14cm/d；③1963 年 9 月 18 日出现连续 10 天大雨之后，位移量逐日迅速增大，直至 10 月 9 日库岸发生大滑坡。位移速率 1963 年 9 月 18 日达到 1cm/d，9 月 25 日—10 月 1 日为 10~20cm/d，10 月 8 日为 40cm/d，10 月 9 日为 80cm/d。

滑动前的位移长期观测资料反映出滑体后半部岩体的位移量大于前半部岩体的位移量。因滑移受阻，致使下部近水平的岩层受到挤压而褶曲。所以，虽然它在库岸出露临空，但下半部分岩体仍有较大的抗滑力。

当库水位第一次上升到高出原河水位 130m 的最大高度，然后下降 10m（下降过程缓慢，持续了两周），约 30 天时间之后，便发生了大滑坡。显然，这是因为在大坝近处库水位抬高了 120m，相应地浸泡了原来长期地处于干燥的饱气带的能透水的岩石，无疑影响了岩石的力学强度，改变了岸坡的初始应力条件，成了灾难性滑坡发生的重要原因。

图 3.39 给出了瓦依昂水库水位变化、滑坡运动量与其稳定系数三者间的关系。当水位发生变化时，滑坡运动量随之改变，即水位抬升期运动加速，而水位下降期运动减速乃至终止。滑坡蠕动的极限水位约为 600m，一旦超过该水位，斜坡即开始蠕动。如假定此次滑坡灾难发生于 710m 水位时，则反算出滑动面的强度参数，$C = 0$，$\varphi = 24.07°$。假定库水位等于滑坡体中的水位，则根据反算结果，库水位处于零状态时滑坡的稳定系数估算为 1.078。随着水位上升，稳定系数渐趋于 1.00，则 1963 年 10 月 9 日的大灾难必定发生。

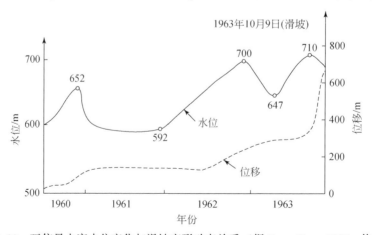

图 3.39　瓦依昂水库水位变化与滑坡变形动态关系（据 Nonveiller，1987，修改）

　　瓦依昂区域地质构造由一条正断层分割为两个部分，东侧下降盘由复理石建造与第四纪湖相沉积组成；西侧为托克山区，由有着第四系覆盖的侏罗系厚层灰岩组成。当库水位升高到 650m 高程时引起了第一批地震。随着库水位下降，到 1961 年初，地震活动几乎停止了。

　　1962 年水库继续蓄水。当库水位升高至 645m 高程并继续升高至 700m 高程时，地震活动又开始了。最后，库水位升高至 710m 高程时，发生了库岸大滑坡。

　　水库蓄水、水库引发地震和滑坡三者之间的关系仍待研究，因为事隔多年有关专家尚未取得足够的证据或令人信服的科学推论。

3.9.2.5　瓦依昂滑坡灾难的社会反响

　　自从 Müeller L. 于 1964 年发表 "The rock slide in the Vajont valley" 以来，瓦依昂滑坡已成为当今世界分析研究最多、发表文献最多的案例（Müeller，1964）。研究讨论主要涉及滑坡危险的认识、成因解释、物理力学和数学知识应用，以及工程运行处置决策的正误等。众多研究者把滑坡的成因归结为多种因素引发了巨型顺倾层状岩体滑坡，包括滑坡前缘河谷深切、卸荷节理发育、岩体顺倾且存在软弱黏土夹层成为主要滑动面、前期连续降雨、水库水位未能及时降低和斜坡体内地下水位升高和孔隙水压力增大等。

　　学术界对初始滑动机理的认识过程及背景逻辑推理的失误、多层次处理与多因素调和的乏力也进行了反思，提出了诸如预测滑动速度、预留坝高、模型试验预测涌浪、早期大范围排水、坡脚早期抗滑控制、预警体系建立、决策不局限于固结假说或并非受困于专家意见不一、初始时不希冀于不会出现大滑坡和水库水位及时降下来等诸多的"如果"。不容回避的事实是，早就注意到滑坡的存在及其对大坝安全的威胁，但未能解除，而滑坡涌浪导致溃坝或翻坝会对水库下游酿成怎样的劫难则似乎无人提起！

　　虽然 Müeller（1964）直言不讳地承认这次灾难是人类的错误、科学错误的案例和缺乏知识的结果，但已无从确切地知道当时的建筑师和地质学家是怎么想的。不管如何，瓦依昂水库滑坡不但给当时的水工建筑界带来巨大震撼，也大大促进了岩石力学与工程地质学的结合，科技界开始理性地承认地质调查分析深度决定了岩体力学计算预测的准确程度，并形成了地质力学学派（萨尔茨堡学派）。同时，瓦依昂事件也在某种程度上催生了灾害地质学。1976 年，Arnould M. 提出了"geological hazards"的概念，讨论了地质灾害防治的地质和技术因素，设想了其立法和社会保险方面的需求（Arnould，1976）。在技术与公共管理层面，应该实行专家咨询终身负责制，山地资源、能源和土地开发工程必须得到立法机构或民意代表会议的审查通过，基础工程建设应该在区域防洪、土地利用、城镇建设乃至生态屏障规划等框架内实施等的呼声或已实现，或在博弈旅途中（刘传正，2013b）。

　　今天，科技界拥有了更多的技巧、教育和训练，地质环境演化、自然作用耦合和人类活动三者遭遇风险的研判是否已占据工程建设与社会建设的主流了呢？思维前行一步，必然功不唐捐！

第4章　地质灾害分析研判

4.1　地质灾害信息获取

4.1.1　信息获取内容

4.1.1.1　地质环境数据信息

（1）地理人文包括交通、地理、经济、人文、社会、民族、历史、风俗等信息；

（2）气象资料如降水量、气温等，特别是极端降雨过程资料；

（3）地表水文资料如水位变化、流量；

（4）生态环境、植被；

（5）地形地貌、新构造、地貌单元、地形起伏变化、危岩陡崖，地层岩性、断裂带及其活动性；

（6）地震活动及其破坏性、地应力等；

（7）工程地质及岩土工程资料如岩土体类型、物理力学参数、斜坡稳定状态；

（8）水文地质资料如水位升降、含水层组分布、地下水位变动及补给（补）–径流（径）–排泄（排）关系、泉水出露情况；

（9）区域水化学场、温度场、重力场、电磁场等；

（10）外动力如水流冲刷、风蚀、冻融等现象、历史地质灾害事件；

（11）人类工程活动如地下开挖、地表切坡、工程弃土、农业灌溉、工程爆破等资料。

4.1.1.2　地质灾害数据信息

（1）滑坡体空间数据库包括滑坡分布、地质剖面图、岩土样本信息、滑坡影像图等；

（2）滑坡地质基本特征包括位置、形态特征、分布高程、几何尺寸、规模、临空面、滑动带、剪出口、边界条件、物质组成、近期变形特征、发育阶段、影响因素、形成机制、破坏模式及其危险性；

（3）滑坡地质结构信息，如地形、岩性、结构、滑床、滑带、变形、地下水、物理力学参数等；

（4）物理力学属性数据库包括滑体天然和饱水情况下滑体的杨氏模量、泊松比、内聚力、内摩擦角、容重等参数，以及滑带岩土内聚力、内摩擦角及其变化；

（5）滑坡区水文地质条件如滑坡区及其周边沟系发育特征、径流条件、地表水、地下水的补–排关系，井、泉、水塘、湿地位置，井、泉的类型、流量及季节性变化情况，地下水的水位、水质、水温及其变化，含水层及隔水层的位置、性质及厚度，岩土体的透水性，地下水径流流向、补给及排泄条件，生活用水的排放情况等；

（6）滑坡的变形破坏特征包括先期滑坡发生时间、滑坡运动特点如路线、距离、最大水平和垂直位移量等，滑坡宏观破坏如地裂缝、鼓丘、洼地分布及成生时间，监测资料与变形发育史；

（7）地质灾害动态数据包括大气降水、气温、水位、流量、地应力、地温、地表形变、深部位移、地下水位、地下水水化学成分等；

（8）地质灾害引发因素，如水库水位、降雨、冲刷、侧蚀、掏蚀和人工作用等及其方式、强度、周期等，如水库水位涨落效应对涉水滑坡稳定性的影响；

（9）地质灾害危害对象如人口及实物指标、成灾范围和可能的派生灾害，环境影响如滑坡对航道的危害及入江涌浪的危害。

4.1.2　信息获取方法

4.1.2.1　网上搜索

充分利用网络资源，快速了解最新发生的地质灾害信息、过往信息及其他相关自然地理、经济社会信息。网络搜索包括 https://www.sogou.com/、https://www.baidu.com/、Google Chrome、地球大数据共享服务平台、专业云平台下载，可以得到一些基本数据。

注意区别数据的真伪，特别是自媒体报道的信息需要多源数据对比甄别，避免使用错误数据信息，导致不良后果。

4.1.2.2　信息系统或专业云平台直接提取

（1）直接从地质灾害信息系统中提取基本数据参数，包括环境参数、地层岩性参数、地质构造背景、气象水文、人类活动和危害对象等；

（2）直接从图形库中提取相关灾害点的平面图、剖面图、遥感图像和照片等。例如，2003 年 7 月 13 日，长江三峡库区秭归县青干河左岸发生千将坪滑坡，国家启动重大地质灾害应急预案，首先调用了国家地质灾害信息系统，获取了滑坡前遥感影像，实地考察前可以研判滑坡规模和可能的危害范围。

4.1.2.3　卫星数据影像

（1）雷达卫星数据：欧空局哨兵 1 号（Sentinel-1，C 波段）卫星数据。植被覆盖密度高的地区综合应用哨兵 1 号与 ALOS-2（L 波段）卫星数据。滑坡灾害长期监测可采用 RADARSAT-2、TerraSAR-X、Cosmo-skymed 等卫星数据满足高分辨率和时间重访要求。

（2）光学卫星数据：空间分辨率优于 2m 的国产卫星遥感影像及相关专题产品数据，满足要求的卫星有高分一号、高分二号、资源一号 02C、2m/8m 卫星星座、资源三号星座等。专题产品数据包括正射影像、土地覆盖变化、植被指数等数据。

（3）地形地理数据：以 10m 或 30m 等分辨率的 DEM 生成坡度、坡向、起伏度等要素。基础地理信息数据应包含行政区划、地名、城镇、道路、河流水系、工程设施、人口等内容。

（4）地表形变信息：利用开源或国产雷达卫星 SAR 数据，通过差分合成孔径雷达干涉测量（D-InSAR）、永久散射体合成孔径雷达干涉测量（PS-InSAR）等技术提取地表形变速率或形变量，参考雷达卫星成像参数、多时相光学遥感数据和地形数据等，剔除阴影、叠掩、水体、平坦地区和人类工程活动等与地质灾害形变无关的信息，形成地表形变信息产品，分类确定重大地表变形区。

（5）合成孔径雷达干涉测量（InSAR）：利用雷达微波反射大范围连续跟踪地表微小形变。得到同一目标区域成像的 SAR 复图像对，根据干涉图的相位值，计算地表位移。该方法成果直观，不受气象条件影响，可全天时、全天候获取数据，尤其适用于低植被覆盖的地区。

4.1.2.4　航空数据影像

（1）激光雷达（LiDAR）测量：利用激光测距技术，将接收到的反射波与发射信号比较，多次回波获取地形信息。去除植被后可生成高精度数字地表模型（digital surface model，DSM），可有效识别山体损伤和松散堆积体等存在的灾害风险。主要受地形和地表植被类型影响。设备较为轻便，数据处理较为复杂，资料直观。

（2）无人机航拍：利用无人飞行器对目标区域进行高空拍摄，可获取高清晰、大比例尺的影像或测绘数据。该方法设备小型轻便，数据处理简单，资料直观，受地形影响较小，但需要较好的气象条件。

（3）轻遥摄影（摄像）平台（无飞机、飞艇）：有的称为"蜘蛛"（spider）可用于突发性地质灾害应急响应技术支撑。

（4）三维倾斜摄影：通过不同视角同步采集数据，获取高分辨率三维影像，精细反映滑坡区地形地貌条件。受地形影响较小，需要较好的气象条件。设备较为轻便，数据处理较为复杂。

（5）机载红外探测：收集外界红外辐射进而聚集到红外传感器上，探测地质体变形范围和边界条件。采集数据受地表植被类型影响，需要较好的气象条件。设备较为轻便，数据处理较为复杂，成果直观。

4.1.2.5　地面调查

（1）地面调查根据需要按比例尺控制工作精度，收集当地地形图，选定应急工作用图精度。

（2）确定地形控制点和典型标志点，根据地形插值和主要控制点绘制地形地质剖面图，根据地形地质图建立地质概念模型。

（3）采用已有的地形图，一般 1∶10000 ~ 1∶1000 进行数码照相或扫描处理，直接确定关键高程点，甚至生成 DEM 图，配合现场数码照相和摄像，获取实景信息。

（4）地面测量方式如水准测量、全站仪、GPS 等在地形测量方面效果好，但存在费时费力的局限。滑坡处于危险状态时，不能在滑坡体上安全地开展工作。

（5）三维激光扫描：原理与 LiDAR 类似，利用激光测距技术，获取高精度、大比例尺地质灾害地形矢量数据，主要受地形和地表植被类型影响。

（6）地基雷达：原理与 InSAR 类似，利用雷达微波反射，获取地表形变信息。监测单体滑坡发展态势，适用于灾害风险核查、应急监测等，受地形和电磁波影响。

（7）地质灾害调查成果主要服务于地质灾害防治规划编制、群测群防体系建立、区域土地开发利用和生态环境保护等。

4.1.2.6　地质勘察

（1）地球物理方法：电法勘探（电测深、高密度电法）、重力勘探、磁法勘探、地震勘探（浅震反射波、声波测井）、地温法勘探、放射性法勘探和示踪试验等。勘探原理是测量岩土体场源性质，反推解释岩土体成分，反演结果有时存在多解性。为了获得准确有效的解释结果，一般尽可能使用多种物探方法配合对比，并注重与地质调查、钻探等结合进行综合分析判断。

（2）地球化学方法：地裂缝测氡等，网格式单元地球化学采样测试集群统计。

（3）钻探方法：用于了解地质灾害体内部组成与结构，包括岩土组成、滑动带的情况、危岩体（崩塌）控制性结构面及地下水状态，观测深部位移，采集各类岩土样品。

（4）槽探方法：用于确定岩土层界线、滑坡周界、后缘滑壁和前缘剪出口产状、卸荷裂隙等控制性结构面的产出情况，有时也可用作现场大剪及大重度试验。

（5）井探方法：用于观察地质灾害体内部结构特别是滑动带特征、采集不扰动土样和进行原位大剪、大重度试验。一般应布置在滑坡的中前部主勘探线附近。当勘探的目标层在地下水位以下且水量较丰时不宜采用。

（6）洞探（平洞或斜洞）方法：用于观察地质灾害体内部结构特征，采集不扰动土样和进行原位大剪、大重度试验。适用于地质环境复杂、深层、超深层滑坡和大型的危岩体（崩塌）的勘查。洞口宜选在滑坡两侧沟壁、滑坡前缘、危岩体（崩塌）侧壁等易成洞口且安全的部位。平洞可兼作地下观测洞，也可用于汇排地下水，常结合斜坡排水整治措施布置。

4.1.2.7　动态监测

地表动态监测是运用人工、器具和仪器设备，以及各种测试技术和方法，对地质灾害环境信息、地质灾害体时空变形破坏信息（地表地下变形、应力、地下水位动态）、各种诱发因素及动态变化信息进行观察和量测，并对地质灾害进行分析预报。

4.1.2.8　岩土试验

岩土试验分为岩、土和水试样的室内试验和在野外原位试验。室内试验主要测定岩土成分结构，物理性质和渗透性指标，变形性能和强度指标，以及水化学成分。岩体力学原位试验包括变形试验、抗剪强度试验、地下水渗流试验和地应力测量等方面。土体原位试验主要包括载荷试验、旁压试验、十字板剪切试验和静动力触探等。

4.1.2.9　应急响应远程会商系统

远程会商系统包括视频会议系统、大屏显示系统、视频监测系统、卫星通信传输系统及指挥车系统，如基于 IP 网络的多媒体信息快速传输通道，服务于重大地质灾害应急响应，实现地质灾害预警和应急指挥数据通信不受时空限制的快速部署，形成高效指导地质灾害应急处置的前后方联动体系。在网络系统基础上，运用现代通信与组网技术、视音频处理技术、卫星通信技术等，完成有线、无线、微波、卫星通信传输系统建设，实现有效的组网和资源共享，建成地质灾害远程会商指挥信息采集、传输，异地控制的音视频监测、传输和会议系统。实际运用时，涉及系统监控点、模拟会商点、主会商点、辅助会商点和灾情现场等多点联动。会商内容包括灾情介绍、救灾抢险汇报、专家咨询支持决策、领导指示部署和实施效果跟踪调度等。丹巴县城滑坡险情应急响应和长江三峡千将坪滑坡现场处置均采用了多方多视点远程会商（图 4.1）。

图 4.1　三峡库区千将坪滑坡现场远程会商摄录系统（付小林提供，2005 年）

4.2　地质灾害成生因素

地质体变形破坏的本质是重力作用与岩土体强度抗破坏的平衡问题，而长期的风化损伤、降雨、地震、冻融、人类活动则成为引发重力作用失衡，造成应力作用集中超过岩土体强度引发破坏的重要因素。

4.2.1　地质环境变化

地质环境是与人类社会生存、生活、生产和发展密切相关的地球外部岩石圈层，它的上界面可认为是与起伏的地表面密切相关的大气对流层，它的下界面为地壳莫霍面或浅源地震深度面。风、雨、雷、电、雪、冰、冻和雾等强烈改造地表形态的外动力作用均发生在大气对流层内。由于人类的影响,大气对流层高度出现逐年升高变化,成为全球环境变化的晴雨表。断裂活动、浅源地震和火山活动对人类社会的影响巨大。人类活动影响如水库或核爆炸诱发地震的深度一般不足 20km。地质环境变化与区域性内、外动力地质作用密切相关。

滑坡、泥石流等灾害是区域地质环境、气象变化和人类活动遭遇耦合的结果,因此,基于地质环境组合条件、自然作用因素变化和人类生存与发展遭遇的可能性考虑问题,地质灾害发展的增长趋势可以遏制或减轻,地质灾害造成的经济损失相对人类财富的增长比例可以实现趋势性降低,但一定时段、一定区域地质灾害损失的绝对量却不一定减少。

4.2.1.1 内动力驱动的构造活动区

在区域地球动力学方面,中国地处环太平洋构造带和喜马拉雅构造带汇聚部位,太平洋板块的俯冲和印度板块向北对亚洲板块的挤压碰撞是中国大陆最主要的地球动力来源。印度板块与亚洲板块的碰撞边界上产生了世界上最高的喜马拉雅山脉,形成了世界屋脊——青藏高原。两种岩石圈活动构造带的汇聚作用造就了中国的大地构造格架和地势的基本轮廓,也决定了中国大陆的自然地质环境条件和地质灾害的多样性和频发性。印度板块与喜马拉雅板块的强烈碰撞作为驱动力造就了我国西南地区活动构造控制的地质环境及山高谷深、断裂、地震、崩塌滑坡泥石流活动强烈的基本态势。

1999 年台湾南投县"9·21"地震前后泥石流发生的临界降雨量指标变化显示了地震破坏损伤岩土体的滞后效应。据 2000 年 2~4 月台湾云林、彰化、南投和台中等县数次降雨统计发现,地震后泥石流发生的临界降雨指标比地震前明显降低,地震后泥石流发生的当日降雨量、降雨强度和降雨延时等指标下限值分别仅约为地震前相应值的 1/7、1/3 和 1/2(表 4.1)。

表 4.1 台湾"9·21"地震前后泥石流发生的临界降雨指标变化[*]

指标	地震前	地震后
当日降雨量/mm	115~546	17~116
降雨强度/(mm/h)	4.69~20.8	1.42~9.27
降雨延时/h	9~86	7.5~42.5

[*] 据詹钱登和李明熹(2004)资料整理。

Keefer(1984,2002)根据震级和引发崩塌滑坡影响面积的统计关系,忽略引发滑坡发生的地震震源深度、地质地貌条件,已发生的地震强度与滑坡分布面积存在明显的相关性。Keefer 统计了 37 个历史地震震级与地震滑坡区域面积的关系,得

$$\lg A = M - 3.46(\pm 0.47) \tag{4.1}$$

式中,A 为滑坡区面积,km^2;M 为地震震级,$5.5 < M \leqslant 9.2$。

4.2.1.2 外动力驱动的强烈地形塑造作用

长江的宜昌—重庆段是地壳相对稳定地区,但陡峻的地形地貌和大型崩塌滑坡发育又

是令人震惊的。奉节向上到重庆的河道两岸无论是顺向坡还是逆向坡，大型崩塌滑坡发育，河床深槽分布浅而稀疏，上口延伸长，槽间凸起比较圆滑。奉节向下到宜昌的三峡江段，河床深槽分布深而密集，上口延伸比较短，槽间凸起比较尖峭。奉节至宜昌约200km长河段内发育约90个深（注）槽，其累计长度接近该河段长度的一半。另外，云阳的兴隆滩以上，深槽最大相对高差为44m，但基本未出现低于海平面的深槽；兴隆滩以下，深槽最大相对高差为85m，奉节以下30多处深槽底部低于海平面，庙沟深槽最低点达−30m。

　　长江三峡江段滑坡、岩溶作用分布高程的异常及其协调性反映了该河段历史上经历了异常的水动力与河道两岸地貌的相互作用，即出现过强烈的下切冲刷作用时期。刘传正（2000b）采用川峡二江在奉节东西贯通形成统一的长江伴随着斜坡剧烈塑造过程，分析解释该江段大型、巨型崩塌滑坡的异常存在（刘传正等，2007）。川峡二江东西贯通是一个重大的外动力自然地质事件。川峡二江续接贯通及其伴随的快速地质作用是该江段工程地质环境复杂，地质灾害隐患多发的深层次原因。二者贯通前，川江西流汇入金沙江南流孟加拉湾，峡江东流汇入扬子江进入东海，二者源头均向分水岭巫山−齐岳山山脉溯源侵蚀。川峡二江在瞿塘峡段续接贯通形成东流的长江后，东流水量由贯通前的年平均每秒数百立方米剧变为贯通后的年平均每秒数万立方米，超常的水动力作用短时期内在本江段形成三种水动力的叠加作用：①川水下泄，在分水岭顶部形成"水锯"作用向下切蚀；②峡江加剧了向分水岭的溯源侵蚀；③因下泄水量急剧增大，分水岭内部的地下暗河或岩溶洞穴因充水量增大、岩溶作用增强和石灰岩体弱化加速而使洞顶垮塌作用增强，甚至诱发塌陷地震，类同于现代水库诱发地震（图4.2）。

　　三种作用使川峡二江续接地段，特别是其两侧（万县—奉节，巫山—巴东）的岸坡进入一个异乎寻常的快速地质作用塑造时期，或称第一个岸坡剧烈塑造期（对应于第二个岸坡剧烈塑造期——三峡工程建设与运行期）。

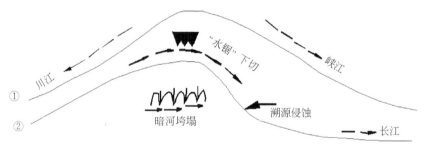

图4.2　川峡二江续接贯通前后的水动力作用图解
①川峡二江续接贯通前；②川峡二江续接贯通后

　　川峡二江续接贯通后，在"水锯"的主导作用下，川峡二江续接地段的岸坡成为快速物理化学作用的对象：①构造破碎是岸坡塑造作用的基础；②"水锯"作用快速制造空间，使地质体卸荷、松动、开裂，坡体逐渐发生转动、泥化、垮塌，形成垮塌体；③石灰岩或石膏岩的溶蚀促进江床上方发生岩溶塌陷或松动架空塌陷，暗河变明河；④二次溶塌作用则在垮塌体中形成溶蚀现象和开裂架空结构形态，整个过程具有重复进行的特点；⑤后期的表层崩滑改造作用和冲洪积作用（阶地）则出现互相"超覆"（叠加）的特点。

岸坡经历的演化过程可概括为：山体卸荷→松动开裂→转动泥化→垮塌崩滑→阶地"超覆"→复合堆积。

川峡二江贯通形成东流的长江没有争议，但贯通时间观点不一。李四光（1924）、杨达源（1988）等研究认为长江的贯通时期确定为 2.00±0.20Ma。赵诚（1998）、李祥根（2003）根据支流倒插、阶地等认为长江贯通时间为 0.15~0.20Ma。田陵君等（1996）认为长江三峡瞿塘峡段贯通时间在距今 0.30~0.60Ma。刘传正（2000b）从滑坡时代和分布高程等认为长江三峡续接贯通时间在距今 0.45~0.60Ma（刘传正等，2003b）。

4.2.2　自然演化累积效应

由于局地物理风化、化学风化、生物风化与具体斜坡岩土体自身的长期重力作用，会造成岩土体潜在损伤，使之逐渐进入高陡地貌侵蚀崩塌后退演化时期。

4.2.2.1　基岩风化损伤

地形上高陡悬空、岩体结构开裂破碎、地表水流冲刷、渗透溶蚀及暴雨期间短历时水压力作用、树木根劈作用和长期的物理化学风化作用，是基岩风化损伤发生崩塌滑坡的主要原因（刘传正等，2004a）。地下深部开采矿产资源及周围施工爆破振动等人为活动等极易成为崩塌灾害出现的"触发器"。

2004 年 12 月 3 日，贵州纳雍县中岭镇左家营村后山发生危岩崩塌，造成 44 人死亡，13 人受伤。此次事件是长期演化造成边界条件有利于崩塌产生。危岩体由石灰岩、泥灰岩和粉质砂岩软硬相间组成，节理裂隙发育。植物根劈作用使裂隙逐渐增大并岩溶化，逐渐发展成危岩而发生崩塌（图 4.3）。

图 4.3　贵州纳雍县左家营崩塌（2004 年 12 月 3 日）

4.2.2.2　黄土溶蚀损伤崩塌

2005 年 5 月 9 日，山西省吉县吉昌镇桥南村发生黄土崩塌地质灾害，造成 24 人死亡。

崩塌体岩性上部为晚更新世（Q_3）黄土状粉土，结构松散，遇水具湿陷性；中下部为中更新世（Q_2）粉质黏土。黄土体柱状节理（裂缝）发育，易于降水渗流冲蚀，长期溶蚀作用下发育了多处落水洞，直径达数米，破坏了黄土山体的整体连续性。降雨渗流及冰雪冻融等侵蚀冲刷、湿陷塌落、节理裂缝扩张等多种因素长期作用造成土体结构逐渐损伤，土体整体强度缓慢降低，最后沿节理–土体–洞穴追踪蠕动，一旦贯通即发生高速座落式崩滑灾害。这个过程主要是自然演化的结果。当然，村民沿黄土崖壁下开挖了比较密集的窑洞也削弱了坡脚的支撑作用，但是次要因素。

黄土的性质决定了这类土体一旦受到扰动或产生塌落，原来的土体结构完全破坏，新的崩积物变得非常松散，在受到开挖扰动时临空面极易发生塌落倾泻，孕育新的灾害。这是应急响应、工程抢险技术论证和决策指挥时应特别注意的安全因素。

4.2.3　冰雪冻融作用

冰雪冻融引发的崩塌滑坡是冰雪冻融提供水源，沿松散斜坡表面下渗并向深部发展而孕育形成的，既不同于农林灌溉渗透在斜坡前缘形成"冻结滞水"再融化软化引起滑坡，也不同于土体冻结再融化形成的小规模滑塌现象。冰雪冻融引发崩塌滑坡的成因机理主要是冰雪冻融形成的水流沿土体的孔隙或裂隙悄然渗入，逐渐使土体重量增加，结构软化，强度降低，一旦渗透变形出现差异沉降就形成地表裂缝，融水就会沿地表裂缝灌入土体，并在相对隔水界面聚集，通过软化侵蚀作用逐渐破坏其整体稳定性而发展成崩塌或滑坡。新黄土松散多孔易于融水渗入而湿陷解体，老黄土节理裂隙发育易于融水灌入而引起斜坡变形破坏。残坡积土斜坡破坏主要起因于持续的冰雪融化渗水逐渐使坡体表层饱水，而后沿新生裂缝带注入，斜坡中前部逐渐饱水加载，松散土体与基岩接触带强度降低，形成整体破坏后滑动冲出（刘传正，2014b）。新生裂缝以上坡体因前缘失去支撑而发生卸荷牵引，接续下滑。滑坡运动过程中出现沿途铲刮，多级斜坡台坎俯冲，形成远程滑坡灾害。自然或人为堆积土石一般具有单一级配的"等粒度"或"等块度"特征，松散堆积斜坡的临界休止角取决于碎块石点接触、面接触摩擦力和细颗粒的填充作用。冰雪融水润滑碎块石表面，降低块石之间的摩擦力，软化细颗粒基质的黏结力，逐渐破坏松散斜坡的平衡状态，而斜坡后缘继续加载或冰雪融水渗透作用则会对斜坡的整体失稳起到激发作用，宏观上表现为"等粒体"物质的"雪崩式"滑坡碎屑流现象。

2009 年 11 月 16 日 10 时 40 分，山西省吕梁市中阳县张子山乡张家咀村茅火梁因降雪消融渗水引发黄土座落式崩塌灾害，造成 23 人死亡（图 4.4）。崩塌方向为北偏西，崩塌体底部宽度约 80m，崩塌壁高度约 50m，平均厚度约为 10m，崩塌体积约为 $2.5 \times 10^4 \text{m}^3$。崩塌黄土体结构松散，节理发育，利于降雪融水渗入。崩塌体底部的砂砾石层存在侵蚀掏空现象，对黄土陡倾斜坡的支撑作用降低。11 月 10 ~ 12 日该地先雨后雪，累计降水量达 53.7mm，雨水与后期持续融雪入渗作用不但增加了坡体重量，也软化了黄土坡体物质，风化卸荷累积作用降低了黄土强度，影响了其整体稳定性。

图 4.4　山西省中阳县张家咀村大型黄土崩塌灾害

　　冻融、剧烈的昼夜温差变化导致物理风化强烈，岩体碎裂持续崩落，极度干燥形成"干塌"。特殊气候系统主要包括降雨量和降雨强度及其变化规律；温度、湿度变化特别是极端变化（有报道温度变化引发滑坡）和气压变化等。2001 年 4～5 月，西藏昌都地区芒康县干燥状态下发生碎屑流，造成 318 国道中断，当地人把这种现象称为"干塌"，实质是干燥气候下的"碎屑流"现象，直至形成自然休止坡角为止。

4.2.4　降雨渗流与地表汇流冲刷侵蚀

4.2.4.1　降雨渗流作用

　　降雨渗流作用主要表现为斜坡岩土体重度增加、滑坡体岩土强度降低、滑动带以上地下水位浮托作用、滑坡前后缘地下水位差形成的水力梯度之渗透压力和滑坡前缘的地下承压水产生的孔隙水压力降低岩土体有效应力和前缘抗滑力。

　　一般地，大滑坡的发生均滞后于主要降雨过程，甚至在主要降雨过程结束后 5～7 天才发生滑坡。因为，降雨过程结束后，降雨形成的地表汇流和渗透作用还要延续较长时间，特别是表汇流沿着滑坡后缘或侧缘裂缝进入滑坡积聚形成地下水需要一定时间。因此，强降雨引发的大滑坡防范绝不能局限于降雨期，而要着眼于地表汇流和滑坡内地下水的积聚、地下水位上升、地下水位消散和滑坡前缘地下水的排泄状态如泉流量的大小、浑浊程度和滑坡变形动态的关系。

　　图 4.5 给出 2006 年 2 月菲律宾 Guinsaugon 山坡西 7km 的 Libagon 观测到降雨量，累计降雨量为 751mm，是月平均的 2.65 倍。2 月 10～12 日最大日降雨量为 131～171mm，超过滑坡发生前四天的累计降雨量，这个量级的降雨量和降雨强度在菲律宾都是罕见的，特别是涉及台风的情况。滑坡发生前，当地农民已经注意到斜坡中部的深宽延伸到基岩的张

开裂缝。2 月 16 日 Guinsaugon 的一位居民曾报告，Aliho 小溪的水变浑或出现泥浆。Guinsaugon 滑坡源头与茂密的植被线相一致，大约 780m 高程。滑坡前存在三个陡峻倾斜的斜坡切割形成一个楔形体。高陡斜坡源于早期岩崩和小型滑坡，坡脚小溪和老滑坡堆积造就了 Guinsaugon 村落。

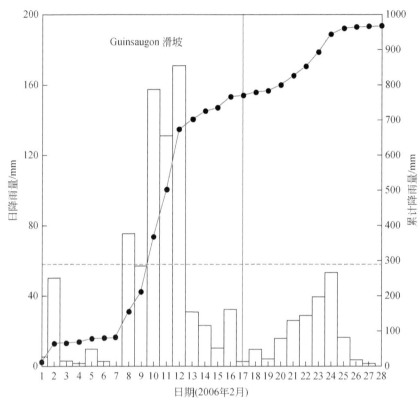

图 4.5　菲律宾 Guinsaugon 滑坡前后当地降雨量分布（据 Guthrie *et al.*，2009）

竖柱是日降雨量；点线是累计降雨量；竖线是滑坡发生日期

台风暴雨会激发大面积的群发性坡面泥石流，持续降雨会激发大滑坡的发生，大幅度的水库水位涨落对顺层斜坡或松散堆积体失稳会产生强烈的激发作用，而强烈地震，特别是能够产生地震波放大效应的区域或地段则可能会激发大型山崩或顺层大滑坡。

2013 年 7 月 8~10 日，四川都江堰区域持续降雨 40 多小时，降雨量达到 941mm。强降雨激发都江堰市中兴镇三溪村五里坡发生顺层滑坡，而后转化为高位碎屑–泥石流灾害，造成当地村民及外来休闲度假人员 161 人死亡或失踪。

4.2.4.2　地表汇流冲刷侵蚀

强烈的地表汇流冲刷、侧蚀、深切落水等会造成斜坡前缘形成陡坎，斜坡前缘快速形成临空面而改变斜坡体的稳定平衡状态，类同于切坡脚改变前缘边界条件。斜坡坡脚河流冲刷临空进而引发滑坡，滑坡土体进入山洪沟转化为山洪泥石流。

2016 年 7 月 6 日，新疆叶城县柯克亚乡玉赛斯村滑坡–泥石流造成 35 人遇难。河谷内出露冲洪积粉土、砂卵砾石，结构松散，砾石分选磨圆差。山坡上土体为风积粉土，松散无黏结。降雨引发滑坡堵塞沟谷造成断流约 15 分钟，堰塞湖溃决形成山洪泥石流，冲毁或淤埋下游民居和学校。当地年均降水量约 100mm，事前区域内短时降雨量为 6.8 ~ 13.6mm，个别地点降雨量达 28.5mm。

区内多期滑坡变形体是降雨渗透作用引发蠕动坍滑的结果，此次降雨事件引发大规模滑动冲入河道。斜坡土体内存在顺坡向微细纹层，成分为粉细砂为主。滑动带位于土体内部，滑带下土体是干燥的，降雨湿润深度就是滑体竖直厚度。降雨引起松散斜坡表层整体稳定性降低，前缘松散砂粉土易于冲刷形成陡坎，类同于切坡脚，改变前缘边界条件。降雨渗透和坡脚河流冲刷临空是滑坡的重要原因（图 4.6）。

图 4.6　新疆叶城玉赛斯村滑坡-泥石流（魏云杰提供，2016 年 7 月 6 日）

2009 年 8 月 8 日，"莫拉克"台风-超强暴雨重创台湾高雄，造成 689 人死亡失踪。高雄、屏东降雨量达到 2900mm。最大日降雨量达 1800mm。"莫拉克"移动速度慢，每小时只走 5 ~ 10km。最低纪录的是在 9h 才走 40km。高雄县甲仙乡小林村惨遭泥石流侵袭灭村，237 人遇难。

4.2.5　地震作用

地震特别是强震对崩塌滑坡的引发作用是普遍的。地震波引起的地面往复运动作用造成多次斜坡岩土体瞬时失衡，上抛作用则直接降低软弱面上的正压力，这两种作用既会造成斜坡局部应力集中，也会直接降低弱面的摩擦阻力。当地震作用力超过斜坡岩土体能够承受的极限时，坡体开始发生破坏变形，变形超过一定值就会发生永久变形，形成地震地裂缝、崩塌或滑坡破坏。据统计，地震活动与相应地区的滑坡发生具有长周期的相关性，强烈地震会直接引起岩土体崩塌、滑坡甚至入江形成堰塞湖（刘传正，1990）。王兰民等（1999）发现，在Ⅷ度区以下的地震影响区内，黄土地区山体崩滑或泥石流并非肯定出现，而在Ⅷ度及其以上的地震影响区内，山体崩滑或泥石流则肯定出现。

在"5·12"汶川地震区，除地质结构边界条件控制作用外，地震烈度分布与其激发崩塌滑坡的数量和规模存在明显的相关性（Liu，2008）。分别将各时段崩滑流灾害点与地震烈度区间进行空间叠加分析，计算各分段的灾害点频率。地震前，地质灾害点集中分布在Ⅷ度及以下地区。地震引发的地质灾害点分布与地震烈度呈现明显的正相关关系，特别是在Ⅸ ~ Ⅺ烈度区，灾害点密度高、规模大。地震后，灾害点分布与地震烈度仍存在一定正相关关系，说明存在地震滞后效应，只是Ⅸ度及以下区域也出现较高的发灾率（刘传正等，2017）。图4.7是"5·12"汶川地震引起甘肃陇南宝成线山体崩塌堵断嘉陵江，埋压徽县车站并损毁机车引起燃烧。崩塌体堵江上下游水位差10m，为保救灾物资快速运输，进行了应急处置。

图4.7　2008年"5·12"汶川地震崩塌堵塞嘉陵江，中断宝成线

王秀英（2010）研究发现，崩滑严重程度与地震峰值加速度大小存在正相关性，且崩滑强度与水平向的地震作用关联更密切。水平向加速度对岩土体的外拉力贡献较大，垂直向加速度的往复作用会使岩土体的结构松动。当水平向和垂直向地震作用均较大时，地震引起的崩滑尤为严重，崩滑灾害多发区地震动峰值加速度多大于$0.2g$。峰值加速度小于$0.2g$时，崩滑明显减少，$0.2g$可以作为斜坡地震损伤破坏的临界加速度。

4.2.6　工程切坡

工程切坡破坏了长期内外动力地质作用形成的自然斜坡休止角，造成斜坡下部应力集中，岩土体破坏损伤，如再遭遇暴雨渗流等弱化岩土体强度，就会引发大规模滑坡。2001年5月1日，重庆武隆县城因切坡建房（宾馆）形成松动-开裂-倾倒式崩塌，造成79人遇难。

2011年9月17日14时10分，西安市灞桥区白鹿塬北坡发生山体滑坡，造成32人死亡、5人受伤。白鹿塬黄土斜坡的自然休止角约在30°，20世纪90年代当地烧砖取土切坡形成70°的高陡边坡，高差约80m（图4.8）。2011年9月持续降雨渗透累积效应和17日42mm局地强降雨激发酿成滑坡灾难。

2019年7月23日20时40分，贵州水城县鸡场镇坪地村岔沟组山体滑坡造成52人死亡失踪，21栋房屋被摧毁。整个滑坡区域长约1300m，前后缘高差约460m，体积约191.2×10⁴m³。2019年7月23日滑源区斜坡失稳，形成的岩土体碎屑流冲下斜坡，并被下部山脊分为东西两支停积。上陡下缓的地形及冲沟发育为残坡积层下滑为本次滑坡提供了

图 4.8　西安灞桥区白鹿塬北坡滑坡前地貌景观

临空条件。地质结构上凝灰岩节理化严重，表层风化剧烈，滑坡主滑移面发育在绿泥石化的凝灰岩夹层上。

郑光等（2020）研究认为，滑坡源区特殊的地形条件、风化碎裂的玄武岩体和不利的岩体结构面是滑坡形成的内因，强降雨的饱水加载和下渗软化作用，以及公路切坡扰动是导致滑坡发生的外因（图 4.9）。

图 4.9　公路建设与"7·23"滑坡的相对位置关系（据郑光等，2020）

滑坡前，滑坡源区左侧的公路内侧切坡长约 40~80m，顶部植被界线向坡内后移约 10m。切坡最大高度为 24.3m，填方边坡高度为 11.6m。采用多级切坡及填方用以路面拓宽，存在部分路段切坡后未及时支护现象。公路切坡形成三级陡坎高度从上到下分别为 2m、12m、12m，公路施工对岩土体结构造成扰动，残坡积层沿公路下方剪出破坏（郑光等，2020）。

6月24日至7月23日，鸡场镇坪地村累计降雨量为323.5mm，其中23日降雨量为98mm。连续降雨及当日暴雨沿残坡积层入渗，上覆岩土体处于饱和状态，自重增加，持续降雨造成地下"黏土坝"被地下水浸泡软化，导致斜坡在降雨诱发下失稳，岩土体整体溃滑形成滑坡碎屑流（图4.10）。受前期降雨影响，滑坡壁有多处基岩裂隙水涌出，显示滑坡区地下水活动强烈，成为水城滑坡的重要诱发因素。降雨成为水城"7·23"滑坡的重要诱发因素。

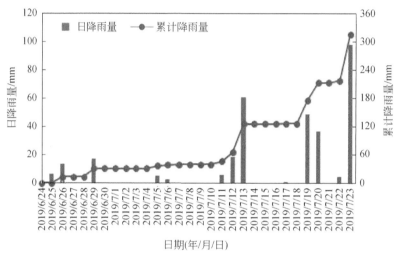

图4.10　鸡场镇坪地村雨量站降雨量统计（据郑光等，2020）

4.2.7　矿山开采活动

4.2.7.1　一般认识

一般地，在高陡临空地形条件和地下采空区面积足够大的情况下，采矿影响高度主要取决于上覆岩层的综合抗拉强度和岩层产状。当存在竖直的贯通性裂隙–节理或断层构造时，山体的综合抗拉强度将急剧降低，采空区的"悬板张拉效应"可直达山顶，并在山顶形成最大作用力。据统计，高陡临空地形条件下山体开裂的发生发展一般滞后于地下矿山开采时间10~20年，个别可达30年，最短不超过5年，甚至更短（徐开祥，1988）。表4.2反映了高陡临空地形条件下采矿对山体稳定性影响，尤其是采空悬板作用对山顶开裂为岩体的形成值得重视。

地下开采活动会改变上覆山体的应力场状态，从而影响其整体稳定性。综合分析发现，采矿引发山体开裂形成危岩体或崩滑地质灾害主要取决于三个因素：①在地形上高陡临空，地表相对高度一般大于50m，具备开裂倾倒或发生大规模滑移崩塌的自由空间。

②一般发生在厚层状沉积岩，特别是碳酸盐岩地层中。层状岩体结构具备地质历史过程中形成的贯通性竖直节理体系乃至断层。③山体崖脚或地下存在着平行于岩层的矿层，一般具有小规模且持久的采矿历史，形成了一定范围的采矿空区（刘传正，1999）。

表 4.2　山体开裂崩滑与地下采矿的关系（据刘传正，2010a）

序号	地点	发现（生）日期	状态	山顶距采空区距离/m	山顶开裂深度/m	地层岩性	备注
1	湖北黄石板岩山	1949 年	危岩体，已治理	200	150	二叠系、三叠系石灰岩	煤矿
2	湖北秭归链子崖	1964 年	危岩体，已治理	148	148	二叠系石灰岩	煤矿
3	湖北远安盐池河	1980 年 6 月 3 日	崩塌，284 人死亡	300	130	震旦系白云岩	磷矿
4	重庆巫溪中阳村	1988 年 1 月 10 日	崩滑，26 人死亡失踪	280	150	二叠系、三叠系石灰岩	煤矿
5	重庆武隆鸡冠岭	1994 年 4 月 30 日	崩滑堵江，人员撤出	270	120	二叠系石灰岩	煤矿
6	陕西韩城坑口电厂	1982 年	山体滑移，已治理	250	55	二叠系石灰岩	煤矿
7	贵州盘县朝阳村	2001 年 6 月	危岩体，人员撤离	350	200	二叠系、三叠系石灰岩	煤矿
8	重庆武隆鸡尾山	2009 年 6 月 5 日	崩塌，74 人死亡失踪	210	60	二叠系石灰岩	铁矿

这些因素的综合作用体现为地下采空区在山顶造成的"悬板张拉效应"。高陡临空与大面积采空是形成"悬板"的两个根本因素。没有高陡临空，就没有变形开裂位移的空间；没有矿层采空，"厚板状"岩体就不能"悬"起来。岩体内节理或断层切割是岩体易于拉裂张开的内在因素，它与前两者共同孕育了大规模危岩体的形成。因此，高陡临空地形条件下层状岩体地下大面积矿层采空产生的"悬板张拉效应"是导致山体地表开裂倾倒乃至发展形成崩滑灾害等"链式反应"动态过程的起因。

4.2.7.2　陕西山阳烟家沟滑坡灾难

1. 基本情况

2015 年 8 月 12 日 0 时 30 分，陕西省山阳县中村镇烟家沟矿区发生山体滑坡，造成矿区 65 人遇难，15 间职工宿舍、3 间民房被埋（图 4.11）。滑坡体积约 $168×10^4 m^3$，滑坡山体解体后冲向大西沟对岸斜坡，碰撞后向右折转方向，块石流顺烟家沟运动距离达 600m，堆积区前缘高程约 970m（王佳运，2019）。

事发前，滑坡下方居住了两个施工队和一个管理工队（管理人员和技术人员）。两个工队的工棚靠近山体，时常有山石滚落，11 日曾要求分散到山下居住。两个矿工宿舍分别距矿区 50m 和 100m。滑坡掩埋的主要是管理队和一个施工队的生活区。滑坡前多日经常崩塌落石，工人曾向矿上反映，但当时未想到提前撤离人员。8 月 8 日发现采场洞口开裂滚石加剧，上方滚石砸坏 1015 坑口附近的采矿炸药库墙体，主动转移炸药后炸药库被埋，当日滑塌了岩石约 $4×10^3 m^3$。11 日下午，工棚上方落石增加，一个施工队觉得不安全，当天 6 时转移到小河对岸，6h 后新搬迁的宿舍区未能逃脱滑坡灾难，新、老住处均被掩埋。滑坡发生时，矿长和安全员曾经呼喊，14 人向山上奔跑幸运逃生，部分向山下逃生者遇难。由于山石频繁滚落，被要求紧急开离的两辆皮卡车的驾驶员一位受伤、一位安全逃离。

图 4.11　陕西山阳烟家沟滑坡后地貌景观（2015 年 8 月 12 日）

2. 滑坡地质

滑坡左侧的大西沟在滑坡前缘汇入右侧的烟家沟，两沟为季节性地表径流，滑坡时无地表径流。滑坡山体是陡倾顺层单斜山梁地貌。山坡斜坡整体坡度为 40°，相对高差为 275m。

滑坡体上部地层为震旦系灯影组坚硬厚层白云岩，下伏寒武系水沟口组软弱碳质泥岩与硅质板岩，两套地层呈平行不整合接触，滑动面即为平行不整合接触面。滑坡滑动面出露于大西沟右岸坡 1050m 高程，滑坡剪出口高出沟底约 25m，利于高位滑动剪出（图 4.12）。滑动山体东侧临空，西侧破损边界为张拉剪滑面。滑动山体单斜岩层上厚下薄，头重脚轻，前缘临空。沿平行不整合面发育的滑床面呈舒缓波状起伏，总体产状为 15°∠48°，表面因剪切滑动形成光滑镜面，显示重力作用下经历了长期蠕动变形过程。

滑动斜坡顶部至剪出口长约 260m，深为 20 ~ 35m 不等。岩溶发育使多处形成贯通性溶蚀通道，重力卸荷牵引作用沿结构面形成了明显下错断面。西边界上部断面整体较为平直，出现视倾向擦痕，下部参差不齐，呈现张拉破坏的特征，显示前部岩体向右侧临空方向偏转牵引运动特征。

3. 引发因素

滑坡前一个月累计降雨量为 65.5mm，滑坡前四天无降水。岩体节理裂隙及溶蚀通道有利于地下水渗流，下伏的碳质泥岩容易形成暂时性地下水滞留，润滑软化、溶蚀侵蚀软岩成分结构，降低斜坡的稳定性。

矿山开采部位位于寒武系水沟口组中段下部层位，矿层厚度在 2m 左右。在山体下部

图 4.12　烟家沟滑坡滑床与内侧壁（2015 年 8 月 12 日）

形成了面积超过 $5 \times 10^4 \, \mathrm{m}^2$ 的采空区，对前期山体的蠕动变形和应力调整具有一定的影响（王佳运等，2019）。开采标高为 1166～1365m，多年开采基本采空。采矿方法初始采用浅孔留矿法，后采用房柱法。炸药单箱 15kg，每段爆破使用 300kg。爆破对岩体的损伤、松动累积效应和顺层蠕动作用是显见的。

滑床距矿层顶板 10～40m，上薄下厚。滑坡前后未发现顶板垮塌片帮现象，但滑坡山体的中下段几乎全部受到采矿影响或分布采空区。

4. 成因分析

滑坡发生前，山体破坏的边界是清楚的，东、南、北三面临空，顺向坡与反向坡形成尖薄山脊，剪出口在坡面上出露，缺乏底部支撑难以形成溃屈作用，加之岩层都倾斜且剪出口裸露易于顺软层发育滑动面。西侧因节理化、岩溶化和采空悬板作用而基本破损开裂沿软弱带张裂、撕开–张应力侵蚀。西侧张拉剪滑面起源于下部采空区的悬板作用使节理面逐渐被拉开，黄褐色断面显示新断裂岩石较少，岩溶渗水侵蚀强烈。滑坡体底界面为软弱岩层边界，其上部的硬岩刚度大，不宜弯曲下沉，其下的软弱软岩层受采空区影响容易下沉，造成软硬岩层之间形成"离层效应"。上部硬岩在采空区作用下虽然不宜弯曲下沉，但在重力作用必然在上下两端形成"简支梁"效应，即在上下两端出现张拉翘起效应（图 4.13）。

山体在采空区作用下，中部下沉作用大于上下两端，造成两端出现"翘起效应（T_1、T_2）"。中部下沉作用是存在差异的，滑坡体（W）主要由硬岩组成，滑坡体与采空区的岩层（W_0）相对软弱，导致上部岩层下沉不如下部岩层强烈，从而在二者接触面中段出现"离层效应"。中部"离层效应"、两端的"翘起效应"和局部应力集中会使大部分软弱夹层减压致使有效正应力减小，从而降低摩擦力，而应力集中区则会造成岩体软弱夹层损伤，破坏上硬下软岩体直接的严密接触，加剧地下水渗流溶蚀、侵蚀及软化作用，即降低软弱带的摩擦力，加之频繁的爆破振动疲劳损伤、松动作用，断面近"楔形"的山体沿软弱夹层发生整体性滑坡就成为必然。

山阳滑坡起因于长期的降雨渗流软化、采动爆破振动疲劳破坏和陡倾地层结构下地下采空区的悬板作用。滑坡是顺倾高陡斜坡岩体在岩溶渐变作用和地下及采空区悬板张拉下软层离层演化成滑动面后出现的。滑动山体为碳酸盐岩。采空作用造成上部山体应力重分布，岩体中的软弱层逐渐损伤成为应力能释放区，采空作用拉断山脊顶端。斜坡体内的软弱层面在坡脚出露形成主滑动面的剪出口，"上大下小"即"头重脚轻"的急倾斜顺倾结构山体容易出现推移式破坏，而不是溃屈变形。

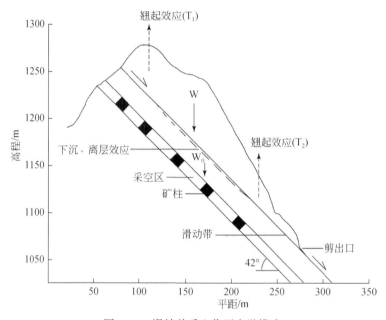

图 4.13　滑坡前采空作用力学模式

采用简化的平面滑动临界模式可以进行量化解释。临界状态下单宽楔形岩体存在：

$$W\sin\alpha = W\cos\alpha \mathrm{tg}\varphi + CL \tag{4.2}$$

式中，W 为滑动岩体重量，t；C 为滑动带内聚力，t/m²；φ 为后缘裂隙内摩擦角标准值，(°)；α 为岩层倾角，(°)，取 42°；L 为滑动面长度，m。把滑动岩体断面视为三角形，取底宽 50m，$L=270$m，岩体重度 $\gamma=2.6$t/m³，得到 $C=43.5-48.3\mathrm{tg}\varphi$。

当饱水泥页岩 φ 值分别取 24°、20°、15°时，对应的 C 值分别为 22t/m²、25.9t/m²、30.5t/m²。可见，尽管滑动带的岩体力学参数并不低，但"头重脚轻"的楔形山体仍会发生整体破坏，酿成灾难。

山阳滑坡在地质形态及成分结构上是比较简单的，引发因素是明确的，滑坡前兆是显然的，但由于缺乏防灾意识而对山体开裂变崩塌落石视而不见，防灾知识不足而撤离避让不彻底，防灾决策不果断、不全面、不彻底，加之存在一定侥幸心理，实在为之悲叹！

4.3　崩塌滑坡泥石流灾害成因类型

4.3.1　问题的提出

国内关于崩塌滑坡和泥石流等地质灾害的几何形态、规模、厚度、运动方式、成分、结构和地质成因及危害大小等方面的分类已有多种，国际上也有比较通行的斜坡运动方式和速度分类，但主要局限于按自然属性描述问题，而很少从社会属性或灾害属性方面予以界定问题的性质（刘传正，2009；王恭先等，2004；晏同珍等，2000；Schuster and Crizek，1978；Varnes，1978）。

滑坡变形破坏力学机理分析是模拟和仿真分析的基本依据，模拟仿真又反过来检验机理分析的正确性。滑坡或斜坡的变形破坏机理模式一般考虑以下几类，实际情况常表现为几类的组合：倾倒、崩滑、座落、平移、推移、牵引、崩溃（碎屑流）。

由于地质灾害成因类型描述的不规范抑或存在随意性，造成某次地质灾害事件发生后因不能明确及时地回应社会舆论的关切而备受责难或抨击。因为，滑坡泥石流等突发地质灾害的认知不仅属于科学范畴，而更多地表现为社会公共安全事件。事实上，"地质灾害"一词提出时就考虑了其关联的地质技术、相关立法和社会保险需求等就是这个原因（Arnould，1976）。

作者结合自己多年研究工作的积累，收集编录了中国 1920~2019 年间的 170 例重大崩塌滑坡和泥石流灾害事件的基本数据（孙玉科和姚宝魁，1983；康志成等，2004；黄润秋和许强，2008；吴玮江和王念秦，2006；谭继中，1993；王礼先和于志民，2001）。入选的事件都是造成重大人员伤亡、直接或间接经济损失巨大，或具有比较广泛的社会影响者。尽管数据很不完整，尤其是 1949 年以前的数据缺失较多，但对于归纳概括中国崩塌滑坡和泥石流灾害的基本成因类型还是基本满足的。

重大滑坡泥石流灾害事件成生原因或简称"成因"是基于引发因素考虑问题的，主要是指对引发因素相对宏观的定性的描述界定（刘传正，2013a）。地质灾害事件是多因素促成的，但一般存在一个起主导作用的因素或激发条件。引发因素体现为地质块体运动的边界条件、初始条件和激发条件三者综合作用的反映。经过研判，确认某次地质灾害的引发因素是自然的还是人为的，或多种因素耦合的。如果可能，还可以给出促使地质体边界条件和初始条件急剧变化的各类因素组合及其作用大小的定性研判。

4.3.2　崩塌滑坡灾害成因分类

崩塌与滑坡一般都属于斜坡岩土体失稳问题，成因上往往相互关联，可以作为一类问题考虑。基于主导因素优先的原则，崩塌滑坡灾害成因类型划分为降雨引发型、地震激发型、自然演化型、冻融渗透型、地下开挖型、切坡卸荷型、工程堆载型、水库浸润型、灌溉渗漏型和爆破振动型等 10 种（表 4.3）。前四种以自然作用成因为主，后六种以工程活动作用为主，具体到某种类型的滑坡案例则多种因素并存（刘传正，2014a）。表4.3列出了每种灾害类型的作用机理、破坏模式、运动特征和危害方式。

表 4.3　中国崩塌滑坡灾害成因类型

序号	成因类型	作用机理	破坏模式	运动特征	危害方式
1	降雨引发	岩土软化、渗流作用、浮托作用、水楔作用	塑性流动、平面滑移、楔形冲出、结构崩溃	崩塌、滑坡、碎屑流	冲击、摧毁、压覆、堵河
2	地震激发	反复张拉、快速剪切、瞬时抛射	层间脱离、脆性剪断、脆性拉断	弹射、崩塌、落石、滑坡、碎屑流	冲击、摧毁、压覆、堵河
3	自然演化	物理（化学、生物）风化、断裂活动	渐进式松动、开裂、蠕动、滑移	崩塌、落石、滑坡、碎石流	冲击、摧毁、压覆
4	冻融渗透	裂缝张开、岩土软化、渗流作用	开裂、蠕动、座落、滑移、冲出	崩塌、滑坡、碎屑流	冲击、摧毁、压覆
5	地下开挖	悬板张拉、裂缝张开、倾斜滑移	倾倒、滑移、座落	崩塌、滑坡	冲击、摧毁、压覆
6	切坡卸荷	前缘卸荷、支撑弱化	座落、牵引	崩塌、滑坡	冲击、摧毁、压覆
7	工程堆载	后缘推动、激发	推移、蠕动、崩溃	滑坡、碎屑（石）流	冲击、摧毁、压覆
8	水库浸润	软化作用、浮托作用、地下动水压力变化	平移、推移、座落	滑坡	冲击、摧毁、涌浪、堵河
9	灌溉渗漏	软化作用、浮托作用	座落、滑移	滑坡	冲击、摧毁、压覆
10	爆破振动	疲劳损伤、动荷激发	松动、蠕动、脱离、垮塌	崩塌、落石、滑坡	砸落、冲击、摧毁

4.3.3　崩塌滑坡灾害成因类型基本特征

1. 降雨引发型

降雨引发型崩塌滑坡的发生主要起因于持续降雨或前期降雨累积作用背景下的短历时暴雨激发。降雨引发斜坡变形破坏的作用机理是降雨渗流导致斜坡岩土体重度增加、岩土软化、滑带岩土强度降低、裂缝注水水楔作用、斜坡内地下水位形成或升高后的浮托作用、斜坡体内水力梯度形成的渗透压力或承压水形成之孔隙水压力作用等。大型滑坡的发生一般滞后于主降雨过程3~5天，甚至更长，主要取决于岩土的渗透能力。岩土体的破坏模式主要表现为塑性流动、平推式滑移、楔形冲出或岩体结构崩溃破坏等。崩塌滑坡运动特征表现为崩塌、滑坡、碎屑流。危害特点表现为冲击、摧毁、压覆、堵河等链式反应。

2010年6月28日14时，贵州关岭县岗乌镇大寨村发生特大型崩滑碎屑（石）流灾害，造成99人死亡失踪。分析研究认为，裂隙化砂泥岩斜坡岩体具有"干砌块石结构"是发生崩溃式破坏的主要内在原因。2010年6月27～28日岗乌镇当地的过程降雨量达237mm，斜坡区域地质环境特征使超常暴雨条件下斜坡岩体后缘裂缝充水形成持续的"水楔作用"是斜坡岩体松动、倾倒垮塌和冲出的主要外部引发因素（刘传正，2010b）。

2. 地震激发型

地震激发型崩塌滑坡的作用机理是强烈地震的反复张拉、快速剪切和瞬态抛射。破坏模式是层间脱离、脆性剪断和脆性拉断等。运动特征是弹射、崩塌、落石、滑坡、碎屑流。

2008年5月12日汶川地震激发的大型滑坡主要分布在汶川地震IX～XI烈度区内，一般出现在顺向斜坡结构地带。①韩家大坪滑坡：位于四川绵竹清平乡文家沟上游，滑坡物质为泥盆纪观雾山组中厚层灰岩，体积约$4450 \times 10^4 \mathrm{m}^3$，滑坡碎屑填充覆盖文家沟沟道长度达3.6km，并造成48人遇难。②东河口滑坡：位于四川青川县西南40km左右的东河口村，滑坡体由寒武纪凝灰质砂板岩、千枚岩和白云质灰岩构成，体积约$1000 \times 10^4 \mathrm{m}^3$，碎屑流冲抵青竹江形成滑坡坝，造成780余人死亡失踪。

3. 自然演化型

自然演化型崩塌滑坡是指由于长期的物理、化学和生物风化作用，以及区域地震与断裂构造活动长期影响引起的斜坡岩土体变形破坏。作用机理是渐进式松动、开裂、蠕动和滑移。运动特征是落石、崩塌、滑坡和碎石流等。

2004年12月3日3时40分，贵州纳雍县中岭镇左家营村岩脚组后山发生危岩崩塌，造成44人死亡，13人受伤。危岩崩塌体积约$4000 \mathrm{m}^3$，前后缘高差为350m，水平冲击距离约500m。危岩体由三叠系石灰岩、泥灰岩和粉质砂岩软硬相间组成。地质环境方面利于长期汇水溶蚀作用，地质结构上节理裂隙发育。裂缝中树木生长起到根劈作用。

2001年4月23日，西藏昌都芒康县国道G318镜山段由于冻胀融缩、风蚀干燥引发山体持续的崩塌碎屑流现象（称为"干塌"）也属此类。

4. 冻融渗透型

冻融渗透型崩塌滑坡主要是由于冰雪冻融引发斜坡岩土体的变形破坏。作用机理是冰雪融水灌入裂缝造成岩土软化和渗流作用。破坏模式是开裂、蠕动、座落、滑移和冲出。冰雪冻融引发的崩塌滑坡可以细分为三种：一是冰雪冻融提供水源，沿松散斜坡表面下渗并向深部发展孕育形成滑坡；二是农林灌溉渗入斜坡内部隔水层积水，冬季在斜坡前缘因冻结膨胀作用形成"滞水效应"，春天冰融软化土体，被阻止渗透的水压力释放引起滑坡；三是土体冬季冻结，孔隙水成冰膨胀，初春表层土体融化软化直接形成小规模滑塌现象。规模大、发展快和危害大的是第一种，其作用机理主要是冰雪消融渗水逐渐使土体重量增加，结构软化，强度降低，渗入的水在隔水界面聚集后发生软化侵蚀作用形成滑动带，逐渐破坏其整体稳定性而发展成崩塌或滑坡（刘传正，2014b）。

2010年3月10日1时30分，陕西子洲县双湖峪镇石沟村发生黄土崩塌灾害，崩塌体

积约 $8.9×10^4 m^3$，造成 27 人死亡，17 人获救。崩塌土体为砂质黄土，孔隙度大，结构疏松，裂隙和落水洞发育，地形高陡。该区冬季降雪量约为往年同期均值的四倍。气温变化从 2 月 26 日的 18.7℃降到 3 月 8 日的−11.4℃，黄土坡体受冰雪冻融作用交替影响引发崩塌破坏，直接压覆冲击背靠高陡斜坡而建的房屋（窑洞）酿成灾害。

2013 年 1 月 11 日 8 时 18 分，云南镇雄县果珠乡赵家沟特大型滑坡灾害导致 46 人遇难，2 人受伤。滑坡的直接引发因素是持续冰雪融水不断灌入山体裂缝导致斜坡中下部强度弱化而首先滑动冲出，上部斜坡接续卸荷牵引下滑，经多级斜坡台坎俯冲，形成远程滑坡灾害。

5. 地下开挖型

地下开挖型崩塌滑坡主要起因于地下工程开挖或采矿。此类崩塌滑坡的发生具备三个成因要素：①地形上高陡临空为开裂倾倒乃至发生大规模崩塌滑坡提供自由空间；②山体地质结构中存在软弱夹层和竖直裂隙或溶蚀脆弱带使山体易于张裂拉开和蠕动滑移；③山体下部或底部存在一定范围的采空区形成"悬板"或"悬臂梁"张拉作用效应，且山体开裂变形直至崩滑破坏可以滞后于地下采空作用数年乃至数十年。长江三峡链子崖危岩体和重庆武隆鸡尾山山体崩塌具有类似的破坏模式（刘传正等，1995b；刘传正，2010a）。

6. 切坡卸荷型

切坡卸荷型崩塌滑坡主要是由于地表截断斜坡或坡脚开挖切坡引发的。作用机理是前缘卸荷减压导致支撑力弱化。破坏模式是座落、牵引发展成崩塌或滑坡。

2010 年 9 月 1 日 22 时 20 分，云南保山市隆阳区瓦马乡河东村大石房后山发生滑坡，造成 48 人死亡。持续降雨作用和多级切坡是引发此次地质灾害事件的主要原因（图 4.14）。乡村公路从滑坡体中后部呈"之"字形三次穿过，三次开挖切坡且没有支护，破坏了斜坡的完整性，是孕育多级卸荷牵引，多级变形破坏，下滑推动形成多级滑移破坏模式的原因（刘传正，2013a）。

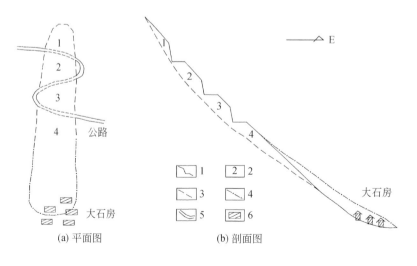

(a) 平面图　　　　　　　　　(b) 剖面图

(c) 滑坡景观

图 4.14　云南保山隆阳区瓦马乡河东村滑坡灾害几何模式

1. 公路切坡后的地形线；2. 滑动块体编号；3. 破坏滑移线；4. 滑坡后堆积地形线；
5. "之"字形公路穿过滑坡；6. 居民区

7. 工程堆载型

工程堆载型崩塌滑坡主要是由于斜坡后缘过量堆载土石形成的，有时伴随降雨或冰雪消融等诱发作用。作用机理主要是土石堆积的斜坡角逐渐超过其临界休止角导致前缘蠕动，后缘推动，最后松散土体结构出现崩溃而形成推移式滑坡-碎屑（石）流。

2012 年 7 月 31 日 0 时 30 分，新疆伊犁新源县阿热勒托别镇西沟发生滑坡，摧毁掩埋沟谷内约 800m 远处因采矿搭建的临时工棚（居住 22 人）和正在沟谷矿渣堆捡矿的 6 位牧民，共造成 28 人死亡失踪。2003 年 5 月 11 日贵州省三穗县平溪特大桥弃土滑坡毁坏桥墩，掩埋 16 间工棚，致使 35 人死亡。2007 年 7 月 19 日，云南省保山市腾冲县猴桥镇苏家河口水电站小江平坝料场剥离标段发生滑坡，掩埋 3 间工棚，造成 29 人死亡、10 人受伤。

8. 水库浸润型

水库浸润型崩塌滑坡主要是由于水库水位涨落伴随的反复浸润作用引发的。作用机理是水位升降在斜坡内部产生软化作用、浮托作用和向外的动水压力作用。破坏模式表现为崩落、平移、推移、牵引、座落和冲击涌浪运动特征。水库水位升降产生动水压力会改变斜坡体内的地下水渗流场和应力场。水位上升会造成岩土体的强度软化和悬浮减重效应。水位快速下降则会在坡体内引起向外的动水压力急剧增大而坡面的库水压力急剧减小，从而引发斜坡急剧变形甚至整体滑坡。

2003 年 7 月 13 日 0 时 20 分，湖北秭归千将坪顺层斜坡在长江三峡水库蓄水后发生滑坡，造成 24 人死亡，1100 多人紧急撤离。滑坡体积约 $20.4×10^6 m^3$，前缘堵塞长江支流青干河形成滑坡坝，激起的涌浪打翻 22 条渔船。滑坡物质主要为侏罗系砂泥岩块裂岩体，滑动带主体为顺层层间剪切，前缘切层剪出。滑坡是在前期持续降雨影响下，水库蓄水浸润、浮托和软化约50%长度的滑床而产生大规模顺层牵引式滑动而形成的（杨海平和王金生，2009）。

9. 灌溉渗漏型

灌溉渗漏型滑坡主要是由于农林草地灌溉引发的。作用机理是灌溉水流渗漏、软化斜坡土体，在隔水界面处产生浮托和动水压力作用，逐渐导致斜坡开裂、蠕动、座落和滑移形成滑坡。

1963年以来，甘肃永靖县黑方台地区长期利用水库提水漫灌耕地，大量地表水浸润渗入黄土体内，甚至沿黄土节理或落水洞灌入，在地下隔水界面（黄土-泥岩接触面）形成地下水富集，在黄土斜坡面或坡脚渗流溢出，此过程逐渐软化土体孕育成滑坡。黑方台塬边已发生滑坡60余次，体积一般在数十万至数百万立方米之间，造成14人死亡，公路交通经常中断，严重影响当地的正常生产生活。滑坡发生时间主要集中在每年的3月和7月，即春季冻融和夏季灌溉季节。灌溉渗透存在较长的滞后期，冬季冻结滞水，春季冰冻消融，冻结的土体变为塑性态甚至流态，土体强度大幅降低而在黄土塬边产生群发性滑坡。夏季滑坡一般是由农田灌溉的水体渗漏造成黄土湿陷而直接引起的（吴玮江和王念秦，2006）。

10. 爆破振动型

爆破振动型崩塌滑坡主要是由于爆破等人为振动引发的。作用机理一般是由于爆破直接激发或工程振动造成岩土体的疲劳破坏和剪切张拉作用。破坏模式是蠕动、松动和崩落或垮塌。

2007年11月20日8时44分，湖北巴东县318国道宜万铁路巴东段高阳寨隧道Ⅱ线进口边坡爆破施工引起崩塌，造成路过的客车一辆损毁，施工人员和旅客35人死亡、1人受伤。崩塌发生的直接原因是隧道洞口边坡岩体在表生地质作用下，边坡岩石沿原生节理面与母岩逐渐分离成为危岩体，受施工爆破振动激发，危岩突然脱离母岩，发生崩塌解体，形成灾害事件（大唐，2008）。

4.3.4　泥石流灾害成因分类

泥石流是松散岩土与水混合形成的一种特殊流体，常见的是沟谷型泥石流和坡面型泥石流。中国的泥石流灾害可初步划分为沟谷演化型、坡地液化型、滑坡坝溃决型、工程弃渣溃决型、尾矿坝溃决型、冰湖坝溃决型和堆积体滑塌侵蚀型七种类型（刘传正，2014a）。表4.4列出了七种泥石流灾害类型的引发因素、启动模式、运动特征和危害特点。

表4.4　中国泥石流灾害成因类型

序号	成因类型	引发因素	启动模式	运动特征	危害特点
1	沟谷演化	降雨渗流	岩土饱水、山洪冲击	冲刷、侧蚀、刨蚀沟谷	冲击掩埋

续表

序号	成因类型	引发因素	启动模式	运动特征	危害特点
2	坡地液化	台风暴雨	残坡积表层软化流动	坡面滑移、倾泻	冲击压埋
3	滑坡坝溃决	暂态壅水	渗流堵溃	山洪-泥石流	冲击损毁
4	工程弃渣溃决	暂态壅水	渗流堵溃	碎屑流、泥石流	冲击掩埋
5	尾矿坝溃决	排水不畅	渗透变形	泥石流	冲击掩埋
6	冰湖坝溃决	冰凌	壅堵溃决	山洪-泥石流	冲击损毁
7	堆积体滑塌侵蚀	降雨渗流	滑塌冲击、侵蚀	壅堵与溃决交替出现	冲击压埋

4.3.5　泥石流灾害成因类型

1. 沟谷演化型

沟谷演化型泥石流是指自然沟谷受地质环境演化过程控制按一定时空规律出现的岩土堆积体饱水、运移、侵蚀、冲刷和堆积作用现象。沟谷泥石流可以划分出物源区、流通区和堆积区三个部分。固体物源主要来自沟谷源头汇水区的松散堆积物及流通区两侧的崩滑堆积。基本特征是流域汇水面积大，运动路径长，破坏能力强，呈现一定周期性，且常常与崩塌滑坡相伴生。中国西南、西北地区地质构造活动区多发沟谷型泥石流。

2010 年 8 月 8 日 0 时 12 分，甘肃舟曲县城区及上游村庄遭受三眼峪和罗家峪两条沟谷型山洪泥石流的袭击，造成 1765 人死亡、失踪和二十多栋楼房损毁，冲入白龙江造成河道淤填长度约 1km，江面壅高回水使舟曲县城部分被淹，县城交通、电力、供水和通信中断等重大损失（刘传正等，2011）。

2. 坡地液化型

坡地液化型（坡面型）泥石流主要是指区域台风暴雨或持续的局地暴雨在陡峻山地丘陵区引发的斜坡岩土因快速饱水液化而突然向下流动倾泻的现象。坡面泥石流的特点是：①规模小但多点成群成带出现；②一般在数百至数千平方千米区域内出现；③斜坡上部松散堆积层逐渐饱水软化，下部坚硬基岩表面隔水，二者接触带处形成渗流滑移带；④同一地点可能出现崩塌-滑坡-泥石流次第快速转化的"链式"反应现象；⑤单点损害小，群发区域总体危害大。中国中南-东南沿海台风暴雨影响区、大别山区和秦岭-大巴山区多发坡面泥石流。

2000 年 7 月 13 日，陕西省安康地区紫阳县西南部持续降雨，导致 11 个乡镇约 500km² 范围内全面暴发群发性坡面泥石流灾害，造成 231 人死亡，财产损失巨大。2010 年 6 月 2 日，广西容县与岑溪市接壤地区 11h 过程降雨量大于 300mm，约 300km² 区域内暴发滑坡泥石流数百处，导致 43 人死亡。其中，容县六王镇陈村滑坡泥石流造成一户共 11 人死亡。

2009 年 8 月 8 日，"莫拉克"台风暴雨重创台湾中南部，山洪泥石流造成 689 人死亡失踪。其中，高雄县甲仙乡小林村因泥石流死亡失踪 237 人。"莫拉克"台风移动速度仅有 5~10km/h，9h 移动了 40km。台风使高雄、屏东的过程降雨量达 2900mm，最大日降雨量为 1800mm。

3. 滑坡坝溃决型

滑坡坝溃决型泥石流是指由于地震、降雨或工程活动引发的崩塌滑坡堵塞江河，因水位逐渐壅高、松散岩土渗透变形或新的因素激发导致滑坡堰塞湖溃决而形成的泥石流。

1933 年 8 月 25 日 15 时 50 分，四川茂县叠溪发生 M_S 7.5 级地震。地震毁灭了叠溪古城，引发的崩塌滑坡堵塞岷江形成多处滑坡堰塞湖（"海子"）。当年 10 月 9 日 19 时，强烈余震引发了松平沟、白蜡寨等七处"海子"滑坡坝溃决形成山洪泥石流，造成下游 6865 人死亡失踪，1925 人受伤。据记载，溃决洪水在岷江校场的水位高达 60m，到达都江堰时涌浪高度仍达 12m，洪水流量达 $10.2 \times 10^3 \text{m}^3/\text{s}$（图 4.15）。

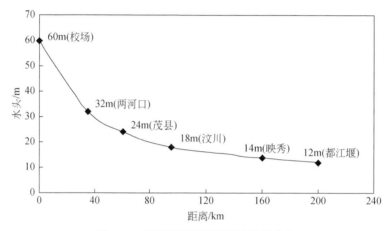

图 4.15　叠溪地震滑坡坝溃决洪峰分布

2000 年 4 月 9 日 20 时 05 分，西藏波密县易贡藏布一带发生落差达 2500m 的巨型崩塌，崩塌冲击剥蚀形成的"滑坡坝"堵塞了易贡藏布河（刘伟，2002）。当年 6 月 11 日 2 时 50 分滑坡坝溃决时，壅塞河水位的最大涨幅达 41.77m。溃决形成的山洪泥石流摧毁了沿途建筑、山林茶场和 318 国道通麦大桥，并造成下游 100 多人失踪。

4. 工程弃渣溃决型

工程弃渣溃决型泥石流是工程建设过程中因地表开挖剥离或地下洞库开凿出碴而在沟谷内不合理排放堆积，土石堆积体阻碍了地表径流或山洪通道，在强烈降水条件下形成暂时性堰塞湖，急剧的水位壅高和渗透变形使土石堆积体快速液化、沉陷和溃决而形成泥石流。

2009 年 7 月 23 日 2 时 57 分，四川康定县大渡河长河坝水电工程施工场地响水沟发生特大泥石流灾害，造成 54 人死亡失踪，4 人受伤。引发泥石流的局地过程降雨强度为 56.1mm/2h，接近历史上单日最大降雨强度 72.3mm/d。泥石流固体物质主要是隧洞弃渣，块石边长约 0.2~0.5m。2007 年以来，长河坝水电工程施工在响水沟沟口地段堆置了大量弃渣，并将施工人员临时住房建在响水沟沟口。响水沟泥石流是在局地强降雨下引发的，但工程弃渣不合理、工棚选址不当、防灾意识不强、减灾知识不足及应急响应措施缺乏，也是造成灾难的原因。

类似的案例有，2012 年 6 月 28 日 6 时，金沙江白鹤滩水电工程工地矮子沟发生泥石流灾害，造成住在沟口的 40 位施工人员死亡。所幸的是，根据地质灾害预警信息安全撤离了同一条沟域内的当地居民 557 人和水电武警施工人员 38 人。

5. 尾矿坝溃决型

尾矿坝溃决型泥石流是由于尾矿、矿渣和水体的混合物逐渐使尾矿拦挡坝渗透变形、溃决冲出形成的。尾矿坝溃决一般起因于后期堆积坝体工程存在质量隐患、运营维护不到位、监测预警缺乏和防灾意识不足等原因。因为尾矿坝内地下水浸润线升高会导致渗流梯度增大，向外的地下水压力导致坝外坡管涌、流土、塌滑等渗透变形加剧而发展为溃坝。尾矿坝拦截形成的尾矿库是一个具有高势能的人造泥石流物源区，一旦尾矿坝溃决就容易造成重大事故。尾矿库不但可能孕育泥石流灾害，也会污染土地和水资源，特别是居民点和重要设施附近的"头顶库"灾害风险更大。

2008 年 9 月 8 日 8 时许，山西襄汾县陶寺乡塔山矿区的尾矿库溃决，造成下游村庄和集贸市场 277 人死亡，34 人受伤。尾矿库坝高约 50m，库容为 $30 \times 10^4 m^3$，尾矿固体物流失约 $20 \times 10^4 m^3$，沿途带出大量泥沙，流经长度达 2km，最大扇面宽度约 300m。尾矿坝溃决的原因主要是违法违规生产，隐患排查治理不到位，管理监督不力，安全整改不落实及漠视险情现象等。

6. 冰湖坝溃决型

冰湖坝溃决型泥石流是形成于高寒山区的一种特殊泥石流类型。现代冰川前进跃动、冰舌断裂、冰湖岸坡出现崩塌或滑坡、温度上升导致冰川融化加速、湖口向源侵蚀加剧和冰坝下部管涌引起塌陷等作用下容易引发冰湖溃决。冰湖溃决会导致数百万乃至上亿立方米的水体瞬时倾泻而下，冲刷、裹挟大量泥沙石块，形成来势猛、洪峰高、流量大、历时短、破坏力强的山洪泥石流灾害。调查发现：①终碛堤的长度、宽度和溢流口的宽度决定了溃决临界水头的高度；②冰湖规模适中有利于溃决，统计发现溃决冰湖的面积多在 $4.5 \times 10^5 m^2$ 左右；③冰滑坡的规模、滑程坡度与冲击力对冰湖溃决的形成及规模具有重要作用（崔鹏等，2003）。

西藏地区是冰湖溃决型泥石流的多发地区。1964 年 9 月 26 日，西藏工布江达县唐不朗沟上游暴发了冰湖溃决泥石流。1968~1970 年间，西藏定日县朋曲流域的阿亚错连续三次暴发冰湖溃决泥石流和洪水。1981 年 7 月 11 日 0 时 30 分，西藏聂拉木的樟木藏布沟发生冰湖溃决型泥石流，损毁了中（国）尼（泊尔）公路聂友段，甚至危害到尼泊尔境内。1988 年 7 月 15 日 23 时，川藏公路 48 道班处的波密县米堆沟上游光谢错冰湖溃决形成了稀性泥石流。

7. 堆积体滑塌侵蚀型

堆积体滑塌侵蚀型泥石流是指自然或人为新生的崩塌滑坡或松散岩土堆积体因急剧降雨，斜坡表层因渗透饱水首先产生液化，形成塑流式滑坡或滑塌，继而沿滑坡洼地多次冲刷侵蚀，形成进行性沟道塑造和沟道侵蚀型泥石流。地震引发的崩塌滑坡碎屑流堆积体或自然-人为堆积的岩土体处于松散欠压密、欠固结状态，在持续强降雨条件下会孕育形成此类泥石流，实质上是一种新斜坡的冲沟塑造问题。表层滑塌起因于松散堆积体因排泄持续降雨入渗的能力不足而造成地下水滞留和水位升高，导致斜坡体的稳定性降低。当地下水壅高水位面达到水平时，堆积体内渗透动水压力达到最大，堆积体表层最易发生滑塌溃决。

汶川"5·12"地震区的崩塌滑坡堆积体在后续的强降雨过程中发生的泥石流多属此类。例如，2008~2010年期间，四川绵竹市清平乡文家沟发生的八次泥石流事件都是在地震滑坡堆积体上因持续强降雨渗透变形滑塌与后续侵蚀产生的，侵蚀作用塑造、扩展了沟道。文家沟崩滑堆积体斜坡上新生冲沟的容积就是八次泥石流活动冲出松散固体物的总体积。文家沟泥石流的成因模式是，强降雨过程在滑坡堆积体上先期出现"渗流管涌、暂态壅水、溃决滑塌"的造沟作用模式，后期出现"溯源侵蚀、冲刷刨蚀、侧蚀坍塌、混合奔流（搅拌机)"的扩沟作用模式（刘传正，2012）。2008年的"6·21"和2010年的"7·31"两次泥石流事件主要起因于前者，其他六次事件主要起因于后者。

4.4 崩塌滑坡-碎屑流高速远程问题

4.4.1 引言

崩塌滑坡高速远程问题是一个常常被提及或使用，但又似乎是一个含义不清、指代不明、应用随意的名词。何谓高速？何谓远程？成因机理何在？高速远程的主体是崩塌滑坡还是碎屑流？学术界尚未形成共识。

人类关于崩塌滑坡远程现象的科学观察可能肇始于1881年9月11日瑞士Elm滑坡-碎屑流，Buss和Heim（1881）、Heim（1882，1932）描述了该次事件的崩落-跳跃-激流特征，并推荐使用德文"sturzstrom"专门描述此类现象。高速远程崩塌滑坡-碎屑流成因机理认识可追溯到1904年，McConnell和Brock（1904）针对1903年4月29日加拿大Frank高速远程滑坡进行了调查研究。2006年菲律宾莱特岛Guinsaugon岩质滑坡碎屑流造成1221人遇难也是一个重大案例（Guthrie et al.，2009）。在中国，甘肃洒勒山、湖北新滩、云南头寨沟、西藏易贡、重庆鸡尾山和贵州关岭等地发生的崩塌滑坡-碎屑流常被认为是高速远程事件（王兰生等，1988；谭继中，1993；刘传正，2010a，2010b）。

徐峻岭（1997a）、程谦恭等（2007）和张明等（2010）先后综述了国内外对高速远程崩塌滑坡-碎屑流的研究状况，对形成一般性认识起到了推动作用。作者基于诸多案例的现场"原型观测"、应急处置体验和学术认识，总结描述了崩塌滑坡-碎屑流的运动特征，探讨了其成因机理，讨论了高速远程碎屑流运动与崩塌滑坡物质成分、初始变形能、引发因素、崩塌滑坡规模、运动路径落差、沟道变化和环境因素的关系，提出了高速远程的判别标准，意在推动该方向的研究与转化应用。

4.4.2 崩塌滑坡-碎屑流基本特征

崩塌是危岩破坏向下坠落的现象，崩塌体解体后变为碎屑流出现高速远程运动。只要坡面足够陡长和相对顺直，下垫面的摩擦能不至于过快减损势能转化来的动能就可能持续运动很远的距离。滑坡是斜坡岩土体沿着滑动面冲出滑床后，滑坡体解体为碎屑流后类同于崩塌碎屑流的过程。碎屑流一般是固气二相体，运动形式宏观上表现为岩土块体或颗粒的集团式流动。

崩塌或滑坡高速远程运动的实质是岩土体崩落或滑动过程中解体，高陡地形孕育的重力势能转化的动能一部分使岩土块体解体碰撞碎屑化，一部分形成岩土碎屑流运动的初速度。在后续运动过程中，碎屑流历经多级地形陡坎补充势能转化为动能，以克服下垫面和块体或颗粒之间摩擦耗能的急剧减速抑制作用，使碎屑流运动高速远程得以实现。高速远程崩塌滑坡-碎屑流一般具有规模大、速度快、滑程远、多态化、常转向、冲程多、冲击性和摧毁性等特征。

1. 规模大

规模大是指崩塌或滑坡体的体积足够大，体积越大，运动速度越高，滑动距离越远。据统计，碎屑流运动距离与崩塌或滑坡的体积正相关，且其体积一般大于 $1.0 \times 10^6 \mathrm{m}^3$，存在所谓"尺寸效应"或"体积效应"（Hsu, 1975; Davies, 1982; 詹威威等, 2017）。美国阿巴拉契亚南部辛肯-克里克山曾发生 $10.0 \times 10^8 \mathrm{m}^3$ 的大规模古滑坡，中国汶川地震区大光包滑坡体积超过 $11.0 \times 10^8 \mathrm{m}^3$，二者均出现高速远程运动（Schultz, 1986; 黄润秋等, 2014）。

2. 速度快

程谦恭等（2007）提到多数学者认为高速滑坡平均运动速度大于 20m/s。张明等（2010）提到高速远程滑坡-碎屑流的运动速度一般在 30m/s 以上。Evans（1989）考虑摩擦损失推算加拿大 Mackenzie 山区岩崩湖滑坡-碎屑流的最大速度达 213m/s。1970 年，秘鲁安第斯山脉 Yungay 城区域因 M_S 7.7 级地震引发岩崩，造成死亡人数超过 18000 人，垂直落差近 4250m，水平运动 16km，估算一些碎屑物的最大运动速度达到 278m/s（Voight, 1978）。Heim（1932）推算瑞士 Elm 滑坡-碎屑流最大速度为 70m/s，McConnell 和 Brock（1904）推测加拿大 Frank 滑坡-碎屑流最大速度为 28m/s。Müeller（1964）估算意大利瓦依昂（Vajont）水库顺层岩质滑坡的最大速度为 25m/s。中国学者（王恭先等, 2004; 谭继中, 1993; 胡广韬, 1995; 王兰生等, 1988）推算甘肃洒勒山、湖北新滩、云南头寨沟、陕西石家坡等滑坡碎屑流的最大速度在 20~40m/s。速度快是造成滑程远、冲击力大和摧毁性强的主要原因，且认为碎屑流运动速度一般比泥石流运动速度大一个数量级（程谦恭等，2007）。

3. 滑程远

滑程包括了崩塌块体翻滚或坡体滑动和碎屑流运动的总长度，水平运动距离一般可以达到数千米甚至超过 10km。在近乎水平的地面上，或下垫面摩擦损耗低的情况下，会出现异常运行距离和显著的流动性，如岩崩碎屑在冰冻面上滑动。高速崩塌滑坡-碎屑流更多的是依靠速度实现远距离运动，形成冲击破坏。在土体液化或后期加水等情况下，低速滑坡土体也会出现远程漫流涌动，如深圳滑坡土体高含水状态导致液化流动，在平缓地形下运动距离超过 1km（刘传正，2016b）。

4. 多态化

多态化是指崩塌滑坡-碎屑流运动过程中形态多变的现象。崩塌滑坡阶段主要表现为块体蠕动、转动、崩塌、滑动，解体变为碎屑流后宏观上出现明显的"流态化"现象，表现为飞越、冲击、跳跃、激流、滚动、堆积等不同现象（Bagnold，1968；Hsu，1975）。大块石特别是扁平状块石在碎屑体表面快速滑动飞跃。碎屑流颗粒的相互碰撞实现彼此间作用力的传导。大型滑坡-碎屑流堆积物中有时可观察到气孔，Sharpe（1938）就描述了美国 Madison 峡谷滑坡-碎屑流堆积物中的气体作用特征。Miles（1914）访问到，"家具、房屋和人在被掩埋前被气流输送了很远而没有受伤"的现象。崩塌滑坡-碎屑流运动的沟谷上空往往粉尘或灰尘高扬，弥漫山谷。

5. 常转向

常转向指碎屑流运动路径不是单一顺直，而是在曲折多变的沟谷内遇到阻挡而会改变"流动"方向。顺直沟道是少见的，沟道转折使碎屑流运动方向多变，每次转向都是一次碎屑流颗粒的集群式碰撞行为。碎屑流在沟道内的折转碰撞是能量损失过程，也是颗粒破碎过程，常出现弯道超高、仰冲、俯冲和冲撞折返现象。狭长沟谷有利于空气圈闭，使得空气润滑和浮托作用成为碎屑流运动的主控因素。在下垫面堆积物饱含水分或者冰冻面上运动时，底部铲刮物的摩擦耗能降低也有利于远程运动。

6. 冲程多

大型崩塌滑坡-碎屑流往往历经多级陡坎和缓坡接续，动势能转化形成多次加速与减速，仰冲和俯冲交替的多级冲程和多次碰撞转折等运动形式（Anma et al.，1988；胡广韬，1995；刘传正，2010b）。顺直沟道每一个跌坎下的缓坡段形成一个冲程。弯曲沟道转向一次就开始一个新的冲程，由于碰撞和仰冲消能，冲程可能减少。

7. 冲击性

冲击性指岩土碎屑流强大动能具有的冲击力，表现为能够弯道仰冲爬坡甚至翻越高坡或推动空气或水体涌浪爬升。崩塌滑坡-碎屑流从启动到停止，地形落差越大，运动的斜坡越长，下垫面摩擦阻力越小，摩擦能耗越小，就越有利于大型崩塌滑坡形成高速远程碎屑流。崩塌冲击可以复活老崩塌滑坡体形成碎屑流，冲入堵塞沟溪在对岸形成反坡地形，如 2016 年 9 月 28 日浙江苏村先崩塌后推动滑坡。顺层基岩滑坡则会整体冲入河湖，冲击爬上河流对岸形成地形反坡和地层反倾，如 2003 年长江三峡水库区千将坪顺层滑坡和 1963 年意大利瓦依昂水库顺层滑坡（杨海平和王金生，2009；刘传正，2013b）。

8. 摧毁性

崩塌滑坡-碎屑流高速冲撞压覆运动路径上的人居建筑、田地或工程设施，强烈的冲击气浪粉尘或磨蚀性"砂云"吹折树木，掀翻房屋建筑，具有巨大的破坏力，致灾范围大，毁灭性强。Wieczorek 等（2000）报道美国加州某岩崩形成的冲击气浪推翻或折断了约 1000 棵树，碎屑流像翻动的犁一样，将沿途树木、植被和土层铲刮殆尽。

4.4.3　崩塌滑坡成因机理

1. 一般认识

崩塌滑坡变形破坏形式一般显示蠕动—拉裂—剪断—滑移—冲出—解体直至碎屑流化。崩塌滑坡成因机理的科学认识主要依赖于岩土孔隙水压力理论（Terzaghi，1950）、残余强度理论（Skempton，1964）和蠕变理论（Saito，1969）。

中国学者结合具体案例研究提出了"平卧支撑拱"（王兰生等，1988）、溃屈破坏（孙广忠，1988）、顺层视滑力作用（刘传正等，1995b，2009）、"闸门效应"（徐峻岭，1997b）、强度锐减或脆性破坏（王恭先等，2004）、"锁固效应"（程谦恭等，2004）、平推式滑动及"挡墙溃决"（黄润秋，2007）等观点，不同程度地反映了崩塌滑坡前岩土体变形积聚的应变能释放问题。胡广韬（1995）研究陕西宁强石家坡滑坡时区分了"滑动冲程"和碎屑流的"流动冲程"。刘传正（2014a）基于主导因素优先的原则把崩塌滑坡灾害成因类型划分为降雨引发型、地震激发型、自然演化型、冻融渗透型、地下开挖型、切坡卸荷型、工程堆载型、水库浸润型、灌溉渗漏型和爆破振动型等 10 种。唐亚明等（2013）提出陕北黄土高原降雨入渗引发黄土滑塌模式可划分为缓慢下渗诱发型、下渗阻滞诱发型、下渗贯通诱发型三种。

2. 典型因素作用机理解析

降雨引发型崩塌滑坡的作用机理是降雨渗流导致斜坡岩土体重度增加、岩土软化、滑带岩土强度降低、裂缝注水水楔作用、斜坡内地下水位形成或升高后的浮托作用、斜坡体内水力梯度形成的渗透压力或承压水形成之孔隙水压力作用等。降雨地表汇流渗入地下需要时间，大滑坡的发生常滞后于降雨过程多日之后。地下水转化为岩土体中孔隙水压力，其瞬态释放会为滑坡-碎屑流提供运动的初速度。1985 年湖北新滩滑坡整体冲出时，前缘有地下水水柱喷出，地下水流浮托力使滑坡前缘凌飞于长江水面之上。

地下开挖型崩塌滑坡一般地形上高陡临空，为开裂倾倒乃至发生大规模崩塌滑坡提供自由空间。山体地质结构中存在竖直裂隙或溶蚀脆弱带和软弱夹层使山体易于张裂拉开和蠕动滑移。山体下部或底部存在一定范围的采空区形成"悬板"或"悬臂梁"张拉作用效应引起山顶开裂变形直至崩塌滑坡破坏,顺层视滑力作用常常占优势,盐池河、鸡尾山危岩体是高位视倾向滑移式剪出崩塌的典型案例(孙玉科和姚宝魁,1983;刘传正,2010a)。

水库浸润型崩塌滑坡主要起因于水库水位涨落在斜坡内部产生软化作用、浮托作用和动水压力作用。水位上升会造成岩土体的强度软化和悬浮减重效应。水位下降则会在坡体内引起向外的动水压力增大而坡面的库水压力减小,从而引发斜坡变形甚至整体滑坡。

地震激发型崩塌滑坡的作用机理是强烈地震的反复张拉、快速剪切和瞬态抛射。地震引发的斜坡破坏模式是层间脱离、脆性剪断或拉断等。2008 年 5 月 12 日汶川地震激发的大型滑坡主要分布在Ⅸ~Ⅺ烈度区域,一般出现在顺向斜坡结构地带,且地震作用方向与斜坡坡向基本一致。地震作用Ⅸ烈度区及其相应的加速度参数可以作为大型崩塌滑坡发生的一个临界判据(Liu, 2008)。许冲等(2010)划分了汶川地震引发的滑坡类型、分析了地震作用机制和影响因子敏感性。

工程堆载型崩塌滑坡的作用机理主要是松散土石堆积斜坡倾角逐渐超过其临界休止角导致前缘蠕动,后续加载出现后缘推动,最后松散土体结构出现崩溃而形成推移式滑坡-碎屑(石)流。

自然演化型崩塌滑坡起源于长期的物理、化学和生物风化作用,以及区域地震与断裂构造活动长期影响引起的斜坡岩土体变形破坏,表现为渐进式松动、开裂、蠕动和滑移。长期蠕动积累的应变能瞬时释放、剪断带岩土强度急剧降低和高势能的转化等。1991 年云南昭通头寨沟滑坡-碎屑流和 2016 年浙江遂昌苏村崩塌-滑坡-碎屑流就具有长期演化的地质环境背景。徐则民和黄润秋(2010)研究了大规模滑坡的规模、运动方向与区域地质构造控制约束的关系。

4.4.4 碎屑流成因机理

一般地,崩塌滑坡块体的碎屑流化是其高速远程运动的原因。总结国内外诸多案例研究、理论推演和试验模拟,以下几种观点能够比较合理地解释碎屑流运动特征,得到学术界比较普遍的认可。碎屑流运动机理的认识可以作为通解,实际案例研究还是要结合具体情况进行具体分析。

1. 能量转化传递论

崩塌滑坡岩土体与下方坡面碰撞后,一部分岩土体会在下方坡面上停积下来,另一部分岩土体会呈流态化的形式向前运动。势能转化的动能使碎屑颗粒之间相互碰撞,岩土块体或碎屑从后部向前部进行能量传递,前部碎屑物质不断接受能量继续向前运动,直至整个运动系统获得的能量消耗完毕。能量转化与传递不仅发生在崩塌滑坡体与地面碰撞的坡脚处,也发生在复杂路径上整个碎屑流的运动过程中。崩塌滑坡岩土块体规模和地形高差越大,蕴含的势能越大,转化的动能也越大,颗粒之间的碰撞强度越高,频次越多,破碎越彻底,持续的时间越长,宏观上碎屑流运动的距离就越远,"尺寸效应"或"体积效应"就越明显(Scheidegger, 1973; Ersmann, 1979; Vallejo, 1980; Davies et al., 1999)。

由于运动路径一般存在多级陡坡与缓坡交替,势能与动能的转化也会出现多次,只是后来的势能越来越弱。势能转化为动能是加速行为,快速运动又是摩擦耗能过程,后续陡坡的势能补充低于动能损耗,出现减速效应,直至最终碎屑流运动完全停止。根据Scheidegger(1973)的研究,忽略影响小的内聚力(C)作用,崩塌滑坡-碎屑流运动的速度和加速度公式分别为

$$v^2 = 2gh(1 - \tan\varphi \cot\alpha) \tag{4.3}$$

$$a = g(\sin\alpha - \cos\alpha\tan\varphi) \tag{4.4}$$

式中,v 为崩塌滑坡-碎屑流运动速度,m/s;g 为重力加速度,m/s^2;h 为崩塌滑坡-碎屑流运动落差,m;a 为崩塌滑坡-碎屑流运动加速度,m/s^2;α 为崩塌滑坡-碎屑流运动坡面倾角,(°);φ 为崩塌滑坡-碎屑流物质内摩擦角,(°)。

2. 气体浮托润滑论

碎屑流物质一般是固体碎屑与空气粉尘相互混合的两相干碎屑流,固体碎屑表面可能是湿润的,但不存在连续液相,使其碎屑流运动方式和运动机理均不同于一般的泥石流。固气两相的干碎屑流蕴含的高势能或高动能,具有强烈的冲击力、破坏力。碎屑流体内暂态圈闭的空气有利于岩土碎屑在下垫面上形成流态化,显著降低块体或碎屑间的碰撞耗能并成为传力的媒介。岩土体颗粒运动过程就是空气润滑浮托力产生、达到峰值与逐渐消散的过程。当碎屑流岩土颗粒间的空气粉尘压力能够平衡甚至暂态性抬升固体颗粒的重量时,就出现碎屑物高速流态化,使其向前运动很长距离。初始时是应力能释放产生的初速度或势能向动能的急剧转化,润滑气体产生有助于碎屑流飞行或持速。冲击力达到峰值时,冲击速度最大,但摩擦作用也达到峰值。当运动速度下降,空气逐渐排出或逸出,气体托浮作用逐渐减弱,重力及粒间摩阻作用逐渐占优势,使碎屑颗粒逐次沉落,下沉堆积速度加快。接近下垫面摩擦阻力大的区段最先沉积,上部碎屑滞后还要前行一段时间。碎屑流前锋直接压缩空气,产生气垫层及孔隙气压,对其前峰会产生向上的升力,延长碎屑流前锋高速运动持时,利于增大碎屑流运动的距离(Kent, 1966; Shreve, 1966, 1968a, 1968b)。

堆积块石磨圆度差也是颗粒间气压浮托润滑作用存在的证据。大颗粒能量大,常见沟道纵断面中上部块径小者占比大,而中前部块径大者占比大,出现所谓"筛子效应"(Scheidegger, 1974)。圈闭地形(狭谷深沟)条件有利于空气压缩掺入,浮托润滑作用增强,颗粒间黏度减小,雷诺数增大,阻力减小,增强气垫托浮滑翔效应和碎屑物流态化作用。碎屑流运动碰撞产生的"石粉"和细小碎屑的存在增加了颗粒间"气体"浓度,增大浮托力、粒间气压和润滑作用,有利于增强"持速效应",使碎屑流运动速度更大,运动距离更远(胡广韬, 1995; 王恭先等, 2004)。

3. 颗粒流作用论

碎屑流固体颗粒之间的内部碰撞是碎屑流流态化运动的原因。认为高速碎屑流颗粒是纯固相的,彼此之间无黏性,运动过程中受到了来自地面的剪应力。碎屑流运动速度越

大，底部颗粒受到下垫面的剪切力越大，下部颗粒对上部颗粒逐级传递施加的碰撞力越大，越能克服或减轻上部颗粒重量，碎屑流内部的摩擦损耗就越低，出现所谓"力学液化"，形成"无黏性颗粒流"。"力学液化"会使碎屑流体积膨胀，颗粒间涌入的空气流增加或粉尘"气化"会使颗粒间接触次数和面积减少，导致有效应力减弱，摩擦阻力降低，利于形成运动"持速效应"。随着运动过程的持续，颗粒间碰撞消耗动能会使下部剪切速率逐步下降，下部颗粒施加给上部颗粒的碰撞力逐渐减小，逐渐不能平衡上部颗粒的重量，速度不能够继续维持，碎屑流便在重力作用下逐次下沉堆积，碎屑流体厚度逐渐变薄，直至停止运动。碎屑颗粒之间碰撞导致部分颗粒破裂，破裂物一部分减速下沉，另一部分获得能量加速向前运动，碎屑流动实质上是一个边运动边沉积的过程。颗粒粒径越大，受到的正应力和剪应力也越高，大颗粒向上运动，碎屑流堆积物也显现上部颗粒大，越往下颗粒越细，形成"反序"分层现象。后期碎屑流下部及两侧的颗粒会先于上部及中间的颗粒停止运动，常在碎屑流前端和两侧形成高于原斜坡的堤状地形，即出现所谓"边界层效应"（Heim，1882；Bagnold，1954，1968，1973；Goguel，1972；Korne，1977；胡广韬，1995；Davies and McSaveney，2002）。

4. 特殊情况

除上述外，一些特殊地质环境条件也会促进碎屑流高速远程现象的出现，其物理本质还是遵从能量传递、气体托浮和颗粒流作用机制的。当碎屑流与下垫面之间存在低阻淤积层、冰雪崩积垫层或者融冻时节的湿雪、湿冰作为下垫面时，碎屑流与下垫面之间的有效剪应力降低，摩擦阻力减小，运动过程中铲刮软弱物质会增强低阻效应，甚至摩擦热融使蕴含的水分或冰雪汽化产生孔隙水（气）压力，形成气垫，会加剧碎屑流高速远程现象（Sassa，1988）。崩塌滑坡起始或碎屑流底部水的参与加剧碎屑流体液态化或流态化，快速运动使颗粒间产生瞬态孔隙水压力，降低颗粒间摩擦角和碰撞耗能，促进空气动力的作用，减小下垫面的摩擦消耗。石灰岩块石之间的摩擦高温会产生 CO_2 气体，也会减小碎屑流底部的摩擦阻力（Erismann，1979；Erismann and Abele，2001）。

4.4.5　问题讨论

高速远程主要是在崩塌滑坡体解体成为碎屑流后出现的，通常说高速远程滑坡是不严密的，除非是特殊情况，如顺层基岩滑动或土体超饱水液化流动出现低速远程。碎屑流高速远程运动与崩塌滑坡体的规模、成分结构、地形落差、沟谷特点、引发因素及环境条件等相关联，研判高速远程问题需要正确的认识论和方法论，既需要整体论或系统论的思维，也需要分割论或还原论的解析（刘传正，2015a）。

4.4.5.1　运动速度问题

1. 初速度问题

崩塌或滑坡冲出剪出口的初速度主要来源于其自身应变能释放或外力作用如地震等的

激发效应。"平卧支撑拱"（王兰生等，1988）、"溃屈破坏"（孙广忠，1988）、"闸门效应"（徐峻岭，1997b）、"强度锐减"（王恭先等，2004）、"锁固效应"（程谦恭等，2004）和"挡墙溃决"（黄润秋，2007）等提法都反映着危岩崩塌或滑坡发生前岩土体内存在着应变能或变形能。变形能作为启动能量释放产生崩塌滑坡的初速度，如1981年湖北盐池河磷矿崩塌或2009年重庆鸡尾山崩塌。自然斜坡在强烈地震抛射作用下也会产生启动初速度，但大规模崩塌滑坡一般产生在顺向坡且地震力作用方向与斜坡坡向相近的情况下，如"5·12"汶川地震引发的东河口、大光包和文家沟等。持续强降雨或水库作用在斜坡体内引发的斜坡中前部孔隙水压力瞬态释放会起到抬升推动作用，托浮岩土体而产生初速度，如贵州大寨村滑坡、菲律宾莱特岛滑坡等。詹威威等（2017）通过统计发现，汶川地震区经历地震抛射或碰撞解体作用的滑坡水平运动距离明显增大，说明地震抛射提供了初速度，而不仅仅依赖于地形落差形成的势能向动能的转化。

2. 高速下限值问题

崩塌滑坡-碎屑流的不同运动阶段和不同部位的速度是不同的，把滑坡-碎屑流速度确定在 20m/s 或 30m/s 以上作为高速下限（可能类比了汽车的高速行驶速度）理论与实际意义不大。从防灾减灾角度，明确关注碎屑流运动前锋的速度才是重要的，以成年人在复杂地形条件下能够逃生作为考虑问题的出发点才是合适的。Varnes（1978）把 3m/s 作为极快速滑动的低限（表 4.5）。国际地科联滑坡工作组（International Union of Geological Sciences Working Group on Landslide，1995）提出滑坡高速运动下限为 5m/s。王恭先等（2004）建议 10m/s 作为高速下限，认为年轻人可以逃生。刘传正（2010b）建议取斜坡块体运动大于 7.5m/s 作为下限，认为是青年人能够逃生的最大速度。

本次研究认为，考虑山地丘陵区一般成年人的逃生速度，碎屑流运动前锋到达或冲击人居建筑时的速度 5m/s 作为高速下限是合适的，也便于与国际交流接轨。

表 4.5　斜坡运动速度分级与对策（据 Varnes，1978，补充）

级序	速率（v）	状态描述	应急响应对策
1	$v>3m/s$	极快的	紧急警报状态
2	$3m/min<v<3m/s$	很快的	
3	$1.5m/d<v<3m/min$ （$1.5m/h<v<3m/min$）	快的	可避险的
4	$1.5m/d<v<1.5m/h$	较快的	可预报的
5	$1.5m/month<v<1.5m/a$	中等的	
6	$1.5m/a<v<1.5m/month$ （$0.5m/a<v<1.5m/month$）	慢的	可监测的
7	$1.5m/a<v<0.5m/a$	较慢的	可治理的
8	$0.006m/a<v<1.5m/a$	很慢的	
9	$v<0.006m/a$	极慢的	

注：括号内分级为本书作者增加的。

4.4.5.2　运动远程问题

崩塌滑坡−碎屑流运动距离是否远程取决于崩塌滑坡体规模、地形落差、沟道形态、物质成分结构、引发因素及环境条件等。

1. 运动距离与崩塌滑坡体规模

碎屑流运动距离与崩塌滑坡体规模关系密切，"尺寸效应"或"体积效应"就是反映了碎屑流体积与运动距离之间的统计正相关关系（Davies，1982；Crandell *et al*.，1984；Okura *et al*.，2000；詹威威等，2017）。因为足够体积或规模的碎屑物不但能满足让先期到达的碎屑流填平崎岖的沟道、使冲击路径"顺直化"，剩余部分还能够足以维持碎屑流的持续运动，延长能量传递的持续时间，摧动碎块体持续上抛、飞越、跃升。汶川地震区的大光包、东河口、文家沟等高速远程滑坡−碎屑流均具有足够大的规模（孙萍等，2009；黄河清和赵其华，2010；黄润秋等，2014）。

实现远程运动也并非崩塌滑坡体积一定要达到 $1.0 \times 10^6 \mathrm{m}^3$，特殊情形下规模小者也可以出现高速远程。2016 年 9 月 28 日，浙江遂昌县苏村崩塌−滑坡事件中参与碎屑流运动的物质体积不足 $50 \times 10^4 \mathrm{m}^3$。此次事件先是后山滑移式崩塌，而后推动下方斜坡上的老崩积体滑坡，是一个山岩开裂—滑移剪出—崩塌冲击—老崩积体滑坡—碎屑流摧毁上村—堵河堰塞成湖的链式过程。滑坡运动路径地形陡而平直，下垫面摩阻力小，体积不是绝对的条件。1981 年 8 月 23 日，陕西宁强县发生的石家坡多冲程高速滑坡体积也只有 $48 \times 10^4 \mathrm{m}^3$（胡广韬，1995）。

2. 运动距离与地形落差

表 4.6 反映出，崩塌滑坡−碎屑流后缘与前缘的地形高差与水平距离的比值虽然是离散的，但一般在 0.4 以下。四川华蓥山溪口滑坡具有特殊性，其本质是高陡斜坡表层土体在持续强降雨作用下的液化流动。地形落差关系到势能的大小，是能否实现远程运动的重要因素。高差大势能大，弯道碰撞不致能量损失太多而不能继续前行。崩塌滑坡的下部存在陡坡地形是重要条件，顺直长大斜坡有利于远程运动，多级陡坎补偿能量分级加速，延长驱动能量损耗时间。崩塌滑坡堆积的地形一般明显平缓下来，这也是老滑坡区常常演化为居民点的原因，因为滑坡区更易于开垦为土地，贮存地表地下水源。

表 4.6　某些崩塌滑坡−碎屑流灾害基本特征

日期	名称	体积/$10^6 \mathrm{m}^3$	$i=H(\mathrm{m})/L(\mathrm{m})$	引发因素	危害情况	资料来源
1980 年 6 月 3 日	湖北远安盐池河崩塌	1	0.4＝365/900	崖下采矿	284 人遇难	孙玉科和姚宝魁，1983
1983 年 3 月 7 日	甘肃东乡洒勒山滑坡	31	0.15＝280/1850	自然演化	237 人遇难	吴玮江和王念秦，1989
1985 年 6 月 12 日	湖北秭归新滩滑坡	30	0.38＝860/2250	自然、降雨	12 人遇难	王兰生等，1988
1989 年 7 月 10 日	四川华蓥山溪口滑坡	0.2	0.5＝210/420	强降雨	221 人遇难	黄润秋，2007

续表

日期	名称	体积/10^6m³	$i=H(m)/L(m)$	引发因素	危害情况	资料来源
1991年9月23日	云南昭通头寨沟滑坡	10	0.22=750/3400	自然、降雨	216人遇难	谭继中，1993
2000年4月9日	西藏易贡扎木弄沟滑坡	330	0.4=3500/8800	冰雪融化	6月11日溃决	刘伟，2002
2003年7月13日	湖北秭归千将坪滑坡	24	0.27=340/1250	水库蓄水	24人遇难	杨海平和王金生，2009
2008年5月12日	四川安县大光包滑坡	1100	0.23=1050/4500	汶川地震	38人遇难	黄润秋等，2014
2008年5月12日	四川青川东河口滑坡	15	0.25=600/2400	汶川地震	780人遇难	孙萍等，2009
2008年5月12日	四川绵竹文家沟滑坡	44.5	0.35=1250/3600	汶川地震	48人遇难	黄河清和赵其华，2010
2009年6月5日	重庆武隆鸡尾山崩塌	500	0.18=400/2200	自然、采矿	74人遇难	许强等，2009
2010年6月28日	贵州关岭大寨村滑坡	1	0.32=335/10500	强降雨	99人遇难	刘传正，2010b
2013年3月29日	西藏墨竹工卡斯布滑坡	2	0.40=800/2000	冻融、弃渣	83人遇难	刘传正，2014a
2013年7月10日	四川都江堰三溪村滑坡	1.02	0.32=400/1250	强降雨	161人遇难	作者实地调查资料
2015年12月20日	广东深圳光明新区滑坡	0.27	0.11=125/1100	弃土地下水	77人遇难	
2016年9月28日	浙江遂昌苏村崩塌滑坡	1	0.40=460/1150	自然、降雨	28人遇难	

注：H. 崩塌滑坡-碎屑流区域前后缘高差，m；L. 崩塌滑坡-碎屑流区域前后缘水平距离，m；$i=H/L$，可称为等效摩擦系数。

3. 运动距离与沟谷地形

光滑坚硬的沟道最利于碎屑流运动，湿润饱水的黏土垫层也有利于底部滑动，而粗糙起伏或乱石堆积是最不利的，沟道转向碰撞耗能或悬崖下存在缓坡也不利于远程运动。Nicoletti等提出碎屑流在狭长型、开阔型和"T"型三种沟谷地形中的运动能量损耗依次增加，运动距离相应地依次减小（Nicoletti and Marino，1991）。1980年盐池河崩塌碎屑流直接碰撞崖壁受阻，运动距离受限。1991年云南昭通头寨沟沟谷顺直，实现了高速远程。

2009年6月5日，重庆武隆鸡尾山滑移式崩塌-碎石流造成74人遇难。鸡尾山危岩体具有层状石灰岩地质结构，崩塌灾害是山体底部铁矿采空和顺岩层的视滑力作用共同主导下的"山体拉裂—弱面蠕滑—剪出崩塌—碎屑流冲击—灾难形成"的链式反应过程（刘传正，2010a）。高速运动的崩塌物质在堵塞前部宽约200m，深约50m的沟谷后，形成平均厚约30m，纵向长度约2200m的堆积区，掩埋了12户民房和正在开采铁矿的矿井入口。危岩崩塌体积约$5×10^6$m³，在跃下50m的陡崖后，巨大的势能转化为动能使滑出的危岩体迅速解体，高速运动，越过前方宽约200m，深约50m的深沟后冲向对岸。受对岸斜坡阻挡，高速"块石流"转向相对顺直的沟谷向下游运动，在沟道内形成厚约30m，纵长约2200m的堆积区（许强等，2009）。"块石流"内部相互碰撞使块石间实现能量传递，致使部分块石加速运动，部分块石减速停积，沟道转折外侧出现沟边缘块石堆积"壅高"。在地形陡坡段势能转化补充动能，表现为持速或加速，缓坡段动能摩擦耗损为主表现为减速。崩塌碎屑流运动时间约2分钟。

4. 运动距离与物质成分结构

崩塌或滑坡本身是土体还是岩体，初始糙度是棱角的还是"等粒度"的，岩土结构上是松散的、固结的、结晶的或层状的还是块状的，均会影响碎屑流的形成和运动特征。

碎屑流奔涌过程中颗粒不断"细小化"和"磨圆化"，颗粒越"圆"，碎屑流运动距离越远。崩塌滑坡解体成为碎屑流后，颗粒的"滚动摩擦"代替"滑动摩擦"使下层颗粒的摩擦阻力远小于滑移阶段，"等粒度"或"磨圆化"的颗粒流运动速度会大于粒径大小不一或表面粗糙者，因为等粒径颗粒之间的滚动摩擦能量损耗远小于滑动摩擦造成的能量损耗，运动速度远大于滑移阶段，这是松散土崩塌滑坡很快解体、斜抛、流态化运动的原因（刘传正，2014a）。碎屑流"流动"实质上是离散体或颗粒滚动与弹射的宏观整体表象，颗粒间的接触方式和接触强度，如承受张、剪、压力和暂态平衡，决定了颗粒集合体运动的基本特征。

2012 年 7 月 31 日，新疆新源县阿热勒托别镇西沟矿山弃石土滑坡，造成 28 人遇难。黄土滑坡后经常出现"粉尘化"，类似"瀑布"现象倾泻而下（王家鼎和张倬元，1999）。1983 年甘肃东乡县洒勒山黄土滑坡"旋涡瀑布"式碎屑流，是一种碎屑粒度比较小的"等粒体"运动。

顺向坡地质结构出现高速远程滑坡主要表现为整体性顺层滑动，滑坡后的岩体基本保持原来的层状，整体下滑，上部凌空飞越，下部触底冲向对岸，滑坡地层到对岸后形成地层反倾（刘传正，2013b）。顺层滑坡是在水库蓄水经历三年多的蠕动变形后发生的。滑坡成因归结为滑坡前缘河谷深切、卸荷节理发育、岩体顺倾且存在软弱黏土夹层成为主要滑动面、前期连续降雨、水库水位未能及时降低和斜坡体内地下水位升高和孔隙水压力增大等。类似案例如 2003 年长江三峡水库区的千将坪滑坡。

5. 远程运动与引发因素及环境条件

崩塌滑坡-碎屑流是否远程运动与其引发因素存在一定关系，如地震抛射提供初速度、降雨渗流在前缘形成孔隙水压力或滑动土体完全饱水液化成为流态。汶川地震区大光包、东河口和文家沟滑坡-碎屑流就存在强烈地震抛射的因素。四川华蓥山溪口滑坡是强降雨引发的斜坡土体超饱水液化流动，滑坡运动路径陡而短，高位俯冲奔涌而下，与崩塌滑坡解体的碎屑流不同（黄润秋，2007）。

深圳滑坡则是平缓地形条件下流塑态土体低速远程涌动的典型案例。滑出土体路经多个水塘的"加水"作用，使工程弃土进一步湿化泥化甚至稀化，是实现平缓地形条件下远程奔涌和漫流平铺的原因（刘传正，2016b）。当滑之时，监控录像显示整个滑动时间约持续 11min30s，黏滞塑流土体运动约 1100m。如风险管控到位，有关人员是有时间逃离的。深圳滑坡是远程的，但不是高速的。

6. 运动远程的下限值问题

崩塌滑坡-碎屑流运动远程的认定尚无定见。一个提法是，崩塌滑坡体重心位置垂直位移（H）与水平位移（L）的比值（称为等价坡度或等效摩擦系数）小于 0.6（相当于

tan32°) 即认为是远程的 (Hsu, 1975; Evans *et al.*, 2001; 张明等, 2010)。

实际应用上, 崩塌滑坡体重心及其运动的垂直位移与水平位移并不容易确定。作者建议以崩塌滑坡–碎屑流区域的前后缘高差 (*H*) 与前后缘水平距离 (*L*) 的比值进行判断。据表 4.6 统计数据, 可选择崩塌滑坡–碎屑流的 *H/L* 值小于 0.4 或 *L/H* 值大于 2.5 即认为崩塌滑坡–碎屑流是远程的。

一般地, 远程崩塌滑坡–碎屑流均能够冲出所在斜坡单元进入该段斜坡最低点如沟谷或出现明显转向流动。从学术研究角度论, 滑坡后缘到碎屑流前缘的长度 (L_s) 与滑坡后缘到其剪出口的长度 (L_1) 之比大于 1.5 也可以作为远程运动的一个判据, 对于危岩崩塌, 该值可能要大一些, 但实际工作仍容易陷入争论, 因为滑坡剪出口并非是一目了然的 (刘传正, 2010b)。

4.4.5.3　碎屑流运动机理

能量转化传递论反映了高速远程运动的物理规律, 气体浮托润滑论从宏观上解释了能量消耗延时的原因, 颗粒流作用论从细观上解释了碎屑流颗粒间的力学机理。碎屑流运动机理的三种理论解释显然不是相互独立的, 而是互相联系的, 是 "三位一体" 的, 分别解释了不同层次的科学问题。能量转化传递理论是根本性的宏观整体论, 解释了崩塌滑坡–碎屑流运动的动力来源及其损耗原因。气体浮托润滑论解释了碎屑流运动路径摩擦消耗减轻、势能转化为有效动能的比例增加, 高速能够实现及维持一定时间的原因。颗粒流学说更多地解释了能量传递的内在物理本质及碎屑颗粒间的摩擦运动力学作用。能量转化传递论、气体浮托润滑论和颗粒流作用论可称为碎屑流运动的三定律。通解公式可写为

$$E_0 + E_h = E_v + E_f + E_s \tag{4.5}$$

式中, E_0 为初始应变能或地震抛射能; E_h 为总重力势能, 由 n 级斜坡运动落差的势能构成, $E_h = E_{h1} + E_{h2} + \cdots + E_{hn}$; E_v 为势能转化的有效总动能, $E_v = E_{v1} + E_{v2} + \cdots + E_{vn}$; E_f 为运动过程中消耗的总摩擦能, $E_f = E_{f1} + E_{f2} + \cdots + E_{fn}$; E_s 为崩塌坠落冲击压缩土体做功, $E_s = E_{s1} + E_{s2} + \cdots + E_{sn}$。

4.4.6　成灾模式问题

崩塌滑坡–碎屑流的成灾模式是多样化的, 也常常出现所谓地质灾害链, 即原生致灾体是崩塌滑坡, 次生者是碎屑流灾害, 衍生者是冲入河道形成的激流涌浪危害, 这些认识对于地质灾害的风险识别或早期识别与风险控制是极为重要的。崩塌滑坡–碎屑流的具体成灾模式可划分为:

(1) 崩塌直接压覆, 如 2017 年 1 月 20 日湖北南漳县城关镇岩墙 (壁) 直接倾倒, 长江三峡链子崖危岩体前缘 "劈条子" 式开裂倾倒崩塌 (刘传正, 1996)。

(2) 滑坡整体平移运动而后解体, 高速冲击破坏或推挤覆盖, 如甘肃洒勒山黄土滑坡。

(3) 碎屑流碰撞冲击, 摧毁前方人居或工程设施, 气浪吹袭折断掀翻沿途树木和建筑, 如西藏易贡藏布滑坡–碎屑流。崩塌滑坡–碎屑流运动速度一般比泥石流运动速度大一

个数量级，高速冲撞压覆运动路径上的人居建筑、田地或工程设施，强烈的气浪粉尘会吹折树木，掀翻房屋建筑，致灾范围大，毁灭性强（程谦恭等，2007）。美国加利福尼亚州某岩崩形成的冲击气浪推翻或折断了约1000棵树，碎屑流像翻动的犁一样，将沿途树木、植被和土层铲刮殆尽（Wieczorek et al.，2000）。

（4）滑坡入江涌浪激流打翻船只，造成伤亡，如湖北新滩滑坡冲入长江，涌浪沿长江峡谷逆流7km在上游香溪支流打翻船只造成人员溺亡。

（5）滑坡堰塞湖淹没上游，如2018年金沙江白格滑坡–堰塞湖和雅鲁藏布江色东普崩滑–堰塞湖事件。

（6）滑坡坝溃决洪水冲击下游，造成灾害，如1933年8月25日四川茂县叠溪地震区岷江地震滑坡堵塞岷江，当年10月9日滑坡坝溃决酿成特大灾难（刘传正，2014a）。

（7）崩塌或滑坡以巨大势能直接冲入水体，形成的高速激流涌浪向上翻坝或翻越陡坡形成"瀑布式"洪水倾泻而形成重大灾害，如意大利瓦伊昂滑坡涌浪翻坝。

（8）液化土体沿陡峻斜坡高速奔涌而下形成灾害，如四川华蓥山溪口滑坡，或液化土体漫流涌动，平缓地势下低速远程涌动推挤覆盖形成灾害，如深圳弃土场滑坡灾害（刘传正，2016b）。

4.4.7　结论

（1）崩塌滑坡变形破坏形式实质上包括了蠕动—拉裂—剪断—滑移—冲出—解体—碎屑流化的整个过程。崩塌滑坡成因机理的理论认识主要立足于岩土孔隙水压力理论、残余强度理论和蠕变理论。

（2）碎屑流运动机理主要立足于势能向动能转化传递、气体托浮润滑作用和颗粒流理论予以解读。三者不是相互独立的，而是层次不同、相互补充或相互关联的。势能向动能转化传递是根本性的，气体托浮润滑作用可以宏观地解释碎屑流现象及其持速效应，颗粒流理论可以对碎屑流运动颗粒间的内部作用做出细观解释。

（3）崩塌滑坡高速远程运动的实质是其解体后的碎屑流运动。碎屑流运动与崩塌滑坡规模、物质成分结构、地形高差、沟道形态和引发因素及运动路径的环境等因素密切相关。

（4）崩塌滑坡–碎屑流运动高速与远程并不一定同时出现。高速运动沟壁阻挡则不会实现远程，反之平缓地形低速液化流动也可以实现远程。

（5）从防灾减灾角度，5m/s作为高速远程崩塌滑坡–碎屑流前锋运动速度的下限是比较合理的，这个速度成年人在复杂地形条件下能够奔跑逃生，可以作为制定应急管理政策的依据，也与国际接轨。

（6）崩塌滑坡–碎屑流区域的前后缘高差（H）与前后缘距离（L）的比值小于0.4或L/H值大于2.5可以作为崩塌滑坡–碎屑流远程运动的判据。

（7）崩塌滑坡–碎屑流成灾模式是多样化的，崩塌滑坡直接压覆、解体碰撞、碎屑流冲击、气浪吹袭掀翻、激流涌浪、堰塞湖淹没、滑坡坝溃决洪水、涌浪直接翻坝或翻越陡坡形成瀑布激流和液化土体涌动推挤等灾害形式是常见的。

4.5　长江三峡链子崖危岩体研究

链子崖危岩体位于长江三峡之一的西陵峡段，地处兵书宝剑峡下游出口南岸，与历史上著名的新滩滑坡区（最近一次 1985 年 6 月 12 日发生）隔江对峙，下游距三峡大坝 27km。

链子崖危岩体由南部的 $T_0 \sim T_6$ 缝段、中部的 T_7 缝段和北部临江的 $T_8 \sim T_{12}$ 缝区共三个部分组成。$T_8 \sim T_{12}$ 缝段是链子崖危岩体的主体部分，由二叠系石灰岩构成，并被十几条深（$100 \sim 150$m）达煤层采空区（R_{001}）的宽大裂缝切割，西侧以 T_{12} 缝（断层）为界与稳定山体核桃背接触。链子崖危岩体具有南北强拉裂、东西弱拉裂和平面反时针转动的三维开裂变形破坏机制，总体趋势是以煤层采空区为压缩滑移底界，山体呈"悬板（悬梁）模式"不均匀下沉并倾倒下滑。

4.5.1　地形地貌

链子崖东为猴子岭崩积斜坡，南为雷劈石滑坡。链子崖危岩体北、东两面临空，均为近百米高的悬崖，陡峭壁立，危岩高耸，东壁近南北向展布，北壁为北西西向，与长江走向近于平行（图 4.16）。危岩体西部和南端与山体部分相连，大部分被裂缝所切割。危岩体顶部为石灰岩层面构成的层面坡，岩层走向 $30°N \sim 50°E$，倾向北西，倾角为 $26° \sim 36°$，顶面南端高程为 495m（崖脚采煤处为 420m 左右），北端高程为 $170 \sim 190$m（崖脚采煤处约 90m）。

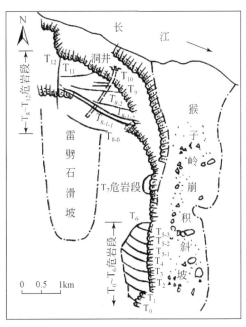

图 4.16　链子崖危岩区平面分布

　　链子崖危岩体南北长约 700m，东西宽为 30 ~ 180m，南窄北宽，南高北低，俯视长江。整个危岩体被 58 条宽大裂缝系统切割，自北向南依次分成三段，即 T_8 ~ T_{12} 缝段（$250 \times 10^4 \mathrm{m}^3$）、$T_7$ 缝段（$2 \times 10^4 \mathrm{m}^3$）和 T_0 ~ T_6 缝段（$80 \times 10^4 \mathrm{m}^3$）三个区段危岩体，总体积约为 $332 \times 10^4 \mathrm{m}^3$。$T_8$ ~ T_{12} 缝段危岩体耸立于江边，直接威胁长江航运和三峡工程建设安全，是地质结构最复杂的危岩区，也是实施链子崖危岩体防治工程的主要对象。链子崖危岩体以马鞍煤系为底界，主要由栖霞组石灰岩构成主体（图 4.16）。

　　T_8 ~ T_{12} 缝段危岩体的南界为 T_8 缝组，西界以 T_{12} 缝（断层）为界与稳定山体核桃背相倚，东、北两面临空，底部为遭受长期开采的煤系地层，边界条件清楚。为研究问题的方便，把危岩体中控制性软弱岩层进行了编号，最下部煤层采空区编为 R_{001}，向上依次为 R_{201}、R_{202}、R_{203}、R_{301}、R_{401} 和 R_{402}。

4.5.2　工程地质岩组

　　链子崖危岩体是被分割出来的斜坡地质体的一部分，由岩石块体、各种结构面（软层、夹层、节理或断层等）及块体之间的空隙、空洞所组成，其结构特征主要受地层岩性、地质构造和外动力因素所制约。

　　链子崖 T_8 ~ T_{12} 缝段危岩体由一系列深达煤层采空区的宽大裂缝和层间软层切割或分隔成空间块体集合，T_{11} ~ T_{12} 缝段是其最前缘部分。T_{11} ~ T_{12} 缝段直面长江，南界为 T_{11} 缝，西靠核桃背，东界、北界临空，底界为煤层采空区（R_{001}），T_{13}、T_{14}、T_{16} 诸缝将其切割成若干块体。在链子崖防治工程实施前，曾把 T_{11} ~ T_{12} 缝段底界定为软层 R_{202}，俗称“五万方”（体积约为 $9.6 \times 10^4 \mathrm{m}^3$）。其中，$T_{13}$ 缝与临空面之间的块体俗称“一万方”；上部软层 R_{301} 以上岩体俗称“五千方”。

　　链子崖危岩体由层状岩组构成，基底为厚层–巨厚层状黄龙组石灰岩；底部为煤系地层和大面积采空区；下部为瘤状灰岩夹薄层碳质页岩；中上部为厚层状坚硬灰岩块体；顶部为石灰岩、疙瘩状灰岩夹薄层页岩、泥岩，分为三个工程地质岩组：黄龙组、马鞍组、栖霞组。栖霞组构成危岩体的主体，它分为七个工程地质岩段和 10 个工程地质层。

　　链子崖危岩区地层呈单斜构造，走向 N30° ~ 50°E，倾向北西，倾角为 26° ~ 36°。区内断层较发育，以近南北向扭性断层为主，近东西向次之，一般错距不大。区内共发现断层 27 条，危岩体内的断层大多构成了危岩体的切割面，并发育成裂缝。

4.5.3　危岩体中的裂缝体系

　　根据裂缝空间分布、规模、深度和对危岩体稳定性的作用，将其划分为三个等级。一级裂缝延伸到煤层采空区（R_{001}），包括 T_8（T_{8-1-1}、T_{8-1-2}）、T_9、T_{11}、T_{12}、T_7、T_1、T_2 和 T_6 等缝组，控制危岩体的边界或完全切割岩体，延伸稳定，深度在 140m 以上，对危岩体的稳定性有控制作用。二级裂缝切割到 R_{203}，甚至 R_{201}，主要包括 T_{13}、T_{14}、T_3、T_4 和 T_5 等，控制危岩体的亚区边界，裂缝规模、长度、宽度均小于一级裂缝，一般深 70 ~ 90m，对前缘中上部危岩体稳定性有显著影响。三级裂缝为 T_{10} 缝组，T_{15}、T_{16}、T_7 支缝和一级缝组的支缝, 多与一、二级裂缝贯通, 控制块段的稳定性 (图 4.17)。

　　大规模裂缝是人类采煤活动的结果, 约 400 年时断时续的采煤作用, 使危岩体的滞后变形时间也是长期的, 而危岩体的出现是裂缝发展到一定阶段, 且采煤活动停止后裂缝发展相对缓慢的产物。

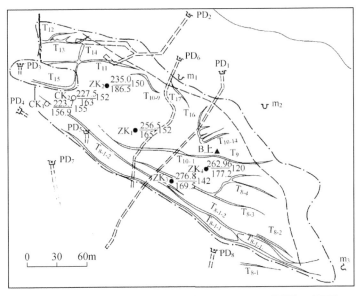

图 4.17　链子崖 T_8 ~ T_{12} 缝间危岩体分布范围与采空区的关系示意图 (单位: m)

1. 平硐及编号; 2. 旧煤洞口及编号; 3. 揭露煤层; 4. 揭露煤层采空区; 5. $\dfrac{高程}{钻孔深度}$ 采空区埋深;

6. $\dfrac{高程}{钻孔深度}$ 煤层埋深; 7. 危岩区界线; 8. 裂缝编号

4.5.4　煤层采空区

　　据历史文献记载和当地民间传说, 链子崖危岩体底部煤系地层的开采约始于 1524 年。1964 年原地质部三峡地质处发现链子崖危岩体, 至 1967 年崖下煤层被政府禁采, 前后断续长达 443 年, 其间多次停采又开采, 煤系地层遭到严重破坏。

　　据估计, 全区开采面积为 $20 \times 10^4 m^2$, 采出煤炭约 $30 \times 10^4 t$, 采空面积为 $12 \times 10^4 m^2$。岩体底部大面积采空区的形成, 迅速改变了斜坡底部岩体结构。

　　据 20 世纪 60 年代调查, 链子崖下分布 22 个老煤洞, 其主巷道大体顺岩层走向延伸, 方向为 S30° ~ 50°W, 长者达 400m。

　　T_8 ~ T_{12} 缝段大体以 T_{8-1-1} 缝为界, 其北为老采区, 采高为 1.6 ~ 3.0m, 其南为新采区, 煤层变薄仅 0.1m, 采高仅 0.7m。新老采区之间存在一条 "黄泥巴壁", 为黏土顺裂缝或岩溶洞隙长期下渗沉积所形成。

（1）老采区内采空区占 68%~90%，大部分回填矿渣。矿渣有被压密现象，大体是靠山外被压密明显，矿渣与煤层采空区顶板紧密接触，局部显层状，如 PD_6 号平硐所见。

（2）采空区均没有处理，任其自然冒落，但煤洞间接顶板为厚层瘤状灰岩，属矿山一级顶板，顶板十分完好。平硐内可见其被主裂缝（如 T_8 缝、T_9 缝）切割，裂缝在顶板上呈"人"字形发育，切割顶板呈断梁状。

（3）煤层采空区原始顶板完整，衬砌和支护段开裂或压缩变形严重，说明整体来压，平铺下沉，变形地段集中于平硐硐顶和西侧壁，说明偏压严重，东侧拱肩基本不受力。

（4）底鼓并开裂，起因于底板下煤渣矸石的压缩变形仍在进行，煤渣（含"黄泥"）遇水鼓胀，发生流变作用等。衬砌边墙是浆砌块石，强度不高，底板鼓起开裂显示底板自身强度低于边墙，否则边墙会被压沉或压垮。

（5）山顶裂缝已与煤层采空区沟通，链子崖危岩体是一个开放系统，进入的水和空气等加速了内外化学成分交换，形成了氧化环境，从而加速了煤柱、矸石的风化，使煤层和煤渣层的强度缓慢损失，加剧了软层的蠕变损伤。

4.5.5　整体变形特征

链子崖危岩体 T_8 ~ T_{12} 缝段的边界条件是北、东两面临空，南界拉开的 T_8 缝组，也相当于临空边界，该危岩体能够保持相对稳定是其西界核桃背阻挡支承和其底界煤层采空区承载抗滑。由于 T_{12} 缝是向东倾斜的，T_{12} 缝与煤层采空区的交线位置恰对应着 T_{14} 缝（已切割接近采空区）的竖直延伸线（即平面投影）。T_{12} 缝面（尤其是其北段）是一个相对闭合的支撑抗滑面。

煤层采空区是一个重要的承载抗滑界面，尤其是 PD_6 和 PD_1 洞群地段。该地段基本无空顶区，普遍受压承载，地压力数值较高，它和 T_{12} 缝面共同使链子崖危岩体在 PD_6 与 T_{14} 缝之间处于简支板（梁）状态，这是靠近 T_{12} 缝的采空区（PD_2 西侧）地压低的原因。只是 T_{12} 缝与 T_{14} 缝之间的承载区虽窄，却是硬支座，PD_6 ~ PD_1 地段承载区虽宽，却是软支座，在正常情况下缓慢压缩，在地下水渗流作用下会发生持续加速变形。

1995 年 7 月，在煤层采空区开挖施工 PD_{23} 号混凝土承重阻滑键时，发现 T_{11} 以缝组形式直接切到了 R_{001}（煤层采空区），而非 R_{202} 软层。因此，T_{11} ~ T_{12} 缝段危岩体的实际体积约为 $26 \times 10^4 m^3$（设计阶段认为"五万方"）。1995 年 8 月，在 T_{11} ~ T_{12} 缝段危岩体顶面清方，发现 T_{14} 缝和 T_{16} 缝东侧差异下沉 6 ~ 10cm，它是 T_{11} ~ T_{12} 缝段危岩体与煤层采空区相关的间接证据（图 4.18）。

T_{11} ~ T_{12} 缝段危岩体东西狭长，位于链子崖危岩体 T_8 ~ T_{12} 缝段的最前缘，直面长江，其南界为 T_{11} 缝，西界为 T_{12} 缝，东界、北界临空，底界为煤层采空区（R_{001}）。T_{13}、T_{14}、T_{16} 缝又将其切割成若干块体，其中，T_{13} 缝与临空面之间的块体俗称"一万方"，软层 R_{301} 以上岩体俗称"五千方"，R_{202} 以上岩体俗称"五万方"。

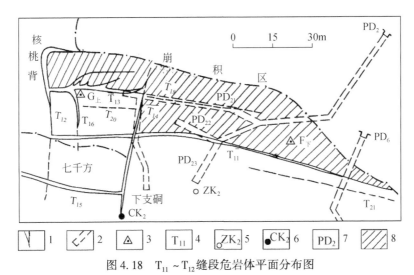

图 4.18　$T_{11} \sim T_{12}$ 缝段危岩体平面分布图

1. 裂缝；2. 勘探平洞；3. 形变监测点；4. 裂缝编号；5. 揭露煤层采空区钻孔；6. 揭露煤层钻孔；
7. 勘探平硐编号；8. 严重开裂变形区

4.5.6　$T_8 \sim T_{12}$ 缝段危岩体开裂变形机制

链子崖危岩体的形成与发展主要取决于三个因素：一是地形上向长江高陡临空；二是其底部大面积煤系采空；三是地质结构上具备贯通性良好的竖直节理或断层（刘传正等，1995b；刘传正，1999）。

高陡临空与大面积煤系采空是形成"悬板"或"悬臂梁"的两个根本因素。没有高陡临空，就没有开裂位移的空间；没有煤系采空，岩体就不能被"悬"起来并处于拉张状态；没有节理体系或断层的切割，岩体就不易于拉开。因此，三个主导因素加上核桃背的阻挡约束作用，使上述机制立体化，叠加形成空间变形图像。长期的降雨、风化作用和江水侵蚀等因素共同孕育形成了大规模的危岩体。由于悬空高度有限（煤层平均厚 3.6m 左右，存在局部岩相变化），且很多地方由矸石"软层"置换硬煤层，形成承载"软垫子"，关键因素是"软垫子"的蠕变效应。

1. 弱固支强悬板作用

在南北方向上，链子崖悬板的关键线在 T_{8-1-1} 附近，形成主垮断（初次断裂）。因煤层采空区（R_{001}）较软弱，且 T_8 以南也存在部分采空区，老顶悬伸后形成的最大弯矩位置伸入煤体内，故在 T_{8-0} 附近出现二次断裂。由于人工采煤缓慢持续了 400 余年，T_8、T_9 缝就具有"预成"，甚至是同步性质。$T_8 \sim T_9$、$T_9 \sim T_{11}$ 为双断悬板机制，$T_{11} \sim T_{12}$ 则为前缘倾覆（图 4.19）。

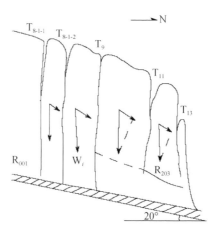

图 4.19　南北向强悬板拉裂机制

如果临江方向视倾角不大，采上山煤向下自动回填的矸石压密到等于煤体的刚度，即形成"支座"，下沉会出现"平移"甚至会"反转"，即回缩，链子崖就不需治理而自然稳定。目前的事实是，悬板式下沉和张裂倾倒仍在继续，说明危岩体的开裂滑崩趋势仍在发展。

2. 强固支弱悬板作用

在东西方向上，危岩体在西侧 T_{12} 缝处受到阻挡，相对于南北方向为强固支或铰支，岩层又是向西倾的（属于反倾型），采空造成的悬板作用相对较弱，拉应力区较小，但仍有变形显示，即在西区上部成 T_{14}、T_{16} 等张裂缝体系。顺倾向的滑移和采空造成的危岩体沿 T_{12} 缝竖直滑移则在链子崖临江陡壁形成了弧形追踪式压扭破裂体系，在危岩体东端（悬伸端）则显示一定的压缩作用（图 4.20）。

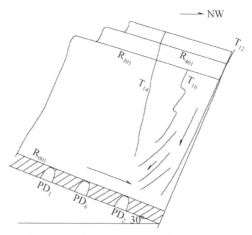

图 4.20　东西向弱悬板拉裂-压扭机制

煤层采空区的悬板作用是下部压缩，北部差异下沉，而上部倾倒，越向南，开裂越严重。由于北侧向江临空，形成南北向拉张和悬臂梁（板）弯矩作用，相应出现 T_{8-1-1}、T_{8-1-2}、T_9、T_{11} 等一系列切到煤层采空区的深大裂缝［图 4.21（a）］。

在东西方向上，虽然其视倾角大于南北向者，但由于 T_{12} 缝通过核桃背起阻挡作用，该方向拉张作用较弱，以悬臂梁（板）弯矩作用为主，东西向产生了 T_{16} 缝与 T_{14} 缝 ［图 4.21（b）］。T_{14} 缝与 T_{16} 缝的存在，极大地破坏了"五万方"的整体性，同时也说明，煤层采空区对"五万方"的影响是巨大的，在工程防治上要充分认识这一点。

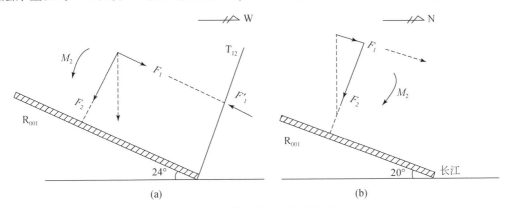

图 4.21　煤层采空区作用机制
（a）东西向弯矩作用；（b）南北向弯矩加拉力作用

3. 平面反时针转动机制

在平面上，危岩体呈扇形破裂，东部撒开，向西收敛，单个缝东宽西窄，它起因于北、东两面临空，西侧向真倾向方向滑动受阻，向北的视倾向方向上的滑动力分量——视滑力在起作用。自然，任何物体在下滑方向上受阻，且不是完整半空间时，岩体自然向最易滑出的方向进行。因此，链子崖 $T_8 \sim T_{11}$ 缝区可分成三个部分（图 4.22）。

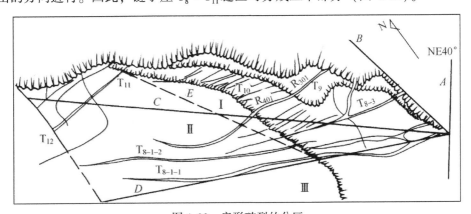

图 4.22　扇形破裂的分区
Ⅰ. 开裂发育区；Ⅱ. 开裂中等区；Ⅲ. 开裂不发育区

Ⅰ区侧面无支撑，向北的视滑力与 R_{001} 的抗滑力形成一对方向相反、数值相当的力系，沿 R_{201}、R_{301} 或 R_{401} 面的视滑力和抗滑力亦然。整个山体裂缝发育的规模、频度和格局，反映了向临空方向视滑力作用的大小及相应的滑动、转动与倾覆力矩作用的大小。

Ⅱ区一方面受到底部 R_{001} 抗滑力的作用，另一方面受到核桃背抗力的阻滑作用，裂缝图像仍处于变形发展状态，说明核桃背上沿 T_{12} 缝的抗滑力仅能保证部分危岩体的稳定。

Ⅲ区处于周期断裂状态，目前只出现了 T_{8-0}，若Ⅱ区甚至仅是Ⅰ区加固及时，Ⅲ区可保证不在发展。

危岩体扇形破坏形成裂缝群的事实，反映了危岩体存在沿 T_{12} 缝北段为支点的平面反时针转动破坏的力矩作用，它起因于东、北两面临空条件下的视滑力作用，即东北部（T_{10} 缝群）自由度最大的地方。因此，视滑力造成的转动作用仍在 R_{401} 以下岩体中极大地存在，找出转动视滑力的作用点，为工程加固指明关键位置。

显然，上述开裂变形机制的分析为选择正确的计算模式和论证整治工程加固体系提供了依据。它也可以证明，前人的工作有可取的一面，即重视了沿 R_{001} 的滑动破坏，但也有忽略的一面，即未考虑竖直方向的转动，乃至倾覆破坏的危险，也未考虑东端平面反时针转动破坏的事实。

4.5.7　$T_{11} \sim T_{12}$ 缝段危岩体开裂崩塌机制

$T_{11} \sim T_{12}$ 缝段危岩体（"五万方"）位于链子崖 $T_8 \sim T_{12}$ 缝段危岩体的前缘，它除了服从整体的开裂变形机制外，尚具有自己的特点。

重力作用下蠕变溃屈作用是影响链子崖 $T_{11} \sim T_{12}$ 缝段危岩体（"五万方"）的基本因素，主要表现为 R_{202} 以上沿临空面的侧向卸荷，其他因素都通过重力作用来实现。

在"五万方"危岩体前缘，重力卸荷机制表现在三个方面：①脱皮：它是次级软层控制的崖脚剪张开裂作用结果，产生剪出式鼓胀开裂乃至崩塌。②"劈条子"：当地居民世代经验教训的形象化总结。这个经验是符合理论的，它起因于重力或构造作用向临空方向的拉裂卸荷，也可以包含采空造成的悬板效应与弯矩作用，表现为成条或成墙状向长江崩垮。③脱层：从下向上开裂的一种撕裂破坏，一般隐伏在岩层下。上覆盖层一般是相对软弱的岩组（如 R_{401} 和 R_{402}），开裂主体主要发生在硬岩组。主体裂缝一般追踪构造节理发展，并最终上下贯通，如 T_{20} 缝、T_{11} 缝和 T_{13} 缝的一部分。它发展的结局是"劈条子"，并最终倾倒崩塌（刘传正和张明霞，1996）。

T_{14} 缝对应着煤层采空区和 T_{12} 缝面的交线，但煤层采空区（R_{401}）承担了链子崖危岩体重量的主要部分，在 PD_1 和 PD_6 中显示了较强的压力作用；T_{12} 缝面所在的核桃背山体则承担了链子崖危岩体在 T_{14} 缝以西的重量和部分视倾向上的推力。因此，"五万方"地段在东西方向上形成了不对称的应力分布区，东侧的应力作用远大于西侧，导致张裂缝 T_{14}、T_{16} 的产生，且东侧下沉，是一个不对称的压应力拱，它对应的是东侧煤层采空区和西侧核桃背的两侧支撑（图 4.23）。

在煤层采空区（R_{001}）与 T_{12} 缝交界上方形成一个局部悬吊区，或者说，平硐 PD_2 上方形成一个局部的低压带（此带靠近 T_{12} 缝，呈南北向）。这就是 PD_2 顶板地压显示远低于其东侧 PD_6、PD_1 的力学机制。在陡壁上则是上下带状压扭应力作用区，表现为出现弧形压扭裂缝群。

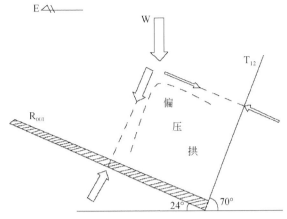

图 4.23　东西方向不对称的压力拱作用机制图解

4.5.8　$T_8 \sim T_{12}$ 缝段危岩体稳定性评价

4.5.8.1　$T_8 \sim T_{12}$ 缝段危岩体块体极限平衡计算（准三维）

根据破坏机制的分析，在前人工作的基础上，这里主要进行三个方面的计算：一是链子崖 $T_8 \sim T_{12}$ 缝段危岩体抗滑稳定性的极限平衡计算；二是链子崖 $T_8 \sim T_{12}$ 缝段危岩体抗倾稳定性及极限滑出距的计算；三是三峡水库蓄水与链子崖 $T_8 \sim T_{12}$ 缝段危岩体稳定性（刘传正等，1995b；刘传正，1999）。

1. 计算原则

鉴于地质灾害体的复杂性和每种计算方法的局限性，严密的计算可能失去意义，简单而可靠的近似分析法却可以更好地满足工程加固的要求，问题的关键在于对危岩体破坏机制的正确反映。因此，计算的原则应遵循：
(1) 明确反映破坏机制；
(2) 既要简化，又要不脱离实际，舍去枝节，抓住主要矛盾；
(3) 逻辑清楚、简明；
(4) 易于校核。
根据计算原则，结合链子崖变形机理分析和地质概念模型，本节利用块体极限平衡原理建立准三维计算公式，并分别进行计算（图 4.24）。

2. 基本公式

(1) 自重作用，不考虑核桃背的阻滑作用。

$$K_1 = \frac{F_1}{F_2} \tag{4.6}$$
$$F_1 = W\cos\beta \cdot f_1 + A_1 C_1$$
$$F_2 = W\sin\beta$$

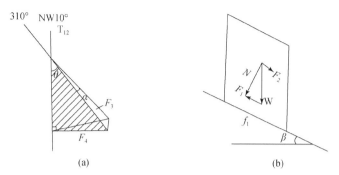

图 4.24　$T_8 \sim T_{12}$ 缝段危岩体平面（a）和剖面（b）受力模式简图

（2）考虑核桃背阻滑作用。

$$K_2 = \frac{F_1 + F_5}{F_2} \tag{4.7}$$

$$F_3 = W(\sin\alpha - \cos\alpha \cdot f_1) - A_2 C_1$$

$$F_4 = F_3 \sin\theta$$

$$F_5 = F_4 \cdot f_2$$

F_4 与 T_{12} 缝断面接近垂直，按垂直处理。T_{12} 缝与 R_{001} 面交线为 $358°\angle 21°N$，与计算剖面方向基本一致。

（3）三峡蓄水，正常蓄水位 $H = 175\mathrm{m}$。

水下部分用浮容重，相应地，$W_0 = W - W_w$，f_1、f_2 不变，$C_1 = 0$，代入式（4.7）

$$K_3 = \frac{F_{11} + F_{51}}{F_{21}} \tag{4.8}$$

$$F_{11} = W_0 \cos\beta \cdot f_1$$

$$F_{21} = W_0 \sin\beta$$

$$F_{51} = W_0(\sin\alpha - \cos\alpha \cdot f_1)\sin\theta \cdot f_2$$

（4）考虑地震，取水平地震力 $Q_0 = K_C \cdot W$。

$$K_4 = \frac{F_1 + F_5 - F_7}{F_2 + F_8} \tag{4.9}$$

$$F_7 = Q_0 \sin\beta \cdot f_1 = K_C W \sin\beta \cdot f_1$$

$$F_8 = Q_0 \cos\beta = K_C W \cos\beta$$

（5）考虑地震+蓄水影响。

$$K_5 = \frac{F_{11} + F_{51} - F_{71}}{F_{21} + F_{81}} \tag{4.10}$$

$$F_{71} = K_C W_0 \sin\beta \cdot f_1$$

$$F_{81} = K_C W_0 \cos\beta$$

式中，K_1 为 $T_8 \sim T_{12}$ 缝段危岩体自重作用下（不考虑核桃背的阻滑作用）的稳定系数；K_2 为 $T_8 \sim T_{12}$ 缝段危岩体自重作用下（考虑核桃背的支撑阻滑作用）的稳定系数；K_3 为 K_2 条件下三峡水库 175m 蓄水位影响的稳定系数；K_4 为 K_2 条件下Ⅶ度地震影响的稳定系数；K_5 为 K_3 与 K_4 共存条件下的稳定系数；γ 为危岩体平均容重，t/m^3；γ_w 为水的容重，t/m^3；A_1

为 $T_8 \sim T_{12}$ 缝段危岩体作落在煤层采空区上的面积，m^2；A_2 为 T_{12} 缝与 $T_8 \sim T_{12}$ 缝段危岩体的接触面积，m^2（假定全部接触）；C_1 为煤层采空区煤渣等与顶板间的综合内聚力，t/m^2；C_2 为 T_{12} 缝与危岩体间的内聚力，t/m^2；f_1 为煤层采空区煤渣等与顶板间的综合内摩擦系数；f_2 为 T_{12} 缝与危岩体间的内摩擦系数；α 为煤层采空区的平均真倾角，（°）；β 为煤层采空区在正北方向的视倾角，（°）；θ 为煤层采空区倾向与 T_{12} 缝面走向的夹角，（°）；a 为地震加速度，m/s^2；g 为重力加速度，m/s^2；K_C 为地震加速度系数；V 为 $T_8 \sim T_{12}$ 缝段危岩体的体积，m^3；W 为 $T_8 \sim T_{12}$ 缝段危岩体的重量，t；V_w 为 $T_8 \sim T_{12}$ 缝段危岩体被三峡水库 175m 水位淹没的体积，m^3；W_w 为 $T_8 \sim T_{12}$ 缝段危岩体在三峡水库 175m 水位的排水重量，t；W_0 为 $T_8 \sim T_{12}$ 缝段危岩体在三峡水库 175m 水位时的重量，t。

3. 参数取值

$V = 2.5 \times 10^6 m^3$；$W = 6.75 \times 10^6 t$；$V_w = 1.102 \times 10^6 m^3$；$W_w = 1.102 \times 10^6 t$；$W_0 = 5.648 \times 10^6 t$；$\gamma = 2.7 t/m^3$；$\gamma_w = 1 t/m^3$；$A_1 = 28429 m^2$；$A_2 = 1.26 \times 10^4 m^2$；$C_1 = 0.04 MPa = 4 t/m^2$；$f_1 = 0.31$；$C_2 = 0$；$f_2 = 0.4$；$\alpha = 30°$；$\sin\alpha = 0.5$；$\cos\alpha = 0.866$；$\beta = 20°$；$\sin\beta = 0.342$；$\cos\beta = 0.9396$；$\theta = 40°$；$\sin\theta = 0.643$；$\cos\theta = 0.766$；$a = 1.1 m/s^2$；$g = 9.8 m/s^2$；$K_C = 0.042$。

4. 计算结果

使用较有代表性的剖面 III ~ III'。计算结果见表 4.7。

（1）不考虑核桃背作用的情况下，$K = 0.901$，$T_8 \sim T_{12}$ 缝段危岩体是不稳定的，也即 $T_8 \sim T_{12}$ 缝段危岩体早已不存在了；

（2）考虑核桃背的支撑抗滑作用，$K = 1.062$，$T_8 \sim T_{12}$ 缝段危岩体处于临界稳定状态，即现状；

（3）在（2）条件下，考虑三峡水库 175m 蓄水位影响，$K = 1.026$，$T_8 \sim T_{12}$ 缝段危岩体更加接近极限状态；

（4）在（2）条件下，考虑Ⅶ度地震影响，$T_8 \sim T_{12}$ 缝段危岩体将发生整体失稳；

（5）在（2）条件下，考虑三峡水库 175m 蓄水位与地震联合作用，$T_8 \sim T_{12}$ 缝段危岩体将发生整体失稳，将全面崩滑入江。

表 4.7　$T_8 \sim T_{12}$ 缝段危岩体稳定性计算结果

状态	稳定系数（K）	备注
①	0.901	①自重，不考虑核桃背支撑；②考虑核桃背的作用；③考虑三峡正常蓄水位 $H = 175m$；④考虑地震
①+②	1.062	
①+②+③	1.026	
①+②+④	0.941	
①+②+③+④	0.908	

5. 计算说明

（1）$T_8 \sim T_{12}$ 缝段体积一般称 $250 \times 10^4 m^3$，但也有资料称 $200 \times 10^4 m^3$，本项研究据多个

剖面计算，数值均在 $240 \times 10^4 \sim 260 \times 10^4 m^3$，故取 $250 \times 10^4 m^3$。

（2）由于链子崖危岩体高陡临空，借用重力坝抗震设计标准是比较适当的。

根据重力坝抗震设计的拟静力法公式：

$$Q = K_H C_Z F W; \quad K_C = K_H C_Z F$$

对于超过 70m 高的高坝，$K_H = a/g$；$C_Z = 0.25$；$F = 1.5$。Ⅷ度地震时，$K_C = 0.042$

（3）岩体是透水的，三峡正常蓄水位 $H = 175m$ 时，危岩体水下部分按浮容重考虑。

（4）因 T_{12} 是断裂，C_2 值取零。取构造岩 C 值不合实际。

（5）因岩体已破裂拉开多年，可认为危岩体内部应力主要由自重引起，煤层采空区顶板平均水平拉应力计算值在 $1.26 \sim 1.53MPa$ ［按 $\sigma_t = \mu \gamma h/(1 - \mu)$ 估算］。因此，除应力集中地段外，水平拉应力一般不超过 2MPa，竖直应力在 $3 \sim 5MPa$。

（6）自 1959 年建立三峡地震台网以来，记录到的最大地震是 1979 年 5 月 22 日的秭归县龙会观地震（$M_S = 5.1$，震中烈度Ⅷ度）。湖北省地震局"关于长江三峡链子崖黄腊石地震危险性分析的修正意见"，将链子崖危岩区的地震基本烈度定为Ⅷ度。基岩峰值加速度取值范围为 100 年超越概率 $4\% \sim 6\%$ 条件下的 $145 \sim 170Gal$（cm/s^2）。建议采用 100 年超越概率条件下 155Gal（cm/s^2）。

（7）考虑核桃背山体支撑抗滑作用条件下，块体极限平衡计算模型为准三维。

4.5.8.2　$T_8 \sim T_{12}$ 缝段危岩体倾覆稳定性计算

链子崖 $T_8 \sim T_{12}$ 缝危岩体已开裂，拉开一米到数米，向下尖灭于 R_{001} 或其他软层，说明存在向临空（江）方向的倾倒转动。竖直转动力矩的研究有助于认识危岩体的破坏机制。

1. 倾覆稳定性计算公式

使用较有代表性剖面Ⅲ-Ⅲ′，推导链子崖 $T_8 \sim T_{12}$ 缝危岩体的倾覆稳定性计算公式。

1）在自重作用下

$$J_1 = \frac{M_2}{M_1} \tag{4.11}$$

$$M_1 = \frac{WH\sin 2\alpha}{4}$$

$$M_2 = \frac{L\cos\alpha + \dfrac{H\sin 2\alpha}{2}}{2} W$$

式中，J_1 为倾覆稳定性系数；M_1 为倾倒力矩，$t \cdot m$；M_2 为抗倾倒力矩，$t \cdot m$；H 为危岩体高度，m；β 为危岩体在南北方向的竖直转动角，（°）。实际上，岩体已开裂，但 β 值很小，此时忽略。

2）在自重和地震双重作用下

$$J_2 = \frac{M_2}{M_1 + M_3} \tag{4.12}$$

$$M_3 = \frac{K_C W(H + L\sin\alpha)}{2}$$

式中，J_2 为倾覆稳定性系数；M_3 为倾倒力矩，t·m；L 为危岩体剖面底边长度，m。

3）在自重与地震作用下，当危岩体滑出 ΔL 时

$$J_3 = \frac{M_{21}}{M_{11}+M_{31}} \tag{4.13}$$

$$M_{11} = W\sin\alpha \cdot \sqrt{\left(\frac{H}{2}\right)^2 - \Delta L^2}$$

$$M_{21} = W\cos\alpha \cdot \left(H\sin\frac{\alpha}{2} + \frac{L}{2} - \Delta L\right)$$

$$M_{31} = K_C W\left[\frac{H}{2} + \left(\frac{L}{2} - \Delta L\right)\sin\alpha\right]$$

式中，J_3 为倾覆稳定性系数；M_{11} 为倾倒力矩，t·m；M_{21} 为抗倾倒力矩，t·m；M_{31} 为倾倒力矩，t·m；ΔL 为危岩体剖面底边滑出距离，m。

2. 计算结果

使用有代表性的 Ⅲ~Ⅲ′剖面进行计算。

1）T_8~T_{12} 块体

取 $L=85m$，$H=155m$，临江向北的视倾角 $\alpha=20°$，$K_C=0.112$，则

$$J_1 = 2.603, J_2 = 1.841$$

2）T_9~T_{12} 块体

取 $L=60m$，$H=150m$，临江向北的视倾角 $\alpha=20°$，$K_C=0.112$，则

$$J_1 = 2.17, \quad J_2 = 1.554$$

可见，在自重或Ⅷ度地震作用下，J 值都大于 1.5，说明 T_8~T_{12} 或 T_9~T_{12} 块体均不会直接倾崩入江，但问题在于目前危岩体正在发生蠕变滑移和差异下沉，当滑移到一定程度，就可能出现难以整治的局面，有必要研究极限状态下滑出距（ΔL）与视倾角（α）关系。

3）极限状态下 ΔL 与视倾角 α 的关系

危岩体已开裂，说明目前正在发生角应变，由式（4.13），令 $J_3 \equiv 1$，即危岩体处于极限倾覆状态，建立动态平衡方程，可以计算出 ΔL-α 关系做出图 4.25。

$$\sin\alpha \cdot \sqrt{\left(\frac{H}{2}\right)^2 - \Delta L^2} + K_C\left[\frac{H}{2} + \left(\frac{L}{2} - \Delta L\right)\sin\alpha\right] = \cos\alpha \cdot \left(H\sin\frac{\alpha}{2} + \frac{L}{2} - \Delta L\right) \tag{4.14}$$

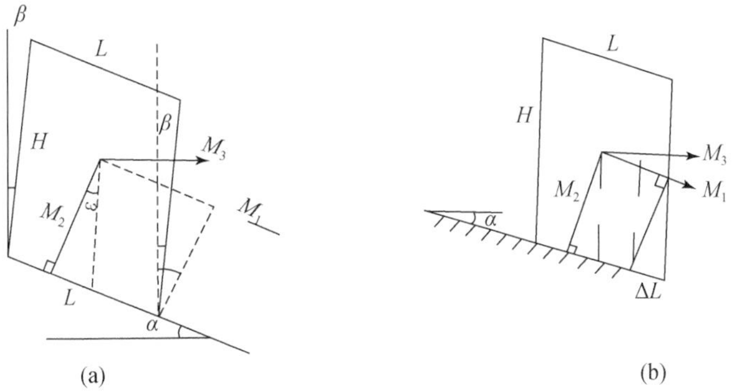

图 4.25 T_8~T_{12} 缝危岩体正常倾倒（a）和滑出倾倒（b）稳定性计算图解

　　分析可知，当视倾角 $\alpha = 20°$ 保持不变时，$T_8 \sim T_{12}$ 块体滑出 34m 即出现全面崩溃的局面；$T_9 \sim T_{12}$ 块体则滑出不足 20m 即出现全面崩溃，整体入江巨大灾难事件；当差异下沉使视倾角 α 增大时，$T_8 \sim T_{12}$ 块体和 $T_9 \sim T_{12}$ 块体的极限滑出距离均急剧减小（图 4.26）。

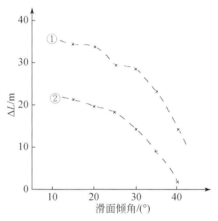

图 4.26　危岩体倾覆的临界滑出距（ΔL）与滑面倾角（α）的关系
①$T_8 \sim T_{12}$ 缝段危岩体（块体）；②$T_8 \sim T_{12}$ 缝段危岩体（块体）

　　计算中 T_8 缝以北的危岩体是作为一个刚性整体考虑的。事实上，岩体已开裂成多块，如 T_{8-1-2}、T_9 缝等，所以，计算是偏于安全的，如考虑 T_9 缝等造成分块滑崩机制，高度基本不变，重心即不变，宽度减小，则 $\Delta L = 1.6m$ 时，危岩体即出现分块滑崩。T_9 缝以北滑崩造成 T_8 块体失去前缘支撑，即可能沿 T_{8-1-2} 缝甚至经 T_{8-1-1} 缝滑崩。自然，从 T_{8-1-2} 缝比 T_9 缝规模还大这一事实，自然不能排除从 T_8 缝发生整体滑崩的可能。

　　链子崖危岩体的滑移与倾倒是互相关联的两个方面，开裂岩体不是完整的块体，一旦临江地段出现加速下沉或加速滑动，巨大危岩体的惯性状态就发生改变，高陡岩体会在极短时间内以不可遏止的态势滑移到整体倾倒需要的极限距离。

　　问题的关键在于位移量、位移速度随时间的变化，这方面尚缺乏可靠的资料。但有一点可以肯定，巨大的危岩体一旦进入加速滑移状态，则在极短时间内 ΔL 即可达到极限状态。$\alpha - \Delta L$ 的关系至少可以说明，危岩体以滑为始，滑移促崩，崩塌为终的滑崩转化机制。因此，链子崖危岩体发生开裂乃至整体倾倒滑移是崖下煤层采空区差异压缩和滑移两方面互为促进的结果。治理工程应针对"下沉促滑，滑移促倾促崩"的基本机制论证防治方案。当视倾角达到真倾角 $\alpha = 30°$ 或以上时，发生倾覆的极限滑出距 ΔL 急剧减小，所以，治理不但要防滑，更要防止危岩体北侧差异下沉导致 α 增大。

4.5.9　$T_8 \sim T_{12}$ 缝段危岩体变形破坏的视滑力问题

1. 链子崖视滑力作用图像及实现条件

　　链子崖危岩体的地质地貌图像隐含了非常丰富的视滑力作用信息。例如，以 R_{001} 的界线作为恢复该山体原貌的标准界线，则从下到上各主要层面控制的岩体依次减少，即 R_{202} 控制的范围已减少了约三分之一，R_{301} 控制的范围约减少二分之一，而 R_{401} 控制的范围则减少了三分之二。一个共同的规律是，R_{001}、R_{202}、R_{301} 和 R_{401} 等各层控制的岩体只在东和北两个方向发生崩滑破坏，即在真倾向与 NE 方向之间发生，也即以正北方向为主，而不是以真倾向为主。

$T_8 \sim T_{12}$ 缝段危岩体切割到煤层采空区（R_{001}）的裂缝都是上宽下窄、东宽西窄。整个缝群则呈东部撒开，西部收敛的"扫帚状"。危岩体中、东部空间自由度较大，距离核桃背较远，其阻挡作用较弱，所以沿各层面的视滑力作用表现充分，显示了较强的向北的整体转动开裂滑移作用。正是由于 T_{12} 缝以西核桃背的抵挡约束才使向北的视滑力作用得以实现，从而为在工程意义上最大可能地利用核桃背加固危岩体服务。

2. 链子崖视滑力作用集中区

考虑到 T_{12} 缝的阻挡抗滑作用，链子崖的视滑力作用主要表现在 T_8 缝东端与 T_{12} 缝北端连线以北区段，滑移面以 R_{001} 为主，对长江威胁最大，因此是工程加固的重点。

T_8 缝东端与 T_{12} 缝北端连线以北沿 R_{001} 以上区段的视滑力作用图解如图 4.27（a）、（b）所示，利用式（1.2）可导出向北方向的总视滑力为

$$F_0 = W\sin\alpha \cdot \cos\theta \qquad (4.15)$$

T_{12} 缝北端为轴的总视滑力矩：

$$M = F_0 \cdot L_0$$

取条形元 Δl，长为 b，b 是 l 的函数，即 $b(l)$，则条形元的视滑力：

$$F_i = W_i\sin\alpha \cdot \cos\theta$$

相应的总视滑力矩：

$$M = \sin\alpha \cdot \cos\theta\sin\theta \sum_{i=1}^{n} W_i \cdot l_i \qquad (4.16)$$

式中，$W_i = \gamma \cdot b(l_i) \cdot \Delta l \cdot \sin\theta \cdot h = \gamma \cdot \Delta S_i \cdot h$，视滑力矩的综合作用力臂长度（位置）：

$$L_0 = \frac{\left\{ \sin^2\theta \sum_{i=1}^{n} \left[l_i \cdot b(l_i) \cdot \Delta l \right] \right\}}{s} \qquad (4.17)$$

其积分形式为

$$L_0 = \frac{\sin^2\theta \int_0^L l \cdot b(l) \cdot \mathrm{d}l}{s} \qquad (4.18)$$

由于客观地质体的复杂性，$b(l)$ 的形式常不易确定，可根据工程地质图实测 $b(l)$、Δl 和 l_i，$\theta = 50°$，$s = 12119\mathrm{m}^2$，使用 1:1000 的底图，可计算 L_0。

若取条形元 $\Delta l = 20\mathrm{m}$，则 $L_0 = 154.5\mathrm{m}$。

若取条形元 $\Delta l = 10\mathrm{m}$，则 $L_0 = 157.7\mathrm{m}$。

考虑地形比例尺及测量误差，L_0 取平均值 $\overline{L}_0 = 156.1\mathrm{m}$。由图 4.27 可知，它基本对应于 T_9 缝前缘陡壁上的 T_{10} 缝群破裂区，防止平面转动的加固工程应在此附近布置。用上述

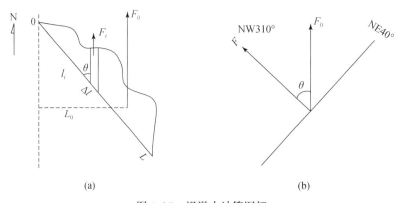

图 4.27　视滑力计算图解

（a）链子崖视滑力分布图解；（b）链子崖视滑力（F_0）与岩层走向和倾向的关系

方法也可计算 R_{301} 和 R_{401} 以上岩体的总视滑力作用位置。

在上述计算过程中，危岩体是作为等厚（均匀 h）处理的，若考虑到 R_{301}，特别是 R_{401} 以上岩体已滑崩相当部分，实际的 L_0 值应比计算值略小，即视滑力的综合作用区比计算值西移，$L_0 = 150\text{m}\pm$，恰位于陡壁上的 $T_{10}^{10\sim17}$（指 T_{10} 缝群的第 10～17 条缝）缝群区。这就解释了该处岩体目前非常破裂松动的原因。加固工程的关键点可设在其两侧，以便得到较好的持力效果。

4.6　鸡尾山危岩体崩塌成因分析

2009 年 6 月 5 日 15 时许，重庆市武隆县铁矿乡鸡尾山发生大规模山体崩塌，掩埋了 12 户民房以及山下 400m 外的铁矿矿井入口，造成 10 人死亡，64 人失踪（含矿井内 27 名矿工）的特大型地质灾害，也是一次巨型滑移式崩塌地质事件。事件发生后的紧急应对和分析论证过程中，有关专家做了细致的调查研究工作，山崩的地表地质环境条件是基本清楚的。

鉴于重庆武隆"6·5"鸡尾山山体崩塌灾害事件重大，政府、社会和新闻舆论非常关心这次事件的引发原因或成因机理，科学解答这个问题就成为工程地质界无法回避的社会责任。因此，作者基于现有的事实材料，提出鸡尾山危岩体的形成与发生崩塌的动力来源，对"6·5"鸡尾山崩塌灾害进行成因分析研判，以求强化对政府应急管理决策的快速技术支撑，回应社会舆论的关注，增强防灾减灾应用服务的针对性和直接性。

4.6.1　基本事实

鸡尾山山体变形已具有较长的历史。20 世纪 60 年代发现张开裂缝，1998 年危岩裂缝最大宽度达 2m，2001 年以来多次发生小规模崩塌，新增裂缝最长达 500m，并有多处纵向裂缝。2005 年 7 月 18 日，鸡尾山发生山体崩塌约 $1.1 \times 10^4 \text{m}^3$。2009 年 6 月 2 日滑源区前缘发生局部崩塌，6 月 4 日同一位置再次发生崩塌，并向中下部岩体转移，崩塌范围扩大。

6 月 5 日下午 15 时许，长约 720m、宽约 140m、厚约 60m，总体积约 480×10⁴m³ 的危岩体沿下伏软弱层产生快速滑动破坏，在跃下前缘约 70m 高的陡坎后迅速解体撒开，沿途发生高速冲击、刨蚀和铲刮作用，碎屑流堆积长度达 2.2km。整个过程历时约 1 分钟。

根据许强等（2009）发表的资料，可以提炼出鸡尾山崩塌危岩体的基本地质事实。崩塌体发生于单斜构造二叠纪地层中，岩层产状为 345°∠21°。山体陡崖临空面走向达南北，倾向东。岩体内主要发育两组陡倾破裂面，一组为近南北向，另一组为近东西向。崩塌体西侧壁主要追踪近南北向破裂面发育，向北到"楔形区"段后，边界产状转为 N35°E/SE∠70°。崩塌体的底滑面为碳质和沥青质页岩软弱夹层，厚约 30cm。山体蠕动滑移的底界面（滑床）显示出磨光现象，触摸之可使手变黑，可见一组清晰的滑动擦痕（图 4.28）。

石灰岩体除经受岩层面、两组陡倾破裂面切割外，长期强烈的降雨渗流和岩溶作用沿陡倾破裂面形成了溶蚀裂缝、岩溶管道和落水洞等，山体的完整性进一步遭到破坏。长期断续的鸡尾山铁矿开采始于 1924 年，开采层位二叠系梁山组（P₁l）中的铁矿层厚度约 1.2m，采空区顶板与危岩体底界面的垂直距离约 150m。20 世纪 60 年代至此次崩塌灾害发生前的采矿活动主要位于滑源区北东侧下方。2004 年以后的开采恰位于滑源区前缘之下，采空区面积累计超过 5×10⁴m²（许强等，2009）。

图 4.28　鸡尾山崩塌山体崩塌景观

4.6.2　鸡尾山危岩体滑移的视滑力

层状山体的变形破坏或发生显著位移一般都是沿一个明显的软弱界面（带）进行的，最大下滑作用力一般沿着界面（带）的真倾角方向，即沿真倾向发生破坏作用。由于不同区域地质作用的复杂性、地质地貌环境的特殊性和人为改造作用的不同，完全意义上顺岩层真倾向滑动破坏的变形型式极少，而或多或少地发生偏离，而在视倾向方向发生破坏滑动。滑动作用力自然不是最大的下滑力，而是最大下滑力在视倾向方向上的分量，作者称之为"视滑力",并基于刚体极限平衡原理提出了"视滑力"分析计算方法,可简单地定量研究这类破坏模式(刘传正等,1995b;刘传正,2009)。

真倾向对应真倾角,是唯一的,最大下滑力及其作用方向也是唯一的。视倾向是在180°范围内变化的,对应的视滑力作用方向也在180°范围内变化。因此,在层状岩体结构的顺向或斜向斜坡滑移式崩塌破坏研究中,视滑力作用的提出具有普遍意义。

理论上,沿真倾向方向的下滑力最大,其线密度为ρ_0,而视倾向上的视滑力线密度$\rho=\rho_0\cos\theta$,对于非完整半空间,利用式(1.2)可导出某扇形区域上的总视滑力为

$$F_A = \int_\gamma^\beta \rho_0\cos\theta d\theta$$

即

$$F_A = W\sin\alpha \cdot \frac{\sin\beta-\sin\gamma}{2} \tag{4.19}$$

式中,α为岩层真倾角(°);θ为真倾向与视倾向在滑面投影夹角(°);β、γ为某扇形区域的视倾角范围(°);W为危岩体重量,t。

考虑到确定块体的均一性,可以把鸡尾山危岩体作为一个整体考虑。当滑动软层确定,危岩体的重量、底滑面的产状和各界面的岩石力学参数确定时,则视滑力的变化主要取决于岩层视倾向与真倾向之间的夹角θ,危岩体沿某视倾向范围的"视滑力"是关于θ的数学积分(刘传正,2010a)。

使用式(4.18)可以恢复鸡尾山崩塌前危岩体受到的作用力系。根据危岩体的空间几何特征和各个作用力的方向,可以做出鸡尾山危岩体立体几何和平面力系作用矢量图解(图4.29、图4.30)。

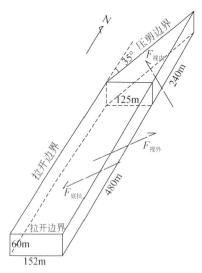

图4.29　鸡尾山危岩体立体几何与受力图解

(1)沿视倾向向外的"视滑力"是沿真倾向的下滑力关于θ在15°~90°的积分,计算出作用方向为N24°E,是指向山体外的。

$$F_{视外} = W\sin\alpha(1-\sin15°)/2$$

（2）沿视倾向向内的"视滑力"是沿真倾向的下滑力关于 θ 在 $-90° \sim 15°$ 的积分，计算出作用方向为 N37°W，是指向山体内的。

$$F_{视内} = W\sin\alpha(1+\sin15°)/2$$

（3）危岩体底界软层的抗滑力：

$$F_{底抗} = W\cos\alpha\tan\varphi_1 + A_1C_1$$

（4）北部"楔形区"西侧边界的抗滑力：

$$F_{侧抗} = F_{内正}\tan\varphi_2 + A_2C_2 = W\sin\alpha(1+\sin15°)\cos18°\tan\varphi_2/2 + A_2C_2$$

（5）北部"楔形区"西侧边界的滑动力：

$$F_{侧滑} = F_{视内}\sin18° = W\sin\alpha(1+\sin15°)\sin18°/2$$

式中，$W = rV$，r 为石灰岩平均容重，t/m^3，V 为危岩体的体积，m^3；θ 为岩层视倾向与真倾向之间的夹角，（°）；C_1 为危岩体底界面的内聚力，t/m^2；φ_1 为危岩体底界面的内摩擦角，（°）；C_2 为"楔形区"西边界的内聚力，t/m^2；φ_2 为"楔形区"西边界的内摩擦角，（°）；A_1 为危岩体底界面（滑床）面积，m^2；A_2 为"楔形区"西边界（滑壁）面积，m^2。

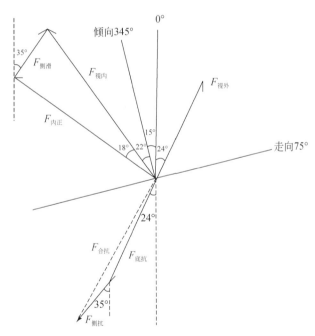

图 4.30　鸡尾山危岩体滑动的力系平衡图解

根据危岩体的边界条件，$F_{视外}$ 是滑动的主要力源。$F_{视内}$ 的作用取决于脆弱带、脆弱面存在的状态与方位，既有推挤抗剪作用（$F_{侧抗}$），又有一定剪切滑移作用（$F_{侧滑}$）。$F_{底抗}$ 的作用是被动的，它随着滑动作用的增大而增大，直至达到所在软弱夹层的峰值抗剪强度 φ_1、C_1 值。降雨渗流软化与持续外滑作用逐渐降低底界面的抗滑力，使 φ_1、C_1 成为残余值。$F_{侧抗}$ 与 $F_{侧滑}$ 作用的北部"楔形区"西侧边界不是一个简单的界面，而是一个裂隙化、岩溶化脆弱带或称"邮票边界"，其力学指标 φ_2、C_2 是一个综合值，不是简单的岩块试验能够确定的。山体平衡就体现为 $F_{视外}$、$F_{侧滑}$ 与 $F_{底抗}$、$F_{侧抗}$ 之间的力学平衡变化关系。由于四者的方向不一致，甚至随着危岩体的发展产生变化，力矩作用也在变化，从而使危岩体显示滑动兼有转动的特征（刘传正，2010a）。

考虑到只是为了说明问题，而不是防治工程设计，为了简化计算，这里把力学的"矢量平衡"近似地按"标量平衡"处理。由于危岩体已经发生崩塌，取刚体力学极限平衡状态，令

$$F_{底抗}+F_{侧抗}=F_{视外}+F_{侧滑} \tag{4.20}$$

把 $F_{底抗}$、$F_{侧抗}$ 与 $F_{视外}$、$F_{侧滑}$ 的值代入式（4.19），并取 $\alpha=21°$，$r=2.7\text{t/m}^3$，$V=4.80\times10^6\text{m}^3$，$A_1=8.15\times10^4\text{m}^2$，$A_2=1.63\times10^4\text{m}^2$，$f_1=\tan\varphi1$，$f_2=\tan\varphi_2$，得

$$1209.9456\times10^4 f_1+8.15\times10^4 C_1+278.0519\times10^4 f_2+1.63\times10^4 C_2=262.4741\times10^4 \tag{4.21}$$

考虑到危岩体历经数十年的蠕动变形并已崩塌，参照已有经验，底界碳质页岩软弱夹层取残余强度：$\varphi_1=7°$，$f_1=0.1228$，$C_1=4\text{t/m}^2$，式（4.20）可写为

$$278.0519\times10^4 f_2+1.63\times10^4 C_2=81.2928\times10^4$$

考虑到北部"楔形区"西侧边界岩体被严重裂隙化、岩溶化"架空"，联结性差，A_2 断面是很不完整的，导致 φ_2、C_2 值大为折减。若取 $C_2=1\text{t/m}^2$，则

$$f_2=0.2865，\varphi_2=16°$$

底界面的 φ_1、C_1 明显低于一般软弱夹层的抗剪强度指标。北部"楔形区"西边界的 φ_2 则只有一般石灰岩垂直层理抗剪强度指标的三分之一，而 C_2 的值更低。说明前者是"木桶的短板"，后者是"邮票的边界"。同时计算出，底界面的抗滑力 $F_{底抗}=181.1813\times10^4\text{t}$，"楔形区"西边界抗剪力 $F_{侧抗}=81.2928\times10^4\text{t}$，前者远大于后者，虽然前者的力学参数选取的很低。实际上，φ_1 可能更高一些，φ_2 可能更低一些，也是可以接受的。当然，当底界面倾角（α）增大时，φ_1、C_1 会相应提高，但力学作用性质不变。

4.6.3　鸡尾山崩塌成因机理分析

4.6.3.1　因素分析

（1）山体高陡临空是产生崩塌的重要地形条件，具备自由空间才能使高位势能转化为动能并形成强烈冲击作用。

（2）山体结构上南北向和东西向破裂面的存在容易使山体向临空方向拉开，形成孤立危岩体。西侧为拉开断裂边界，北侧为挤压剪切边界。在危岩体形成过程中，西部边界为追踪近南北向原生裂隙拉裂，逐渐成为自由边界。北部"楔形区"西边界是迁就近东西向和南北向裂隙与岩溶化脆弱带形成的，滑后显示的"黄泥巴壁"是岩溶孔隙、岩溶管道或洞穴内黄泥沉淀、浸染现象，说明软层阻隔面以上大气降雨产生地表水向下排泄强烈，岩溶作用活跃。

（3）层间软弱带——碳质和沥青质页岩软弱夹层孕育形成危岩体蠕动变形、逐渐剪切滑出的底界面，同时构成各种切割、溶蚀作用孕育的"岩柱集合体"的底界。铁矿采空区至山顶的所有软弱夹层都有可能形成强度弱化蠕变滑移的"关键界面"，至于哪一层成为

"木桶的短板"，既取决于它的强度是否最低，也取决于其上岩体的结构和应力作用状态。

（4）向东临空的陡崖走向近南北，是沿南北向裂隙逐渐崩塌后退的产物。对于岩层倾向 345°、走向 N75°E 的裂隙化层状岩体，360°/0°~75°之间的 75°倾向范围是指向山体外的，这是山体开裂，特别是产生顺层滑移的基本空间几何条件，是持续降雨、岩溶、采矿乃至地震能够引发或加剧开裂滑动作用的地质基础。否则，山体的基本破坏模式将是倾倒式崩塌，而非顺层的滑移式崩塌。

（5）岩溶、大气降雨逐渐弱化损伤岩体的完整性和坚固性，使原生构造裂隙缓慢扩大。岩溶作用主要发生在二叠系茅口组（P_1m），也即发生崩塌的主体岩层内（图 4.27）。在北部"楔形区"西侧，岩溶作用使原生裂隙扩展，沿裂隙形成串珠状落水洞、岩溶管道和溶蚀槽，类似"邮票边界"的排孔。这种裂隙化、岩溶化岩体具备"架空结构"特征，形成岩体强度脆弱带，其抗剪性显著降低，就像"邮票的边界"容易被剪断或撕裂。

（6）采矿主巷道方向（245°）平行于岩层外倾方向。长期断续的采矿作用及大面积采空区的存在改变了上部山体的应力状态，造成山顶拉应力集中，山体开裂变形逐渐增大，追踪近南北向裂隙逐渐拉开成为西侧的自由边界。单纯的岩溶、大气降雨作用一般是时间缓慢的、规模小型的。采矿作用产生的"悬板张拉效应"则是相对剧烈、快速和具有"激发性"的。

鸡尾山危岩体本身的成因则是复杂的。一般地，层状原生构造和岩溶作用等纯自然因素作用下，自然陡坡演化会产生断续的、缓慢的崩塌或小规模先滑后崩，且是一个长期的作用过程。陡崖带小规模错落式崩塌是其因，也是其果，而不会出现大规模滑移式崩塌，除非地震或人类外力作用足够强烈、影响范围足够大。因为，层状岩体向外的视滑力能够克服某软弱层面的抗剪阻力引起滑移，但一般不足以造成大规模的山体拉裂。危岩体的抗拉强度取决于岩石完整性、原生节理和后期岩溶化程度，岩体拉裂也一般追踪裂隙和岩溶作用造就的岩体强度脆弱带逐渐发展。因此，鸡尾山危岩体南侧和西侧拉裂边界的形成与山下长时期、大面积铁矿采空区产生的"悬板张拉效应"的关系自然是不能忽略的。

4.6.3.2　鸡尾山危岩体的破坏机理

当危岩体西侧、南侧拉开之后，抗滑作用主要源于底界面和北部"楔形区"西侧边界，二者共同构成控制整体稳定的"关键界面"。显而易见，危岩体底界软层是主要的抗滑力量。随着底界面抗滑作用逐渐减小，自然选择北部"楔形区"西侧最脆弱、结构最不完整地段产生类似于快速撕裂"邮票边界"的效应。应该清楚认识的是，危岩体北部"楔形区"西边界的抗剪（断）力是在向内的视滑力（$F_{视内}$）的推动下产生的，是作为危岩体整体的组成部分起作用的，并非作为一个单独的"关键块体"起阻挡作用（刘传正，2010a）。

崩塌的危岩体是一个"大长板"。崩塌危岩体的底界是滑床或基座，是软弱带，是完整的控制性的，它的失效是危岩体发生崩塌的关键。北部"楔形区"西边界是滑壁，初始时是脆弱带，是推挤压碎带，发生"邮票边界"的撕裂后逐渐转化为剪断摩阻边界，其阻挡作用是辅助性的。概略计算得出，前者面积是后者"完整"面积的五倍；前者抗滑力是后者的两倍以上，且后者尚不足以抵抗 $F_{视内}$ 在该界面的滑动力分量（$F_{侧滑}=90.3355\times10^4$t）；

前者向外的视滑力（$F_{视外}=172.1387\times10^4$t）也是后者边界滑动力的约两倍。因此，后者不足以成为阻挡整体滑移的"关键块体"。

鸡尾山危岩体崩塌的成因机理是，东部陡崖为自由边界，层状岩体南部和西侧沿裂隙追踪式张拉与撕裂断开后，在向外的视滑力作用下，危岩体逐渐选择克服最适宜的底部软层（"木桶的短板"）的抗滑作用，随着底部抗滑力的逐渐减小，北部"楔形区"西侧逐渐产生推挤式压扭作用，并沿裂隙化岩溶化脆弱带（"邮票的边界"）剪断形成先滑后崩，最后跃下悬崖，势能转化为动能，直冲而下，形成散体碎屑流冲击。视滑力作用是鸡尾山危岩体克服底界面摩阻力产生整体蠕滑和前缘推挤剪出（断）的主要动力来源，是大规模先滑后崩形成滑移式崩塌的内在驱动力。当然，在冲出发生时，应有部分残余应变能或变形能积累的释放，它形成危岩体剪出或跃下的初速度。

山下铁矿开采对于鸡尾山危岩体的形成与崩滑作用是一个难以回避的问题。鉴于鸡尾山铁矿地下井巷被掩埋，相关资料几乎完全缺乏，有关资料只提到5号井巷内铁轨出现变形现象。高陡临空地形条件下深部采矿对上部山体的影响是个复杂问题，它涉及上部岩体厚度、岩层组合、裂隙化岩体抗拉强度、物理–水理–力学性质、矿层产状、采矿位置、采矿深度、采矿高度、采矿工艺、顶板管理、采矿方式、采矿速度、采空面积、悬顶时间及所处地质环境等（刘传正，1999）。采矿空区普遍存在地表水渗入、"黄泥"沉积、顶板下沉、爆裂（岩爆）、木支撑压断或扭转、衬砌片帮或开裂和底板隆起等高地压、大变形现象。此次鸡尾山铁矿采空区对二叠系石灰岩影响高度为210m，开裂滑移剪出深度为60m。因此，鸡尾山铁矿采空区也是应该存在类似的地压反应和变形现象的。

4.6.4　结论与问题

4.6.4.1　基本结论

（1）鸡尾山山体层状地质结构、近南北向和近东西向裂隙组合以及软弱夹层的存在是山体开裂滑移的物质结构基础。

（2）地形上高陡临空，山下铁矿大面积采空形成的"悬板张拉效应"，是鸡尾山山体拉裂形成大规模危岩体的主要原因。或者说，鸡尾山大规模开裂形成危岩体是起源于其山下大面积的铁矿采空产生的"悬板张拉效应"造成山顶拉裂，软弱面强度损伤弱化而逐渐发展的结果。

（3）长期的降雨渗流和岩溶作用使软层强度弱化、裂隙带扩大是层状山体易于拉开的前提。岩层部分外倾造就的视滑力是逐渐克服危岩体底面摩擦力和前缘抗剪力，使危岩体蠕滑发展成大规模崩塌的主要驱动力。

（4）山体蠕滑积累的残余变形能释放与高位势能转化为动能是危岩体崩塌形成碎屑流，并长距离冲击的原因。

（5）重庆武隆鸡尾山危岩体的东边界是高陡临空的自由面。北边界为负地形，岩溶化剧烈并灌满土体，显然是地表水流及其渗入淋滤通道，无明显抗力，不能成为"关键块体"。西边界北段岩溶裂隙化严重，沿节理形成串珠状岩溶落水洞而成为泥水灌入的破损边界；南段岩溶作用较弱具有一定抗拉抗剪强度。南边界主体是新拉断的灰黑色石灰岩体。鸡尾山滑移崩塌发生前，维系厚板状危岩体稳定的关键是南部连续岩体的抗张拉作用和底部碳质软岩的抗滑作用。当山体底部铁矿采空区形成的悬板张拉作用使南部连续岩体被拉断后，底部碳质软岩的抗滑作用不足以独立维持整个危岩体的稳定性，危岩体即在视滑力作用下形成大规模滑移式崩塌（刘传正，2010a）。

因此，鸡尾山事件是一次巨型滑移式崩塌（体积大于 $100\times10^4\,\mathrm{m}^3$），是一次特大型地质灾害（死亡失踪人数大于 30 人），其成因过程是在铁矿采空"悬板张拉"形成危岩体的基础上，向外的视滑力主导作用下的一个"山体拉裂—弱面蠕滑—剪出崩塌—碎屑流冲击—灾难形成"的链式反应过程。

4.6.4.2　进一步问题

（1）在高陡临空和层状岩体结构条件下，考虑降雨、岩溶和铁矿采空作用等因素，采用数值模拟与物理模拟方法仿真研究危岩体形成演化的应力场变化，尤其是山顶地带应力集中区与节理化岩体拉开的关系及其随时间的变化。

（2）研究危岩体蠕动过程中应变能的积累，特别是当危岩体滑出时底界和"楔形区"西边界残余应变能释放转化为危岩体崩塌初速度的大小以及高位势能转化为动能的冲击作用。

（3）从防灾减灾的角度，研究类似地质环境条件下地质灾害隐患地段识别研判的技术方法和工作程序，如拉裂形成危岩体的区段、可能控制崩塌的层间软弱带和可能成为侧边界剪出的脆弱带如岩溶化带、裂隙化带或断层带的识别等方法。

（4）以鸡尾山崩塌灾难为例，总结研究技术支持、应急管理、防灾减灾行动和公众防灾意识等方面的经验教训，提出可供参考应用的致灾机理模式与防灾对策。

4.7　大寨崩滑碎屑流灾害研究

4.7.1　基本情况

2010 年 6 月 28 日 14 时许，贵州省关岭县岗乌镇大寨村发生特大型崩滑碎屑（石）流灾害，造成大寨村的永窝、大寨两个村民组共 37 户 99 人死亡或失踪。

据目击者称，最开始看到的是山上突然出现了裂缝，并有碎石落下来，过了十多分钟，山上突然冒起了烟尘。随后"砰的一声"，像放大炮似的一声巨响，轰隆隆像爆炸，山体就歪了下来，大团大团的块石滚滚而下，整个过程持续时间不到 2 分钟。后来是整个山谷异样的平静。本次灾害发生前，大寨村一带已经下了一天一夜的雨，"雨是惊人的大"。山崩的时候是毛毛细雨。灾害发生前，山坡上一直向外冒水。因为一直下雨，很多村民没有出门劳作而遭此劫难。

有村民反映，去年插秧时节，永窝组有人注意到对面山体有开裂现象。也有个别村民反映，附近北盘江上的光照水电站建成蓄水后，总觉得大地在震动，"一年有两三次"，村里有的房子出现开裂变形。

　　2010年6月27~28日，关岭县最大降雨量达到310mm。6月27日8：00至28日11：00，本次地质灾害发生地所在的岗乌镇气象观测记录降雨量达237mm。

4.7.2　崩滑碎屑（石）流特征

1. 基本特征

　　崩滑碎屑（石）流发生区域的地形东南高西北低，涉及崩滑斜坡的高程分界点为1397.6m，两侧山脊分别向北东转北和北西方向延伸，崩滑就发生在二者构成的扇形斜坡上。

　　据现场估算，崩滑体后缘高程为1115m，前缘高程为965m，高差为150m，宽度为150m，长度为220m，平均厚度为12m，体积约40×10⁴m³。崩滑体为泥质粉砂岩，综合考虑取其残余碎胀系数为1.25，碎石堆积物体积约50×10⁴m³。碎石流沿途冲击铲刮土石体积按沟长为1250m、两沟坡斜长为115m、平均厚度为2m计算，体积约28.7×10⁴m³。碎屑（石）流（含崩滑碎石流和沿途铲刮的土石流）的总体积约为78.7×10⁴m³（图4.31）。

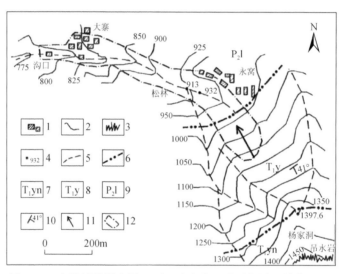

图4.31　大寨村崩滑碎屑（石）流灾害地质环境图（单位：m）

1. 居民点；2. 等高线；3. 陡崖；4. 高程点（m）；5. 沟谷（岭脊）线；6. 地层界线；7. 下三叠统永宁镇组石灰岩；
8. 下三叠统夜郎组泥质粉砂岩夹泥岩；9. 上二叠统龙潭组砂页岩及煤系；10. 地层产状；11. 斜坡崩滑方向；
12. 崩滑碎屑（石）流运动范围

2. 崩滑区特征

　　崩滑发生在下三叠统夜郎组（T₁y）泥质粉砂岩中。崩塌厚壁沿节理面切层发展，形成的光滑后壁走向北东东，倾角约65°~70°。岩层倾向南南东，倾角为41°，斜坡岩体被层面和节理面均匀切割，形成类似干砌块体的裂隙化岩体。构造上岩层反倾或大角度斜

倾、贯通性节理切割。崩滑区表现出"倒石堆"特征，崩塌、翻滚特征明显，而平移滑动
不明显，没有树木和坡面草皮残留的痕迹。崩滑区坡脚一带崩积体主要由块度 1.0~3.0m
的泥质粉砂岩块体组成，边缘块度变小，向下到主沟段破碎块度为 0.10~0.50m，个别块
度为 1.0m，向沟口块度逐渐变细，甚至表现为泥（石）流。开裂段裂面长，滑动段（阻
滑、剪胀段）短，原斜坡面角度（30°~40°）比较稳定，开裂滑面角度由大变小
（图 4.32）。宏观上表现为一种"崩塌式滑坡"或"结构崩溃式滑坡"，实质上是一种反倾
层状裂隙化松动无黏结块体集合"崩溃式垮塌"，类似于"干砌块石墙"的垮塌。这种散
体结构一旦发生"溃崩"就很快解体，而无明显的整体滑动阶段（刘传正，2010b）。

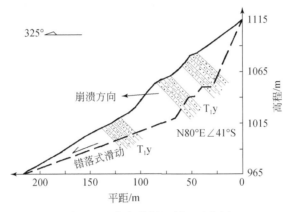

图 4.32　大寨崩滑区剖面示意图

3. 碎屑（石）流运动特征

裂隙化岩体崩塌后冲向谷底（932m）即进入多能级多冲程运动阶段（刘传正，
2010b）。

在第 1 冲程，碎屑（石）流主冲方向为 325°，冲击爬坡高度为 30m（含铲刮深度
2m）后到沟谷右岸的永窝村民组（960m），造成部分房屋损毁，多名村民死亡失踪；第 2
冲程，碎屑（石）流主体开始沿主沟运动，但冲击方向折为 250°，冲击爬坡高度为 11m，
最大高程为 900m，破坏了沟谷左岸的部分松树林；第 3 冲程，碎屑（石）流冲击方向转
为 310°，冲击爬坡高度为 6m，最大高程 825m，对沟谷右岸的大寨村民组造成毁灭性危
害；第 4 冲程，碎屑（石）流冲击方向转为 255°，基本沿沟谷运动，直至高程 780m 处的
沟口停止运动，并摧毁了沿途散居的民房（图 4.33、图 4.34）。

第 1 冲程当然是规模最大的，先俯后仰的冲击能力也是最高的。除第 4 冲程只有俯冲
外，其他三级冲程中都存在俯冲与仰冲接续问题，每一冲程都存在摩阻和碰撞能量损失，
所以冲速逐渐降低，冲高逐渐变小。第 4 冲程主要是自由滚动，是一个势能消减，加速度
为负的过程，直至沟口势能消耗殆尽，速度为零。

裂隙化斜坡岩体崩滑后，转为四能级（四级陡坎）、四冲程（四级缓沟道）折转反荡
式碎屑（石）流，整个过程从斜坡后缘到前锋沟口平缓段降落高度达 335m。碎石流冲击
永窝山脊反折后，主体部分顺沟运动，一小部分经历了斜坡崩溃—永窝—松林—大寨—沟

图 4.33　从大寨观察崩滑源区及碎石流冲击左侧永窝和右侧松林（镜向南东）

口共四个冲程，主要是第 1、3 冲程造成了灾难。因此，大寨村崩滑碎屑（石）流灾害具有四级动势能转化形成四级冲程的特点，除第 1 冲程表现为"崩（塌）冲（击）"与"流（动）冲（击）"相结合外，其他三级都是"流（动）冲（击）"过程，"滑（动）冲（击）"的特征不明显。

图 4.34　碎屑（石）流冲击大寨组后到沟口停止

　　四能级是指每个阶段都有势能转化为动能的能量补充，只是随着冲击高度的逐次减小，补充能量小于消耗能量，加之下一级坡高的降低，才使碎屑（石）流最终停止于沟口，而未继续运动进入光照水库，这是由于运动主体为"碎石流"性质，而不是标准的"碎屑流"，更不是流动性很强的"泥石流"所决定的。

　　四级冲程是指碎屑（石）流运动路径可明显地划分为四个接续的部分，每一冲击路程的运动主体的粒度成分、地形特点、运动方向、运动速度和危害对象都不相同。所以，大寨事件的主体是一个多能级多冲程的碎屑（石）流灾害过程，是一个多级跃下，不断势能转化为动能，形成多级冲程，直至沟口能量耗散完毕停止运动的过程（图 4.35）。由于运动主体是碎石流，破坏力强，而铲刮作用又使运动前锋和两侧带有一定的泥（石），这是只到沟口观察的人员容易认定为泥石流灾害的原因。

考虑岩石块体之间的摩擦、碰撞、铲刮等效应，精确计算整个崩滑与碎屑（石）流运动的速度是困难的。本书提出一个简单方法，即用不同冲程的冲高来估算最大速度，虽然略去了运动过程中的摩擦能损失，但可以作为每一冲程致灾的实际速度或有效速度。

Scheidegger（1973）最先研究了滑坡速度问题，潘家铮（1980）建立了滑坡速度计算公式，胡广韬（1995）提出了剧动式滑坡多级冲程问题，并以陕西宁强县石家坡滑坡（1981 年 8 月 23 日发生）为例进行了系统研究。

把摩擦耗能隐含，根据滑坡冲击高程反算冲击速度，根据能量守恒定律的动能与势能转化关系可得

$$v = \sqrt{2gh} \tag{4.22}$$

式中，v 为最大冲击速度，m/s；g 为重力加速度，m/s²；h 为碎屑（石）流实际冲击高度，m/s。

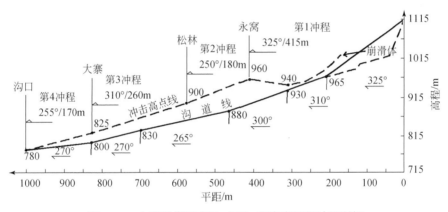

图 4.35　大寨村崩滑碎屑（石）流灾害四级冲程图解

由式（4.22）可以计算出各冲程最大冲击速度：

第 1 冲程，冲到永窝的冲高 $h_1 = 30\text{m}$，则 $v_1 = 24.25\text{m/s}$；

第 2 冲程，冲到松林的冲高 $h_2 = 11\text{m}$，则 $v_2 = 14.68\text{m/s}$；

第 3 冲程，冲到大寨的冲高 $h_3 = 6\text{m}$，则 $v_3 = 10.84\text{m/s}$；

第 4 冲程，冲到沟口的冲高 $h_4 = 0\text{m}$，则 $v_4 = 0\text{m/s}$。

四个冲程最大速度的平均值 $v = 12.44\text{m/s}$，沟道总长 $S = 1250\text{m}$，则冲击运动时间 $t = 100.48\text{s}$，即 $t = 1.67$ 分钟

主沟道碎屑（石）流运动速度显然要慢于冲击速度，顺沟运动时间应略大于冲击运动时间（t），目击者称整个运动过程不足 2 分钟是有道理的。

4.7.3　地质环境因素

1. 气象水文

关岭地区气候属亚热带湿润季风性气候区，多年平均降水量约为1200mm，年最大降水量为1686.2mm（1993），年最小降水量为691.3mm（1988）。降水空间分配不均匀，由北部向东南部呈舌状递减。4~9月的雨季降雨量占全年的83.7%，6~7月降雨量占年的44.54%。

本次发生崩滑碎屑（石）流的沟谷溪水直接汇入北盘江，光照水库蓄水前汇入处高程585m。北盘江属珠江水系，是关岭与晴隆县、兴仁县、贞丰县的界河。

2. 地形地貌

关岭县地处云贵高原东侧的梯级状斜坡地带，地形起伏较大，切割强烈，地质环境条件脆弱，地质灾害发育。崩滑区原始地形坡脚为30°~40°，开裂崩垮界面倾角约65°，崩滑区后缘到局地分水岭杨家洞（1397.6m）的汇水面积有限。

源于分水岭主要汇水区的雨水未进入崩滑斜坡区，经过其西侧于913m高程处进入主沟（图1）。

3. 地层构造

区域地层除侏罗系、白垩系、古近系、新近系缺失外，从下二叠统至第四系均有出露。其中以三叠系发育最全，次为二叠系。岩石主要为浅海相碳酸盐岩沉积，次为陆相碎屑沉积。

崩滑碎屑（石）流发生在三叠系夜郎组（T_1y），其下部为泥质粉砂岩，上部为较坚硬的泥灰岩，岩层整体南倾，倾角为40°。夜郎组下部为二叠系龙潭组（P_2l）砂页岩夹煤系，上部为三叠系永宁镇组（T_1yn）石灰岩。

区域构造主要由一束大体平行的较紧密褶皱和逆断层组成，构造线呈北西–南东向展布，在丙坝、岗乌区段呈东西向展布。崩滑区位于永宁复背斜的南翼、关岭复向斜的北翼。崩滑体所处斜坡为单斜构造，坡体为反倾坡，节理发育，特别是切割岩层面沿斜坡走向外倾的一组，与岩层面共同切割岩体形成块状结构，也是追踪形成开裂面的主控因素。

4. 地震活动

关岭地处弱震区，但中小地震也曾引发崩塌造成危害。2010年1月17日17时35分，贵州境内贞丰、关岭、镇宁交界处发生$M_L 4.0$（$M_S 3.4$）级地震，震源深度为7km。地震引发的岩崩（滑坡）多处，有两处造成7人死亡、1人失踪，损坏渡船一艘，分别发生在关岭与贞丰交界的董岗码头和关岭县板贵乡田坝村。

5. 人类活动

直接关系本区的光照水电站位于关岭和晴隆二县交界的北盘江中游，水库正常蓄水位为 745m，总库容为 $32.45 \times 10^8 \mathrm{m}^3$，碾压混凝土重力坝最大坝高为 200.5m。2007 年 12 月 30 日下闸蓄水，2008 年 8 月 5 日首台机组投产发电。目前没有具有明显破坏性影响的水库诱发地震记录发布。

沿永窝—牛角田—炭窑岭—旧屋基一线斜坡坡脚地带的二叠系龙潭组（$P_2 1$）煤系存在开采历史，与本次崩滑灾害最近的历史采矿点是永窝东约 0.8km 的牛角田。

经调查访问，没有发现本次崩滑事件与光照水库诱发地震和龙潭组煤系开采相关的直接证据。

4.7.4　成因分析

4.7.4.1　"水楔"作用问题

6 月 27 日 8 时至 28 日 11 时，由岗乌镇局地降雨量 237mm，可以得到 27h 平均降水强度 8.8mm/h。当然，实际峰值降水强度远大于此值。考虑滑坡后缘等高线和标志分水高程点 1397.6mm 及其向下的分水岭脊线构成的扇形斜坡区，可得到：

崩滑体外汇水区面积 $S_1 = 56000 \mathrm{m}^2$；

灌入滑坡后缘裂缝总水量 $Q_1 = 13272 \mathrm{m}^3$；

后缘小时汇水强度 $q_1 = 492.8 \mathrm{m}^3/\mathrm{h}$。

崩滑体坡面汇水面积 $S_2 = 33000 \mathrm{m}^2$；

崩滑体坡面承水量 $Q_2 = 7821 \mathrm{m}^3$；

坡面小时汇水强度 $q_2 = 290.4 \mathrm{m}^3/\mathrm{h}$。

假如山体是不透水的或高峰降雨时段来不及排泄，若初始滑坡后缘裂缝深为 50m，长为 100m，宽为 0.1m，则仅需 1h 崩滑体后缘汇水即可充满裂缝。若初始滑坡后缘裂缝深为 100m，长为 150m，宽为 0.1m，也只需 3h 即可充满水。即使充分考虑斜坡岩体的渗透性，本次局地强降雨，特别是超强降雨时段（如 1h 降水强度达到 50~100mm/h），后缘灌入的水体对崩滑体起动的持续"水楔"推动作用是存在的。而斜坡面上的水流灌入一方面阻滞后缘灌入水的溢出，同时加剧了对斜坡体的浮托和"水楔"外推作用。

到 7 月 1 日中午，现场观察仍可发现崩滑后壁裂隙中有水流涌出，可以判断斜坡岩体渗透能力远不及降水汇入速度，也说明强降雨期间沿斜坡后缘裂缝形成"水楔"作用推动碎裂岩体解体并向外倾倒崩滑是存在的。

4.7.4.2　斜坡崩滑的力学平衡条件

为了进一步认识裂隙化岩体斜坡的稳定性，可以利用图 4.32 建立块体力学图解（图 4.36）。

在强降水期间，块体主要受到三个力的作用：一是坡体重力（W）；二是上部开裂段

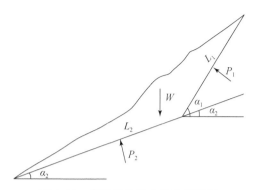

图 4.36　崩滑段块体力学分析图解

水压推力（P_1），即"水楔"作用；三是斜坡下部错落阻滑段水压浮托力（P_2）。坡体重力（W）表现为斜坡下滑作用和下部阻滑段的抗滑作用。

假定强降雨期间发生崩滑的斜坡块体是不透水的，发生崩滑事件的力学平衡条件须满足：

$$K = F_1/F_2 \leqslant 1 \tag{4.23}$$

其中，

$$F_1 = \left[W\cos\alpha_2 - P_2 - P_1\cos(\alpha_1 - \alpha_2) \right]\mathrm{tg}\varphi + CL_2$$
$$F_2 = W\sin\alpha_2 + P_1\sin(\alpha_1 - \alpha_2)$$
$$W = \gamma V$$
$$P_1 = \gamma_{\mathrm{W}} L_1{}^2 \sin^2\alpha_1/2$$
$$P_2 = \gamma_{\mathrm{W}} L_1 L_2 \sin\alpha_1/2$$

式中，K 为崩滑体的稳定系数；F_1 为充水状态崩滑体总抗滑力，$\mathrm{t/m^2}$；F_2 为充水状态崩滑体总滑动力，$\mathrm{t/m^2}$；P_1 为上部开裂段水压推力，$\mathrm{t/m^2}$；P_2 为下部错落阻滑段水压托力，$\mathrm{t/m^2}$；α_1 为上部开裂面倾角，（°）；α_2 为下部阻滑面倾角，（°）；W 为斜坡崩滑体的重量，t；L_1 为上部开裂面充水长度，m；L_2 为下部阻滑面充水长度，m；γ 为泥质粉砂岩体平均重度，$\mathrm{t/m^3}$；V 为斜坡岩体体积，$\mathrm{m^3}$；γ_{W} 为水的重度，$\mathrm{t/m^3}$；C 为下部阻滑面的内聚力，$\mathrm{t/m^2}$；φ 为下部阻滑面饱水残余内摩擦角，（°）。

当取 $\gamma = 2.6\mathrm{t/m^3}$，$\gamma_{\mathrm{W}} = 1\mathrm{t/m^3}$，$V = 40 \times 10^4 \mathrm{m^3}$，$W = 1.04 \times 10^6 \mathrm{t}$，$\alpha_1 = 65°$，$\alpha_2 = 21°$，可得

$$(9.7094 \times 10^5 - 0.4532 L_1 L_2 - 0.2954 L_1{}^2)\mathrm{tg}\varphi + CL_2 \leqslant 3.7274 \times 10^5 + 0.2853 L_1{}^2 \tag{4.24}$$

根据现场观察和工程经验，可以取 $L_1 = 50 \sim 200\mathrm{m}$，$L_2 = 180 \sim 400\mathrm{m}$，$C = 10 \sim 20\mathrm{t/m^2}$，得到下部滑动面内摩擦角（$\varphi$）在 $21° \sim 22°$；相应的"水楔"推力（P_1）在 $1000 \sim 16000\mathrm{t}$ 变化，下部滑动面浮托力（P_2）在 $6500 \sim 18000\mathrm{t}$ 变化是可以接受的（表 4.8）。

也即，只要降雨时间足够，满足上述条件就会发生崩滑事件。同时发现，强降水期间下部滑动面的内聚力对斜坡块体稳定性的影响不大。

表 4.8　开裂"水楔"作用段与阻滑段的关系[*]

参数 序号	L_1/m	L_2/m	P_1/t	P_2/t
1	50	400	1026.7	9063
2	50	300	1026.7	6797.3
3	100	250	4106.9	11328.8
4	100	180	4106.9	8156.7
5	150	190	9240.5	12914.8
6	200	200	16427.6	18126

[*] 根据测算，L_1、L_2 各自长度不大于 450m 为限。

4.7.4.3　高速远程问题

大寨崩滑事件是高速远程滑坡吗？特别是初始阶段或第 1 冲程。前已述及，大寨事件滑坡特征不明显，更多表现为块体结构崩溃后的崩塌翻滚–碎石流特征，而高速滑坡首先必须是滑坡（王恭先等，2004）。

根据牛顿第二定律，忽略影响小的内聚力（C）作用，可以得到斜坡块体运动的加速度公式：

$$a = g(\sin\alpha - \cos\alpha\, tg\varphi) \qquad (4.25)$$

式中，a 为崩滑块体运动加速度，m/s^2；g 为重力加速度，m/s^2；α 为崩滑块体运动坡面角，（°）；φ 为崩滑块体内摩擦角，（°）。

取 $\alpha = 21°$；$\varphi = 22°$；$g = 9.8 m/s^2$，得到 $a = 0.184 m/s^2$

初速度 $v_0 = 0$，$v_1 = 24.25 m/s$，第 1 冲程需时 137s。

显然，这样的加速度是不能冲上永窝山梁的，也是不符合实际的。说明发生崩滑的斜坡底界面不是以缓角度（$\alpha = 21°$）滑动为主的，按滑坡考虑是依据不足的。

事实上，第 1 冲程是短暂的。同样取第 1 冲程的最大速度 $v_1 = 24.25 m/s$，φ、g 值当然不变，可计算出 $a = 2.425 m/s$。

代入式（4.25），得到 α 约为 35°，相应的运动时间为 10s。反过来，按第 1 冲程运动时间取 15s，得到：$a = 1.617 m/s^2$，相应的 $\alpha = 31°$

因此，可以认为，斜坡岩体是以约 325°方向，31°～35°的俯冲角崩溃并发展为高速运动的。也即第 1 冲程属于崩塌式高速运动，斜坡主体不是沿底部的缓坡剪出的，而主要是沿上部的陡坡崩溃俯冲的（图 4.32、图 4.35）。

国际上，立足于应急响应提出斜坡运动速度大于 3～5m/s 就是极快的（Varnes，1978；刘传正，2009）。我国一般认为滑坡运动速度大于 20m/s 属于高速的。从防灾减灾角度，作者建议以一般人能够逃生的最大速度作为高速的起始界限，取斜坡块体运动大于 7.5m/s 就是高速的。所以，大寨事件的第 1、2、3 冲程都属于高速运动，造成了重大的人员伤亡和民居的毁灭。

远程的认定似乎尚无公认的定见。本书建议以主滑方向滑出堆积物的长度（L_s）与滑

床长度（L_b）的比值（L_i）来衡量

$$L_i = \frac{L_s}{L_b} \tag{4.26}$$

如取 $L_i \geqslant 2.0$ 作为远程滑坡的临界值，则大寨事件在永窝南段二者比值约为1，即使定性为滑坡，也至多是高速的但不是远程的。

4.7.4.4　机理分析

1. "干砌块石结构"决定崩溃模式

崩垮斜坡因岩层面和南北、东西向节理切割，形成无黏结块体离散式组合结构，类似于扶壁式"干打垒土坯墙"或"干砌块石墙"。岩石块体卸荷后出现球状风化或球状剥离，碎裂后易崩解泥化。这种不规则的"干砌结构"整体性差，一旦块体位错变面摩擦为点摩擦，在侧向力作用下极容易发生结构性解体，形成结构崩溃式破坏。

谷目-长冲一带"村村通"工程公路开挖证明此类结构的岩体极易卸荷松动，逐次向上牵动造成整个斜坡结构离散。

这类结构一旦因降雨、振动而启动，更多地表现为倾倒-崩溃式垮塌，尽管斜坡表观上并不陡倾。具体过程可能是上部张裂溃决式垮塌，下部追踪节理面错落式滑移，但以上部作用过程为主。变形破坏过程可能是岩体松弛—错位—崩塌三个阶段，具体表现是追踪节理开裂—倾倒散解—蠕动挤出—崩落翻滚—碎石流冲击的链式过程。整个过程滑移运动特征不明显，通俗地称滑坡也是"崩塌式滑坡"。

因为不是弹性能积累的释放，而是松动体的倒塌或垮落，所以起始速度不大，基本可以忽略坡体聚集的应变能转化来的启动弹冲速度，主要是势能转化为动能的问题。

岩体崩落很快转化为碎石流。这是一种无黏结块体流，源头块度大，在运动过程中相互碰撞破碎而使其块度逐渐变小，加上沿途铲刮岩土变为碎屑（石）流，直至能量完全消耗而停止于沟口。

由于是大雨3h后发生，沟道洪流作用参与少，除边界铲刮外，未见明显的"溅泥"现象，"气浪"作用也不明显，主要表现为岩石块体集团（散粒体碎石流）的滚动与冲撞，少有滑动与黏滞，表现为多级"流动冲程"碎屑（石）流。

2. 强降水形成"水楔作用"

较长时间的强降水过程孕育了持续的"水楔作用"，在后缘裂缝带造成单侧水压力推动"干砌块石墙（体）"，斜坡体上的外水压力则起到向外拖拽作用。持续"水楔"作用造就了斜坡岩体渐进性贯通松动破坏，而降水过程是在崩滑区形成一个注水—悬浮—软化—外推—崩溃的过程，类似于块石堆积堤坝的溃决。

强降水形成的汇流进入裂缝，使其充水扩张，由于中下部不能及时排出、排泄不及造成暂时性滞水，形成暂态过程的持续的动水压力，自然向外推挤节理-层面切割的整个松动岩。降雨灌入（持续注水）的水压力推动基本平行于坡面的大型板状岩体（隐蔽地发展成危岩体）追踪节理面和岩层面逐渐张开，上部开裂、下部追踪节理-层面呈错落式剪出（断），最后整体崩塌或崩溃。外水压力不但推动岩体，同时也对岩体起到悬浮减重作用，使外推效应更易于实现。长时间雨水渗入还导致泥质砂岩块体内聚力（C）和内摩擦角（φ）减小，错落架空进一步造成块体之间抗倾倒抗滑移失效的部分逐步扩大。这种外水压力或水推作用类似于裂隙化岩体边坡在水库急剧降水位时的稳定态势变化。

今年初春以来，该区域持续干旱，多个山头树木枯死，证明该地带岩土开裂易于突发降水的快速渗入。能够发生如此大规模的崩滑，说明地表水灌入作用是存在而强烈的，也就可以相信事前山坡已开裂（发育了顺节理面的深大裂缝）的说法。因此，这次事件也可以看作是一个裂隙化斜坡岩体在持续快速充水条件下的稳定问题。

3. 碎屑（石）流多级多冲程问题

崩滑碎屑（石）流经历了多级陡坎不断补充势能，多级缓坡之多冲程又消耗势能转化的动能，形成了碎屑（石）流运动的四能级四冲程模式。由于下一级的能量补充小于上一级的耗散，每一冲程都残留部分碎块石，至沟口全部耗散完毕，而没有冲出沟口形成堆积扇，这是不同于泥石流的特点。

碎屑（石）流表现为一种散粒体流，沿途在前缘和两侧冲击、铲刮表层过饱水的岩土扩展冲击居民点，加剧了危害破坏范围和强度，特别是其淤堵作用导致对生命的快速窒息效应，遭遇危害的生命几乎没有存活的可能。

由于碎石块度大，一般降雨条件下地表水会沿原沟道以地下潜流或伏流排泄，目前沟口下游已出现明显的水流。随着碎屑（石）流体的进一步破碎、沉降、密实和固结，地下伏流逐渐会变得不畅，沟道的碎屑（石）流堆积会成为新的泥石流隐患。

4.7.5　结论与建议

4.7.5.1　初步结论

（1）大寨事件是一次巨型崩滑碎屑（石）流（体积大于 $50\times10^4\,\mathrm{m}^3$），也是一次特大型地质灾害（死亡失踪人数大于 30 人）。

（2）发生斜坡崩滑的泥质粉砂岩体是裂隙化岩体，层面与节理面切割造就了类似"干砌块石结构"，一旦松动开裂就会发生崩溃式破坏，这是事件的主要内在原因。

（3）极端强降雨条件形成地表水流灌入斜坡后缘开裂地带，由于水流注入强度远大于岩体裂隙排泄能力，以致沿主要裂缝带形成持续较长时间的"水楔作用"。这种作用向外推挤与浮托斜坡岩体，是造成事件的主要外在引发因素。

（4）区域天然地震、光照水库诱发地震与外围历史采矿活动可能对区域斜坡演化起到某种作用，但未发现与本次事件相关的直接证据。

（5）特殊岩体结构和外在水动力因素使斜坡岩体发生崩溃式破坏后快速转化为碎屑（石）流。在局地区域地形控制下经过四个能级（陡坎）的冲击跳跃和四个阶段（冲程）的快速流动，形成一个多级多冲程的链式反应过程，并对沿途居民造成重大危害。

4.7.5.2　建议

（1）深化研究，建立此次事件精细化成因模式，为类似问题研究提供参照。

（2）滑坡后缘仍存在不稳定岩体，调查评价斜坡开裂范围、划定危险区，进行监测预警或适时治理以消除隐患是必要的。

（3）沟道内碎屑（石）流堆积体上已出现多处直径为 3~5m 的堰塞塘，说明碎石空隙排水能力不足，在未来暴雨条件下引发沟谷型泥石流的可能性是存在的。建议一方面保障潜流出口排泄畅通；另一方面开展土地整理，建设地表排水系统工程。

4.8　文家沟泥石流成因及防治

2010 年 8 月 13 日，四川省绵竹市清平乡暴雨引发文家沟特大泥石流灾害，共造成 5 人死亡、1 人失踪，冲毁掩埋房屋 400 余间、公路 1000 余米，损毁桥梁两座，初次治理工程的谷坊坝群基本损毁，绵竹至茂县的公路全面中断。文家沟"8·13"泥石流灾害事件引起中国各级政府和社会各界的高度关注，学术界对文家沟"8·13"特大泥石流灾害的特点、地质环境和形成原因也多有研究。2011 年 5 月，二次治理工程基本竣工，并在 2011 年汛期发挥重大防灾减灾作用。回顾 2010 年"8·13"事件以后，多次赴现场考察、参与二次防治工程方案比选论证，深感仍有一些关键科学问题，如泥石流的规模、序次、成因模式和渗流作用过程等值得深入分析研讨，以便为强烈地震区滑坡泥石流灾害的防治提供借鉴。

4.8.1　文家沟滑坡地质特征

汶川"5·12"M_S 8.0 级地震在四川绵竹清平乡文家沟上游韩家大坪引发泥盆纪观雾山组中厚层灰岩顺层大滑坡，滑坡体积约 $4450 \times 10^4 m^3$，滑坡碎屑填满了文家沟主沟段，并造成 48 人遇难（黄河清和赵其华，2010）。文家沟流域地处汶川地震 X ~ XI 烈度区内（许冲等，2010；王涛等，2010）。滑坡后缘沿顶子崖南侧分布，顶点高程为 2250m。滑体剪出部位高程为 1630m，与谷底（沟脑）相对高差约 435m。文家沟汇入绵远河处高程为 890m。沟口与滑坡源区顶端相对高差约 1360m。滑坡碎屑流填充覆盖文家沟沟道长度达 3.6km。据调查，文家沟流域在"5·12"地震前斜坡稳定，生态环境良好，无泥石流发生历史。

文家沟滑坡的滑源区位于文家沟东侧山体上部，以前该处被称为"韩家大坪"，该处距"5.12"汶川地震发震断裂（映秀−北川断裂）仅 3.6km 左右。滑源区长约 950m，前缘宽度约 510m，后缘宽度约 1090m，面积约为 $69 \times 10^4 m^2$，分布高程为 1785~2250m，前后缘高差约 465m，滑体厚度为 25~35m，初始方量约 $2.75 \times 10^7 m^3$。滑源区整体形状呈梯形，其前缘现已被堆积物覆盖，剪出口沿北北东−南南西呈弧形展布，北西凸，南东凹。滑床基岩为弱风化、新鲜的泥盆系观雾山组中−厚层灰白色石灰岩、白云质灰岩，产状为 318°~336°，岩石质地坚硬，用地质锤敲击时声音清脆，并有明显的回弹感。基岩局部岩层含有夹层，夹层间距为 25～70cm，岩性为灰色、黄绿色薄层粉砂岩，局部可见透镜体，另外，基岩中有岩溶现象发育。

文家沟内的地层主要有泥盆系观雾山组（D_2g）和寒武系清平组（$\in_1 qp$）。上泥盆统观雾山组（D_2g）分布在文家沟内高程 1300m 以上的部位，在滑源区以中等倾角的顺向坡产出，倾向北西，局部可见有夹层及岩溶发育。观雾山组出露面积约 $6km^2$，厚度约 182m。寒武系清平组（$\in_1 gp$）分布在文家沟内 1300m 高程以下部位，本组地层出露面积约 $12km^2$。

文家沟滑坡在区域构造上位于扬子准地台西北部龙门山中央断裂（映秀–北川断裂）下盘的龙门山陷褶断束带中的太平推覆体。区内地质构造作用强烈，断裂发育，褶皱保存不完整，多为推覆体内部的次级褶皱，方向多变，陡缓并存。顶子崖断层以近北南向通过。该断层为逆掩断层，位于太平推覆体中部。断层走向北西，断面产状为 30°～40°，位移方位北东–南西，断面呈弧形，发育有碎裂岩，拖拉褶皱。断层 ESR 年龄在 0.07Ma 左右。

该区在 1933～1983 年近 50 年间有记载的 3.1～7.5 级地震共有九次，弱震时有发生，强震对本区的影响强度最高为 Ⅵ～Ⅶ度。

文家沟滑坡位于映川–北川断裂（龙门山中央断裂）下盘，为构造侵蚀中山地貌，海拔为 883～2402m，相对高程为 1519m，主沟长约 3000m，方向为 320°，沟谷切割深度一般为 30～50m，沟床坡降为 150‰～180‰，沟谷坡度为 35°～55°。

4.8.2　文家沟泥石流基本特征

文家沟位于绵远河左岸，平面形态呈口袋型，腹大口小。文家沟流域面积为 $7.81km^2$，主要由一条主沟和一、二号支沟组成，主沟源头发育多条小冲沟。文家沟主沟沟口海拔为 910m，韩家大坪以上分水岭高程为 2400m，相对高差为 1490m，总长为 4.9km。一号支沟位于主沟右岸，长为 3.18km，汇水面积为 $1.65km^2$，并与主沟在接近出山口处相交。二号支沟位于主沟左岸，在主沟 1300m 高程处汇入，汇水面积为 $0.57km^2$。1390m 高程至沟口走向近东西，原沟床被滑坡堆积物填满，降雨时坡面呈漫流（图 4.37）。二号支沟的汇流也被阻于此区域南侧，并形成水塘。

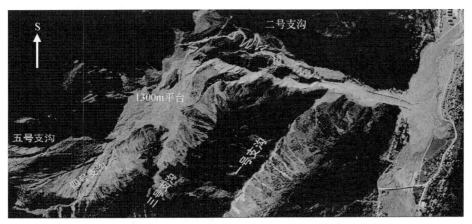

图 4.37　文家沟泥石流汇水区、冲沟物源区和堆积河道区域航空影像

　　文家沟流域海拔最高点位于顶子崖,高程为2400m,最低点位于汇入绵远河处沟口,高程为910m,相对高差达1490m,整体呈东高西低,汇水面积为7.81km²。文家沟主沟道至分水岭处沟长为4.9km,沟谷宽度在315~2875m,流域左右两侧宽度基本对称,两侧斜坡坡度较陡,一般在30°~70°,局部为陡崖地貌,陡峻的地形条件为暴雨洪水的汇集提供了良好的条件,同时较好的临空条件为沟域内不良地质现象的发育及泥石流松散固体物源的汇集提供了有利的条件。加之沟谷纵坡陡峻,总体平均坡降达306‰,为泥石流的形成提供了良好的水动力条件,也为松散固体物质的搬运和参与泥石流活动提供了有利的地形条件。

　　文家沟上游韩家大坪及各支沟中上游区域,其中韩家大坪在地震中虽发生一基岩滑坡,滑坡体已完全滑动,韩家大坪的滑坡堆积体停放于原平台及滑坡过程中形成的凹地中,整体处于稳定状态,各支沟中上游区域多为植被覆盖区,地震中未发生大的变形破坏迹象,处于不稳定的松散堆积物较少,主要为基岩分布区,因此划为泥石流形成区(汇水区)。文家沟中上游二级平台(1300m平台)及中游三级平台为文家沟滑坡碎屑流的主要堆积区,滑坡碎屑流将原沟道完全堆埋,沟道内堆积物为文家沟泥石流的主要松散固体物源,因此将该区域划为泥石流的形成区(物源区)(图4.38)。文家沟下游三级平台以下至沟口绵远河顺下游长1.5km河道为泥石流流通堆积区。

图4.38　滑坡堆积体上的泥石流冲蚀沟(20~75m)

　　2008年汶川"5·12"地震以来,文家沟共发生八次泥石流,分别是2008年6月21日、7月25日、9月24日,2010年7月31日、8月13日、8月19日、9月16日和9月18日。引发泥石流的过程降雨量多在50mm以上,降雨强度大于10mm/10min。2010年8月13日降雨强度最大、历时最长,泥石流规模也最大。泥石流规模与降雨量基本呈正相关关系。

　　现场调查发现,引发八次泥石流活动的汇水主要来自主沟沟系,涉及流域面积约5.6km²。1300m高程平台(1270~1390m高程区段)以上区域主要是汇聚地表水,各支沟山洪携带的固体物基本停积在 1300m 平台之上，未进入中下游参与泥石流活动。八次泥石流的物源主要是文家沟主沟段（1300～960m 高程区段）的滑坡堆积物，山洪泥石流冲刷作用在滑坡松散堆积体右侧形成"V"型冲沟，主体方向向西。960m 高程以下区域地势平缓，成为泥石流固体物停积区。因此，"V"型冲沟是文家沟八次泥石流作用遗留的产物，主沟段既是物源区，又是流通区。文家沟泥石流的物源区和流通区处于同一空间区域，明显不同于通常意义上的沟谷型泥石流（刘传正等，2011）。

4.8.3 文家沟泥石流活动特点

1. 初次治理工程实施前阶段

初次治理工程实施前曾经发生三次泥石流活动，这些活动对滑坡堆积体表层的破坏和泥石流活动的启动具有重要意义。2008 年 6 月 18～21 日、7 月 24～25 日因绵竹地区普降暴雨引发文家沟两次泥石流活动，1300m 平台以下堆积体被携带冲出，沿原沟谷右侧形成深度在 5～20m 的沟槽，并将大量松散物携带至沟口地带堆积，但未冲出山口形成明显灾害。9 月 22～24 日再次降雨导致新冲沟刷深，泥石流冲出山口将绵远河部分主河道掩埋淤塞，并损毁沿途的土地、道路。"9·24"泥石流的过程降雨量为 88mm，最大降雨强度为 11.5mm/10min。

2. 初次治理工程及其破坏阶段

2010 年 7 月下旬，文家沟泥石流初次治理工程基本完成。工程单元包括 19 座谷坊坝、护坡导流堤，6 座潜坝、护坡挡墙，35 座潜坝、沟口停淤场拦挡坝、沟坡护坡挡墙，以及 12 座潜坝和进入绵远河的排洪沟。

2010 年 7 月 31 日 3～6 时，绵竹市清平乡一带强降雨引发文家沟堆积体斜坡发生滑塌和泥石流，造成基本竣工的大量谷坊坝的库容很快被淤满，九座谷坊坝被破坏（主要为坝肩土体被流水冲刷掏蚀后逐渐冲毁谷坊坝、个别谷坊坝被直接冲毁，最后仅冲沟右侧残留部分坝体）。"7·31"泥石流发生后期，坝基及坝肩在流水掏蚀下切作用下沉陷破坏，泥石流冲击作用使谷坊坝群发生串珠状破坏及整体溃决，并发出巨大闷响声。"7.31"泥石流固体物主要堆积在停淤场内，未冲出文家沟口。"7·31"泥石流的过程降雨量为 60.2mm，降雨历时约 3h，最大降雨强度为 51.7mm/h。

2010 年 8 月 12 日 18 时至 13 日 4 时，四川绵竹市清平乡再次出现强降雨。12 日 19 时至 22 时，降雨量较小。22 时 30 分至 13 日 1 时 30 分为持续暴雨。12 日 23 时 45 分清平乡绵远河流域的文家沟开始暴发泥石流，至 13 日凌晨 1 时规模最大，13 日 4 时基本结束，持续时间约 4h。此次泥石流基本损毁已建成的初次防治工程。泥石流冲入绵远河后，造成河上老大桥堵塞，清平乡场镇的学校、加油站、安置房淹没，盐井村 6 人死亡失踪，1500 多人接警撤离。泥石流固体物主要源于 1300m 平台以下新生冲沟两侧滑坡堆积体，并造成冲沟扩大加深。"8·13"泥石流后的沟床扩宽至 10～20m，沟岸高度为 40～70m，沟坡平均坡度为 48°。冲沟长度为 1150m，前后缘高差为 291.5m，坡降为 256.8‰。"8·13"泥石流过程降雨量为 227.5mm，最大降雨强度为 70mm/h。

"8·13" 泥石流后，8 月 19 日、9 月 16 日、9 月 18 日文家沟又先后发生泥石流，其中情况比较清楚的是 "9·18" 泥石流。2010 年 9 月 18 日 10:05 ~ 11:40 的泥石流主要表现为冲刷 "8·13" 泥石流形成的冲沟，掏蚀左岸沟坡产生滑塌进一步增加物源量，冲出固体物质约 $9 \times 10^4 m^3$。"9·18" 泥石流过程降雨量为 52.0mm，最大半小时降雨强度为 18.5mm/0.5h，最大 5 分钟降雨强度为 12.5mm/5min。

3. 二次实施防治工程及其效果检验

为了避免类似 2010 年 "8·13" 泥石流灾害的再次发生，2011 年实施的文家沟泥石流二次防治工程采用了 "水砂分离、固底护坡、拦阻停淤" 的综合防治理念。"水砂分治" 即把上游 1300m 平台以上流域的汇水采用引水隧洞分流到一号支沟，使其不进入滑坡堆积体；"固底护坡" 即在中游新冲沟段采用分层回填和钢筋石笼固底护坡，使其能够抗冲蚀而不提供固体物质；"拦阻停淤" 即在下游至沟口段设置拦挡工程使可能冲出的固体物停积下来。

文家沟泥石流综合防治工程于 2011 年 5 月底竣工。治理工程单元包括上游的谷坊坝、集水池和导水隧洞，中游的排导槽、钢筋石笼和下游的拦挡坝等。2011 年入汛以来，文家沟流域连续经历了 "5·9" "6·16" "6·30" 三次暴雨天气过程。在 6 月 30 日至 7 月 4 日，清平场镇过程降雨量达 247mm，文家沟一带过程降雨量最大达 387.5mm，最大 10 分钟降雨强度 10.5mm/10min。强降雨在文家沟上游形成的山洪通过引水隧洞顺利下泄，使其未能进入 1300m 平台以下的滑坡碎屑流堆积区。

4. 文家沟泥石流冲出松散固体物的体积问题

文家沟多期泥石流事件冲出松散固体物的体积是一个尚未解决的重要问题，仅仅是 2010 年 "8·13" 事件冲出的松散固体物就有两个差别较大的提法：一说为 $450 \times 10^4 m^3$（许强，2010），另一说为 $310 \times 10^4 m^3$（余斌等，2010a；倪化勇等，2011）。这个问题不仅涉及对灾害事件规模的认定，同时也是防治工程方案论证无法回避的问题，因为工程量的巨大差别也就涉及工程投资的可接受程度。

比较正确地核算文家沟泥石流冲出的松散固体物的体积是可能的，因为有关的调查研究者和公共管理者都承认文家沟泥石流的松散固体物主要来源于主沟段地震崩滑碎屑流堆积斜坡体。那么，根据科学哲学还原论（reductionism）的合理思想内核，可以认为文家沟崩滑堆积体斜坡上新生冲沟的容积就是八次泥石流活动冲出松散固体物的总体积。核算堆积斜坡上多次泥石流冲刷遗留的新生沟道的容积，也就基本可以确认八次泥石流事件冲出的松散固体物质体积（图 4.39、图 4.40）。

根据多次现场考察和防治工程勘查资料，可以采用的文家沟堆积斜坡新生沟道容积粗算数据是：上游入口上宽为 70m、下宽为 10m、深为 60m；下游出口上宽为 40m、下宽为 20m、深为 20m，沟道总长为 1200m，则新生沟道容积为 $180 \times 10^4 m^3$。参考前述八次泥石流活动过程描述，可以基本核定八次泥石流冲出固体堆积物的规模分别为：2008 年 "6·21" 冲出 $5 \times 10^4 m^3$、"7·25" 冲出 $10 \times 10^4 m^3$ 和 "9·24" 冲出 $15 \times 10^4 m^3$，2010 年 "7·

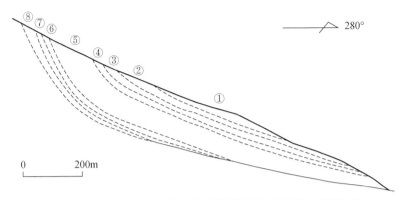

图 4.39　2008～2010 年间文家沟滑坡堆积区沟道塑造纵断面

①2008 年 "6·21" 冲出 $5×10^4 m^3$；②2008 年 "7·25" 冲出 $10×10^4 m^3$；③2008 年 "9·24" 冲出 $15×10^4 m^3$；④2010 年 "7·31" 冲出 $10×10^4 m^3$；⑤2010 年 "8·13" 冲出 $115×10^4 m^3$；⑥2010 年 "8·19" 冲出 $15×10^4 m^3$；⑦2010 年 "9·16" 冲出 $1×10^4 m^3$；⑧2010 年 "9·18" 冲出 $9×10^4 m^3$

31" 冲出 $10×10^4 m^3$、"8·13" 冲出 $115×10^4 m^3$、"8·19" 冲出 $15×10^4 m^3$、"9·16" 冲出 $1×10^4 m^3$ 和 "9·18" 冲出 $9×10^4 m^3$。这个论证虽然是粗略的，在绝对数值上是不准确的，但八次的总量和各次的相对大小是接近实际的，是可以用来说明文家沟堆积斜坡新生沟道塑造过程的（刘传正，2012）。

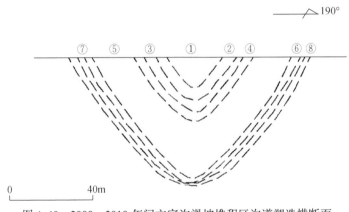

图 4.40　2008～2010 年间文家沟滑坡堆积区沟道塑造横断面

①、②、③、④、⑤、⑥、⑦、⑧表示八次泥石流事件，见图 4.39 图注

4.8.4　文家沟泥石流成因模式分析

4.8.4.1　成因模式定性分析

文家沟主沟段滑坡堆积物的渗透溃决和持续冲刷形成的八次泥石流事件，既不同于一般的沟谷型泥石流，也不同于坡面型泥石流，而是具有强震背景下的特殊成因模式。

（1）文家沟八次泥石流事件的主要物源为 1300m 平台以下的松散堆积体。主要支沟仅在"8·13"时出现泥石流，但未参与主沟泥石流的活动。

（2）地震形成的滑坡碎屑流堆积体物源丰富，结构松散，形成泥石流的激发降雨量远低于非地震影响区，这是文家沟泥石流在同一区段反复发生的物质结构条件。

（3）松散堆积体空隙排泄地下水潜（伏）流能力不足，快速降雨汇水因自然排泄不及导致松散体内滞留的地下水位迅速壅高，瞬态或短时地下水压力急剧增大，渗透变形逐步加大致使表层坡体失稳、溃决和滑塌，这是文家沟 2008 年"6·21""7·25"事件中崩滑堆积体上塑造冲沟的根本原因。

（4）松散堆积体表层渗透溃决形成初期冲沟后，后续的暴雨汇流过程产生溯源侵蚀、冲刷刨蚀和侧蚀坍塌等作用使新生冲沟不断扩宽加长，并持续提供松散固体物质，是后期多次泥石流形成的根本原因。

（5）初次治理工程的 19 座谷坊坝位于松散的滑坡堆积体上，它们可以拦挡一般坡面水流的携带物，在松散体可以承受的渗透条件下起到一定拦挡、迟滞和停淤作用，使固体物不致冲出文家沟口。初次防治工程虽然暂时阻止了"6·21""7·25"事件塑造的沟槽继续冲刷，但却加剧了上游来水的滞留，超常降雨条件下再次出现崩滑堆积体内因渗流能力不足以排泄来水，谷坊坝体破坏和滑坡堆积体表层溃决共同参与泥石流活动也就增大了后续事件的规模。

（6）"8·13"泥石流的形成过程为山洪泥石流体强烈的溯源侵蚀、冲刷刨蚀和侧蚀坍塌增加物源而形成。"8·13"泥石流规模大主要起因于总降雨量大，持续时间长，冲沟源头跌水的溯源侵蚀、沟槽刷深和侧蚀坍塌添加物质导致沟道扩展，整个过程表现为不断添加物质，暂态壅堵的后续洪流不断饱水液化坍塌堆积物，而后向下输运的"天然搅拌机"机制。

归纳起来，2008～2010 年期间文家沟泥石流表现为多期活动、每期呈现多个阶段的特征（刘传正，2012）。概括起来，每期甚至每个阶段都不同程度地存在"渗流管涌、暂态壅水、溃决滑塌、溯源侵蚀、冲刷刨蚀、侧蚀坍塌、混合奔流（搅拌机）"等多种作用，只是 2008 年的"6·21"和 2010 年的"7·31"事件更多地表现为"渗流管涌、暂态壅水、溃决滑塌"的造沟作用模式，其他事件更多地表现为"溯源侵蚀、冲刷刨蚀、侧蚀坍塌、混合奔流（搅拌机）"的扩沟作用模式（图 4.41）。

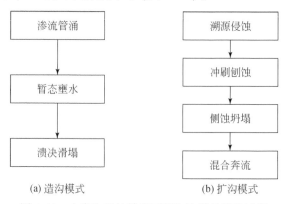

图 4.41　文家沟滑坡堆积区新生沟道的塑造过程

　　总之，文家沟泥石流提供了一种完全不同于通常的山洪积聚，物源区饱水液化，沿沟道冲击而突然暴发泥石流的一般模式。因此，在滑坡堆积体未完成固结过程之前，治理文家沟泥石流的关键就是防止滑坡松散堆积体表层冲刷破坏和地下水渗流压力过大造成斜坡体浅层溃决滑塌，进而演化为持续演进的沟道侵蚀性泥石流。可以说，文家沟泥石流是一种起源于滑坡松散堆积体上的沟道塑造和沟道侵蚀型泥石流。

4.8.4.2　造沟模式渗流模型分析

　　文家沟 2008 年"6·21"事件、2010 年"7·31"事件是启动后期泥石流灾害的关键。这两次事件中滑坡堆积体浅表层的渗透变形、滑移溃决是造成坡体破损冲出、发生类似堤坝的溃决式破坏和塑造形成泥石流沟道的关键环节，也是后期沟道扩展的必要前提。因此，研究滑坡堆积体内渗水排泄不及形成暂态性壅水的临界渗透压力与松散斜坡体稳定性的关系，就可以分析滑坡堆积体渗透变形破坏乃至溃决的机理。

　　图 4.42 表示了渗透压力下斜坡非竖直条分的水动力环境模式。斜坡垂直条分土条渗透力的计算可采用方玉树（2011）建立的近似计算公式：

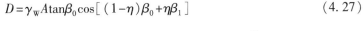

$$D = \gamma_W A \tan\beta_0 \cos\left[(1-\eta)\beta_0 + \eta\beta_1\right] \tag{4.27}$$

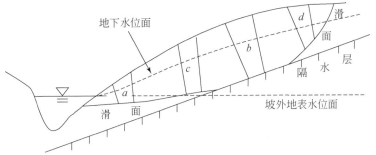

图 4.42　斜坡土条底面与渗流下界面的相对位置（据方玉树，2011）

　　对于类似文家沟滑坡堆积体的渗流稳定问题，可以建立松散斜坡体内渗透力、下滑力和抗滑力三者的平衡关系。取滑坡堆积体松散岩土的内聚力 $C=0$，可以建立近似的单宽滑坡堆积体土条的抗滑力、下滑力与渗透力三者的力学平衡方程：

$$\gamma_W A \tan\beta_0 \cos\left[(1-\eta)\beta_0 + \eta\beta_1\right] = (N\gamma - \gamma_W)A\cos\beta_1\tan\varphi - (N\gamma - \gamma_W)A\sin\beta_1 \tag{4.28}$$

取 $\eta = 0.5$；$\gamma = 2.7 t/m^3$；$\gamma_W = 1.0 t/m^3$；$N = 70\%$。则式（4.28）可简化为

$$\tan\beta_0\cos(0.5\beta_0 + 0.5\beta_1) = 0.89(\cos\beta_1\tan\varphi - \sin\beta_1) \tag{4.29}$$

式中，A 为滑坡堆积体中地下水位面以下部分的面积，m^2；β_0 为地下水位面倾角，（°）；β_1 为渗流下界面倾角，取滑坡堆积体底面平均坡角，相当于地震前主沟道平均坡降角，（°）；η 为渗流下界面倾角权重百分数，根据土条底面与渗流下界面的相对位置确定：土条底面为渗流下界面时（图 4.42 中土条 b）取 0.5；γ 为石灰岩石的重度，t/m^3；γ_W 为水的重度，t/m^3；N 为滑坡堆积松散岩土的密实度，%；φ 为滑坡堆积松散岩土的内摩擦角，（°）。

　　利用式（4.29），可进行几点讨论：

（1）取 $\beta_0 = \beta_1 = 15°$，得到 $\varphi - \beta_1$ 的关系式：

$$\tan\varphi = 2.1236\tan\beta_1$$

可反算出 $\varphi = 29.5°$，即不出现地下水壅塞的情况下，松散堆积体岩土的内摩擦角最大。

（2）若取 $\beta_0 = 0°$，$\beta_1 = 15°$，即持续强烈降水致使地下汇水排泄不及而急剧壅水，形成的地下水位面达到水平，式（4.29）简化为

$$\tan\varphi = \tan\beta_1 = 0.2679$$

得到 $\varphi = 15°$。说明在最大动水压力下松散堆积体急剧离散化，造成 φ 值急剧降低到最小，斜坡失稳溃决。

（3）若取 $\beta_1 = 15°$，得到 $\varphi - \beta_0$ 的关系式：

$$\tan\beta_0\cos(0.5\beta_0 + 7.5) = 0.8597\tan\varphi - 0.2303$$

表 4.9 显示 φ 与 β_0 基本成正比关系。当地下水位面倾角（β_0）与渗流下界面倾角（β_1）均为 15°时，此时地下水渗流梯度最大，但渗透压力最小，松散岩土堆积体基本不受地下水影响（$\varphi = 29.5°$）。

表 4.9　斜坡体中地下水位面倾角（β_0）与松散土的内摩擦角（φ）的关系

$\beta_0/(°)$	15	13	11	9	7	5	3	0
$\varphi/(°)$	29.5	28	26	24	22	20	18	15

随着 β_0 的减小，即地下水壅高逐渐增加，地下水位面逐渐变缓，地下水压力逐渐增大，松散岩土逐渐饱水液化，岩土颗粒逐渐离散，导致松散堆积岩土体的内摩擦角 φ 值逐渐变小，斜坡表层逐渐失稳破坏。显然，β_0 出现 15°向 0°方向的趋势变化时，也就是渗透水压力逐渐增大的过程。当地下水壅高水位面达到水平时（$\beta_0 = 0°$），地下水渗流梯度最小，地下水压力达到最大，松散堆积体的稳定性最低，松散岩土的内摩擦角最小（$\varphi = 15°$），也就是堆积体斜坡发生滑塌溃决的临界条件。

取 $\beta_0 = 0°$，最大水位（压力）高度（H）与影响松散斜坡体的水平长度（L）存在关系 $H = L\tan15°$，可计算出地下水壅高与失稳斜坡体长度的关系（表 4.10）。可见，当滑坡堆积坡体内的地下水位壅高达到 8m 时，影响松散坡体的水平长度接近 30m。若地下水位壅高达到 15m 时，相应影响松散坡体的水平长度达到 56m，由此引发的斜坡表层松散体初次滑塌溃决的体积可超过 $1 \times 10^4 m^3$。

表 4.10　斜坡体内最大水位高度（H）与水平影响长度（L）的关系

H/m	3	5	8	10	12	15
L/m	11.2	18.7	29.9	37.3	44.8	56

表层坡体溃决产生突破口后，后继溯源侵蚀、冲刷刨蚀和侧蚀坍塌作用添加的土体方量会成倍增加。若考虑初期治理工程的短时阻水作用，地下水位壅高将明显增大，影响坡体长度相应增大，引发的松散斜坡滑塌溃决体积也急剧增加，这也是 "8·13" 泥石流事件规模巨大的重要背景之一。

4.8.5　文家沟泥石流防治成效

4.8.5.1　治理工程概况

文家沟泥石流防治采用了所谓"水石分治"思想，即在 1300m 平台以上开凿导流洞引走上游来水，中游采用钢筋石笼加固松散堆积斜坡表面防止坡面侵蚀下切，冲沟出口段设置三道拦挡坝防治冲蚀并停淤，分割论思想贯彻的较好。不足之处是，上游溯源侵蚀导致更高处的松散堆积体滑塌，泥石流活动向上游转移，为保证导流洞入口正常进水而实现引水，每年汛期清淤是个问题；下游导流洞出口集中射流强度大，致使出口沟段冲刷加剧，破坏道路桥梁，是对整体论的理念贯彻不足。

亓星等（2016）对文家沟治理工程效果进行了初步研究。通过采取"水沙分离、固护拦停、监测维护"的治理措施等综合治理，使泥石流起动方式由碎屑堆积体冲刷侵蚀转变为支沟沟床起动。治理工程经历四个水文年共发生了三次泥石流。治理工程有效减小了泥石流的规模和危害，泥石流暴发的临界降雨量明显提高，并逐年缓慢增长，但引水截流的实施也伴随了上游清淤等长期性的问题。

文家沟泥石流治理工程取在上游 1300m 平台通过修建集水沉砂池并打通一条引水隧洞，将上游降雨汇流通过隧洞引至下游一号支沟排出，防止水流冲刷 1300m 平台下方主堆积区；在中部采用固底护坡设计，并修建排导槽防止堆积体的继续下切侵蚀；在下游至沟口段设计多道拦挡坝以将上游冲出固体物质拦淤在沟道内，防止泥石流冲出沟口堵塞绵远河，治理工程于 2011 年 5 月基本完成（图 4.43）。

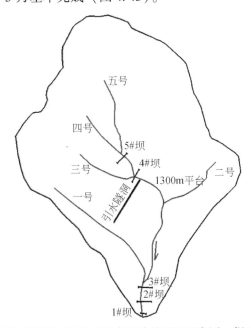

图 4.43　文家沟泥石流工程治理及支沟编号平面示意图（据亓星等，2016）

4.8.5.2　工程治理后泥石流特征

2010年"8·13"泥石流后，文家沟再次进行了一系列的工程治理措施，使泥石流的起动方式发生了彻底改变。在四个水文年内，文家沟在2012年8月14日、8月17日和2013年7月8日先后暴发了泥石流（表4.11）。

2011年汛期文家沟经历了"5·9""6·16""6·30"三次强降雨过程，6月30日至7月4日，文家沟一带累计降雨量最大达387.5mm，最大10分钟降雨强度为10.5mm/10min，强降雨并未引发泥石流。

表4.11　治理前后发生泥石流时间和规模（据亓星等，2016，有改动）

阶段	时间	最大1h降雨强度/(mm/h)	总降雨量/mm	泥石流冲出量/10⁴m³	泥石流危害范围
治理前	2008年9月24日	30.5	88.0	50	淤埋沟口房屋，堵塞主河
	2010年7月31日	51.7	60.2	10~20	淤埋沟口房屋，部分堵塞主河
	2010年8月13日	70.6	185.9	115	堵塞主河，淤埋下游场镇
	2010年8月19日	31.9	72.6	30	淤埋沟口房屋，部分堵塞主河
	2010年9月18日	29.0	52	17	淤埋沟口房屋，部分堵塞主河
治理后	2011年6月30日	—	387.5	0	—
	2012年8月14日	74.5	109	3.2	淤埋部分4#坝
	2012年8月17日	65.5	89.5	7.8	淤埋4#、5#坝以及主沟下游
	2013年6月30日	40.5	94	0	—
	2013年7月4日	32	98	0	—
	2013年7月8日	66	496.5	34.4	淤埋4#、5#坝以及主沟下游
	2014年7月10日	51.5	67.0	0	—
	2014年8月8日	43.0	66.0	0	—

2012年"8·14""8·17"强降雨引发了文家沟上游支沟泥石流。"8·14"强降雨过程总降雨量达到109mm，其中最大10分钟降雨强度为25.2mm/10min，最大1h降雨强度为74.5mm/h，降雨使文家沟四号支沟和五号支沟暴发小规模泥石流并淤积在5#拦挡坝前，泥石流冲出量约3.2×10⁴m³。"8·17"强降雨总降雨量为89.5mm，最大10分钟降雨强度为23.5mm/10min，最大1h降雨强度为65.5mm/h，此次暴雨使文家沟三号至五号支沟同时暴发了泥石流，其中四号和五号支沟泥石流淤满了5#拦挡坝前并漫过坝顶进入4#坝库区，三号支沟泥石流直接进入4#坝库区。同时，由于引水隧洞将上游汇流引至下游一号支沟内，使一号支沟产生"消防水管"（射流）效应引发泥石流，部分泥石流冲入主沟，并最终被主沟下游三道拦挡坝阻挡在沟内，泥石流冲出总量为7.8×10⁴m³。

2013年"7·8"强降雨累计降雨量达到496.5mm，最大10分钟降雨强度为23mm/10min，最大1h降雨强度为66mm/h，引发了文家沟三号至五号支沟暴发泥石流。由于引水隧洞将大量雨水汇流引至一号支沟冲刷沟道，一号支沟也冲出大量松散堆积体，并最终在1~3#坝阻挡下大部分淤积在主沟沟口，泥石流冲出总量约33.5×10⁴m³。

2014 年文家沟经历了"7·10""8·8"强降雨过程,但未引发泥石流灾害。

通过调查,对比 2012 年"8·14"和"8·17"发生的两次泥石流,"8·17"的降雨规模和最大 1h 降雨强度均小于"8·14",但"8·17"发生的泥石流规模更大(表 4.12)。

表 4.12　泥石流发生前期降雨参数(据亓星等,2016)

时间	总降雨量/mm	最大 1h 降雨强度/(mm/h)	降雨总历时/h	泥石流冲出量/$10^4 m^3$	前 7 天降雨量/mm	前 15 天降雨量/mm
2012.8.14	109	74.5	4.3	3.2	6.5	26
2012.8.17	89.5	65.5	2	7.8	141.5	162.5

工程治理前后泥石流物源起动位置、水源补给、危害方式和暴发规模均发生了较大改变,原 1300m 平台下方的大量松散堆积物不再启动,泥石流启动模式转变为以支沟暴发为主的沟床起动型泥石流。

工程治理后的文家沟为典型的沟床起动型泥石流沟,物源主要为上游支沟侵蚀下切形成,泥石流暴发时间均在 1h 降雨强度最大的时刻。根据监测和前期资料获得的文家沟主要降雨过程,得到文家沟从震前至 2014 年不同降雨量对应的泥石流暴发情况,建立不同时段泥石流暴发的临界降雨量阈值。汶川地震前文家沟有效累计降雨量达 275mm 时仍未发生泥石流,在地震后发生泥石流的激发 1h 降雨强度降低至震前的 22.7%。随着 2011 年 5 月治理工程的完工,治理措施开始发挥作用,文家沟泥石流启动方式也发生明显变化,对应泥石流激发降雨量的迅速回升,随后两年中泥石流激发降雨量相比上一年均有较小幅度提高,表明随着时间增长,泥石流激发临界降雨量呈缓慢回升的过程,这与流域内植被的恢复、沟道内的松散堆积物固结稳定和工程防护作用有关。

治理工程有效提升了泥石流启动的临界降雨量,但也出现了两个需要认真对待的问题:

(1)治理工程使泥石流活动向上游转移,上游滑坡堆积与支沟的泥石流堆积物对引水截流工程造成了较大的危害,为保证导流洞入口正常进水实现引水,已多次出现工程清淤问题;

(2)引水隧洞出口射流作用使下游一号支沟的冲刷更加强烈,支沟泥石流危害防治及主沟出口的防灾减灾问题也不可忽视。

4.8.6　结论和对策

4.8.6.1　基本结论

(1)文家沟 2008~2010 年期间的八次泥石流事件是在地震滑坡堆积体上因持续强降雨渗透变形溃决与后续侵蚀产生的,不同于一般的沟谷型和坡面型泥石流。

(2)2010 年"8·13"及以前文家沟滑坡堆积体上新生的泥石流沟共冲出松散固体物质的总体积约 $180×10^4 m^3$。"8·13"泥石流事件是其中规模最大的一次,冲出松散固体物的体积约为 $115×10^4 m^3$。

（3）文家沟泥石流的成因模式是，强降雨过程在滑坡堆积体上先期出现"渗流管涌、暂态壅水、溃决滑塌"的造沟作用，后期出现"溯源侵蚀、冲刷刨蚀、侧蚀坍塌、混合奔流（搅拌机）"的扩沟作用。因此，文家沟泥石流是一种起源于滑坡松散堆积体上的沟道塑造和沟道侵蚀型泥石流。

（4）初次治理工程因考虑松散滑坡堆积体的沉降固结和降雨渗透变形作用不足，出现强烈降雨过程中谷坊工程暂态性阻水加剧降雨汇水的滞留，导致拦挡工程地基基础渗流沉陷和地下水壅堵作用效应增强，也就意味着会孕育更大规模的泥石流。

（5）地下水渗流壅高计算表明，随着地下水位升高，松散堆积体自稳性降低。当地下水壅高水位面达到水平时（地下水位面倾角 $\beta_0 = 0°$），渗透压力达到最大，松散堆积体的稳定性最低，也就达到了堆积体表层发生滑塌溃决的临界条件，从而导致造沟作用模式开始实现。在此情况下，堆积坡体内壅堵的地下水位最高，相应坡体渗透溃决的规模就越大，泥石流事件规模也越大。由于初次治理工程加剧了地下水壅堵作用，2010 年的"7·31"事件规模远大于 2008 年的"6·21"事件。

（6）再次工程治理后，文家沟暴发泥石流的规模和冲出方量大大减小，泥石流形成模式由 1300m 平台滑坡堆积体冲刷侵蚀形成泥石流转变到上游支沟和 1 号支沟下游出口。如何充分发挥整体防治工程的功能，逐渐减轻文家沟上游拦挡坝淤积和 1 号支沟下游冲刷，是应该认真研究的问题。

4.8.6.2　对策思考

（1）引水隧洞安全的主要威胁来源于 1600m 以上韩家大坪（一级平台）堆积物是否失稳并孕育泥石流，应评估研究确定其启动的可能性及其规模，以便正确应对和及时维护，保证引水隧洞上游的两道拦砂坝起作用，不致因泥石流掩埋引水洞入水口使其排水功能失效。

（2）文家沟 1300m 高程平台南侧二号沟的排水通畅与相关坡体的稳定也是重要的，要保证现有堰塞塘不被冲决乃至引发南侧新的坡体破坏，形成新的泥石流隐患。

（3）主沟道一千多米长钢筋石笼的锈蚀和水污染应引起重视，经观测证明松散岩土固结密实达到一定程度，坡体基本稳定后，部分工程完成其历史使命，应论证拆除外露钢筋笼的可能性，增强生态恢复能力。必要时，对拆除钢筋笼的某些关键区段浇筑混凝土，增强沟道抗冲刷能力。

（4）汶川地震区因斜坡岩土松动或崩滑堆积引发滑坡泥石流的剧烈活动时限是一个复杂问题。一方面，持续强降雨会引发滑坡泥石流，另一方面，降雨渗透作用又有利于松散岩土体的沉降压密，加速松散岩土的固结和环境生态修复。因此，选择若干典型地段（地点案例），开展不同地震烈度区、不同地质环境类型区的松散堆积体沉降速率的立体观测，研究松散岩土体的密实度与其固结稳定的关系，是值得重视、亟待开展研究的重要科学问题。因为，这种研究将为强烈地震区滑坡泥石流活动的滞后效应延续时间研判，为区域地质环境的合理开发利用提供科学依据。

（5）有针对性地对 1300m 平台以上滑坡堆积斜坡实施工程治理，减少因冲刷渗透滑塌提供泥石流物源，比滑坡泥石流后清淤更为合理有效。

（6）一号支沟引水隧洞出水口冲刷段应设置跌水消能、防止冲刷和排导工程，防治因排水洞出口射流形成新的斜坡破坏和泥石流灾害。

（7）随着 1300m 以下主沟道滑坡堆积物的沉降固结，坡面钢筋石笼与沟道堆积物融为一体，应逐步发挥主沟的排导作用，减少引流隧洞的流量，利用主沟道进行分流，既有利于减轻一号支沟射流排水引起的副作用，也有利于加强主沟道的停淤和植被恢复，促使其逐渐向地震前生态环境转化。

第5章　地质灾害监测预警

5.1　概　　述

5.1.1　地质灾害监测

地质灾害监测要明确设定监测目的、监测内容、监测方法、仪器布置、数据采集、整理分析、监测报告、预警模型、预警判据、预警发布、避险路线和应急避险要求等。

1. 监测目的

地质灾害监测的目的是获取地质灾害动态及其引发因素的相关数据，为地质灾害预警与防治提供分析依据。地质灾害监测要考虑地形地貌、成分结构、初始边界（如开裂范围）、地下水活动、引发因素、环境条件、承灾对象等相关要素的变化，

例如，崩塌滑坡监测要把握代表性监测线（剖面）、点，而不是已发生滑坡后缘开裂的监测，因为那里的位移并不能代表整个滑坡体的活动；仪器布设要充分考虑适应不同地质体的边界条件、初始条件、监测对象和环境因素，未固结、正常固结、超固结及不同成因的土质滑坡，或岩体滑坡是顺向坡、反向坡（倾倒、折断、追踪、剪断、滑移）或斜向坡的成分结构；引发因素监测要考虑自然演化累积效应、冻融作用、降雨渗流、地震损伤和人类活动方式及强度。

2. 监测内容

地质灾害成生要素组合包括地质体、引发因素和承灾体三个方面。地质灾害监测主要关注地质体的性状和引发因素的作用方式与强度及后果。地质体性状主要涉及地形地貌、地质成分结构、地下水动态、变形状态和各部位应力作用状态。引发因素主要包括气温、降雨、水文、地震和人类活动方式与强度等，地下水方面如水温、水流量、地下水位、水化学及其酸碱性，地表、地下变形包括水平位移、垂直位移、地面倾斜、滑坡体不同深度的位移、应力及滑动带的变化等。

3. 监测方法

（1）宏观地质调查：崩塌、滑坡及塌岸变形形迹追踪地质调查，进行人工定期不定期巡视、路线穿越，在变化明显地段设立固定标志对比，从整体上把握崩塌、滑坡的变形格局。

（2）地表变形监测：设立固定监测点、线、面，采用不同精度的仪器监测大地形变、

地表裂缝位错、地面倾斜、建筑物变形等。

（3）深部监测：通过钻孔采用仪器测量地质体不同深度的应力应变。

（4）通过钻孔采用仪器测量地下水水位、水质、孔隙水压力等。

（5）环境要素监测：采用仪器在固定或流动地点观测微震、声发射、断裂活动、降雨量、气温、泉水、人类工程活动和区域地壳活动背景，以及河流水位、水深、流量、流向、流速、水温和含沙量等。

5.1.2　地质灾害预警

地质灾害预警一般包括发生时间、空间和强度三要素的预测预报或警报，是一种动态的跟踪研判工作。广义上，地质灾害预警是一个从预测到警报的工作过程，在时间尺度上包括了预测、预报、预警和警报等多个阶段，每个阶段都是一个公共管理、科学技术与公众社会共同参与的综合体系。狭义上，地质灾害预警主要服务于防灾减灾行动或应急响应。

空间预警要比较明确地划定地质灾害将要发生的地域或地点及其危害范围。空间预警的基础是地质环境条件和引发因素的作用范围。时间预警是针对某一具体地域或地点给出地质灾害在某一种或多种引发因素作用下将在某一时段内或某一时刻将要发生的预警信息。时间预警一般是在空间预警的基础上，结合引发因素发生时间及其持续过程等开展工作。强度预警是对给定区域或地点给出地质灾害发生规模、暴发方式、破坏范围、冲击强度和危害对象等做出的预测或警报，是在时空预警基础上给出的服务于防灾减灾决策的技术支撑工作。

地质灾害预警判据是指判定滑坡发生空间和时间范围的各类极限值（临界阈值）或临界标志，这些极限判据既可能是滑坡发展过程中自身所表现出来的位移或速率极限值或破裂扩展极限等，也可能是引发滑坡发生快速滑动的外界因素，如临界降雨量或降雨强度、临界地震加速度、动水压力或孔隙水压力值。基于引发因素变化预测预警一般考虑地下开挖、地表切坡、蓄水（水位升降）、堆载、降雨、地震、冻融或软化、自然侵蚀损伤及其作用位置、强度、持续时间。

地质灾害趋势预测是一种相对时间较长的地质灾害预警工作，如研判预测一年、一季度或一月时间内某引发因素作用下指定区域或地点的地质灾害可能发生的类型、地点及危害情况等的行为，可分别称为长期预测、中期预测和短期预测。

5.2　地质灾害区域预警理论

地质灾害区域预警是基于降雨、气温（冻融）、地震和人类活动等因素对指定区域地质灾害的动态进行研判并把研判结果向社会发布，指导警示政府与社会开展防灾减灾行动的一种行为。目前，国内外基于降雨因素的地质灾害区域预警已在科学技术方面取得了比较成熟的认识与应用。

地质灾害区域气象风险预警实质上是基于气象因素的地质灾害风险预警，是指基于前期过程降水量和预报降水量，研判引发某区域地质灾害发生的可能性及成灾风险大小。预警系统利用信息采集、编录分析、集成数据、图形、模型、音像，基于建立的预警模型，实现对气象数据与地质环境数据的融合分析与预警决策分析，自动计算预警结果并生成预警产品，在会商与人机交互支持下，通过网站、短信、传真、微信、微博等方式，将预警产品及时准确的传递至可能危及的区域，提醒居民及时采取防御措施的系统。

5.2.1 隐式统计预报法

隐式统计预警把地质环境因素的作用隐含在降雨参数中，某地区的预警判据中仅仅考虑降雨参数建立模型。隐式统计法比较适用于地质环境模式比较单一的小区域，如香港取得了显著的防灾减灾成效。

隐式统计预警方法把地质环境因素的作用隐含在降雨参数中，某地区的预警判据中仅仅考虑降雨参数建立模型。隐式统计预报法考虑的降雨参数包括年降雨量、季度降雨量、月降雨量、多日降雨量、日降雨量、1h 降雨量和 10 分钟降雨量等。实际应用时，一般只涉及 1~3 个参数作为预报判据，如临界降雨量、降雨强度、有效降雨量或等效降雨量等。

1. 累积降雨判据模板

在各预警区范围内，根据滑坡泥石流与降水关系的研究，采用统计分析方法，绘制滑坡泥石流与降水之间的关系图，散点常集中成带分布，据此建立了地质灾害气象风险预警判据模板（刘传正等，2004b，2009）。该方法界定了 α 线和 β 线作为地质灾害预警等级划分界限。由于这种方法只涉及一个或一类参数，无论预警区域的研究程度深浅均可使用，易于推广应用，但预警精度受到所预警地区面积大小、突发性地质事件样本数量、地质环境复杂程度和地质环境稳定性及区域社会活动状况的限制。因此，单一临界降雨量指标作为预警判据的代表性是有局限的。

图 5.1 横坐标为降雨日数，纵坐标为相应的降雨量。α 线和 β 线为地质灾害发生的临界降雨量线（实际应用时可能为曲线），α 线以下的区域（A 区）为不预报区（蓝色预警区域），α、β 线之间的区域（B 区）为地质灾害预报区（黄色或橙色预警区），β 线以上的区域（C 区）为地质灾害警报区（红色预警区）。

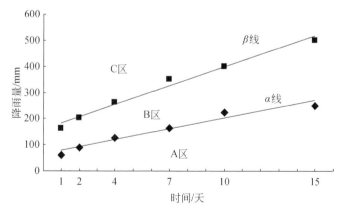

图 5.1 累积降雨判据模板

A 区. 不发布预报；B 区. 发布预报；C 区. 发布警报；α 线. 预报临界线；β 线. 警报临界线

2. 双参数临界降雨判据模板

模型通式：

$$z=f(R_d,R_p) \tag{5.1}$$

式中，z 为灾害点个数，表示灾害群发情况；R_d 为地质灾害发生当日的日降雨量，mm；R_p 为地质灾害发生前的降水过程前期有效降雨量，mm。

$$R_p = \sum_{i=1}^{n} k^i R_i \tag{5.2}$$

式中，R_p 为前期有效降雨量，mm；R_i 为前 i 日的日降雨量，mm；n 为有效降水日数，天，据实践经验一般取 $n=6$，即主要受到一周内降雨量的影响；k 为有效降水系数，一般取 0.84。k 的取值最先在北美某区的监测分析中获得，后在其他区域的对比校验效果较好（Glade *et al.*，2000）。

在加密预报情境下，也可建立日降雨量与 1h 降雨强度关系曲线开展短临预报预警（图 5.2）。按照灾害点的群发程度进行预警等级的划分，一般黄色预警灾害点零散发生；橙色预警为灾害点少量群发，一般为 2~5 个灾害点；红色预警为灾害点大量群发，一般超过六个灾害点。根据其临界降雨量线，选择其临界下线进行拟合，据此建立不同等级（红色、橙色、黄色）预警判据分别为 α 线、β 线、γ 线。临界降水判据线可为指数函数、对数函数、线性函数或者多项式函数。

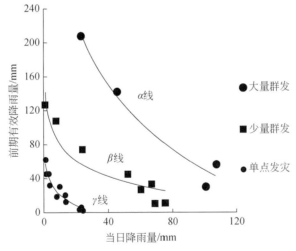

图 5.2　当日降雨量与前期有效降雨量联合判别地质灾害

α 线．黄色预警临界线；β 线．橙色预警临界线；γ 线．红色预警临界线

5.2.2　显式统计预报法

显式统计预报法是一种考虑地质环境变化与降水参数等多因素叠加建立预警判据模型的方法，它是由地质灾害危险性区划与空间预测转化过来的。这种方法可以充分反映预警地区地质环境要素的变化，并随着调查研究精度的提高相应地提高地质灾害的空间预警精

度，比较适用于地质环境模式比较复杂的大区域。根据预警指数 T 值进行分段，确定预警等级。黄色预警（$T<T_1$）；橙色预警（$T_1 \leqslant T<T_2$）；红色预警（$T \geqslant T_2$）。

$$T=f(G,R_d,R_p) \tag{5.3}$$

式中，T 为预警指数，据此确定地质灾害气象风险预警等级。G 为地质灾害潜势度，地质环境条件的量化指标。R_d 为日降雨量，地质灾害发生当日降雨量，预警分析时为预报降雨量。R_p 为前期有效降雨量，在地质灾害发生前的降水过程，对灾害有影响的有效降雨量。

$$G = \sum_{j=1}^{n} a_j b_j \quad j=1,2,3,\cdots,n \tag{5.4}$$

式中，G 为地质灾害潜势度；a_j 为单因子的定量化取值（即 CF 值）；b_j 为单因子的权重；n 为评价因子个数。

G 反映地质环境条件对引发因素的敏感性。岩性、构造、坡度等地质环境要素组合为基础因子，地质灾害发育度作为响应因子共同参与模型计算，反映地质环境的脆弱性。

引发因子表现为地质灾害发生的触发因素，如大气降水、地震活动和人类工程活动等。可采用引发因子图层与潜势度图层叠加运算获得地质灾害危险度。Jaedicke C. 2014 年提出的危险度模型表述为

$$H_r = (S_r \times S_1 \times S_v)T_p \tag{5.5}$$

式中，H_r 为降水引发的滑坡危险度指数；S_r 为坡度因子；S_1 为岩性因子；S_v 为植物盖度因子；T_p 为降水因素指数。

地质灾害危险度判别因子包括基本因素（地形地貌、岩组、地质构造、植被等）和外部因素（降水、人类活动、地震）等。

基于地质环境空间分析的地质灾害时空预警理论与方法是根据单元分析结果又合成实现的，克服了仅仅依据单一临界降雨量指标的限制，但对临界引发因素的表达、预警指标的选定与量化分级等尚需要进一步研究。因此，要实现完全科学意义上的地质灾害区域预警，必须建立临界过程降水量判据与地质环境空间分析耦合模型的理论方法——广义显式统计模式地质灾害预报方法，预警等级指数（W）是内外动力的联立方程组。

$$W=f(a,b,c,d) \tag{5.6}$$

式中，W 为预警等级指数；a 为地外天体引力作用，包括太阳、月亮的引潮力，太阳黑子、表面耀斑和太阳风等对地球表面的作用，$a=f(a_1,a_2,\cdots,a_n)$；b 为地球内动力作用，主要表现为断裂活动、地震和火山爆发等，$b=f(b_1,b_2,\cdots,b_n)$；c 为地球表层外动力作用，包括降水、渗流、冲刷、侵蚀、风化、植物根劈、风暴、温度、干燥和冻融作用等，$c=f(c_1,c_2,\cdots,c_n)$；d 为人类社会工程经济活动作用，包括资源、能源开发和工程建设等引起地质环境的变化，$d=f(d_1,d_2,\cdots,d_n)$。

5.2.3　动力预报法

动力预报法是一种考虑地质体在降雨过程中岩、土、水耦合作用下研究对象自身动力变化过程而建立预警判据方程的方法，实质上是一种解析方法。动力方法的预报结果具有较高的确定性，适用于单体试验区或特别重要的局部区域。该方法主要依据降雨前、降雨

过程中和降雨后降水入渗在斜坡体内的转化机制，具体描述整个过程斜坡体内地下水动力作用变化与斜坡体状态及其稳定性的对应关系。通过钻孔监测地水位动态、渗透压力、孔隙水压力和斜坡应力–位移等，揭示降雨前、降雨过程中和降雨后斜坡体内地下水的实时动态响应变化规律、整个斜坡体物理性状变化及其变形破坏过程的关系。在充分考虑含水量、基质吸力、孔隙水压力、渗透水压力、饱水带形成和滑坡–泥石流转化因素条件下，选用数学物理方程研究解析斜坡体内地下水动力场变化规律与斜坡稳定性的关系，确定多参数的预警阈值，从而实现地质灾害的实时动力预报（刘传正等，2009）。

实际应用中，隐式统计、显式统计与动力预警三种模型结合以适应不同层级的地质灾害预警服务需求。在四川雅安、云南新平和长江三峡库区专业监测点的预警试验中，发现不同降雨过程和降雨强度下，斜坡岩土体不同深度的含水量变化存在分层响应特点，可以研究降雨在斜坡岩土体内的渗流过程直至出现滑坡泥石流的成因机理。

5.3　滑坡预测预报理论问题

5.3.1　引言

自 20 世纪 60 年代日本学者斋藤（Saito，1965，1969）基于土体蠕变试验进行滑坡预测预报以来，滑坡时间预报研究一直是令人着迷的课题。学术界对斜坡变形破坏行为和滑坡预报方法的研究探索一直持续着并取得了丰富成果，对滑坡本质的认识不断深化，对变形数据的处理也积累了数十种预测预报模型方法（李秀珍等，2003）。简要地说，斋藤模型是滑坡一定会发生的情况，学界工作的重点就是如何预测发生的准确时间。刘传正（2021）基于多年开展地质灾害防治研究的体验，提出滑坡累积变形–时间曲线可以划分为缓变趋稳型、阶跃演进型和失稳突发型。缓变、阶跃和失稳型滑坡变形动态可以顺次转化，且前两者可以相互转化，但失稳型不可以反向转化。

岩土体沿着某个界面蠕动变形的发展过程基本符合斋藤曲线型式，即斜坡从出现变形到最终失稳破坏一般会经历初始启动（第Ⅰ阶段）、等速变形（第Ⅱ阶段）和加速变形（第Ⅲ阶段）三个阶段（图 5.3）。许强等（2008）基于斋藤曲线做出了精细的滑坡预警研

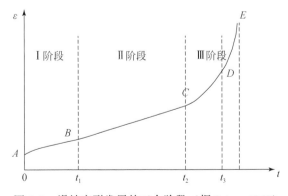

图 5.3　滑坡变形发展的三个阶段（据 Saito，1969）

究与应用成果，把斋藤曲线的第Ⅲ阶段（加速变形）细分为初加速、中加速和加加速三个亚阶段，并给出了以切线角为代表的一系列预警判据标准（许强等，2020）。

　　任何岩土体蠕变破坏直至失稳都会经历启动、发展、加速的过程，从蠕变试验的斋藤曲线推及岩土体滑坡的预测预报，只是模型上更复杂而已。根据岩土试验和滑坡案例的变形–时间曲线研究，许强（2012，2020）将滑坡分为突发型、渐变型、稳定型三类，并给出了产生这三类变形行为的岩土体蠕变力学条件（图5.4）。

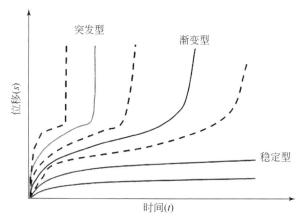

图5.4　岩土体蠕变曲线簇（据许强，2020）

　　许强（2012）描述了稳定型、渐变型和突发型三类滑坡的基本特征。突发型滑坡主要发生于临空条件和滑移条件较好的岩质斜坡中，滑坡失稳破坏经历的时间往往要比渐变型滑坡短，滑坡发生前总位移量一般小于渐变型滑坡，但其临界位移速率又往往大于渐变型滑坡。渐变型滑坡主要发生于松散土质斜坡，或滑动条件不好但具有时效变形特征的岩质斜坡中，滑坡的孕育和演化一般需经历长时间的变形与应变能的积累。稳定型滑坡主要发生于稳定性相对较好，但当其遭受某种外界因素（如降雨、人类工程活动、地震等）作用时，斜坡会突然出现明显的变形和地面开裂的情形，随着外界影响因素的衰减和消失，斜坡在自重作用下又逐渐恢复其原有的状态，一定时间后变形会逐渐停止。

　　应该说，这些认识是具有启发意义的。单就累积变形曲线而论，图5.4中的渐变型、突发型可以归为一类，二者的区别仅在于等速变形阶段的长短或监测捕获变形数据的时间点，但总体特征都是滑坡一旦启动，就会完成滑坡过程。

5.3.2　滑坡累积变形曲线类型

　　除某些特殊时机、特定环境的日月引潮力作用外，崩塌、滑坡、泥石流（按流体考虑）、地面塌陷等的发生主要是地球重力作用的失衡，造成失衡的因素包括自然作用与人为活动。自然作用包括各种自然作用的累积效应、降雨、地震和冻融引发作用，人为作用包括切坡、开挖、堆载、水位升降、灌溉和爆破等（刘传正，2014a）。地质体重力作用失衡是对自然或人为作用加卸载的响应，或多种作用的响应。基于多年开展地质灾害防治研究和公共管理技术支撑的体验，根据滑坡作用因素、时间和强度等，崩塌滑坡的累积变形-时间曲线可以划分为失稳突发型、阶跃演进型和缓变趋稳型三类，如此可能更符合实际的滑坡动态发展演化历程，也更有利于服务地质灾害的监测预警、综合防治和应急响应工作（图5.5；刘传正，2021）。

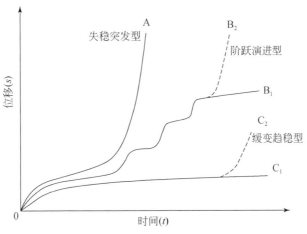

图 5.5　滑坡累积变形的三种演变类型

5.3.2.1　失稳突发型

失稳突发型滑坡累积变形-时间曲线显示持续上升梯度变陡特征，即滑坡必定发生。滑坡一经启动，第Ⅰ、Ⅱ、Ⅲ阶段接续出现，或发现滑坡活动并进行监测之时滑坡动态已进入第Ⅱ阶段甚至第Ⅲ阶段。一般意义上，失稳突发型滑坡具有灾变性或不可逆转的特性，没有足够强度的外界干预滑坡是一定会发生的。应对失稳型滑坡的正确对策就是提前撤离，除非必要与可能兼备的情形，才考虑采取紧急处置措施阻止滑坡的发生。

就长时间尺度看问题，很多滑坡似乎都显示失稳突发型（斋藤型）特征，但细化到一个阶段或一个年度分析，则发现滑坡累积变形都存在阶梯式上升演进的特点，曲线的台阶期即缓变期就是防治的机会，问题是能否被把握。

5.3.2.2　阶跃演进型

阶跃演进型滑坡累积变形-时间曲线显示阶跃式上升与平缓交替出现的特征，未来可能演化为滑坡发生，也可能转向稳定状态。滑坡经历第Ⅰ、Ⅱ阶段后进入一个相对稳定期或显著的减速阶段，变形曲线出现平缓台阶，且类似的变形特征可能经历多个周期而不进入第Ⅲ阶段。阶跃演进型滑坡具有可逆性，如果具有治理的必要性和可行性，可以抓住主滑面强度恢复和外界因素作用减弱的时机，人为干预阻止滑坡的发生。平缓（台阶）段是外因如地下水作用的减弱、消退或滑带和滑体岩土强度的部分恢复时期，而变形曲线跃升段则可能是水库水位上升、冰雪消融渗流或降雨渗流引起的地下水位升高及孔隙水压力增大时期。

因此，阶跃演进型滑坡活动发展的结局有两种：一是在自然因素弱化或人为干预作用下，滑坡变形趋缓段或减速阶段显著加长，滑坡演进运动趋势转变为缓变趋稳，即进入图

5.5 中 B_1 状态；二是周期性的累积变形持续性地降低岩土强度，后来的跃阶越来越高，但趋缓段越来越短，最终进入第Ⅲ变形阶段而发生滑坡，或某一时段外界作用因素急剧增大而使变形急剧演进导致滑坡发生，阶跃演进型转变为失稳突发型（斋藤型），即进入图 5.5 中 B_2 状态。

5.3.2.3　缓变趋稳型

缓变趋稳型滑坡累积变形–时间曲线显示逐渐平缓梯度变小趋零的特征，即滑坡经历等速变形后转变为相对稳定状态。滑坡经历第Ⅰ、Ⅱ阶段后滑速逐渐降低，滑坡活动进入相对平静期，且不出现再次加速的情形，即保持图 5.5 中 C_1 状态。缓变趋稳型滑坡的出现一是自然作用或人为活动的强度及持续时间未达到岩土体发生整体运动的程度，二是处于阶跃阶段的滑坡因工程治理而变得稳定的效果显现。自然，由于滑坡边界条件、初始条件急剧改变，或外界超强激发因素，如强烈地震、降雨渗流或开挖堆载施加作用，缓变趋稳型滑坡也可能会转变为阶跃演进型滑坡，即进入图 5.5 中 C_2 状态。

5.3.2.4　失稳突发型、阶跃演进型和缓变趋稳型转化关系

失稳突发型、阶跃演进型和缓变趋稳型三类滑坡动态在一定条件下是可以逐次转化的。一般地，滑坡由失稳突发型向阶跃演进型乃至缓变趋稳型方向转变是困难的，且人工干预的代价可能是高昂的。反之，滑坡由缓变趋稳型向阶跃演进型乃至失稳突发型方向转变却可能是相对容易的，只要遭遇或引发滑坡状态改变的自然、人为因素足够大。人类努力的方向是极力阻止或避免滑坡缓变趋稳型向阶跃演进型乃至失稳突变型转变，而对滑坡由失稳突发型向阶跃演进型乃至缓变趋稳型转变因代价高昂，特别是对于进入失稳状态的快速变化者，全面撤离或应急避险是为上策。

5.3.3　滑坡累积变形案例分析

5.3.3.1　失稳突发型滑坡

失稳突发型滑坡临灾时间预报的探索是学术界的热点之一，尤其是事后的建模与模拟外推出现了大量的研究成果，使该类滑坡的理论认识逐渐深化。失稳突发型滑坡累积位移曲线与变形速率曲线形态具有相似形态。

陇海铁路西宝段卧龙寺新滑坡是 1955 年 8 月 18 日黄土塬边大滑坡东部的部分复活。1971 年 3 月 11 日开始出现新滑坡裂缝，同年 3 月 11 日开始打桩观测，5 月 5 日 3 时 15 分发生滑坡，造成 28 人死亡。历时 66 天的监测结果显示了滑坡逐渐加速变形，具有典型的斋藤曲线特征（图 5.6）（陈建胜等，2013）。

1988 年 1 月 10 日 18 时 37 分，重庆巫溪县大宁河上游西溪河左岸中阳村滑坡造成 26 人遇难，7 人受伤。滑坡体积约 $70×10^4 \text{m}^3$，堵塞西溪河形成堰塞湖，致使下游断流断航，公路受淹，交通阻断。田陵君等（1988）研究认为，中阳村危岩体是由于人为在红崖下挖煤掏空，煤层采空区下沉使滑坡底部沿碳质页岩软弱层逐渐向外蠕动，"牵引"上部斜坡

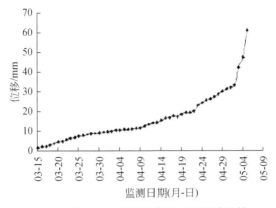

图 5.6　卧龙寺新滑坡发展过程曲线（据陈建胜等，2013）

体后缘拉裂，滑坡是上覆岩体下沉与卸荷等联合作用而形成的。满作武（1991）指出，由于蠕动变形传递的时间效应，上部岩体后缘拉裂缝的扩展稍滞后于下部岩体的快速下沉时间。1985 年以来的危岩体变形开裂监测显示，斜坡岩体一旦进入逐渐加速变形阶段，速率–时间曲线具有类似斋藤曲线的特征（图 5.7）。

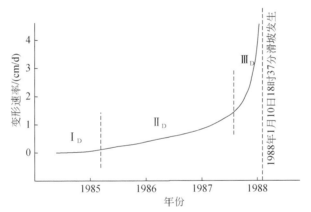

图 5.7　巫溪中阳村滑坡变形速率–时间曲线（据满作武，1991）

类似的，1994 年春季冰雪冻融，甘肃永靖黑方台黄茨滑坡变形加剧，黄土与泥岩接触层面发育为剪切滑移面，上部土体中形成贯通性拉张裂缝。1995 年 1 月 30 日 2 时 30 分，黄茨滑坡整体滑动，滑坡变形累积曲线具有典型的失稳突发型特征（吴玮江和王念秦，2006）。

5.3.3.2　阶跃演进型滑坡

就滑坡的完整发展历史而论，阶跃演进型滑坡是比较普遍的类型，水库水位周期性涨落变化或年度降雨变化，乃至季节性冻融都会造成滑坡累积变形在水动力作用下出现阶跃式上升与台阶式缓慢蠕变交替出现的情形。

长江三峡库区树坪滑坡每年秋季水位从 145m 向 175m 上升时滑坡变形曲线缓慢上升，

每年春季水位从175m向145m回落时变形曲线出现一个明显的快速增长台阶，整个变形曲线表现出"阶跃式"变化特征（图5.8）。水位上升时滑坡体内地下水位升高，孔隙水压力增加，滑动带抗剪强度减小，不利于滑坡体稳定，但初始阶段自外向内的渗透压力和坡面水压力也会暂时性的有利于滑坡稳定。水库水位消落特别是水位骤降过程中，滑坡体内地下水位下降滞后于水库水位消落，造成斜坡内部的地下水渗透力或暂态孔隙水压力指向岸坡之外，显著不利于滑坡体稳定，向外的动水压力与滑坡岩土体下滑力具有更大的耦合作用效应。降雨渗流软化和水库水位下降两个因素同时出现时，叠加耦合效应会使水库滑坡活动幅度显著增大。2007年、2008年和2009年主汛期，滑坡累积位移出现明显的上升阶梯（刘传正和陈春利，2020b）。

一般认为，1985年6月12日3时45分发生的长江三峡新滩滑坡具有初始蠕变、匀速蠕变和加速蠕变的阶段性特征（斋藤曲线）。细化分析发现，滑坡累积位移曲线更多地表现为阶梯式演进的特征。这种演进一方面取决于滑坡整体强度随时间的损失，另一方面则与年度降雨的周期性累积损伤存在明确关系。根据作者的亲身经历（丁兴旺，1985）和王尚庆（1998）发表的数据，重新整理新滩滑坡最典型的监测点A_3曲线，发现该点1979年下半年滑坡启动，曲线出现第一个阶梯，此后总体平稳。1982年下半年出现剧变，曲线出现第二个更高的阶梯，此后再次总体平稳。1983年上半年和1984年上半年的缓变时段比之前明显缩短，下半年变形速率均出现直线上升，1985年上半年没有出现缓和段直接发展为整体大滑坡。也就是说，无论1985年降雨如何，滑坡都会进入全面滑移模式，而不会等待汛期降水的再次激发作用（图5.8）。

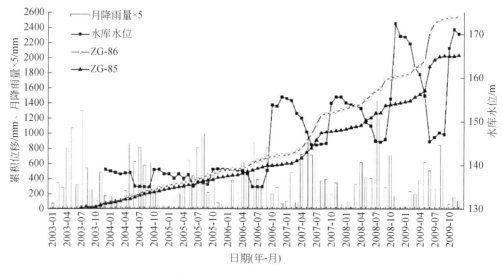

图5.8　长江三峡水库水位变动与树坪滑坡累积位移及降雨量关系

5.3.3.3　缓变趋稳型滑坡

缓变趋稳型滑坡的出现一是自然外力的解除使滑坡发展失去后继动力而逐渐趋于稳定，二是滑坡前缘自然阻挡或工程干预使滑坡发展受到抑制而逐渐稳定。

链子崖 $T_8 \sim T_{12}$ 缝段危岩体的位移或形变监测结果在施工前、施工过程中和竣工后三个阶段表现出明显不同的特点，且符合地质环境和工程状态条件，反映了蠕动变形、工程施工扰动和防治工程治理效果（刘传正等，2006c；刘传正，2009）。1995 年以前，危岩体基本等速蠕动发展。1996 年至 1999 年 8 月治理工程施工期间，危岩体动态受到施工扰动影响，在持续变形的背景下出现跳跃性变化。1999 年 9 月工程竣工后，宏观地质巡查未发现明显的变形迹象，深大裂缝的相对位移变化趋于逐年减弱，危岩体变形动态调整逐渐趋于稳定，证明了危岩体治理工程效果显著（图 5.9）。

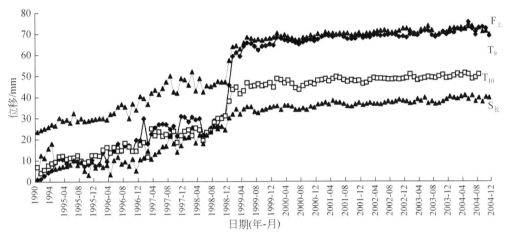

图 5.9　链子崖 $T_9 \sim T_{11}$ 缝间危岩体 1990 ~ 2004 年间位移变化曲线

5.3.3.4　滑坡失稳、阶跃到趋稳的转化

抚顺西露天矿南帮滑坡 2012 年 2 月以来变形速率具有整体的一致性、协调性。观礼台、E400 测线和 E1200 测线的监测数据基本反映了滑坡西、中、东三个部分的变形动态，变形发展过程曲线都经历了失稳加速、阶跃演进和缓变趋稳三个阶段。

1. 失稳突发阶段

从 2010 年 8 月—2014 年 10 月，滑坡经历了启动、加速、等速变形过程。其中，初始或启动变形阶段为 2010 年 8 月—2013 年 7 月，滑坡体处于缓慢持续滑移状态，总体滑动方向是向北（矿坑内）滑移，累积位移约 2m。2013 年 "8·16" 强降水过程的激发作用使滑坡变形速度显著增大，并保持到 2014 年 10 月，滑坡整体进入完全破坏阶段。

2. 阶跃演进阶段

2014 年 10 月—2016 年 10 月出现平缓阶梯式上升，汛期、非汛期加速与减速交替，变形曲线多次阶梯性抬升。2015 年汛期最大水平变形速率可达 92.59mm/d，后速率呈波动性回缓。2016 年主汛期再次出现变形高峰值，水平速率分别达 80mm/d 和 150mm/d，但持续时间短。2017 年以来降雨影响明显减弱，平均速率在 10 ~ 20mm/d 波动。对应地，平均垂直变形速率与水平变形速率几乎具有完全类似的特点。

3. 缓变趋稳阶段

2016 年 11 月—2019 年 10 月及以后，滑坡进入缓慢变形并日趋稳定阶段，累积位移总量增加不大。2017 年汛期与非汛期的变形速率差异性较小。2018 年、2019 年冰雪融化、汛期水平速率和垂直速率均出现增加，但比之以前年度明显降低，汛期过后出现回缓，总体上只是小幅的涨落。

滑坡西部观礼台测点的监测结果与中东部的变形强度、时间分布具有高度一致性，但总体上滑坡西部（观礼台）的变形速率和变形量大于中部区（E400 测线），更大于东部区（E1200 测线）。

5.3.4 滑坡预测预报问题

5.3.4.1 滑坡变形的物理本质

斋藤曲线反映的是岩土体破坏从启动到进入不可逆的破坏发展状态的三个阶段。第 Ⅰ 阶段启动后出现减速现象只是激发岩土体破坏的自然或人为作用能量释放高峰过后的缓解，此后进入似线性的持续破坏第 Ⅱ 阶段。第 Ⅱ 阶段完整出现可能是地下水软化作用使滑动带的强度没有恢复甚至有所降低，岩土体滑动面上的有效应力在第 Ⅰ 阶段后再未提升到滑坡启动前的状态。进入第 Ⅲ 阶段，岩土体破坏的完整边界条件已经形成，岩土体结构进一步解体，初始条件进一步恶化，岩土体变形破坏进入不可逆的指数型的持续增长阶段，直至最后崩塌或滑坡发生。

秦四清等（2010）提出，斜坡失稳的临界位移与加速蠕变起点的位移和锁固段数量有关，与斜坡的具体破坏机制和环境因素无关。据此，作者建立了锁固段临界位移准则，认为单锁固段主要表现为斜坡的脆性破坏，如岩崩、滚石和岩体倾倒破坏；多锁固段表现为斜坡的蠕变破坏，如岩滑、堆积层滑坡、黄土滑坡等。这样的理论探索具有启发意义，但显然把崩塌滑坡问题看成了孤立的静态封闭系统。因为如不考虑外界因素的再次输入激发作用，岩土体多锁固段的破坏将可能不再出现，除非岩土体已进入不可逆的破坏发展状态。若是后者，第二或更多锁固段的破坏也就不存在了。

无疑地，岩土体初始破坏阶段（斋藤曲线第 Ⅰ 阶段）是存在未连通的锁固段的。进入等速变形的斋藤曲线第 Ⅱ 阶段，理论上滑动带已经形成贯通，这个阶段出现"锁固"只是内外引发因素作用减弱或弛豫期结束，部分滑动带的强度得以恢复，孔隙水压力降低导致有效应力增加造成滑坡某些地段应力集中或称之为"锁固"，宏观上表现为变形减缓。进入斋藤曲线第 Ⅲ 阶段，斜坡失稳加速变形向临界位移挺进，滑坡必然发生成为不可逆了，自然也就不存在"锁固段"，而滑坡时间预报主要是这个阶段。

斜坡岩土体重力作用失衡是对自然或人为作用加卸载的响应，或多种作用的响应。滑坡及其所处环境是时刻与外界存在密切联系的物质与能量交换的开放系统。初始条件是基础状态，边界条件改变岩土体力学平衡，激发条件造成滑坡内部应力变化调整。侯康明和袁道阳（1995）指出，地质块体运动方式可分为稳定滑动和不稳定滑动，前者滑动过程中没有应力降，如滑坡等速或蠕变滑动阶段，后者滑动过程中伴随有周期性的应力降，实际滑坡是蠕滑与黏滑交织共存，只是不同阶段占主导者不同。

薛果夫等（1988）研究认为，降雨能否引发新滩大滑坡不仅要考虑滑坡的成分结构、边界条件和降雨自身的强度及持续作用时间，还要考虑滑坡演化的历史阶段，随着变形的发展和岩土体的损伤，引发滑坡的降雨量会越来越小。不同地质环境条件，不同类型的滑坡，甚至同一滑坡的不同发展阶段，引发大滑坡的"临界降雨量"是不同的，随着变形阶段的阶跃式演进，引发滑坡剧烈变形的临界降雨量会越来越小，滑坡变形的间歇期或缓变期也会越来越短，直至不可逆的进入失稳突发状态，即斋藤曲线第Ⅲ阶段。

实际上，滑坡变形动态是依赖于斜坡岩土体的成分结构、边界条件、初始条件和地下水活动等决定岩土体强度、应力集中和有效应力的变化，正确的技术路线应是考虑时间、空间和强度三要素的变形控制论与强度控制论的结合，以及客观条件和减灾成本的许可程度。

崩塌滑坡危险随时间演变的函数模型可写成（刘传正，2019d）：

$$H_t = [f(a) + f(b) + f(c)] d(t) \qquad (5.7)$$

式中，$f(a)$ 为岩土体边界形态函数；$f(b)$ 为成分结构函数；$f(c)$ 为初始状态函数；$d(t)$ 为引发因素函数。式（5.7）的意义是，岩土体边界函数 $[f(a)]$ 代表着斜坡地形完整平缓还是陡峻突变，边界开裂情况和底部完整性，寓含着破坏规模大小；成分结构函数 $[f(b)]$ 反映土体成分结构决定斜坡的休止角，岩体成分结构决定综合或等效摩擦角；初始状态函数 $[f(c)]$ 反映斜坡体是否明显变形、地下水活动和地应力集中的分布状态；引发因素函数 $[d(t)]$ 代表着显著随时间变化的降雨渗透、蠕动损伤、冻胀融缩、地震或人为干扰等外界作用。

失稳突发型滑坡的本质是，无论外在因素是否持续激发，岩土体内在的全面破坏已经完成，滑坡发生已不可逆转，蕴含着滑坡一定发生。阶跃演进型滑坡活动的物理本质是，斜坡岩土体的蠕变在接近残余强度将要发生全面破坏时内外因素的作用持续降低，滑动带的部分强度得以恢复，使岩土体由等速变形转化为减速变形或微弱变形。缓变趋稳型滑坡活动的物理本质是滑坡岩土体的蠕变远未接近残余强度，或内外因素的作用快速减弱，滑动带的强度快速恢复，使岩土体由低速变形转为微弱变形甚至不再变形。

5.3.4.2　滑坡预测预报的准确性

滑坡发生时间的理论预测是根据已有的观测数据，反映了滑坡体自身与内外因素相互作用或博弈的历史记录，每个数据是记录数据那一时刻的滑坡边界条件、成分结构、内部因素如地下水作用和外界因素参与的综合表征。即使外界因素没有变化，滑坡运动下一时刻的边界条件、成分结构、地下水作用等也是随着滑坡的变形发展或历史演进而随时变化的。因此，只是根据变形记录数据追求滑坡的准确预报在理论上是难以成立的，因为变形只是滑坡内在因素综合作用的外在的滞后的表现。无论位移数据是最新的还是以往的都是滑坡动态综合特征的一个暂态性的标志性参数，甚至只是一个局部性的暂态性的参数，且不说监测点的代表性如何，尤其对于缺乏实际滑坡观察经验的专业人士更是如此。

毋庸讳言，滑坡启动与发展是岩土体内在性质变化与外在环境作用之间物质与能量交换的产物。实际上，单就依据滑坡累积变形曲线外推的预报方法追求滑坡的精确预报会自觉不自觉地陷入了自我想定的哲学观（刘传正，2015b）。因为，研究者只是看到了滑坡体变形运动的动态外在，却静止地看待了岩土块体变形的内在因素，而内在的边界条件、初始条件和激发条件不但随着环境因素而改变即外因致熵增加，其自身也是随着岩土体的变形程度的变化而随时随地变化即内因致熵增加。简单地说，滑坡状态的转变主要是岩土体对外界因素加卸载响应的时间与强度问题，追求所谓的精确预报自觉不自觉地假定了加卸载响应的线性性、恒定性和结局的确定性。由于滑坡的边界条件、初始条件乃至成分结构永远是在动态变化的，岩土体内在条件及外在环境输入因素无时无刻不在变动过程中，追求滑坡的时空精准预报就成为"测不准"的问题。自然，追求滑坡的"完全报准""精确预报"的防灾减灾必要性也就成了一个值得深思的问题。

基于变形控制进行滑坡预测预报更多地考虑了岩土体的运动学问题，包括滑坡变形的宏观组合图像、前后左右中间开裂变形整体协调性和监测数据的动态变化等。激发因素作用结束或已不处于激发态但弛豫期未结束变形反而继续延进，激发作用强度、空间位置、作用时间、地质体应激反应的持续时间，亦即弛豫期的长短则是岩土体强度破坏与恢复的时间效应问题。由于岩土体接受内外因素激发作用的过程和弛豫期是阶段性的，预报外推的有效性必然是受限的，只要滑坡尚未发生，就永远不是终极预报。自然，越是接近滑坡发生时刻的预报外推准确性越高，尤其是结合多方面情况的综合研判。趋势预测或阶段预报正确的关键是对现状的正确评判和未来激发因素、作用空间、强度、持续时间的正确认识，而不是机械地依据曲线外推。

5.3.4.3　滑坡监测预警与防灾减灾行动

滑坡的预测预报自然越准越好，但工作目标绝不是为了报准，而是为了满足防灾减灾需要。要在思想上明确，滑坡监测预警是服务于防灾减灾的，基于监测变形数据曲线的模型预测预报能够满足应急避险和减灾行动就是最大的成功，一味地追求滑坡精准预报且不说理论上是否可能，但在应用上并非绝对需要，且成本核算可能是不可接受的。用动态监测、追踪预警解决随机因素作用，解决地质问题的不确定性，越是后期如接近临滑阶段的预报越准，但只是相对的，预测结果超前的接近滑坡实际发生时间就是令人敬仰的工作。预测结果推后于滑坡的实际发生时间则是不可接受的，那将会误导防灾减灾行动决策，甚至酿成灾难性的后果。

失稳突发型（A型）一旦进入第Ⅲ变形阶段，滑坡发展变得不可逆，即滑坡无视外界激发作用因素的大小而一定发生，可认为滑坡进入全面滑移模式的"自动态"。例如，新滩滑坡在1984年下半年进入"自动态"，虽然主要经历旱季，降雨因素作用不大，但整体大滑坡持续发展直至发生。一般地，应对失稳突发型（A型）滑坡以避险撤离为主，如滑坡发展的时间态势允许，近期外界没有激发因素出现，尤其是存在治理的必要与可能，则首先应急处置遏制滑坡势头，随后跟进综合整治措施也是可能的（范宣梅等，2007）。

阶跃演进型（B型）滑坡累积变形曲线显示阶跃上升与缓变交替出现，反映岩土体对外界因素作用及其滞后效应的敏感性，可认为滑坡处于应激反应整体变形调整的"他动态"。滑坡可能发生抑或趋于稳定，减灾决策是防还是治，需要经济、社会、生态和文化等方面的综合考量。例如，长江三峡水库区的滑坡受水位和降雨的年际周期性影响，滑坡防或治的决策就要考虑水库寿命、大坝安全、航运安全、生态保护、经济成本和社会影响等诸多因素。

缓变趋稳型（C 型）滑坡在第Ⅲ阶段对外界因素的影响不敏感，滑坡整体向趋于稳定但局部存在变形调整的"微动态"发展。缓变趋稳型（C 型）滑坡可能是令人轻松的，但要关注超出历史上曾经出现的外界激发因素对岩土体稳定性的影响，尤其是作用强度大、持续时间长的情形，要做好预案，防范滑坡向阶跃演进型（B 型）转变，甚至继而快速发生失稳突发型（A 型）滑坡。

5.3.4.4　结论

（1）滑坡累积变形–时间曲线可以划分为缓变趋稳型、阶跃演进型和失稳突发型。缓变趋稳型、阶跃演进型和失稳突发型滑坡变形动态可以顺次转化，且前两者可以相互转化，但突发型不可以反向转化。

（2）滑坡及其所处环境是时刻与外界存在密切联系的物质与能量交换的开放系统。滑坡地质体的变化过程却既存在线性渐变，也存在非线性突变，既具有确定性也具有随机性。基于变形的时间变化算法是一定时间区间上的整体论，但又是初始条件和激发条件不变下的分割论，这就决定了滑坡变形时间预报模型无论是确定性的还是随机性的都不会得到精准的结果。

（3）滑坡灾害风险是可识别、可监测、可预警、可防范和一定条件下可治理的。基于监测变形数据曲线的模型预测预报能够满足应急避险和减灾行动就是最大的成功，一味地追求滑坡精准预报且不说理论上是否可能，但在应用上并非绝对需要，且成本核算可能是不可接受的。

（4）失稳突发型滑坡可认为滑坡进入"自动态"，意味着滑坡必然发生。阶跃演进型滑坡对外界因素作用敏感，可认为滑坡处于应激反应的"他动态"。缓变趋稳型滑坡除非遭遇超常的外界激发因素作用，滑坡向整体稳定发展但局部存在变形调整的"微动态"。

5.3.5　滑坡时间预报方法

滑坡时间预报研究从 20 世纪 60 年代日本学者斋藤提出的滑坡预报经验公式开始，国内外专家学者不断研究探索，提出了现象预报、经验预报、统计预报、灰色预报、非线性预报，以及综合预报、动态跟踪预报等多种滑坡预测预报理论及方法。

5.3.5.1　预报方法分类

根据许强等（2004）的概述，滑坡预报方法可划分为确定性方法、统计方法和非线性方法。确定性方法包括斋藤迪孝方法、HOCK 法、蠕变试验模型、福囿斜坡时间预报法、蠕变样条联合模型、滑体变形功率法、滑坡形变分析法和极限平衡法等。统计方法包括灰色 GM（1，1）系统、生物生长模型、Pearl 模型、Verhulst 模型、曲线回归分析、多元非线性相关分析、指数平滑法、卡尔曼滤波法、时间序列预报模型、马尔科夫链预测、模糊数学、动态跟踪法、斜坡蠕滑预报模型（GMDH 预报法）、梯度–正弦模型、正交多项式逼近、灰色位移矢量角法、黄金分割法等。非线性方法包括 BP 神经网络、协同预测、BP-GA 混合算法、协同–分岔模型、突变理论、动态分维跟踪预报、非线性动力学模型和位移动力学分析法等。

根据宏观现象如滑坡区出现的开裂、鼓胀、泉水变化和地裂缝等研判滑坡动向，是重要的防灾减灾方法，但科学认识深度局限。物理参数测定也是探索的方向，特别是基岩崩塌滑坡的声发射参数成为判断岩体破坏的重要指示。

确定性模型是利用有关滑坡及其环境的各类参数建立数学物理方程，精确解析得到明确的预报判据。此类模型预报可反映滑坡的物理实质，多适用于滑坡或斜坡单体预测。最早提出的斋腾迪孝法，传统的极限平衡分析法及在数值模拟技术方面发展起来的有限元、边界元、离散元及其耦合方法等都属于确定性方法。

统计预报模型主要是运用现代数理统计方法和理论模型对滑坡的地质环境因素及外界作用因素关系进行统计分析，拟合不同滑坡的位移–时间曲线，根据所建模型做外推进行预报。此类预报模型包括灰色 GM（1，1）模型、生物生长模型、回归分析法、指数平滑法和黄金分割法等多种方法。这些方法与监测数据的数量、时间序列有关，只要有足够的、等间距分布的位移监测数据就可以保证预报的精度。

非线性预报模型是引用了对处理复杂问题比较有效的非线性科学理论而提出的滑坡预报模型（许强等，2004）。代表性预报模型包括非线性动力学模型、BP 神经网络模型、突变理论预报模型、协同预测模型和动态分维跟踪预报模型和位移动力学分析法等。

张文杰等（2005）认为，加卸载响应比理论可用于研究非线性系统失稳前兆并进行失稳预报。应用该理论探索滑坡前兆和滑坡中期预报，把降雨变化作为加卸载手段，建立了降雨型堆积层滑坡的加卸载响应比预测模型，以新滩滑坡为例进行了预报。研究得出，1985 年初新滩滑坡的加卸载响应比（Y 值）已超出常值的数倍甚是数百倍，预示滑坡即将发生，此时发出预警具有足够的时间撤离人员及物资。

胡华和谢金华（2018）以摩擦学和灰色系统为理论基础，建立了以速率为参量的滑坡 GM（1，1）时间预报模型，推导出滑坡时间预报公式，结合黄茨滑坡、新滩滑坡进行了预报分析，并与传统的以位移为参量的 GM（1，1）、Verhulst 预报模型预报结果进行对比，得出以速率为参量的 GM（1，1）滑坡预报模型能够提前预报滑坡。

5.3.5.2　斋腾模型

1965 年，斋藤（M. Satio）根据蠕变破坏试验提出了预报滑坡破坏时间的方法，主要是采用位移动态参数（累积位移、位移速度或加速度）建立模型。因为位移动态参数易于取得，能够比较直观地反映各种因素的综合作用结果。该方法以土体的蠕变试验为基础。土体的蠕变分为三个阶段，第Ⅰ阶段是减速蠕变阶段（AB 段），第Ⅱ阶段是稳定蠕变阶段（BC 段），第Ⅲ阶段是加速蠕变阶段（CE 段）（图 5.3）。

1968 年提出根据土的应变速度求蠕变破坏时间的计算公式：第Ⅱ阶段是稳定蠕变阶段

（*BC* 段）：

$$\lg t_r = 2.33 - 0.916 \lg \dot{\varepsilon} \pm 0.59 \tag{5.8}$$

第Ⅲ阶段是加速蠕变阶段（*CE* 段），取出蠕变曲线上应变间隔相等的三点：

$$t_r = t_1 + \frac{(t_2 - t_1)^2 / 2}{(t_2 - t_1) - (t_3 - t_1)/2} \tag{5.9}$$

式中，t_1、t_2、t_3 为加速蠕变阶段变形量相等的三个时间来计算最后破坏时间；t_r 为要预报的时间。相关数据代入式（5.9）求得 t_r。这是目前普遍采用的方法，当离剧滑时间越近则临报的时间越准确。

5.3.5.3　Pearl 模型方法

Pearl 方法原出自于生物学的研究领域，其基本原理在于揭示生物在产生、发展、消亡整个过程中所遵循的渐进演化规律，表达这一规律的曲线即 Pearl 生长曲线。该曲线的特征表现为下部比较平缓，曲线斜率较小，生长速度较慢；中部斜率最大，即生长速度最快；生长曲线的上部，生长接近上限，生长速度极慢以至于达到成熟，此时生长终止。该曲线所对应的数学表达为

$$Y = \frac{K}{1 + e^{f(t)}} \tag{5.10}$$

边坡失稳破坏的发展过程与描述生物生长规律的生物生长曲线相类似。在滑坡变形和变形发展阶段滑坡的变形比较小，这两个阶段相当于生物生长曲线的下部，曲线比较平缓，斜率较小，对应于生物的产生阶段。边坡变形的急剧变形阶段，其变形增大速度加快，相当于生物生长曲线的中部，曲线斜率比较大，对应于生物生长的发展阶段。边坡的失稳平衡破坏阶段，边坡变形急剧增加直至发生破坏，然后趋于稳定，这个阶段同生物生长曲线的中上部相类似，相当于生物生长的成熟阶段，这时曲线的分界点（拐点）就是所要寻找的预报点。根据边坡失稳的发生发展特点规律与生物生长的相似性，可以采用 Pearl 模型来进行滑坡预报，这种方法适合于中短期预报。与一般情况下的边坡变形监测数据（变形 Y 和时间 t）排列相对应，滑坡的生长曲线如下式

$$Y = \frac{K}{1 + be^{-at}} \tag{5.11}$$

此时，预报的问题变成了求参数 a、b、K 的问题。采用选点法或变换法可以得到拟合的曲线方程。

5.3.5.4　Verhulst 模型

Verhulst 模型是 1837 年德国生物学家 Vedlulst 在研究生物繁殖规律时提出的，晏同珍等（2000）应用于滑坡灾害的时间预测研究。晏同珍通过 Verhulst 模型分析，将滑坡的动态演化过程划分为：孕育、生长、成熟、衰退、消亡五个阶段，形象地概括了滑坡动力学发展的全过程。Verhulst 模型预测滑坡的范围为加速位移阶段和大位移阶段，进行临滑前的滑坡预测是有效的，单纯的由加速度变化情况做出预报是片面的，只有当位移速率达到一定量时应用 Verhulst 模型才是可行的。

殷坤龙和晏同珍（1996）认为，滑坡存在常速蠕变（孕育）、加速蠕变（达到破坏滑坡发生）和减速破坏（一个位移周期结束）的规律性，与生物生长规律有相似的机制，因此引用如下 Verhulst 模型描述滑坡位移过程：$\dfrac{\mathrm{d}x}{\mathrm{d}t}=ax-bx^2$，解方程，可得其解为一"S"形位移–时间曲线：$x=\dfrac{a/b}{1+\left(\dfrac{a}{bx_0}-1\right)\mathrm{e}^{-a(t-t_0)}}$，当 $\mathrm{d}x/\mathrm{d}t$ 为极大值时，滑坡发生至初始时刻的时间间隔为 $t=-\dfrac{1}{a}\ln\left(\dfrac{bx_0}{a-bx_0}\right)$，因此，滑坡发生时间预测值为 $t_\mathrm{r}=t_0-\dfrac{1}{a}\ln\left(\dfrac{bx_0}{a-bx_0}\right)$，式中，$a$、$b$ 是待定参数，用灰色理论求解；x_0、t_0 分别为初始位移值和初始时间。

5.3.5.5　灰色系统 GM(1，1) 非等时距序列建模

由于创建 GM(1，1) 模型时引入了等时距概念，使用 GM(1，1) 模型的前提条件是建模序列必须满足等时距的要求。而在岩土工程领域，往往存在非等时距的监测时序问题。因此，在对非等时距序列进行模拟和预测时需要建立非等时距灰色模型（黄阳才等，1992）。

非等时距模型是以等时距序列为基础，把非等时距序列转化为等时距序列，再进行一次累加生产处理，进而建立 GM(1，1) 模型。

设有非等时间间隔序列 $X^{(0)}=\{x^{(0)}(1)，x^{(0)}(2)，\cdots，x^{(0)}(n)\}$，其具体建模步骤如下：

（1）计算各观测时间距首次观测的时间间隔：
$$t_i=T_i-T_1 \quad i=1，2，\cdots，n$$
式中，T_i 为各期的原始观测时间。

（2）计算平均时间间隔：
$$\Delta t_0=\frac{1}{n-1}\sum_{i=1}^{n-1}\Delta t_i=\frac{1}{n-1}(t_n-t_1)$$

（3）计算各期的时距 Δt_i 与平均时距 Δt_0 的单位时间差系数
$$\mu(t_i)=\frac{t_i-(i-1)\Delta t_0}{\Delta t_0}$$

（4）计算各期的总差值：
$$\Delta x^{(0)}(t_i)=\mu(t_i)\left[x^{(0)}(t_i)-x^{(0)}(t_{i-1})\right]$$
式中，$x^{(0)}(t_i)$ 是对应 t_i 的原始观测值。

（5）计算等间隔点灰数值：
$$z^{(0)}(t_i)=x^{(0)}(t_i)-\Delta x^{(0)}(t_i)$$
即得到等间隔序列
$$Z^{(0)}=\{z^{(0)}(t_1)，z^{(0)}(t_2)，\cdots，z^{(0)}(t_n)\}$$

（6）对 $Z^{(0)}$ 作一次累加生成，得
$$Z^{(1)}=\{z^{(1)}(t_1)，z^{(1)}(t_2)，\cdots，z^{(1)}(t_n)\}$$

（7）将 $Z^{(1)}$ 拟合成一阶线性微分方程，即

$$\frac{\mathrm{d}Z^{(1)}}{\mathrm{d}t}+aZ^{(1)}=b$$

（8）求解待定参数 a、b，得时间响应函数：

$$Z^{(1)}(k+1)=\left|z^{(0)}-\frac{b}{a}\right|\mathrm{e}^{-ak}+\frac{b}{a}\quad k=1,2,\cdots,n$$

式中，$\left|\begin{matrix}a\\b\end{matrix}\right|=(B^{\mathrm{T}}B)^{-1}B^{\mathrm{T}}Y,$

$$B=\left|\begin{matrix}-\dfrac{1}{2}\left[z^{(1)}(1)+z^{(1)}(2)\right]&1\\[2mm]-\dfrac{1}{2}\left[z^{(1)}(2)+z^{(1)}(3)\right]&1\\[2mm]\vdots&\vdots\\[2mm]-\dfrac{1}{2}\left[z^{(1)}(n-1)+z^{(1)}(n)\right]&1\end{matrix}\right|$$

$$Y=\left|\begin{matrix}z^{(0)}(2)\\z^{(0)}(3)\\\vdots\\z^{(0)}(n)\end{matrix}\right|$$

（9）还原为非等时距序列中与时间 t 有关的函数（t 为距首次观测的时间间隔）：

$$\hat{x}^{(1)}(t)=\left|x^{(0)}(1)-\frac{b}{a}\right|\mathrm{e}^{-at/\Delta t_0}+\frac{b}{a}$$

$$\hat{x}^{(0)}(t)=\hat{x}^{(1)}(t)-\hat{x}^{(1)}(t-\Delta t_0)\tag{5.12}$$

将预测时间 t 代入式（5.12），即可求得预测值。

5.4　泥石流监测预警问题

杨顺等（2014）、崔鹏等（2000）总结了泥石流监测预警的研究进展。泥石流监测主要内容可分为形成条件（物源、水源等）监测、运动特征（流动要素、动力要素和输移冲淤等）监测、流体特征（物质组成及其物理化学性质等）监测等。

5.4.1　泥石流监测

1. 泥石流固体物质来源监测

泥石流固体物质来源监测涉及地质环境和固体物质性质、类型、空间分布、规模等。泥石流源区固体物质主要为堆积于沟道、坡面的崩塌、滑坡松散体、崩坡积物或残坡积物，物质成分多为宽级配的碎石、砾石、砂、粉土、黏土等。固体物质来源监测需着重关注泥石流流域内，尤其物源区坡面、沟道内岩土堆积体的空间分布、积聚速度及位移情况。流域内表层松散固体物质（松散土体、建筑垃圾等人工弃渣），除监测其分布范围、储量、积聚速度、位移情况及可移动厚度外，还应监测其在降雨过程中、薄层径流条件下的物理性质变化，如松散土体含水量、孔隙水压力变化过程等。

2. 气象水文条件监测

水源既是泥石流形成的必要条件，又是其主要的动力来源。泥石流源区水源主要以大气降水、地表径流、冰雪融水、溃决及地下水等为主。大气降水监测重点是降雨量、降雨强度和降雨历时。冰雪融水主要监测其消融水量和历时。评估泥石流源区分布湖泊、水库区域渗漏、溃决的危险性。大气降水监测内容包括流域站点雨量监测、气象雨量监测和雷达雨量监测：①站点雨量监测是在中小泥石流流域的物源区设置一定数量的自计雨量实时监测降雨过程，并对历次泥石流发生情况的降雨资料进行统计分析，建立流域泥石流临界降雨量预报图，进而对实时降雨量与临界降雨量线进行对比，发布预警信息；②气象雨量监测是根据国家及当地气象台等发布的卫星云图来监视该区域各种天气系统，如锋面、高空槽、台风等的位置、移动和变化情况，根据气象云图上的云型特征预报、预警降水。③雷达雨量监测是根据雷达发射电磁波的回波结构特征，探测带雨云团的分布及移动情况，提供未来24h或更长时间降雨发生、发展、分布及雨区移动和降水强度，结合区域临界降雨量标准进行综合判别后发布泥石流预警信息。

3. 泥石流运动特征及流体特征监测

泥石流运动特征监测主要包括泥石流暴发时间、历时、运动过程、流态和流速、泥位、流面宽度、爬高、阵流次数、沟床纵横坡度变化、输移冲淤变化和堆积情况等，分析计算泥石流的可能深度、输砂量或泥石流流量、总径流量、固体总径流量等（吴积善等，1990）。条件允许时，要监测泥石流运动过程中流体动压力、流体冲击力、个别石块冲击力等动力要素。流体特征监测内容主要包括泥石流物质组成（矿物组成、化学成分等）、结构特性（孔隙率、浆体微观结构等）及其相关物理化学性质（流体容重、黏度等）。

5.4.2　泥石流预警研究

1. 基于泥石流灾害临界降雨量的预警研究

泥石流预警主要根据激发泥石流的降雨特征（前期降雨量、当日降雨量、降雨强度、降雨历时等）进行统计分析，确定泥石流的临界降雨量，建立泥石流预警模型，如日本学者奥田节夫于1972年首先提出了10分钟降雨强度为激发泥石流雨量的概念，并确定了日本烧上上沟激发泥石流的降雨强度为8mm/10min（谭万沛等，1994）；Caine（1980）年首次对泥石流及浅层滑坡的发生与降雨强度-历时经验关系做了统计分析，并给出了指数经验表达式。通常，临界降雨量具有明显的地域特征，美国科罗拉多州激发泥石流的临界降雨强度在3~32mm/h，降雨历时较短为6~10分钟，而加利福尼亚州泥石流发生的临界降雨强度仅需2~10mm/h，但降雨历时较长则为2~16h，并统计建立了降雨强度和历时关系（Cannon and Ellen，1985）。De Vita（2000）等发现，意大利西南部前期降雨量对引发泥石流的日降雨量影响显著。Takahashi（1981）、Shied 等利用累计降雨量和降雨强度指标建立土石流发生临界经验条件，并广泛应用于日本和中国台湾地区预警系统（Shied and Chen，1995）。

我国对降雨引发泥石流的临界值问题研究稍晚，1980 年以来中国科学院东川泥石流观测研究站利用当地气象台 10 分钟降雨记录，结合西南山区各地泥石流发生情况，建立一系列不同降雨特征条件下的泥石流预报模型（吴积善等，1990）。

泥石流在运动过程中发出的泥石流次声信号波形为简谐正弦波；其卓越频率为 5 ~ 10Hz，比其他环境噪声频率成分强度高出 20dB 以上。当监测到泥石流运动产生的次声波时，表明该泥石流沟已经暴发了泥石流，发出泥石流灾害形成预警，根据接收的泥石流次声声压值大小大致确定泥石流流量，根据承灾体的抗灾能力发出泥石流灾害预警。

谭万沛（1996）提出的最大 10 分钟降雨强度或 1h 降雨强度与总有效降雨量组合判别模型，日降雨量、1h 降雨量、10 分钟降雨量组合模式和 1h 降雨强度与日降雨量组合判别模型。谭炳炎和段爱英（1995）对成昆铁路沿线泥石流观测后，提出最大日降雨强度、最大 10 分钟降雨强度、最大 1h 降雨强度组合模型。通过对 1981 年四川凉山彝族自治州南部和松潘-平武等山区暴雨泥石流的调查分析后，唐邦兴（1983）得出暴雨泥石流是 10 分钟降雨强度（10.5mm/10min）和 1h 降雨强度（31.2mm/h）共同作用的结果。

基于历史泥石流和降雨数据的统计分析仅能反映在某种经验水平上某个特定泥石流流域在多大特征降雨条件下可能暴发泥石流，不能预测泥石流的规模、运动形态、类型、危害范围等。实际上，降雨量与泥石流形成机理密切相关，针对不同类型、成因的泥石流，其被引发的降雨量是不同的。系统的研究应包含降雨过程-土体渗流和径流场动态变化-源地土体强度三者的耦合关系，以便从泥石流形成机理方面确定降雨临界值（杨顺等，2014）。

2. 基于泥石流形成机理的预警研究

基于泥石流形成机理的预警研究主要是从泥石流起动的临界条件出发，探寻不同起动临界条件下的预警指标，确定指标的阈值，进而建立泥石流预警模型和方法。目前主要是从土力学角度建立固体物源的临界判别式及依据泥石流原型试验结果选择的预警指标。

另外，泥石流灾害来临时还可直接利用监测预警仪器发布预警。这类方法主要将自记雨量计（达到该流域临界降水量就预警）、水位-泥位计（达到设置断面报警阈值就预警）、地声-次声报警仪（捕捉到山洪泥石流运动频率就预警）等安置在具体的流域中，达到预警值（阈值）就预警。

5.4.3　泥石流监测预警方法

泥石流监测预警方法一般采用地震波监测、地面震动监测、图像处理技术进行泥石流流速计算、接触式泥石流警报器、地声警报器、超声波泥位报警仪和泥石流次声警报器等。

1. 接触式预警仪

主要原理是通过预警仪器与泥石流直接接触时触动感应装置而发出警报，包括高精度GPS位移监测仪、各种传感器、地下水位计、断面钢索监测仪及冲击力监测器等。高精度GPS位移监测仪能对流域内测点位移量、方向、速率等进行直接量测，可根据测点位移量、位移速率大小进行预警。泥石流发生前，物源区土体在降水及其他水体条件下物理性质会发生显著变化，如土体内总压力、孔隙水压力、土体含水量等，因此，可利用振弦式土压力计、孔隙水压力计、地下水位计、土体含水量传感器等能对地质体内土压力、孔压、含水量等进行实时量测，根据其物理量变化趋势进行泥石流预警，由于需要埋设，传感器易被泥石流冲走；断面钢索监测仪是根据泥石流接触钢索使其断裂，从而触发探测器内部感应装置而传出报警信号，可根据钢索位置对泥石流规模进行分级预警，其可靠性较高但对泥石流敏感性较差；而冲击力监测器则通过电阻应变片等测量泥石流冲击力大小，进而判断泥石流发生的规模，并发出不同级别预警信号。

2. 非接触式警报仪

监测仪器在不与泥石流（物源、水源、流体）直接接触的情况下获取泥石流影像、声音、泥位等信息，对泥石流是否发生进行判别后发布不同级别预警，如天气雷达、红外视频监测仪（夜视仪）、超声波泥位计、地声、次声报警器、自记雨量计等。天气雷达监视区域上空的降雨云团分布、移动方向、移动速率，进而对区域泥石流进行预警，但该方法造价高且预警范围较大，往往对小流域降雨把握不准。红外视频监测仪（夜视仪）通过录像、照相，实时、长距离（数千米）监测泥石流发生、运动的全过程，但监测数据量大且需专人值守。超声波泥位计则通过对设置断面（平直、规则，不易冲毁段）实时监测，根据接收到的超声波时差分析泥石流深度（泥位）与预警临界值的关系，确定通过断面的泥石流规模大小，发出不同等级的泥石流预警信息。在泥石流发生及运动过程中，会不断撞击沟岸向沟床方向传播一定频率（低频）的振动信号（地声），其强度与泥石流规模成正比，当接收振动信号超过预设阈值则进行预警。章书成等通过泥石流早期预警系统中的地声监测，将暴雨型泥石流的预警时间提前 1h 以上，其预警可靠但不能准确判定具体暴发泥石流沟道（章书成和余南阳，2010）。蒋家沟多次实测发现很容易得到 10～15km 以外泥石流信号，报警提前量达 15～30 分钟。另外，还有遥测自记雨量计（点降雨量）监测预警，当达到该沟道泥石流暴发的降雨量阈值时进行报警。

3. 人工监测预警

在已查明的泥石流流域内，安排固定人员定点、不定时对泥石流流域沟道内固体物源、水源分布、坡体堆积物的移动性等进行观测，对出现的异常现象（地下水异常）进行记录，当接收到当地气象部门提供的降雨等气象信息之后，密切监测流域内降雨过程并根据经验判别沟坡系统固体物质能否被降雨激发形成泥石流。当发现中下游沟道水流变浑或听到上游传来异常声响、下游沟道内水流变小甚至断流等均可能出现上游有泥石流发生，立即向外发出警报。该预警手段直观、可信，但人力、物力花费大，且监测员需要具有较高的临灾判别能力和足够的责任心。

4. 自动监测预警

主要通过综控中心（控制台）、雨量遥测、GPS 位移、地声遥测、水位–泥位遥测等综合应用对泥石流活动进行监测，这些监测预警仪器具有远程自动遥测、传输和自动分析等功能。雨量遥测是针对单个流域安置若干自计雨量筒，监测降水过程，结合该沟历史雨量特征与泥石流发生之间的关系进行判别，当降雨量达到该沟临界降雨量阈值时，发出警报。GPS 位移遥测则根据对松散坡体在降雨过程中位移、形变实时监测，达到设定阈值警报。泥/水位断面监测则是在预先选择的平直型、断面变化不大的沟道中设置标尺，或者安置泥/水位计实时监测，当水位达到预警值时发布预警。美国、日本、新西兰、南非等相继建立了此类泥石流预警系统。

余斌等（2010b）通过研究泥石流启动机理等提出泥石流启动降雨临界预警值 R（mm）计算方法：

$$R = 12.5I + P \tag{5.13}$$

式中，I 为 1h 降雨强度（或 1h 激发降雨强度），mm/h，即预警往前推算 1h 的累计降雨量；P 为前期有效降雨量，mm，包括 1h 激发降雨量的一次降雨过程的累计降雨量。

何朝阳等（2018）利用余斌的公式计算了四川省绵竹市清平乡绵远河左岸走马岭沟泥石流启动的临界降雨量（R）及最小临界降雨强度预警值（I），开展了走马岭沟 2013 年 7 月 8 日的泥石流事件进行预警。走马岭沟 2013 年 7 月 8 日 21∶30～22∶00 暴发泥石流，降雨过程从 2013 年 7 月 8 日 12∶20 开始，7 月 9 日 06∶20 结束，持续时间 18h。7 月 8 日 21∶20 第一次发送预警（黄色预警），$I = 33.0$mm/h，$P = 78.5$mm，预警短信发送到相关责任人手上，提醒值班人员注意降雨趋势及泥石流动向。随着降雨强度的增大，系统逐渐提高预警等级，成功地对走马岭沟泥石流进行预警（表 5.1）。

表 5.1　走马岭沟 2013 年 7 月 8 日泥石流预警结果

预警时间	预警等级	降雨强度（I）/（mm/h）	累计降雨量（P）/mm
7 月 8 日 21∶20	黄色	33.0	78.5
7 月 9 日 00∶30	橙色	37.5	158.0
7 月 9 日 01∶10	黄色	25.0	183.0
7 月 9 日 02∶20	红色	58.0	239.5
7 月 9 日 03∶20	黄色	17.0	257.5
7 月 9 日 04∶20	黄色	20.0	278.0
7 月 9 日 05∶40	橙色	21.5	299.5

监测预警中如何实现对降雨场次的自动识别是预警系统中的关键问题。詹钱登等提出的判别方法可供参考：一场连续的降雨过程中 1h 降雨量大于 4mm 处作为有效降雨的开始时间，把 1h 降雨量连续 6h 均小于 4mm 作为有效降雨过程的结束时间（詹钱登和李明熹，2004）。

师哲等（2010）提出，建立泥石流监测预警系统时需要收集流域降雨量，沟道降雨量，邻近地区降雨量、水文、灾害资料，并进行流域地形地貌、地质岩性、泥石流类型、源区范围等资料分析。通过建立泥石流泥位要素与泥石流灾害规模之间的相关关系，分析泥位要素与泥石流灾害预警警戒级别的对应关系，通过实测沟道断面积和数学模型计算，研究确定泥位阈值，可建立泥石流泥位监测预报预警系统。

李朝安等（2014）提出泥石流流域实时降雨量、物源区土体降雨入渗深度、次声信息、沟道泥位四个参数作为山区泥石流灾害预警关键参数，从铁路安全行车要求出发，将山区铁路沿线泥石流灾害预警划分为提示性预警、形成性预警、非成灾性预警、成灾性预警四种类型（表5.2）。

表5.2　泥石流灾害信息及其标志性参数（据李朝安等，2014）

泥石流发展阶段	泥石流灾害信息	标志性参数
形成阶段	大气降雨信息；源地土体稳定信息；沟道堆积物；堵塞体堵溃决信息	24h，1h，10分钟累计降雨量监测；源地土体含水量变化；堵塞体上下游泥位（水位）变化
流通运动阶段	泥石流运动过程的次声波信息；沿程沟道冲刷、淤积深度信息；泥石流规模、运动速度等信息	泥石流次声波频及声强特征值；沟道冲刷、淤积深度变化；泥石流沟道泥位变化
成灾阶段	泥石流致灾能力；保护对象的承灾能力	泥石流规模→泥位；运动速度→冲击力；沟道过流能力；构筑物抗冲击能力

降雨既是泥石流的重要组成部分，又是泥石流的激发条件和搬运介质（动力来源）。谭炳炎（2011）等利用甘肃泥石流预报试验区、三滩泥石流观测站、兰新铁路河口泥石流预报试验区、陇海铁路拓石泥石流预报试验区等试验区内多条泥石流沟的观测或调查资料（谭炳炎和段爱英，1995）（表5.3），在其统计分析的基础上提出了采用24h、1h、10分钟累计降雨量进行泥石流预警，提出1h降雨量为20mm和24h降雨量大于60mm，或10分钟降雨量为15mm和1h降雨量大于20mm同时出现才可能形成泥石流。

表5.3　可能发生泥石流的 $H_{24h}(D)$，$H_{1h}(D)$，$H_{10min}(D)$ 的限界值（据谭炳炎，2011）

年均降水分区/mm	$H_{24h}(D)$ /mm	$H_{1h}(D)$ /mm	$H_{10min}(D)$ /mm	代表地区
>1200	100	40	12	浙江、福建、广东、广西、江西、湖南、湖北、安徽、京郊、辽东及滇藏交界地区等
800~1200	60	20	10	四川、贵州、云南东部和中部、陕西南部、山西东部、内蒙古、黑龙江、吉林、辽西、冀北、山西等地山区
400~800	30	15	6	陕西北部、甘肃、内蒙古、宁夏、山西、新疆、川西地区、西藏等地部分山区
<400	25	12	5	滇西北部、川西、青海、新疆、西藏及甘肃、宁夏两省区的黄河以西地区

注：$H_{24h}(D)$ 为24h降雨量；$H_{1h}(D)$ 为1h降雨量；$H_{10min}(D)$ 为10分钟降雨量。

李朝安等（2011）提出了泥石流灾害泥位预警判别式：

$$D = H/h \tag{5.14}$$

式中，D 为危险程度；H 为泥石流的过流泥位；h 为安全过流泥位。$0<H<$正常洪水位，则处于安全工作状态，发出安全预警信号；正常洪水位$<H<0.9h$ 处于安全工作状态，发出泥石流灾害黄色形成性预警；$H \geqslant 1.1h$ 处于危险过流状态，成灾可能性极大，发出泥石流灾害红色成灾性预警；$0.9h \leqslant H<1.1h$ 处于灾变的临界工作状态，成灾可能性较大，发出泥石流灾害橙色成灾性预警。

李朝安等（2011）基于成昆铁路桐子林工区船房沟泥石流试验观测的经验，提出了现场观测系统建设的基本要求。

5.4.4　泥石流预警存在问题

（1）泥石流临界降雨量指标主要通过历史数据的统计分析获得，但我国山区降雨统计资料较少，临界降雨量模型基础数据短缺，用城镇的雨量站点数据校核实地泥石流启动位置的降雨量数据存在较大误差。

（2）泥石流灾害预警必要的监测技术和设施较为落后，专业的泥石流监测传感器或报警装置尚未达到商业标准而难以进入社会市场。实际操作中泥石流灾害预警主要依赖于群测群防的人工报警。

（3）泥石流监测预警数据的实时自动化传输、共享与实时返讯的保证率尚不高。

（4）泥石流人防、技防、预警与应急避险有机协同需要提高，尤其是提高单沟泥石流预警精度，显著提升防灾减灾成效。

5.5　新滩滑坡及其监测预报

5.5.1　新滩滑坡发生过程

1985 年 6 月 12 日 3 时 45 分，湖北省秭归县新滩镇发生巨型滑坡（图 5.10），由于预测预报及时，地方政府提前组织居民紧急转移了 457 户 1371 人，避免了重大伤亡，长江上、下游险区航行 11 艘客货轮适时避险，极大地减少了滑坡灾害损失。

新滩滑坡将新滩古镇 1569 间房屋全部摧毁入江。新滩滑坡总体积约 $3000 \times 10^4 \mathrm{m}^3$，崩滑入江的土石约 $340 \times 10^4 \mathrm{m}^3$，其中约 $260 \times 10^4 \mathrm{m}^3$ 土石从西侧快速滑出，顺三游沟高速入江。滑坡激起 54m 高的涌浪，将长江南岸的两层楼浆砌块石仓库和发电机房全部损毁，粗大的柑橘树被一扫而光，仅残留约 20cm 高的树桩。滑坡涌浪波及长江上游 15km 的秭归县城关，下游到达约 26km 的三斗坪（三峡大坝坝址），造成长江上下游 8km 水域内机动船 13 艘和木船 64 只翻沉。滑坡涌浪造成船上 13 人死亡，长江断航 12 天。

1985 年 5 月 9 日，湖北省西陵峡岩崩调查处发出滑坡险情预报报告："新滩姜家坡至广家崖地段，方量一千三百万立方米斜坡体呈整体滑移迹象"。6 月 9 日，新滩斜坡新增裂缝呈增宽、加长和扩展态势，滑坡洼地积水，姜家坡前缘望人角（柳林）一带出现鼓胀、潮湿现象，运煤的乡村公路两处错断并向长江方向推移，路面多处隆起，前缘陡坎小型崩塌渐频渐大，斜坡体大幅度下沉，块石翻滚，大滑坡的前兆日趋明显。

6月10日4时15分，姜家坡下西侧三游沟望人角（柳林）380～520m高程之间发生了约$60×10^4m^3$土石的局部崩滑，滑动前5分钟高程380m处喷水高度约10m，某村民房屋向下推移60m余，滑坡前部冲毁柑橘林，抵达长江边，先导性滑坡揭开大滑坡的序幕。

6月11日5时，滑体后缘崖壁一夜间错落近2m，错落带潮湿长200m余，梯田干砌石墙多处倒塌，块石撞击、摩擦和崩坍滚石响声不断。地方政府组织抢搬抢运直至当日17时滑坡险区封锁戒严。

6月12日3时45分，新滩镇开始剧烈地摇动，撕裂……随着一声闷雷般的巨响，新滩大滑坡整体运动，古镇新滩被土石流挤压、冲撞、托浮着跌入长江，滑坡主体过程持续了约10分钟。

(a)　　　　　　　　　　　　　　　　(b)

图5.10　长江新滩滑坡前彩红外航空照片（a）与滑坡后景观（b）

5.5.2　新滩滑坡发展过程

根据现场观察和多年调查监测，王尚庆等（1998）划分了新滩滑坡的变形发展阶段。

1. 缓慢变形阶段（1979年8月以前）

主滑区地表局部出现近南北向长大裂缝，无明显隆起与沉陷现象，滑体后缘、西侧上方的危岩体时有小崩塌，变形微弱，月变形率小于10mm，坡体呈现向下蠕动趋势，变形量与降雨关系不明显，滑体内地下水无明显异常变化，后缘广家崖和西侧黄岩逐年崩塌加载堆积。

2. 匀速变形阶段（1979年8月—1982年7月）

汛期地表裂缝复活，扩展变形，滑体局部有小的隆起与沉陷变形，滑体后缘广家崖逐年崩塌加载，方量为 $160 \times 10^4 m^3$，前缘陡坎有小规模崩滑发生，变形量逐渐增大，月变形速率为 $10 \sim 50mm$，近似匀速运动当月降雨量大于 200mm 时，变形出现突变，且有滞后现象滑体内地下水较正常值高，泉水流量增大或减小 1982 年 3 ~ 5 月，主滑区姜家坡前缘陡坡坍塌。

3. 加速变形阶段（1982 年 7 月—1985 年 5 月 15 日）

滑体后缘及两侧出现羽状张裂缝，并逐渐扩展，趋于连通，呈现整体滑移的边界条件，滑体后部拉张下沉，前缘坡脚出现剪胀异常，雨期滑体前缘小崩塌现象时有发生，变形量显著增大，月变形速率为 $50 \sim 100mm$，蠕变曲线变化呈不可逆的增值现象。位移矢量角发生显著变化，当月降雨量小于 200mm 时，乃出现突变，且有滞后期缩短，滑体内地下水位维持高水位，泉水冒砂变浑，前缘坡脚泉水干枯，主滑区前缘率先出现崩滑体，伴有小崩、小滑产生。A_3 和 B_3 测点分别于 1982 年 8 月变形速率达 170mm/月和 1985 年 5 月变形速率达 240mm/月，累积位移量高达 2.7m，第一次发出预警。

4. 临滑阶段（1985 年 5 月 15 日—6 月 11 日）

裂缝形成弧形拉裂圈，并急剧加长、增宽、下沉、新裂缝不断产生，滑体后部急剧下沉，前缘出现鼓包，路面隆起，滑体后部大幅度沉陷，前缘崩滑日夜不断，频次渐高，规模渐大，变形量急剧增大，月变形速率大于 100mm，6 月 8 ~ 11 日下沉 5m。蠕变曲线出现拐点，斜率变化突增趋于 90°，变形与降雨近于同步，滑体剪出口附近水位升降异常，湿地面积突然增大，6 月 10 日滑坡前缘发生 $60 \times 10^4 m^3$ 滑坡，出现地微动、地声地热及经纬仪气泡整置不平等异常。

5.5.3　新滩滑坡地质认识

新滩滑坡西边界广家崖至黄崖一带为厚层状坚硬的二叠系石灰岩和泥盆系的石英砂岩。志留系砂页岩为新滩滑坡的底部滑移控制面。地貌特征上，新滩堆积斜坡处于上段近南北，下段指向南西的弧形槽谷地形中。滑坡堆积物来源于西侧斜崖斜坡，特别是上部陡崖的长期崩塌落石堆积。高家岭垄脊的基岩低梁将新滩斜坡基岩面分为东西两槽，西槽深陡成为姜家坡物质入江通道，东槽宽缓利于堆积物较稳定（图 5.11、图 5.12）。

新滩堆积斜坡近南北向展布，长约 2000m，上窄（300 ~ 500m）下宽（沿江宽约 1100m）。斜坡后缘高程约 900m，江边高程约 65m，平均坡度为 23°。斜坡堆积物由崩积物、崩坡积物、冲积与崩坡积混合堆积物组成，总体积约 $3 \times 10^7 m^3$。堆积物厚度一般为 30 ~ 40m，最厚达 86m，横向上西厚东薄。斜坡整体自后缘向前缘存在含泥量、密实度增加和块石规模、孔隙度、透水性减小的趋势。纵向上斜坡中部存在两个横向陡坎，一个为高程 500 ~ 560m 的姜家坡前缘陡坎，坡角为 50° ~ 60°；另一陡坎为毛家院前缘，高程为 270 ~ 330m，走向为 75°，坡角约 50° ~ 60°。斜坡后缘广家崖基岩高陡斜坡，前缘临江部位为冲蚀塌岸陡坡。斜坡其余部分一般为 15° ~ 25° 的缓坡。西侧基岩陡崖下的三游沟为地表、地下水汇集和排泄通道。三游沟常年泉水流出，旱季流速约 0.2L/s，雨季流速约 2L/s。

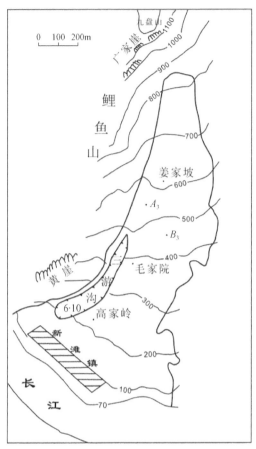

图 5.11　新 滩滑坡发生前概要图（据骆培云，1988，简化；高程单位：m）
A_3、B_3 为代表性监测点

新滩镇坐落于斜坡下部临江地带。

　　薛果夫等（1988）认为，新滩滑坡的形成演化经历了分段递进式松脱滑移和整体推移式滑移两个阶段。1935 年姜家坡前缘东侧曾发生 $1.5 \times 10^6 m^3$ 的局部滑坡，滑床深达基岩。1962 年，新滑坡后壁以上出现长 270m 的拉张裂缝，形成 $2 \times 10^5 m^3$ 的不稳定土石体。1964 年秋季降雨后，九盘山、广家崖发生了约 $10 \times 10^4 m^3$ 的岩崩，在姜家坡西侧形成了一条长 450m 的淤泥层和动水压力活动带，进一步恶化了边坡稳定条件。1982 年雨季以后，姜家坡斜坡两侧出现断续纵向裂隙和羽状裂隙，后缘拉张裂缝明显，斜坡变形由前部向后缘呈分段递进式扩展，具有松脱式滑移特点。1983 年 5 月至大滑动前，姜家坡堆积体从后缘向前缘推挤，姜家坡由松脱式向整体推移式滑移的转换。斜坡上段的姜家坡斜坡持续变形发展，但斜坡下段的新滩斜坡一直处于相对稳定状态。

　　吕贵芳和薛果夫（1987）认为，新滩斜坡中部姜家坡陡坎临空面及毛家院附近下伏基岩陡坎的存在决定了姜家坡滑坡必定在毛家院平台与大斜坡上段下伏基岩面延长线相切处剪出，因为这一带是剪应力最集中而抗剪力最小的部位。

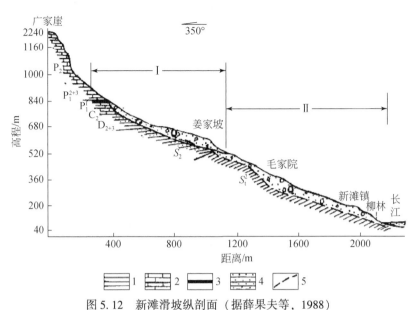

图 5.12　新滩滑坡纵剖面（据薛果夫等，1988）

1. 页岩；2. 石灰岩；3. 煤层；4. 砂岩；5. 崩坡积物分界线

5.5.4　新滩滑坡变形演进分析

1982 年 3~6 月，姜家坡前缘 A_3、B_3 两点产生同步变形，向长江几乎同时移动了 36cm，坡顶裂缝下座 20~30cm，坡顶前部树木向坡下倾倒（骆培云，1988）。

以 A_3 和 B_3 两个代表性监测点分析，由于后缘及黄崖崩塌块石的加载，滑坡体 1979 年开始出现初期变形，主滑区姜家坡西侧前缘及坡脚出现缓慢变化，随后进入匀速蠕变阶段。1982 年 7 月雨季开始，变形进入加速蠕变阶段，变形曲线呈阶梯状上升，月变形率在 10~50mm/月，增速特征显著。1983~1985 年以后，A_3 和 B_3 两个测点分别以 171.9mm/月 和 168mm/月的速度向南滑移。地表裂缝变形加剧，斜坡上段东西两侧及后缘产生新的裂缝，并发展到完整的弧形拉裂缝圈。总方量约 $1300 \times 10^4 m^3$ 的姜家坡堆积物正处于复活状态，具整体滑移性质；1985 年 5 月至 6 月 11 日处于剧变破坏阶段，蠕变曲线斜率突升；滑坡体地表变形加剧，后缘及东西侧边界裂缝逐渐发展连通，形成了弧形拉裂区。滑坡体后缘一夜间下座 2m，东西两侧拉开宽度约 10~35m，滑坡体进入了剧烈变形后，直至 6 月 12 日凌晨发生滑坡。

就累积位移曲线形态而论，新滩滑坡的初始蠕变、匀速蠕变和加速蠕变的阶段性特征并不典型，更多地表现为阶梯式演进的特征。这种演进一方面取决于滑坡整体强度随时间的损失，另一方面则与年度降雨的累积损伤存在明确关系。图 5.13 显示姜家坡上的 A_3 监测点 1979 年下半年启动（曲线出现第一个阶梯），此后总体平稳。1982 年下半年出现剧变（曲线出现第二个更大的阶梯），此后再次总体平稳。1983 年上半年和 1984 年上半年的缓和时段明显缩短，二者下半年均出现直线上升，1985 年上半年没有出现缓和段直接发展为整体大滑坡。也就是说，无论 1985 年降雨如何，滑坡都进入全面滑移模式，而表现为与汛期降水关系不大（刘传正，2021）。

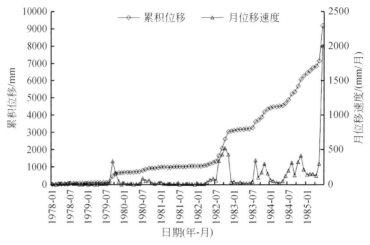

图 5.13　A_3 监测点累积位移、月位移速度监测曲线

从变形速度分析，A_3 点月位移速度 1979 年 9、10 月分别为 336.3mm/月、161.3mm/月，1980 年 7、8、9 三个月出现 80.8mm/月、49.5mm/月、59.5mm/月。1981 年整体平稳，1982 年 8~12 月及 1983 年 1 月分别出现 136.2mm/月、250.8mm/月、243.0mm/月、75.8mm/月、71.5mm/月、100.7mm/月，1983 年 8~12 月分别出现 348.1mm/月、101.3mm/月、171.2mm/月、298.9mm/月和 156.2mm/月的数据跳动，1984 年出现 6~12 月分别出现 127.9mm/月、196.0mm/月、320.1mm/月、136.1mm/月、323.8mm/月、415.8mm/月和 214.6mm/月的持续发展，1985 年维持在 150mm 左右直至发生整体滑坡。

从变形速度分析，A_3 点月位移速度在 1979 年 9、10 月出现高速率，标志着滑坡的全面启动。1980~1982 年整体平稳低速发展，1982 年下半年再次出现高速发展，1983 年下半年高速演进且数据跳动剧烈，1984 年下半年以后位移速率虽有变动但维持中高速率持续发展，直至 1985 年 6 月发生整体大滑坡。值得注意的是，1980 年至 1982 年上半年、1983 年上半年、1984 年上半年、1985 年春季，几个时段的滑坡平稳期依次缩短，平稳期的最小速率依次增大，说明滑坡逐渐进入整体运动模式，汛期降雨渗流的滞后效应越来越明显，或者说滑坡运动对即时降雨的响应越来越不明显，而是自身进入全面破坏阶段。

图 5.14 显示姜家坡上的 B_3 监测点 1979 年下半年启动（曲线出现第一个阶梯），1980 年下半年有所跳跃此。1982 年下半年出现剧变（曲线出现第二个上升阶梯），此后总体平稳上升。1983 年下半年直至滑坡发生一直维持较高而稳定的变形速度，表现为变形累积直线上升。B_3 点反映，无论 1985 年降雨如何，滑坡比 A_3 点更早进入全面启动模式，而与降水无关。B_3 点月位移速度 1979 年 9、10 月分别为 152.1mm/月、65.0mm/月，1980 年 7、8、9 三个月出现 49.0mm/月、68.0mm/月、100.0mm/月，1981 年整体平稳，1982 年 8~12 月出现 136.2mm/月、250.8mm/月、243.0mm/月、75.8mm/月、71.5mm/月，1983 年

1 月 100.7mm/月，1983 年 7 月开始出 129.4mm/月，1983 年 8 月直至 1985 年 6 月滑坡发生，滑坡月位移都维持在 150～520mm/月。

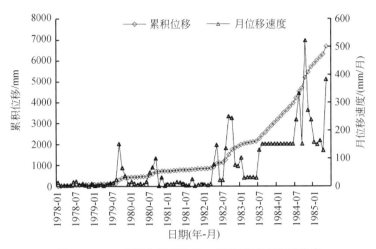

图 5.14　B_3 监测点累积位移、月位移速度监测曲线

　　A_3、B_3 总体位移与月位移特征是基本一致的，反映二者同处于斜坡变形的应力集中部位，可以反映滑坡的演进历史，陡坎上部和坡脚具有同步位移特征表明是同一变形体。二者存在差别的原因一是 A_3 点处于姜家坡前缘坡顶（高程为 565m）变形相对快些，B_3 点处于姜家坡脚（高程为 461m）变形相对慢些。另外，整个变形过程中，二者均存在测量标多次损毁的情况，水准测量以黄崖基岩标为准，每月测量一次，在滑坡大变形的背景下监测精度还是有保证的。

　　新滩滑坡后，薛果夫等（1988）利用新滩滑坡加速变形阶段的资料采用斋藤法回溯预测新滩滑坡发生时间。采用 1985 年 2 月 4 日—5 月 14 日的资料得到破坏日期为 6 月 10 日，采用 3 月 13 日—5 月 14 日资料得到破坏时间为 6 月 14 日，预测的时间比实际滑坡发生时间或前或后。显然，监测资料只反映当时的状态，且只反映监测点所在地段，不一定代表滑坡整体动态，预测结果只能作为参考。对于新滩滑坡，"6·10"滑坡显然改变了滑坡前缘边界条件，姜家坡、毛家院分属于上下两个斜坡单元等都是要精细考虑的问题。大滑坡变形加剧时，加密时空观测，实行动态预测，是防灾减灾的必行之路。

5.5.5　新滩滑坡成因分析

　　1985 年新滩滑坡是在特殊的地形地貌、地层岩性、地质构造、降雨–地下水作用及人类活动等综合累积作用的一次阶段性产物。

1. 边界条件

　　斜坡基岩面分为上、下两级斜面，高差为 80m 左右。姜家坡斜坡沿基岩面滑动时大体沿基岩面延长线从毛家院出露地表，而不致整体推动下段的新滩斜坡，是长期以来新滩斜坡一直相对稳定的原因。基岩面总体向西倾斜，姜家坡地段基岩面凹槽最深部位靠近西侧陡崖，西侧含水层大于东侧，是"6·10"滑坡发生在西侧，"6·12"滑坡大部分物质集中从西侧滑走的原因。高家岭和毛家院堆积物受该梁子的保护与阻挡，成为斜坡中最稳定的部分。高家岭垄脊的基岩低梁的上端将大部分地下水与滑移物质导向三游沟，同时对其上部滑动物质起了阻滑作用，形成了姜家坡前缘鼓包（薛果夫等，1988）。总之，"6·10"滑坡发生在西侧深槽地形使上部失去支撑，而基岩地形的上下两段，决定了崩滑堆积物在姜家坡上下滑动面的不同和稳定性的差异，也决定了堆积斜坡上段从姜家坡和毛家院之间首先滑移剪出，其后"飞落"推动下段的毛家院—新滩斜坡段滑动入江，形成完整的新滩大滑坡。

2. 物质成分

广家崖岩崩堆积加载作用使早期堆积物沿基岩面开始下座，并对其下崩坡积物施加推力。后缘崩滑加载是斜坡物质逐渐增大，孕育滑坡的基础。后缘广家崖崩滑物质部分加荷于后缘岩堆，部分顺坡滚落，使姜家坡斜坡逐渐加厚，而斜坡下段西侧三游沟不断运移物质成为流水通道。姜家坡堆积物上部为厚 20～30m 的石灰岩块石，下部为块、碎石夹黏性土，局部有黏性土透镜体，厚度从后缘的数米增大到前缘的 40m 余。黏性土饱水条件下具备阻水增大孔隙水压力，降低滑体物质及其底界面摩擦力的作用。

3. 降雨累积效应

姜家坡斜坡每年雨季出现变形增大特点。①位移增减速周期的起止时间滞后于雨季起止时间，起始时间的滞后逐年缩短，而终止时间的滞后逐年增长。②不同变形阶段反映了滑动面发育程度和强度的变化，雨季滑带饱水强度降低而滑坡增速，旱季滑面强度得以部分恢复而滑速降低。1982 年雨季开始，滑面已贯通整个斜坡，其强度逐渐降至残余值，位移加速期与雨季几乎同时开始，雨季后高速变形期的滞后期显著延长。③不同变形阶段位移加速的"起动降雨量"（加速前累计降雨量）存在逐步减小的趋势。因此，随着滑带土强度的累进损失，后续年度滑坡对降雨的敏感度逐步提高，新滩滑坡虽然不是由暴雨直接引起，但多年降雨渗流软化的累积效应及地下水反复浸泡作用是大滑坡逐渐发育成熟的根本因素。

薛果夫等（1988）等认为，新滩滑坡的研究表明，降雨能否引发大滑坡不仅要考虑降雨自身的强度及持续作用时间，还要考虑滑坡演化的历史阶段。在滑坡发展条件尚未成熟时，久雨暴雨不一定造成斜坡整体滑动，但随着变形的发展引发滑坡的降雨量会越来越小。在斜坡变形的最后阶段，具有形成地下水活动的一般降雨也可能引发大滑坡。因此，不同地质环境条件，不同类型的滑坡，甚至同一滑坡的不同发展阶段，引发大滑坡的"临界降雨量"是不同的，随着变形阶段的演进，引发滑坡剧烈变形的临界降雨量越来越小。1985 年 4 月新滩地区降雨 100mm 多，A_3、B_3 变形急剧增加；5 月降雨 150mm 余，无大暴雨但位移量增加 10 倍，滑坡进入不可逆转的发展状态，对降雨的敏感度自然急剧提高（表 5.4）。

表 5.4　新滩滑坡活动的降雨量变化（据薛果夫等，1988）

变形阶段		年份	启动降雨量/mm	加速前雨季延续时间
松动期	蠕动	1978	>901.6	4~9 个月
	缓动	1979	917.2	4~8 个月
		1980	529.8	
		1981	>338.9	5~6 个月
	发展	1982	186.9	3 个月
整体活动	加剧-剧烈	1983	140.3	5 个月
		1984	99.3	5 个月
		1985	65.2	4 个月

新滩滑坡年降水量为 1016mm，滑坡的位移量多在雨季增大，非雨季则较平稳甚至停滞。滑坡即将发生前，即使降雨量比原来小也能触发更大的变形量，说明滑坡随时间的发展变形越来越敏感，滑坡变形具有渐进累积性破坏的特点。在滑坡临滑失稳前，月降雨量与月位移量的相关性是出现突然增大的。1985 年 4 月后，月降雨量与月位移量的相关性出现突然增大，因此此时滑坡位移对降雨的敏感性增加，5 月可以作为进入临滑阶段的起点和预警点（周斌，2012）。

4. 地下水作用

新滩滑坡开裂变形首先出现在中后部，但率先滑动出现在前部，"6·10"滑坡发生在西侧深槽就是地下水的积聚、浮托，孔隙水压力大而有效应力小造成的。地下水赋存和作用空间高程 750m 以上坡体为纯崩积物，地下水极难赋存，地下水对其作用只是在降雨时的动力作用。而高程 750m 以下坡体为双层结构，下层的崩坡积物黏土含量增加，透水性降低，地下水位变幅大，是地下水赋存和活动的主要空间，地下水的影响主要体现在 400~750m 高程斜坡段，尤其是高程 400~630m 的崩坡积物地下水作用较大。同时，400~630m 斜坡下基岩面较陡，地下水作用效应对其主动位移影响长期存在（阳吉宝，1994）。

滑动面强度受剪切面发展程度、变形特征、岩土成分结构变化和地下水作用的综合影响，具有随时间动态变化的动态特征（图 5.15）。薛果夫等（1988）等提出，滑面综合强度对应滑坡变形发展阶段的变化可分四个阶段。第 Ⅰ 阶段相应于蠕动变形期，滑动面强度接近于峰值；第 Ⅱ 阶段相应于缓慢发展变形期，强度介于峰值与残余值之间；第 Ⅲ 阶段相应于加速变形期，综合强度逐步降低至残余值；第 Ⅳ 阶段即滑后稳定阶段，由于堆积层底部含泥碎石的挤出，滑面物质部分更新，力学强度重新提高。

5. 人类活动

人类活动一是广家崖下采煤活动，另一作用是滑坡主体上的种植活动。广九煤矿、白沱煤矿采空区及爆破振动引发塌陷、加剧广家崖岩崩，岩崩加载使滑坡后缘推动力不断加大。广九煤矿 1、2、3 号井在 1977~1985 年期间总产量约 8.7×10⁴t。

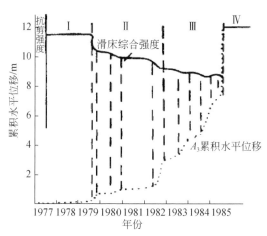

图 5.15　新滩姜家坡段滑动面强度与变形发展关系（据薛果夫等，1988）

6. 新滩滑坡历史考察

新滩滑坡具有周期性、继承性和突发性。新滩—链子崖江段南北两岸多次发生崩滑，阻塞航道，成为峡江著名的险滩畏途，历史文献多有记载。新滩江段史称"豪三峡""始平坦无大滩"，汉、晋两次山崩后称"新（崩）滩"，公元 100 年（汉永元十二年）、377 年（晋太元二年）、1029 年（宋天圣七年）、1542 年（明嘉靖二十一年）、1558 年（明嘉靖三十七年）、1935 年、1958 年、1964 年，尤其是 1030 年和 1542 年崩塌滑坡分别堵江 20 余年和 82 年。

把新滩江段有史料记载的大型崩滑事件与该地区地震活跃周期系列图进行时间尺度上的对应考查，发现地震活跃周期与大规模崩滑事件的发生存在明显的时间对应性（刘传正，1990）。新滩地带四、五次（期）较大规模的崩滑事件，其复发周期约 500 年或稍短时间即一遇，崩滑的休止期（相对稳定或以小规模进行）与史料记载的地震宁静期基本对应，但崩滑活动期的起动稍滞后于地震活跃期的伊始。这个事实间接地反映了地壳内动力作用控制外动力，且内动力作用占有主动和先导性，而外动力作用具有相对滞后性。新滩滑坡多周期多阶段，460 年一周期，周期内分阶段，积累–复活反复的过程，积累过程数百年，复活过程数十年。

区域构造的孕震活动（内动力）与重力崩滑作用（外动力）不仅在空间展布上密切相关，而且在时间发展上也相承相谐。新滩–链子崖江段受控于仙女山、九湾溪二活动断裂形成的秭归–渔关地震带的控制作用，导致了该地带重力崩滑持续近两千年（有文字记载）而不止的自然结果。

5.5.6　结语

1985 年新滩大滑坡后由原来的大规模滑动转化为整体稳定及局部调整阶段。在三峡工程水库形成以前，广家崖崩滑、三游沟的泥石流和新滩斜坡东侧前缘滑坡对滑坡的继续演化及长江航道构成威胁。三峡水库蓄水后，新滩河段水面宽达 800m，水深达 120m 以上，新滩滑坡前缘基本淹没，斜坡活动对航道的威胁基本消除。

新滩斜坡经过大滑坡后多年的调整，位移特点是上段大于下段、垂直大于水平，整体趋于平稳，但后缘广家崖崩塌和暴雨作用下三游沟小规模泥石流等让会形成地质灾害。2006 年开始在三峡库区实行移土培肥工程，新滩滑坡遗址已进行高标准梯田建设和生态农业开发，特别是三峡库区 175m 蓄水以来，滑坡监测未见明显异常，相信只要慎重对待，会做到兴利防灾。

5.6　抚顺西露天矿南帮滑坡研究

露天矿边坡破坏失稳形成滑坡是人类活动引发地质灾害的重要表现形式（刘传正，2014a）。根据杨天鸿等（2011）进行的文献调研分析，认为露天矿高陡边坡岩体渐进损伤破坏是边坡岩体失稳的本质特征。作者基于引发因素作用下边坡岩体损伤、强度弱化与边坡动态失稳过程之间的关系，采用整体论与分割论（还原论）相结合的研究方法，力求取得符合实际的科学认识（刘传正，2015b）。

抚顺西露天矿始采于 1901 年，全面停采于 2018 年。矿山采用由浅入深的台阶式煤炭采掘方式，百年开采形成了东西长约 6.6km、南北宽约 2.2km、深约 420m，坑底最低标高为 -320m，坑口面积为 10.87km^2 的"亚洲第一大坑"。西露天矿坑下部曾经存在胜利矿及深部井两个井工采煤区，胜利矿开采标高为 -420m 至 -650m，深部井开采标高为 -300m 至 -417m，二者均于 20 世纪 70 年代关闭。抚顺西露天矿南帮滑坡是一个巨型顺层滑坡，降雨与融雪渗流和前缘开挖导致抗滑力和前缘支撑力弱化使滑坡启动并缓慢长距离运动，中下部和两侧阻滑、矿坑底部前缘填方压脚及露天矿北帮边坡下部的反力作用，逐步抑制了滑坡的运动态势和冲击作用，是实现滑坡"软着陆"的典型案例。

5.6.1　南帮边坡地质环境

抚顺西露天矿南帮滑坡区地貌类型为丘陵地貌及由露天采矿形成的"人工大坑"。2010~2019 年间，抚顺市区年降水量为 469.7~1118.3mm，汛期降水量为 145~784mm，最大年降水量出现在 2010 年，最大汛期降水量出现在 2016 年。西露天矿坑北界距离浑河 1.2~1.5km，西界距离古城子河 200~300m，南界距离杨柏河（人工河）200~400m，东侧间隔约 50m 为东露天矿西界。西露天矿矿坑最大涌水量约 9.98×10^{4}m^3/d，最小约 4.37×10^{4}m^3/d。

孔隙潜水主要分布在矿坑南帮西部杨柏老河道、刘山老河道第四系冲洪积物中，含水层厚度为 5~6m。基岩裂隙水主要赋存在新生界古近系老虎台组玄武岩及其下伏的太古宇鞍山群花岗片麻岩中。玄武岩含水层平均厚度为 90m，是西露天矿南帮边坡的主要含水层位。地下水接受大气降水和杨柏河、古城河补给，排泄以蒸发、侧向径流及矿区疏干排水为主。

矿区位于郯庐地震带东侧，抗震设防烈度为 Ⅶ 度。2016 年 9 月 8 日 4 时 23 分，辽宁抚顺城区矿震 2.8 级。滑坡北距浑河主干断裂（F$_1$）1.5km，其分支断裂 F$_{1A}$ 影响到矿坑北界稳定。滑坡区内发育东西向断裂构造 F$_2$、北东向断裂构造 F$_{3-1}$、北西向断裂构造 F$_5$ 及

其分支 F_{5-1}、F_{5-2}、F_{5-3} 等，断裂构造成为滑坡边界或内部块体边界。南帮边坡中前部受到东西向 F_2 断裂切割，东边界受到 F_5 断裂构造影响，岩体比较破碎（图 5.16）。

　　西露天矿南帮边坡由多级台阶形成，斜坡总体坡度为 25°~30°，高差约 410m。南帮边坡处于西露天向斜的南翼，整体呈顺倾层状结构，整体倾角为 30°~40°。边坡主体为新生界古近系古新统老虎台组玄武岩夹煤层、栗子沟组凝灰岩，基底为太古宇花岗片麻岩。坡脚和北帮为古近系始新统古城子组煤层、计军屯组油页岩和西露天组页岩、凝灰岩，软硬相间组成"夹心饼式"岩体结构（图 5.17）。第四系全新统主要分布在矿坑西部千台山南坡一带，除少量河流冲积砂砾黏土外，主要是近百年来采矿堆积的杂填土、素填土、煤矸石和岩屑，最大厚度超过 100m。

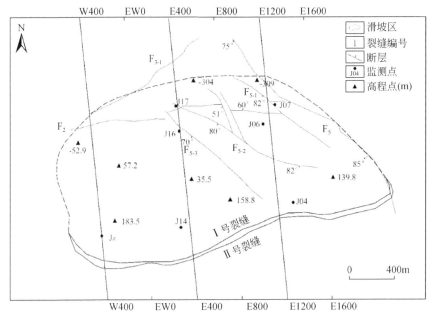

图 5.16　西露天矿南帮滑坡平面图

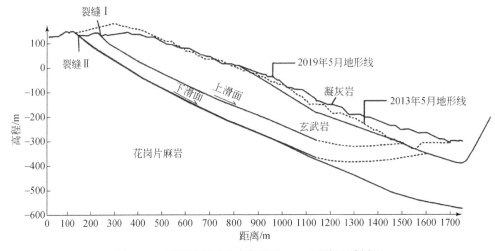

图 5.17　抚顺西露天矿南帮滑坡 E400 测线地质剖面

5.6.2 南帮滑坡地质特征

西露天矿南帮滑坡为顺层岩体向北（坑底）滑移形成，东西长约 3.1km，南北宽约 1.5km，面积约 3.37km²，体积约 4.52×10⁸m³。南帮滑坡后缘（上部）较宽、前缘（下部）收窄，平面形态异常。滑坡后缘位于千台山一线，高程为 142~232m。滑坡前缘位于露天矿坑底，高程约-270m 至-310m（图 5.16）。

顺层滑坡体岩性主要为新生界古新统老虎台组玄武岩，滑床为太古宇花岗片麻岩。滑坡的上滑面为玄武岩夹煤线或软弱夹层，埋深为 81~191m。滑坡的下滑面为玄武岩和花岗片麻岩的不整合接触面（古风化壳），埋深为 195~252m。2010 年以来，滑坡剧变与缓变交替出现，滑坡后缘形成东西向贯通高 20~53m 的滑坡壁和宽 38~96m 的断陷洼地，滑坡前缘（坑底）地表变形鼓胀裂缝普遍（图 5.17）。

滑坡后缘位于千台山观礼台、锅炉房、佳化厂、同益机械厂一线，2010 年 9 月出现 I、II 号两条近平行的东西向拉张裂缝。2011 年年底，地表裂缝出现明显发展，2012 年 8 月之后变形加剧。两条主裂缝间距中部小，东西两端略大，平均间距约 70m。2013 年，北侧的 I 号裂缝长约 2.1km，开裂下错剧烈，最大开裂宽度超过 6m，北侧最大下错约 13m，西端转折处成为滑坡西边界的组成部分。外侧的 II 号裂缝长约 2.6km，开裂错动幅度小于 I 号裂缝。两条裂缝均持续垂直下错和水平拉裂（图 5.16、图 5.17）。

滑坡后缘西段 I 号、II 号地裂缝连接处逐步发展为松脱断陷带，山体错动、开裂下沉，局部出现反坡（图 5.18）。2015 年断陷洼地高差可达 10m，南侧坡面土体局部呈临空状态，北侧树木掉落倾倒（图 5.19）。

图 5.18　滑坡中部的陷落带（2015 年 4 月 10 日）

E200~E1200 测线的滑坡前缘（坑底）-300m 高程一线全面隆起，裂缝加大增多形成反坡台坎。309 泵站（-309m）以西前缘鼓胀变形带不断扩展，E800 测线坑底（-300m）新填筑地面隆起掀斜。E400~E800 测线的坑底变形斜坡已抵住基岩或残留岩矿体，沿途的岩体、填土和积水冰面全部出现扭曲破裂变形。-200m 位置处危岩体横向裂缝增大，纵向裂缝增多，张剪裂隙发育，边坡岩体新生碎裂现象明显，局部垮落。E500~E900 测线

图 5.19 滑坡后缘北侧树木错落 (2015 年 8 月)

坑底横张裂缝发展，隆起抬升区出现北高南低反翘，低洼处地面出现剪裂反卷。

滑坡西部变形区主要受控于上滑面，即玄武岩中的泥化破碎带，平均深度为 102m，后缘地表出露为 I 号裂缝（图 5.17）。滑坡西部边界近南北向，基本对应矿坑南界与西界的交接线，宏观上由多条近南北向弧形羽状张剪裂缝构成，收敛于矿坑底部。西边界 1 号公路附近裂缝增大，地面隆起，−80m 到 −160m 处的中下部多级边坡台坎顶部发育横向张裂缝。汽采队墙体裂缝增大，东侧下座。洗煤厂 W700 以东形成相距 160m 的两个台坎。

滑坡中部区存在上、下两层滑动面，上滑面在后缘出露为 I 号裂缝，下滑面在后缘出露为 II 号裂缝。该区域岩石裂隙发育，坡面多有崩滑，坑底前缘存在鼓胀现象。边坡中部公路路面和干砌挡墙多处破坏、拱起，油页岩内 F_2 断层剪出，多级台阶鼓胀、开裂下沉。中部区滑动变形主要受控于上滑面，边坡中下部剪出，坑底岩体破碎，纵横向鼓胀裂缝发育。

滑坡东部变形区存在上、下两层滑动面，主要滑动面为下滑面，总体变形强度弱于中西部（图 5.16、图 5.17）。滑坡东侧边界主要受北西向断层 F_5 控制（产状为 245°∠72°）。该区域煤层自燃、岩体开裂、崩滑落石和坑底前缘鼓胀现象多发。

5.6.3 南帮滑坡变形特征

人工观测、GPS 监测和干涉雷达解算等异源数据基本一致，2012 年 2 月以来南帮滑坡变形具有整体协调性。2012 ~ 2019 年南帮滑坡累积最大水平位移为 96.01m，最大下沉为 −56.65m，前缘坑底最大抬升为 23.61m，完全改变了滑坡前的地貌形态。

总体上，滑坡区中西部区域（观礼台、E400 测线）水平变形比东部（E1200 测线）变形大，滑坡中下部水平变形略快于上部，西部中上段下沉比东部快，但东部下段比西部下段抬升略快。南帮滑坡区观礼台、E400 和 E1200 三个测线（点）的监测数据基本反映了滑坡西、中、东三部分的变形动态，证明了西露天矿滑坡经历了破坏失稳、阶跃演进到缓变趋稳逐次转化的三个阶段（图 5.20）。

5.6.3.1　破坏失稳阶段

2010 年 8 月~2012 年 12 月为巨型滑坡启动阶段，滑坡总体向北（矿坑内）滑移，累积位移约 2m，处于缓慢持续滑移状态。由于降雨与冰雪融水渗流效应，滑坡体中部变形与后缘同步，且中部变形速率略高于后缘，坡体上部变形较下部强烈，平均水平变形速率为 4.49~22.1mm/d，平均垂直沉降速率为 -13.0~11.6mm/d（图 5.20）。

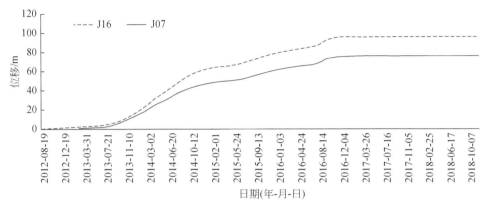

图 5.20　E400（J16）、E1200（J07）测线典型监测点累积位移–时间曲线

5.6.3.2　阶跃演进阶段

2013~2016 年为巨型滑坡加速与缓动交替的阶跃演进阶段。2013 年"8·16"强降水过程的激发作用使滑坡变形速度显著增大，并保持到 2014 年 12 月。2014 年冻融期水平变形速率一度达到 200mm/d，垂直变形为 -45.83~16.39mm/d。E400 测线和 E1200 测线累积位移分别为 96m、75m。2015 年汛期水平变形速率达 92.59mm/d 后，2016 年汛期水平变形速率达 159.8mm/d，然后均呈波动性下降。滑坡位移汛期加速与非汛期减速交替，滑坡速率多次波动但总趋势是降低的，未出现急剧加速的斋藤曲线第三阶段，说明变形趋势逐渐受到抑制。

滕超等（2018）通过监测发现，E1200 测线边坡底部出现应力集中现象。2016 年 4 月 10 日之前，E1000 测线 -300m 标高处埋深为 56.5m 泥化夹层部位应力值由 0.06MPa 突变为 1.0MPa，后增大到 20.0MPa，直至传感器被剪断。4 月 20 日，玄武岩中埋深 76.5m 南北向受力的应力传感器同样被剪断。4 月 23 日，另外两个传感器出现类似现象。EW0 测线埋深 80m 的应力传感器显示，降水时期应力值有明显增大现象。

5.6.3.3　缓变趋稳阶段

2017 年以来，滑坡进入缓慢变形并趋于稳定，累积位移总量增加不大。2017~2019 年冰雪融化期和主汛期滑坡变形速率均未显著增大，只是小幅度抬升后即回落，汛期最大水平变形速率为 13.9~50mm/d，汛期与非汛期的变形速率差异性较小，变形强度出现趋势性衰减。

5.6.3.4 滑坡变形速度特征

在水平位移速度方面，滑坡西部观礼台、中部 E400 测线和东部 E1200 测线上的监测点数值变化具有时间上的一致性，说明滑坡的宏观整体性和引发因素作用的协调性，尽管滑坡中西部变形速率明显大于中东部。滑坡西部变形区的主要滑动面是上滑面，中部区滑动面为上滑面或部分地段出现下滑面，东部区变形区主要是下滑面，三个区域滑面深度的差异决定了反映了滑坡边界条件、成分结构地下水作用和滑动规模的不同。

由图 5.21、图 5.22、图 5.23 对比分析，南帮滑坡西部的观礼台 Jg 测点、中部 E400 测线 J16 测点和东部 E1200 测线 J07 测点的水平位移速率随时间的变化具有相似的规律，三个测点的高速变形期均出现在 2013 ~ 2016 年间，只是最大速率值自西向东有所降低。西部的 Jg 测点最大水平速率接近 200mm/d，中部 J16 测点最大值为 180mm/d，东部的 J07 测点最大值为 136mm/d。在时间分布上，三个测点的水平位移速率年度峰值均出现在 2013 年主汛期、2014 年春季冻融期、2014 年主汛期、2015 年主汛期和 2016 年主汛期，反映了滑坡从 2013 年"8·16"强降雨过程后全面加速滑动后，2014 年变形速率达到最大峰值，此后历年虽有主汛期降雨激发作用，但变形强度是逐渐衰减的。

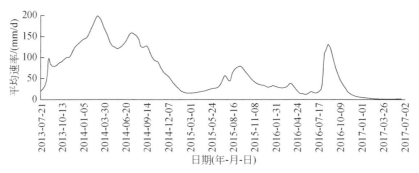

图 5.21　观礼台 Jg 测点日平均水平位移速率

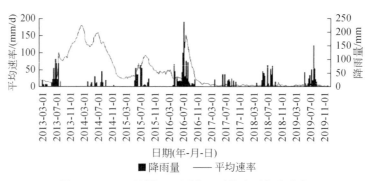

图 5.22　E400 测线 J16 测点日平均水平位移速率

在垂直位移速率方面，滑坡区不同测线、同一测线的不同测点日垂直变形速率虽然变化较大，但总体上均表现为滑坡中上部大幅度下沉，下部相对抬升鼓胀的特点。图 5.24 显示，滑坡西部观礼台区域 2013 ~ 2016 年持续下沉，以 2014 年 7 月下沉速率最大，Jg 测点达到-85mm/d。进入 2015 年以后下沉速率较小，总体维持在-10mm/d 左右，只是在 2015 年主汛期下沉速率达到-40mm/d，2016 年主汛期垂直下沉速率甚至达到-60mm/d，但维持时间较短（负值代表下降，正值代表上升）。

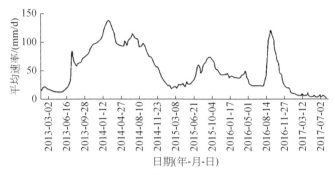

图 5.23　E1200 测线 J07 测点水平位移速率

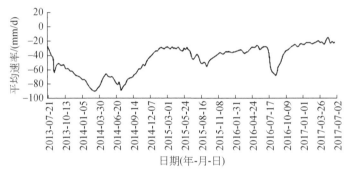

图 5.24　观礼台 Jg 测点日平均垂直位移速率

图 5.25 显示，滑坡中部区域 E400 测线中下部的 J16 测点与滑坡西部 Jg 测点具有类似的垂直变化规律，反映滑坡自 2013~2016 年持续下沉，但以 2013 年主汛期至 2014 年年底下沉显著，最大速率达-65mm/d。2015 年以后下沉速率较小，总体维持在-15mm/d 左右。2015 年主汛期下沉速率有所增加，2016 年主汛期甚至达到-45mm/d，但维持时间较短，2017 年及以后垂直变形变化不大。E400 测线上部的 J14 测点垂直变形数据与 J16 具有类似规律。E400 测线下部的 J17 测点数据跳跃剧烈，但以上升为主，上升速率一般在 5mm/d 左右，个别值达到 15mm/d，以 2014 年和 2016 年主汛期比较显著。

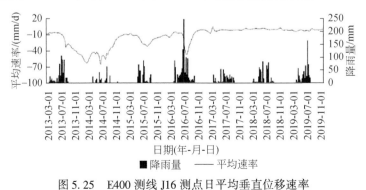

■ 降雨量　—— 平均速率

图 5.25　E400 测线 J16 测点日平均垂直位移速率

图 5.26 显示，滑坡东部区域 E1200 测线滑坡下部 J07 测点的垂直位移速率反映滑坡总体上一直处于抬升鼓起状态，且上升速率数值显著大于 E400 测线下部的 J17 测点。2013 年、2014 年分别出现 38mm/d 和 45mm/d 两个上升峰值，2015 年抬升有所减速，2016 年主汛期再次出现短暂的急剧抬升期，最大速率达 44mm/d。E1200 测线中上部的 J04、J06 测点的垂直变形特点以下沉为主，下沉变形随时间的变化类同于 E400 测线上的 J14、J16 测点。2014 年 J04 测点的最大下沉速率达 −93mm/d、J06 测点达 −42mm/d，除 2016 年主汛期短期下沉加大外，2015 年以来总体变化不大。

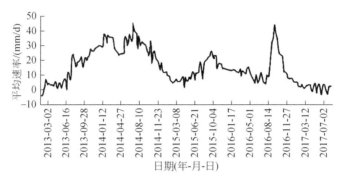

图 5.26　E1200 测线 J07 测点日平均垂直位移速率

5.6.4　南帮滑坡成因分析

Hoek 和 Bray（1977）认为，矿山边坡失稳除了节理化岩体结构外，主要受到地下水流、渗透性和水压的影响。南帮滑坡的形成与发展是一个降水渗流、坑底开挖、冰雪冻融、两侧边界阻滑、矿坑底部填方和北帮反力作用等多种作用"博弈"的过程，主要表现为夹层软化、地下水浮托和中前部孔隙水压力作用。高波等（2014）认为，南帮边坡失稳主要是由于岩体结构面的不利组合形成的不稳定块体在自重和其他外载荷作用下发生塌落或者滑移，多个相邻块体的连锁反应增加新的断面导致的。韩晓极等（2017）认为，南帮边坡变形体是矿山开采形成的顺层岩质边坡易滑体在坡体结构、坑体构造、降雨、深层软弱带及底部开挖影响渐次形成的。胡高建等（2019）提出，边坡中部沿着弱层和破碎带运动，到边坡下部不整合面处受到抑制，在边坡底部沿中间弱层切出坑底形成滑坡轮廓。

5.6.4.1　超常降雨是滑坡启动的主要因素

2010 年抚顺市降水量为 1118.3mm，远超多年平均降雨量。汛期 40 天内连续出现六次强降雨，降雨量达 495.4mm，较常年多了近七成，最大日降雨量 227mm。8 月 20～24 日，抚顺市区过程降雨量达 137.2mm，千台山锅炉房斜坡开裂长达 50m，9 月底增至 350m。可以认为，2010 年超常降雨渗流软化与地下水位上升是南帮滑坡初始启动的根本原因。2011 年平均降水量 611.7mm，低于常年值，对滑坡恶化作用有限。

5.6.4.2 矿坑底部开挖激发作用

2011 年 9 月–2012 年 6 月，W100 ~ E1900 测线间开挖采矿 $113 \times 10^4 m^3$，2011 年 4 ~ 8 月、2012 年 4 ~ 5 月在 E1000 ~ E1400 测线坑底区域（309 泵站）累计开挖 $101 \times 10^4 m^3$，短时间内开挖深度为 100m，成为滑坡整体运动的第二次重要激发作用。露天矿坑底部采矿开挖一方面了破坏了南北帮间的拱形支撑效应，另一方面破坏了斜坡脚部支撑并牵动整个山体变形破坏力量向上传导进而引发整体应力调整，顺向坡软弱层面摩阻力不足引起整体破坏。

2012 年平均降水量为 917.4mm，比常年偏多两成，2011 ~ 2012 年，滑坡维持着蠕动变形特征。2013 年 2 ~ 5 月冰雪冻融作用维持了整体滑坡态势。冬季冰雪冻结边坡表层造成阻水，形成的高位地下水起到浮托软化作用，有利于维持边坡的持续变形。冰雪消融使冻结滞水释放、下降泉冻结冰柱栓塞效应解除成为地下水溢出通道对降低岩体强度和形成局部地段向外的动水压力起到一定作用。自然，冰雪冻融作用是有限的，随着融水疏干，2013 年 6 月出现了变形缓解期。

5.6.4.3 降雨渗流–地下水激发作用

2013 年抚顺市降水量为 1058.3mm，比常年偏多四成。7 月 8 日降雨量为 60mm，7 月 29 日降雨量为 110mm，8 月 9 日降雨量为 90mm，8 月 16 日降雨量为 195mm（最大 1h 降雨强度为 106mm/h）。强降雨渗流作用使滑坡水平变形日均速率由 15mm/d 上升到 60 ~ 80mm/d、垂直下沉日均速率由 −10mm/d 加速到 −45mm/d。E1200 测线降水渗流导致滑坡中的地下水位从 8 月 16 日至 21 日升高了约 20m，对应的滑坡水平变形速率由 60mm/d 急升至 130.1mm/d。尽管 2013 年 9 月以后未再出现强降雨过程，但滑坡变形速率仍在高位状态，说明滑坡的滑动带全面贯通，整体变形破坏过程全面开始。2014 年平均降水量为 545.9mm，比常年偏少三成，但滑坡持续加速至 2014 年 10 月才开始缓解。

2015 年平均降水量为 653.0mm，比常年偏少两成。2015 年 7 月 30 日—8 月 5 日发生强降雨，8 月 6 日地下水位升高至 79.15m，24h 后回落到 65.24m。贺鑫等（2018）研究发现，2015 年水位涨幅和单次累计降雨量之间存在显著正相关关系（图 5.27）。当单次累

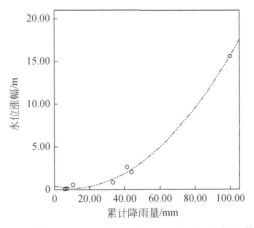

图 5.27　地下水位涨幅和单次累计降雨量关系（据贺鑫等，2018）

计降雨量达到 9.5mm 时，地下水开始出现明显的变化。E04-5 监测孔以单次（过程）累计降雨量 20mm 为起点，单次累计降雨量为 60mm 时地下水位升高 6m，单次累计降雨量为 100mm 时地下水位升高 15m 以上。

E400 测线 J16 测点位移数据说明，随着降雨量的累积，滑坡变形不断增加（图 5.28）。地下水水位随着降雨量增加先增大后减小，说明滑坡岩体既具有不均匀性和各向异性，但连通性好的裂隙又会加速地下水渗流而导致地下水位快速降低。另外，滑坡中西部岩体的透水性高于滑坡中东部。

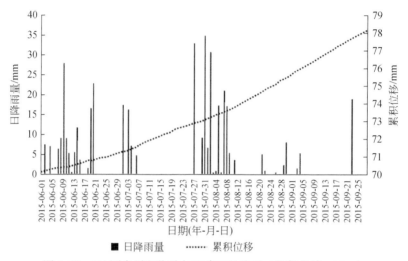

图 5.28 J16 测点累积位移与日降雨量关系（据贺鑫等，2018）

伴随降雨的地下水位增高存在明显的滞后性。2013 年 8 月 16 日强降雨，最高地下水位出现在 21 日。2015 年 7 月底、8 月初的强降雨过程，8 月 6 日才出现最高地下水位，且 24h 内回落约 14m。2016 年 7 月 20~22 日，抚顺市区平均降水量为 99.7mm，导致巨型滑坡持续滑移，累积位移增加约 6~8m。2016 年 11 月以后，滑坡进入缓变阶段，说明两侧边界阻力与坑底填方压力逐步控制了滑坡快速滑移态势。

5.6.4.4 前缘回填压脚阻滑作用

自 2013 年以来采用回填压脚治理南帮滑坡，滑坡位移变形速率从 2014 年的 20~100mm/d 降低到 2019 年的 1~5mm/d。随着回填压脚工程量不断增加位移速率急剧减小，地面变形逐步减缓（图 5.29）。2013 年 4 月 3 日开始回填坑底东部，回填量为 215.46×10⁴ m³。2013 年 8 月—2014 年 6 月回填坑底中东部坑底前缘鼓胀区，累积回填量为 654.10×10⁴ m³，此阶段回填压脚对滑坡的影响程度较小。2017~2019 年回填量为 2459×10⁴ m³。到 2020 年 6 月，累积回填量为 3709×10⁴ m³。对比东中西部三条代表性滑坡监测线的位移速率与回填方量可以发现，2015 年底填方量不足 1000×10⁴ m³ 时，滑坡位移变形速率已显著降低，只有最高值的四分之一，但 2016 年汛期变形速率和累积变形量又呈三倍的增加，说明 2017 年以前的填方量尚不足以扭转巨型滑坡的运动态势（图 5.20、图 5.29）。

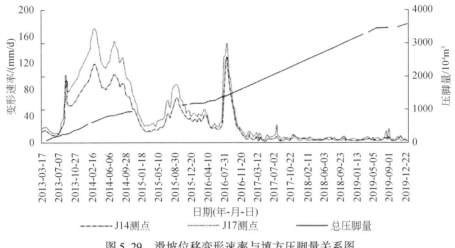

图 5.29　滑坡位移变形速率与填方压脚量关系图

5.6.5　南帮滑坡变形破坏机理

抚顺西露天矿南帮滑坡平面图像可概化为"梯形",即违反常规的前缘窄后缘较宽形态,两侧边界向前收紧致使阻滑力随着滑坡发展逐渐增大,形成"卡阻效应"。滑坡的引发因素包括前缘采矿开挖、冰雪融水渗入和降雨渗流及可能的矿震作用等。滑坡演化在破坏失稳、阶跃演进和缓变趋稳三个阶段的变形破坏机理是不同的。

5.6.5.1　破坏失稳阶段:顺层推动—追踪张拉—剪断滑移

滑坡前缘矿山开采及开挖坡脚活动导致应力集中被解除,削弱了滑坡下部的支撑能力,上部岩层对下部岩体的推力作用逐渐加大,促使巨大顺层山体下部追踪岩层面和节理破裂带剪切破坏,逐步发展成从坡脚剪出,从而形成中上部顺层板状滑移推动、下部推挤切层剪出的大规模滑坡,经历了顺层推动—追踪张拉—剪断滑移过程。上滑面在坑底临空面剪出,巨大顺层推力下造成底部一定深度剪切鼓胀。冰雪融化、2010 年丰水年的降雨渗流等造成暂态性地下水位大幅度升高是导致滑坡出现大规模滑移的主导因素。滑坡力学图解可概括为整体下滑力 (f) 在中上部表现为后缘拉裂 (f_1) 及两侧张剪作用 (f_2/f_3)、前缘推挤 (f_4) 及两侧压扭 (f_5/f_6) 作用。抑制滑坡的阻力 (A) 可概括为滑坡中上部的顺层阻滑力 (A_1)、下部追踪层面和裂隙破坏的剪切阻力 (A_2)、两侧的约束阻滑力 (A_3/A_4)、前缘填方压力 (A_5) 和矿坑北帮的阻挡反力 (A_6)(图 5.30)。

5.6.5.2　阶跃演进阶段:渗流激发—快速发展—抑制减速

巨型滑坡的运动惯性是先期有限的填方量不能遏制的。降雨作用,特别是 2013 年主汛期的多次强降雨渗流过程对滑坡继续大规模滑动起到重要作用。尽管 2014 年降水量少于常年,但滑坡持续运动态势没有根本缓解。2015 年降水量继续少于常年,前期降水渗流作用的滞后效应终于得到缓解。2016 年主汛期降水渗流作用较大,滑坡再次快速运动但仅

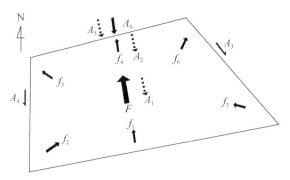

图 5.30　南帮滑坡平面力学模式图解

仅持续三个月的时间，说明随着滑坡大规模长距离缓慢运动，松动开裂甚至部分解体的边坡岩体更有利于地下水快速消散而削弱地下水渗流的不利作用。

这个阶段滑坡运动距离远，差异下沉大，但未发生一次性释放能量的突发式整体滑坡，而表现为缓动的、持续的、大范围和大幅度开裂滑移和错落变形。滑坡活动表现为快速发展与缓慢减速交替，既反映了对降水渗流及孔隙水压力作用的敏感性，也反映了旱季滑动带有效应力部分恢复、底部摩阻力增加、前缘压脚和北帮抵挡作用的有效抑制，滑坡经历了驱动力由急剧激发到逐渐减弱和阻滑力逐渐增强的过程。

5.6.5.3　缓变趋稳阶段：底部阻滑—两侧卡阻—前缘"压力拱效应"

随着滑坡运动距离的加大，整体运动能量的消耗，两侧中前部边界阻力、中前部平缓抗滑段持续加长增加底部摩擦、前缘坑底填方压力和矿坑北帮抵挡反力等综合作用逐渐占据主导地位，共同达成巨型滑坡"刹车"的效果，两侧边界的"卡阻效应"和滑坡前缘"压力拱效应"越来越显著。

图 5.31 解释了滑坡下滑力（F_m）与滑坡中上部顺层阻滑力（A_1）、底部剪切阻力（A_2）、前缘填方压力（A_5）和北帮的阻挡反力（A_6）的关系。前缘"压力拱效应"主要

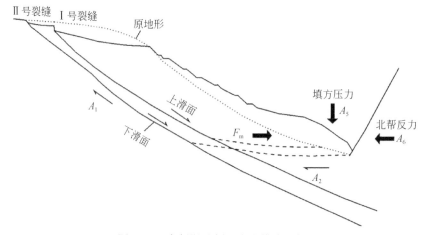

图 5.31　南帮滑坡剖面力学模式图解

体现在滑坡剩余下滑力（F_m）、填方压力（A_5）和坑底北帮的阻挡反力（A_6）的相互作用。随着滑坡变形能的释放，滑坡整体抗滑作用占主导优势，即使遭遇强降雨作用，滑坡也不会出现以往规模的快速大规模运动，因为既缺少运动空间、也缺少足够的动力来源。在新的强降雨等作用下，巨型滑坡会处于比较长期的变形调整状态，但整体基本稳定，局部变形可能剧烈，甚至发生小规模滑坡。

5.6.6　南帮滑坡稳定性分析

5.6.6.1　计算模型与工况

计算剖面选取东部区 E1200 测线工程地质剖面图。计算模型采用基于极限平衡分析的 Morgenstern-Prince 法（简称 M-P 法；Morgenstern and Prince，1965；陈祖煜等，2005）和 GeoStudio 软件的 GeoSlope/W 模块。M-P 法适用于任何形状的滑动面，其主要特点是假定了条块间存在相互作用力，极限平衡状态时任意条块均可满足力和力矩的平衡条件。M-P 法假定条块间存在相互作用力，将水平力与垂直力之比设定为特定的函数 $f(x)$，即水平力（X）与垂直力（E）表达为

$$X = \lambda f(x) E \tag{5.15}$$

边坡处于极限平衡状态时时，任意条块均可满足力和力矩的平衡条件（图 5.32）。条块间作用力函数 $f(x)$ 适当时，具有较高的计算精度。

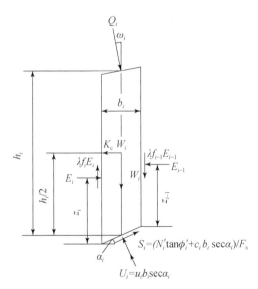

图 5.32　M-P 法条块受力分析

设定三种滑坡稳定性计算工况，计算模型见图 5.33。

工况 1：现状工况下，地下水位每次上升 20m，计算八种水位上升状态；

工况 2：现状工况下每次回填反压土层厚度 20m，计算九种回填情况；

工况 3：现状工况下对滑坡进行回填反压的同时考虑地下水位随回填同步上升，计算

九种回填情况。其中，最后情形⑨和⑩计算时，考虑地下水不可能全部渗出地表，地下水位保持工况⑧的情况。

计算的岩土体参数主要考虑滑动带、滑体和回填反压土体（表 5.5）。考虑边坡的工程地质结构，将滑床以下岩体视为未滑动。

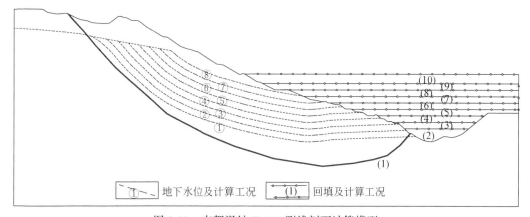

图 5.33　南帮滑坡 E1200 测线剖面计算模型

左侧为地下水位计算工况，右侧为土方回填计算工况

表 5.5　计算参数取值

序号	部位	天然容重/(kN/m³)	饱和容重/(kN/m³)	内聚力/kPa	内摩擦角/(°)
1	滑体	22	24	27	24
2	滑动带	18	20	18	16
3	回填土	18	20	20	20
4	滑床（基岩）	—	—	—	—

5.6.6.2　计算结果分析

图 5.34 显示现状工况下仅考虑坡体内地下水位上升时滑坡的稳定性。随着滑坡内地下水位持续抬升，滑坡稳定系数持续降低，地下水位从 -280m 上升到 -160m 区段，滑坡稳定性降低明显，稳定系数从 1.023 降低到 0.787。

图 5.35 点虚线显示了仅考虑回填作用，地下水位保持不变，按每次回填 20m 计算得到的滑坡稳定系数与回填高程之间的关系。回填能够有效地提高滑坡的稳定性，回填至 -240m 高程时，稳定系数提高到 1.316。随着回填高程增加，稳定系数也随之增大，但增加幅度显著降低。回填高程从 -240m 到 -140m，稳定系数增加幅度变小，仅从 1.316 增加到 1.432。在回填高程到 -100m 时，稳定系数增加幅度有所提升，可能起源于滑坡中段稳定性的明显提高。随着回填高程增加，可能的滑移面底部不断抬升，下段滑移面逐渐偏离目前的滑面，滑坡整体稳定性逐渐转化为中上部浅层稳定问题。

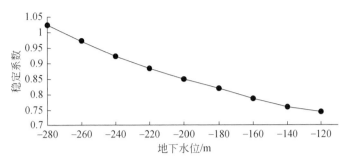

图 5.34　E1200 测线剖面滑坡稳定性与地下水位上升的关系

图 5.35 点实线显示了同时考虑回填作用与地下水位同步上升时，按每次回填 20m 计算得到的滑坡稳定系数与回填高程及地下水位之间的关系，这在主汛期是与实际工况比较一致的工程条件。考虑地下水位作用下，回填到−240m 时滑坡稳定系数达到 1.208。从−240m 到−160m 回填过程中，稳定系数逐渐增加，说明回填作用的影响高于地下水的影响，整个曲线的增长趋势总体上与纯粹填方基本一致。回填到−160m 高程，稳定系数达到 1.347，地下水对滑坡整体的稳定已影响不大，问题转化为滑坡中上段表层或浅层稳定问题。

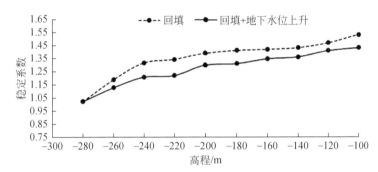

图 5.35　E1200 测线剖面滑坡稳定性与回填高程及地下水位的关系

中部区的 E400 测线工程地质剖面采用上滑面（图 5.17）计算滑坡稳定性变化趋势，得到与 E1200 测线剖面总体一致的规律。图 5.36 显示，地下水位从−270m 上升到−240m 时滑坡稳定系数从 1.01 降低到 0.951。地下水位上升到−200m 时稳定系数降到 0.856，地

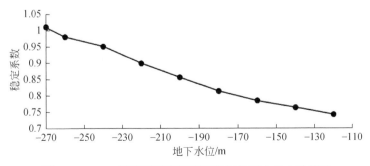

图 5.36　E400 测线剖面滑坡稳定性与地下水位上升关系

下水位升到-160m时稳定系数为0.784。图5.37点虚线显示，从-270m（初始状态）高程回填到-240m时滑坡稳定系数升到1.113，回填到-160m时的稳定系数升到1.285，回填到-100m时稳定系数升到1.484。图5.37点实线显示，同时考虑地下水位上升与填方压脚，回填高程到-240m时的滑坡稳定系数为1.051，回填到-160m时的稳定系数升到1.21，回填到-100m时的稳定系数升到1.33。

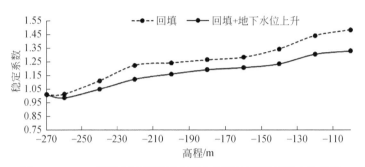

图5.37　E400测线剖面滑坡稳定性与回填高程及地下水位关系

把量化计算结果与图5.20、图5.27及各变形速度曲线对比分析可以看出，已有的填方量尚不能作为滑坡稳定的唯一关键因素。2016年7月强降雨过程再次激发，滑坡变形增高到2015年年底的近四倍。自2016年11月，降雨作用的弛豫期结束后，滑坡变形低至不足10mm/d，巨型滑坡向稳定态势转变。因此，前缘坑底填方压脚对滑坡稳定是有作用的，但填方量相对于巨型滑坡体积占比有限的情况下显然不能成为滑坡稳定的决定性因素。促使巨型滑坡"刹车"的决定因素，或滑坡整体稳定的实现要考虑滑坡中上部顺层摩擦阻力，下部剪出摩擦阻力、滑坡两侧边界阻力（卡阻效应）及坑底北帮阻挡反力、填方压力等因素的综合作用。

5.6.7　结论与建议

5.6.7.1　基本结论

（1）岩体顺倾结构及其裂隙化是巨型边坡发生大规模滑移的基础条件，具体表现为上部顺软弱夹层滑移，下部追踪岩层面和节理裂隙错动剪切破坏。

（2）滑坡平面形态上宽下窄、底部触底及北帮抵抗等边界约束条件抑制了滑坡启动后高速远程运动，表现为整体缓慢的持续的水平运动和向下错落。

（3）降雨、冰雪融水渗流作用降低了岩体软弱夹层的强度，增大了孔隙水压力和浮托力，以及坡脚采矿开挖降低了斜坡底部的支撑力等是滑坡孕育的主要因素。

（4）随着滑坡运动距离的加大，两侧边界阻力、底部抗滑力和填方压力不断增大，后期激发因素的作用灵敏性逐步降低，或者说滑坡失稳恢复期或弛豫期显著缩短，滑坡后期运动速度和运动距离逐渐降低，实现了滑坡运动态势的"软着陆"。

（5）滑坡运动过程经历了破坏失稳（2010～2012年）、阶跃演进（2013～2016年）和缓变趋稳（2017年以来）三个阶段，反映了巨型滑坡整体启动—岩体结构破坏—缓变与剧动交替—逐渐趋稳的过程。

（6）滑坡进入整体趋于稳定阶段后，降雨、地震（矿震）或人为因素作用引起南帮边坡岩体局部变形特别是中上部变形调整是正常的，甚至可能发生小规模滑坡。

5.6.7.2　防治建议

（1）构建点、线、面结合的监测网，为评估整体和局部的滑坡动态提供依据，为综合防治和整合开发利用提供基础资料。

（2）进行重点地段工程地质勘察，为综合防治工程可行性研究、工程设计和开发利用提供基础资料。

（3）论证填方压脚提高南帮边坡稳定性的最佳高度，为开发利用提供设计依据。

（4）观测研究降雨渗流、冰雪融水和地下水的影响，如地下水位对于顺倾岩体软弱面深部变形、有效应力、渗透压力和节理化岩土体软化及整体稳定性的影响。

（5）综合论证蓄水成湖的合理水位、水深及其正负效应，全面评估生态恢复、整合开发利用的成效。

（6）观测研究滑坡区上部整治利用及玄武岩资源开发的可行性及利用方式、时机。

5.7　盐池河崩塌灾难成因分析

5.7.1　基本情况

1980 年 6 月 3 日 5 时 35 分，湖北省宜昌市远安县盐池河磷矿发生大规模崩塌，崩塌岩体体积约 $100 \times 10^4 \mathrm{m}^3$，向下运动到相对高差 400m 的盐池河谷，块石堆积体积约 $130 \times 10^4 \mathrm{m}^3$，堆积体最大厚度约 40m，一般厚约 20m，崩塌堆积体南北长为 560m，东西宽为 400m（图 5.38、图 5.39）。崩塌块石最大单体体积约 1000m3，重约 2700t。崩塌碎石流摧毁了矿务局和采矿坑口的全部建筑，造成 284 人死亡。矿区周围九个地震台站记录了这次由山体崩塌引起的强烈地表震动，震级为 M_S 1.6 级。

图 5.38　盐池河磷矿崩塌区景观（徐开祥摄，1980 年）

5.7.2　矿区地质环境

　　盐池河矿区属于中-高山深切峡谷地形,河谷多呈陡立的"V"型,两岸形成悬崖峭壁。盐池河谷底标高为500m,区域最高点英台观山顶标高为1011m,最大相对切割深度为500m余。滑崩山体顶部标高为880m,采矿井口标高为519.5~601.9m。

　　矿区多年平均气温为15.9℃,极端气温为40℃、-13.5℃,多年平均降雨量为1145.7mm,记录最大日降雨量为226.1mm。盐池河矿区位于湖北省宜昌市以北87km处。盐池河是长江支流黄柏河的支流,由西向东流经矿区北侧。盐池河坡降为3%,最小流量为60L/s,最大流量为5m³/s。

　　盐池河矿区位于黄陵背斜东北翼,出露最老地层为前震旦系崆岭群混合花岗岩、片麻岩。上部不整合覆盖震旦系上统陡山沱组含磷岩系,陡山沱组本身由页岩及薄层状白云岩、泥质白云岩组成,开采矿层(PH1)位于陡山沱组一段中部,上覆为震旦系上统灯影组块状白云岩,崩塌体发育在灯影组地层中。岩层走向一般近南北,倾向近东,倾角为10°~18°,呈单斜构造。盐池河磷矿直接底板为粉砂质页岩,厚度约18m,岩性软弱,易风化易变形,强度低。磷矿层厚度约2m,为盐池河磷矿的开采矿层。

　　矿区及其毗邻区域地层褶皱轻微,断裂构造不甚发育。小型断层多属张扭性,一组走向北西西,另一组走向北北东,皆陡倾。北西、北东走向的两组构造节理发育,倾角较陡。陡山沱组薄层白云岩中节理发育密集,灯影组厚层白云岩中节理规模大而稀疏。

　　矿区地下水类型为岩溶-裂隙水。盐池河水质为重碳酸钙型,矿化度较低。地下水补给主要为大气降水。灯影组岩层中普遍发育岩溶裂隙水,是矿区内主要含水层。陡山沱组硬岩岩层中发育微弱裂隙水,软弱夹层起相对隔水作用,地下水在山体内运移时垂直层面上下连通性差,汇水渗流容易导致软弱岩层软化泥化。采动矿层(PH1)高出侵蚀基准面20~100m,主要发育层间裂隙水。

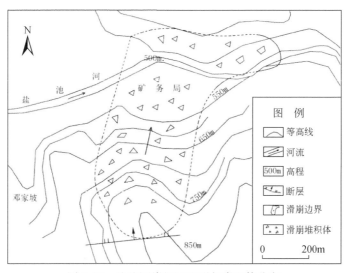

图5.39　盐池河崩塌区地形与崩积体分布

5.7.3　山体开裂滑崩与采矿的相关性

盐池河矿区自 1969 年开始建井，1975 年改建。550m 标高以上（一——六分段）采用平硐斜井开拓，520～550m 采用平硐-石门-中央斜井开拓，分段斜高为 41～50m，由上向下顺序开采。一——六分段回采都是从井田南翼边界向北推进。当上分段推进至井田北翼时，开始下分段回采。中央斜井按设计要求应保留 5m 矿柱，六分段以上已基本回采完毕，形成采空区面积为 $6.4×10^4 m^2$。采矿方法选用房柱法和全面法，采用自然和强制方式处理顶板，采空后放顶效果不好。

山体崩塌前，特别是矿柱放顶以后，采空区上部地表及崩塌山体中先后出现地表裂缝 10 条，其中六条直接切割崩塌山体。地表裂缝上宽下窄，主要追踪北东、北西两组节理面发展。裂缝发育特点：①10 条地表裂缝均出现在 1979 年及其以后，每条地表裂缝均在对应的地下采矿中段回采放顶后半年左右的时间形成；②裂缝产生的部位都分布在采空区与非采空区对应的边界部位；③地表裂缝出现的顺序与地下回采的顺序一致，说明地表裂缝的形成与地下采矿有着直接的关系。

盐池河山崩区山体高陡，地层倾向坡外，岩层倾角在 15° 左右。崩滑山体三面临空，沿软弱层剪出。磷矿采空区位于斜坡（崖）下部，易于因山体底部采空而形成悬板作用（悬臂梁作用），造成山体开裂并逐渐发展向下延伸，形成危岩体并先后出现小型蠕滑或崩塌。由于过量回收矿柱，大面积采空区及不适当的顶板管理方法导致了上部山体地表开裂严重，发展迅速。山体开裂缝全部分布在采空区上方，山崩后部裂缝（Ⅰ号缝）与采空区后缘存在明显的空间对应关系。采空区顶板下沉量和上部山体倾斜变形量基本对应（图 5.40）。井下地压活动在采空区支撑处（中央斜井）表现剧烈。山体开裂缝出现时间明显滞后于采空区形成时间。

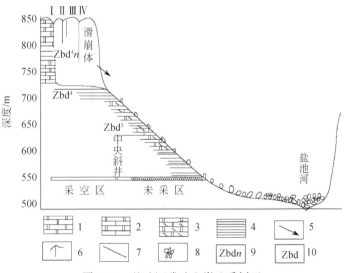

图 5.40　盐池河磷矿山崩地质剖面

1. 厚层白云岩；2. 厚层中厚层白云岩；3. 含硅白云岩；4. 砂页岩；5. 滑崩方向；6. 裂缝及编号；
7. 滑动面；8. 滑崩块石；9. 震旦系上统灯影组；10. 震旦系上统陡山沱组

中央斜井两侧及井田附近自 1975 年至山体崩塌前均已采完。矿房开采过程中，井下出现了比较明显的地压现象，包括矿柱及边墙片帮、崩裂、顶板下沉、底板鼓起、巷道顶底板合槽和矿柱压入底板软弱页岩的现象比较普遍。从采空区中心向山体内部对应着山体开裂强度和裂缝密度迅速增加，采空区内边界山体开裂缝规模最大，是拉应力、剪应力集中基本沿原构造节理释放最充分的地段。边界保安矿柱 3m 宽被当地社员采空，20 世纪 70年代"设计革命"导致到处滥开洞口。

从裂缝的空间展布看，所有大的地表开裂都分布在采空区之上，且规模最大的 I 号裂缝位于采空区南部边界上方，IV 号裂缝东段位于采空区东部边缘上方附近。山体整体滑动前后缘地表并未发生开裂。即 I 号裂缝和西侧卸荷溶蚀裂隙之间还存在相当距离的未连通岩体。在滑动面逐步形成的缓慢蠕滑过程中，滑动山体后缘节理开始从下部扩展，同时在溶蚀裂缝两端产生应力集中，造成裂缝从中间向两侧扩张（贾雪浪，1983）。

5.7.4　山体变形破坏的阶段性特征

随着采空区逐步向山体内部推进，1980 年 2 月起，二—五分段中央斜井出现片帮及底鼓变形。4 月五、六分段相继出现大面积采空，井下地压活动日趋严重。4 ~ 5 月，二—四分段中央斜井已无法通行，六—四分段地压活动明显增加。与此相对应，4 月 15 日，I ~ III 号裂缝出现，4 月 18 日，I ~ IV 号裂缝全面形成并连续贯通。山顶裂缝的出现滞后于采空区的形成，但与井下地压活动在时间上明显对应。I ~ III 号裂缝滞后于采空区出现约 6个月，但 IV 号缝仅滞后不足 3 个月，其他裂缝滞后约 18 个月。山体开裂最大变形量和顶板下沉最大变形量的位置几乎完全对应。

地表裂缝水平张开变形伴随明显的垂直差异变形，山体崩塌前半个月内，各裂缝平均垂直位移速度为 25 ~ 28mm/d 左右，山体崩塌前一天 I 号裂缝的垂直位移速度急速增加到1.008m/d。II、III 号裂缝的水平位移既有张开变形又有张开后的闭合变形，变形速度不大，是发育在崩塌山体中的次一级裂缝，延伸较浅，对山体的崩塌并不起控制作用。综合贾雪浪（1983）、姚宝魁等（1988）等的资料，盐池河山体变形破坏可分为四个阶段：

第一阶段，蠕动变形阶段：1978 年中期以前，井下开掘施工和三分段以上的回采扰动作用只是损伤了山体内部的岩体结构，宏观变形尚未显现。

第二阶段，开裂变形阶段（1978 年 7 月—1980 年 5 月 17 日）：1978 年下半年开始，采空区逐步推进和回采使采空区面积扩大，井下地压日趋严重，山体开裂依次产生。到1980 年 4 月，主要裂缝已发展成为贯通的大型裂缝，切割崩塌山体的 I 号裂缝张开达77cm，最大水平位移速度达 20mm/d。

第三阶段，剪切滑移阶段（1980 年 5 月 18 日—1980 年 5 月 31 日）：裂缝变形加剧发展，主要变现为 I、IV 号裂缝的加速垂直位移。I 号裂缝向下延伸发展到滑动岩层内部，山体开始缓慢滑动。主裂缝已延伸到滑床面，裂缝水平位移速度增加，垂直位移明显增大，崩塌山体底部追踪软弱带发展并逐渐形成滑动面。山坡上小型崩塌及滚石变得频繁，岩体的撕裂声及摩擦声时有所闻，山体逐渐进入临界极限平衡状态。

第四阶段，滑移崩塌阶段（1980 年 6 月 1 日—1980 年 6 月 3 日）：I 号裂缝的垂直位移速度猛增至 1.0m/d 以上，山体前缘出现大块岩体挤出，山体出现整体性滑动。山体前缘小型崩塌及滚石次数急剧增加，快速形成滑移式大规模崩塌。

显然，采矿活动、强烈降雨 I 、IV号裂缝变形反映了山体的整体位移。图 5.41 显示，5 月 18 日起山体出现垂直位移，5 月 18 日—6 月 2 日为整体加速变形过程，其中 5 月 21～26 日表现出相对减速变形，说明山体整体滑动过程中岩体内部应力存在一定调整，部分时段整体抗滑能力有所增加，但也积累了更大的变形能量。6 月 1～2 日，垂直位移速度突增，从而突破了匀加速变形阶段。5 月 31 日强降雨后，水的作用使山体抗滑能力剧减，大规模滑动破坏随后发生。累积变形曲线的拐点是 4 月 21 日、5 月 18 日、5 月 21 日、5 月 26 日和 6 月 1 日等。

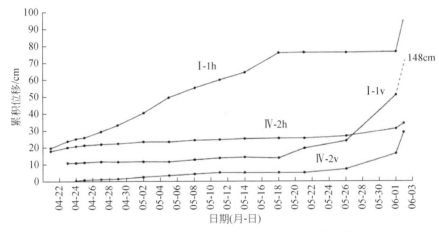

图 5.41　盐池河山体崩塌前 I 、IV号裂缝累积位移曲线

h 为水平向；v 为竖直向

崩塌山体各裂缝间的危岩体滑动倾倒的时间并非完全同步。I 号裂缝与IV号裂缝之间的危岩体首先开始滑动而带动IV号裂缝与北侧临空面间的危岩体滑动。前者对后者产生向外的推挤作用，使IV号裂缝外的危岩体首先倾倒掉落。外侧岩体掉落后又使后面的危岩体失去支撑而沿软弱带快速下滑形成高位滑移式巨型崩塌。IV号裂缝外的危岩体主要表现为向外侧河谷方向的挤出性倾伏，而主滑崩体则主要为滑移剪出式崩塌。目击者描述崩塌山体首先是中间部分下沉，其后山体外侧向外倾倒，接着后面的大山滑出崩塌。

5.7.5　山体崩塌成因分析

盐池河山崩是由地形、岩性、构造、采矿和降雨等多种因素作用下孕育形成的，大规模磷矿采空区的形成是主要的引发因素。

（1）山体突出（鹰嘴崖）和三面临空是采空悬板效应快速显现的根本原因。

（2）坚硬白云岩易于形成应力集中效应，山顶张应力作用易于使岩体沿节理拉开，下部软弱泥化夹层孕育剪出形成滑动面。

（3）滑动面整体倾伏方向北 70°左右，与岩层真倾斜方向一致。山体后缘小断层孕育滑崩山体的切割边界。

（4）采空区造就的"似悬板结构"使多个巷道和矿房组成"简支梁组合"，跨度中心位置基本正对山体外侧陡崖。中央斜井以南井下变形表现为整体来压，主体表现为"悬臂梁效应"，其约束端上部即山顶产生拉应力集中形成山体开裂。掘进采矿的爆破震动多年孕育了岩体疲劳损伤，累积效应缓慢造成岩体结构面松动，降低岩体强度。

（5）降雨作用。

1980年5月30~31日，矿区连续降雨75mm，雨后滑崩山体滑移速度猛增。降水的渗透软化作用使开裂山体底部软弱岩层强度急剧降低有利于滑动面逐渐形成。Ⅰ号裂缝降雨前仅累计下沉31cm，降雨后累计下沉136cm。据研究，泥质白云岩的软化系数在0.5左右，甚至遇水崩解泥化，对山体的起始滑动起到重要的控制作用（姚宝魁和孙玉科，1988）。

（6）滑移面破坏机制。

事后调查，山体下部滑移面并非沿单一层面滑动，而是追踪多层软弱面，后部的滑动面显示拉断、拉脱现象（姚宝魁和孙玉科，1988）。追踪式滑移面的有效接触面积降低会总体上使抗滑力出现暂态性减小，尽管滑移面粗糙不平，但巨大山体一旦启动，便会形成快速的滑移式崩塌。

5.7.6 山体开裂–滑移的力学判据分析

根据盐池河山体崩塌前的地形地貌、岩体结构、地质构造和采矿、降雨作用的综合分析，可以认为，盐池河山崩是在采空悬板效应作用下形成山顶拉开—弱面剪出—滑移崩塌的链式过程。为了为类似的地质灾害识别提供借鉴，作者简单地建立顺向型山体开裂的力学判据和开裂后山体滑移的力学判据，通过近似的解析，给出简化但揭示本质的方法，把定性分析与定量化解释结合起来（刘传正和肖锐铧，2021）。

5.7.6.1 山体开裂的力学判据

基于盐池河滑崩山体三面临空的地形特征、采空区分布，可将盐池河滑崩体简化为平面模型。盐池河山体在采空作用下，采空区形成悬板（悬臂梁）效应，在采空区边界对应的山顶处具有最大拉应力，可简化为悬臂梁力学模型进行分析研究，以期对盐池河山体发生滑移式崩塌的机理求得更清楚的认识。根据盐池河地层岩性分布，可做如下假设：将采空区简化为悬臂梁，固定端为采空区内界（图5.42中 D 点处），自由端为采空区入口处（图5.42中 A 点处）。

考虑到崩塌山体地貌形态，简化计算采用单宽平面荷载，图5.40所示山体剖面可简化为三个部分，AB 段三角形荷载，BC 段为陡崖区梯形荷载，CD 部分为矩形荷载。三个部分的水平长度分别为 L_1、L_2、L_3，岩体高度分别为 h_1、h_2。假设岩体在左侧固定端顶部开始拉裂，即对应盐池河山体后缘Ⅰ号裂缝，采空悬板作用下 DG 线（采空区内边界）的弯矩：

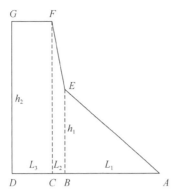

图 5.42 采空区简化为悬臂梁计算分析简图

$$M_{拉}=\gamma h_1 L_1(L_1/3+L_2+L_3)/2+\gamma h_1 L_2(L_2/2+L_3)+\gamma L_2(h_2-h_1)(L_2/3+L_3)/2+\gamma h_2 L_3{}^2/2$$

$$(5.16)$$

假设岩体抗拉强度为 T，则 DG 线固定端处岩石抗弯弯矩：

$$M_{抗}=H_2{}^2 T/2$$

当 $M_{拉}\geqslant M_{抗}$ 时，岩体将逐渐拉裂。

选取参数 $\gamma=27\text{kN/m}^3$，$L_1=189\text{m}$，$L_2=25\text{m}$，$L_3=82\text{m}$，$h_1=167\text{m}$，$h_2=302\text{m}$。则

$$M_{拉}=114619158\text{kN}\cdot\text{m}；\quad M_{抗}=45602T$$

得到岩体开裂前的极限抗拉强度即山体开裂判据：$T\leqslant2.513\text{MPa}$。

考虑到实际山体的开裂是沿后缘断层发展形成的，计算得到的临界抗拉强度值偏小是可以接受的。

5.7.6.2 山体滑移的力学判据

考虑盐池河滑崩体三面临空的地形特点，裂缝的发育有利于降水的排出，在此仅考虑降水对岩土体参数的软化作用，不再考虑地下水产生的静水压力作用。山体崩塌前沿软弱带滑移的单宽力学模式可概化为图 5.43，滑体发生滑动的临界条件为

$$W\sin\alpha=W\cos\alpha\tan\varphi+CL$$

式中，$L=(L_2+L_3)/\cos\alpha$；α 为滑动界面视倾角；C 为滑动软弱岩层的内聚力；φ 为滑动软弱岩层的内摩擦角。结合图 5.42、图 5.43，得

$$W=\gamma(h_2-h_1)(L_2+2L_3)/2-\gamma(L_2+L_3)2\tan\alpha/2 \qquad (5.17)$$

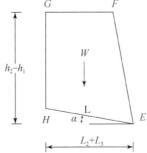

图 5.43 块体滑移稳定性分析

选取参数 $\alpha=15°$，其他参数同前，得到山体开裂后开始滑移的力学判据：

$$C=671.7-2641.7\tan\varphi \tag{5.18}$$

若取 $\varphi=10°$，$C=0.206\text{MPa}$；$\varphi=0°$，$C=0.672\text{MPa}$；$\varphi=14.3°$，$C=0$。

可见，临界状态下，如 C 值不存在，φ 值小于岩层倾角，仅靠内摩擦力已不足以维持岩体稳定了。考虑 C、φ 值在滑动带的变化性，临界状态初期 C 值的作用是重要的，后期 φ 值作用是重要的。

5.7.7　山崩前兆与防灾启示

1）山崩前兆

1978 年年底，矿区就开始出现岩崩情况，常有石块滚落，山顶上的三条裂缝也有不断扩大的迹象。滑坡传闻也在矿区出现，人心惶惶已经影响到矿区生产。

1980 年 4 月，一起较大的崩塌滚石出现后，磷矿领导请专家到现场考察指导。4 月 18 日，两位地质专家应邀赶到矿区，研判给出"大崩不会，小崩难免，整体性崩塌不可能"的结论。专家同时建议矿区加强监测，及时发现异常情况，并建议人员尽量住到离滑坡体较远的汽车队里，那里应该能确保安全。没想到大部分人在此处遇难，山崩碎石流堆积使该地至少抬高了 12m。

基于专家的结论，矿长发表了安抚干部和职工的讲话，并请某专家讲课两小时。4 月 20 日开始，矿上每天派人去测量山上三条裂缝宽度。5 月 20 日，山上的一条裂缝从原来的 2cm 扩展到 70cm，前沿裂缝外山体下沉了 1.2m。

目击者说，先是感觉山体晃动，"看见对面半座山，就是那个三角形的山尖往下滑，地底下发出轰隆隆的摩擦声，像打雷。""山上的石块把矿区的楼房推到公路对面的山上，又反弹回来解体被掩埋。""山从高处直接滑落，冲到对面的山上，升起巨大的烟雾。"

一辆从盐池河开往远安的班车本有可能逃离灾难的，但因停车观看大规模滚石景观，待块石流冲击过来已来不及开车避险，因多看二三分钟的热闹而断送了一车人的性命。有人因天热在楼顶歇凉发现情况不对往山上跑而幸存，也有人发现情况不对而幸运逃生。

2）防灾减灾启示

种种事实表明，盐池河山崩灾难是可以避免的。专家的"错误判断"致使麻痹思想蔓延。老乡说："抗不了，躲得了啊"。理性认识"崩塌哪天发生预测不了，但大致能够判断灾难是否会发生"未得到公认。就防灾减灾能力而论，有时候"专家"不如群众，因为后者更接近实际。

防灾减灾知识、意识、能力、心理乃至文化的培育应该成为"灾害学"的重要内容，局限在"象牙塔"推理研究指导防灾减灾有时不但不会救人反而会害人的。

第6章 地质灾害防治工程

地质灾害具有共性，但又个性鲜明，即一地的地质灾害特点绝不会完全相同于另一地，相应的防治工程也应结合当地情况予以"本土化"，而不能无原则地从"异地"或"异国"照搬照套。比起一般建筑工程来，地质灾害防治工程方案论证与工程设计也要突出其"个性"，在防治工程设计过程中，牢固树立"几乎没有完全相同的工程"的理念。从事地质灾害防治工程事业的调查、勘查、可研、设计、监测、施工和监理乃至管理人员都应有意识地培育"擅长于建筑原型工程"的科学与工程素养，而不可以无原则地推崇标准化。

6.1 地质灾害防治方案论证

6.1.1 防灾减灾决策原则

防灾减灾决策的基本前提是地质问题清楚，即地质体及其环境要素清楚。决策的基本原则是"科学有据，技术可行，经济合理，安全可靠"。

（1）防治工程方案论证比选必须具有坚实的地质勘察依据和任务文件依据。对于可能产生较大经济、社会和环境影响的地质灾害，在地质结论明确的前提下，确定是监测预防，还是搬迁躲避，或是及时整治。地质灾害防治工程要与土地利用规划、城镇建设规划及其他防灾减灾工程相衔接。

（2）应在遵循防治工程目标和原则的基础上，工程措施选定要结合当地地质条件和技术经济条件等。对于即使发生灾害，但不致造成大的灾难，治理也不会赢得好的效益，则只需有经验的地质灾害防治人员现场认证，进行必要的监测防范即可，没有必要进行大规模工程治理。

（3）地质灾害的危害性进行评估应统计核实地质灾害发生时可能对生命财产造成的直接损失、间接损失及社会影响。

（4）地质灾害事件治理工程的必要性论证要充分考虑治理、搬迁、避让和预警避险等多种情况，并与长远的国土空间开发利用规划、土地合理利用方式、限制人类活动强度和促进自然环境的恢复等要求相结合。

（5）根据地质灾害防治目标要求，选定设计安全系数标准；地质灾害防治工程荷载要考虑气温、降雨、库水位、地震基本荷载和特殊荷载；地质灾害防治工程要部署防治工程施工监测和工程效果监测。

6.1.2　防治方案论证的指导理念

兵法曰："自古不谋万世者，不足谋一时；不谋全局者，不足谋一域。"故有"利全局大势为上，谋全局大势为本"。对一处重大而复杂地质灾害体的研究、防治工程方案论证设计和施工反馈分析，既要探求该地质体变形破坏的全过程特征，可以认清其一时的发展特征甚至是异常变化的本质，同时又要分析灾害体自身构成，不同组成部分的异常现象，整体和局部各自的空间边界条件，以确保把握住全局。绝不能从局部出发而有意识，抑或是无意识地削弱对整个地质体环境的全方位认识，造成"瞎子摸象"或"只见树木，不见森林"的错误。

刘传正（1997a）提出了地质灾害防治工程的地质观与工程观，或者说地质灾害防治工程体现为地质观点与工程观点的有机结合。地质观的核心问题是地质体变形破坏力学机理的正确分析与地质预测，工程观的核心问题是防治工程方案的比选优化及其对施工反馈的相对灵活的可调整性或称可变更性。地质观保证对灾害特征、成因和发展趋势的分析正确无误。工程观保证优化比选出能够达到防治工程目标且工程投资合理的整体上最优的方案。一个卓越的地质灾害防治工程师在探讨地质问题时，应该而且能够站在地学立场上，在讨论工程方案问题时，应该而且能够站在工程学的立场上，并正确处理地学与工程学之间的有机联系，或促进地质师与工程师的对话。一个成功的地质灾害防治工程必然是地质专家与工程专家的优势互补的成果。这种互补应是自觉的，而不是陷入肤浅的争论不能自拔的。

1. 地质观问题

从实施防治工程的角度看问题，地质灾害体的勘查研究内容包括地质灾害体的环境条件、自身结构特征、变形破坏特征、影响因素分析和确定变形破坏力学机理，以及建立在机理分析之上的稳定性评价和监测工程布置。这个阶段的核心内容是正确分析岩土体的变形破坏力学机理，为正确建立地质力学模型、科学评价岩土体稳定性和提出有针对性的防治方案奠定科学基础。总之，地质灾害防治的地质观主要解决"是什么""为什么"的问题。

不同的地质灾害类型，其变形破坏机理是极不相同的，如滑坡的发生机理就可粗略分为牵引式的和推移式的。确定了变形破坏机理是倾倒式、滑移式还是平面转动式，是后缘推动滑移式，还是前缘牵引滑移式，抑或是多种方式并存，从而采用不同的工程方案。不进行机理分析而机械地套用所谓的"先进的"计算方法是盲目的。进行了机理分析而不深入、不准确，抑或是似是而非的，自然抓不住问题的实质，采用了即使是复杂而高深的计算方法也变成了游戏，也解决不了看似简单的问题，尽管有关人员的初衷可能并非如此。

作者的经验是，地质体破坏机理分析正确，概化的地质力学模型正确，就可以立足于用看似简单的计算方法去解决看似复杂的问题，因为抓住了问题的根本，而只是忽略了枝节。长江鸡扒子滑坡、万县豆芽棚滑坡、长江三峡链子崖危岩体、乌江鸡冠岭山崩和宝鸡狄家坡滑坡等的研究、论证或工程治理都有成功的经验。

2. 工程观问题

地质灾害防治工程方案论证或可行性研究要处理好主干项目与单元项目的关系,即处理好整体与局部的关系,即从整体出发,进行各分单元的研究,单元成为整体综合的定性或定量依据,而整体的综合分析结论又给单元研究以正确导向。任何一项工程设计总是先从整体出发,深入分析到各个局部(单元),再综合回到整体,并且多次地按照这样的循环过程逐步深化,基本要求是完善的全方位论证。最终提出多因素、大规模、层次复杂和动态综合的地质灾害防治工程方案,这是符合多级螺旋上升的认识论的。应强调,分散和综合都有创造的问题,但局部地段(分散单元)方案的创造要服从于整体。此阶段,设计工程师对地质灾害体特征及其环境的深刻理解至为重要。总之,地质灾害防治的工程观主要解决"怎么办"的问题。

地质灾害防治工程可行性研究是探索通过某种工程方法强化地质灾害体的既有稳定性或清除其危险性,要求提出的工程措施能够适应防治对象的现有条件或状态,与原有的稳定因素共同发挥作用,即成为被加固对象的有机组成部分,并与周围的地质环境相协调。地质灾害防治工程可行性研究就是进行地质灾害防治工程方案的比选,最佳目标是创造一个系统形成原有系统的有机组成部分。这是一个满足预期要求的过程,也是一个多方面知识综合运用、反复认识研究对象的过程。它包括地质研究确定的目标、方案的分析综合、多次论证、作图、试验、自我评估、现场实施与监测及反馈修改等多个环节,其中心环节是方案的分析综合。在防治工程方案确定以后,初步设计和施工图设计的原则就是研究如何准确地实现方案的意图。这种设计当然是一种无样板设计。从满足或实现地质体稳定的要求出发,进行要求目标下的适应性设计或可变更性设计。

在同样的社会物质条件下,要卓越地完成一处地质灾害防治工程,应该强调管理者、设计者、监理者、施工者和监测者等几方面的业务素质、个人性格、修养、协作精神和社会责任心等方面的重要作用。

6.1.3　防治工程方案论证原则

地质灾害防治工程方案论证比选的基本要求是"科学有据,技术可行,经济合理,安全可靠"。方案论证的科学基础是地质体变形破坏的成因分析和机理模式。论证的基本原则包括地质依据、效益评估、技术可行性、目标的整体优化、环境影响和社会安定等多方面的综合考量(刘传正和张明霞,1996;刘传正,2009)。

地质灾害防治工程不同于一般工程,它一般不直接产出效益,也就是说,治灾成功所显示出的效益常常是无形的。例如,长江三峡链子崖和黄腊石两个重大地质灾害的防治并未见直接产生效益如发电或出产品,但它保证了长江黄金水道的通畅无阻则是一种隐形的巨大效益。因此,地质灾害防治工程的方案论证比选应遵循七个原则。

1. 地质原则

针对地质体破坏机制,以增强地质灾害体(危岩体或滑坡体等)的自然稳定状态为根本原则, 尽可能不扰动或少扰动, 按照地质体的破坏机制对症施治。既要避免不清楚破坏机制, 仅从工程角度考虑问题, 也要避免仅从地质分析出发而忽视工程技术的偏颇。

2. 效益原则

地质灾害防治需要研究投入有效工程量以降低不必要的投资。防治工程效益一般以社会效益和生态环境效益为主, 如与土地整治相结合, 则经济效益也会很可观。

3. 技术原则

在正确反映地质体实际的基础上, 要求工程设计具有较好的可操作性, 甚至可变更性, 以期方便现场施工。对于影响较大的地质灾害防治工程, 要求其成为防灾减灾科研基地和普及防灾知识的课堂。

4. 目标原则

针对地质灾害体所处的地理位置的重要性、自身规模、发展现状与趋势设定整治目标, 制定工程设计标准, 避免随意扩大防治工程或提高设计标准的现象。实际工作中, 根据保护对象的重要程度确定防治工程等级及相应的设计标准, 强调通过防治关键部位, 改善整体状况, 实现最佳效果。

5. 整体优化原则

地质灾害整治一定要从整体出发, 把地质灾害体防治作为一个系统工程来对待, 设计工程措施主要为整体稳定服务, 而不是局限于局部。即使局部不最优, 但整体组合最优, 就是抓住了关键问题。

6. 生态环境原则

地质灾害整治应以改善地质体自身及其周围生态环境为原则, 把地质灾害体与其环境作为一个大系统来对待, 避免纯粹从工程观点出发, 导致治好了此地又恶化了彼地的现象。

7. 社会安定原则

地质灾害整治工程的实施不能影响或干扰附近居民的正常生活, 避免造成公民心理恐慌, 影响社会安定。

地质灾害防治工程论证应在上述七项原则的指导下, 提出搬迁避让和工程治理的 2 ~ 3 个工程方案进行技术可行性、经济合理性和安全可靠性的综合比选论证。

6.1.4　防治工程方案比选方法

6.1.4.1　综合比较 (类比) 法

综合比较 (类比) 法是地质灾害防治设计工程师最常用的一种定性或半定量方法。基本工作程序是：

（1）根据地质灾害勘查报告确定的灾害体变形机制、主要影响因素和稳定状态及发展趋势，列出可能采用的所有工程措施；

（2）逐项分析每项工程措施的地质环境适宜性、工程造价和施工难易，初选出拟采用者；

（3）确定几种工程措施组合作为比较方案，一般选取 2～3 个方案进行比选；

（4）按地质灾害防治工程方案比选原则推荐一种方案，或同时提供一种备选方案。

6.1.4.2　目标函数法

目标函数法是刘传正等（1996）根据最优化理论结合长江三峡链子崖危岩体治理工程设计而创立的。

目标函数是综合考虑了防治工程要达到的目标、技术可能性、材料性能和资金需求等多种因素而建立的一个数学表达式。根据地质灾害防治工程设计不同于一般工程结构设计的特点，处理好定数设计（基于极限平衡原理）与可靠性设计（基于概率分析）的关系。

根据勘查阶段稳定性评价结果，一般把滑坡或危岩体发生前或发生过程中的稳定系数值作为基础，把防治工程实施后达到的稳定系数值作为设计目标。

设计目标的确定主要考虑受危害对象的经济价值和社会政治影响。目标稳定系数 F 是一常数，可表达为

$$F = f(x_1, x_2, x_3, \cdots, x_n) = C \tag{6.1}$$

式中，x_1，x_2，x_3，$\cdots$，x_n 为一组设计参数（变量），如灾害地质体的物理力学参数、边界条件参数和工程措施如锚索、混凝土抗滑桩等的工程参数。

在使用最优化设计程序时，设计工程师必须预先准备好三个方面的内容，一是设计变量，二是设计的约束条件，三是最优设计的目标。在寻求最优设计方案的过程中，往往把设计参数的一部分用常量代替，先固定下来，而去调整另一部分设计参数。作为调整的那一部分设计参数规定为"设计变量"。

在设计过程中，设计变量的个数是不固定的。在方案探讨阶段尽量把对设计方案性能有影响的因素都加以考虑，经过初步计算后，固定对设计方案性能影响较小的因素，而调整对设计方案性能影响较大的因素。

6.1.5　工程技术类型选择

地质灾害防治技术选择应立足于减轻灾害，在此前提下，选择的工程技术类型越简单，越易于实现越好。因为治理灾害一般不直接产出经济效益，经济实用的技术是应该首先推荐的，自然，为特殊的经济或工程目的者除外。

地质灾害防治工程技术类型可以划分为主动型、被动型和复合型三大类。

（1）主动型工程措施，主动施加作用，增加抗滑稳定性：改变坡形（削坡填方）、疏导地表水、抽排地下水、防渗增大抗滑力，注浆工程如排水（地表、地下排水）、削方、灌浆、回填、高压注浆，以及锚固工程（锚杆、锚索）等。

（2）被动型工程措施，被动发挥作用型，增大抗滑力：抗滑桩、挡墙、竖井桩、洞室抗滑键、设立防护网如抗滑桩、挡墙、竖井桩和洞室抗滑键等。

（3）复合型工程措施，锚拉桩、锚拉墙排除地下水：截断地下水，浅层暗沟，深层水平钻孔、集水井、泄水涵洞、立体排水–排气工程、焙烧、电化学生态措施。

另外，非工程措施包括预防措施、搬迁避让、监测预警和应急避险等。

6.2　地质灾害防治工程设计

6.2.1　工程设计基本要求

地质灾害防治工程设计包括初步设计和施工图设计。

初步设计必须在已审定的可行性研究报告（推荐的防治工程方案）基础上编制，并对推荐的方案进行优化研究，开展专项工况分析研究、试验模拟、工程计算和结构设计，确定最佳工程布置、工程细部结构、施工程序、施工工艺和最适宜的工程材料等，进行整体和分项工程设计。例如，发现推荐的防治工程方案存在原则性错误，应及时提出并报请重新论证必要的设计参数，进行结构设计，编制工程量和经费预算。

施工图设计阶段主要是对各个工程单元进行细部结构设计，编制施工图设计说明书。施工图说明书应简要介绍工程的基本目的、施工条件、施工方法、施工机械、施工顺序、质量要求、进度要求、施工管理和施工监理等。

在地质灾害防治工程设计通过审查后，建设方在确认施工方后，要组织编制施工组织设计和工程监理设计。

6.2.2　基本设计理念

地质灾害防治工程设计需要概念设计（定性设计）与数值设计（定量设计）两种理念的指导。

概念设计是 Bertero V. V. 针对抗震设计而提出的（Bertero and Bresler, 1969）。因为地震工程学的实践证明，仅靠定量计算仍不能很好地解决建筑物整体结构的抗震问题。概念设计是根据设计对象的特点，依靠设计者的知识和经验，运用逻辑思维和综合判断，正确地确定建筑的总体方案和细部构造，做到合理的整体把握，不犯方向性错误，避免推翻重来（龚思礼等，1992）。概念设计并不排斥数值设计，而是为计算分析打好基础，使之少走弯路，使分析结果尽可能反映实际情况和可能的变化。

地质灾害防治工程的概念设计一般要考虑地质环境边界条件、初始条件和激发条件及其变化幅度，滑坡体自身的形态、成分与结构，岩土体软弱部位的研判，施加工程的最佳布置及作用和施工技术工艺实现的难易程度等。实际工作过程中，也常使用到现场或原位设计、监测反馈或监控设计、系统设计、块体分析设计、结构单元组合设计、代偿设计、可靠性（概率分析）设计和计算机辅助设计等概念，只是含义相对具体或狭隘而已（刘传正, 1995b)。

地质灾害防治工程设计实质上是可调整性或可变更性设计, 可能经过多次反馈, 多次变更, 关键是地质认识的深度和工程方案的针对性。地质灾害防治工程实际设计过程中, 涉及诸多基本观念, 思想上明确是有利于提高工作针对性的。

1. 现场 (原位) 设计

现场 (原位) 设计是在地质勘察、研究的基础上, 设计人员在现场考查时积极思考、综合判断形成的初步方案或设计思路, 它包括技术方法选择、工程布置和施工要求等。它是对地质体破坏规律、计算方法的实用性论证和工程技术特点综合分析的一种方法, 它可以从宏观方面把握问题的实质, 避免发生原则性错误, 这是地质灾害防治工程设计有别于一般建筑工程设计的重要特点。

2. 分析计算设计

这是一个对初始反馈资料进行量化的过程, 为确定工程措施和工程量服务, 但因计算精度的局限性与设计对象的复杂模糊性, 常常出现对定量计算结果定性使用的现象。

3. 代偿设计

代偿设计要求设计者对防治对象的关键地段 (稳定储备低, 对施工干扰敏感的地段) 预加一个工程措施, 人为制造一个安全储备, 预加储备应大于危险地段施工造成的安全度损失。实践证明, 这个观念对于指导正确地确定工程布置、施工程序、施工强度和施工工艺是至关重要的, 也是避免施工期间加剧地质体变形发展甚至酿成灾害的重要对策。

4. 监控设计

反馈设计或动态设计, 也称信息或情报施工法, 是指在实施防治工程开挖或造孔施工工程中, 发现或监测到设计中未考虑到的意外情况, 根据这种新的反馈 (二次), 及时调整或变更细部设计的过程。

5. 可靠性设计

鉴于地质灾害防治工程设计较之于一般的建筑结构工程有着更大的不确定性 (属于非定值问题), 这些不确定性来自防治对象的设计参数的离散性很大, 所选用的计算模型与地质工程实际存在一定误差, 从而提出基于概率论基础上的设计方法--可靠性设计。在考虑各种参数的前提下, 计算可靠性概率 P_s (可靠度) 或可靠指标 β 作为设计准则; 在各方面条件确定时, 也可计算失效概率 P_f, 作为验算工程设计是否可靠的判断准则。

6.2.3 设计标准

设计标准包括设计基准期和设计稳定系数, 设计基准期是指设计工程发挥正常功能的有效寿命期; 设计稳定系数是指设计的工程措施在设计基准期内保证工程正常发挥作用的一个指标。

6.2.3.1　设计基准期

设计基准期的确定主要根据地质灾害所危害对象的社会、经济、环境、文化或政治利益的大小，一般分为如下几类：

(1) 20 年：一般以经济或环境利益为主，且在较短时间内可以改善；

(2) 50 年：以经济和环境利益或社会和经济利益为主，且需较长时间方能改善；

(3) 100 年：涉及经济、环境、社会和文化政治等多方面的利益，且纳入国家建设或国土整治规划；灾害风险大，危害严重；

(4) 100 年以上：社会、经济与环境利益及政治影响长远重大；灾害风险极大，危害极严重。

6.2.3.2　设计安全系数

设计的稳定系数应考虑自然地质体固有的稳定储备、加固用的工程材料性能、施工质量（队伍素质、机器设备、工艺、施工速度与强度）和监理等质量等方面的因素。地质灾害防治工程的最终质量可表达为

$$Q = (K, S, C, D, G) \tag{6.2}$$

式中，K 为勘察质量；S 为设计质量；C 为材料质量；D 为施工质量；G 为监理控制质量。

计算和工程经验证明，填土或挖方使斜坡的稳定系数变化 0.05± 就可能诱发滑坡发生或使滑坡停止滑动。因此，在设计基准期确定的前提下，正常荷载下的设计安全系数可分以下几种情况确定：

(1) $F_S \geq 1.25$ 适用于极为重要的公路、铁路、黄金水道和公共设施等关系国家命脉的交通设施、公民密集聚居区或具有世界影响的地域或文化古迹，灾害风险极大，危害极严重。

(2) $F_S \geq 1.2$ 适用于重要公路、铁路、黄金水道、公共设施、公民密集聚居区或重大政治文化影响地域，灾害风险大，危害严重。

(3) $F_S \geq 1.15$ 适用于一般公路、铁路、内河航运、公共设施、公民居住区或文物古迹或风景地。

(4) $F_S \geq 1.10$ 适用于一般性的应急防治工程。

特殊荷载下的设计安全系数根据具体情况确定，一般要比正常荷载条件下降低 0.05～0.1，且对于前述 (1)、(2) 两种情况适用。

表征地质灾害体目前稳定状态的稳定系数一般由计算获得。由于稳定系数概念源于刚性假设，一般认为滑坡正在发生过程时稳定系数接近 1.0。

6.2.4　设计荷载

工程设计荷载是指工程运行期间可能承受的所有荷载类型及其作用形式，具体类型包括自重、温度、湿度、静水压力、动水压力、风、波浪、动静冰荷载、雪、泥砂、地震和

人为振动等。

6.2.4.1　正常荷载组合

在工程施工和工程运行期间持久作用的所有荷载类型及其作用形式称为正常荷载组合，如自重、温度、湿度和静水压力等。

6.2.4.2　特殊（非常或极端）荷载组合

在工程施工和工程运行期间突然或短时间作用的所有荷载类型及其作用形式称为特殊荷载组合，如飓风、水位变动、风、波浪、动静冰荷载、雪、地震和人为振动等。

设计荷载一般以正常荷载的最不利组合为依据。根据工程的重要程度确定瞬时出现的特殊荷载组合的部分或全部选用。水库地区涉水滑坡防治工程作用荷载包括地质体自重、地面荷载、水库水位及其变动产生的动静水压力、降雨入渗造成地质体重度增加及地下水渗流的动静压力。例如，长江三峡水库区的滑坡防治工程荷载组合就涉及 175m、156m、145m、135m 水位影响及水位涨落引起的滑坡体内外静动水压力变化（如 1.2m/d）和 50 年一遇洪水水面线等，暴雨重现期（如 50 年一遇）或极端暴雨强度等。

根据地震动力学研究、抗震设计经验和多地的宏观地震滑坡分布调查结果，在崩塌滑坡防治工程设计中直接采用静力法公式（$K_H = a/g$）计算地震作用力是过于保守的，不但大幅增加工程量和投资，也与实际经验不符（刘传正，2013a）。因为，虽然地震动力分析理论关于地震加速度、卓越周期、反应谱和地震持时等的认识仍不成熟，但借用到斜坡问题上有几点应该是明确的：

（1）地震力作用方向是瞬态变化的；

（2）地震力作用大小甚至量级是瞬态变化的；

（3）地震加速度作用方向绝少与斜坡优势失稳方向完全一致；

（4）地震作用持时是比较短暂的（数秒至数分钟），与持续的长期作用效果是不同的，即使某部位的岩土材料变形或强度在瞬态满足破坏准则，也不会导致斜坡的整体破坏乃至发生滑坡；

（5）斜坡体自身岩土的动力特性是千差万别的；

（6）地震波是从斜坡底部向上传播的，在时间上具有滞后性；

（7）地震时反复的动应力作用；

（8）斜坡自震周期与区域地震波发生共振的可能性；

（9）一般只考虑沿斜坡滑动主方向上的水平地震荷载作用；

（10）防治工程有效期或工程寿命方面的考虑，并与当地重要工程的抗震设防标准可比对。

斜坡稳定性地震作用的考虑应该起源于堤坝的抗震设计。为了避免采用静力法公式 $K_H = a/g$ 造成的保守浪费，结合理论分析和实际工程震害调查，本着既要简化，又要接近实际，参照静力法的表述，可采用堤坝抗震设计的拟静力法公式（汝乃华，1983）。

$$K_C = K_H C_Z F \tag{6.3}$$

式中，K_C 为拟静力法地震加速度系数；K_H 为静力法地震加速度系数，$K_H = a/g$，a 为地震加速度，m/s^2，g 为重力加速度，m/s^2；C_Z 为综合影响系数，一般取 0.25；F 为地震惯性力系数。F 值一般取 $1.0 \sim 1.3$；当重力坝坝高超过 70m 而低于 150m 时，F 值取 1.5。

6.2.5　施工地质

施工地质是勘察设计工作的自然延续，是深化地质认识、完善动态设计的主要过程。"设计指导施工，施工检验勘察设计"是二者辩证关系的一种概括。因此，施工方应配备地质工程师负责施工地质工作，包括编录新开挖的地质断面，注意补充修改地质勘察报告，超前预报或多方会商重大地质问题。根据新发现的地质问题随时向设计代表、监理工程师提出设计变更或调整施工方法的建议（刘传正，2009）。必要时，还应对施工工期、时间安排和监测布置重点提出建议。

在施工过程中，根据开挖揭露的新情况，对地质灾害防治工程设计进行局部性的调整或变更是正常的，也是经常性的。在新发现重大地质问题时，对某些工程单元的设计进行重大变更也是正常的，是补救设计阶段认识不足的重要时机，是减少工程损失、避免重大错误所必需的，这是地质灾害防治工程设计区别于一般建筑工程设计的重要特点。因此，驻工地的设计代表或设计负责人，应有随时随地调整设计的思想准备、知识准备和技能准备。

6.2.6　施工工艺

一份优秀的地质灾害防治工程设计书，不但应在理论上是成立的，在形式上是易懂美观的，更应该是在施工中易于实现的，这就要求从事地质灾害防治工程设计的工程师对施工工艺有一定了解，如地下工程中混凝土浇不满的问题或顶板的处理问题，在长江三峡链子崖危岩体和澜沧江漫湾电站坝肩边坡治理工程中都曾遇到；在锚固工程造孔、注浆过程中也经常出现跑风（不返风）或漏水漏浆问题；现场大型岩体力学校核试验中的传力柱设计等都关系到设计目标的实现。

根据我们的经验，为了方便施工单位更好地实现设计意图，设计方最好在施工前编制施工导则，并结合施工进展及时优化，这对于设计、施工和监理三方的沟通是非常有效的。

特别应引起注意的是，施工组织、施工方法、施工工艺、施工强度或施工工序安排不当，甚至违反设计文件，会加重或诱发新的地质灾害。

6.2.7　设计变更

地质灾害防治工程设计实质上是可调整性或可变更性设计，可能经过多次反馈，多次变更，关键是地质认识的深度和工程方案的针对性，尽可能避免全面推翻重来。

设计调整或设计变更建议一般由驻工地的监理代表、设计代表和施工代表会商提出，经业主同意后，正式向设计方提出。设计方在听取了设计代表的汇报，并查看现场后，决定是否变更设计。变更后的设计经业主批准后由监理代表正式向施工方下达。

重大设计变更乃至是方案性的设计修改必须由业主召集设计方、施工方和监理方共同会商，一般邀请专门的专家组深入论证，提出决策咨询性意见后，再做决定。

6.3　链子崖危岩体防治工程

长江三峡链子崖危岩体防治工程是国家重大地质灾害防治工程，为了链子崖危岩体的整体稳定性，在煤层采空区建设了相互关联支撑的混凝土承重阻滑键体格架体系，在链子崖前缘实施了锚固工程，山顶的地表排水系统作为辅助工程（刘传正，2009）。

由于链子崖危岩体高陡耸立，直面长江，严重威胁长江航运和三峡工程建设，国务院于 1992 年决策实施重大地质灾害防治工程。通过四年多（1995 年 5 月–1999 年 8 月）的施工和竣工后多年的运行检验，特别是长江三峡水库多期蓄水的考验，综合危岩体变形监测、煤层采空区地压监测和整体稳定性计算三方面结果，证明工程治理效果是显著的，达到了正常荷载下稳定系数大于 1.30（治理前为 1.062），特殊荷载下大于 1.15 的设计目标。

2000 年 10 月 23～27 日，现场验收认为工程达到优质标准，长江三峡链子崖危岩体防治工程是成功的。2005 年 5 月 26～27 日，防治工程通过国家最终验收，认为危岩体稳定性已达到设计要求。目前，秭归县屈原镇已将链子崖工程区开发为风景旅游区，正式对外开放。

6.3.1　工程目标

链子崖防治工程目标是改善链子崖危岩体的整体稳定性。

1. 防滑移

不允许沿煤层采空区（R_{001}）产生过量滑动变形。防治"五千方"沿 R_{301} 软层，和"七千方"沿 R_{401} 软层继续滑移。

2. 防倾覆

防止煤层采空区（R_{001}）产生明显的差异下沉，防止危岩体继续平铺下沉产生过量压缩变形，避免因差异下沉治诱发整个危岩体倾覆或崩塌。防止"五万方"危岩体发生倾倒和大规模崩塌。

3. 防平面反时针转动

工程部布置上注意加固东端关键地段与加固 T_{12} 缝同时考虑，防止平面反时针转动造成东端崩塌（T_{10} 缝群附近）。同时，一旦西端的"锁固力"不足，转动会转化为整体移动。

6.3.2　工程设计标准

工程设计基准期为 20～50 年，尤其是在三峡枢纽工程竣工前确保危岩体稳定（基准期 20 年是考虑到三峡枢纽工程竣工后 80% 淹没在水下，对大坝工程的威胁大大减轻）。

因此，链子崖 T_8～T_{12} 缝段危岩体沿 R_{001} 的防治工程设计标准分三种情况确定：

1. 基本荷载组合条件

自重+暴雨+三峡水库 175m 水位：稳定系数 $K \geqslant 1.3$。

2. 特殊荷载组合条件

自重+暴雨+三峡水库 175m 水位+Ⅶ地震惯性力作用：稳定系数 $K \geqslant 1.15$。

3. 特殊荷载组合条件

抗倾覆稳定系数 $J \geqslant 1.5$。

6.3.3　工程方案比选

控制链子崖危岩体 T_8～T_{12} 缝段整体稳定的关键界面是煤层采空区（R_{001} 软层）。防治工程设计既要达到预期目的，又要把工程投资控制在国家限额之内，工程方案的优化研究就显得至为重要。经反复比较，适宜作为主体工程措施者有三：一是锚索加固工程，二是置换混凝土承重阻滑键，三是抗滑桩方案。鉴于链子崖的高陡临空，稳定储备和施工场地均不适应抗滑桩工程的要求，这里主要对比前两项工程措施。

1. 全锚固方案

根据国内外已有的经验，采用锚索加固可以取得良好的效果，其作用是对危岩体的稳定状态补强，且不破坏危岩体现有的平衡结构。工程弱点是：

由于煤层采空区缺乏支撑反力，锚索的预应力作用施加不上，甚至因其锚固压力分量导致危岩体先期出现不可逆转的压缩（下沉）变形而导致危岩体下沉。为此，仍必须在锚索穿过地段预先开挖煤渣置换一定规模的混凝土键体，才能保证锚固工程有效。由于要补强的抗滑力非常之大，且按锚索夹角（据经验 $\alpha = 54°$，它与 R_{001} 的 φ 值有关）修正而得的总锚索拉力为 6×10^6 kN，若按平均每根锚索长为 50m，要求的工程总投资达数亿元之巨（当时物价），显然，这是不经济的，也是工程投资所不能允许的。

2. 混凝土承重阻滑键方案

岩体破坏机制和监测资料的分析表明，危岩体水平方向上仍在开裂，竖向在下沉，采用混凝土承重阻滑键置换部分未压实的矿渣，增大 R_{001} 软层的抗滑能力，可达到阻止危岩体继续下沉和向江滑移的目的。这种方案工程量小，造价低，只要施工技术合理，可以达到改善煤层采空区变形的目的。稳定系数的提高与承重阻滑键承担的荷载量、键与石灰岩顶板接触面的抗剪强度、键的长度和承载面积等有密切的关系。

6.3.4 工程目标函数

根据地质机制分析，危岩体开裂变形是在煤层采空诱发作用下经过数百年的发展形成的整体变形体系。其各部分的变形都反映了整体的性态。加固体系应从互相联系的完整系统进行考虑，而不是孤立地研究各个部分是锚固还是回填，否则，投入巨资，取得的整体效果不佳，甚至会加剧危岩体的变形过程。在上述思想指导下，本研究试图通过建立工程目标函数的方法予以探索。

1. 目标函数的建立

$T_8 \sim T_{12}$ 缝段危岩体的整体稳定涉及核桃背山体、煤层采空区和黄龙组石灰岩三个持力区的加固（刘传正等，1996）。也即，治理工程的目标应是上述三者的函数，即

$$F = F(a, P, C_2, f_2) \tag{6.4}$$

式中，C_2 为 T_{12} 缝的内聚力，MPa；f_2 为 T_{12} 缝的摩擦系数；a 为煤层采空区混凝土承重抗滑键面积，m^2；P 为锚索总拉力，t。

煤层采空区的综合力学参数为 f_0、C_0。

总锚固力：

$$P^* = P\cos\alpha + P\sin\alpha \cdot f_0 \tag{6.5}$$

T_{12} 缝面之核桃背山体抗滑力：

$$F_{511} = F_{51} + A_2 C_2 \tag{6.6}$$

把 P、a、C_2、f_2、f_0、C_0 均代入式（4.10），令 $K_5 = 1.2$，取

$$f_0 = f_1 + \frac{f_3 - f_1}{A}a$$

$$C_0 = C_1 + \frac{C_3 - C_1}{A}a$$

锚索与煤层采空区（R_{001}）夹角 $\alpha = 54°$；危岩体与煤层采空区接触面积 $A = 2.8429 \times 10^4 m^2$，$C_1 = 0.04 MPa = 4t/m^2$；$f_1 = 0.31$；$T_{12}$ 缝接触摩擦面积 $A_2 = 1.26 \times 10^4 m^2$；$C_{25}$ 混凝土阻滑键力学参数 $C_3 = 0.5 MPa$，$f_3 = 0.7$。

则可得到特殊荷载下，联合加固 $T_8 \sim T_{12}$ 缝段危岩体的工程目标函数方程：

$$117.6909a + \left(0.8386 + \frac{0.3155a}{28429}\right)P = (9.6555 - 8.4088f_2 - 0.126C_2) \times 10^5 \tag{6.7}$$

即 $T_8 \sim T_{12}$ 缝段危岩体整体加固的目标 F 是混凝土承重抗滑键面积（a）、总锚固力（P）和 T_{12} 缝抗剪强度力学参数（C_2、f_2）的函数，四个变量的不同取值将给出不同的整体加固方案，可以从中选择满足优化设计原则的工程方案。

2. 工程方案研究

由方案比选可知，总锚固力（P）过大，造价太高，违反效益原则。置换承重阻滑键面积（a）过多，则开挖扰动影响较大，违反地质原则。因此，可以通过调整 T_{12} 缝的加固

状态，然后确定 P 和 a 合理工程量配置关系。

表 6.1 给出了 T_{12} 缝的四种加固状态，这四种状态可通过灌浆等工程措施予以实现，且工程量又不会扰动危岩体的整体稳定性。其中，状态①为现状状态。

表 6.1 T_{12} 缝的四种加固状态

状态	①	②	③	④
f	0.4	0.5	0.6	0.7
C/MPa	0	0.1	0.15	0.2

在此四种状态下，得到四个联合加固的目标函数方程：

状态①： $117.6909a+\left(0.8386+\dfrac{0.3155a}{28429}\right)P=6.29\times10^{5}$

状态②： $117.6909a+\left(0.8386+\dfrac{0.3155a}{28429}\right)P=4.191\times10^{5}$

状态③： $117.6909a+\left(0.8386+\dfrac{0.3155a}{28429}\right)P=2.72\times10^{5}$

状态④： $117.6909a+\left(0.8386+\dfrac{0.3155a}{28429}\right)P=1.25\times10^{5}$

四种状态的计算结果见图 6.1。可见，链子崖防治工程采用全锚固或全部置换混凝土承重阻滑键只是两种极端情况，即在状态①情况下，总锚拉力 $P=7.5\times10^{5}$t，或在全置换混凝土承重阻滑键时约为 $a=5.35\times10^{3}$m^{2}，而没有考虑 T_{12} 缝注浆、R_{001} 锚固和置换承重阻滑键三者的联合处理。事实上，因为链子崖危岩体不是刚性体，只有联合处理才能适应并改善危岩体的整体稳定状态。

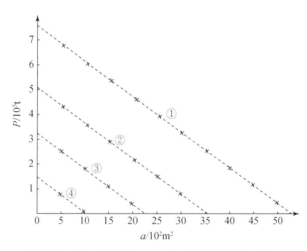

图 6.1 T_{12} 缝四种加固状态下锚固（P）与承重阻滑工程面积（a）的关系

不妨论证，若 T_{12} 缝能够加固到理想状态⑤，$C_2=0.35$MPa，$f_2=0.7$ 时，混凝土的性能是可以满足的，这时 P 与 a 均取负值，即不需任何锚固或回填，这显然是不符合实际的。问题的关键在于危岩体不是刚性体，是严重开裂的破裂岩体，仅靠 T_{12} 缝提供的加固力不能保证东端不发生转动与倾倒，也不能阻止危岩体下沉。

自然，T_{12} 缝本身的注浆效果是需要经现场试验研究确定的一个未定问题。目标函数的提出只是为深化对危岩体变形机理的认识和防治工程方案优化指明了方向。

6.3.5　工程采用方案

根据地质分析，必须对煤层采空区治理工程是以承重为主，还是以抗滑为主作出论证，以确定合理的工程量。从宏观现象分析，洞内地压、变形均反映压缩作用，煤渣矸石层承压能力不够，矸石层或"黄泥"层中的擦痕反映了在压缩下沉中引起的向外侧向滑移。可以预见，三峡水库蓄水位上升以后，矸石层的承压能力（强度）将明显降低，主要由混凝土键体承压。因此，就目前的认识，煤层采动区治理工程应以承压为主。

从理论上分析，承重与抗滑是一个问题的两个方面，没有承重，抗滑就无从谈起。承重问题解决了，问题就转化为承压面上抗滑能力大小的确定。抗滑问题要考虑多方面的因素：①混凝土键体；②键体顶面锚杆或煤层采空区顶板打毛或刻槽；③穿过 T_{12} 缝的锚索预应力作用；④东部崖脚锚入黄龙组石灰岩的锚索和西端锚入核桃背岩体的锚索；⑤核桃背山体的支撑抗滑作用；⑥压密的煤渣矸石层仍起一定作用；⑦残留的煤层或煤柱作用。

链子崖防治工程包括六个单元，涉及 $T_8 \sim T_{12}$ 缝段主体工程三个单元，即崖下煤层采空区治理工程、崖壁 $T_{11} \sim T_{12}$ 缝段（"五万方"）锚固工程和崖顶 R_{401} 以上的"七千方"危岩体（即 $T_{14} \sim T_{15}$ 缝段）锚固工程；涉及外围环境者两个单元，一是崖顶后山雷劈石古滑坡表面排水工程，二是崖东猴子岭崩积体拦石坝工程；第六个单元是检验 $T_8 \sim T_{12}$ 缝段主体工程实施效果的监测工程。

6.3.6　煤层采空区治理工程

1. 工程布置

煤层采空区的治理是关系到 $T_8 \sim T_{12}$ 缝段 $250 \times 10^4 \, \mathrm{m}^3$ 危岩体稳定性的根本工程，是全局、是大势。煤层采空区的复杂性在于它由多种成分构成，包括空顶区、煤渣矸石填充区、"黄泥"（呈半固态、塑性状态或流态）填充区、极少量的残留煤层、煤柱和混凝土承重阻滑键体（含锚杆）五种成分，并非简单意义上的"空区"，而是复杂意义上的"煤层采动区"，后者更能反映出其实际构成、承压和可能变化的历史与未来。

链子崖煤层采空区的处理关系到 $T_8 \sim T_{12}$ 缝段 $250 \times 10^4 \, \mathrm{m}^3$ 危岩体的整体稳定，是链子崖地质灾害防治的根本问题。针对危岩体开裂变形破坏机理，防治工程布置的总原则是采用中间防御，两翼攻击的战略。中间防御是在煤层采空区主要地段用混凝土承重阻滑键置换煤渣或空顶区，它是被动受力防御的工程方法，包括 PD_2、PD_6、PD_1 和 PM 四个工区组成的平面受力格架体系。两翼攻击是在危岩体东西两端设计 $1^\#$ 和 $2^\#$、$3^\#$ 锚固工程区强化岩体的自身稳定性，而不扰动不破坏岩体的结构。预应力锚索工程是主动加力的工程方法，它包括西边界穿过 T_{12} 缝锚在核桃背上的 $1^\#$ 锚固区（锚索方向为 210°）和东端穿过煤层采空区锁定在黄龙组石灰岩上的 2#、3# 锚固区三个部分，后二者以 3# 锚固区为主，2# 锚固区起辅助作用（锚索方向均为180°）（图6.2）。

经过工程方案优化研究，结合煤层采空区的调查、勘查和大量分析研究结果，决定以混凝土承重阻滑键为主，"五万方" 地段 T_{12} 缝的回填作为安全储备对待。加固 "五万方" 的锚索应全部或大部分偏向核桃背，既适应 T_{12} 缝的变形机制，又利于整体稳定。

特殊荷载条件下，危岩体稳定系数 $K = 1.2$，$a = 5350 m^2$。相应地，满足特殊荷载条件时，自然满足一般荷载条件。

考虑到抗滑键顶底板刻槽（打毛）的实际难度，决定取消刻槽，全改为使用锚筋增加 C 值。锚筋布置间距为 1m。每根锚筋采用二级热轧 $\phi 32$ 螺纹钢筋，单位为 6.31kg/m。

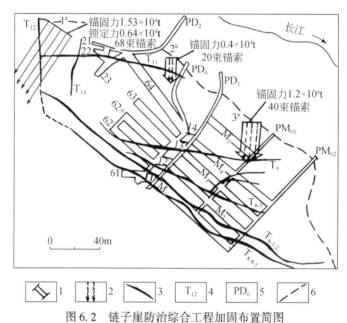

图6.2　链子崖防治综合工程加固布置简图

1. 混凝土键体; 2. 锚固工程; 3. 裂缝; 4. 裂缝编号; 5. 硐群编号; 6. 危岩体界线

2. 承重阻滑工程设计调整

施工开始后，根据施工中反馈的各种信息（施工地质编录、地质雷达探测、工程复测、施工难度或效果和形变地压监测），经多方面会商论证，及时对承重阻滑键的布置进行了优化，对施工技术提出了更精细的要求。因为取消了 2#、3# 区锚固工程和 T_{12} 缝注浆工程，混凝土键体置换煤层采空区的面积由 3500 m^2 恢复到 5350 m^2，后考虑到顶板岩性由勘察阶段认定石灰岩变为泥质碳质泥灰岩，岩体的物理力学性质降低，又由 5350 m^2 增加到 6200 m^2，最后实际完成 6284.8 m^2。

施工开挖强度过大表现为空顶面积增大，当空顶面积与混凝土回填面积达到一定比值时，即会出现危岩体变形急剧增大现象。图6.3是空顶面积及开挖强度控制图，曲线①为空顶面积累积曲线，该曲线可作为变性的危岩体抗剪强度线，1996年10月为线上一点，从图中可以看出，接近10月曲线明显变陡，斜率增大，浇筑接顶面积没有跟上（曲线

②），空顶面积占浇筑面积的 286% 。为使施工岩体稳定，施工强度严格控制在这一数值内。后期的施工中虽有不同程度的变形，但均为危岩体的局部变形。因此，应合理控制空顶面积与混凝土浇筑面积比例。

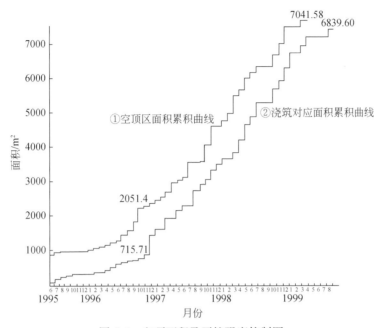

图 6.3　空顶面积及开挖强度控制图

煤层采空区防治工程是关系链子崖整体稳定的根本工程，共完成 PD$_2$ 硐群、PD$_6$ 硐群、PD$_1$ 硐群和 PM 硐群四个工程体系。煤层采空区混凝土承重阻滑键键体总长度为 1258.75m，键体抗滑总面积为 6284.8m^2，浇筑混凝土总量为 20838.34m^3。竣工平面图见图 6.4。

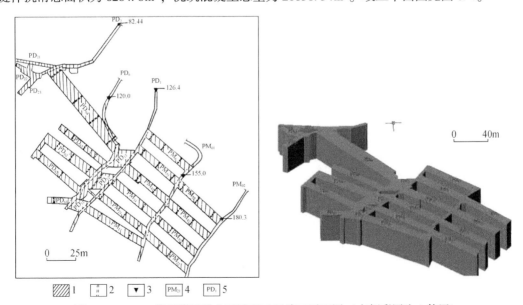

图 6.4　T$_8$ ~ T$_{12}$ 缝段煤层采空区治理工程竣工平面图（右侧彩图为立体图）

1. 混凝土键体；2. 键内排水涵洞；3. 高程点（m）；4. 键体编号；5. 平硐编号

3. 承重阻滑工程量复核

采空区顶板主要为碳质泥灰岩，岩性比较均匀一致，仅在局部因岩层破碎放顶施工可见纯石灰岩。施工统计发现，煤层采空区顶板只有 3.9% 为厚层灰岩，96.1% 为碳质泥灰岩，后者的强度低于前者。厚层灰岩顶板总面积为 244.9m²。

因工程设计依据勘探报告将顶板作为石灰岩顶板对待，采用石灰岩参数进行设计，实际上碳质泥灰岩（碳质泥灰岩）顶板达 96.1%，需要重新核算合理的工程量。

经过实施煤层采空区与混凝土承重阻滑键的原位抗剪断试验，最终的煤层采空区混凝土承重阻滑键竣工面积为 $A_0 = 6284.8m^2$ 是合理的。

计算证明，基本能够满足工程目标要求。

根据大型原位抗剪模拟试验，选取参数：

石灰岩-混凝土之间强度参数：内聚力 $C = 70t/m^2$；内摩擦系数 $f = 0.7$。

碳质泥灰岩-混凝土之间强度参数：内聚力 $C = 50t/m^2$，内摩擦系数 $f = 0.66$。

煤层采空区顶板与承重阻滑键之间的综合参数：$C_{jian} = 50.78t/m^2$；$f_{jian} = 0.6616$。

工程竣工后整个煤层采空区的综合参数：

$$C_0 = (46.78/28429)a(t/m^2); \quad f_0 = 0.31 + (0.3516/28429)a$$

按设计任务要求，特殊荷载下，设计目标 $K = 1.2$，把 C_0，f_0 代入式 (4.10)，得到

$$a = 6563m^2$$

考虑到三峡水库蓄水情况下煤渣层与煤层采空区顶板之间的内聚力并非全部失效，链子崖前缘锚固工程的辅助作用，以及混凝土承重阻滑键与煤层采空区顶底板的锚杆作为安全储备处理。因此，设计需求工程量 6563m² 与竣工工程量 6284.8m² 相差 4% 是可以接受的，可以认为达到了设计要求。

6.3.7 "五万方"锚固工程

"五万方"锚固工程位于链子崖 $T_8 \sim T_{12}$ 缝段危岩体的前缘，包括"五万方"陡壁锚固和顶部"五千方"锚固工程两个单元，是链子崖治理工程的主体部分之一。"五万方"陡壁锚固工程设计锚索长度穿过 T_{11} 缝，总计共 173 束，单束锚固力 1000kN 共 73 束、2000kN 共 50 束、3000kN 共 50 束，锚固方向均为 180°（殷跃平等，1995）。

在 PD_2 平硐内，T_{11} 为四条缝组成近于平行的张裂带，明显切断采空区顶板。裂缝走向 N60° ~ 80°W，倾向南，倾角为 77° ~ 82°。裂缝张开呈空腔状，单缝宽为 7 ~ 14cm，局部充填黄色黏土，裂缝带宽为 4.5m。裂缝下方采空区内矿渣上存在长 2.55m 的长条形水平状黄色黏土沉积，并显示流水痕迹，表明裂缝带与地表连通性良好。T_{11} 缝带地表形态、产状及破碎带特征与硐内的表现是基本一致的，按地表产状推算其下延位置与硐内发现的实际位置吻合。

"五万方"（$T_{11} \sim T_{12}$ 缝段）危岩体崖壁主体锚固工程施工期为 1996 年 10 月至 1997 年 8 月，设计调整减少锚索 25 根，实际施工锚索 151 束。其中，有 68 根的锚固方位由 180° 改为 210°，即穿过 T_{12} 缝锚在稳定山体核桃背中（图 6.5）。

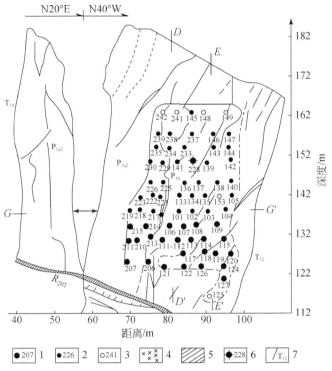

图 6.5　1#锚固区崖壁锚索布置图①

闭曲线内是穿过 T₁₂缝的 1#锚固区；1. 3000kN 锚索及编号；2. 2000kN 锚索及编号；

3. 1000kN 锚索及编号；4. 压碎带；5. 软层；6. 监测孔；7. 裂缝及编号

6.3.8　"七千方"危岩体锚固工程

6.3.8.1　防治工程设计标准

（1）地震基本烈度按Ⅶ度考虑。场地基岩峰值加速度按 50 年超越概率 5%设计，加速度峰值为 1.1m/s^2；

（2）抗滑安全系数基本荷载组合情况下为 1.2（基本软层）；

（3）特殊荷载组合（地震）情况下 K_C 为 1.1（基本软层）。

6.3.8.2　设计地质依据

"七千方"滑移体位于链子崖危岩体顶部西侧，为一长条形块体。滑体由二叠系栖霞

———————————

①　四川江油九〇九勘察施工公司和中国地质科学院成都探矿工艺研究所，2000，长江三峡链子崖"五万方"危岩体锚固工程设工报告。

组疙瘩状灰岩组成，底部以 R_{402} 层碳质泥页岩为界，其下部穿过厚约 2.8m 的疙瘩状灰岩是 R_{401} 软层。该滑体表部岩层产状为 320°∠30°，滑体内部岩体已被裂缝切割成多个小棱块体。其几何形态呈（N75°W 向）扁平状，长约 62m，宽为 10~15m，高为 4~7.4m，表面积为 737m^2（按倾角 30°计算），体积为 4643m^3（平均厚度取 6.3m）。

"七千方"北以 N80°W 向、高 10m 的小陡坎为界；南以 T_{15} 缝（N80°W 向）为界；东被近南北向 T_{14} 裂缝切割；西为临空面。其边界底界清晰。R_{401}、R_{402} 软层有明显擦痕，方向为北西，"七千方"具顺层滑动并向北沿视倾向滑移的特征。据监测，自 1987 年至 1991 年 4 月顺层下滑约 17mm，但 1990 年以后变化不明显，1993 年滑体向北西水平位移为 4.1mm，下沉为 2.1mm，目前该滑体处于蠕滑状态。

由于影响稳定性的因素以摩擦系数 f 值较大，采用内聚力 C 值不变，计算摩擦系数 f 值。结果为：

以 R_{402} 为滑面：$C = 0.011\text{MPa}$，$f = 0.500$（$\varphi = 26.5°$）；

以 R_{401} 为滑面：$C = 0.028\text{MPa}$，$f = 0.441$（$\varphi = 23.8°$）。

利用反演参数计算"七千方"沿 R_{402} 及 R_{401} 软层的稳定系数，在自重加地震荷载条件下分别为 0.791 和 0.797。

6.3.8.3　防治工程设计

1. 工程方案比较

综合考虑，采用预应力锚固方案。研究比较了开挖清除方案。开挖清除方案具有施工容易、工程量小、费用低的优点，不足之处是：①开挖会影响雷劈石滑坡的稳定性，使其前缘失去支撑；②爆破震动还会影响 T_9~T_{11} 缝段岩体的稳定性；③开挖会影响 R_{401} 以上岩体的稳定性；④开挖的石方沿九子撑母沟进入长江会造成环境污染，威胁航运安全。

预应力锚索锚固方案可以避免开挖方案的不足，但施工技术水平要求高，费用较大。

2. 预应力锚索设计

1）总锚固力计算

锚固方向为 SE140°，锚索与滑面夹角为 57°。

根据边坡稳定公式计算安全系数和锚固力为

$$F_S = \frac{P(\cos\beta + \text{tg}\varphi\sin\beta) + W\text{tg}\varphi(\cos\alpha - K\sin\alpha) + AC}{W(\sin\alpha + K\cos\alpha)} \tag{6.8}$$

$$P = \frac{F_S W(\sin\alpha + K\cos\alpha) - W\text{tg}\varphi(\cos\alpha - K\sin\alpha) - AC}{\cos\beta + \text{tg}\varphi\sin\beta} \tag{6.9}$$

式中，P 为锚固力，kN；G 为加固岩体重量，kN；α 为滑面倾角，（°）；K 为地震系数；φ 为滑面处岩体内摩擦角，（°）；C 为滑面处岩体内聚力，kN；A 为滑面面积，m^2；β 为锚固力与滑面夹角，（°）。计算结果见表 6.2。

表 6.2　预应力锚固力计算结果

计算块体	反演参数		稳定系数		锚固力/kN（自重+地震工况下安全系数 F_S 取 1.10）
	C/MPa	f	自重	自重+地震	
以 R_{402} 为滑面	0.011	0.500	1	0.791	23098
以 R_{401} 为滑面	0.028	0.441	1	0.797	34562

2）锚索长度的确定（以 R_{401} 为滑面）

锚索在 R_{401} 以上长 $L = h/\cos(90°-57°) = 9.1/\sin57° \approx 11\text{m}$。根据计算及参考其他工程经验，内锚固段长度取 5m，自由段穿过滑面 0.5m，则每根锚索长为 16.5m（不包括外锚固段）。

3）锚索的布置

锚固方向为 SE140°，锚索倾角（与水平方向夹角）俯角为 27°，锚索长为 16.5m，锚固段长为 5m，穿过 R_{401} 软层锚固在下部栖霞组石灰岩中（图 6.6）。

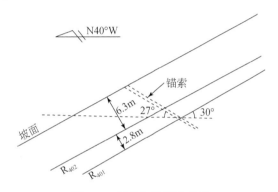

图 6.6　锚索与滑面的关系

单孔锚索吨位 1000kN，共布置锚索 35 根，总锚固力为 35000kN，采用 3m×4m 方格状布置，锚索布置工程布置图附有锚索设计参数表及锚索布置坐标表。

4）工程配套措施

为防止大气降水入渗而降低 R_{401}、R_{402} 软层的强度，工程措施中，还应将 T_{14}、T_{15} 缝进行混凝土回填，借以传力，对东部岩体起到阻挡作用。对"七千方"坡面裂隙进行喷浆、抹面处理。对 PD$_3$ 平硐进行适当回填或支护。对于现有挡墙应予保留并锚固利用。

6.3.9　工程治理效果监测

链子崖危岩体防治工程效果评价主要是研究危岩体在治理前、治理过程中和治理后绝对位移、相对位移、钻孔测斜和煤层采空区混凝土键体顶面的压力变化等监测资料分析和工程竣工后整体稳定性校核计算等实现的（刘传正等，2006c；刘传正，2009）。

6.3.9.1　$T_8 \sim T_{12}$ 缝区危岩体变形动态

链子崖 $T_8 \sim T_{12}$ 缝段危岩体的位移或形变监测结果在施工前、施工过程中和竣工后等三个阶段表现出明显不同的特点，且符合地质环境和工程状态条件。

1999 年以前，$T_8 \sim T_9$ 缝区危岩体的各测点急剧变化。2000 ~ 2004 年期间，$T_8 \sim T_9$ 缝段危岩体的 T_8 缝（组）、T_9 缝相对位移变化活动趋于逐年减弱。危岩体的不均匀沉陷变化量和主要向北–北东向的水平位移变化量逐年减小。下沉变化量逐渐趋于 0 变化。宏观地质巡查未发现明显的变形迹象，表明该区段危岩体逐渐趋于稳定（图 6.7 ~ 图 6.9）。

1999 年以前，$T_9 \sim T_{11}$ 缝区危岩体的各测点急剧变化。2000 ~ 2004 年期间，$T_9 \sim T_{11}$ 缝段危岩体的 T_{10} 缝、T_{11} 缝和 T_{13} 缝相对位移变化呈逐年减弱趋势。危岩体的不均匀沉陷变化量和主要朝北东向的水平位移量逐年减小。宏观地质调查未发现明显变形迹象，表明该缝区危岩体逐渐趋于稳定。

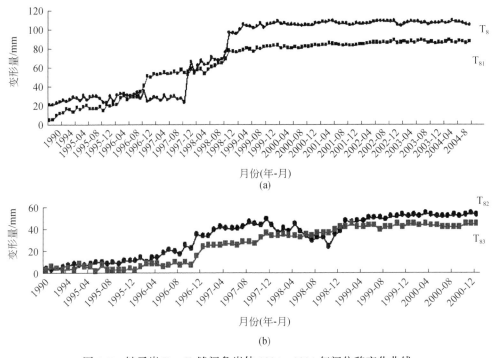

图 6.7　链子崖 $T_8 \sim T_9$ 缝间危岩体 1994 ~ 2004 年间位移变化曲线

（a）$T_8 \sim T_9$ 缝区 T_8、T_{81} 监测点水平位移曲线；（b）$T_8 \sim T_9$ 缝区 T_{82}、T_{83} 监测点水平位移曲线

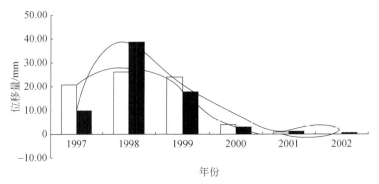

图 6.8　$T_8 \sim T_9$ 缝区崖上岩体变形趋势图

黑色柱为水平位移；空心柱为垂直位移

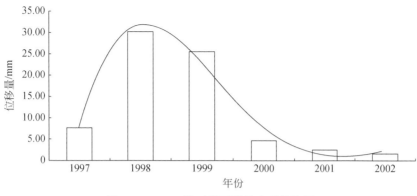

图 6.9　$T_8 \sim T_9$ 缝区崖下岩体变形趋势图

6.3.9.2　承重阻滑工程地压分析

链子崖危岩体煤层采空区混凝土承重阻滑键工程地压监测系统除预留 PM_{02} 平巷可供人员进入观察岩体宏观动态外，各键体顶面均安装了的岩体压力计，监测记录了自施工以来的键体受力情况和危岩体应力调整过程。联系到危岩体的历史动态、混凝土强度值、压力盒量程和几年来的键体压力监测，可以认为，煤层采空区混凝土承重阻滑工程已发挥重要承压抗滑作用（图 6.10）。

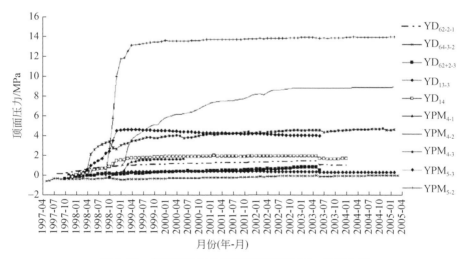

图 6.10　煤层采空区承重阻滑键顶面压力–时间曲线

概括起来，煤层采空区混凝土承重阻滑键体格架体系的地压变化具有以下特征：

（1）键体在竣工后迅速承重，在较短的时间内压力急速增加，达到一定量值后只发生微量变化，危岩体变形和位移不明显，后期趋于稳定，如 YPM_{1-1}、YPM_{1-2}、YPM_{2-3}、YPM_{4-3} 和 YPM_{5-2}。

（2）键体承重以后监测数据迅速上升，达到最高点后又以十分缓慢的速度下降，键体迅速承重后出现压力调整，并缓慢释放到其他键体上，如 YD_{13-3}、YPM_{3-2} 和 YPM_{6-2}。

（3）曲线以比较平稳的速度逐渐上升，到后期曲线趋于水平直线（YD_{6-3}），键体出现稳定的压力增长过程，危岩体重量平稳转移到键体上，曲线水平段证明危岩体趋于稳定。

（4）在 PD_6 西半部和 PD_2 工区，部分键体出现负压或震荡性负压变化，如 YD_{64-1-2}、YD_{64-3-2} 和 f_{12-3}，说明危岩体具有悬板作用，同时也反映了整个危岩体的压力调整过程。

（5）多数压力监测点的记录数值在 1999 年施工结束后即相对稳定，只有 YPM_{4-2} 监测点在进入 2003 年后才开始稳定下来。

6.3.9.3　三峡水库蓄水影响

2003 年 6 月以后，链子崖地段三峡工程蓄水水位由大约 70m 抬升至 139m，煤层采空区治理工程约被淹没 70%，即达到 PM_{01} 键区 1/2 高度。2008 年 6 月以后，三峡水库蓄水水位年际变动在 135~175m，煤层采空区治理工程全部被淹没。监测证明，危岩体各块体位移变化速率不明显，部分混凝土键体顶面的压力记录略有减小（0~0.1MPa），随后很快达到平衡状态，表明三峡水库蓄水过程及运营未对危岩体整体稳定性产生明显影响。

2016 年，链子崖东侧约 1km 的处发生 M_S3.1 级地震，链子崖没有明显响应。

6.3.10　工程竣工后链子崖稳定性校核计算

6.3.10.1　工程治理后煤层采空区的结构

链子崖危岩体防治工程竣工后，煤层采空区治理工程作为链子崖危岩体 T_8~T_{12} 缝区新的基座结构由三种承载单元组成：

（1）煤层采空区——空洞–矸石–煤渣–黄泥自然充填区，面积为 $22144.2m^2$；

（2）泥质灰岩顶板与混凝土承重阻滑键支撑区，面积为 $6039.9m^2$；

（3）石灰岩顶板与混凝土承重阻滑键支撑区，面积为 $244.9m^2$。

6.3.10.2　计算方案

（1）不考虑通过 T_{12} 缝的锚固工程；

（2）考虑通过 T_{12} 缝的锚固工程，重复上述计算；

（3）使用作者结合链子崖危岩体地质模型，基于极限平衡理论推导的准三维计算公式（第 4 章）。

6.3.10.3　计算参数

为了计算工程竣工后 T_8~T_{12} 缝区危岩体的整体稳定性，正确反映新发现的地质条件，结合施工及时在 PM_{512} 和 PM_{612} 工程硐内布置了两组 1m×1m 大尺度试件进行原位抗剪试验，以求取混凝土键体与泥质灰岩和混凝土键体与石灰岩顶板间胶结面的抗剪断强度。

其中，A 组泥质灰岩–混凝土试体五块，B 组石灰岩–混凝土试体六块。试件结构（含锚杆）、材料和顶板岩体胶结面处理等与工程键体实际状态力求一致。

1. 基本参数

$\gamma = 2.7\text{t/m}^3$；$\gamma_\text{W} = 1.0\text{t/m}^3$；$V = 2.5 \times 10^6\text{m}^3$；$V_\text{W} = 1.102 \times 10^6\text{m}^3$；$f_1 = 0.31$；$C_1 =$ 0.04MPa$= 4\text{t/m}^2$；$f_{12} = 0.4$；$C_{12} = 0$；$W = 6.75 \times 10^6\text{t}$；$A = 28429\text{m}^2$；$a = 1.1\text{m/s}^2$；$g = 9.8\text{m/s}^2$；$K_C = 0.042$；$W_0 = 5.648 \times 10^6\text{t}$；$W_\text{W} = 1.102 \times 10^6\text{t}$；$\alpha = 30°$；$\beta = 20°$；$\cos\alpha = 0.866$；$\sin\beta = 0.342$；$\sin\alpha = 0.5$；$\cos\beta = 0.9396$；$\theta = 40°$；$\sin\theta = 0.643$；$\cos\theta = 0.766$。

2. 工程竣工后参数

（1）混凝土置换面积 $A_0 = 6284.8\text{m}^2$，其中：

碳质泥灰岩（碳质泥灰岩）顶板面积 $A_2 = 6039.9\text{m}^2$，石灰岩顶板面积 $A_3 = 244.9\text{m}^2$。

（2）混凝土阻滑键与石灰岩顶板接触面的抗剪强度参数：

$$C_3 = 0.7\text{MPa}，f_3 = 0.7$$

（3）混凝土阻滑键与碳质泥灰岩顶板接触面的抗剪强度参数：

$$C_2 = 0.5\text{MPa}，f_2 = 0.66$$

（4）煤层采空区防治工程综合参数：

$$C_0 = 0.1434\text{MPa}，f_0 = 0.3877$$

（5）煤层采空-自然充填区支撑区，C_1、f_1 取值与工程设计一致。

（6）泥质灰岩顶板-混凝土键体之间强度参数取值：

$$C_2 = 490.0\text{kPa}，f_2 = 0.66$$

（7）石灰岩顶板-混凝土键体之间强度参数取值：

$$C_3 = 686.0\text{kPa}，f_3 = 0.7$$

（8）工程竣工后链子崖 $T_8 \sim T_{12}$ 缝区危岩体沿煤层采空区基座的整体稳定性计算使用防治工程综合参数，考虑三种承载单元以面积为权的加权平均取值：

$$C_0 = 140.5467\text{kPa}，f_0 = 0.38772$$

（9）三峡水库蓄水状态下：

$$C'_0 = 110.0128\text{kPa}，f'_0 = f_0$$

6.3.10.4　计算结果

为保证计算结果的可对比性，工程治理后的计算模型和计算过程与工程设计阶段完全相同［参见式（4.6）～式（4.10）］。计算参数只改变因工程治理已变化的部分（煤层采空区）。计算结果对比见表6.3。

可见，经工程处理后，链子崖危岩体 $T_8 \sim T_{12}$ 缝区整体的稳定性大大增强，所有的稳定系数（K）值均大于 1.15，达到了正常荷载下 $K \geq 1.30$，特殊荷载下 $K \geq 1.15$ 的工程治理目标。

结合工程竣工后多年来的形变监测和压力监测资料分析可以认为，链子崖治理工程已取得实效。

表 6.3　链子崖 $T_8 \sim T_{12}$ 缝区危岩体治理前后稳定性计算结果

计算方案	稳定系数 K		
	治理前 *	治理后	治理后 **
①	0.901	1.242	1.245
①+②	1.062	1.320	1.323
①+②+③	1.026	1.311	1.314
①+②+④	0.941	1.169	1.172
①+②+③+④	0.908	1.161	1.164

注：①自重，不考虑核桃背的作用；②考虑核桃背的支撑阻滑作用；③考虑三峡蓄水位 $H=175\text{m}$；④考虑Ⅶ度地震作用。

* 1994 年 4 月工程设计报告计算结果。

* * 考虑偏向核桃背锚固工程（68 束锚索，设计总锚固力为 $1.4994\times10^5\text{kN}$，锁定总锚固力为 $6.762\times10^4\text{kN}$）作用计算结果。

6.3.11　结论

1. 方案比选目标函数方程具有理论和实践意义

基于力学机制分析，提出并建立了综合加固工程方案的目标函数方程，优选了一种工程布置方案。根据目标函数分析出，针对煤层采空区治理，方案比选阶段给出的锚固方案和混凝土承重阻滑键方案只是目标函数方程的两个特解，而其通解是锚固、承重阻滑键和最大程度发挥核桃背作用三者的组合，最优解（方案）是三者组合中的最优组合。

2. 煤层采空区的构成具有多元性

煤层采空区是由空顶区、煤渣填充区、"黄泥"（呈半固态、塑性状态或流态）填充区和极少量的残留煤层或煤柱组成的"煤层采空——自然充填区"。接顶承压的填充区是重力作用下煤渣自行下山排放和地表水通过裂缝灌入后形成流水搬运的结果。

3. 煤层采空区的顶板主要是碳质泥灰岩

工程开挖证明，煤层采空区的顶板由碳质泥灰岩，而非纯石灰岩组成，及时增加混凝土承重阻滑键工程量不仅是必要的。煤层采空区混凝土承重阻滑工程量变更适应新发现的地质条件，符合工程方案论证之目标函数要求。

4. 链子崖危岩体整体的稳定安全储备确实很低

岩体形变与地压监测及危岩体对施工扰动反应敏感等，证明整个链子崖危岩体的安全储备确实很低（1994 年 4 月给出的整体稳定系数为 1.062）。力学机制分析是成立的，稳定性评价是符合实际的。

5. 煤层采空区的高地压区在中东部而不是一般认为的西北部

根据探硐观察和 PD_2、PD_6、PD_1 和 PM 四个硐群顶板地压监测资料，可把煤层采空区从中间（PD_1 ~ PD_6 工区）向两侧（东为 PM 工区，西为 PD_2 工区）依次划分为无空顶区、少量空顶区和多空顶区，对应的地压分区分别为高地压区（>10MPa）、中地压区（5 ~ 10MPa）和低地压区（<5MPa），其力学实质是链子崖危岩体在东西方向的不同地段上处于不均衡简支板（梁）和悬臂板（梁）受力状态。

6. 煤层采空区混凝土键体格架体系是链子崖整体稳定的关键工程

充分利用原有勘探平硐，建立了相互关联支撑的混凝土键体格架体系，形成一个完整的承压平面。它不但适应危岩体平铺下沉的特点，同时解决了键体自身稳定及施工程序、施工强度、施工工艺和可操作性问题，完全改变了东西向平行长键排的工程布置方案，也就克服了混凝土键体浇筑的接顶问题，避免了对危岩体的过量扰动问题。

7. 工程监测和计算证明，工程治理后整个危岩体是稳定的，达到了设计目标

工程监测证明危岩体整体的变形速率逐步变小，地压分布基本稳定，整个危岩体正在趋于稳定。监测系统满足工程信息化反馈施工和工程效果评价的要求。三峡工程水库蓄水至 165m 至今，危岩体位移速率未发现明显变化，岩体压力略有减小，即达到稳定状态，表明蓄水后整个危岩体的稳定性未受到明显影响。

通过实施大型（1m×1m）抗剪断强度模拟试验求取参数，计算证明链子崖 T_8 ~ T_{12} 缝段危岩体整体稳定性达到了工程治理设计目标。危岩体稳定性校核计算证明，链子崖防治工程达到了正常荷载下稳定系数大于 1.30，特殊荷载下大于 1.15 的设计目标。

6.4　白衣庵滑坡防治工程设计

6.4.1　地质依据

白衣庵滑坡位于长江三峡西端左岸奉节老县城上游约 1km 处，是一个以古崩滑体为主体的古、老、新滑坡组成的滑坡群体。分布标高为 160 ~ 430m，面积约 0.8km²，总体积约 3600×10⁴m³。滑坡群主要由白衣庵古崩滑体、二道沟老滑坡、钟家沟老滑坡、幸福沟老滑坡、李家湾新滑坡、柑子林新滑坡和鸡公梁新滑坡等组成（图 6.11）。

白衣庵滑坡坡面呈波状，坡顶及坡脚处较缓，平均坡度为 15° ~ 18°；坡体中部较陡，平均坡度为 25° 左右。滑坡西界为钟家沟，东界为五七沟，滑坡上主要冲沟是幸福沟和二道沟等，冲沟多为季节性流水沟（排洪沟），钟家沟、五七沟有少量常年流水。五七沟、钟家沟上段切入基岩，其余冲沟大部分仅切入滑体，切割深度为 20 ~ 100m，沟床纵坡降为 21% ~ 35%。

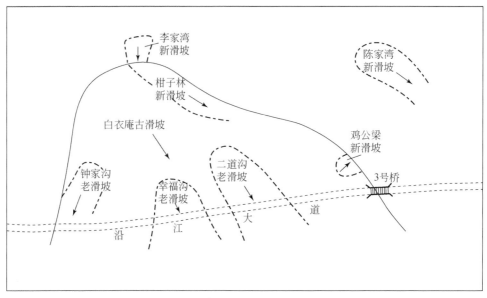

图 6.11　白衣庵滑坡群新老滑坡关系示意图

　　白衣庵古滑坡主要由中三叠统巴东组第四段、第三段物质组成，岩性为泥灰岩、泥岩、泥质灰岩。滑体厚度一般为 37～79m，最厚达 94m，滑体上部为粉质黏土夹碎块石及块碎石夹粉质黏土；下部主要由层状碎裂岩体和层状块裂岩体组成，其间夹有块碎石土，层状碎裂岩体厚度一般为 17～27m，最厚达 47m 左右；层状块裂岩体厚度一般在 12～32m，最厚可达 45m，层状碎裂、块裂岩体约占滑体体积的 63%。古崩体滑带土年龄为 $(46.7\pm4.6)\times10^4$ 年，前缘存在洪积台（阶）地"超覆"现象（刘传正等，2003b）。因此，白衣庵古滑坡是多期崩滑形成的古崩滑堆积体（图 6.12）。

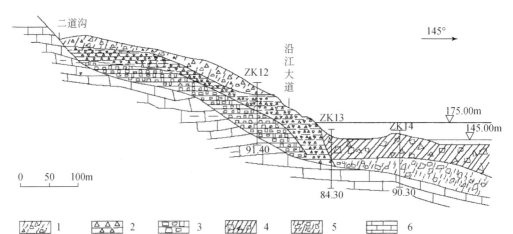

图 6.12　白衣庵崩滑体 Ⅱ－Ⅱ′工程地质剖面（二道沟）

1. 块碎石土；2. 碎裂岩；3. 块裂岩；4. 粉质黏土夹块碎石；5. 砂卵石土；6. 三叠系泥灰岩

6.4.2　滑坡防治原则

实施白衣庵滑坡防治工程的主要目的是保证穿过滑坡群的沿江大道的安全畅通，保证三峡水库的正常运营和沿江港口的安全，营造良好的生态环境。

白衣庵滑坡防治工程方案论证比选的原则主要遵循地质原则、效益原则、技术原则、目标原则、整体优化原则、环境原则和社会安定原则等方面。结合白衣庵滑坡群的特点，同时考虑：

（1）充分利用白衣庵古崩滑体在地质历史演化过程中形成的自稳能力；

（2）针对古崩滑体、老滑坡和新滑坡的不同稳定状态和影响因素，分别研究工程方案；

（3）尽可能选择技术简单、经济合理的工程方案。

6.4.3　防治对象与设计标准

6.4.3.1　设计防治对象

根据白衣庵滑坡地质研究结论，防治工程方案比选的主要目标任务是：

（1）消除暴雨（特别是超常持续暴雨）对表层新滑坡群的不良影响；

（2）重点提高三峡水库 175～145m 水位变动过程中老滑坡群的稳定性，特别是二道沟老滑坡的稳定性；

（3）古崩滑体在三峡水库蓄水前后和水库 175～145m 水位变动条件下整体是稳定的，防治工程应有利于提高其整体稳定性。

6.4.3.2　设计荷载

1. 正常荷载组合

在工程施工和运行期间持久作用的所有荷载类型及其作用形式称为正常荷载组合。白衣庵滑坡遭受的正常荷载组合为

自重+地下水静水压力+地下水动水压力

2. 特殊荷载组合

在工程施工和工程运行期间，在正常荷载组合条件下突然或短时间遭受的所有荷载类型及其作用形式称为特殊荷载组合。白衣庵滑坡遭受的特殊荷载组合为

自重+地下水静水压力+地下水动水压力+持续强降雨+三峡水位变动+地震

研究区的基本地震烈度为Ⅵ度，本设计不考虑地震作用。

6.4.3.3　设计标准

根据地质灾害所危害对象的社会、经济、环境、文化或政治利益的大小，结合奉节地

区 50 年内的经济、环境和社会发展目标,白衣庵滑坡防治工程按二类地质灾害防治工程考虑,设计基准期为 50 年。

综合考虑设计基准期、自然地质体固有的稳定性储备、加固材料性能、施工质量和监理质量等因素,白衣庵滑坡群防治工程的设计安全系数 F_S 确定为

$$正常荷载条件:F_S \geqslant 1.2$$
$$特殊荷载条件:F_S = 1.15 \sim 1.2$$

6.4.4　工程方案比选

针对可能诱发白衣庵滑坡群复活的内、外因素,结合国内外比较成熟的滑坡防治工程技术,提出以下三种防治工程方案进行比选(刘传正,2009)。

6.4.4.1　绕避方案(方案一)

绕避方案是在整治工程效果差、施工技术难度大和工程治理效益(投入产出比)低等前提下而应首先采用的。白衣庵滑坡群绕避方案是在滑坡后缘外侧重造一条交通要道。此方案可以使沿江大道完全避开滑坡的危害,但重建交通线路、房屋拆迁等工程不仅增大投资,占用土地,且未经治理的白衣庵滑坡群仍将威胁长江航运安全和三峡水库的正常运营。

6.4.4.2　排水工程+抗滑工程(方案二)

地表排水工程是消除持续暴雨触发表层新滑坡复活或发生新滑坡的关键工程,及时排走地表水,是提高表层滑坡稳定性的有效措施。

采用抗滑桩是提高滑坡稳定性的一种有效办法。通过支挡老滑坡中部、前缘,从而达到滑坡整体稳定的目的。在白衣庵滑坡区,因老滑坡的滑面埋深达 50~90m,相应的抗滑桩桩长应设计为 80~100m,而长桩的悬臂梁效应十分突出,其抗滑效果将大受影响。此外,还存在桩孔太深,成孔难度大,工程费用高,施工工期长等不利因素。

采用锚索-抗滑桩体系,虽然能够部分地克服因单一抗滑桩过长而出现的超长悬臂梁效应,但工程造价将大幅度上升,锚索体系在水库水位变动带的长期防腐亦是难以解决的问题。

6.4.4.3　排水工程+减载压脚(方案三)

1. 排水工程

地表排水工程论证同方案二。

2. 减载反压工程

白衣庵古崩滑体和二道沟等老滑坡滑面埋深大,滑坡体具有"头重脚轻"的特点,在前缘存在明显负地形,经工程处理后可以作为可靠的抗滑地段。通过滑体上部削方减重、

滑体前部填方反压，可以延长抗滑段、增加抗滑力，提高滑坡的整体稳定性，实现对老滑坡和古滑坡兼治的目的，也为三峡水库库岸的防护创造了条件。

减重与反压并举工程方案的优点是针对性强，技术可行，施工容易，经济合理，如处理得当，能够获得长久的工程治理效果。此方案的缺点是削方工程量大；削方减载后的平台土体松软，雨水易渗入坡体；填方反压区位于水库水位之下，需对填方体压实和坡面防护处理。

综合上述，推荐工程方案三，即

$$\text{地表排水+后缘削方减载+前缘填方反压}$$

地表排水是为了消除暴雨（特别是超常持续暴雨）对滑坡稳定性的影响。后缘削减载后形成稳定坡形，同时为前缘填方提供建筑材料。前缘填方反压可以改变不合理坡形，增加前缘阻滑段的重力荷载，提高前缘的抗滑力（刘传正等，2003a）。前缘填方反压是治理二道沟老滑坡的根本工程，且有利于白衣庵古崩滑体的整体稳定。

6.4.5 工程实施后滑坡稳定性校核计算

为了评价推荐工程方案对提高滑坡稳定性的效果，本设计模拟计算了治理工程实施后滑坡的稳定性。滑坡稳定性校核计算不再考虑降雨的影响；减载压脚工程的实施不仅改变了滑坡的坡面形态，而且使计算剖面中不同条块的岩土体体积发生变化，采用的工程参数见表6.4。

表6.4 滑坡防治工程特征参数表

工程方案：地表排水+减载压脚		
地质参数	滑体土综合 φ 值	$19.4° \sim 28.0°$
	滑体土 C 值	$50 \sim 200\text{kPa}$
	滑带土 C 值	$36 \sim 120\text{kPa}$
	滑带土 φ 值	$20° \sim 28.0°$
	滑体土重度	$19 \sim 27\text{kN/m}^3$
	滑体地下水渗透系数 K 值	$0.002 \sim 0.044\text{m/d}$
	岩土的抗剪强度值	$0.04 \sim 0.24\text{MPa}$
	岩土的弹性模量值	$0.9 \sim 3.41\text{GPa}$
设计参数	稳定安全系数	$1.15 \sim 1.2$
	抗倾覆安全系数	1.50
	抗震设计基本烈度	Ⅵ
	设计暴雨强度	80mm/h
	校核暴雨强度	88mm/h
	库水位骤降幅度	11m、19m、30m
	设计安全年限	50 年

根据白衣庵滑坡的特点，在滑坡前缘填方压脚对其稳定性将有较大改观。根据填方与削方方案，图6.12等勘探剖面的形状均向稳定坡形变化。

计算中填土的抗剪强度参数取值为

　　　　　　水位线上：$C = 20\text{kPa}$，$\varphi = 18°$，$\gamma = 18.0\text{kN/m}^3$

　　　　　　水位线下：$C = 10\text{kPa}$，$\varphi = 15°$，$\gamma = 19.0\text{kN/m}^3$

　　采用传递系数法计算，所得结果汇于表 4.5。经过削方减载和填方压脚后，各剖面的稳定系数均有不同程度的提高。在削方条件下，各剖面的稳定系数提高 4%~7%；上部削方减载、下部填方压脚条件下，各剖面的稳定系数提高的幅度达 5%~9%。其中，Ⅱ-Ⅱ′剖面、Ⅱ$_{21}$-Ⅱ′$_{21}$剖面稳定性的提高幅度最大。

　　经削填方治理工程处理后，水库水位从 175m 降至 145m 且滑面参数降低 30% 的计算方案下，各剖面的稳定系数均大于 1.000，仅Ⅱ$_{22}$-Ⅱ′$_{22}$的稳定系数等于 1.000，处于临界稳定状态。当滑面参数降低 50% 时，Ⅱ$_{22}$-Ⅱ′$_{22}$剖面处于失稳状态，其余剖面处于稳定或临界稳定状态（表 6.5）。

　　实际计算中，处于库水位波动带的滑坡土体的力学参数折减是考虑极端情况。实际上，该区段滑带（滑面）的力学性质会发生一定程度的变化，但碎石土参数不会急剧降低，需要进一步研究。

　　工程处理后，白衣庵滑坡在其主剖面方向（Ⅱ-Ⅱ′、Ⅲ-Ⅲ′）的稳定性可以达到防治工程设计标准。

表 6.5　削填方处理后滑坡稳定性计算结果

剖面	治理办法	现状	145m 水位	175m 水位	175m 水位下降至 145m 水位			备注
					参数不变	参数降低 30%	参数降低 50%	
Ⅱ	填方	1.376	1.314	1.298	1.209	1.178	1.157	
Ⅱ	削填方	1.393	1.328	1.313	1.219	1.186	1.165	
Ⅱ$_{21}$	填方	1.817	1.817	1.611	1.576	1.479	1.418	
Ⅱ$_{21}$	削填方	1.846	1.846	1.624	1.586	1.481	1.414	
Ⅱ$_{22}$	填方	1.428	1.428	1.155	1.127	1.000	0.919	
Ⅱ$_{22}$	削填方	1.486	1.486	1.184	1.152	1.012	0.922	
Ⅲ	填方	1.219	1.211	1.216	1.171	1.121	1.090	
Ⅲ$_1$	削填方	1.209	1.200	1.205	1.159	1.107	1.074	削方方案Ⅲ$_1$
Ⅲ$_2$	削填方	1.210	1.202	1.207	1.160	1.109	1.076	削方方案Ⅲ$_2$
Ⅲ$_3$	削填方	1.212	1.203	1.208	1.162	1.112	1.079	削方方案Ⅲ$_3$
Ⅷ	填方	1.517	1.489	1.470	1.306	1.128	1.012	

注：参数降低仅限于库水位波动段的滑带（滑面）参数。

6.4.6　地表排水工程要点

6.4.6.1　降雨设计标准

　　白衣庵滑坡区多年平均降水量为 1107.3mm，最大日降雨量为 106.7mm（1979 年 9 月）。由于缺乏实测流量资料和雨量观测资料，无法推求设计暴雨强度。考虑白衣庵滑坡区的多年平均降水量、最大日降雨量资料及地形地貌条件，降雨设计标准按类比法采用长江三峡东段黄腊石地表排水工程的降雨设计标准，即设计暴雨强度按 80mm/h 取值。校核暴雨强度按设计暴雨强度再增加 10% 的确定方法，取值 88mm/h。

6.4.6.2　超高标准

渠道坡度及设计排水量是进行水力计算和渠道水力设计的依据。考虑到坡面坡度较大，应采用浆砌石作为渠道修筑材料。对于中等强度的毛料石砌体，平均水流深度小于 2m 的渠道，其最大允许流速为 6~8m/s，渠道流速设计标准采用 6m/s。

排水沟边墙的超高标准一般采用设计水位以上安全超高 0.3~0.5m。本次在设计流量和校核流量情况下均不低于 0.3m。

6.4.6.3　截（排）水沟的布置

地表排水工程设计的基本原则是充分利用地质历史过程中形成的天然沟排水，人工排水工程主要布置在自然坡面、削方减载后的坡面和 175m 水位以上的填方坡面。白衣庵滑坡区共布设 13 条截水沟、13 条排水沟，控制了白衣庵滑坡及上游汇水面积约 1.05km^2，每小时设计排水能力为 8.4×10^{4}m^3，校核排水能力为 9.2×10^{4}m^3。

（1）从排洪安全角度考虑，分散布置沟渠，同时最大限度拦截区外降雨径流等地表水进入滑坡区。因此，在滑坡区后缘布置截水沟拦截上游坡面径流。

（2）遵循随坡就势的原则，尽可能利用天然沟道，以降低工程造价。

（3）横向截水沟主要用于拦截滑坡区外缘和滑坡体表面的降雨径流，尽量沿地形等高线布置，这样既可以使地表径流顺利入沟又不造成渠道外侧的冲刷破坏，还可以尽量减少开挖量并保证沟渠的稳定性。同时，沟底应具有一定的坡度，以便被拦截的雨水沿防渗性好的人工渠道集中排泄。

（4）纵向排水沟的设置是为了尽快排泄由滑坡体坡面汇入冲沟内的地表径流。因此，应尽量沿垂直等高线最大坡降方向的天然冲沟布置，从而保证沟渠置于局部地形的最低部位，易于排水，同时也对渠道的稳定性有利。

6.4.6.4　水力设计

1. 截水沟、排水沟断面的水力计算

根据坡面地形条件划分各沟段汇水面积，按设计降雨强度标准，计算出各沟段的排水流量。截水沟和排水沟采用外侧壁直立、内侧壁坡比 1∶0.5 的梯形断面，底坡为水泥砂浆抹面，坡比按原地形坡度确定，按上述初拟断面尺寸依排水流量进行水力计算，设计时墙高（沟深）取超高系数为 0.2~0.3m。

小汇水面积设计流量公式：

$$Q_p = 0.278 \Phi S_p F / \tau^n \tag{6.10}$$

式中，Q_p 为设计频率地表水汇流量，m^3/s；Φ 为径流系数；S_p 为设计降雨强度，mm/h；F 为汇水面积，km^2；τ 为流域汇流时间，h；n 为降雨强度衰减系数。

沟道平均流速 v 计算：

$$v=\frac{1}{n_c}R^{\frac{2}{3}}i^{\frac{1}{2}} \tag{6.11}$$

式中，n_c 为沟壁或管壁的粗糙系数，浆砌石沟壁可取 0.025；R 为水力半径，m；i 为水力坡度，无旁侧入流的明沟，水力坡度可采用沟的底坡；有旁侧入流的明沟，水力坡度可采用沟段的平均水面坡降。

2. 消能设计

对排水沟陡坡段，在不设任何消能措施的情况下，水流最大流速大于沟渠允许不冲流速，将对沟渠产生强烈的冲刷破坏，故设置渠底人字梁加糙或跌水消能。

6.4.6.5　截、排水沟结构设计

1. 渠道衬砌

水力设计计算表明，截水沟的设计流速和校核流速为 1.5～5.0m/s，排水沟的设计流速和校核流速为 3.6～6.2m/s。为了防止水流对沟渠的冲刷破坏、避免沟渠内的流水下渗进入滑坡体，所有截、排水沟都进行衬护。截水沟和排水沟均采用浆砌块石或片石修建，水泥砂浆抹面。截水沟和排水沟均采用浆砌石结构，毛石选用强度为 MU40 的新鲜块石，其中部厚度一般不小于 20cm。

2. 砌石面勾缝与渠底抹面

为保证排（截）水沟具有足够的抗冲刷强度，浆砌石面采用勾阴缝措施处理，即在砂浆初凝后，将砌石间的砂浆缝掏空 5cm 深，然后用勾缝砂浆填缝至与砌石面齐平。

砌石面勾缝和渠底水泥砂浆抹面均采用 M7.5 水泥砂浆。

3. 渠道沉降缝止水

为防止温差裂缝和沟道基础不均匀沉降造成沟渠断裂，所有衬砌均设置沉降缝（分缝），沉降缝缝宽为 1.5～2.0cm，分缝间距在渠道比降增大时减小，比降减小时相对增大，范围为 15～40m 不等。分缝形式采用平头对接形式，内设沥青油毛毡止水，埋设深度不得小于 0.3m。

4. 渠底人字梁加糙与跌水

为减缓沟渠中水流速度，所有排水沟渠底均采用人字梁加糙，渠底加糙横梁高度 $Z=0.2m$。

当排水沟渠底比降较大时，采用渠底水平阶梯跌水进行消能，跌水的水头落差一般为 2～3m，跌水前趾平台长度一般为 2～5m。跌水胸墙厚度为 0.4m，跌水前趾平台渠底衬砌厚度加大至 0.5m。

为使坎上水流下泄时不对下游渠道边墙产生冲刷且尽量减小上游渠道激流造成的喷射

水舌长度，跌水缺口设计为矩形；矩形缺口的宽度相对其渠底略小，从而使缺口上游形成一定程度的壅水，减小渠道水流流速和下泄水的水舌长度，减弱下泄水流对下游渠道的冲刷。

5. 沉沙池

对坡降比较平缓的截水沟，为减少渠底泥沙沉积和集中清淤，在适当渠段设置沉沙池。沉沙池亦采用浆砌石结构，选用块径大于 20cm 的 MU40 新鲜毛石、M7.5 水泥砂浆勾缝抹面，抹面厚度为 2cm。

6. 渠道开挖和护坡

为保障渠道稳定，所有渠道均在挖方之上。开挖深度视不同渠段的断面结构和微地貌而不同。

截水沟上边坡开挖临时边坡比降一般为 1:0.5，但可根据具体的微地貌进行适当的调整。截水沟上边坡开挖区均应加护浆砌石护坡墙，厚度为 0.2m；护坡坡面石缝均进行勾缝处理。

渠道衬砌两侧应进行必要的回填和夯实，保证边坡稳定。

7. 暗涵渠段设计

主排水沟通过 T1 填方区地段排水沟设计为暗涵。暗涵渠道断面为方形，渠宽与 P9 排水沟明渠段的渠底过水断面宽度相同，为 1.2m，暗涵渠道边墙高为 1.2m，渠底基座厚度为 0.4m，边墙厚度为 0.3m；渠道采用块径大于 20cm 的 MU40 新鲜块石、M7.5 水泥砂浆砌筑。渠道顶面铺盖加筋混凝土预制板，预制板尺寸为 1800mm×600mm×150mm，共需 220 块。

8. 跨越道路路截、排水沟架空预制板设计

截、排水沟穿越道路时，在沟渠之上架设混凝土预制板，人行路板厚为 15cm，行车道路板厚为 20cm。混凝土强度等级为 C25；板中采用绑扎钢筋作配筋，纵向受力钢筋采用的直径为 20mm 的热轧 I 级螺纹钢，间距为 150mm；横向箍筋采用直径为 5mm 的乙级冷拔低碳钢丝，间距为 120mm。

9. 截水沟边墙泄水孔

在截水沟上边坡的渠道边墙上设置泄水孔，尺寸为 8cm×8cm 的方形，向外倾斜比降为 0.1。若边墙后为土层，应以泄水孔中心为圆心、半径为 30cm 设置砂卵石反滤层。沿截水沟纵向方向泄水孔的间距为 3m。

6.4.6.6 施工技术要求

地表排水工程采用人工开挖沟槽及浆砌块石，施工总体遵循先上后下的原则，以减少施工难度，所有开挖、衬砌、抹面及回填、夯实均应在同一段施工期内完成。

（1）沟渠开挖弃土要置于渠道边墙外，位于截水沟渠道上坡的挖方弃土必须外运，截水沟渠道上坡挖方区均应采用浆砌石护坡，以防止泥土随降雨冲刷入沟。

（2）石砌体应采用铺浆法砌筑，砌筑前宜洒水润湿，石料应冲洗干净。浆砌块石应干摆试放分层砌筑、座浆饱满。每层铺砂浆的厚度宜为 3~5cm；块石缝宽超过 5cm 时，应先填塞砂浆后用碎石块嵌实，不得采用先摆碎石块后塞砂浆或干填碎石块的方法。

（3）浆砌块石应花砌、大面朝外，基础、跌水胸墙、跌水前趾平台、错缝交接处和衔接处宜选择较大、较规整的块石砌筑。砌石应满铺满砌，分层砌筑，上下错缝搭砌，未凝固的砌石应避免震动。

（4）砌筑顺序，宜先砌渠底后砌渠坡。砌渠坡时，应从坡脚开始，由下而上分层砌筑；渠底和边墙砌完后，应及时砌好封顶石。

（5）边墙和渠底采用水泥砂浆勾缝，砌石灰缝，厚度宜为 2~3cm。宜在砌筑砂浆初凝前勾缝，勾缝应自上而下用砂浆充填、压实和抹光。浆砌块石宜勾平缝。

（6）浆砌及抹面水泥砂浆强度为 M7.5，砂浆用砂宜选用粗砂，砂的含泥量不应超过5%；水泥砂浆拌合物的密度不宜小于 1900kg/m³，砂浆中水泥用量不应小于 200kg/m³。砌石砂浆应按设计配合比拌制均匀，随拌随用。自出料到用完，其允许间歇时间，不应超过 1.5h。砌石防渗层施工时，应先洒水润湿渠基，然后在渠基或垫层上铺筑一层厚度 2~5cm 的低标号混合砂浆，再铺砌石料。

（7）主排水沟暗涵渠段施工时，采用 MU40 新鲜块石，M7.5 砂浆砌筑，待砂浆凝固，渠道边墙稳定后加盖预制混凝土盖板，盖板接缝处采用油毛毡覆盖以防止水、细土落入暗涵渠道内。

（8）应根据施工图设计测量放线，进行渠道基槽的挖、填和修整，清除树根，淤泥，腐殖土和污物；严格控制渠道基槽断面的高程、尺寸和平整度。

（9）地表排水工程施工前，应进行施工组织设计。

6.4.7　后缘削方减载工程设计要点

白衣庵滑坡区满足削方要求的地段有三处，一是二道沟东侧鸡公梁削方区（X1），二是上下老仓屋一带削方区（X2），三是鸡公梁东滑坡区（X3）。

施工图设计阶段利用 1:250 的地形图进一步分析，得出 X1 和 X3 区可以实现联合削方，一能够满足填方区的土石方要求；二避免了上下老仓屋一带（X2）削方造成的移民问题，三有助于消除鸡公梁东滑坡（X3）对五七沟和三号桥的威胁。

6.4.7.1　削方工程量

（1）根据 T1、T2 和 T3 三个填方区的需求，X1~X3 联合削方区应提供约 $27.88 \times 10^4 \mathrm{m}^3$ 土石方。

（2）利用五个断面计算，X3 削方区约可提供 $6.2 \times 10^4 \mathrm{m}^3$ 土石方。

（3）经过对 17 个地形断面的分析计算，得出 X1 削方区可以提供 $21.7 \times 10^4 \mathrm{m}^3$ 土方量，既保证了必要的工程量富裕度，同时大大改善了 X1 削方区的地形环境。

（4）X1 削方区涉及约六户农民的搬迁或削方完成后就地重建。

6.4.7.2　X1~X3 削方区设计

X1 削方工程区以适应自然坡形为基础，降低鸡公梁（脊）的高度，改善其两侧的自然坡形，减少水土流失和削方后便于当地开发利用为原则。X3 削方区（鸡公梁东滑坡区）的削方以稳定该处的斜坡，形成更自然的坡形为原则。

6.4.7.3　削方施工技术问题

（1）滑坡治理是防灾工程、德政工程，对削方区居住的若干居民，应按有关政策妥善安置，避免出现"拆房赶人"现象。

（2）清理干净斜坡面杂物或各种有机物，铲除密集的根簇和树桩等。

（3）削方工程施工不得破坏山坡或变形斜坡的自然稳定性。

（4）由于挖方区位于山坡和变形斜坡地段，工程开挖运输必须强化安全意识。

（5）由于削方深度最大达 15m，必须采用分层多点开挖法。

（6）将开挖面按机械的合理开挖高度从上到下逐层开挖，单层开挖高度宜为 2~3m，保证每层开挖后都能形成与设计控制线基本协调的坡形。

（7）削方开口位置可选在 X1 和 X3 衔接处，逐渐形成两个区，并注意两个工区开挖深度的协调一致，保证施工期间临时边坡稳定。

（8）原则上不得多层同时开挖，特别是接近满足填方区需要时，以保证削方工程完成后能够形成较自然的坡形。

（9）考虑到填方区下部宜用粗粒土，上部宜用细粒土，可根据开挖揭露情况多点开挖，把含黏粒较多的表层土（2~3m）运到填方区的边缘地带或三峡水库 175m 水位以上的填方区，如能留待工程后期用于填方体上部使用最好。

（10）可设置简易排水沟，以保证降雨期间削方区的临时边坡稳定。

（11）施工时，可根据需要设置马道，施工马道放坡和马道宽度以满足需要为原则，不得过宽而影响未来的削方坡面，或增大水土流失。

（12）为了减少超挖及对边坡的扰动，机械开挖必须预留 1.0m 保护层，再根据填方区需要人工或半机械化开挖至设计位置。

（13）根据工程地质勘察结果，削方区土石方主要为粉质黏土夹块碎石及块碎石夹粉质黏土，块碎石含量为 15%~30%，本工程中设计了 16% 的石方开挖量应对，若需要爆破开挖施工，必须对周围环境进行专门调查，预先评估爆破振动对整体稳定性的影响和爆破飞石对周围环境的危害，在确保工程施工安全和无明显不良环境影响的情况下方可实施。

（14）建议地方政府对削方后的边坡搞好植树种草等生物工程，利用三峡地区的湿润气候条件尽快恢复生态环境。

（15）为保证安全施工，施工单位应布置简易监测线，并定期巡查。

6.4.8　前缘填方反压工程设计

总填方工程量由土石方工程量、填方区坡面块（碎）石防护工程量和填方区底部碎石垫层三部分组成。根据滑坡群前缘地形，共布置三个填方区，每个填方体的基本工程结构是，底部为碎石层，主体为填方体，表面为坡面防护层，前缘为挡土墙。

图 6.13 表示了第 1 填方区（T1）的结构。

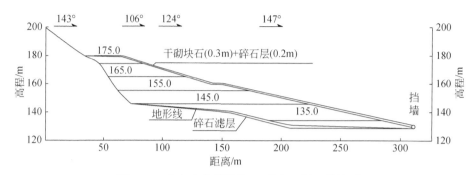

图 6.13　白衣庵古崩滑体 T1 填方区剖面结构图

6.4.8.1　填方工程量核算

根据初步设计的工程方案，T1、T2 和 T3 三个填方区分别位于二道沟、白马沟和付家沟。纵向上填方区的上界设在 180～200m 高程，下界顶面设在 130～140m 高程，横向上填方后的坡面与两侧自然坡面基本协调一致。

根据 1：250 的地形图资料，利用 MapGIS 空间分析及断面法重新核算了三个填方区的填方量，比初设阶段计算的填方工程量增加约 10%，总填方工程量为 309172.3m³。

T1 填方区位于二道沟 4 号桥出口南侧，北界控制高程为 180m，宽约 160m，向东南延伸约 260m，南界控制高程为 131.46m。总填方体积为 242639.7m³。该区是填方量最大、最重要的填方区。

T2 填方区位于白马沟，恰好处于二道沟老滑坡的中心线上，北界控制高程为 195m，向东南延伸约 220m，南界控制高程为 139.50m。总填方体积为 29620.6m³。

T3 填方区位于付家沟，对应着二道沟老滑坡的西界。北界控制高程为 200m，向东南延伸约 220m，南界控制高程为 140.00m。总填方体积为 36912.0m³。

由于填方区地形复杂，根据 1：250 的地形图资料计算的填方量与实际填方量仍会存在一定偏差，最终工程量以达到设计的工程控制高程为准。

6.4.8.2　填方体工程结构设计

每个填方工程区都由沟底碎石垫层、前缘浆砌石挡墙、经碾压的土石方体和填方区坡面防护层四个部分组成。

1. 填方体底部碎石层

为了确保填方体在 175～145m 水位急剧变化状态下的稳定性，保证填土体底部渗透水压力及时消散，在三个填方区底部 175m 影响范围内沿沟道分别布设碎石层，并与填方体前缘挡墙下的泄水孔相连，提高填方体排泄地下水的能力，增加填方体的抗滑稳定性。

碎石层采用 15～30mm 或 20～40mm 的单粒级碎石，母岩为新鲜的石灰岩或粉砂岩，经机械破碎制成。

由于沟道形状多变，采用沿沟道平均布设方案，从前缘挡墙起算，三个工区每延米布设碎石层方量见表 6.6。

表 6.6　填方体底部碎石层布设工程量

参数 填方区	长度/m	体积/m³	平均延米方量/(m³/m)
T1	221.0	5125.0	23.2
T2	85.3	1920.0	22.5
T3	103.9	3000.0	28.87

2. 挡土墙设计

重力式挡土墙的稳定性验算执行水利标准。经初步设计阶段分析，设计的挡墙在蓄水前后均能满足稳定性要求。

T1 前缘设置一级浆砌块石挡墙；T2 前缘设置两级浆砌块石挡墙；T3 前缘设置一级浆砌块石挡墙（表 6.7）。

表 6.7　挡土墙工程参数

参数 填方区	顶面长度/m	最大高度*/m	顶宽/m	底宽/m	浆砌石方/m³
T1	52.5	3.5	1.5	2.5	322.7
T2	51.5	8.0	1.5	3.0	671.6
T3	51.7	5.8	1.0	2.0	315.7
合计	—				1310.0

*含基础埋深 1.0～1.5m。

挡土墙型式采用浆砌石重力式挡墙，墙顶宽为 1～1.5m，墙底宽为 2～3m。墙基嵌入深度为 1.0～1.5m（外侧最小埋深为 1.0m，内侧最小埋深为 1.3～1.5m，保证有一定逆坡）。墙基应做夯实处理，地形突变处应做整平处理。挡墙每隔 20m 左右设置沉降缝，缝宽为 3cm。挡墙底部及顶部分设泄水孔，孔间距为 2～3m，梅花形布置，尺寸为 10cm×10cm 方形，泄水孔向外倾斜坡度为 10%，墙后填 1.0m 碎石或砂卵石作为反滤层（过渡层）。

墙体迎水面表层采用毛料石，强度等级为 MU40；墙体采用毛石，强度等级为 MU40；砌筑砂浆强度等级为 M7.5；沉降缝（伸缩缝）内置沥青油麻或沥青木条。

3. 填方体

T1、T2 和 T3 三个填土体的工程材料为粉质黏土夹块碎石及块碎石夹粉质黏土，经过分层回填碾压而成。

4. 填方区坡面防护

根据工程地质类比分析方法，统计研究了水库蓄水运行后各特征水位（死水位、145m 高程和正常蓄水位 175m 高程）下不同土石层的边坡稳定坡角及自然条件和类似情况下边坡稳定坡角（表 6.8）。

各填方区填方后坡面倾角分别为：

T1 填方区坡面倾角为 13.21°~10.12°，护坡面积为 22178.0m²；

T2 填方区坡面倾角为 14.74°~15.64°，护坡面积为 7327.5m²；

T3 填方区坡面倾角为 15.75°~16.06°，护坡面积为 11202.0m²。

采用干（浆）砌块石加碎石层护坡，坡面防护的范围限于填方区的人工斜坡。T1 填方区坡面马道浆砌块石宽为 6.0m（马道宽为 4.0m，马道下坡宽为 2.0m），坡顶 180.0m 高程浆砌块石宽为 4.0m（坡上平面宽为 2.0m，坡脊线下坡宽为 2.0m）。

表 6.8　不同库水位下的库岸稳定坡角

水位 坡角/(°) 岩性	145m 以下	145~175m	175m 以上
黏土	11	16	22
碎石土	16	22	28
碎块石土	21	26	30

干（浆）砌块石厚 30cm 作为表面护坡，下设 20cm 厚碎石垫层作为过渡层。

干砌块石母岩为新鲜的石灰岩或粉砂岩，石料尺寸最小边长不低于 20cm，具体要求按《碾压土石坝设计规范》（SDJ 218—84）或堤防工程设计和施工规范执行。块石强度都采用 MU40 等级。马道与坡顶砌筑砂浆强度等级为 M7.5。

碎石层采用 5~40mm 的连续粒级碎石，母岩为新鲜的石灰岩或粉砂岩，经机械破碎制成。三个填方区的工程量见表 6.9。

表 6.9　填方体工程参数表

填方区	土石填 方量/m³	填方区护坡方量/m³			底部碎 石滤层/m³	浆砌石 挡墙/m³	总填 方量*/m³
		干砌块石	碎石	浆砌块石			
T1	226425.6	6310.6	4435.6	342.9	5125.0	322.7	242639.7
T2	24036.8	2198.3	1465.5	—	1920.0	671.6	29620.6
T3	28311.0	3360.6	2240.4	—	3000.0	315.7	36912.0
合计	278773.4	11869.5	8141.5	342.9	10045.0	1310.0	309172.3

*不含浆砌石挡墙工程量。

5. 坡面排水

由于三峡水库 175m 水位运行后，三个填方区主体全被淹没，且三个填方区基本都是顺坡狭长，除 T1 区后缘外，其他位置横宽度均小于 80m，可以利用坡面自然排水。T1 区二道沟排水沟已引走后山来水，本设计在护坡表面不在布设纵向排水沟等。待填方工程沉降变形稳定后，可根据需要利用坡面块石修筑两条小断面纵向排水沟。

6.4.8.3　填方体稳定性分析

根据填方区坡面形状进行垂直条块剖分，其中 T1 区计算剖面共剖分了 13 个条块、T2 区计算剖面 18 个条块、T3 区计算剖面 18 个条块。图 6.14 是 T1 计算剖面示意图。

从安全角度考虑，稳定性计算时取分层碾压密实填土的抗剪强度参数和重度。

水位线上：

$$C = 20 \sim 22 \text{kPa}, \quad \varphi = 18° \sim 19°, \quad \gamma = 18.0 \text{kN/m}^3$$

水位线下：

$$C = 15 \sim 17 \text{kPa}, \quad \varphi = 16° \sim 17°, \quad \gamma = 19.0 \text{kN/m}^3$$

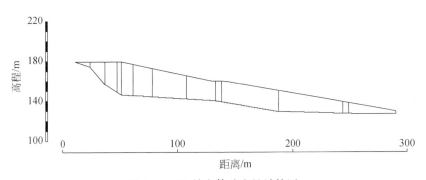

图 6.14　T1 填方体稳定性计算图

填方区的填土在水库蓄水前和水库运营期间的稳定状况，按如下七种方案，用滑坡推力法进行分析计算：

（1）天然条件下，即水库蓄水前；

（2）库水位达 145m；

（3）库水位达 156m；

（4）库水位达 175m；

（5）库水位从 175m 骤降至 156m；

（6）库水位从 156m 骤降至 145m；

（7）库水位从 175m 骤降至 145m。

七种方案的计算结果汇总于表 6.10 中。可以看出，各填方体在水库蓄水前和蓄水位达到 145m、156m 和 175m 时均处于稳定状态。

表 6.10　填方区稳定性分析结果表

条件 稳定系数 填方区	水库水位状况/m						
	现状	145	156	175	175→156	156→145	175→145
T1	1.856	1.503	1.482	1.666	1.021	1.240	0.869
T2	1.302	1.212	1.274	1.380	0.975	1.019	0.782
T3	1.860	1.687	1.950	2.045	1.046	1.311	0.772

当水库水位快速下降时，填方体的稳定系数下降较大。库水位快速下降幅度越大，填方区的稳定系数降低也越多，如库水位从175m快速降至145m时三个填方区均不稳定，而分阶段快速下降（175m→156m→145m）时，三个填方区均处于稳定状态（库水位从175m快速降至156m时T2区接近于极限平衡状态）。

根据水库运营期库水位变动周期设计，未来库水位的下降不可能从库水位175m突然降至145m，因此推论，填方区实际的稳定系数要大于本次计算值，填方区的稳定性是有保障的。

关于填方体的稳定性与三峡水库水位升降变化的实时同步响应关系有待专门研究。

6.4.8.4　填方施工技术要求

（1）场地处理要求铲除地表全部有机物和其他有害物。铲除密集的根簇和树桩，不需铲除树根。挖除影响压实或影响场地使用的地下建筑和瓦砾或清库形成的建筑垃圾。

（2）通过现场试压，确定一种合适的、能达到要求密度的压实方法（压实机具类型、铺土厚度、采用的含水量和压实遍数）。应遵循一个很明确的方法压实，否则单靠抽样检验是很难控制压实质量。

（3）本工程采用粉质黏土夹块碎石及块碎石夹粉质黏土回填，碎石土碾压后，表层 0~100cm 填料压实度 ≥93，距表层 100cm 以下填料压实度 >90（即压密系数不小于 0.90）。

（4）严格遵守本工程区不同单元的施工程序，不得为了抢工期而同时铺开，或颠倒工序。

（5）填方过程中，在同一个填方区内，必须控制把粗粒土填在底部或下部，把细粒土填在上部或较高部位。

（6）由于是大体积填方施工，必须注意填方区的防水问题和临时排水措施，尤其是未经碾压的土石方含水量变化影响压实质量。

6.4.8.5　填土方法

（1）必须采用机械填土，填方应从最低处开始，由下向上水平分层铺填碾压（或夯实）。

（2）考虑到削方区上部提供的填料粉质黏土所占比例较大，为了减轻三峡水库水位变动对填方体稳定性的不利影响，应把本部分土石方主要填在175m水位以上地带。

（3）分段填筑时，每层接缝处应做成大于 1∶1.5 的斜坡，碾迹重叠 0.5～1.0m，上下层错缝距离不应小于 1m。

（4）填土主要采用自卸汽车成堆卸土，推土机推开摊平；填土程序一般尽量采取横向或纵向分层卸土，以利行驶时初步压实；本工程为大坡度深填土，不得居高临下不分层次，一次堆填；每层的铺土厚度 30～50cm；填土可利用汽车行驶做部分压实工作，所以，自卸汽车在填土区行驶应注意变换运行路线；卸土推平和压实工作须采取分段交叉进行。

6.4.8.6　填土压实要求

（1）填土压实是为了降低土石方压缩性，提高土石体的强度，降低渗透性，控制膨胀性。

（2）压实后填土的重度应接近土的天然重度，土石方填料压实应控制压实度大于 90；

（3）必须使用大功率压实机械，如大于 10t 的压路机等。

（4）填土在碾压机械碾压之前，宜先用轻型推土机、拖拉机碾平，低速行驶预压 4～5 遍，使其表面平实；

（5）碾压机械压实填方时应控制行驶速度；一般平碾、振动碾不超过 2km/h；羊足碾压不超过 3km/h，并要控制压实次数达到质量要求；

（6）碾压方向应从两边逐渐压向中间，碾轮每次重叠宽度约为 15～25cm。边角、坡度压实不到之处，应辅以人力夯或小型夯实机具夯实。

（7）压实密实度应压至轮子下沉量不超过 1cm 为度，每完成一层碾压后，应用人工或机械将表面拉毛，以利上、下土层的结合。

（8）用羊足碾碾压时，填土宽度不宜大于 50cm，碾压方向应从两边逐渐压向中心。每次碾压应有 15～25cm 的重叠，同时随时清除黏着于羊足之间的土料。为提高上部土层的密实度，羊足碾压过后，宜再辅以拖实平碾或压路机压平。

6.4.8.7　压实质量检验要求

（1）在压实以后，要对每层回填土的质量进行检验。一般采用环刀取样测定土的干密度，求出土的密实度，或用小型轻便触探仪直接通过锤击数来检验干密度和密实度。

（2）滑坡堆载填方，每层按 50～100m 距离取样一组，取样部位在每层压实后的下半部。

（3）根据粉质黏土夹碎石土大剪试验资料（试件尺寸为 0.3m×0.38m×0.8m，重度 γ = 2.40g/cm^3，内聚力 C = 6.68kPa，内摩擦角 φ = 23.8°），压实后填土的物理力学指标应达到天然土试验值的 90% 以上。

（4）检验样本数量：现场密度检验点数量每个压实工作班至少有一个检验点；含水量控制质量或压实效果有明显变化迹象应有一个检验点，检验性碾压（可用橡胶胎压路机或任何装有荷载的运土机具来确定软弱点的位置）可和密度检验同时进行；室内击实试验应在施工过程中用现场密度检验试样作压实曲线。根据土料性质的变动情况，大约每 10 个或 20 个现场检验点作一条击实曲线。

（5）检验性成果分析将现场试验测定的每一对含水量和密度与相应的压实曲线相比

较，以检验是否符合要求。

（6）检验方法可考虑在以下几种中选择：室内实验密度检测法；表面型核子水分–密度计测量法；压实计直接测量法；此外，也可考虑采用工程试验法，即在实际施工中，填筑一段试验区，结合固定的压实机具，找出控制参数（碾压遍数、填筑厚度、压实功能等），在施工中运用这些工程参数来控制压实质量。

6.4.8.8　填方工程区施工程序

T1 填方区施工前，必须首先施工排水沟 P9，引走二道沟（4 号桥下）排出的地表水，以免影响填方区施工，甚至诱发人为泥石流。填方区施工程序如下：

（1）做好填方区前缘一级挡墙；

（2）在填方体底部铺设碎石层；

（3）按从低到高的顺序依次逐级填方施工；

（4）填方工程完成后，施工坡面防护工程，按要求先铺设碎石层，在铺设干砌块石。

6.4.9　监测工程设计

监测工程包括施工安全监测和主体工程效果监测两个方面。施工安全监测是在施工工程中由施工单位根据工程风险设立的临时性监测措施。如对削方区的临时性斜坡的监测等。

主体工程效果监测包括白衣庵滑坡动态监测和库水浸润区填方体的动态监测。白衣庵滑坡防治工程监测主要包括人工地面巡查、地面绝对位移大地水准测量、滑坡体深部位移钻孔倾斜仪监测，以及填方区地表绝对位移监测、填方体沉降观测、库水浸润区地下水动态监测和地表排水工程效果监测等（图 6.15）。

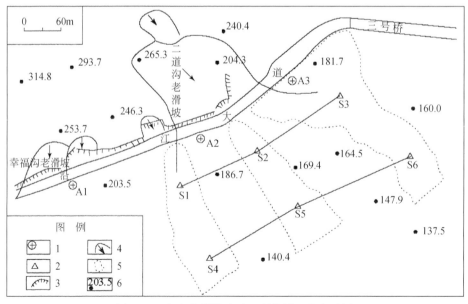

图 6.15　白衣庵滑坡防治工程监测工程布置图

1. 深部位移监测孔；2. 地表位移监测点；3. 陡坎；4. 滑坡；5. 填方区；6. 高程点（m）

滑坡体深部位移监测应尽早实施，以便获得较长系列的数据；175m 水位浸润区地下水动态监测应在 145m 蓄水位到达前实施。地表排水工程效果监测和填方区地表绝对位移监测应在治理工程竣工后马上实施。滑坡体深部位移监测应提交水库蓄水后 175～145m 蓄水位变动与滑坡及填方体动态关系资料，监测时间应不少于三年。

6.4.10　结语

本研究仅针对白衣庵滑坡区古滑坡、老滑坡和新滑坡及相关的库岸防护问题提出治理工程方案，未涉及沿江大道公路边坡防护和专门的库岸防护问题。

白衣庵古崩滑体在缓慢地质作用条件下可以形成高陡地形，说明江岸斜坡在漫长的河谷演化中具有一定的自稳能力，三峡水库在 175m 至 145m 蓄水位的反复变动过程中，岩层块裂体或碎裂体可能具有高透水性，要注意观测管涌或流土等渗透变形的可能性。

前缘填方反压工程于 2003 年竣工，多年监测证明，三峡水库蓄水以来工程效果良好。

6.5　滑坡治理工程教训

地质灾害防治工程论证应在上述七项原则的指导下，提出搬迁避让和工程治理的 2～3 个工程方案进行技术可行性、经济合理性和安全可靠性的综合比选论证。以下几例工程都是违犯了地质原则和技术原则而获得的宝贵教训。

6.5.1　峨口铁矿牙口滑坡治理工程

1970 年 9 月，山西峨口铁矿在牙口半山坡接近坡底处大面积挖方整平，切割了坡脚，加之雨水渗入，1970 年 9 月 26 日坡体后缘出现裂缝，形成滑坡。牙口滑坡体长为 330m，上宽为 20m，下宽为 100m，面积为 $2\times10^4m^2$，体积为 $40\times10^4m^3$。

采用抗滑桩+挡土墙为主，清方排水为辅的方案。1971 年 5 月施工，使用 19 根抗滑桩。其中 16 根长 25m、两根长 18m、一根长 14m，桩截面为 1.7m×1.9m。20 世纪 80 年代初，沿基岩面发生深层滑动，1971 年施工的抗滑桩高"悬"于实际滑动面之上，整治工程失败。

早在 1959 年，勘查单位就指出了牙口滑坡的存在。1969～1970 年，另行勘查时发现滑坡仍在活动。选矿厂选址时忽视了前人的工作，不但没有避开或预防加固，反而大范围开挖坡脚，导致滑坡剧滑，造成极大的浪费。

地质结构认识不清，滑动面判断远高于斜坡坡脚，加固方案脱离实际，加固工程自然是"空中楼阁"。牙口滑坡是在坡积层内发生的，滑坡厚度达 40m，而抗滑桩最长者 25m。抗滑桩未扎根于基岩，不但未起到抗滑作用，反而起到前缘加载、阻水，使滑体产生沿深层滑面的滑动作用（图 6.16）。

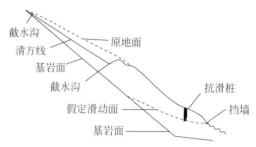

图 6.16　峨口铁矿牙口滑坡治理工程剖面图

6.5.2　韩城坑口电站横山斜坡变形整治

　　陕西韩城坑口电厂山体开裂滑移，是由于煤层大跨度采空造成缓倾构造山体侧向滑移的一个典型例子。韩城电厂 1972 年动工，1982 年建成，配套的象（横）山煤矿于 1977 年开采，1982 年开始出现地表变形，1984 年变形急剧加大。煤矿主要开采石炭系 11 号煤层，二叠系 5 号煤层和 3 号煤层，大面积采空区主要分布在 3 号煤层，开采空区 1982 年以前集中于 F_1（象山断层）以东，1982 ~ 1985 年逐渐扩展到 F_1 以西，并威胁到厂房区。山体岩（煤）层产状为 290°∠5° ~ 11°，F_1 断层产状为 290°∠60° ~ 80°。1985 年 4 月 3 日煤全部采完，地表出现大小七个滑坡，反映采空造成的不对称开裂下沉引起向缓倾方向的层间侧向剪切滑移，下坡方向的表层第四纪松散层只是一种相对硬岩而言的"特殊临空面"，即这是一种有一定侧限的（侧限较弱）的采矿引发山体开裂滑坡的地质模型（图 6.17）。

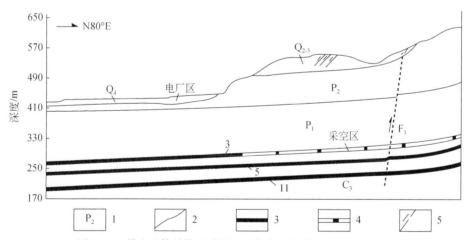

图 6.17　横山山体结构地质剖面（据胡广韬等，1993，简化）

1. 地层代号；2. 地层界线；3. 煤层；4. 采空区；5. 象山断层

　　图 6.18 曲线 a 为直接位于斜坡地下采空面积（按实际采场面积统计）随时间增加的趋势，图 6.18 曲线 b 为沿着横山斜坡主山脊线剖面地下采空长度随时间增长的趋势，两条曲线均反映出在 1984 年地下采煤的强度明显地加大了。横山斜坡地下采煤与电厂区地

面形变之间具有一致性。电厂区地面隆起、5号观测基点的位移与地下采空之间在时间上并不存在滞后现象，可能是由于斜坡上部的岩层在此前的地下采空作用下已经发生了滑移，当新的采空区向前推进时，采空区顶板顺倾向的坍滑和垮塌直接推动了新采空区上方及其西侧的山体顺岩层向下滑动。

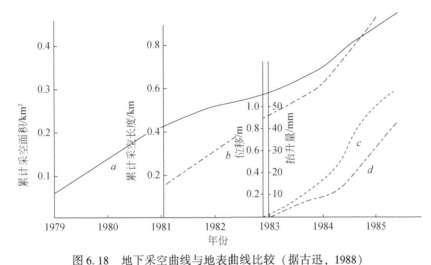

图6.18 地下采空曲线与地表曲线比较（据古迅，1988）

a. 地下采空面积随时间增长曲线；b. 地下采空长度随时间增长曲线；c. 26号观测基点抬升量曲线；

d. 5号观测基点位移曲线

可以认为，随着3号煤层采空区的形成，在其上方逐渐形成一个不对称的拱形压应力集中带——"压应力拱"，倾斜方向的拱脚处存在较大的压应力集中，并影响到具有一定"临空"性质的地表山体。随着采空区向倾斜方向的不断推进，采空区上覆山体中的应力重分布范围迅速向山前坡脚扩展，应力集中系数随采空区面积的增大而增大。相反地，直接顶板的应力松弛范围进一步扩大，反倾向方向的采空区边缘存在较弱的压应力集中，对应的地表则出现拉应力集中。最终，整个山体向采空区沉陷位移的同时，推动地表斜坡沿一系列软弱夹层向山前临空方向的蠕动变形，从而破坏了地表建筑和生活生产环境。

1985年，分析认为韩城坑口电站横山斜坡变形现象是斜坡下部打麦场附近削方和1990年再次削方引起的（削方量分别为 $70 \times 10^4 m^3$ 和 $20 \times 10^4 m^3$）。因此，1985~1989在山坡坡脚挖孔浇筑了73根抗滑桩。抗滑桩长约35m，桩底嵌入顶面标高约为410m左右的二叠系上石盒子统第五层砂岩（P_1-52）。但是，实施这些抗滑工程之后斜坡的蠕动并未终止。

监测表明，抗滑桩连同山坡一起向SW240°方向移动，平均位移速率略大于1mm/月，抗滑桩竣工最大位移速率达4~5mm/月。到1995年初，厂区最大上隆量已超过120mm，厂区多个主要建筑物变形破裂不断加剧（图6.19）。

钻孔测斜仪监测发现，在标高约为400m（低于抗滑桩底高程）的 P_1-42 砂质泥岩层中存在沿层面的蠕滑面。1991~1994年该滑动面的累积相对位移达27.12mm，并发现多个不同高程的蠕滑面，即在砂泥岩互层中存在浅、中、深多个层间错动面，且上覆层相对下伏层的位移方向均指向坡外（SW260°）。因此，由于多个顺坡向下的层间错动推挤，使厂房区东半部下伏的近水平基岩层产生了类似板梁弯曲的上隆。

　　竖井勘探证实，井深 8 ~ 11m 的 P1-62 泥质页岩中发现三处层间虚脱现象，层面裂隙张开宽达 2 ~ 4mm，其中充填稀泥浆。基本认识是，横山西坡岩体变形是由于大面积采空区上覆岩体弯曲下沉、层间错动离层扩容而产生了顺坡向下的侧向推力，导致厂区下伏近水平岩层产生了向上弯曲的蠕变变形。抗滑桩工程缩小了地下水流的过水断面，加之横山山顶东侧 470m 高程通过的红旗渠输水隧洞大量漏水，二者都使抗滑桩以东山坡中的孔隙水压力大为升高，加剧了山坡岩体的变形。

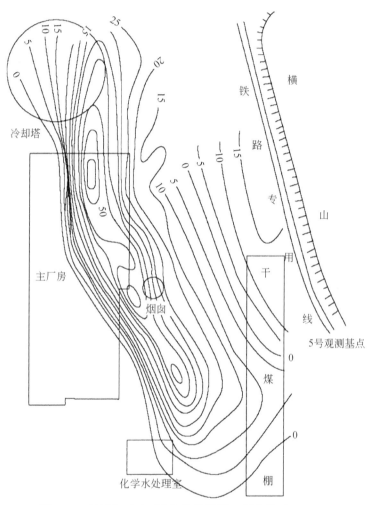

图 6.19　韩城电厂地面升降等值线图（据张倬元，2000）

　　为了迅速降低位移速率，1995 年 6 月将红旗渠隧洞改线；1995 年 10 月在抗滑桩东侧 395m 高程开凿了排水洞作为再次整治的先导工程。两项以排水为主的工程迅速见效，抗滑桩位移速率于排水洞施工之后快速下降，至 1995 年 6 月已降到历史最低水平，约为 1mm/月，不再对主要建筑物的安全使用构成威胁。

　　国外的一个典型实例是意大利南部 Basilicata 地区的 Craco 滑坡的整治。在一排相互连接的桩上建设挡墙以阻止复活的古滑坡的运动，结果却导致滑坡运动加剧和挡墙的最终破坏。究其原因是以下三个方面不利效应的组合：

(1) 挡墙建于未穿过滑动面的群桩之上；

(2) 挡墙的附加荷载一定程度上降低了斜坡稳定性；

(3) 不透水的挡墙阻挡了地下水流通使桩后孔隙水压力大大提高。

6.5.3　绥江县城滑坡灾害防治[①]

6.5.3.1　绥江县城地质环境

向家坝水库蓄水前金沙江正常水位为 280m，2012 年 10 月水库蓄水至 354m，2013 年 9 月蓄水至正常蓄水位 380m，水库水位最大升幅为 100m。2012 年库区蓄水以来，云南省绥江县城新址降水量较 2009～2011 年增加 20% 以上。2012 年以来，邻近地区地震影响弱，未见水库诱发地震记录。

绥江县城新址位于金沙江向家坝水库区右岸，大汶溪和小汶溪之间东西向展布。场地地形地貌总体处于构造侵蚀中高山斜坡坡地，南高北低到金沙江沿岸一带。用地范围东西长约 3.5km，南北宽约 1.5km，集中用地高程为 380～520m。规划建设区从金沙江上游向下被小溪沟、四方碑沟分成 A、B、C 三个区，规划用地面积为 393.6hm²，规划总人口为 38406 人。其中，C 区地质灾害风险较高。

C 区地处四方碑沟东支沟与小汶溪之间，单斜地貌，地形坡度为 10°～30°，最大为 40°～50°，局部分布陡坎、陡崖。崩坡积层厚度一般为 30～50m，最大厚度为 100m。侏罗纪砂泥岩一般出露于陡坎、陡崖处，总体上为倾向金沙江，岩层倾角上陡下缓，上部约 3°～10°，下部约 20°～45°。基岩地层连续性差，层间泥化夹层发育，总体为松散覆盖层+顺层结构边坡。C 区建设规划场平高程范围为 380～507m，场地地形总体较平缓，局部高差较大，主要冲沟是老马沟和 7 号沟。C 区场平最大挖深约 22m，局部最大填方深度约 20m。场地内台地间高差主要采用挡土墙处理，挡土墙高度为 2～12m。前缘库岸采用坡比 1∶3 的干砌石护坡，库岸边坡最大高度约 38m。场地南侧后缘分布有崩塌堆积体，堆积体前缘金江路南侧边坡采用锚索–抗滑桩支挡。

C 区自然斜坡（高边坡区）位于金江路上方高程在 460～610m，地形坡角一般在 20°～35°，局部地形较陡。表层崩坡积层上部为粉土夹碎石层，黏土含量较高，透水性差；下部为块碎石夹粉土层，含较多崩、碎块石，孔隙率较高，相对透水。侏罗系沙溪庙组中强风化含泥化夹层泥岩，岩体较破碎，岩层倾角一般在 20°～45°。场地岩土体水透水性和含水层分布具有明显的不均一性。斜坡中部地下水位埋深在 45m 左右，临江部位埋深为 10.1m，基本与库水位持平。老马沟区小汶溪滑坡后缘—幼儿园—农职中一带初始地下水位埋深为 30～35m，后期随水库蓄水或排水不畅地下水位上升约 20～27m。

---

① 中国电建中南勘测设计研究院有限公司，2017，金沙江向家坝水电站库区绥江县城 C 区场地工程地质专题报告。

6.5.3.2　县城 C 区场地变形及滑坡特征

2014 年 3 月以后发现 C 区场地多处开裂，后缘抗滑桩挡土板出现裂缝，2016 年 8 月以来变形情况加剧。现场考察发现，C 区临江建筑、住宅墙面开裂、基础周围不均匀沉降开裂，如县文化馆（高程为 410m，原冲沟填土深约 25m）、C10 地块（高程为 390m）、C5 地块 1 号楼（高程为 390m）、C8 地块（高程为 390m）（图 6.20）。临江龙湖路一带基岩为页岩，居民反映水库水位涨落期间感觉地面裂缝和房屋开裂变化明显，水位上升时似变大。

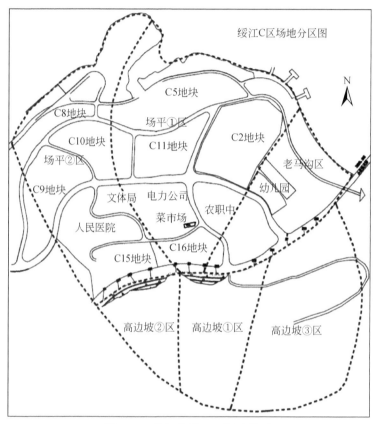

图 6.20　绥江县城 C 区场地分区

勘查认为，460～380m 高程是自然堆积层斜坡。老马沟幼儿园房柱变形主要起因于填土沉陷，属于 2009 年堆载区。2011 年 6 月，部分场平开挖土料堆放在老马沟沟口部位、小汶溪滑坡上方，弃渣掩埋堵塞老马沟的沟底排水盲沟出口。C 区场地变形区南北长为1200m，东西宽为 300～700m，变形体底界深度为 60～100m，体积约 4670×10^{4}m^3。C 区后山高边坡地段滑坡剪出口高程约 460m。抗滑桩排（高程为 465m）以上滑坡体内地下水丰富，地下水水位埋深为 3～8m，部分抗滑桩及挡墙开裂、高位渗水、锚索松弛、桩前地面鼓起。因原防治工程设计似未考虑地下水的影响，2014 年出现变形后实施排水硐工程。

C 区场地水平位移速率老马沟区为 0.97mm/d，高边坡①区为 0.93mm/d，场平①区为0.72mm/d。位移速率以汛期增大、旱季减缓，2013～2015 年变形速率呈逐年增大趋势，

2016 年 7 月 4 号降水管井大规模抽水后场地变形速率下降为 0.1~0.4mm/d，变形速率显著降低，但仍未完全收敛。C 区场地变形深度高边坡①区为 22~85m，场平①区为 26.5~100m，老马沟区为 32~61m，变形底界面主要为基岩与松散土分界面或软弱夹层。C 区后部高边坡 2012~2016 年累积最大位移量为 2429mm，老马沟地段 2011~2012 年累积最大位移量为 1081mm。总体特征是上部高边坡①区变形大于中部（抗滑桩排），中部大于下部场①平区，但变形深度大小次序相反。地下水位线高显示向坡下凸出的农职中—C2 地块一线，恰恰是变形深度等值线向上坡方向凹入的位置，说明地下水确实是引发大范围变形的主要因素。

2016 年 C 区进行了排水工程及降水管井工程的施工，54 个降水管井均开始抽水作业，地下水位观测到管井能降低周边一定范围地下水位，距离管井越近，降水效果越好。场地地下水位降幅一般在 6~26m，最大降幅为 38m。高边坡区长观孔水位埋深分别降低 8m、16.8m。场平区地水位降低 14m 左右，个别孔内水位降深达 38m。老马沟区、场平①区、高边坡①区变形速率降低 60% 左右，场平②区、高边坡②区变形速率降低 50% 左右。排水工程局部降低了场地地下水位，显著减缓了场地变形速率，但老马沟区、场平①区、高边坡①区等主变形区的在 2016 年 10 月底的变形速率仍达 0.1~0.4mm/d，说明场地并未完全稳定（图 6.21）。

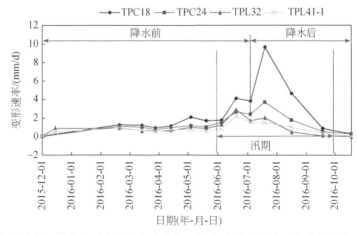

图 6.21 高边坡①区抽水前后监测点变形速率（据中南勘测设计研究院有限公司，2017 年）

6.5.3.3 地质灾害防治工作

2011~2014 年 4 月实施 C 区高边坡治理工程，主要措施为抗滑桩+锚索+挡土板，抗滑桩总数 206 根，桩长为 22~60m，嵌固长度为 10~23m，桩截面为 2.5m×3.5m 或 3m×4.5m 方桩，或截面直径为 1.6m 圆桩。2011 年—2014 年 4 月实施小汶溪滑坡治理工程，主要措施是填方反压，设计反压顶高程为 366m（实际反压到 381m 高程），综合坡比为 1:2.5，反压顶平台宽度大于 20m。2015 年 12 月—2016 年 7 月实施 C 区排水工程，主要措施包括两条排水隧洞（一条长为 722m、另一条长为 800m），抗滑桩桩间排水孔总延长达 15000m，自然冲沟渠化达 347m。老马沟堆渣部分卸载面积为 11600m²。挡土墙泄水孔疏通 1280 孔，地表裂缝封闭 1330m，降水管井 54 孔长为 3050m。

6.5.3.4　县城 C 区场地变形及滑坡原因初步分析

老马沟堆渣及多处弃土填方堵塞了天然冲沟排水出口和地下水排泄通道，导致老马沟堆渣区、周围场地及其后方高边坡区地下水逐渐壅高，地下水位异常上升。同时，堆渣对老马沟区形成加载，导致老马沟区首先产生向小汶溪方现为主的变形，老马沟区的变形发展牵动上部高边坡①区变形，再推动场平①区变形，然后逐步发展到场平②区、高边坡②区也发生变形，形成连锁效应。老马沟堆渣加载是引起场地变形的直接因素，场地后部地下水异常升高是导致场地变形的主要因素。降雨、库水位变化对场地变形速率有一定影响；填土不均匀沉降也是场地产生裂缝的原因之一。

桩锚支挡工程一方面加固了 C 区后山高边坡，另一方面阻挡了桩后地下水的自由排泄，在桩后形成高孔隙水压力，是部分支挡工程变形甚至失效的原因之一（图 6.22）。集水井排水工程实施后，只是部分地段提高了高边坡区域的稳定性，但未根本消除地下水的影响。

图 6.22　高边坡前缘金江路上方锚索–抗滑桩阻水开裂变形

向家坝水库 380m 正常蓄水位沿 C 区变形底界面浸润高度接近金江路下部，涉及 C 区场地的大部分区域，尤其是老马沟区和场平①区的大部分。380m 正常蓄水位浸没渗透可沿 C 区变形底界面浸润高度到达后缘金江路地表高程 470m 之下，浸没滑动弱面长度为 840m，占勘探剖面总长度的 61%（前缘从小汶溪算起），尤其是通过老马沟原沟道浸没渗透，老马沟与水库边岸之间的块体受水库影响更加严重。因此，C 区大部分区域表层松散堆积物与基岩分界面或基岩层间变形滑动面是受到水库浸润影响的。

有限的地下排水工程只是局部排水效果较好，难以根本解除地下水作用对斜坡稳定性的不利影响。已完成的排水洞和临时降水管井揭露出场地地下水含水层具有明显的不均一性，影响场地整体排水效果。老马沟地表低洼处有地下水溢出点，地表长年积水，实施的老马沟卸载、桩间排水孔、临时降水管井和地表截排水体系修复对降低场地地下水位、减小变形速率具有较好的作用，但实测变形并未达到完全收敛，且变形速率对降雨相当敏感就是证明。

6.5.4　里东村滑坡防治工程失败

浙江丽水雅溪镇里东村滑坡最早发现于 2012 年 6 月 24 日，山体坡脚局部外鼓，并伴有房屋开裂。2012 年 8 月 10 日"海葵"台风过后，山体上方滑坡后缘及两侧出现裂缝，裂缝呈圆弧形展布，延伸总长近 500m，裂缝宽为 0.05 ~ 0.5m，局部可见深度超过 2m，最大下错位移约 0.6m；坡脚边坡局部进一步外鼓，局部地面伴有隆起，多幢民房受损开裂并有倒塌。里东村西侧山体滑坡变形造成坡脚多幢民房墙体倒塌、灶台裂缝、地面上拱开裂等，滑坡变形迹象明显，严重威胁里东村居民的生命财产安全。

6.5.4.1　滑坡勘查与治理工程设计

2012 年 11 月完成滑坡勘查和滑坡治理工程设计。"勘查报告"认为里东滑坡隐患体呈圈椅状，平面形态近似"椭圆形"，主滑方向为 93° ~ 95°，前缘宽约 120m，后缘宽约 100m，轴线长约为 220m，平均厚度为 20m，体积约 42×10⁴m³，属中型岩质滑坡。滑动带为强风化岩与中风化岩之间的软弱夹层（破碎带），滑动带钻孔揭露深度为 8.7 ~ 25.7m。滑坡隐患在天然（状况）下整体处于稳定状态，在暴雨工况下处于欠稳定状态，在暴雨作用下发生滑动的可能性较大。确定"滑坡危害程度等级为一级"，划定危险区范围内居住村民 56 户 103 人，影响区范围居住村民 354 户 1000 人，共计 410 户 1103 人。建议"危险区内人员立即撤离避险，在治理工程完成前不得返回居住，影响区内居民根据情况随时准备撤离"。

"治理设计报告"认为"滑坡治理工程防治安全等级为Ⅲ级，并考虑两种工况设计，即工况Ⅰ：自重；工况Ⅱ：自重+暴雨。防治工程采用安全系数：工况Ⅰ安全系数取 1.15，工况Ⅱ取 1.05；暴雨强度按 20 年重现期进行设计，按 50 年的重现期进行校核，工程有效防治年限为 50 年"。设计采用削坡、锚索格构、锚杆+主动防护网、抗滑桩、裂隙注浆、截排跌水沟和坡面复绿等综合治理方案。其中，削坡部位于斜坡中下部，自高程 292.7m 开始至坡脚共设九个台阶。262.7m 台阶以上设计削坡坡率为 1：1.5，台阶宽为 2.5m，坡面进行锚索格构加固，设计最长锚索长为 22m；262.7m 台阶以下设计削坡坡率为 1：1.25，台阶宽为 2m，坡面进行锚杆加固，设计最长锚杆长为 18m（图 6.23），设计削方总量为 8.4×10⁴m³。

6.5.4.2　滑坡治理工程失败

治理工程于 2015 年 3 月 19 日正式开工，截至 2015 年 11 月 13 日滑坡发生前，治理工程的削方工程、格构工程、裂隙注浆工程量已完成，锚索、锚杆完成了设计工程量的三分之二以上，抗滑桩、主动防护网（SNS）和截排跌水沟工程尚未实施。

2015 年 11 月 13 日 22 时 50 分，浙江省丽水市莲都区雅溪镇里东村发生特大型滑坡灾害，造成 38 人死亡，1 人受伤。滑坡摧毁房屋 27 间，受淹房屋 21 间，高速公路的运营受到影响（图 6.24）。滑坡后缘下错 20m，前缘越过溪沟，到达 G25 金丽温高速公路。滑坡体前缘壅堵溪沟，形成长约 100m，宽约 20m，深约 3m 的堰塞湖。

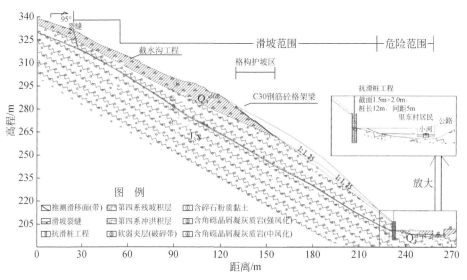

图 6.23　里东滑坡治理工程剖面布置图（据邓卫平等，2013，改绘）

图 6.24　浙江丽水市里东滑坡航摄图（据浙江省测绘与地理信息局，2015 年 11 月 16 日）

6.5.4.3　"11·13"山体滑坡灾害成因分析

1. 地质成分结构

滑坡区地形属于上陡中缓下陡的凸形坡。坡脚因早期建房开挖人工边坡，两侧有小冲沟发育，地貌边界条件不利于斜坡的稳定。滑坡区表层为风化残坡积层，下部为节理化、碎裂化中强风化凝灰岩，利于降水入渗。地质构造上两条断裂控制了滑坡近后缘两侧的边界，断层带糜棱岩化和绿泥石化使边界阻力显著降低。三组节理切割使斜坡岩体松动架空，整体完整性差。

2. 降雨渗流作用

滑坡区域近 10 年平均降水量为 1449.6mm，2014 年、2015 年降水量却分别达

1995.0mm、1753.8mm，显著高于常年降水量。2015 年 10 月 1 日—11 月 13 日降雨量达到 170.3mm，是 2014 年同期降雨量的 5.6 倍。11 月 1 日—13 日降雨量为 85.5mm，是 2014 年同期降雨量的三倍。"11·13"里东滑坡发生前六天降雨量为 66.4mm，滑坡发生前三天降雨量达 52.3mm，滑坡发生前 24h 降雨量为 26.2mm。持续性降雨的入渗，坡体中地下水位上升，既增加岩土体重度和地下水压力，增大坡体的下滑力；同时又软化岩土体，降低岩土体抗剪强度，造成斜坡体抗滑能力持续下降。山体坡脚地下水较丰富，滑坡发生前存在常年不枯的泉水出露。

Chen 等（2018）根据东滑坡区域 2015 年 9 月 16 日至 11 月 13 日 23 时 32 个雨量站记录的平均值，得到里东滑坡区日降雨量和累计降雨量分布（图 6.25）。在 9 月 16 日至 11 月 13 日 23 时 59 天内，最大降雨量出现在 10 月 7 日，滑坡周围 32 个雨量站记录的平均值为 43mm，但 11 月 8 日以前的前期降雨量并未造成里东滑坡的变形破坏。说明滑坡发生前的降雨渗流作用是累积的，同时治理工程的不当也是一个重要因素。

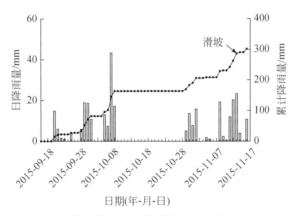

图 6.25　里东滑坡前日降雨量和累计降雨量（据 Chen *et al.*, 2018）

3. 地质勘察认识深度不足

地质勘察没有发现断裂构造对滑坡的影响，对可能的滑动面深度判定不准确，勘查报告判定可能的滑动面深度为 8.7~25.7m，根据滑坡发生后现场调查和灾后的补充勘查来看，实际滑动面最大深度达 40m 以上；滑坡成因机理分析不准，稳定性评价没有考虑地下水的影响，对滑坡的风险估计偏低，危险区划定范围偏小[①]。

4. 防治工程设计问题

在斜坡中下部设计并实施削坡工程不利于斜坡体稳定。滑坡治理工程设计在斜坡中下部实施削坡降低坡体稳定性，违反了"砍头压脚"原则，提高坡体重心，降低斜坡下部阻滑力，相对增加坡体中上短的推动力，促进滑坡形成（图 6.26）。锚索锚杆加固工程没有起到实际作用。由于实际滑动面深度和土层厚度大，设计锚索、锚杆的锚固段长度不够，

难以起到加固作用。262.7m 台阶以上锚索格构加固设计最长锚索长为 22m，262.7m 台阶以下锚杆加固设计最长锚杆长为 18m，滑坡发生后勘测滑动面实际深度达 40m 以上，锚索锚杆加固工程没有起到实际作用[①]。

图 6.26　里东滑坡隐患削坡完成后全貌（2015 年 10 月 20 日）

5. 缺乏动态设计思想

工程设计对施工安全监测和工程效果监测要求不明确，没有设置深部位移监测孔。缺乏动态设计思想，施工信息反馈没有得到重视。没有关注治理过程中根据地质条件的变化，及时调整设计方案（图 6.27）。施工过程中发现坡面后缘裂缝变化大、北侧坡面曾发生坍塌、以及坡体下部第 7 平台削坡和第 8 平台锚杆钻孔时大量地下水的流出等具有预警

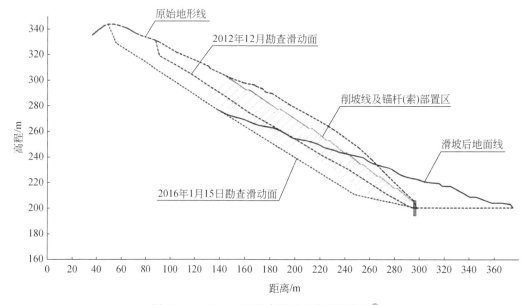

图 6.27　"11·13"里东滑坡灾害成因分析[①]

① 浙江省专家组，2016，浙江省丽水市莲都区雅溪镇里东村"11·13"山体滑坡特大型地质灾害成因调查报告。

意义的异常信息，勘查、设计、施工和监理等各方没有引起足够重视，应急处置不到位。由于对工程实施过程中滑坡危险认知不足，没能及时发出预警信息，导致相关人员未能及时撤离。

6. 治理工程施工问题

施工组织设计对施工时机、工期及工序的选择不利于滑坡稳定，斜坡中下部设计并实施削坡工程降低了斜坡体的整体稳定性。削坡治理工程加大了降雨的入渗。治理工程削坡后破坏了坡面植被和表层残坡积黏性土，使表层土体松动，削除了坡面植被层，使坡体表层土体松动，进一步加大了降雨的入渗。在施工过程中，削方至第 7 平台和在第 8 平台进行锚杆钻孔时都有大量地下水流出，证明滑坡区地下水丰富，并形成地下水压力。治理工程削坡从 2015 年 3 月 21 日开始至 10 月 23 日结束，且坡面防护工程尚未实施，削坡过程历经 2015 年整个汛期，2015 年 4 ~ 10 月削坡期间降雨量达 1277.6mm（图 4）。

滑坡发生前治理工程正在实施，削方工程、格构工程、裂隙注浆等工程量已完成，锚索、锚杆完成了设计工程量的三分之二以上，抗滑桩、主动防护网（SNS）工程尚未实施。由于对可能的滑动面深度判定不准确，设计施工的锚索、锚杆长度不够，已完成锚固工程没有起到应有的作用，工程量未完全按设计执行。另外，施工安全监测预警不到位、工程监理存在缺位现象、工程审查咨询与监督管理不严格等也是酿成悲剧的原因。

基本教训是，滑坡治理工程因科学认知错误不但未能提高斜坡稳定性，反而恶化了形势，酿成重大滑坡灾难。这个案例的教训是深刻而惨痛的，如勘查评价对滑坡体中地下水的存在考虑不够；治理工程设计地质依据不足，违反"砍头压脚"设计常识，缺乏动态设计、变更设计思想；工程安全监测预警缺失；施工忽视斜坡后缘开裂变形，发现异常地下水缺乏设计变更的职业敏感性等。

第7章 地质灾害应急响应

7.1 地质灾害应急体系

国家突发事件应急体系建设内容一般包括应急基础能力、救援能力、保障能力、社会协同应对能力和应急管理能力等方面。基础能力包括风险识别、评估、监测、预警、管控体系与城乡社区和基础设施抗灾能力等。应急救援能力包括专业队伍、技术装备和协调组织。应急保障包括应急信息决策支持、应急通信、应急物资储备、运输保障体系和指挥决策，以及社会力量或非政府组织动员协同有序参与应急救援行动的能力。应急管理体现在法制、体制、机制和应急预案及技术标准的完善与执行能力。

7.1.1 地质灾害应急响应体系

地质灾害应急响应体系建设包括应急值守协调、调查评估、监测预警、会商处置、培训演练和技术标准模块（刘传正等，2010）。

1. 应急值守协调

应急值守协调模块用于实现日常值班业务和灾情应急值守管理的"平时+战时"功能，形成应急值守工作日志，提升应急值守管理能力。具体内容包括应急值班管理、记录管理、报送管理、预案库、文件库、专家库等及完成灾情险情信息上报和存档工作，生成月度和年度统计分析报告。

2. 调查评估

调查评估模块利用已有信息数据，完成突发地质灾害灾情险情规模、影响范围、损失评价等工作，实现灾情险情的快速评估。跟踪全国典型地质灾害事件，开展其主控因素和发展趋势研判。研发基于地质灾害案例信息库、灾情险情快速评估系统和应急专家决策支撑系统为一体的应急调查评估模块。地质灾害案例信息库包括重大地质灾害案例、应急避险典型案例、区域地质灾害排查巡查数据、重大地质灾害灾险情快速调查数据、应急监测数据等内容。灾情险情快速评估系统利用已有信息平台的基础地质地理信息、地质灾害调查评价信息和地质环境背景数据，参照地质灾害案例信息，结合应急调查获取数据，对突发地质灾害灾情险情，快速完成规模、影响范围、损失评价、趋势预测等工作，实现灾情险情的快速评估。

3. 监测预警

监测预警模块融合不同来源的气象数据、专业监测数据、群测群防监测数据，气象预警结果的调用与使用，现场监测预警等功能。研发基于地质灾害群测群防、地质灾害专业监测、地质灾害气象预警为一体的地质灾害应急监测预警模块，实现不同比例尺的监测示范区、重点监控区和全国尺度的监测预警，提升应急监测预警能力。

群测群防监测预警包括裂缝测量、险情巡查、现场照片等群测群防过程化统一管理的软件系统。地质灾害专业监测系统包括监测降雨量、位移等典型指标的规范系统，可接入日常实时监测数据。地质灾害气象预警系统在小区域内（县级）形成基于实时监测的全国范围内国家级、省级、市级、县级互联互通。

4. 会商处置

会商处置模块包括应急处置案例库和方案库模块、应急快速处置设计模块及远程网络应急会商模块。系统模块依托已有的地质环境信息服务平台，形成灾情发生时，及时快速有效调出地质灾害发生区域工程地质、水文地质、构造地质及相关的信息，滑坡地点的遥感、地形、地质、地貌等相关信息速查，快速对灾情险情进行计算评估，制定出险情的预测预警分析与报告或灾情的处置的技术方案措施，形成会商处理的决策建议。

5. 培训演练

培训演练模块通过建设地质灾害应急培训演练系统平台，创新培训与演练模式，建立体验式培训和情景式演练。通过体验式培训，积累应急工作人员处置突发地质灾害事件的经验，提高应急工作人员决策指挥与技术应对能力。应急培训演练系统模块包括培训资料管理、培训专家管理、实训场地、演练案例管理、实景、模拟和智能仿真演练、现场培训及网上培训等功能。

6. 技术标准

技术标准模块用于制定地质灾害应急调查、监测、处置技术标准，完善地质灾害预警预报、远程会商、信息反馈技术标准，开展地质灾害应急技术方法集成研究并制定相关标准。

7.1.2　应急决策支持平台

地质灾害应急决策支持平台应包括基础平台、信息系统、应用系统及互联互通功能。

1. 基础平台

基础平台是基于信息技术、信息系统（GIS 地理信息系统、GPS 全球定位系统、RS 遥感遥测系统、电视会议系统等）和地质灾害应急信息资源的多网整合，软硬件结合的应急保障技术系统。远程视频会商系统是能够连接野外现场、中间站和会商指挥总部，各级节点部署网络为了保障应急指挥系统的通畅运行，通过对链路性能、带宽控制、卫星网络管理、多级网络连接等多方面进行严格的质量控制，保障应急调查、预测预警、风险评估和会商处置数据的实时传输。各省级系统部署视频会议终端及响应的远程会商软件实现整个平台的构建。

2. 信息系统

信息系统是开展分析处理的基础，包括数据库、图形库、案例库、文档库、模型库、软件库等。系统的信息链是联结各项应急活动的纽带，对不同阶段的应急管理提供快速、高效和安全的保障。充分整合现有的地质环境与地质灾害信息，包括地形图、地质图、地质图空间数据库、环境地质数据库、地质灾害调查数据库、历年来汛期重大地质灾害数据库和地质灾害群测群防数据库等，形成可持续利用，并能够升级换代的信息共享平台。通过公共卫星主站形成多媒体通信、数据自动采集和传输、数据管理和综合分析处理等，服务于地质灾害应急管理的全过程。

3. 应用系统

应用系统包括应急值守管理系统、数据处理及发布系统、应急资源管理系统、模型分析系统、数据维护更新系统等。利用成熟的地理信息系统平台，开发 GIS Web 服务引擎，支持各类子系统和不同功能的空间数据库管理、基础图件的操作和展示，并通过相应的网络系统发布空间数据。以 Geo-XML（地理可拓展标识语言）为桥梁，实现基于 WEB 的空间信息–非空间信息一体化管理、查询、分析、仿真、专题制图等服务。

4. 互联互通功能

为了实现各级各类应急管理和指挥机构间的信息共享，需要通过制定信息共享标准规范，开发信息中间件等，形成信息"插座"与"插头"，以便应急平台之间实时、快速地进行信息系统对接，使网络体系形成上下互联、左右互通的一个体系。

7.2　地质灾害应急预案

7.2.1　基本认识

1. 应急预案

预案是指为了达到某个目的而事先谋划、制定的防灾减灾工作方案。单体地质灾害应急预案是指为了应对地质灾害的发生，针对具体地质灾害点或风险点的特点和所处环境，结合该地村（社）的经济社会水平或能力，为保证人身安全、财产安全以及环境美好而事先制定的防灾减灾工作方案（刘传正，2010c）。

应急预案的基本内容包括为防灾开展的简易监测预警、为避灾实施搬迁避让，为减灾实施应急处理和紧急情况下的撤离组织方式、路线、避灾地点和应急性生活医疗保障。直接经济损失是指因地质灾害发生直接造成的物质破坏，包括人居建筑物、工程设施（设备）、生活物品（家具电器等）、农林作物、土地资源及其他财物等。

应急响应分为"险情应急"和"灾情应急"两类，每类细化为特大型、大型、中型和小型地质灾害险情应急与灾情应急。具体工作内容包括指挥控制、信息报送、通信保障、社会治安、交通管理、紧急处置、生活保障、救护医疗、应急防护、应急调查、监测预警、应急处置、新闻报道、应急解除等。

2. 地质灾害风险点

地质灾害危险区是指已经出现地质灾害迹象，很可能发生地质灾害且将可能造成人员伤亡和经济损失的区域或者地段。一般意义上，它包含了地质灾害可能危害区和威胁区两个方面。地质灾害危害区是指位于单体地质灾害上或必然冲击位置上，一旦发生地质灾害直接遭受伤害的区域。地质灾害威胁区是指位于单体地质灾害以外，地质灾害发生后的运动过程中可能产生伤害的区域。

地质灾害风险点是指地表岩土体存在变形破坏现象或外来因素（如降雨）作用下有可能演变成地质灾害的地点。一般经专业技术人员鉴定，公共管理部门认可后纳入责任范围。危岩体、变形斜坡或高陡斜坡、老滑坡、自然或人为松散岩土堆积、泥石流沟和地面下沉均可认为是地质灾害风险点。山体开裂形成的危岩体或风化形成孤石可能演变成崩塌灾害；变形开裂的斜坡或陡坡可能演变为滑坡灾害；崩滑堆积或人为弃渣在降雨时可能再次滑坡或形成泥石流灾害。局部地面下沉可能演变为地面塌陷灾害。

3. 地质灾害预警及其分级

一般意义上的灾害预警是指某一事件（如台风）发生地点、时间基本确定，尚未威胁到要预警的地区，从而向该地区预先发出的警报。地质灾害预警是一个从预测到警报的工作过程，在时间尺度上包括了预测或预估、预警、预报和警报等多个阶段。

预警级别综合考虑产生后果严重程度和时间紧急程度分为四级：特别严重的为一级（警报），严重的为二级（预报），较严重的为三级（预警），一般的为四级（预测），依次用红色、橙色、黄色和蓝色表示。

4. 地质灾害应急响应及其分级

地质灾害应急响应指当地质灾害来临或发生时采取的紧急防灾减灾行动，以尽可能减轻生命伤害和财产损失。应急响应的指导思想是"以人为本"，突出一个"快"字，把保障人身安全或抢险救人放在第一位，有可能时最大限度地避免或减轻财产损失，保障社会安定（刘传正，2006b）。

在国家层面，特大型地质灾害应急为一级响应，大型地质灾害应急为二级响应，中型地质灾害应急为三级响应，小型地质灾害应急为是四级响应。城乡社区地质灾害应急响应等级可按危险程度和涉及社区范围分为三级：一级（红色级）为撤离级，按照防灾减灾预案确定的路线、地点进行有组织的撤离，如发生灾害要同时组织开展自救互救行动；二级（橙色级）为待命级，为撤离做好一切准备；三级（黄色级）为准备级，告知到村、社所有人员，做到思想警惕，行动上有所准备。

7.2.2　地质灾害应急预案编制

编制单体地质灾害应急预案是为了进一步提高地质灾害防治工作的针对性和实效性，提升灾害点所在地居民的防灾减灾意识、知识、文化和能力，逐渐形成自己的应急应对体系。通过编制和实施单体灾害点的防治预案，逐渐造就一批为自己家园的地质环境安全进行自我诊治、保障自身安全的"赤脚医生"，不仅是建立防灾减灾长效机制的实际需要，也是增强"当地人"灾害风险意识，培育社会公众自我应急管理的必然途径。

7.2.2.1　总则

（1）编制目的是有效做好单体地质灾害的防灾减灾工作，避免或最大限度地减轻地质灾害发生造成的居民生命伤害及其财产损失，维护城乡社区社会稳定。

（2）编制依据是《地质灾害防治条例》《国家突发地质灾害应急预案》及所在省（自治区、直辖市）相关法规等。

（3）工作原则是"以人为本，预防为主"。在所在地县（市）政府统一领导下，乡（镇）职能部门负责指导村（社）居民具体制定实施单体地质灾害防灾减灾应急预案。

（4）组织体系包括三级：县（市）负责组织本区域单体地质灾害的调查认定、年度经费计划和工作指导；乡（镇）负责本区域单体地质灾害的定期核查；村（社）具体负责本地的单体地质灾害监测预警与应急响应。对于超出本级单位防范能力的重大单体地质灾害，逐级报上一级政府，请求工作指导和经费支持。当发生地质灾害或者出现险情时，县（市）、乡（镇）、村（社）责任主体要按照预案规定实施地质灾害避险或抢险救灾。

（5）明确撤离路线和避难安全场所，如村小学、村委会或安全空地等，确保不出现二次险情或灾害。

（6）突出"自我"防灾减灾，强调"六个自我"原则，即"自我识别、自我监测、自我预报、自我防范、自我应急和自我救治"。只有突出当地人的作用，才能实现及时防灾，避免贻误减灾时机，这是城乡社区居民为防治地质灾害风险进行自我管理的基本要求。

7.2.2.2　信息报送

在突发地质灾害应急信息速报体系的基础上，建立完善、畅通的信息通信网络。按照《国家突发地质灾害应急预案》中规定的地质灾害速报制度开展信息速报工作。突发地质灾害速报的内容主要包括地质灾害险情或灾情出现的地点和时间、地质灾害类型、灾害体的规模、可能的引发因素和发展趋势等。对已发生的地质灾害，速报内容还要包括伤亡和失踪的人数以及造成的直接经济损失。

7.2.2.3　应急调查

应急调查要配备调查设备、准备相关地质资料。地质灾害应急调查应对灾情、险情情况，地质灾害成灾原因，发展趋势，已采取的防范对策、措施，防治工作建议等。开展地质灾害灾情应急调查重点要调查分析灾害体稳定性发展趋势，为确保救灾人员设备安全、以防发生二次灾害发生或灾、险情扩大提出建议。地质灾害险情应急调查重点要分析灾险情发展趋势，为预防灾害发生提出建议。地质灾害灾险情应急调查结束后按有关要求编制地质灾害灾险应急调查报告。

7.2.2.4　监测预警

（1）监测预警体系由风险点所在村（社）负责人–监测人责任、简易调查监测设备（卷尺、油漆、钢钉、罗盘、位移报警器等）、通信报警设备（手机、手提扩音器、铜锣、报警钟）和乡（镇）负责人等组成。

（2）信息收集包括定期实地巡查宏观变形现象、测量记录裂缝变化、收听天气变化讯息、累计降雨量记录、降雨特点（持续降雨、台风暴雨）、收集周围环境变化（水库蓄水、矿山开采或农林灌溉等）和上级指示讯息等。

（3）地质灾害险情巡查根据具体情况定期和不定期进行，早发现、早报告、早处置。发现险情时要及时报告，同时划定灾害危险区，设置警示标志，明确告知相关居民预警信号和撤离路线。如果可能，采取削方、压土和防水等排险防治措施。必要时，按规定路线组织群众转移避让或强制组织避灾疏散。

（4）制作发放"防灾明白卡"，是落实单体地质灾害防灾预案的好办法。

（5）明确单体地质灾害险情预警方式和严重等级，防灾责任人、监测人要确保该区域内的群众及时得到信息，并对照"防灾明白卡"的要求，做好防灾应变准备工作。

（6）立即上报单体地质灾害险情信息，报告内容包括地质灾害险情或灾情出现的地点、时间、灾种类型、规模（体积）、可能的引发因素、发展趋势、涉及的人员数量和重要财产等。对于已发生者，还要包括伤亡和失踪的人数，以及造成的直接经济损失。

7.2.2.5　应急救援

地质灾害应急救援包括转移被困者、搜寻失踪者、救援埋压者、医疗救护受伤者、安置遇难者、财物抢运、自身安全防护或工程抢险等任务。救援人员是经过专门培训的，能够转移、搜寻、救援、救护、安置遇险遇难人员。救援装备具有搜寻、破拆、防护、撬挖等功能，且简便易于携带，耐久实用。

7.2.2.6　应急治理

应急治理主要是控制地质灾害险情的扩大，为综合治理赢得时间。崩塌可采取清理危岩、遮拦、填缝、嵌补措施。滑坡可采取地表排水、地下排水、减重、反压、微型桩等快速治理技术和停止破坏滑坡稳定性的人为活动等。泥石流可采取疏浚、排水、拦渣、清渣措施。地面塌陷及裂缝可采取防渗处理，塌陷回填，挖高垫底措施，采用保安矿柱、充填采空区或沉陷区、岩溶塌陷区可采取注浆、回填等措施。

7.2.2.7　防灾减灾保障

（1）应急队伍（基干民兵）、资金（监测与应急经费、人员经济补贴）、物资（救急性的生活医疗用品)、调查监测与通信报警装备。

(2) 充分利用现代传媒和通信手段,把有线电话、移动手机、电视、无线电台及互联网等多方面信息结合起来,形成地质灾害应急防治信息网。

(3) 地方人民政府要储备或能够及时调运用于灾民安置、医疗卫生、生活自救等必需的抢险救灾物资。

(4) 定期开展乡镇(村庄、社区)居民防灾减灾知识宣传和培训,对广大干部和群众进行多层次多方位的地质灾害防治知识教育,增强公众的防灾意识和自救互救能力。

(5) 组织乡镇(村庄、社区)居民、基干民兵和应急救援志愿者有针对性地开展应急撤离与自救互救演练,提高应急预案的应用实效。

(6) 乡(镇)负责对单体地质灾害所在村(社)的应急防治保障工作进行有效的帮助、督导和检查,及时总结地质灾害应急防治实践的经验和教训。

7.2.2.8　预案管理与评估

(1) 单体地质灾害防灾应急预案应报乡(镇)备案,重大风险点防灾预案应报县(市)级管理部门备案。

(2) 根据具体单体地质灾害的年度变化情况,在专业技术人员指导下评估预案的时效性,根据实际情况及时进行修订完善。

(3) 对风险已经消除的原定地质灾害点,经组织专业技术人员鉴定后,可以撤销预案。

7.2.2.9　责任与奖惩

(1) 对在地质灾害应急防治工作中贡献突出的乡(镇)、村(社)和个人,按照《地质灾害防治条例》及所在省(自治区、直辖市)相关法规进行表彰奖励。

(2) 对引发地质灾害的单位和个人和在地质灾害应急防治中失职、渎职的有关人员,按照《地质灾害防治条例》及所在省(自治区、直辖市)相关法规处理。

具体开展工作可参照《××乡(镇)××村(社)××地质灾害点应急预案》制定具体方案(表7.1)。

表7.1　××乡(镇)××村(社)××地质灾害点应急预案

1	地点	××乡(镇)××村(社)××地段
2	基本状况	地质灾害:长度、宽度、高度、面积、岩石(土体)、变形状况
3	引发因素	降雨,水库,采矿,切坡,灌溉,其他
4	危害对象	居民户数,人数,房产数,各户主姓名及家庭人数,其他
5	威胁对象	冲击范围涉及的居民户数、人数、房产数、家庭人名录,其他
6	预警等级	黄色级(警示级);橙色级(警告级);红色级(警报级)
7	预警方法	锣鼓;广播;微信;短信;逐户通知
8	应急等级	黄色级(注意级);橙色级(准备级);红色级(行动级)
9	应急方法	思想准备、组织准备、行动准备、紧急撤离;排水、压方等处置

续表

10	撤离路线					指定村（社）中主路、各户行动的小路
11	避灾地点					学校、村委会、打谷场或专门的避难场所
12	监测责任人	姓名	×××	电话	××××××	责任	监测预警
13	应急责任人		×××		××××××		应急处置
14	村/社负责人		×××		××××××		指挥协调，上报信息
15	乡镇责任人		×××		××××××		协调指导，上报信息，下传指示
16	县级责任人		×××		××××××		组织领导，上报信息，下传指示
17	地质灾害监测预警与应急撤离路线图					画出风险点示意图；2、标注主要参数； 3、标注危害对象和威胁对象；4、标注撤离路线和防灾避难所
18	技术指导人	姓名	×××	电话	××××××	单位	×××××××××××
19	编制时间					××××年××月××日
20	修编时间					××××年××月××日

7.2.3　预案启动和应急响应

7.2.3.1　预案启动

（1）事先确定的地质灾害风险地点如危岩体、变形斜坡或高陡斜坡、老滑坡、松散堆积物和地面下沉等变形加剧，任其发展或环境条件变化影响下很可能演变为崩塌、滑坡、泥石流、地面塌陷等地质灾害。

（2）相关环境条件变化或出现有可能导致风险地点发生灾害的人类活动，如持续降雨、台风暴雨山体裂缝加大、斜坡或陡坡变形加快；降雨、融雪或人为注水使土石堆积或人为弃渣泡透，渗水移动可能形成泥石流；急剧的温度变化产生快速冻融导致崩塌或滑坡；附近发生的地震使山体更加松动；水库水位快速升降可能导致斜坡变形加快；地表切坡导致的斜坡开裂变形可能滑坡；人工堆积的土石自身因降雨或生活用水不当引起变形增大；局部灌溉漏水可能导致崩塌或滑坡；剧烈抽水导致的地面下沉可能演变为地面塌陷灾害；地下开挖或爆破导致山体开裂或地面下沉等。

7.2.3.2　应急响应

启动防灾减灾应急预案必须决定启动的地质灾害预警等级和应急等级。

（1）蓝色预警等级（四级，警示级）对应着蓝色应急等级（四级，提醒级）；

（2）黄色预警等级（三级，警示级）对应着黄色应急等级（三级，注意级）；

（3）橙色预警等级（二级，警告级）对应着橙色应急等级（二级，准备级）；

（4）红色预警等级（一级，警报级）对应着红色应急等级（一级，行动级）。

预警方法采用锣鼓、广播、逐户通知等。应急响应方法从思想准备、行动准备到有组织的部分撤离、全部撤离，以及可能的排水、防水、压方等简单处置等。

7.2.3.3　应急避险响应要点

单体地质灾害的应急响应按照村（社）、乡（镇）、县（市）三级责任主体进行，首先且重要的是风险点所在村（社）的应急工作是取得防灾减灾成效的关键。

（1）单体地质灾害监测人发现或得到有关异常变化信息后，立即报告村（社）的防灾责任人，进行初步会商后报告乡（镇），同时告知该区域内的群众准备启动应急预案。乡（镇）报告县（市）级人民政府请求指导。对老、幼、病、残、孕等特殊人群，以及学校等特殊场所和通信不畅地段（警报盲区），要视具体情形采取有针对性的专门告知方式。

（2）根据培训的知识或经验，划定地质灾害危险区，设立明显的危险区警示标志，确定预警信号和撤离路线。

（3）村（社）负责人根据具体情势决定启动预警和应急等级，情况危急时可直接组织受威胁群众避灾疏散。

（4）采取应急排险措施如挖沟排水、填土盖缝、削方压脚和地膜防水等。

（5）经组织专业技术人员鉴定地质灾害险情或灾情已消除，或者得到有效控制后，当地县（市）级人民政府撤销划定的地质灾害危险区，解除预警，宣布应急响应结束。

7.2.3.4　不同灾种应急避险

1. 崩塌灾害应急

鉴于崩塌快速突变的特点，一旦发现存在崩塌风险，就直接进入监测预警和应急响应同步进行阶段。针对具体问题的表现形式可具体分析。

2. 滑坡灾害应急

根据斜坡变形方式、速度和引发因素的类型，根据观察和监测结果具体判断。如果斜坡变形比较稳定，则重点考察判断降雨、水库、采矿、切坡、灌溉等何种因素影响其快速发展。

3. 泥石流灾害应急

重点观察沟谷或斜坡面降雨作用与松散土石浸泡软化情况。监测应急人员要关注本地区极端气象条件和泥石流灾害预警预报信息；注意远处山谷是否传来闷雷般的轰鸣声、看到沟谷溪水断流或溪水突然上涨等；尽可能避开有滚石和大量堆积物的山坡下面；远离泥石流沟沟口、高陡斜坡和挡土墙等；撤离时向泥石流沟两侧行进，绝不可顺沟走向上、下游方向。

4. 地面塌陷灾害应急

只要发现正常地面出现不寻常的下沉现象，就要作为危险区对待，设置警示标志，禁止居民、财物进入。经济社会条件允许时，可请专业技术人士进行探测鉴定，分析其形成原因，提高预警应急的技术水平。

7.2.4　总结评估

灾害风险预警响应要纳入公共管理范畴，明确如何响应蓝、黄、橙、红等不断升级的预警信息。政府管理、专业机构、工程建设企业和社会公众等各自应该采取什么对策？哪些对策是提示性的？哪些是劝告性的？哪些是强制性的？不同受众对各个环节应做出怎样的针对性安排？2012 年北京 "7·21" 暴雨洪涝灾害损失惨重，而事前气象部门多次发布暴雨雷电预警，但公众社会缺乏正确应对的指导是成灾原因之一。即便是城镇地区灾害风险区划与监测预警都是及时到位的，但灾难来临时缺乏有力有效的应急避险或应急响应组织也会酿成灾难。2018 年 7 月 8 日，日本仓敷市洪水造成 68 人死亡。事后调查，事前的灾害风险区划几乎与实际灾害发生区域重合，但最后环节因缺乏有效的应急组织，造成老年人死亡居多。

不断从灾难中学习知识与技能，就能获得减灾事业的新生，就能凝聚提升防灾减灾智慧。坚持地质灾害群测群防，不断认识、实践和改进 "六个自我"，非专业的人士（当地人）也会取得很好的减灾成效，城乡社区地质灾害就会减轻，危害风险就会降低。因此，只要我们做到 "已有所备"，就能实现 "危中见机"，达成 "用危以求安"。

7.3　地质灾害应急演练

应急演练是建设灾害风险适应性强的社会和有准备的防灾减灾文化的重要途径。一般地，应急演练是按照综合预案或专门预案编制脚本开展的。应急演练的目的是检查应急预案是否具有科学性、实用性、全面性和可操作性，检验提升应急机构、人员协同应对能力和装备、物质、勤务等的保障能力。作者陈述了模拟、实战、综合、专项等演练类型及其组合应用。结合地质灾害防治需要，讨论了不同层面应急演练的目的要求，包括综合演练、公共管理、城乡社区、工程企业和技术支持等。从管理决策科学技术支持的角度，提出了地质灾害调查评估、监测预警和应急处置等方面应急演练的基本要求。

7.3.1　引言

人类社会已步入自觉应对风险的时代。直面灾害，正确应对，更加智慧地前行，是减轻乃至避免灾难，提升减灾成效的基本对策。据统计，85% 的工程或生产事故是因工作人员的 "违规行为" 造成的，仅有 15% 的事故产生于设备问题和环境因素。多数自然灾害的发生也是有先兆的，是可以识别的。因此，通过制定应急预案，进行应急演练，培育风险意识，逐步改变人的 "违规行为" 或 "冒险" 习惯（文化），是有效减轻乃至避免灾难的重要举措，也是从国家到地方社区等各个层面逐步建立对灾害风险适应性强的社会或有准备的防灾减灾文化的重要途径[1]。

苏轼曾云："物固有以安而生变分，亦有以用危而求安"。应急预案是基于一定社会发展水平的客观经验和科学认识编制的，是一种"作战计划图"，与实际发生的情况、属地人员熟知程度或超出预案的"随机意外"多少存在一定差别或环节短缺，不符合新发生的情况，甚至完全"纸上谈兵"。因此，应急（预案）演练就是"用危而求安"，强化"己有所备"的一种重要行动，是有限条件要求下的"沙盘演兵""实战演习"，而不是看似热热闹闹的"演戏"。

李亦纲等（2007）讨论了应急演练与应急准备的关系、应急演练的规划与准备、应急演练的类型选择、应急演练实施及应急演练的评估与总结等。尚积伟和吴群红（2009）基于欧美国家公共卫生实践演练案例，分析了经费、决策、非政府组织、技术支持、跨部门合作及媒体公众反应等要素的作用。周家铭等（2007）对实战演练和桌面推演进行分析与比较，尤其对推演方案中事故场景设计的主要关注点提出了见解。姜卉和黄钧（2009）以不确定性和罕见性为分类维度，分别从情景想定的详细程度、预案的可操作性和决策难度等方面论证了不同的突发事件应采取不同的应急处置范式。石磊（2009）讨论了解决问题的手段或做事情的方式和方法及相关制度等应急机制。邓云峰（2004）介绍了桌面演练、功能演练与全面演习的基本要求，强调功能演练重点是检验应急响应人员和应急管理体系的策划运作能力。这些探索具有重要的先导性启发性作用。

自2003年应对"非典"疫情后，我国学习先进国家突发公共事件应急管理经验，在制定法规、编制应急预案、组织应急演练、转变减灾理念和具体事件的应急处置等方面已取得了突破性进步。在我国，突发事件应急演练的基本要求逐渐明确，实际工作中尤其重视预警发布、指挥撤离、应急抢险和搜救生命的应急演练。地质灾害应急演练主要体现在逃生信号、方式或路径的熟练方面，对应急演练的规范性、技术支持的专业性、防灾减灾文化（习惯）的培育和相关各方的互动协调性等尚缺乏系统认知，需要进行专门探讨。

7.3.2 演练类型

应急演练是检验应急预案的科学性、实用性、全面性、系统性和可操作性而进行的一种模拟应急响应的实践活动。应急演练一般分为模拟演练和实战演练，强调演练内容可分为专（单）项演练和综合演练。训练人员或组织机构应急能力可分为公共管理、工程企业、居民社区和科技支持能力等演练（刘传正，2018b）。无论是否有脚本，都应该根据设定的情景事前筹划，事中记录，事后总结。

1. 模拟演练

模拟演练是根据某一次或一类地质灾害事件设定外界条件、发生特点和危害对象而进行的，采取的形式可以是研讨会、桌面推演、场地模拟或计算机智能模拟等。参演人员可以通过分组准备，深入讨论关键问题及其解决方案，而不需要紧急快速地做出决定，时

---

① FEMA US, 2018, Strategic plan: helping people.

间、任务和经费等要素灵活可控。利用地图、沙盘、流程图、多媒体、计算机模拟仿真、视频会议等辅助工具程序性地展现地质灾害信息提取、事件描述和应对过程，按照应急预案及其规定的工作程序，针对事先假定或预设的演练情景，讨论和推演应急决策及现场处置过程，促进相关人员掌握应急预案中所规定的职责和程序，提高指挥决策和协同响应的能力。

2. 实战演练

实战演练是利用事先设置的突发事件情景及其后续的发展趋势，通过实际决策、现场行动操作，完成真实应急响应的过程，用于检验提高相关人员的应急指挥、应急处置、协同配合和装备物资保障等能力。实战演练通常要在特定场所完成，总体上应保持演练的自然发展，减少过多的干预。实战演练启动后，演练人员具有较大的自主性，根据突发事件背景和注入的信息或插入事件，自主地做出及时正确的反应。

3. 专项演练

专（单）项演练是检验培训应急预案中特定应急响应功能或现场处置中某种应急能力的活动。专项演练注重一个或几个特定环节进行检验，可以是模拟某一特定地质灾害现场的专项调查、监测预警和应急避险或检验某项设备的操作功能等，也可以是某种因素引发地质灾害情境下应急处置能力的训练。例如，研究性演练是指为研究和解决突发事件应急处置的重点、难点问题，试验新方案、新技术、新装备而组织的演练；功能或职能性演练突出个人或机构在应急响应活动中履行法定职责的能力检验训练；程序性演练重在按规定工作步骤或工作环节不同层级的人员协调互动或协同应对等的能力锻炼。

4. 综合演练

综合演练用于检验评价应急管理、技术支持、当事人自救和搜救抢险队伍及勤务保障等的综合应对能力，是涉及应急预案中多项或全部应急响应功能的演练活动。综合演练注重对多个环节独立式、交互式和集成式行动的功能检验，特别是对不同机构、不同层级之间应急机制和联合应对能力的检验。综合演练一般包括应急响应的全过程，涉及现有信息整合、实际场景观测、分析模拟、风险评估、会商决策、应急处置和指挥控制等。

上述概念显然具有关联性、包容性，实际应用中具体内容也具有组合性。不同类型的演练相互组合可以形成专项或综合模拟演练、专项或综合实战演练。正规的演练一般是有脚本演练。若采用无脚本演练，总导演或总策划必须能够对预期目的、基本程序自觉掌控，适时明确下达指令，只是参演人员事先不一定清楚，或预留了关键节点给具体负责人以灵活处理的空间，绝非散乱的盲目行动。

7.3.3　演练目的要求

7.3.3.1　演练目的

（1）锻炼应急队伍，提高应急反应能力，包括政府、企业、科技和社区民众熟悉应急预案、清楚自己职责、独立响应和协同配合工作的素养。

（2）检验完善修订应急预案，发现关键问题和薄弱环节。

（3）检验物资储备、装备设施、技术方法和协同保障等满足程度。

（4）训练社区相关者识别风险、自救互救和应急避险的能力。

（5）根据新形势新需求培训公职人员应急响应的适应能力。

（6）培育防灾减灾文化，使风险防范和自救互救成为一种习惯，成为生存与发展的组成部分，促进社会公众、新闻媒体的理解认知。

7.3.3.2　演练要求

演训人员包括管理、技术、受灾、抢险、避难安置及物资供应等各个层面。地质灾害应急演练的具体内容一般包括如何认识突发事件、应该做什么、怎么做、谁来做和做到什么程度等，从而保证从容应对，最大限度地减轻损失或伤害，既避免无视或侥幸，也减少"被应急"或应急响应过度。

（1）目的明确。紧密结合应急工作实际，根据致灾因子和承灾体易损性科学合理确定演练目标、演练方式和演练规模。

（2）立足实战。立足实战检验应急管理体制、工作机制和应对能力，把发现问题作为评估、考核、整改和完善的工作重点。

（3）科目具体。演练内容要具体明确，要使管理、企业、社区、技术和抢险人员清楚自己的职责和行动要求。

（4）筹划充分。围绕演练目的，对演练策划、实施、评估等进行全面计划，写出演练方案或脚本，明确分工与协同工作要点，事前培训，事中监控，事后总结，人员、交通通信装备和经费等满足演练需要。

（5）规模控制。根据演练目的合理确定人员、资金、装备、耗材、时间等成本资源，确保可控，不能随意扩大参演人数或无关人员进入演练场地，避免资源浪费，减少无效工作。

（6）确保安全。参演人员、评估人员、观摩人员及设备环境等的安全。

7.3.4　演练准备

1. 目标设定

目标设定立足于检验应对具体情境的能力，如检验地质灾害"灾情应急"或"险情应急"现有应对能力，或经过努力能够满足要求。演练目标应简单具体，可量化、可实现。综合演练一般包括若干演练目标，每项演练目标都要在演练方案中设计相应的事件和演练活动，并能够评估判断该目标的可实现程度。

2. 演练内容

演练内容服务演练目标，一般包括情景设定、致灾因素、危害对象、应对人员、应对方法和物质装备保障等。专项演练重点可放在检验训练调查评价或监测预警能力方面；模拟演练重点放在检验人员素质、信息平台、模拟分析与智能化水平方面；综合演练要充分考虑演练基地、人员、装备和环境的满足程度；地质灾害"险情"应急演练重点是可能危害范围的推演和快速有效的工程控制方案选定与实施；地质灾害"灾情"应急演练重点是转移或搜救人员、监测预警、研判新的灾害风险、分析灾害成因和选择评估安置场址的地质安全等。

3. 演练组织

实际应急工作可能需要数天，而演练活动一般压缩在数小时内完成，必须细化工作分工。指挥控制、文案编写、调查研判、监测预警、应急处置、观摩评估、装备准备、安全防护与交通通信保障等必须确保无虞。为使演练过程紧凑有序，突出重点环节，事先安装设备、人员攀爬到位、计算分析与技术会商等复杂费时间的操作处理可先期制作成视频多媒体资料，作为实战演练的组成部分。

4. 演练方案

演练方案是指导演练实施的详细工作文件，包括总体概述、演练目的、演练规模、情景设计、装备保障、组织体系、演练规则、实施步骤、过程考核和评估总结等。演练脚本或手册要细化到工作清单，如事件场景、参演机构及人数、演练方式、模块或单元分工、指令对白、行动管控、执行人员、视频背景与字幕、解说词等。

5. 演练保障

桌面演练一般可选择会议室或应急指挥中心等；实战演练应选择与实际情况相似的演练场地，或滑坡泥石流现场，具备比较便利的交通、卫生和安全条件，尽量避免干扰公众生产生活。

实战演练保障包括人员、经费、场地、装备、安全和交通等方面。人员保障包括演练指挥、策划、文案、控制、评估、参演、模拟、观摩和勤务等方面人员；经费保障包括方案编制、审查、培训、评估、劳务、油料、耗材、餐饮和设备租用或购置等需求的费用；装备保障包括文图办公、物资设备、通信器材、音视频摄录设备、模型装置设施和地面空中交通设备等；安全保障包括气象水文变化、个体防护装备、意外伤害保险和社会环境安全等，适当防卫发布演练公告，避免造成负面影响；交通保障包括交通工具和水上、陆地和空中交通管控等。

6. 审查报批

演练方案审查对综合性较强、风险较大的应急演练是必需的。演练方案的合法合规性，特别是环境安全、保密措施等的审查，陆域、水域、空域的使用许可等，包括演练地点、相关交通通道和演练时段等。大型综合性实战演练方案应进行专业审查，并上报批准后方可进行。

7. 演练培训

演练培训目的是消除"演戏"心理意识，强化责任担当，训练沟通把握能力。根据岗位职责的不同进行针对性的培训，确保所有演练参与人员对演练目的、规则、情景、岗位职责、过程控制、工作方法、工具使用和安全防护等方面清楚掌握并能灵活应变。

7.3.5　演练实施

1. 总体要求

总策划或总导演负责按演练方案控制演练过程。演练实施前必须完成演练所需的场地等基本设施的准备。演练不一定是严密的，根据场景变化必要的个人发挥是允许甚至鼓励的，也是通过情景激发完善工作的一种方法。当演练人员的行为偏离演练主线过远，并有可能影响整体演练进程或演练效果的情况下，总策划要在后台进行必要的干预。

2. 模拟演练过程控制

一般的模拟演练活动主要是围绕提出的问题进行讨论，有条件时，利用音视频通信和多媒体进行程序性会商。总策划以口头或书面形式，部署引入一个或若干个问题。参演人员根据应急预案及有关规定，通过角色扮演或模拟操作，讨论应采取的行动，完成应急预案规定的工作程序。有条件时应进行计算机模拟仿真或人工智能辅助。

3. 实战演练过程控制

总策划按照演练方案发出控制消息，控制人员向参演人员和模拟人员传递控制消息。参演人员和模拟人员接收到信息后，按照发生真实事件时的应急处置程序，或根据应急行动方案，采取相应的应急处置行动。演练过程中，控制人员应随时掌握演练进展情况，并向总策划报告演练中出现的各种问题。

无脚本演练需要在理论与实践造诣高深的专家主持下进行，争取做到场面真实，环节紧凑，因势利导，因情活导，高效有序。

4. 演练评估

演练评估应围绕演练目标设计考核指标。通过观察、体验和记录演练活动，比较演练效果与目标设定之间的契合程度，总结演练成效和过程的不足。每项演练目标的评估要设计针对性的考核项目、方法和标准，可以进行主观评分或事先制定评估表格量化评估。

5. 演练总结

演练总结一般包括演练方案的再现程度，锻炼队伍及能力提升情况，队伍的软硬件配备等的满足程度，各环节衔接情况，未能实现的情景及原因，存在的主要问题等。演练无须拘泥于结果的"成功"或"失败"。

6. 资料归档

演练归档资料包括演练方案、演练手册（脚本）、实景数据图像多媒体、评估报告、演练总结等。归档资料作为改进应急工作的重要依据，也可以作为培训应急队伍的教学材料。

7.3.6　地质灾害应急演练要点

地质灾害应急演练可分为综合演练、应急管理演练、社区应急演练、工程企业应急演练和科学技术支持演练等。现阶段，要突出功能演练，检验应急管理体系的合理性严密性、应急响应人员策划运作能力、科技人员决策支持能力和事发地社区的应急避险能力。

1. 综合演练

综合演练的核心功能是检验与提升政府主导下公共安全管理、技术、企业、社区及专门抢险搜救力量等相关各方的协同应对能力，推动建立政府、企业、个人、社会和科技界五位一体的防灾减灾"伙伴"关系，逐步实现地质灾害风险识别基层化、调查监测实用化、风险管控科学化、信息共享实时化、预报预警超前化、减灾服务多样化、防治效益最大化、应急处置属地化、培训演练常态化和防灾减灾法制化等要求（刘传正，2017a）。

2. 应急管理演练

应急管理演练主要检验应急预案和法制、体制、机制等"一案三制"的完备性和严谨性，不断完善地质灾害风险预防、行动准备、应急响应和恢复重建管理工作。"以人为本，生命至上"是应急管理的基本准则。公职人员熟练掌握应急管理程序并按要求执行是演练检查和职能训练的基本目标。遵循"一案三制"的要求，明确相关机构人员的职责任务，不断完善工作体制和行动机制，理顺工作关系，提升相关机构人员的协同应对能力。另外，应急管理演练也是检验防范公职人员因懒政惰政而不能正确履职或压实责任，因不懂而蛮干、失职或渎职行为的一种方法。

3. 社区应急演练

城乡社区居民防灾减灾应急演练重在提升识别风险、应急避险和自救互救协同能力。按照自我识别、自我监测、自我预报、自我防范（准备）、自我应急（避险）和自我救治等"六个自我"要求，地质灾害在哪里出现就在哪里应对，突出强调所在地区居民减灾的自发性、自觉性和实时性，培育自我应对和有准备的防灾减灾文化（刘传正，2006b，2016a）。

社区应急演练需要事前列出面临的自然灾害风险清单、弱势人群清单、易损住房建筑清单、制作社区灾害风险地图等。基于灾害风险的应急预案的基本内容包括灾害风险地点、引发因素、危害对象、预警信号、应急方法、撤离路线、避灾地点和相关责任人等（刘传正，2010c）。

4. 工程企业应急演练

工程企业人员应急演练的要求是既能紧急防范应对外来风险，又能避免、消除或应对工程区域内的地质灾害风险。演练重点包括工程设施、人居建筑、生产车间、道路、装备等可能遭遇的地质灾害风险，或开挖填方、爆破施工或引水排水等工程活动可能引发新的地质灾害风险。事前制定应急预案，进行演练检验，提升地质灾害风险识别、预防治理、监测预警、提前避让或应急处置的能力，以便不断修订完善应急预案。

5. 科学技术支持演练

科技人员应急演练的目的是提升地质灾害应急管理决策支持水平，正确适时回答何时、何地发生或可能发生的地质灾害是什么、为什么、怎么办等问题（刘传正，2006b，2010c）。

1）调查评估

调查评估应急演练主要检验培育快速观察、描述、探测、分析和评价能力，包括使用先进设备获取数据信息、建立模型、计算绘图、分析评估和得出明确结论的能力。例如，2010 年 11 月 26 日，湖北黄石板岩山危岩崩塌调查演练采用了远程视频会商系统、激光测距仪、自动裂缝计、无人机、飞艇和三维激光扫描仪等设备开展快速调查评估，技术支持工作包括信息报告、响应启动、应急调查、技术会商、汇报结论和总结评估等环节，历时90 分钟。

2）监测预警

监测预警应急演练检验快速选定布置代表性监测点、设计监测剖面或监测网、获取动态数据、选用模型分析数据和研判发展趋势的能力，为安全避险或应急工程处置决策提供科学依据。长江三峡水库水位涨落引发的滑坡动态监测为航运安全预警提供依据，如白水河、凉水井、树坪等滑坡采用 GPS 位移、水库水位、降雨、地下位移、地下水和地应力等研判动态，发布不同等级的预警信息。长江三峡链子崖危岩体防治工程施工安全监测预警，保证了施工扰动在地质体稳定许可限度范围内，为正确贯彻设计意图、施工程序和施工强度要求等提供了关键依据（刘传正，2009）。四川茂县新磨村滑坡应急抢险搜救过程中，根据监测预警分析适时决策，有效防范再次滑坡伤害。

3）工程处置

工程处置应急演练目的是，培育快速有效选择科学合理、技术可行、安全可靠的工程控制方案，为应急工程处置风险决策提供依据。应急工程要贯彻把握时机、动态设计和信息化施工的原则，争取实现减灾效益的最大化。例如，四川省丹巴县城区因切坡建房引发大规模滑坡险情，采用锚固工程不适应正在发生大变形（位移量为 20～30mm/d）的斜坡。选用快速堆载，反压补偿破损的斜坡脚能够快速增加抗滑阻力，遏制斜坡整体下滑的惯性状态，促使斜坡体逐渐趋于自稳，达到了应急处置的目的（刘传正，2009；刘传正等，2010）。滑坡险情得到控制的前提下，采用锚索格构梁和锚拉桩加固工程实现根治。

科学技术决策支持的应急演练应逐步走向现场调查勘测与计算机模拟仿真相结合，逐步实现前后方联动的系统化、模块化、可视化和高效化工作。技术路线是，先行建立几种典型模式的斜坡地质灾害实时仿真系统，并在实际应急工作进行模型修正和参数调整，逐步完善。

7.3.7　结语

应急响应是一项系统工程，政府主导、科技支持和社区协同是三大重要支柱。地质灾害应急演练在应急避险方面取得了很好的成效，但在地质灾害风险预防、主动应对等方面仍然结合实际不够。演练的"成功"需要充分准备，尤其是实战演练的准备，演练前后的学术研讨与交流是充分利用直接或间接知识的重要方法。

应急演练是防控"灰犀牛"，减少乃至避免"黑天鹅"的重要举措，针对不同类型的地质灾害风险，事先编制应急预案，结合具体情景进行培训演练，必定会全面提升防灾减灾能力。

7.4　地质灾害应急响应技术支持

7.4.1　问题提出

地质灾害应急响应是一种涉及因素多、技术含量高、时间要求紧、工作任务重和社会影响大的危机事件管理行为，也是一种跨阶段（覆盖地质灾害调查、监测、治理和管理等多个阶段）、高要求（反映最新减灾理念和科技水平）、大集成（多方面人员、信息和装备的整合与协调行动）、快反应（具有抢险救灾性质或称地质灾害防治的"120"和"119"）和求实效（体现为防灾减灾效果）的非常规防灾减灾行动（刘传正等，2010）。由于问题的复杂性和应用的非常规性，为了求得应急响应的"满意解"或综合"最优解"（"有用解"），而不是科学意义上的"精确解"，需要大综合和大集成的科学观，必须提升地质灾害应急响应科学技术工作水平，逐步使其从经验走向科学，从感性判断走向理性量化。

突发性地质灾害是一种非常规的危机型地质事件，是可以对人类生命、财产和生存环境造成严重危害甚至灾难的。地质灾害事件应急响应决策技术支撑研究不一定追求精细化，但要抓住本质，合理概化，快速高效，以概念设计思想为指导快速实现大综合与大集成。

应急响应需要多方面研究积累和多学科知识与技能的支持，包括区域地质环境调查评价、动态监测、减灾工程（避让、治理、应急）和土地利用管理等方面的基本信息，也需要数学、物理学、计算机技术和人工智能等方面的知识与技能支持。

7.4.2　基本思路

1. 基本认识

立足国际先进防灾减灾水平和中国社会发展阶段考虑问题，自然灾害的防控一般经历了应急响应、工程控制和风险管理三个阶段（刘传正，2009）。尽管三者有交叉，但在经济社会发达程度不同的地区或国家，总体上显示以某一个阶段为主的特征。发达国家或地区表现在防灾减灾的非工程措施（非结构性减灾措施）方面具有明确的法律地位，即保证其中具备足够的减灾内容，而工程措施（结构性减灾措施）反而是补充性的，已从工程防控走向或进入风险管理阶段。因此，地质灾害应急响应已成为国家持续发展的需要，是国家形象和社会责任的体现，是广泛涉及政策、计划和组织执行等的一个特殊的动态过程，对于政府与公众具有同等的重要性。

地质灾害可以视为一种具有生命体征的危机事件，这种危机显示出有生有死的周期性特征。因此，这种事件过程可以划分为几个阶段，如分为五阶段则包括潜伏期、显现期、突发期、衰减期和终止期，然后开始进入下一个循环。每个地质灾害事件的各个阶段都比较分明还是只显示某几个，既取决于地质环境条件组合，也取决于引发因素的类型、作用强度、方式和持续时间等。

重大地质灾害应急响应技术体系包括科技团队、技术装备和理论方法等三个方面。技术装备是"硬件"，是构成应急技术平台的基本装备；理论方法是"软件"，是应急技术平台运行的程序；科技团队是关键，是"硬件"与"软件"结合并实现效益最大化的基本保证，要求具有足够的科学素养和熟练的技术技能。

承担应急响应任务的科技团队应具有过硬的心理素质、工程经验和人文情怀，能够适应时间紧、任务重、环境险和动作快的要求。技术专家行使顾问咨询职责应具备相关的政策法规和理论技术储备、人文素养和工作程序训练，为应急指挥机构及时决策提供尽可能准确、有力和可行的决策依据。

应急处置是在时间不许可的情况下，没有经过专门调查，更没有按技术程序勘查评价，而是根据现场考察，充分利用已有资料或数据信息，集成应用现有理论方法，为应急处置决策提供技术支撑而进行的快速研究评价工作。

2. 应急响应对象

地质灾害应急响应的主要对象是崩塌、滑坡、泥石流和地面塌陷等具有突发性质者。重大地质灾害是指引起大量人员伤亡（一般 10 人及以上）、严重经济损失（1 亿元以上）或区域社会恐慌的岩土体移动事件，具体包括大型和特大型两类。

3. 应急响应类型与等级

地质灾害应急响应分为"险情应急"和"灾情应急"两种类型或二者的混合类型。产生威胁者称为"险情"，发生危害者称为"灾情"（刘传正，2006b）。

重大地质灾害险情应急响应简称"险情应急"，是指地质体的运动态势具有发展演化成为重大地质灾害事件，从而造成重大危害的可能性或危险性，为避免发展成灾而采取的紧急转移人员、财产和工程控制的一系列行动。"险情应急"的研究重点是可能危害范围的推演和快速有效的工程控制方案选定。

重大地质灾害灾情应急响应简称"灾情应急"，是指地质体的运动已经造成重大危害，并可能扩大或加剧这种危害的范围与程度，为搜救失踪或受伤人员、抢救财产、转移人员避免新的危害发生而采取的一系列紧急处置行动。"灾情应急"的研究重点是搜救或转移人员、监测预警和控制新的灾害风险、灾害成因定性和选择评估安置场址的地质安全等。

特大型地质灾害定为Ⅰ级响应，大型地质灾害定为Ⅱ级响应。Ⅰ级为国家级应急响应，Ⅱ级为部（省）级应急响应。

4. 应急响应组织体系

按照"统一领导，分工负责；分级管理，属地为主"的原则，重大地质灾害应急响应工作的组织体系与工作职责初步划分（图 7.1）。

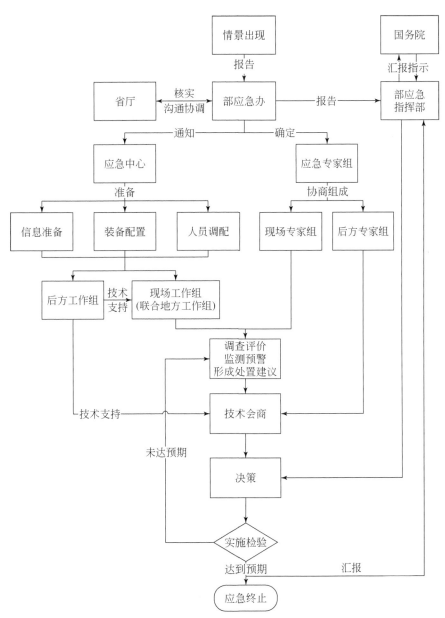

图 7.1　重大地质灾害应急响应组织体系与工作职责

7.4.3　工作程序

根据多年经验和现有认识水平，初步把重大地质灾害应急响应的技术支撑工作程序划分为八个阶段，即响应启动、调查评价、监测预警、会商定性、防控论证、决策指挥、实施检验和总结完善（图7.2）。

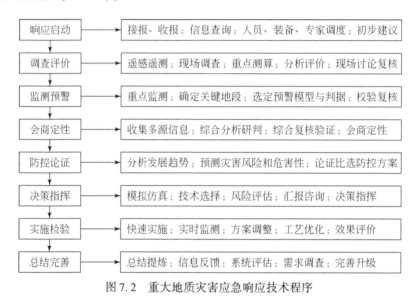

图7.2　重大地质灾害应急响应技术程序

7.4.4　工作任务

7.4.4.1　响应启动

1. 接报、收报

接报、收报按《国家突发地质灾害应急预案》要求的程序逐级报送，随时关注互联网社会舆论和新闻媒体发布讯息，并及时下达国家管理机构的指令、指示或明电等。

2. 技术准备

值班人员信息查询，技术人员到位，装备调集，智能系统准备，专家遴选与集结。

3. 确定响应级别

确定响应级别后，立即进入防灾减灾响应程序。一旦接到警报后，应急响应体系包括指挥、测报、专家咨询、远程联络会商、现场指挥、应急物质和医疗救护等按照相应级别的突发地质灾害应急预案进入运作程序。

4. 基本任务

响应程序按照《国家突发地质灾害应急预案》规定程序启动一级或二级响应。具体任务包括：接到灾害发生信息后，2h 内启动国家级地质灾害应急响应程序建议；根据指示派出先遣工作组协助地方政府调查地质灾害成因，判断发展趋势，划出危险区，设立警示牌，制定避灾方案；视频在线通信系统保证与灾区省份 24h 接通，专人值守；及时收集、评估、报告灾情信息，每日两次报告灾情和应急响应工作动态，重大情况随时报告；及时协调落实党中央、国务院关于抗灾救灾的指示；确认地质灾害险情已消除或控制，提出建议报国务院副总理确定一级响应终止；落实应急处置资金；进入正常地质灾害防治工作程序。

7.4.4.2 调查评价

快速查明地质灾害体的地质结构和环境条件。调查任务是基本查明地质灾害体的规模、分布、破坏类型及其危害状况，观察影响地质体稳定性的环境条件、自身结构成分特点和长期作用因素及瞬时触发动力。工作方法是在充分收集研究现有资料基础上，对现场进行全面细致的考察，必要时进行不拘形式的明察暗访。在各种条件允许时，可利用实时 RS（卫星）图像、GPS 定位、全站仪、探地雷达、数码摄像、高倍数望远镜、激光扫描系统、快速物探技术和轻遥飞机等取得地质体表面特征（DEM）、空间结构和环境要素等资料。

7.4.4.3 监测预警

掌握地质灾害体动态与发展趋势，判断地质灾害体的稳定状态、地质灾害险情大小、新风险的位置和危害范围及可能的发生时间，为会商定性、处置方案论证和紧急避险提供依据。工作任务是基本查明地质灾害体的整体动态分布、关键位置的位移速率及其随时间的变化特点，提出预警预报和紧急撤离的判据和报警方式。

工作方法采用人工测量与 GPS 定位、全站仪和激光测距仪遥测相结合。人工测量以跨缝贴纸条、钢尺测点为主。自动遥测主要针对关键点进行定时观测，如每小时或每十分钟记录一次，报告时段要保证应急决策的需要，尤其要保证应急撤离（包括抢险施工队员撤离）的需要（刘传正，2006b；殷坤龙，2004）。另外，广泛发动居民开展群测群防，及时发现新的变形迹象也是应急监测的重要工作。

7.4.4.4 会商定性

为确定减灾方案和致灾责任提供依据。工作任务是根据调查和监测资料的全面分析论证，判定提出地质灾害体的成因机制，包括地质灾害险情或灾情的形成是自然演化的结果，还是人为引发作用占主导地位；地质体的破坏机制是前缘牵引式、后缘推动式、整体平移式，抑或是流态奔涌式或突然陷落式。

地质灾害的成因定性是一项关系重大的工作，是对技术专家理论素养、工程经验、社会良知和行为胆略的全面考验，基本要求是既要定论于"快"，更要立足于"准"。工作方法是现场观察和会议会商相结合。条件允许时可以开通远程传输会商系统,以便听取更多专家的意见,使结论尽可能准确,经得起历史检验。工作原则是以地质灾害体内外客观表现的具体事实为依据,以现有的工程地质基本理论为准则,力戒片面武断下结论,更要杜绝有意回避主要矛盾。如条件和时间允许,鼓励采取头脑风暴(brain storming)方法激发集体智慧,广泛听取或提出各种可能的认识,以避免重大失误。

7.4.4.5　防控论证

比选提出依据科学、技术可行和经济合理的工程控制或搬迁避让方案。"科学"是指应急方案针对险情或灾害成因机理,对症下药;"可行"是指工程技术方法比较成熟,操作流程简便易行,减灾成效显著,便于监测检验且施工安全有保证;"合理"是指应急资金投入是在可接受的水平。

工程控制或搬迁避让方案论证的工作方法是,在应急指挥部主持下的地方政府、技术专家组和应急抢险队等多方面参加的联席会商会。提倡贯彻概念设计(conceptual design)思想,即根据设计对象的特点和减灾急需,依靠设计者的知识和经验,运用逻辑思维、综合判断和整体把握,正确地确定应急处置工程方案,在现场完成设计,更多情况下是"边设计、边施工、边检验"工程效果。

7.4.4.6　决策指挥

统一调度,保证报批等管理程序到位和落实应急资金、队伍和技术装备的配备。工作任务是根据应急响应的报批程序,应急指挥机构及时商相应层级的政府负责人决策批准地质灾害定性结论、工程控制或搬迁避让方案和资金筹措办法,并协调相关职能部门及时执行到位。

工作方式是应急指挥部和领导小组联络会议等,包括启用卫星传输远程实时会商系统、海事卫星电话、网络传输及电话电传等。

7.4.4.7　实施检验

工作任务是按决策的方案立即实施,保证把握应急响应的最佳时机,争取实现防灾减灾效益的最大化。地质灾害应急响应或搬迁避让工程属于救灾性质,不能按常规工程安排工期、任务和投资等。要力戒议而不决,决而不动的现象发生。

工作方法是调动民兵应急分队、武警部队或专业工程单位实行连续作战,人停机不停,直至控制住险情或达到预期应急响应目标。由于是在地质灾害危险区施工,施工方式、工艺和施工安全措施应是特别强调的。在控制住地质灾害险情态势或抢险救灾基本完毕后,应提出应急阶段工作报告和下一步地质灾害防治建议。

7.4.4.8　总结完善

一次应急响应结束后,在技术层面全面总结地质灾害发生的地质环境、引发因素、作用机理、类型所属、适用模型、智能系统决策支持成效、经验与教训等。一方面为后续的正常防灾减灾工程提供依据,另一方面为完善减灾规划、评估改进应急预案等提供参考。

　　上述各阶段的目的、任务和工作方法是互为联系，又彼此相对独立的，有时根据具体灾害事件的情形表现为相互交叉、相互合并，甚至某些环节非常突出，成为重中之重，而另一些环节则不明显，甚至不出现。八个阶段在"险情应急"和"灾情应急"两类情形下具体内容也是不完全相同的。"险情应急"可能覆盖八个阶段，"灾情应急"则在"调查评价、会商定性、决策指挥和实施检验"方面对技术专家的要求更为严格。因为前者是为了避免灾害或灾难，后者则以救死扶伤、责任界定和减轻损失为核心。

7.4.5　研究内容与技术路线

7.4.5.1　研究目标分解

　　研究目标是提出滑坡应急响应和应急处置的理论方法，形成重大山体滑坡立体建模及灾害事件影响范围、方式、持续时间和危害程度等的预测预警与模拟仿真技术体系，满足信息获取与综合分析、风险判定与模拟预测、综合应急响应的要求，为国家层面应急平台的架构和应用提供技术支撑。

　　研究的内容包括滑坡地质环境信息获取与综合分析，滑坡风险判定与模拟预测技术，基于 GIS 的空间分析与风险评估技术，山体滑坡灾害事件的仿真建模方法，虚拟现实技术和 GIS 快速建模、不同尺度空间滑坡灾害事件的多维仿真再现技术，重大滑坡灾害事件的时空发展状态、各类应急数据和应急过程的可视化表现技术。

7.4.5.2　技术路线

　　按照概念设计思想，充分考虑基于定性分析的整体认识与判断，技术方法的适宜性与可靠性，整个工作突出系统性、整体性、可实现性、一定概化性、分层次性、分阶段性。在技术路线上整体架构，依据现有理论框架，整合集成成熟技术实现目标。重大滑坡灾害应急技术支撑具体包括地质环境信息获取、分析与研判（地质模型建立、成因机理分析）、预测预警、模拟仿真、处置技术方案论证和风险评估与决策支持等六个步骤（图 7.3）。

　　六个步骤是相互关联的。例如，预测预警与模拟仿真是一个问题的两个方面。前者是基于自身条件与地质环境相互作用形态的综合研判及风险评估，后者是设想时段地质环境条件变化后滑坡体动态的可视再现和应急响应效果的虚拟分析。预测预警为应急响应决策提供依据，模拟仿真为响应决策工作程度或强度提供支撑。

　　滑坡应急响应问题的特点是，由于起因于地震、降雨或人为活动等的不同，其预警时期和应急响应可能完全不同，灾害的发生可能迅速或缓慢。例如，崩塌、滑坡和泥石流堵塞河流引起洪水，庄稼与田地受损，房屋及工程设施被摧毁。

　　滑坡变形破坏力学机理分析是模拟和仿真分析的基本依据，模拟仿真又反过来检验机理分析的正确性。地质体的成分、结构和边界条件是可确定的，在内外动力因素作用下的变化是可预测的，其静力学（稳定性）、运动学（速度、加速度）和动力学（作用强度）状态是可分析计算的，可模拟仿真的，其危害风险（危害范围和危害强度）是可识别、可分析、可评估、可控制的。

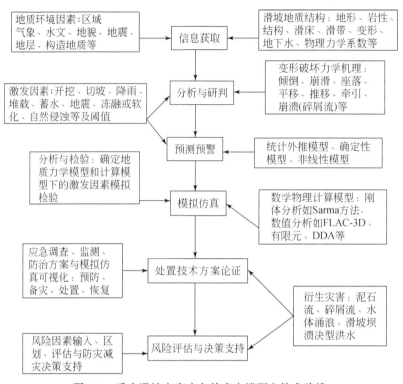

图 7.3　重大滑坡灾害应急技术支撑研究技术路线

1. 信息获取

信息获取，即收集与滑坡体密切相关的地质环境、滑坡诱发因素和社会经济资料。重大滑坡灾害事件回访调查包括区域地质环境因素信息，如区域气象、水文、地貌、地震、地层、构造地质等因素；大型、特大型山体滑坡灾害的历史记载、早期识别标志（地形、植被），滑坡地质结构信息，如地形、岩性、结构、滑床、滑带、变形、地下水、物理力学参数等。

信息获取方法一般采用水准测量、全站仪、GPS 等。在时间紧急，滑坡处于危险状态，技术人员无法采取常规方法到达滑坡体上开展测量工作时，可采用地面三维激光扫描系统进行地面数据采集。条件允许时，采用轻遥飞机摄像制作 DEM 图，结合地质资料来满足要求。

2. 分析与研判

滑坡变形破坏机理是指斜坡在内外动作用下发生缓慢变化直至突变的物理化学过程。机理分析是预测预警和模拟仿真分析的基本依据，模拟仿真又反过来检验机理分析的正确性。滑坡或斜坡的变形破坏机理模式一般考虑倾倒、崩塌、滑动、座落、平移、推移、牵引、崩溃（碎屑流）等几类，实际情况常表现为几类的组合。

3. 预测预警

基于地质激发因素变化的预测预警一般考虑地下开挖、地表切坡、蓄水（水位升降）、堆载、降雨、地震、冻融或软化、自然侵蚀损伤等因素及这些因素的临界域值。基于因素不变时的时间演化预测预警一般在确定性地质物理模型上进行失稳时间预警之统计外推。基于危害程度的预测预警根据危害对象和可能的风险概率确定。

预测预警模型基于空间要素、时间要素和危害范围具体选择。预测预警阈值（判据）根据滑坡类型和危害对象，分别按预估（趋势）、预测、预警和警报四个等级具体设定预测预警阈值或判据。

4. 模拟仿真

仿真系统应遵循的主要原则是相对正确、全过程周期、有限目标、必要不充分、全局性、相对独立性和数据正确性等，系统开发过程中体现了并行工程思想、协同工作思想、智能化思想和面向对象思想。

滑坡计算机智能仿真系统系统设计的总体思路是，系统能够有机地组织滑坡体的地理数据、几何数据和物理实验数据，建立起力学分析模型和计算机仿真模型，能够输入各种主要影响因素，实时仿真模拟滑体的变形、失稳、滑移、入江、涌浪、堆积、碍航的全过程，实现对滑坡现象较为准确的预测，并提出具有针对性的防治措施（殷坤龙等，2002a）。

三维地质建模可分为表面建模和属性建模。表面建模是指根据钻孔资料中的分层信息、剖面数据等，建立反映地层、滑动面等地下地质界面和地质体空间形态及拓扑关系的三维几何模型，侧重于地质体的三维结构的表达。属性建模侧重于反映某一属性在三维空间分布特征的表达。将三维仿真和虚拟现实技术与模拟预测相结合，研究山体滑坡的应急模拟仿真技术，研发应急多维模拟仿真系统。系统集山体滑坡几何物理建模、力学分析、变形动画、模型消隐、应力云图、色带图、结果显示与查询于一体，系统具备前、后处理模块，能绘制、修改基本图形，建立复杂的力学计算模型，提供基于剖面（轮廓线）和图像数据的三维重建、网格自动剖分、交互式数据查询功能，提供与 AutoCAD、ViziCAD 等的数据交换接口。

滑坡运动仿真模拟，极限平衡模型和数值分析模型配合应用。数学物理计算模型包括刚体分析如 Sarma 方法，数值分析如 FLAC-3D、DDA、有限元、离散元、边界元等。一般地，应用极限平衡法如 Sarma 方法进行稳定性计算可以确定滑坡体的稳定状态，并与地质调查分析的结果对比。利用离散元方法可建立计算模型模拟仿真滑坡的滑动过程。

在确定地质力学模型后，分别按单因素或多因素考虑，一个滑坡可能涉及地下开挖、地表切坡、蓄水（水位升降）、堆载、降雨、地震、冻融或软化、自然侵蚀损伤等激发因素，实际工作时分别设定其量级。实时仿真是在预测预警和模拟分析的基础上开展的，也是对数学力学模拟分析结果的一种形象化。研究目标可能是建立几种典型模式的滑坡地质灾害实时仿真系统，并在实际需要时可以进行灵活的修正。

滑坡的相关衍生灾害安两个方向考虑，其上源启动者是斜坡上的危险岩体或土体，下源衍生灾害是泥石流、碎屑流、水体涌浪和滑坡坝溃决型洪水。关键触发因素及域值根据具体滑坡类型确定。

5. 应急处置方案论证

应急响应技术方法选择包括地质调查、监测预警、决策咨询（监测、避让、治理）和防治工程技术方法等多方面，结合具体对象进行。地质灾害防治工程技术方案可以划分为主动型、被动型和复合型三大类，实际应用时多为三类或两类的组合。主动型——排水（地表、地下排水）、削方、灌浆、回填、高压注浆和锚固（锚杆、锚索）等；被动型——抗滑桩、挡墙、竖井桩和洞室抗滑键等；复合型——锚拉桩、锚拉墙等。

6. 风险评估与决策支持

在预测预警、模拟分析和系统仿真基础上，输入风险因素、给出风险区划，论证风险可接受程度，模拟评估减灾效果预评估、防灾减灾对策实施成本，从而对防灾减灾决策提供支持。根据仿真模拟的滑坡发生规模、运动路径、危害程度及可能的次生灾害，进行险情快速评估、灾情快速评估、应对的技术措施和行政措施，成本收益分析。

7.4.6　结语

在明确重大地质灾害应急响应的工作目标、工作任务、技术路线和技术方法的前提下，经过持续的努力，就可能逐步建立起基于地质成因与变形破坏机理的预测预警、分析模拟与决策支持技术方法体系，从而实现地质灾害应急响应从经验走向科学，从感性判断走向理性量化。通过正确把握科学技术方法研究与现实应急决策支持需求的关系，分轻重缓急首先建立滑坡的预测预警与模拟仿真技术体系，就一定会使我国重大地质灾害应急响应的科学技术水平跃上一个新高度。

7.5　滑坡涌浪计算方法

崩塌滑坡入水引起的涌浪问题是一种次生灾害，涌浪高度、爬坡高度与传输距离是远程防灾减灾必须关心的问题。滑坡涌浪的计算包括滑坡激起的初始浪高的计算及涌浪在河道中的传播计算方法主要有经验公式、模型试验方法及数值模拟计算方法，工程上的滑坡涌浪计算以经验公式为主。滑坡涌浪初始浪高计算的经验公式主要包括潘家铮方法、无量纲组合方法、无量纲动能方法和三峡库区滑坡最大首浪计算方法。

7.5.1　滑坡涌浪初始浪高计算

7.5.1.1　潘家铮方法

潘家铮（1980）提出的初始浪高计算方法，计算模式按岸坡变形分为水平运动和垂直运动两种。

当岸坡发生水平运动时，激起的初始浪高可表示为

$$\frac{\xi_0}{h}=1.17 \cdot \frac{v}{\sqrt{g \cdot h}} \tag{7.1}$$

式中，ξ_0 为激起的初始涌浪高度，m；h 为水库平均深度，m；v 为岸坡水平运动速度，m/s；g 为重力加速度，m/s^2。

当岸坡发生垂直运动时，激起的初始浪高可用下面的函数表示为

$$\frac{\xi_0}{h}=f\left(\frac{v'}{\sqrt{g \cdot h}}\right) \tag{7.2}$$

其中，当 $0<\left(\frac{v'}{\sqrt{g \cdot h}}\right)\leqslant0.5$ 时，$\frac{\xi_0}{h}=\frac{v'}{\sqrt{g \cdot h}}$；当 $0.5<\left(\frac{v'}{\sqrt{g \cdot h}}\right)\leqslant2$ 时，$f\left(\frac{v'}{\sqrt{g \cdot h}}\right)$ 呈曲线变化；当 $\left(\frac{v'}{\sqrt{g \cdot h}}\right)>2$ 时，$\frac{\xi_0}{h}=1$。

7.5.1.2 无量纲组合方法

J. W. Kamphuis 和 R. J. Bowering（1971）通过试验研究总结出影响浪高的无量纲组合模式。

$$\pi_A=\phi_A\left(\frac{l}{h},\frac{w}{h},\frac{t}{h},\frac{v}{\sqrt{gh}},\beta,\theta,p,\frac{\rho_s}{\rho},\frac{\rho h\sqrt{gh}}{\mu},\frac{x}{h},t'\sqrt{\frac{g}{h}}\right) \tag{7.3}$$

式中，l 为滑坡体的长；w 为滑坡体的宽；t 为滑坡体的高；h 为水深；v 为滑体速度；β 为滑坡体的前缘倾角；θ 为滑坡体前缘的滑床倾角；p 为滑坡孔隙率；ρ_s 为滑坡体密度；ρ 为流体密度；μ 为流体的动力黏滞系数；x 为距离滑坡点的距离；t' 为滑坡的滑动时间。

如果用独立的量表示，结合式（7.3），涌浪高度可以表示为

$$\frac{\eta}{h}=\phi_A\left(q,\frac{t}{h},\frac{v}{\sqrt{gh}},\beta,\theta,p,\frac{\rho_s}{\rho},\frac{x}{h}\right) \tag{7.4}$$

其中，$q=\frac{l}{h} \cdot \frac{t}{h}$。

结合具体试验提出了稳定浪高与滑坡单宽体积的关系式：

$$\frac{\eta_c}{h}=F^{0.7}(0.31+0.20 \cdot \log q) \tag{7.5}$$

式中，F 为滑坡体佛汝德数，$F=\frac{v}{\sqrt{gh}}$。

其适用条件为 $p=0$，$0.5<q<1.0$，$\frac{t}{h}\geqslant0.5$，$\theta\geqslant300$，$\beta\approx900$。

7.5.1.3 三峡库区滑坡最大首浪计算公式

殷坤龙等（2012）以三峡库区典型滑坡上下游河道为原型实例，建立了 1：200 比例

尺的河道物理模型, 采用试验控制系统、试验量测系统开展了滑坡涌浪三维物理模型试验。通过分析滑坡涌浪形态变化, 明确了滑坡最大首浪的含义。在此基础上, 以 Noda 和潘家铮提出的滑坡涌浪公式为基础, 基于试验量测数据, 提出了三峡库区滑坡最大首浪计算公式。

$$\frac{H_{\max}}{h} = 1.17 \frac{v}{\sqrt{gh}} (\sin^2\alpha + 0.6\cos^2\alpha) \left(\frac{lt}{bh}\right)^{0.15} \left(\frac{w}{b}\right)^{0.45} \tag{7.6}$$

式中, l、w、t 分别为滑坡的入水长度、入水宽度和入水厚度; v 为滑坡入水速度; h 为滑坡入水处最大水深; α 为滑动面倾角; b 为滑坡入水断面的河道宽度。

7.5.2 滑坡涌浪传播衰减计算

滑坡涌浪在河道中传播衰减主要用潘家铮方法和三峡库区滑坡沿程传播浪计算公式来进行计算。

7.5.2.1 潘家铮方法

潘家铮于 1980 年以滑坡失事点为扰动中心, 考虑了推进波及孤立波传到对岸的反射波两者波型, 根据波高按距离的倒数递减的规律 (连续原理), 计算出各小波直接传到水库某点的波高和反射波传到该点的波高, 并把两者进行叠加, 得出了滑坡失事点对岸任意点的最高涌浪公式

假定两岸为平行陡壁, 宽度为 B, 滑坡范围 L 内的断面尺寸一致, 岸坡变形率为常数 (即滑速 V 为常数), 则可按下述方法计算滑坡沿河道传播的最高涌浪。

对岸 A 点最高涌浪计算: 岸边滑坡突然滑入水中, 产生的涌浪经水域传至对岸 A 点的最大涌浪高度为

$$\zeta_{\max} = \frac{2\zeta_0}{\pi}(1 + C_k) \cdot \sum_{n=1,3,5,\cdots}^{n} \left\{ c_k^{2(n-1)} \cdot \ln\left[\frac{l}{(2n-1)B} + \sqrt{1 + \frac{l^2}{(2n-1)^2 B^2}} \right] \right\} \tag{7.7}$$

式中, $\zeta_{\max}$ 为对岸 A 点最高涌浪, m; ζ_0 为初始浪高; l 为滑坡体宽度的一半, m; C_k 为波的反射系数, 在求对岸最高涌浪时, 近似的取为 1; $\sum$ 为级数和。该级数的项数取决于滑坡历时 t 及涌浪从一岸传播至对岸需时 $\Delta t = \frac{B}{C}$ 之比。

波速 c 按下式计算:

$$c = \sqrt{gh} \cdot \sqrt{1 + 1.5\frac{\zeta_0}{h} + 0.5\left(\frac{\zeta_0}{h}\right)^2} \tag{7.8}$$

7.5.2.2 三峡库区沿程传播浪计算公式

殷坤龙等 (2012) 以三峡库区典型滑坡上下游河道为原型实例, 建立了 1∶200 比例尺的河道物理模型, 采用试验控制系统、试验量测系统开展了滑坡涌浪三维物理模型试

验。以潘家铮提出的滑坡传播衰减公式为基础，基于试验量测数据，提出了三峡库区沿程传播浪计算公式。

$$\frac{H_r}{h} = \frac{H_{max}}{h} e^{-0.4\left(\frac{x}{h}\right)^{0.35}} \tag{7.9}$$

式中，H_r 为河道沿程某处传播浪高度；H_{max} 为滑坡最大首浪高度，由式（7.6）计算得出；x 为沿程某处至滑坡点的距离；h 为滑坡入水处最大水深。

7.5.3　能量守恒定律导出滑坡最大滑速公式

能量守恒定律导出滑坡最大滑速公式为

$$\frac{1}{2}mv_0^2 + mgH - m_w gh_w - (mg\cos\alpha \cdot tg\varphi + C)L = \frac{1}{2}mv^2 \tag{7.10}$$

可得滑体滑速为

$$v = \sqrt{v_0^2 + 2gH - \frac{2m_w gh_w}{m} - 2\left(g\cos\alpha \cdot tg\varphi + \frac{C}{m}\right)L} \tag{7.11}$$

式中，m 为滑体质量；m_w 为滑体滑动过程中排开水的质量；v_0 为滑坡启动速度；v 为滑坡即时滑动速度；α 为滑坡平均坡角；φ 为滑带平均内摩擦角；C 为滑带平均内聚力；L 为滑动距离 [滑坡启动点–受阻爬坡开始处（最大滑速处）]；H 为滑体下滑高度；h_w 为涌浪高度。

7.5.4　滑坡涌浪案例

2013 年 7 月 27 日，云南永善县金沙江右岸的黄华镇黄坪村发生山体滑坡，滑坡体冲入金沙江激起涌浪，到达左岸冲击高度达 15m，造成四川省雷波县卡哈洛乡复建码头施工场地 12 人失踪，多部车辆损毁。

7.5.4.1　柘溪水库塘岩光滑坡涌浪问题

1961 年 3 月 6 日，湖南柘溪水库蓄水初期，近坝库区右岸发生滑坡，$165\times10^4 m^3$ 滑坡高速滑落水库，激起巨大涌浪。涌浪漫过坝顶，造成重大损失。塘岩光滑坡开始蠕动变形至急剧变形之间有一段相对较长的时间。其滑动机制可能是沿顺坡层面破碎夹层向下剪切蠕动，使边坡上部拉裂形成后缘裂缝，随着不断地剪切蠕动，裂隙不断加宽延深。当裂缝深达滑面附近时，突然与滑面贯穿，在强大推力驱使下在坡脚下部切过强风化基岩和覆盖层滑出坠入水库而掀起涌浪（金德镰和王耕夫，1988）。

1961 年 2 月 5 日，当大坝建筑至 153m 标高时，水库提前蓄水，主体工程和厂房仍在继续施工。库水位以 7~11m/d 的速度急速上升，随后水位上升速度减为 1~2m/d。10 天内库内蓄水已达 $6.6\times10^8 m^3$。在此期间，自 2 月 27 日至 3 月 6 日，连续八天的降雨，降雨量达 129mm。至 3 月 6 日，水库水位已由原河水位 100m 上升至 148.9m，日平均升高

1.75m。3月6日7时左右，在滑坡区附近已出现小的岸坡坍滑，岸坡上出现弧形裂缝，并逐渐加宽。对岸500m处水库支沟谢家溪内水上船民听到崩坍声响，水面见有起伏不稳波浪，浪高约1m。下午6时，巨大滑坡突然发生。塘岩光边坡表部覆盖层连同部分风化基岩突然以高速滑落水库，形成巨大涌浪。行驶于滑坡区段的帆船的高10m的桅杆被涌浪没顶。较大涌浪前后出现约10次，首次涌浪稍低，第二个涌浪最高，以后涌浪逐渐减弱。涌浪前后延续约1分钟。

据事后观测，滑坡发生时库水面宽为220m，水深为50~70m，滑坡对岸涌浪高为21m，直径25cm的大树被涌浪连根拔起。上游8km处涌浪高为1.2~1.5m，15km处涌浪高为0.3~5.0m，再向上游涌浪逐渐减弱消失。下游1.55km处两岸浪高为2.5~3.0m，大坝迎水面浪高为3.6m（图7.4）。据估算，涌浪作用于水坝的正压力达260t/m²，冲毁大坝堰顶临时挡水木笼，漫过坝顶冲泄至坝下施工场地。由于涌浪的冲击，使滑坡附近两岸边坡反复受到淘刷，相继产生较多的覆盖层坍滑，但规模都较小。

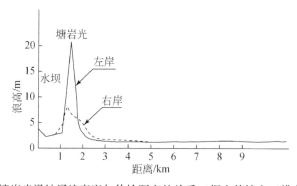

图7.4　塘岩光滑坡涌浪高度与传输距离的关系（据金德镰和王耕夫，1988）

塘岩光滑坡涌浪高度计算的关键是滑坡体入水速度。根据能量守恒和转化原理，滑坡下滑后滑体重心下降 H 所损失的势能应等于滑体以速度 v 滑落水库的动能与下滑过程中克服抗滑阻力所做的功之和，根据式（7.9）代入有关参数得到滑体入水速度为19.58m/s，滑坡地点最大涌浪高为24m，距滑坡1550m处的最大涌浪高为6.3m。

7.5.4.2　新滩滑坡涌浪问题

1985年6月12日新滩滑坡通过三游沟的碎石流进入长江，形成的涌浪在对岸的最大爬坡高度为49m，浪峰宽为310m，与碎石流前舌入江宽度基本一致，爬坡浪高曲线呈复杂形态（图7.5）。由于下游10.5km的庙河以下河道突然展宽和上游12.3km的秭归以上河道急剧拐弯，涌浪已不明显（汪定扬和刘世凯，1986）。涌浪传播时，同等距离内，上游浪高高于下游浪高，这一现象可能与水位曾短暂壅高有关。

薛果夫等（1988）以姜家坡主滑时间计算出最大水平滑速为17.2m/s，按功能原理计算出入江速度为31m/s。采用潘家铮方法得到初始涌浪高度为33m。

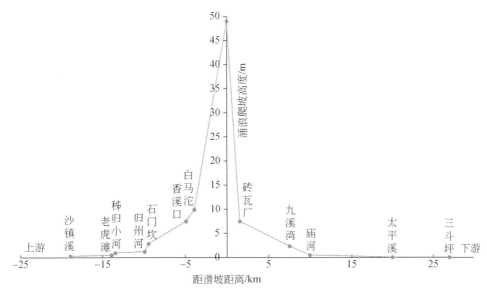

图 7.5　1985 年新滩滑坡涌浪距离及爬坡高度（据汪定扬和刘世凯，1986）

7.6　崩塌滑坡堰塞坝及其应急处置

年廷凯等（2018）综合研究了堰塞坝的形成条件、稳定–溃坝机制及灾害链效应等的内在关联性。堰塞坝主要成因是滑坡、崩塌和泥石流，多由降雨和地震触发，其方量、寿命和稳定性与其触发因素密切相关。多数堰塞坝在管涌通道形成前即发生漫顶破坏，堰塞坝溃决主要是坝体内部侵蚀与外部水流冲刷耦合作用的结果。滑坡堵江灾害问题涉及滑坡产生—堵江成湖—溃坝洪水—级联效应等多个环节的链式过程。

7.6.1　堰塞坝形成条件

堰塞坝多发生在两岸陡峭的峡谷中，峡谷河流断面小，水流不能将滑坡岩土体瞬时冲失，一定体量的滑坡体能够运动到达河对岸，堵塞河道形成堰塞坝。Fan 等（2012）分析汶川地震诱发的 828 例堰塞坝地貌参数，发现河道宽度与堰塞坝体积量大致呈线性关系，认为河道宽度对于堰塞坝的形成起到至关重要的作用；Tacconi 等（2016）在 Fan 等（2012）统计分析基础上建立了判别滑坡堵江与否的形态学堵江指数公式。

7.6.2　堰塞坝特征分析

1. 堰塞坝触发因素

堰塞坝是由滑坡、泥石流、崩塌或混合因素造成岩土体、泥沙堵塞河道形成。滑坡导致的堰塞坝占 41%，泥石流造成的堰塞坝占 22%，崩塌形成的堰塞坝占 17%，17% 的堰塞坝是由多种灾害类型混合触发而成。现有记载的堰塞坝触发因素包括降雨、地震、冰雪

融化、人类活动、火山喷发、山体失稳及多因素混合，其中降雨或地震触发的滑坡堰塞坝
为多，分别占50%和38%（年廷凯等，2018）。地震多触发滑坡及崩塌型堰塞坝，而80%
的泥石流型堰塞坝是由降雨触发。

2. 堰塞坝体积分布

Costa 和 Schuster（1991）研究，堰塞坝方量分布范围极广，有记载堰塞坝最小方量为
$100m^3$，最大方量达到 $2200 \times 10^6 m^3$。根据堰塞坝方量，堰塞坝规模可分为小型堰塞坝
（$<1 \times 10^5 m^3$）、中型堰塞坝（$1 \times 10^5 \sim 1 \times 10^6 m^3$）、大型堰塞坝（$1 \times 10^6 \sim 1 \times 10^7 m^3$）、巨型堰
塞坝（$>1 \times 10^7 m^3$）。一般地，中小型堰塞坝较多，大型、巨型堰塞坝较少。泥石流最易导致
中小型堰塞坝，而滑坡往往造成较多的大型堰塞坝，而巨型堰塞坝主要由崩塌、滑坡形成。

3. 堰塞坝自然稳定的寿命期

不同成因堰塞坝的自然稳定寿命期是不同的，约50%的崩塌滑坡和泥石流形成的堰塞
坝会在数天乃至十数天之内自然溃决（图7.6）。滑坡及崩塌形成的堰塞坝寿命类似，而
泥石流形成的堰塞坝寿命较短，易在短期内发生溃坝（图7.7）。

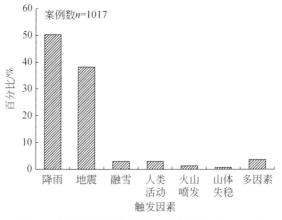

图 7.6　堰塞坝的触发因素（据年廷凯等，2018）

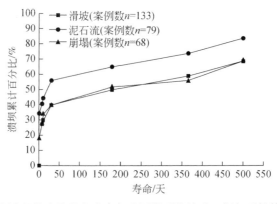

图 7.7　堰塞坝的自然稳定寿命与成因类型的关系（据年廷凯等，2018）

7.6.3　堰塞坝的稳定性

据统计，降雨滑坡形成的堰塞坝仅有 14.5% 是稳定的，而地震触发的堰塞坝有 37% 偏于稳定（年廷凯等，2018）。地震触发滑坡或崩塌规模大且移动速度快，滑坡或崩塌堆积体呈现层状且粗颗粒占比较多，在极短的时间内壅堵河道，且由于巨量的滑坡或崩塌体高速冲击"V"型峡谷对岸陡壁并向后反弹，快速向下坠落，使得下层的堆积体得到重夯，其稳定性相对较好。降雨触发泥石流型堰塞坝土石与水充分混合、旋转、滑动、堆挤后失去内聚力，滑体缓慢流动至河床并堆积，造成坝体较为松散且强度较低，易于发生失稳破坏。

天然堰塞坝一般坝长、坝宽远远大于坝高。堰塞坝的宽高比和长高比影响水的渗流及侵蚀过程，且堰塞坝不具有人工坝的泄洪槽，往往在渗流破坏前即发生漫顶冲刷破坏（Peng and Zhang，2012）。堰塞坝漫顶溃坝占 90% 以上，渗流导致的管涌破坏不到 10%，极个别是由坝坡失稳导致的溃坝，而人工土石坝漫顶溃坝不到 60%，渗流导致的破坏将近 40%，少数由坝坡失稳导致溃坝。

年廷凯等（2018）总结了堰稳定的堰塞坝的特点：①形成区域的地貌有利于坝体稳定；②组成材料含有巨石岩块等渗透及抗冲刷能力较好的材料；③堰塞坝漫顶溃坝具有天然泄洪道；④坝体局部及整体位移量变化比较稳定。

基于堰塞坝形态学参数，可以利用主河床坡度（S）、堰塞坝高度（H_d）、堰塞坝的方量（V_d）、堰塞湖面积（A_c）和堰塞湖库容（V_l）建立堰塞坝稳定性快速判别方法，但由于不同样本数据得到的判别标准不统一，且选取的指标单一，未能综合考虑堰塞坝的成因、类型等，统计预测预测的结果并不理想，存在较多的误判、漏判及无法确定等情况（年廷凯等，2018）。一般地，降雨触发的堰塞坝超过 85% 短期内会发生破坏，可以认为降雨型堰塞坝属于非稳定型堰塞坝。

7.6.4　堰塞坝溃决机制及灾害链

堰塞坝颗粒粒径决定了坝体的抗冲刷能力，颗粒越大，坝体抗冲刷能力越强。管涌破坏机制极其复杂，由于堰塞坝材料的高度非均匀性，堰塞坝的岩土体密度越大，坝体越均匀，堰塞坝形成管涌的可能性越低。受河道持续汇水影响，堰塞坝往往短期内会发生漫顶溃坝。

滑坡体入江导致河道堵塞形成堰塞坝，不仅改变了地形地貌特征，堵塞河道使上游形成堰塞湖，造成堰塞坝上游产生洪涝。河道水流汇集或上游二次滑坡形成堰塞湖涌浪易造成堰塞坝溃决，并造成下游严重的山洪泥石流灾害。强降雨或地震甚至会在一条河道内形成多个滑坡堰塞坝，多个堰塞坝顺次发生溃决，即形成堰塞坝群的级联溃决，扩大了洪水、泥石流的灾害效应，会对下游河道及沿江两岸的各种设施及社会经济安全造成巨大危害。

罗利环等（2010）研究表明，堰塞坝的入水流量和坝后坡度与最大洪峰流量正相关，与峰现时间负相关。坝体粗砂含量及坝顶长度与最大洪峰流量反相关，与峰现时间正相关。坝顶开槽宽度与最大洪峰流量及峰现时间负相关。

段文刚等（2013）采用水槽试验研究了洪水漫顶条件下坝体冲蚀过程和溃口水力要素变化过程。试验表明，由于漫顶泄流方式、筑坝材料级配和密实度不同，土坝漫顶冲蚀过程可分为逐层均匀冲蚀、全线漫顶冲蚀和陡坎瀑布状水流冲蚀。溃坝峰值流量与冲蚀过程密切相关，坝体溃决历时越短，溃坝洪峰流量越大。相同条件下，陡坎瀑布状水流冲蚀峰值流量较逐层均匀冲蚀增大约40%。

当坝顶未开设引冲槽，且坝顶为同一高程时，通常发生全线漫顶冲蚀。当坝顶开设引冲槽，且筑坝砂土颗粒较为松散时，通常发生逐层均匀冲蚀。当坝顶开设引冲槽，且筑坝砂土颗粒较为密实时，通常发生陡坎瀑布状水流冲蚀。逐层均匀冲蚀、全线漫顶冲蚀和陡坎瀑布状水流冲蚀三种情形下水力参数是不同的（表7.2）。显然，陡坎瀑布状水流冲蚀的溃口流量峰值、库水位最大降幅和土坝主体溃决历时均远大于逐层均匀冲蚀、全线漫顶冲蚀的对应数值。

表7.2　土坝不同冲蚀过程水力参数峰值对比（据段文刚等，2013）

冲蚀过程	上游水位峰值/cm	溃口流量峰值/（L/s）	30s库水位最大降幅/cm	土坝主体溃决历时/s
逐层均匀冲蚀	97.7	459	17.3	90
全线漫顶冲蚀	102.1	526	19.9	90
陡坎瀑布状水流冲蚀	97.7	654	24.8	60

实际案例中，理想漫顶情况少见，因为滑坡整体或解体碎屑流冲击堆积物形成的堰塞坝顶面是不平坦的或高程差异较大，水位上升往往沿堰塞坝顶高程最低的豁口最先过流，形成拉槽，逐渐冲刷拉槽两岸扩大过流断面，如金沙江白格滑坡-堰塞湖溃决、雅鲁藏布江色东普崩滑-碎屑流-堰塞湖溃决等。

党超等（2012）通过土石坝溃决的特征，建立了土石坝体溃决模型，并预测溃口流量过程和溃口拓展过程。模型溃口假定为梯形，且在坝体溃决过程中底宽和溃口边坡不发生变化。根据水量平衡和坝体物质守恒，模拟溃口的拓展过程。溃口水力过程用宽顶堰流表示，并使用经验公式计算溃口不同水头条件下的冲蚀量。

7.6.5　堰塞湖及其分类

1933年四川叠溪地震造成滑坡、崩塌堵塞岷江形成堰塞湖，震后45天堰塞湖溃决造成约5000人被倾泻而下的洪水淹没。2000年4月9日，西藏易贡大规模山体滑坡堵塞易贡藏布河，形成体积约 $3.0 \times 10^8 \mathrm{m}^3$ 的滑坡堰塞湖，2000年6月10日，堰塞坝溃决洪水冲毁下游川藏公路和通麦大桥，引起帕隆藏布下游到大峡谷下游的墨脱境内的道路、桥梁、农田、村庄被毁或受损，下游100人以上失踪。2008年汶川地震触发大量滑坡、崩塌形成100多处堰塞湖。

堰塞湖及其灾害的形成过程包括地貌上的水系条件、原有水系被堵塞、堵塞的水系流水聚集、上游储水形成堰塞湖、堰塞湖漫流过坝溃坝，形成下游洪水（吕杰堂等，2019）。

根据其形成的诱发因素，堰塞湖大致分为火山堰塞湖、地震堰塞湖、降（融）水堰塞湖三种类型。

1. 火山堰塞湖

主要是指由火山活动产生的熔岩流堵塞河道形成的堰塞湖。我国有多座著名的火山堰塞湖，如黑龙江省镜泊湖、五大连池，新疆天山的天池等。

2. 地震堰塞湖

主要是指因地震活动，诱发河道两侧山体产生的滑坡、崩塌或泥石流的堆积体涌入河道、河谷形成的堰塞源，如汶川地震后地震诱发山体滑坡形成的唐家山堰塞湖等。

3. 降（融）水堰塞湖

主要是指由于降雨、降雪、冰雪融化、冰川消融等形成的崩塌、滑坡、泥石流、冰碛的堆积物阻塞河道形成的堰塞湖。

7.6.6　堰塞湖的主要危害

堰塞湖从形成到成灾，整个过程通常会伴随崩滑（滑坡、泥石流）–碎屑流–堰塞湖–溃决–洪水灾害链，在空间上以堰塞坝为界线可分为上游、堰塞坝址和下游三个区间。

堰塞湖最大的危害是对下游区的危害。当坝体溃决，洪水瞬间下泄时，在下游形成灾难性溃决洪水。高水头洪水会对下游河道产生强烈冲刷，冲毁农田、电站和基础设施等，使下游人民的生命财产遭受巨大损失。同时快速下泄的洪水夹杂泥沙掏刷岸坡坡脚极易诱发次生崩塌，破坏植被生态，有时甚至会使河道改道。堰塞湖蓄水对两岸边坡稳定性产生不利影响，洪水输沙，湖水淤积和溃坝后坝体物质的堆积，淤积抬高河床，会对地质环境造成一定影响。

在堰塞湖上游区，随着水位的上升，会形成上游淹没区，对影响范围内的城镇村庄、道路桥梁等基础设施造成直接危害。由于水位快速升降变化，可能导致库岸边坡稳定系数降低，诱发次生崩塌、滑坡等地质灾害，崩滑体入湖形成涌浪，将严重威胁周边设施安全和堰塞坝体的稳定性。另外上游堆积的泥沙淤积，在泄流过程中可能会影响水利工程的正常功能与使用年限。

在堰塞坝址区，漫顶或其他形式诱发的溃坝，破坏流域鱼类繁殖和生存环境，岸坡物质结构松散，随时可能再次崩塌切断泄洪槽形成二次堰塞湖。

7.6.7　堰塞湖危害的应对

通过多时相、多源遥感数据可以实现堰塞湖动态遥感监测，为堰塞湖处置提供科学依据。遥感图像也可以显著判别当堰塞湖水位高过坝体时，坝体顶部的溢流现象。堰塞湖上、下游及周边的动态监测包括堰塞湖上、下游的水情与变形监测，堰塞坝物质来源的变形监测与后续变形发展趋势及可能产生的危害。

堰塞坝稳定性分析包括通过对堰塞坝的堆积规模、物质组成、颗粒特征、透水性能等的分析、试验，并结合上游水量等参数，通过渗流计算、土力学稳定计算等对堰塞坝的稳定性进行研判，分析堰塞坝抵御溃坝破坏的能力，确定坝体稳定的条件，预测可能的破坏形式和程度。堰塞湖溃块过程及洪水演进分析主要是对堰塞坝体的溃坝时间、决口宽度、洪峰流量、流速、下游地洪峰流量及洪水到达历时等进行分析计算，从而确定溃坝洪水对下游造成危害的到达时间及影响范围。堰塞湖风险评价包括了堰塞坝危险性分级及评估、堰塞坝溃决损失严重性评估、风险综合评估三个方面，进行堰塞湖风险评价有助于有针对性地采取应急处置措施。根据堰塞湖规模、堰塞坝物质组成和堰塞坝高度，堰塞坝危险级别可以划分为四类（表 7.3）。

表 7.3　堰塞坝危险级别与分级指标（据吕杰堂等，2019）

堰塞坝危险级别	分级指标		
	堰塞湖规模/10^6m^3	堰塞坝物质	堰塞坝高度/m
极高危险	≥10.0	以土质为主	≥50
高危险	1.0 ~ 10	土含大块石	30 ~ 50
中危险	0.1 ~ 1.0	大块石含土	15 ~ 30
低危险	≤0.1	完整岩体或大块石为主	≤15

7.6.8　堰塞坝的应急处置

堰塞湖的形成与危害过程与水体联系非常紧密，部分堰塞坝由于形成的时间短、物质组成复杂、稳定性差，随着堰塞湖水位升高，堰塞坝通常会在短时间内被破坏或溃坝，需要在尽可能短的时间内提出堰塞坝应急处置对策，一般遵循"堵、疏、排及堵排结合"的基本原则确定处置措施。刘宁（2008a）提出了"安全、科学、快速"的堰塞湖应急处置基本原则，并概括出漫顶溃决、爆破泄流、固堰成坝、开渠引流和自然留存等堰塞湖应急处置方式。结合刘宁（2008b）、年廷凯等（2018）的研究，根据堰塞湖的不同性状，可概括一般性对策或处置方式。自然，要科学论证是否进行人工干预、何时进行干预和合理的人工干预方式、强度等。

1. 自然漫顶溃决

尊重自然，自然蓄水漫顶溃决消除危害。例如，2018 年雅鲁藏布江色东普段，不采取工程措施，等待湖水上涨漫顶，将堰塞体冲溃。这种方式适用于堰塞坝体岩土颗粒小，容易渗流冲刷，或人力难以靠近，施工危险性大，工程处置效果差，成本高，或是没有时间、没有条件进行工程除险，或堰塞湖溃决对下游影响小等情形。采取自然溃坝要做好风险评估，包括上游冲刷、岸坡失稳、淹没范围和下游群众转移避险，防范高位洪水泥石流。

2. 开槽引流

通过开挖泄水槽（渠），人工创造泄水通道，让洪水通过排泄水槽（渠）冲刷掏蚀水逐步形成更宽大的泄洪通道，溯源冲刷，逐步扩大过流断面加速泄流，降低溃决水头、水量与流量，削弱水流破坏力，直至疏泄上游积聚的堰塞湖水，快速减轻灾害，避免自然溃决形成更大的灾害。2008 年汶川地震区唐家山滑坡堰塞湖和 2018 年金沙江白格滑坡堰塞湖应急处置均采用了这种方式。此外，还可以通过湖水机械抽排、虹吸管抽排、修建泄洪洞等方式进行排水，降低堰塞湖水位。开挖泄洪道洪水会逐渐把堰体全部冲溃，或洪水深槽冲刷形成相对稳定的新河道，均能达到目的。开挖泄水槽处置方式需要有一定的处理时间、大型机械施工条件、施工安全监测，以及下游群众安全避险及装备转移等。

3. 爆破处置

通过爆破将堰塞坝破开，使堰塞湖水通过炸开的缺口能够下泄，消除湖水的威胁。这种处置主要应用于堰塞湖河流两岸山体较稳定、沿河方向展布不宽、堰塞坝规模不大但组成物质块度大，不具备大型机械施工条件或时间紧迫，同时交通运输急需通道，或对下游威胁较大的堰塞湖，2008 年汶川地震引发宝成铁路徽县段危岩崩塌堵塞嘉陵江的爆破处置属于此类。在进行爆破除险时，要及时通知预警下游群众避险，同时防范新的地质灾害发生。

4. 加固成坝

在堰塞坝的组成物质不易被冲蚀、潜蚀，堰塞体结构比较稳定、坚固，判断堰顶过水不会冲垮堰体；或是堰塞体方量很大，湖水短时间不会漫溢，坝体较为稳定的情况下，可以通过采取钢筋石笼网、抛石（砌石）、碾压等护坡、防渗等技术手段进行综合治理，保留上游堰塞湖，把堰塞坝被改造为稳定坝体，使堰塞湖水体漫流过坝不会冲垮坝体。等待汛期过后、具备条件时再进行处理。要立足最坏可能，监测水位变化、堰体变形和渗流等，做好预警预报，防止意外溃决对下游的影响，做好人员转移。

5. 自然留存

不采取工程措施，让堰塞湖水上涨自然漫流过坝，堰塞坝自然保留，成为永久性的堰塞湖。这类不加处置的堰塞湖，既要做好监测预警，也要全面分析溃坝风险，做好防范不利情况的出现。这种方式适用于崩滑或火山熔岩等形成的堰塞坝体坚固、堰顶过流后溃决可能性不大的情形。对于这种堰塞湖也要尽可能分析计算其溃坝影响风险，做好监测预警预报，防止不利情况发生。我国一些地区的湖泊、海子等多是这种天然留存的堰塞湖，如四川叠溪的大小海子、黑龙江的镜泊湖。

7.6.9　滑坡堰塞坝处置案例

7.6.9.1　唐家山滑坡堰塞坝

唐家山滑坡是 2008 年 5 月 12 日汶川地震引发，滑坡区场地地震峰值加速度为 0.20g，地震反应谱特征周期为 0.40s，引发唐家山滑坡堰塞坝，堵塞北川县城上游 6.5km 的通口河（图 7.8）。通口河枯水期水位高程约 665m，河宽约 110m，水深为 0.5～4.0m。通口河唐家山段为 "V" 型谷，右岸为中陡倾顺向坡的岸坡结构。区域出露地层为下寒武统清平组灰黑色薄–中厚层硅质岩、砂岩、泥灰岩、泥岩软硬相间，产状为 N60°E/NW∠60°。第四系堆积物主要由冲积、残坡积物组成。受北川–映秀逆冲断层影响，区内褶皱断裂发育，地层产状比较零乱，岩层总体产状为 340°～350°∠50°～85°。

图 7.8　汶川地震区唐家山堰塞湖开挖泄流

滑坡堰塞坝长为 803m，宽为 611m，厚为 82.65～124.4m，方量约 $2.037×10^7 m^3$，滑坡堰塞坝坝顶最低部位为 752m，最高部位为 790m。滑体呈前缘高、后缘低、中部高、两侧低的几何形态，滑坡主滑方向为 340°，后缘高程为 781.94m。滑体滑到对岸后呈反翘态势，前缘反翘倾角达到 59°；滑体厚约 70m。后缘滑距为 696.30m，垂直滑距为 444.28m，水平滑距为 536.14m（李守定等，2010）。

唐家山滑坡发生前原始斜坡为顺向坡，滑坡滑动方向与岩层倾向一致，滑坡滑动带倾角与岩层倾角基本相同，滑体主要由块状岩体组成，滑坡沿着岩层层间剪切带滑入河谷，唐家山滑坡从湔江右岸河床部位剪出，河床位置沉积的中粗砂呈带状出露在堰塞坝北侧靠近左岸的位置，中粗砂出露宽度约 3m，长度约 400m（图 7.9）。

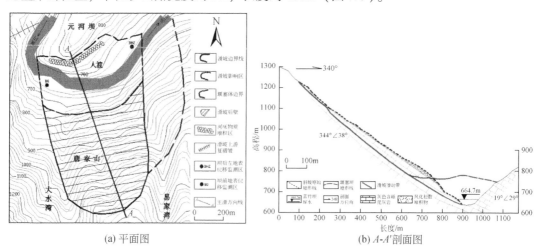

(a) 平面图　　　　　　　　　　　　　　(b) A-A'剖面图

图 7.9　唐家山滑坡工程地质图（据李守定等，2010）

胡卸文等（2009）分析了唐家山滑坡堵江机制，对唐家山滑坡后壁残留滑坡体的特征进行了研究。滑坡形成及堵江过程可概括为：顺层岸坡结构地震引发→滑坡体前缘剪切、后缘拉裂→高速下滑、形成气浪、前缘刨蚀河床、对岸阻化隆起→后缘边坡坐落下滑→堰塞堵江。对堰塞坝体地质结构、不同水位条件下堰塞坝整体及上下游部位不同工况稳定性分析表明，堰塞坝以沟槽部位表层松散体水流逐级淘刷的"溢流破坏"方式为特点，整体溃坝可能性小。

胡卸文等（2009）根据堰塞坝土体组成物质、试验数据和经验判断，同时考虑余震影响，地震烈度分别考虑Ⅶ度（水平地震加速度取 0.1g）、Ⅷ度（水平地震加速度取 0.2g），地震综合影响系数取 0.25 进行计算得出：当堰塞湖水位达到 740m 高程时，堰塞坝下游侧边坡整体及局部均稳定，均不会发生下滑溃决；堰塞湖水位达到 752m 高程时，堰塞坝下游侧边坡总体稳定，局部坍滑主要发生在前缘松散块碎石土中；上游水位 752m时，考虑通过溢流槽泄洪水位骤降 40m 及地震条件下，松散堆积体发生坍滑的可能性较大，但各工况条件下均不会影响到堰塞坝整体稳定。堰塞体物质组成主要为碎石土（占14%），碎裂岩（占 86%），堰塞坝体比较稳定（刘宁，2008a）。

唐家山堰塞坝从上至下可分为两个部分：风化松散堆积物，厚约 20m；块状新鲜岩体，厚约 50m。堰塞坝下部为原河床冲积物与完整岩体。堰塞坝平面上宽为 611m，长为803m，原河床坡降较缓，从岩体结构定性分析角度，即使原始河床存在软弱层，在较缓的河床坡降条件下，70m 的水头压力远远不能推动块状新鲜岩体沿河床发生整体运动，堰塞坝整体稳定性较好，整体溃坝的可能性极小。在堰塞坝下游左侧靠近对岸部位，出现的五处渗流点，渗出水流清澈，不含细粒物质，为裂隙流，不足以导致堰塞坝的渗透变形破坏（李守定等，2010）。

唐家山堰塞坝整体结构以块状岩体为主，上覆风化松散堆积物，整体地质稳定性较好，根据堰塞坝坝前与坝后左地表位移监测显示，唐家山堰塞坝泄洪时对地表位移有影响，最大位移约 140mm，随后位移增量较小，目前处于稳定状态（李守定等，2010）。

至 2008 年 6 月 9 日，堰塞湖蓄水已达 2.425×10^8m³，水位高程为 740m，上游集水面积为 3550km²。2008 年 6 月 10 日，开挖的泄流槽逐级坍滑后成功泄洪。唐家山堰塞湖应急抢险施工期 2008 年 5 月 26~31 日，开挖了一条横断面呈梯形的泄流槽。泄流槽上口宽约 50m，进口段底宽为 7m，出口段底宽为 10m，最深处约 13m，全槽总长为 475m，槽底高程约 740m，开挖土石方量为 13.55×10⁴m³，钢丝笼护坡体积为 4200m³（图 7.10）。

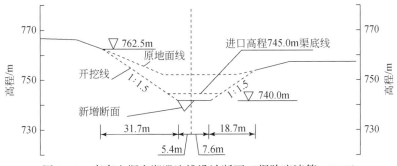

图 7.10 唐家山堰塞湖泄流槽设计断面（据陈晓清等，2010）

为了加快泄流，6月6日起，又在已有的泄流槽左岸山坡开辟新的引流槽，以增加过水能力。施工中做了临时挡水堤，采用82无后坐力炮对泄流槽中的巨石进行轰击清障，机械开挖和小规模爆破对溢流槽扩宽加深。随着水流流量加大，下切侵蚀能力增加，加上阻碍的巨石被清除，溢流槽强烈下切。至6月10日晨，流量达到6420m³/s（陈晓清等，2010）。

7.6.9.2 金沙江白格滑坡堰塞坝

2018年10月10日22时6分，金沙江右岸白格滑坡，入江堵塞金沙江干流河道形成堰塞湖。滑坡冲击引发相当于2.4级地震的强烈振动。10月12日17时15分堰塞湖水自然漫顶溢流，13日0时45分，堰塞体上游来水量与溃口出流量达到平衡。2018年11月3日17时21分，白格滑坡点发生第二次滑坡，入江堵塞"10·10"堰塞体过流后形成的新河道，金沙江再次断流（蔡耀军等，2019）。

对比历史卫星影像发现，白格滑坡早在1966年2月8日滑坡中部已可见明显拉裂缝和小规模滑塌迹象。在2011年3月4日卫星影像可见到滑坡后缘已形成基本贯通的拉裂面，中部滑塌规模较1966年显著增大。2011年3月4日—2018年2月28日滑坡体最大下错位移达47.3m，其中2017年1月15日—2018年2月28日滑坡体最大位移达26.2m（许强等，2018）。2009年7月，当地政府就发现了金沙江白格滑坡变形迹象，2014年11月，当地政府对滑坡威胁范围内的村民搬迁避让。

白格滑坡区出露地层岩性主要为元古宇雄松群片麻岩组和蛇纹岩带。蛇纹岩风化严重，呈绿泥石化、碎粉岩状，主要分布于滑坡体滑源区部位，高程在3400~3700m，其下主要出露雄松群片麻岩（许强等，2018）。2018年10月10日第一次滑坡的滑源区剪出口高程大致在3000m左右，整个滑源区共有约2200×10⁴m³岩土体失稳，堵塞金沙江后形成堰塞坝。12日17时15分堰塞湖水漫坝后开始自然泄流，至13日基本达到库水的进出平衡，险情得以解除。2018年11月3日第二次滑坡起源于第一次滑坡源区的后缘陡壁，新滑塌岩土体体积约370×10⁴m³，失稳岩体下滑后推动铲刮下部岩体滑动，总方量达850×10⁴m³。高速下滑的岩土体首先填满第一次坝体溃决后形成的导流槽，并继续向东侧运动，再次堵塞金沙江，形成堰塞坝（图7.11）。

"10·10"白格滑坡堰塞湖回水长度达20km，受堰塞湖回水影响，堰塞坝上游8km处江达县波罗乡宁巴村被淹，19km处的波罗乡，因堰塞湖水位上涨，藏曲河倒灌，导致房屋、耕地、桥梁及波罗乡通往白格村的公路受损，最高淹至乡政府大楼一层。10月12日17时30分，金沙江白格堰塞湖开始自然溢流，过流量逐渐加大，形成了较大过流通道。堰塞湖上游水位站于13日0时45分达到洪峰水位2931m，相应的蓄水量为2.9×10⁸m³。13日7时左右，堰塞湖达最大泄洪流量约1.0×10⁴m³/s，22时前后，金沙江白格堰塞湖实现"出入库"平衡，即上游来水量与下泄流量相等。"10·10"白格滑坡堰塞湖由于堰塞湖蓄水量相对较小，自然泄流的溃决过程相对缓慢（从开始过流到达到洪峰流量历时约14h），溃决洪水除造成巴塘县竹巴笼乡境内G318线多处断道，得荣县部分低洼地带被淹外，其他灾害损失小。四川、西藏、云南共转移受威胁地区群众3.5万人，无人员伤亡。

"11·3"白格滑坡堰塞湖回水更远，约60km，除波罗乡受灾，其中最高淹至波罗乡

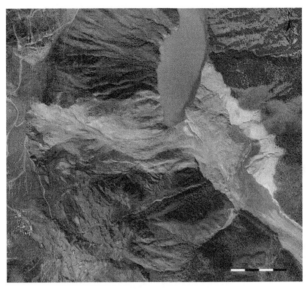

图 7.11　金沙江 "11·11" 白格滑坡堰塞湖影像图（2018 年 11 月 11 日）

政府大楼第九层，相应水位高程为 2957.65m，最远波及白玉县金沙乡，金沙乡岗白公路段约 500m 被湖水淹没。11 月 3 日，白格滑坡后缘和滑坡左上侧两块块体失稳，下滑同时并铲刮下部原有滑坡沟槽中的滑坡堆积物，共约 283×10⁴m³。滑坡体冲入原堰塞坝右岸垭口中，填满了 "10·10" 白格滑坡坝体溃决冲刷形成的导流槽，且比之前还高出近 33m，造成金沙江二次堵江并形成堰塞湖（图 7.12）。

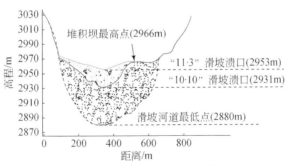

图 7.12　两次滑坡堰塞坝横剖面（据余志球等，2020）

人工开挖导流槽施工从 2018 年 11 月 9 日开始，至 11 月 11 日上午挖掘导流槽长为 220m，最大顶宽为 42m，底宽为 3m，最大开挖深度约 15m，两岸弃渣最大堆积厚度约 6m，开挖和翻渣土石方工程量为 13.5×10⁴m³（蔡耀军等，2019）。11 月 12 日 10 时 50 分导流槽开始过流，此时堰塞湖水位累计上涨 61.08m，堰塞湖蓄水量约 5.24×10⁸m³，13 日人工导流槽被大幅冲开，堰塞湖水位逐渐下降。11 月 12 日 18 时溃口泄流流量达峰值为

$3.1×10^4m^3/s$，金沙江上下游基本贯通。15 日 8 时 40 分溃决洪峰抵达石鼓水文站，14 时洪峰进入梨园水库，溃坝洪水消纳在金沙江中游，金沙江水位基本稳定，险情解除。"11·3"白格滑坡堰塞湖溃决洪水造成 15 座桥梁被冲毁，巨甸镇和石鼓镇大量耕地被淹。

白格"10·10"和"11·3"滑坡堰塞坝溃决时间分别约为 51h 和 240h，溃决时对应的蓄水量为 $2.90×10^8m^3$ 和 $5.78×10^8m^3$，溃口洪峰为 $10000m^3/s$ 和 $30000m^3/s$。

"10.10"白格堰塞体是由于山体滑坡形成，土石比约为 7：3 或 8：2，最终漫顶过流，是冲刷溃决。"11·3"白格堰塞体发生在同一位置，虽然滑坡量较小，但正好封堵在原过流槽内，且位置在原堆积体的脊部。堰塞体垭口高程要比"10·10"所形成的堰塞体高近 30m，如果漫溃，则蓄水量会大 2.7 倍（金兴平，2019）。

7.6.9.3 湖北清江滑坡–泥石流堰塞湖

2020 年 7 月 16～17 日，湖北省恩施市清江上游区域累计降雨量达 246mm，受强降雨影响，17 日下午恩施市屯堡乡马者村沙子坝滑坡（乡级风险点）出现剧烈变形。2020 年 7 月 21 日 5 时 30 分，马者村沙子坝发生滑坡，部分泥石流化进入清江造成壅堵，形成堰塞湖。

1. 基本情况

滑坡导致 S233 省道中断、居民房屋倒塌、村公路断裂、电力设施损坏、农田受损，紧急撤离 315 户 1399 人，恩施市供水水源地遭受泥沙污染，形成特大型滑坡地质灾害。滑坡–变形区南北纵长 1200～1600m，东西横宽 500～700m，均厚 24.5m，体积约 $1960×10^4m^3$。滑坡开裂变形仍在发展，在新的强降雨条件等引发作用下，将会给当地居民安全、陆路交通、林地农田和清江的安全继续造成重大危害[①]。

沙子坝滑坡分为三个区，即北侧变形破坏区、西侧滑坡–泥石流区和东侧变形破坏区 [图 7.13（a）]。北侧变形破坏区（北区）位于斜坡上部地段，区内裂缝分布近东西向，滑坡危险方向主体向南，主要表现为公路、房屋开裂变形严重，裂缝发育，交通中断。西侧滑坡泥石流区（西区）位于斜坡西部边界沟谷两侧，是已经发生滑坡并部分冲入清江的区域，主要表现为沟道两侧斜坡多个地段多次滑坡，未来仍具有滑坡危险。该区降雨冲刷强烈，西侧冲沟大量水流汇入（流量约 $1m^3/s$），水流直接冲蚀原始冲沟东岸造成滑塌，多次滑塌物质堵塞沟道后溃决，泥石流化后冲入江中，堵塞清江形成堰塞湖，入江体积约 $150×10^4m^3$，沟谷东侧滑坡不断扩大并牵动后缘变形（北区）及东侧区域变形（东区） [图 7.13（b）]。东侧变形破坏区（东区）位于西侧滑坡泥石流区（西区）与斜坡东边界沟谷之间，该区域西部裂缝发育长而密集，民居和田地破坏严重，东部相对缓和稀疏，未发生整体滑坡。滑坡东区变形主要出现在陡坡、陡坎部位，以拉裂、错落、差异下沉为主，最大下沉量约 10m，裂缝拉开最大约 1.2m，未见明显滑移、翻转，房屋原地损毁、破坏严重，水平位移不大，树木植被基本保持直立。东区变形破坏主要出现在西区发生滑坡的时段，后期变化不大。东区陡坡部位变形较平缓地段强烈，西部变形开裂比东部强

---

① 湖北省水文地质工程地质勘察院，2020，湖北省恩施市沙子坝滑坡勘查报告。

烈。东区地下水渗流主要向下运移，沿沟沿江岸边出现渗出、泥化和蠕动现象。东区中北部裂缝总体走向北北西、北西方向，反映斜坡向南西西或南西方向破坏发展。东区南部区域裂缝近东西向，临近清江出现南北向裂缝，浑浊泥水溢出，反映斜坡向南蠕动破坏，威胁清江［图 7.13（c）］。

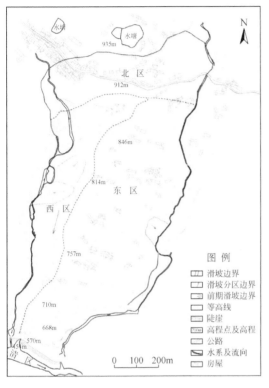

(a) 清江沙子坝滑坡分区图

(b) 清江堰塞湖景观

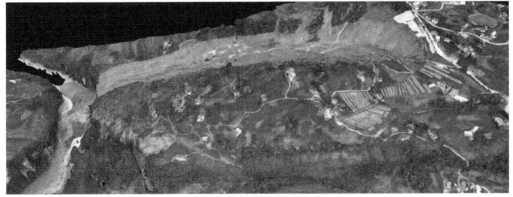

(c) 沙子坝滑坡-堰塞湖全景

图 7.13　湖北清江滑坡-泥石流堰塞湖

全面正确认识滑坡分区变形特征和成因机理是非常重要的。北区变形破坏主要起因于西区多级多次滑坡卸荷，造成本区前缘失去支撑。西区沟道两侧滑坡起因于降雨冲刷渗流，尤其是沟道东侧降雨渗流导致土体斜坡沿顺向基岩界面向沟内滑坡并持续卸荷发展。滑坡土体泥石流化冲入清江起源于沟道排水不畅，形成暂时性壅水塑流蠕动和液化流动。东区中北部变形破坏主要起因于西区滑坡逐渐卸荷牵动，南部及其前缘变形破坏主要起因于降雨渗流导致松散堆积物软化降低强度和土体与基岩面之间的渗透力、孔隙水压力作用等导致斜坡稳定性降低，破坏农田，威胁清江。东区多数裂缝走向为北西或北北西，说明变形主要向南西或南西西发展并威胁西区沟道。

此次滑坡-堰塞湖灾害主要是由于长时间持续降雨引发的，现状条件下滑坡东区和北区整体滑动失稳的可能性不大，但要防范新的强降雨过程引发大规模滑坡险情。

2. 对策建议

（1）加强监测预警，尤其要防范强降雨过程引发新的滑坡险情和再次堵塞清江，确保人民群众生命安全和供水安全。

（2）立即实施引水、排水应急工程，防范强降雨汇水入渗孕育新的大规模滑坡险情。

（3）根据现场实际情况，适时在滑坡北区前缘下部实施填方压脚和抗滑支挡等应急处置工程，防范滑坡西区继续向上牵引发展。

（4）明确滑坡防治工程目标是为民居、交通线、土地和清江及恩施城市供水等提供安全保障。具体对象是确保北区斜坡稳定、西区沟道两侧斜坡稳定及沟底排水通畅和东区斜坡稳定及前缘不得进入清江并为生态农业开发提供地质安全保障，实现保民居、保交通、保土地、保清江（即"四保"目标）。

（5）工程治理的主要对象是北区滑坡、西区两侧滑坡和东区滑坡，工程措施包括截排水系统、裂缝填埋、削坡填方、格构护坡、锚固支挡工程（锚拉桩、挡土墙）、生态工程、土地整理和监测工程等。监测工程不但要满足施工安全的需要，也要满足各工程单元工程治理效果评价的需要。

（6）根据防治目标确定工程设计标准和设计工况，明确防治工程设计工况、设计标准，根据设计工况、设计标准核算工程量，优化工程布置。

类似的，人工土石坝垮坝教训也是值得借鉴的。1993年8月27日22时40分左右，青海省共和县沟后水库发生垮坝事故，造成328人死亡失踪，生命财产损失巨大。垮坝前，水库值班员听到大坝处似闷雷巨响、巨大流水声和滚石声音，看见坝上石头滚动撞击的火花，且声音越来越大，直至大坝溃决。事后调查，水库垮坝是由于钢筋混凝土面板漏水和坝体排水不畅造成的。

7.7 尾矿坝渗流稳定与溃决灾难

7.7.1 尾矿库基本型式

尾矿库是矿山生产中的重要设施，主要用以堆存选矿后排弃的尾矿或其他工业废渣。尾矿库建设可在山脚下依山筑坝（傍山型尾矿库）、山谷谷口筑坝（山谷型尾矿库）、平缓地形周边筑坝（平地型尾矿库），或是截取一段河床在其上、下游分别筑坝形成（截河型尾矿库）（图 7.14）。

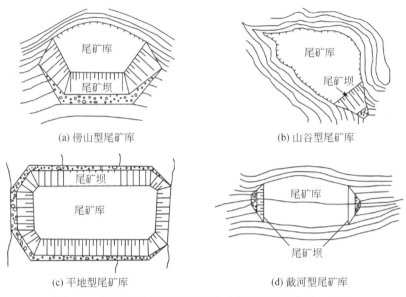

图 7.14　尾矿库及尾矿坝示意图（据陈春利和余洋，2019）

　　尾矿库建设是一个贯串矿山生命周期的动态过程，伴随着尾矿坝的逐步建设完成。尾矿坝建设一般先建一定高度的初期坝，待尾矿料堆积至各坝顶时，再向上逐级修建若干个趾坝，直到设计库容所需达到的高度。由于筑坝方式的特殊性，随着尾矿堆置，尾矿坝渗流场和应力场反复耦合，应力条件复杂多变，尾矿库发生溃坝的概率远大于水坝溃决概率。尾矿坝修筑高度较大，尾矿料由水力冲填入库，使得尾矿库自身具备了物源充足、高落差地形、水源丰富三个泥石流发生的必备条件，因此尾矿坝溃决后极易转化为泥石流。

7.7.2　尾矿坝溃决泥石流

　　尾矿库作为矿山的基础工程之一也是金属非金属矿山的重大危险源。据统计，世界上正在使用的各类尾矿库超过两万座（Rico et al.，2008）。自 2005 年以来，我国尾矿库溃坝事故达 40 多起，给下游人民生命财产和周边环境带来巨大的灾难（门永生和柴建设，2009）。Lemphers（2010）和 Vanden 等（2011）对世界范围内 3500 个尾矿库进行统计，发现每年平均有 2~5 个尾矿库发生溃坝，尾矿库的溃坝事件发生的概率为水库溃坝 10 倍以上。目前我国建设有各类尾矿坝 12000 多座，其中部分为危库、险库、病库。我国以上游式筑坝尾矿库居多，坝体动力稳定性相对较差，坝坡稳定性安全系数较低，暴雨、强震等极端工况运行时溃坝风险较高。我国现存"头顶库"（指下游 1km 内有居民区或其他重要设施的尾矿库）千余座，一旦溃决直接威胁群众生命财产安全与社会和谐稳定。陈春利等总结了尾矿高势能转为强动能，极强的破坏性给下游人民的生命财产带来严重损失（陈春利和余洋，2019；表 7.4）。

2019 年 1 月 25 日，巴西米纳斯吉拉斯州一处铁矿尾矿坝发生决堤事故，形成灾害链引发大规模泥石流灾害。泥石流涌入矿坝所属的巴西淡水河谷公司的办公楼和居民住宅，并摧毁大量沿途建筑物，造成 200 余人遇难，数十人失踪。

2008 年 9 月 8 日 8 时许，山西省临汾市襄汾县陶寺乡塔山矿区废弃尾矿库溃决形成重大泥石流灾难。尾矿库坝高约 50m，库容为 $30\times10^4 m^3$，尾砂流失量约 $20\times10^4 m^3$，沿途带出大量泥沙，流经长度达 2km，最大扇面宽度约 300m，泥石流冲淤面积达 30.2hm²，最大过流深度约 20m，造成下游村庄和集贸市场人员死亡 276 人，伤 33 人。

表 7.4　国内外重大尾矿坝溃决泥石流灾害（据陈春利和余洋，2019，简化）

年份	位置	人员伤亡	破坏情况
1962	云南云锡火谷都尾矿坝	171 人遇难，伤 92 人	村寨、农场、公路，淤塞河道
1985	湖南柿竹园牛角垄尾矿库	49 人遇难	房屋、公路、桥梁、通信线路
1985	意大利 Prealpi	268 人遇难	建筑、尾矿
1986	安徽黄梅山金山尾矿坝	19 人遇难，伤 95 人	农田、房屋
1995	圭亚那 Omai 尾矿坝	900 人遇难	污染河流 80km
2000	广西南丹鸿图尾矿库	28 人遇难，伤 56 人	损毁房屋
2006	陕西镇安某黄金尾矿坝	17 人遇难，伤 5 人	摧毁房屋，水土氰污染
2007	辽宁海城西洋集团尾矿库	16 人遇难，伤 39 人	冲毁下游 33 间房屋
2008	山西襄汾塔尔山铁矿	276 人遇难，伤 33 人	集贸市场、办公楼及村庄
2015	巴西马里亚纳市尾矿坝	19 人遇难	村镇
2019	巴西布鲁马迪纽市	293 人遇难	建筑区及村落

7.7.3　尾矿坝溃决泥石流特点

1. 高势能，溃决速度快

尾矿库的坝体通常较高，库内大量尾砂具有天然高位势能，尾矿坝溃坝瞬间库体能量可能突然释放，泥石流灾害随之暴发。据巴西"1·25"溃坝事故的大坝所属方淡水河谷公司称，该地区安装有八个警报器，但事故发生时大坝垮塌的速度太快使系统来不及反应，泥石流暴发造成了惨重的人员伤亡。

2. 物源充足，溃决危害大

尾矿坝主要用于矿渣堆放，一般尾矿库的设计服务年限不少于五年，尾矿库的库容必须满足服务年限内尾矿数量的需要，因此库容大，少则几万立方米，多则上亿立方米。与水坝溃坝相比，水坝溃坝为黏性系数较小的水流，而尾矿坝溃坝下泄物流体一般黏性较大，浮托力强，且整体运动、阵性流动，流向集中，破坏力巨大。

3. 环境污染，次生危害大

尾矿的成分十分复杂，它不但含有各种各样的金属元素，而且在矿产加工过程中会有大量硫化物、氯化物、氰化物等选矿的药剂残留其中，一旦发生尾矿坝溃决泥石流，有害成分将随之扩散至河流、农田、土壤，污染严重且难于恢复。1995 年在圭亚那 Omai 发生的尾矿坝溃坝泥石流导致 900 人因饮用氰化物污染水死亡，80km 的埃塞奎博河被认定为环境灾害区。2002 年 9 月 11 日，贵州都匀固镇多杰村上游铅锌矿尾库溃坝，大量尾矿经范家河流入清水江，产生严重污染，造成范家河沿河 5km 以上沿岸树木枯死，沿岸耕地 10 多年颗粒无收。

4. 季节性、周期性不显著，非泥石流沟也可能发生

我国尾矿库溃坝事故原因复杂，包括渗透破坏、洪水漫顶、坝坡过陡、浸润线过高和地震液化等。尾矿坝一旦溃决，尾矿渣、矿浆、坝体材料即可转化为泥石流物源，因本身富水且具有高位势能，与一般泥石流主要发生在雨季、流域内有强降雨之后的规律不同，在少雨时节、非泥石流易发区，尾矿坝溃决诱发的大规模泥石流灾害也时有发生。

7.7.4　尾矿坝失稳问题

张力霆（2013）把尾矿库溃坝过程分为三个阶段：尾矿坝在一定的条件下开始失稳；失稳过程中尾矿砂和水相互作用形成具有高能量的泥石流；高能泥石流向下游演进。在尾矿库溃坝过程中，尾矿坝可能会发生多次垮塌失稳，导致以上三个阶段反复出现，相互交叉，使得溃坝过程更加复杂。

郑欣等（2008）分析了引起尾矿坝溃坝的各因素，总结了尾矿坝的失稳模式。尾矿库溃坝是由于外界环境的影响（尾矿坝增高加载、地震、降雨、洪水、坝基沉陷等），使尾矿库中应力场和渗流场发生变化，从而导致尾矿坝的破坏失稳，主要包括渗流场直接诱发尾矿坝失稳、尾矿坝坝基失稳导致尾矿库溃坝、洪水漫顶导致尾矿坝坡失稳而溃坝以及地震作用下导致尾矿库溃坝等。

7.7.4.1　渗流场直接诱发尾矿坝失稳溃坝

尾矿坝渗流溃决实质上是人造边坡的渗流失稳问题。作为透水性坝体，尾矿坝渗流场对尾矿坝失稳破坏影响极大，渗流场的浸润线（面）被称为尾矿库的"生命线"，渗流场的确定包括理论方法、模型试验和数值模拟。尾矿库中浸润线埋深过浅甚至渗透水流逸出，对尾矿坝的稳定极为不利（秦华礼和马池香，2008）。尾矿坝材料长期在渗透水作用下难以正常固结，孔隙比较大，材料强度参数较低，容易发生液化而导致溃坝，同时渗流场存在孔隙水压力，减小了浸润面以下尾矿坝潜在滑移面上的有效应力，从而降低了土体抗剪强度。在外界条件作用下浸润线埋深骤变，导致坝体自重应力发生变化、尾矿坝中原非饱和区尾矿砂材料强度发生变化、渗流场中水力坡度发生变化，对尾矿坝的稳定性造成影响，当尾矿坝坝坡较陡时，易造成尾矿坝深层剪切滑移破坏，这种类型破坏历时短，泄

砂量大，溃坝后泥石流演进速度快、冲击强度大，往往对下游一定距离造成很大的危害，如鞍山市海城尾矿库、广西南丹尾矿坝溃坝等。

毛昶熙（2005）研究了管涌发生的条件。对于尾矿坝而言，当渗透变形条件满足后，在尾矿坝体内将发生管涌，发生管涌后尾矿砂材料性质将发生变化，导致尾矿砂渗透性增强，同时材料强度和变形模量的降低，造成尾矿库内部裂缝和局部坍塌；同时在尾矿坝坝坡表面发生流土，导致坝坡侵蚀，当坝坡侵蚀到一定程度，坝坡发生局部失稳，致使更多的渗流水逸出导致侵蚀加剧，从而使得尾矿坝发生一系列的滑移破坏，最终导致尾矿库的溃坝。范恩让和史剑鹏（2007）分析了阿迈金矿尾矿坝渗透变形导致尾矿坝溃坝问题，溃坝后该尾矿库坝体中的裂缝、落水洞及沉陷洼地明显可见，为典型渗透变形导致的尾矿库溃坝事件。

7.7.4.2　尾矿坝坝基失稳导致溃坝

西班牙阿斯纳科利亚尔尾矿库溃坝事件，其破坏形式表现为整个坝体发生深层滑移，在库区形成了高约 20～22m 近似垂直的破坏面，在库底地基深度约为 10m 的黏土中形成了近似水平的滑移面，地基中滑动面长度约 600 多米，坝体中心位置滑移距离达到 40～55m，在滑动破坏过程中，坝体基本没有大的变形，类似刚体滑动，此为典型的坝基失稳导致的尾矿库的溃坝（Gens and Alonso，2006）。

7.7.4.3　洪水漫顶导致尾矿坝坡失稳溃坝

尾矿库遭遇洪水时，若防洪、排洪能力不足或排洪设施出现问题，则库区水位在短时间内上升较快，尾矿坝由于其透水性低，在较短的时间内浸润面变化不大，多余的水难以排出，容易造成尾矿坝洪水漫顶溃坝。Fourie 等（2001）描述分析了 Merriespruit 尾矿库的整个侵蚀失稳过程：

（1）洪水漫顶的初期阶段。①暴雨作用下尾矿坝上出现了小的冲沟；②位于尾矿坝边坡下部的松散尾矿砂发生侵蚀；③尾矿坝下部坝坡体局部失稳；④尾矿坝漫顶，水流侵蚀尾矿坝；⑤尾矿坝中部的边坡局部失稳，失稳后的材料被水带走。

（2）在洪水漫顶后期。①冲蚀后的尾矿坝坡开始整体失稳，尾矿砂被水带走；②多米诺效应下尾矿坝坡继续失稳，尾矿砂被带走；③尾矿坝失稳面贯穿尾矿库汇水区，坝体失稳伴随着液态尾矿砂大量的泄漏。

7.7.4.4　地震作用导致尾矿库溃坝

地震作用导致尾矿库发生溃坝的作用机理主要表现为地震导致尾矿砂液化，使得尾矿材料强度弱化，造成尾矿坝失稳。蔡嗣经等（2011）、潘建平等（2006）分析了尾矿坝地震失稳机理，认为尾矿坝堆筑材料相对疏松，尾矿坝体浸润面以下为饱和砂，在地震荷载作用下，可能会出现振动液化现象，鉴于整个坝体中土性不均匀、孔压发展不一致，液化从局部开始，局部液化将产生应力和变形的交换，致使非液化土体孔压上升、强度降低，最终可能导致坝体流滑破坏。由于地震液化导致的尾矿库溃坝的实例有智利 La Patagua 尾矿库和 Los Maquis 尾矿库等。

7.7.5　尾矿坝溃决泥石流研究方法

7.7.5.1　尾矿库溃坝泥石流的特性

尾矿库溃坝一般形成泥流或泥石流。泥石流最重要的物理力学特性是其流变性，其流变特性依赖于一系列因素，如砂粒石块的浓度、水的浓度、黏度、砂粒石块的大小形状及其分布、砂粒石块与流床的摩擦以及泥石流的水。Rickenmann 和 Koch（1997）、Jan（1997）则在尾矿库溃坝分析中根据经验选择了泥石流的黏度和极限剪应力两个流变参数进行研究。

7.7.5.2　尾矿库溃坝泥石流的演进研究

陶东良（2011）采用模型试验研究了某钼矿尾矿库洪水漫顶溃坝过程，分析了洪水漫顶过程中尾矿坝的冲蚀渐近失稳过程，给出了溃坝过程的特征时间点，分析了不同坡比尾矿库洪水漫顶下溃坝模式的异同。张兴凯等（2011）基于非恒定水流泥沙非平衡非饱和冲刷机理，根据模型相似理论和溃决侵蚀模型原理，采用模型试验模拟尾矿库洪水漫顶溃坝过程，研究了尾矿库洪水漫顶溃坝过程中坝体位移、浸润线高度、溃口最大流速和溃口的演化规律，认为尾矿库洪水漫顶溃坝位移与坝体饱和程度有关，坝体浸润线越高，尾矿库溃坝时滑动位移越大，溃口破坏程度取决于溢流对坝体的冲刷侵蚀作用。

经验公式法主要借鉴水库溃坝后泥石流的演进，典型的计算过程一般包括：

（1）确定尾矿库的总泄砂量，考虑最不利情况，即泄砂总量为滑弧底标高以上的全部库容；

（2）确定尾矿库溃口的宽度；

（3）坝址最大砂流量的计算；

（4）坝址流量过程线的计算，即坝址处流量与时间的关系曲线；

（5）泥石流演进参数计算，包括稀性泥石流流速和黏性泥石流流速的估算及泥石流冲击力和冲高。

数值模拟法基于地形边界建立泥石流的流变参数和泥石流演进的微分方程。王纯祥等（2007）总结了主要泥石流演进的数值模型，根据广义黏塑性流体模型分析了泥石流中一维的应力和速度分布状况。李全明等（2011）在建立溃坝非恒定水沙模型的基础上，采用数值方法预测和模拟尾矿坝溃坝后下游洪水行进过程及矿砂淤积过程。

7.7.6　尾矿坝溃决泥石流预防

尾矿库溃决泥石流的发生源于尾矿坝溃决，防范了尾矿库溃坝事故，也就有效防范了尾矿库溃决泥石流。防范尾矿坝溃决泥石流需要从技术、管理和社会立法等多方面的努力（陈春利和余洋，2019）。

（1）尾矿库规划、设计、建设应立足风险认识。设计之时应充分勘查地形条件、地质条件，排查库区有无渗漏问题，库岸有无发生滑坡、泥石流等地质灾害的可能，充分考虑地质灾害的产生对泄洪设施及尾矿坝体安全可能造成的影响及应采取的防范措施。评估尾矿库溃坝的风险度、危险度和危害度，制订科学的防灾减灾规划预案。

（2）尾矿库运营期间，加强在线监测，构建预警体系，及时治理病库、险库和超期库。根据现行《尾矿库安全监测技术规范》与《尾矿库在线安全监测系统工程技术规范》要求，尾矿库安全监测需与人工巡查、库区安全检查结合并进行比测，规定需监测坝体位移、渗流、干滩、库水位，四等库及以上还需监测降水量，另酌情监测孔隙水压力、渗透水量、浑浊度，三等库及以上需安装在线监测系统，及时修缮尾矿病患，防患于未然。

（3）停止使用的尾矿库及时闭库复垦。生产上停用的尾矿库未经闭库处理，仍是一项长期存在的危险源，如1993年江西赣南钨矿尾矿坝溃坝泥石流，即源于未做闭库处理的废弃尾矿库由于排水井堵塞，水位升高导致的尾矿坝溃决事故。因此，尾矿库停用后，应按照技术规程进行正规的闭库，做好坝体及排洪设施的维护，确保尾矿库长久安全。

（4）合理开展尾矿资源开发再利用。据专家预测，尾矿利用将是21世纪矿产综合利用范围最广、潜力最大的领域。针对不同的尾矿类型，均可利用多种资源开发途径，从有用矿物再选回收、制作建筑材料、土地复垦三个方面开展多角度的资源再利用。我国尾矿排放量巨大，不仅占用大量土地资源，也存在安全风险，从消除尾矿坝风险的角度，更应大力推进尾矿二次资源开发，变废为宝。

（5）加强监管，防治片面追求经济利益。巴西"1·25"溃坝事故的发生与淡水河谷公司企业追求利益最大化，存在侥幸心理，忽视安全生产存在一定关系。公共管理部门要建立事前立法约束、事后追责的长效机制，压实企业安全生产主体责任，强化对尾矿库企业的安全监管工作。矿山企业要严格遵守国家法律、法规、标准、规范等要求和规定，防范尾矿库事故发生。

（6）社会认知层面强化灾害风险理念。在风险社会和自媒体时代，社会公众尽快提高认识，培养灾难风险防范意识和减灾能力是必须面对的问题。例如，2008年山西临汾"9·8"特别重大尾矿库溃坝事故发生前7个月和1个月，位于下游的村民曾发现了尾矿坝渗水现象并上报，但未引起重视及时处理而酿成大祸。经调查，临汾"9·8"尾矿库溃坝灾难的主要原因是企业违法违规生产和建库，风险排查治理走过场，监督管理不得力，安全整改指令不落实等。

7.8 丹巴县城滑坡险情应急处置

2005年1月，四川省甘孜藏族自治州丹巴县城区建设街后山斜坡出现滑坡险情，严重威胁县城主城区的安全。国家紧急启动Ⅰ级险情应急预案，立即派出专家组赶赴现场指导工作，并在我国首次启用卫星传输远程（北京—丹巴）实时会商系统进行地质灾害险情应急响应会商，取得了推广应用的初步经验。

7.8.1 基本情况

四川丹巴县城位于大渡河上游大金河右岸，背靠白岬山。区域百年一遇降雨强度为

48.2mm/h、37.4mm/10min（1994 年 7 月 22 日记录）。区域地貌形态属于藏东大斜坡格局下的高山峡谷区，区域地震基本烈度为Ⅶ度。变形斜坡位于主城区建设街后山上，前缘高程为 1881 ~ 1892m，坡度为 10° ~ 20°，后缘高程为 2070 ~ 2110m，斜坡主体坡脚为25° ~ 30°，高差为 219m（图 7.15）。

图 7.15　俯视滑坡、丹巴县城和大渡河（左图）及仰视滑坡区域（右图）

　　丹巴县城后山斜坡表层为白呷山古崩滑堆积体。由于城市建设过度开挖白呷山古滑坡坡脚，古滑坡逐渐复活。丹巴县城建设街后山斜坡变形迹象始发现于 2002 年 8 月，2005 年 2 月 3 日和 2 月 14 日两次雨雪天气过程影响，斜坡开裂变形速度明显加快。李廷强等（2007）明确指出，2003 年以来丹巴县城后山滑坡逐渐开始复活，2004 年 12 月变形加剧，2005 年 2 月 15 日以后变形加速。丹巴县城建设发展因受场地地形条件限制，自 1998 年以来滑坡前缘建设街新建房和改建房时大量的削坡。在 200 多米范围内原始斜坡基本全被挖除，形成高 6 ~ 28m 呈阶梯状的陡边坡，总体坡度达 55° ~ 70°，局部陡立，形成高陡的临空面。边坡的不合理开挖、破坏了边坡的结构，使得原本较陡的斜坡临空面增大，斜坡原有地应力条件发生改变，斜坡坡脚支撑（抗滑力）减弱，牵动整个后山斜坡发生变形破坏（刘传正，2006b）。

　　由于斜坡变形拉裂发展迅速，紧急险情迫使封闭了穿过县城的省道 211 线、303 线。变形斜坡威胁了主城区的政府机关、金融中心、商业区和公共事业单位，主要建筑物 84 幢和城市公共设施，财产合计 5 亿多元。危及 1067 户居民、4620 人生命财产安全，个体工商户 34 户 145 人关门停业。一旦发生滑坡，还将可能堵塞大金河，引发次生洪水险情。

7.8.2　丹巴滑坡成因分析

　　据调查访问，建设街后山斜坡前缘 2002 年出现变形迹象，2003 年后缘逐步出现开裂。除了区域地质背景下自然演化外，城市建设不合理向山要地，破坏斜坡完整性和坡脚关键支撑部位是发生滑坡险情的主要原因。到 2004 年 3 月，沿整个斜坡脚大规模切坡长度超过200m，形成高达 6 ~ 28m 的陡坡，阶梯状干砌石护坡 5 ~ 11 级，整体坡度为 56° ~ 70°，单级护坡坡角达 80°。靠山密集规划建设了多层楼房，中部的 18 ~ 50 号建筑已成危房，有的建筑物仅完成框架，尚在施工中即不能持续。建筑物的基础埋深一般小于 1.5m。显然，斜坡变形起因于城市建设不合理开挖坡脚,未能及时加固补强等破坏了斜坡的自然稳定状态。开挖使坡脚失去支撑,造成整个斜坡从前缘向后山逐次卸荷-变形拉裂,渐进发展成牵引式滑坡险情。经调查和钻探揭露,滑坡体内无稳定的地下水位,滑坡堆积物厚度大,结构松散,以块石土为主,为强透水层,因此地下水对滑坡的影响作用有限。脆弱的环境地质条件、高陡的斜坡和松散的残坡积物,是滑坡复活并变形滑移的地质基础,人类不合理开挖削坡是滑坡复活变形滑移的主要引发因素。

丹巴县城主要位于大渡河、大金河右岸白呷山坡麓狭长地带。随着丹巴县城市建设的发展,大量的居民和商业用房的新建和改建,因受场地地形条件限制,房屋多靠坡脚或削坡倚坡而建。1998年以来,滑坡前缘建设街新建房和改建房时,大量削坡形成高陡的临空面。边坡的不合理开挖、破坏了边坡的结构,使得原本较陡的斜坡临空面增大,使斜坡原有地应力条件发生改变,造成斜坡坡脚支撑减弱,引起边坡变形而发生滑动。因此,人类工程活动是建设街滑坡的主要诱发因素。

滑坡体长为290m,宽为230~280m,厚为18~45m,面积为0.08km^2,体积为220×10^{4}m^3。滑坡体主要由崩坡积物组成,变形斜坡体主要由崩坡积物组成,主要成分为块碎石夹亚砂土,块石架空明显,透水好,坡体内未见地下水。滑带为亚砂土-块碎石土。基岩为志留系灰白色石榴石二云片岩和黑云母斜长变粒岩及少量大理岩,总体倾向与坡面一致,局部斜交,倾角为35°~45°。崩积层基本顺基岩层面滑脱,造成建筑剪裂变形严重,滑体蠕滑挤出现象较为明显,为强变形蠕动滑移区,紧靠滑坡的房屋几乎全部被剪断(图7.16)。

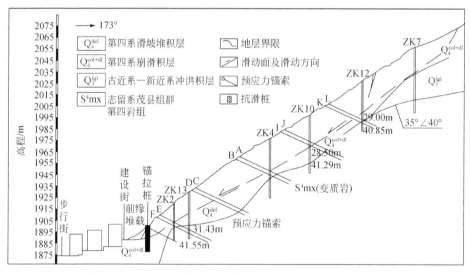

图7.16　丹巴县城滑坡险情剖面图（据范宣梅等,2007）

7.8.3　滑坡险情应急处置

1. 前缘堆载反压

堆载工程从2月20日开始,曾调动300名武警官兵,再加上当地民兵以及老百姓约

1000 人轮流上阵, 昼夜奋战, 仅用了一周左右的时间, 至 3 月 1 日完成了 7170m³的堆载反压工程。根据滑坡前缘的地形条件, 结合建设街面以上空地较少、建筑较多的情况, 压载范围选择主剖面及滑坡右侧前缘的新建房屋内。利用建筑框架或新建楼房第一层屋内进行压载, 根据实际情况, 将内墙拆除, 将压载物靠紧滑坡陡坎。压载物选用大金川河中的砂砾卵石, 运距为 3~5km, 采用编织袋装填, 尽量满装。压载物紧靠滑坡前缘陡坎, 逐层堆码, 堆载由下至上分级堆载, 每层堆载顺序由内至外, 堆载应压密。在有条件的边坡地段, 先在坡面放木板或木条后再紧靠木板或木条压密逐层堆码。堆载坡形为台阶形, 原则上坡比按 1∶1, 共七个台阶, 下部四个台阶平台宽度为 1.0m, 上部三个台阶平台宽为 0.5m, 台阶高为 1.5m。在施工过程中, 根据施工情况及滑坡变形监测情况做适当调整。沿滑坡前缘压载长度为 75m, 压载方量约 7300m³。

滑坡前缘压载使坡脚抗滑力部分恢复及补偿, 有效减缓了滑坡的变形速率, 变形速率从原来的 30.3mm/d 降低到 20mm/d 左右。堆载工程对减缓坡体下滑速度起到了非常显著的效果, 为预应力锚索施工争取了足够的时间。

2. 锚固工程

应急治理工程 A~F 序锚索, 于 2 月底正式开孔。由于在巨厚松散堆积体中成孔难度大, 再加上滑坡体一直在持续快速下滑, 多个锚索孔还未终孔便因导管被剪切错断而报废, 锚索施工在开始阶段并不顺利。3 月 15 日第 1 根锚索开始张拉 (A 排中部, 图 7.16), 但由于张拉锚索的数量太少, 未对滑坡的变形产生明显的控制作用。至 4 月 15 日, 主滑坡区 244 根锚索全部完成钻孔、下索和注浆, 同时 166 根 (约占总数的 70%) 已分别施加了不同吨位的预应力, 锚固工程效果开始显现。因此, 从图 7.17 可明显地看出, 4 月 15 日以后, 主滑体前部变形速率明显减小, 并趋于平稳, 日位移量降到 1~2mm, 中后部也降低到 5mm 以内, 坡体逐渐趋于稳定, 该滑坡对丹巴县城的威胁逐渐解除。

范宣梅等 (2007) 等指出, 堆载施工使滑坡每日的变形量逐渐下降。图 7.17 显示了滑坡主剖面后部 9#监测点日位移量变化, 且滑坡后缘的变形量明显大于前缘的变形量。图 7.18 显示滑坡主剖面后部 9#监测点累积位移量接近 1.2m。巨大的后缘拉张裂缝使主滑体与中后部坡体基本处于脱离状态, 形成新的 "临空面", 造成滑坡分割为三个不同动态的区域。

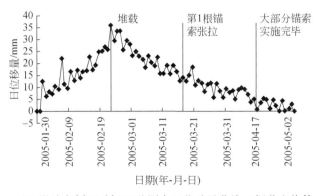

图 7.17 丹巴滑坡主剖面后部 9#监测点日位移量曲线 (据范宣梅等, 2007)

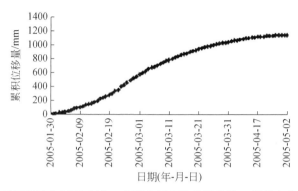

图 7.18　丹巴滑坡主剖面后部 9#监测点累积位移量曲线（据范宣梅等，2007）

7.8.4　应急处置阶段性效果

在一期应急堆载工程 7200m³ 后，整个斜坡的位移速率明显下降，位移量由 31mm/d 下降为 2mm/d，进入缓慢匀速滑移状态。由于各种原因，初见成效即停止堆载，紧急实施锚索 269 束。自 2005 年 1 月 22 日监测以来，滑坡位移变形主要经历了六个阶段。

第 1 个阶段（1 月 22 日—2 月 14 日）：匀速变形阶段，日平均位移量由 5mm 逐渐上升到 12 ~ 15mm。滑坡左右侧纵向裂缝未全部贯通，只是前后缘变形加大。

第 2 个阶段（2 月 15 日—2 月 24 日）：加速变形阶段，日平均位移量在 20 ~ 25mm，最大位移量达 31.3mm。滑坡整体变形加剧，滑坡两侧纵裂缝全部贯通，后缘张拉裂缝增多增宽，前缘纵向、横向裂缝增多，局部鼓胀出现。

第 3 个阶段（2 月 25 日—3 月 11 日）：减速下滑阶段，其中 2 月 25 日堆载达 3150m³，堆载发挥作用，产生阻滑效果。每日位移量由 31.3mm 下降至 13mm。此阶段于 2 月 27 日位于 Ⅰ 区后缘、Ⅱ 区边界、Ⅲ 区边界的裂缝全部相互贯通。

第 4 个阶段（3 月 12 日—3 月 21 日）：震荡变形阶段，日平均位移量在 10 ~ 15mm，即堆载逐渐失去效用，锚索施工还未完全发挥作用阶段。

第 5 个阶段（3 月 22 日—4 月 11 日）：匀减速下滑阶段，日平均位移量由 11mm 逐渐下降至 4mm。锚索张拉至 50t 已完成 41.2%、张拉至 75t 已完成 34.5%，其中 A 序已全部张拉至 75t，B 序和 C 序已大部分张拉至 75t，E 序已大部分张拉至 50t，26 根已张拉至 75t，锚索施工已逐渐发挥效用。

第 6 个阶段（4 月 12 日—5 月 3 日）：基本稳定阶段，日平均位移量已降至 0 ~ 2mm 或出现负数。锚索注浆已于 4 月 18 日全部完成，锚索张拉锁定（50t）于 5 月 3 日全部完成，张拉锁定（75t）至今已完成 225 根，张拉锁定（100t 和 130t）均已完成大部分，全部已基本形成合力，锚索施工已发挥效用。

唐然等（2014）通过从上向下设置 1、2、3 号三个钻孔倾斜仪监测点研究了丹巴县城后山滑坡锚固工程实施过程中滑坡深部位移的变化。1 号孔位于滑坡中上部，监测到滑面埋深为 28 ~ 29m。2 号孔位于滑坡中部，监测到滑面埋深为 28 ~ 31m。3 号孔位于滑坡前部，监测到滑面埋深为 16～19m。

图 7.19 反映了 3 号测斜孔的深部位移到 2005 年 9 月初几乎不再增加，锚固工程与沙袋堆载反压的联合作用生效，滑坡前部最先稳定下来。三个测斜孔的变形曲线形态反映出滑坡推力来自滑坡中后部，滑坡中后部应是永久支护和综合治理的重点。自 2005 年 4 月开始进行深部位移监测，至 2006 年 5 月底，滑坡变形虽未完全停止，但变形速率在逐渐减小。

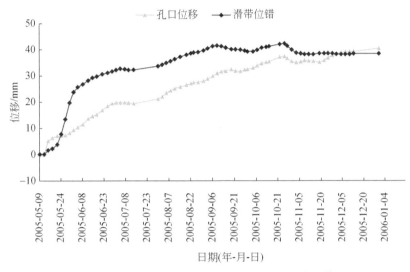

图 7.19　3 号测斜孔孔口位移与滑带位错比较（据唐然等，2014）

对比地质剖面和钻孔柱状图，三个监测孔的滑面位置皆在第四系堆积物里。

7.8.5　基本认识

（1）应急响应的指导思想是，立足于有可能发生大滑坡，立足于争取滑坡不发生或不至于大规模发生而统筹论证应急减灾方案。

（2）应急减灾的理论依据是，滑坡险情的出现是由于开挖破坏了维持斜坡稳定的坡脚支撑，降低了斜坡下段的抗滑阻力。因此，利用斜坡尚未整体高速下滑的宝贵时机，快速堆载，遏制斜坡整体下滑的"惯性"，为根治变形斜坡赢得时间。

（3）工程监测是分析滑坡动态趋势、保证施工安全和分析工程控制效果的重要举措，为应急工程实施过程中随时准备应对各种突发的影响因素，如异常气象、地震和爆破振动等提供决策依据。

（4）勘探和监测综合分析，得出滑坡的滑动带不是最初判断的第四系松散堆积层与下伏基岩的接触带（基覆界面），而主要是从松散堆积体中下部剪出，这一认识既符合滑坡前缘临空面底界剪出的事实，也为滑坡的根治提供了更精准的科学依据。

（5）滑坡综合治理要考虑地表排（截）水、坡面防渗、堆载反压、分级抗滑锚固等综合措施，并考虑治理效果的长期性。

7.9 雅鲁藏布江色东普沟崩滑-碎屑流堵江灾害

7.9.1 引言

2018 年 10 月 17 日 5 时左右，西藏林芝市米林县雅鲁藏布江左岸色东普沟发生崩滑-碎屑流，冲入雅鲁藏布江堵塞河道形成堰塞湖。滑坡堵江堰塞约 56h 后自然漫顶泄流，整个过程形成崩滑—碎屑流—堰塞湖—溃决洪水灾害链。自然资源部应急专家组于 18 日 10 时到达米林县派镇西藏前方指挥部，通过搜集遥感地质资料、乘车或军用直升机观察现场情况，在应急会商会议上提出了比较切合实际的抢险处置建议，指导开展了避险搬迁安置点地质灾害危险性评估、上下游地质灾害风险排查与监测预警等工作。10 月 19 日 13 时30 分，堰塞坝右岸自然漫顶过流，堰塞湖险情逐步解除。10 月 29 日 10 时，因冰雪融水引发高浓度泥石流再次堵塞雅鲁藏布江，专家组再赴现场，指导崩滑-堰塞湖抢险防灾处置工作。10 月 31 日 9 时 30 分，堰塞坝自然漫顶过流，坝前水位逐步恢复正常。

采用多年气温降水数据分析、多时相卫星遥感解译冰川退缩、直升机抵近观察堰塞坝、Scheidegger 公式计算崩滑-碎屑流运动速度、Gutenberg-Richter 公式计算地震活动序列 b 值和多因素赋值统计研判未来冰崩地点规模，得到堰塞坝体积约为 $3100 \times 10^4 \mathrm{m}^3$（含以往多次崩滑堵江残留堆积），滑坡-碎屑流运动距离超过 8km，平均运动速度约 20m/s，整个运动过程历时 6.7 分钟，具有高速远程性质。色东普沟崩滑-碎屑流是在地貌高陡、岩体破碎、气候变暖、局地降水、冰川退缩、断裂活动和地震效应（b 值在 0.7 左右）等多种因素综合作用下形成的，今后相当长的时期内仍会多次发生（刘传正等，2019）。

7.9.2 色东普沟区域地理

1. 区域地理

色东普沟区域位于西藏林芝东部，雅鲁藏布江下游峡谷地带，行政隶属于林芝市米林县派镇。米林县东南部与墨脱县、隆子县相连，西部与朗县相接，北部与林芝市巴宜区、工布江达县毗邻（图 7.20）。米林县公路干线有林邛线、岗扎线、岗派线三条，林芝米林机场距米林县城 12km。米林县东西狭长，区域地势西高东低，平均海拔为 3700m，山脉纵横，宽谷相间，东南部山高谷深。

米林县地处高原温带半湿润季风气候区，年平均气温为 8.2℃，年均降水量为 600mm，85% 的雨水集中在 6~9 月，无霜期为 170 天。印度洋与孟加拉湾暖流通过雅鲁藏布江通道涌入，形成亚热带、温带、寒带并存的特殊气候，地震、崩塌滑坡、泥石流、干旱、冰雹和病虫害等多发。

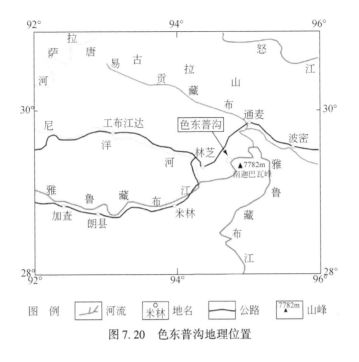

图 7.20　色东普沟地理位置

2. 色东普沟域特征

色东普沟域位于雅鲁藏布江左岸，加拉白垒峰南坡下，沟域面积约 67km²。沟域上游源区地形宽阔，支沟发育，中下游主沟道狭窄（图 7.21）。沟道内冰川活动形成的冰碛物丰富，冰雪融水及降水提供水流充分。沟域内最高处为加拉白垒峰（高程为 7294m），最低点为色东普沟口（高程为 2746m），高差为 4548m。沟域上游陡峭，地形纵坡降大，冰川发育，岩土体物理风化严重，侵蚀剥蚀作用强烈（图 7.22）。色东普沟主沟长约 7.4km，入江处沟口宽度为 220m，主沟道上段纵坡降为 395‰，中下段纵坡降为 202‰。

图 7.21　色东普沟域地貌（镜头方向北北西，2018 年 10 月 30 日）

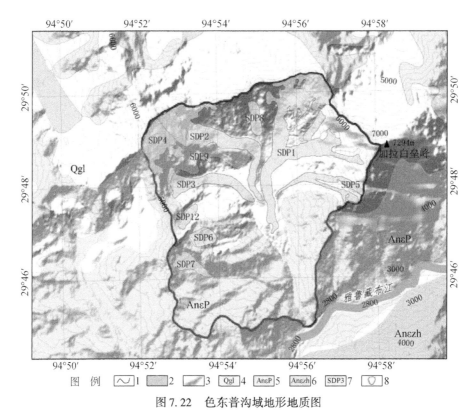

图 7.22　色东普沟域地形地质图

1. 等高线（m）；2. 河流；3. 现代冰川；4. 第四纪冰碛物；5. 南迦巴瓦群大理岩；6. 南迦巴瓦群片麻岩；
7. 色东普沟冰川编号；8. 色东普沟流域

7.9.3　色东普沟崩滑-碎屑流-堰塞湖

1. 2018 年 10 月两次堵江事件

2018 年 10 月 17 日 5 时左右，雅鲁藏布江左岸色东普沟上游海拔约 6000m 部位发生冰崩岩崩，倾泻岩块冰体顺陡峻斜坡向南南西崩滑，解体后形成碎屑流顺沟转向南南东冲击，沿途解体奔流、底部铲刮与侧蚀作用，主沟道形成明显底蚀拉槽，最终冲出沟口，堵塞雅鲁藏布江，形成堰塞湖（图 7.23）。崩滑源区与碎屑流区流通沟道总长约 8km。

卫星影像显示，色东普沟堰塞坝平面呈不规则锥体，中左侧高（高程为 2751m），右岸低，上游延伸短而厚度大，靠下游延伸长而厚度薄。堰塞坝跨河宽约 310~950m，顺河长约 2.5km，坝体最大堆积厚度约 90m，平均堆积厚度约 70m，堆积体规模约为 $3500×10^4 m^3$。根据机载遥感三维地形测量，解算堵江堆积体顺河右岸底宽为 2250m，左岸顶宽为 900m，跨河宽约 720m，厚度为 80m，按三棱锥计算，得到堆积体积为 $3024×10^4 m^3$。两种方法测算的堰塞坝体积均包含以往堵江残留堆积，本书采用堵江堰塞坝体积为 $3100×10^4 m^3$，推测新入江碎屑物体积约 $1500×10^4 m^3$。

　　10 月 19 日上午，堰塞湖上游回水淹没威胁部分村镇安全，距堰塞坝 6.5km 的加拉村被淹没、26km 的直白村受威胁、尾水接近相距 42km 处的派镇。卫星影像对比发现，10 月 26 日起，上次滑坡后缘破裂冰体及冰岩堆积物沿已形成的侵蚀沟槽呈带状持续向下移动，沿途裹携混杂冰水沉积碎屑（图 7.24）。10 月 29 日凌晨，冰岩碎屑流转化为冰川泥石流，冲出沟口后覆盖上次的堰塞坝，导致雅鲁藏布江再次断流。依据前后遥感数据对比分析，新增碎屑物体积约 $700 \times 10^4 \mathrm{m}^3$。

图 7.23　色东普沟崩滑–碎屑流堵塞雅鲁藏布江　　　图 7.24　色东普沟上游崩滑–碎屑流形成沟槽

　　堰塞坝物质以碎石土为主，土石比约为 8∶2。第一次堰塞湖快要溢流时，堰塞坝顶面低洼处多处积水，松散土体含部分冰雪，利于渗透融化造成土体下沉，堰塞土体容易饱水。当地下渗流接近坝顶面后，会出现快速漫顶泄流。堰塞坝漫流决口后，溃口很快扩大，堰塞湖水位经短期缓慢回落后快速下降，20 日凌晨恢复到事前水位。

2. 10 月 17 日崩滑–碎屑流运动特征

1）崩滑–碎屑流运动速度与运动时间

　　考虑色东普沟崩滑–碎屑流运动的整个过程，滑坡体在沟内能够保持整体性的情况下，运动距离从滑坡体剪出口起算，高程约 4450m，并假定该点的碎屑流铲刮运动过程中保持在最前端，其最终位置为堰塞坝完全堆积的位置（图 7.25）。运动距离 $L=8236\mathrm{m}$，高程差 $H=1706\mathrm{m}$，等效摩擦系数 $f=0.2071$。

　　忽略影响小的内聚力（C）作用，采用 Scheidegger（1973）公式计算崩滑–碎屑流运动速度：

$$V=\sqrt{2g(H-fL)} \tag{7.12}$$

式中，V 为估算点滑体速度，m/s；g 为重力加速度，$\mathrm{m/s}^2$；H 为滑坡后缘顶点至滑坡沿途估算点高差，m；L 为滑坡后缘顶点至滑坡沿途估算点水平距离，m；f 为等效摩擦因数，即滑坡后缘顶点至滑坡运动最远点连线斜率。

　　根据色东普沟崩滑–碎屑流主剖面位置、运动水平距离和高差，计算确定滑坡–碎屑流从启动、运动到最终停积整个过程的速度分布。采用最大高差与最远水平距离的商作为等效摩擦系数进行速度计算显然是理想化的，结合实地调查和经验判断对计算结果按 50% 进行折减（图 7.26）。

　　计算结果折减依据是：①Scheidegger 公式假定了运动质点从斜坡顶端直达底端，而实际上是分阶段传递运动，即斜坡上端的崩坡积物大多停积在斜坡上中部，而斜坡中下部碎屑物才运动到河谷形成堵塞；②沟内冰崩、岩崩，冰碛物和土、石、冰、雪块体颗粒分选性差，存在彼此包容填充；③碎屑物松散但湿度大，是存在一定黏结、冻结性的颗粒集团，并非无黏结；④沟域地形上游开阔，下游主沟狭窄，运动断面逐步收缩，侧壁摩擦耗能逐渐加剧；⑤颗粒之间存在碰撞碎裂和摩擦耗能。

色东普沟后缘陡峭，崩滑–碎屑流启动后，在巨大的势能作用下运动速度急速增大，在地形转折处，速度达到32.3m/s（运动距离为657m）。地形坡度变缓后，运动速度出现降低，最小速度降到10.9m/s（运动距离为4994m）。地形变陡后，运动速度再度加大，运动距离为5500m处，速度达30.8m/s。地势再度变缓后，运动速度再次降低，直至冲入雅鲁藏布江停积，部分抵达对岸。崩滑–碎屑流从启动到最终停积整个过程的运动时间约402s，即6.7分钟。根据微震分析、实地调研和经验判断，这个结果比较符合实际。

按照国际地科联滑坡工作组（1995年）的建议，色东普沟崩滑–碎屑流属于高速运动。

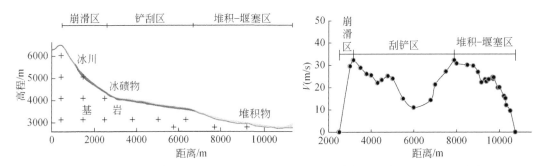

图7.25　色东普沟域地形地质剖面图　　　图7.26　色东普沟崩滑–碎屑流运动路径速度分布

2）崩滑–碎屑流运动远程问题

国际上，崩塌滑坡体重心位置垂直位移（H）与水平位移（L）的比值（等效摩擦系数）小于0.6（相当于tan32°）即认为是远程的（Evans et al.，2001）。实际应用上，滑坡体重心位置并不容易确定。

刘传正（2017c）统计分析，我国崩塌滑坡–碎屑流区域的前后缘高差（H）与前后缘水平距离（L）的比值$i=H/L \leqslant 0.4$ 或 $L/H \geqslant 2.5$ 即认为是远程的。本次崩滑–碎屑流运动全程的H/L为0.2726，色东普沟崩滑–碎屑流属于远程运动。

3.2018年10月堰塞湖淹没泄洪危害

1）堰塞湖危害情况

经事前事后调查，色东普沟崩滑–碎屑流堵江堰塞湖淹没浸泡岸坡引起崩塌，下游崩塌涌浪掀翻达林桥面［图7.27（a）、（b）］。急剧泄洪阶段，水流拖拽树冠牵动斜坡体破坏［图7.27（c）］。另外，堰塞坝下游泄洪冲刷侵蚀斜坡脚等，增加未来崩塌滑坡危险性。

2）淹没或泄洪威胁民居情况

据地方政府排查，雅鲁藏布江堰塞湖淹没区段两岸约5km范围内淹没区涉及11个村庄、387户、1318人。堰塞坝下游墨脱县沿江两岸受泄洪影响或村庄原址淹没共涉及7个

　　　　(a)　　　　　　　　　　(b)　　　　　　　　　　　　　(c)

图 7.27　堰塞湖溃决前后的危害

（a）堰塞湖淹没引发崩塌；（b）崩塌涌浪造成桥面向上游翻覆；（c）堰塞湖急剧泄流引起岸坡冲刷破坏

乡镇、22 个村、969 户、4440 人。其中，加热萨乡住户涉及加热萨村、更帮村、达昂村、墨脱镇亚东村和墨脱老村村址。色东普沟崩滑–碎屑流–堰塞湖对当地交通、物流、水电工程建设和旅游产业等的正常运营与发展造成严重影响。

4. 历史堵江情况

　　据调查访问和历史卫星影像解译，雅鲁藏布江则隆弄冰川、色东普沟冰川活动引发的崩塌滑坡碎屑流堵江事件已多次发生。

　　1950 年，墨脱 M_S 8.6 级大地震引发则隆弄冰川跃动，冲入雅鲁藏布江。

　　1968 年，则隆弄冰川活动引发两次直白沟冰崩泥石流事件，堵江后造成水位壅高。

　　1984 年以前发生过大规模堵江事件，后从左侧自然漫顶过流。

　　1984～2013 年间，处于相对稳定状态，未发生大规模堵江事件。

　　2014 年，色东普沟冰崩造成大规模堵江事件，堰塞坝不断累积，后从左侧自然漫顶过流。

　　2014～2016 年，色东普沟碎屑流活动较少，未出现大规模堵江情况。卫星影像显示，色东普沟口一直存在历史堵江残留体，两侧过流，左侧为主，中间形成江心滩（图 7.28）。

　　2017 年 10 月 22 日，色东普沟口再次出现堵江，崩滑冲击过程曾引起强烈地面震动，水位上涨约 30m 后，坝体自然溃决。

　　2017 年 10 月 27 日—11 月 3 日，色东普沟再次发生滑坡–碎屑流事件，但未全面堵江。

　　2017 年 12 月 21 日，色东普沟发生碎屑流，堵塞雅鲁藏布江形成堰塞湖，堵江约 72h。

　　2018 年 1 月，下游德兴水文站观测到水流量骤降骤升过程，显示有新的堵江事件发生。

　　2018 年 7 月上旬，色东普沟发生碎屑流，形成轻微堵江。

　　2018 年 10 月 17 日、29 日，色东普沟先后两次崩滑–碎屑流堵江，形成堰塞湖（图 7.29）。10 月 17 日堵江发生前，雅鲁藏布江色东普段三分之二的河道处于堰塞状态。

　　总之，色东普沟域历史上多次发生冰崩–岩崩–滑坡–碎屑流、泥石流堵江事件，不断堆积挤占雅鲁藏布江河道。

图 7.28　色东普沟历史堵江状况
（卫星影像，2016 年 9 月 10 日）

图 7.29　2018 年 10 月 30 日色东普沟
堵江状况卫星影像

7.9.4　区域地质环境

7.9.4.1　地形地貌

雅鲁藏布江两岸多为高山峡谷，色东普沟域地处加拉白垒峰（海拔为 7294m）与南迦巴瓦峰（海拔为 7782m）隔江对峙的咽喉。杨逸畴（1991）认为，雅鲁藏布江大拐弯是适应北东和北西向活动断裂构造发育的，区域隆升速度平均为 2.47mm/a，河流处于侵蚀强烈的幼年期发育阶段。

李吉均等（1979）测算，雅鲁藏布江河源—里孜的上游段（268km）平均坡降为 4.5‰，里孜—派镇的中游段（1293km）平均坡降为 1.2‰，派镇—墨脱的下游段（212km）平均坡降高达 10.3‰（图 7.30）。大拐弯一带河床海拔高度急剧变化，从米林县的 2950m 急降到扎曲（Tsachu）的 1575m，再到墨脱县海拔不足千米，显示了藏东地区快速隆升主导的河谷深切作用。

张沛全等（2008）提出，雅鲁藏布江派镇—墨脱段多处出现冰碛堆积平台及多级阶地，派镇达林村可划分出四级阶地，海拔在 2880~3150m，每级阶地高度为 5~50m。

雅鲁藏布江大峡谷强烈溯源侵蚀一方面起因于构造活动控制的差异抬升，另一方面是冰川大规模活动造成崩滑-碎屑流堵江堆积抬高河道，严重消减了向上游的溯源侵蚀距离，造成该河段短距离的急剧下切。

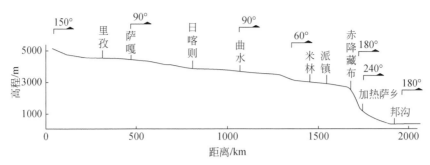

图 7.30　雅鲁藏布江纵剖面（据李吉均等，1979）

7.9.4.2　气候变化

1. 气温变化

1961 年以来，西藏高原年气温平均上升速率为 0.32℃/10a，尤其表现在秋冬两季。1981 年以来升温速率为 0.60℃/10a。气候变化造成普遍性冰川退缩、湖泊面积扩张、冻土深度变浅、植被增加和极端事件（强降水、干旱日数、冰湖溃决）增多。雅鲁藏布江流域 1960~2009 年年平均气温具有显著的上升趋势，升温趋势随海拔升高而增大。

米林县汛期平均气温与 1~10 月平均气温均为线性增长趋势，汛期增速为 0.35℃/10a，1~10 月平均气温增速为 0.39℃/10a，与西藏整体的区域性变暖趋势是一致的（图 7.31）。2017 年以来，米林县平均气温为 11℃，较常年均值偏高 1.1℃；汛期平均气温为 15.2℃（建站以来最高）。

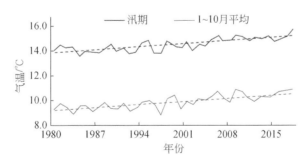

图 7.31　1980~2018 年米林县平均气温变化趋势

2. 降水量变化

1961 年以来，西藏高原降水量呈增加趋势，平均增速为 7.25mm/10a。1981 年以来降水量增加速率为 13.91mm/10a，但 1991 年以来降水量增速减小到 3.98mm/10a。雅鲁藏布江 1960~2009 年间流域降水变化趋势不显著。

2017 年米林县降水偏多，比 2016 年多近 30%。2018 年 1~10 月，米林县降水总量为 503.7mm，汛期降水量为 403.9mm。2018 年与历年同期相比，1~10 月降水量偏少 27%，汛期降水量偏少 26%。总体上，米林县历年汛期降水量和 1~10 月降水量均呈微弱减少趋势（图 7.32）。

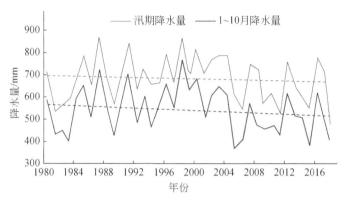

图 7.32　1980~2018 年米林县降水量变化趋势

色东普沟域 2018 年 10 月 26 日—10 月 29 日发生强降水。色东普沟周围三个气象站显示，2018 年 10 月 17 日冰崩–碎屑流之前的 2~4 日出现过集中降水。GF-4 号遥感影像显示，2018 年 10 月 30 日前可能出现过大范围集中降水。

7.9.4.3　地层岩性

区域地层主要由元古宇南迦巴瓦群构成，岩性主要为片岩、片麻岩、变粒岩、混合岩等，多呈互层状，是易崩易滑地层，在冰川侵蚀和冻融风化作用下极易破碎（黄文星等，2013；图 7.33）。色东普沟分水岭地带常年冰雪覆盖，多条分支冰川活动造成沟谷深切，

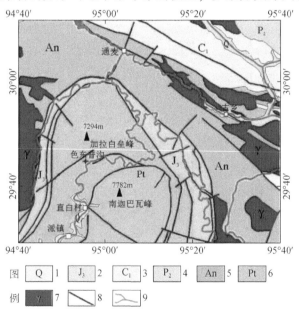

图 7.33　色东普沟区域地质简图（据黄文星等，2013，简化）

1. 第四纪堆积物；2. 上侏罗统混杂岩；3. 下石炭统板岩、千枚岩；4. 中二叠统石灰岩、砂质板岩；
5. 前震旦系变粒岩、片麻岩；6. 元古宇大理岩、片麻岩；7. 中新统花岗岩；8. 断层；9. 河流

谷坡陡峻，冰碛物丰富。加拉村以上河段高程 2950~3150m 间多处分布古堰塞湖相沉积，具有明显的沉积层理。在垂向剖面上，粉质黏土层具有多层结构，总体上沿河床纵向分布的连续性差异较大，厚度不一。

7.9.4.4　区域构造活动

雅鲁藏布江大拐弯地处印度板块与欧亚板块碰撞形成的"东喜马拉雅构造结"，是挤压、旋转走滑和隆升的强烈地壳活动区（图 7.34）。

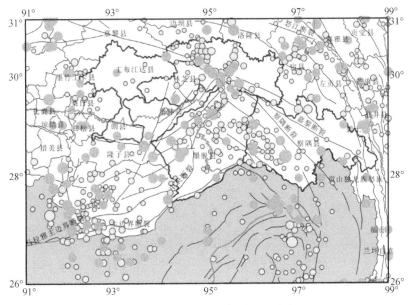

图 7.34　林芝地区及邻域地震分布

红线区. 林芝地区范围；黑色圆点. M_S 5 级以上地震；黄色圆点. 1970 年以来 M_S 3~5 级地震

区内主要发育北东向的墨脱断裂、米林断裂、里龙断裂和北西向的嘉黎断裂、察隅断裂、阿帕隆断裂、雅鲁藏布江断裂等。断裂相互切割贯通导致山体表面碎裂化。米林断裂沿雅鲁藏布江北东向分布，左行运动且北西盘上升。色东普沟域位于断层上盘，地震作用下断层上盘作用效应显著。大陆动力学研究显示，喜马拉雅和藏南的挤压构造应力顺时针绕过喜马拉雅东构造结向青藏高原东南部转换（许志琴等，2016）。晚更新世以来，围绕东喜马拉雅构造结弧形旋扭构造及其相邻区域的川青地块运动趋势也为 GPS 测量结果所证实（张岳桥和李海友，2016）。

7.9.4.5　地震活动

林芝地区 1900~1970 年间的地震数据缺失多，1970 年建成地震台网后数据相对全面系统。区域地震活动时间、空间和强度具有一定规律性。

（1）M_S 5 级以上地震主要集中于中部，西部的工布江达、东部的察隅与波密邻接区域相对较少。

（2）1900 年以来记录 M_S 5 级以上地震 109 次，其中，5~6 级地震 90 次，6~7 级地震 16 次, 7 ~ 8 级地震 2 次, 8 级以上地震 1 次。中强地震活动具有一定的阶段性。1930 ~ 1970 年期间是主要活跃期, 1980 年以来进入另一活跃期 (图 7.35)。以五年时间间隔统计, 地震频次高峰出现在 1955 年、1980 ~ 1995 和 2010 年以来三个时段, 目前处于地震活跃期 (图 7.36)。

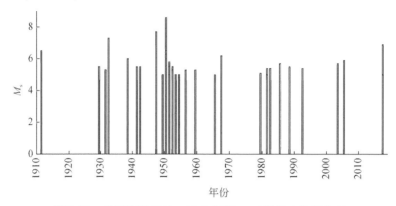

图 7.35　林芝地区 1900 ~ 2018 年间 M_S 5 级以上地震分布

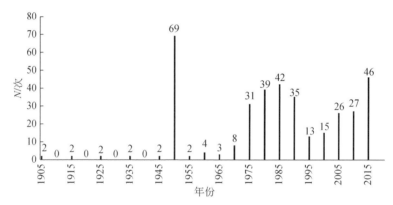

图 7.36　林芝地区五年间距的地震次数统计

(3) 1970 年以来中小地震活动频繁, 共发生 M_S 3 级以上地震 282 次, 其中, 3 ~ 4 级地震 156 次, 4 ~ 5 级地震 100 次, 5 ~ 6 级地震 24 次, 6 级以上地震 2 次。最大地震为 2017 年 11 月 18 日发生的林芝 M_S 6.9 级地震。

(4) 地震类型主要为主震-余震型, 主震发生突然, 后续余震频繁。1932 年 8 月 14 日的林芝米瑞 M_S 7.3 级地震、1947 年 7 月 29 日朗县东南 M_S 7.7 级地震和 1950 年 8 月 15 日的墨脱 M_S 8.6 级地震三次大震后都有数十次 4 级以上余震发生。

根据 Gutenberg-Richter (1942) 公式:

$$\lg N = a - bM_S \tag{7.13}$$

式中, N 为某级别以上地震频数; M_S 为地震震级, a、b 为待定参数。

统计分析 1900 年以来 M_S 5 级以上地震震级-频数关系, 得到 $a = 5.4424$, $b = 0.6914$, 相关系数 $R^2 = 0.989$ (图 7.37)。统计分析 1970 年以来 M_S 3 级以上地震震级-频数关系, 得到 $a = 4.77654$, $b = 0.7133$, 相关系数 $R^2 = 0.9456$ (图 7.38)。

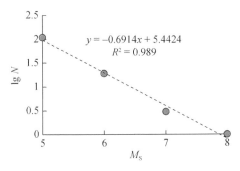

图 7.37　林芝 1900 年以来 M_S 5 级以上地震震级–频数关系

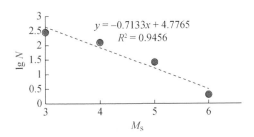

图 7.38　林芝 1970 以来 M_S 3 级以上地震震级–频数关系

　　林芝地区 M_S 3 级以上和 M_S 5 级以上地震 b 值比较接近，均在 0.7 左右。b 值较高反映了该地区强震–余震型的特点，强烈的中强震活动背景和区域应力集中状态，也反映了该区域内动力控制区域地貌演化、外动力作用活跃的特点（傅征祥等，2008）。另外，b 值反映了区域地震活动序列的差异性，同时具有分数维或分形几何意义。

7.9.4.6　冰川活动

　　色东普沟上游发育 12 条分支冰川，冰裂隙发育，冰川下端消融强烈。根据多期卫星遥感数据分析，1970 年色东普沟上游冰川尚为一整体，1984 年后冰川整体退化趋势明显，冰融线急剧上升，原来连成一片的冰川变得支离破碎。1977 年与 2018 年卫星影像对比分析，色东普沟域冰川退缩面积达 15.67km²，退缩率为 45.46%（童立强等，2018）。

　　ALOS-2 雷达数据表明，2017 年 6 ~ 11 月，色东普沟主冰川形变明显增大，2017 年 12 月 21 日至 2018 年 1 月 22 日期间运动约 170m。

　　林芝 M_S 6.9 级地震后数月内（2017 年 11 月—2018 年 3 月），色东普沟主冰川形变进一步加剧，中部形变明显高于其他区域，说明地震作用滞后效应明显。2018 年 10 月 17 日，色东普沟域 9 号冰川发生断裂，估算冰川断裂体积约 $2000 \times 10^4 \text{m}^3$。部分冰川崩落对下方的冰碛物和崩滑堆积造成强烈冲击，成为大规模滑坡–碎屑流启动的初始动力。

7.9.4.7　沿江地质灾害

　　色东普沟以上至米林县派镇 45km 范围内，查明 20 处地质灾害风险点，包括泥石流

10 处、滑坡 6 处、崩塌 4 处，危害较大的主要有加拉村南侧泥石流、直白村泥石流、格嘎村南侧坡面泥石流、格嘎大桥泥石流和格嘎村东侧滑坡等。色东普沟以下到墨脱 100km 范围内查明 25 处地质灾害风险点，包括崩塌 7 处、滑坡 9 处、泥石流 9 处。

7.9.5 第四纪地质环境演变

7.9.5.1 区域现代冰川作用

图 7.39 显示，加拉白垒峰下的色东普沟冰川和南迦巴瓦峰下的则隆弄冰川是影响雅鲁藏布江河谷发育演化及堵江堰塞的两条最主要冰川。派镇至墨脱江段多处出现跌水-激流-涌浪，证明历史上该江段发生过多期不同程度的壅堵。

图 7.39 色东普沟域与雅鲁藏布江上下游地貌景观

则隆弄冰川位于雅鲁藏布江大峡谷入口右岸，南迦巴瓦峰西北坡，直白村后山，上游邻近格嘎村，是一条大型海洋性冰川。则隆弄冰川在 1950 年 8 月 15 日、1968 年 9 月 2 日和 1984 年 4 月 13 日先后三次大规模跃动，前两次冰川泥石流堵江形成短暂的堰塞湖，摧毁了直白村（张文敬，1985；张沛全等，2008）。

李吉均等（1979）提出，海洋性冰川能够实现冰雪增加与消融平衡。西藏东南部年降水量达 2500mm，是西部大陆冰川的 5 ~ 10 倍，气温变化引起的消融速度是西部大陆冰川的 3 ~ 10 倍。降水导致冰川消融，融水会在冰舌下形成伏流、冰下河或涌泉。冰川融水的暖渗浸与重压重结晶成冰作用使冰温接近融点，冷储少，冰川运动速度快。藏东冰川每年运动达 300 ~ 400m，是西部大陆冰川的 3 ~ 4 倍。

屈永平等（2015）发现，林芝地区冰碛物有效粒径启动时的降水强度与温度变化成反比例关系。当温度升高时，冰川活动的临界降水强度则会减小。当降水强度增大时，冰碛物起动的温度会降低。冀琴（2018）分析大气降水随山体海拔分布的特征后发现，5200 ~ 5600m 可能是喜马拉雅山"第二大降水带"。

7.9.5.2　第四纪冰川活动

雅鲁藏布江大峡谷入口段的则隆弄冰川是该河段河谷演化的关键因素，现今的地貌格局是有着地质历史渊源的。第四纪时期，则隆弄冰川曾发生四次较大的冰川跃动形成堰塞湖事件，并遗留了湖相沉积物。

雅鲁藏布江格嘎—加拉江段，广泛分布则隆弄冰川在末次冰期活动期间堆积的巨厚冰碛层，地表可见厚度一般大于 250m，最大可达 600m 以上，在现代河床以下厚度大于 200m，反映了多次基岩深切又被崩滑堆积物填满的历史。巨厚的冰碛物被雅鲁藏布江切割改造后在两岸形成不同高程的冰碛台地。则隆弄冰川形成的冰碛平台的海拔分别为 3800m、3500 ~ 3600m、3200m 和 2950m（王毅等，2015）。

张振拴（1988）提出，雅鲁藏布大峡谷区域冰川变化可分为距今 25 ~ 10ka 的末次冰期、距今 10 ~ 3.5ka 的新冰期和距今 0.4 ~ 0.2ka 的小冰期。新冰期时温度比现今低了 0.5 ~ 1.6℃，但对冰川活动作用有限，大规模冰川发育主要起因于固态降水量增加。

朗县至米林派镇河段两岸广泛分布的湖相沉积层中存在大量变形现象，被认为主要与重力作用有关，个别变形与地震作用有关（王毅和张运达，2015）。李翠平等（2015）认为，玉松–加拉河段在末次冰期以来至少出现三期古堰塞湖事件，主要是则隆弄冰川多次冰崩堵江形成的，Ai-Be 法定年分别为 7 ~ 9ka、20 ~ 30ka 和大于 40ka。

则隆弄冰川活动多次堵江，新近堆积物的 ^{14}C 测年显示第 2 次、第 3 次和第 4 次堵江堰塞分别发生在 11300 ~ 9760a B. P.，1660±40 ~ 1220±40a B. P. 和 394±93 ~ 287±83a B. P.（刘宇平等，2006）。堵江堰塞坝溃决后，释放突发性洪水对下游的雅鲁藏布大峡谷河段及区域环境产生巨大影响。

显然，雅鲁藏布江大拐弯地段自晚更新世以来新构造活动与冰川作用就是强烈的。可以预见，该地区也会成为支撑"人类世"地球表层系统变化研究的典型地区（杨宗喜，2017）。

7.9.6　崩滑-碎屑流成因分析

1. 气候变化

数十年来，崩滑-碎屑流多发生在月均温度高、日均温度变化大的时间段。色东普沟域位于阳坡，日夜温差大，冰雪融水增加，冰川破裂退缩，物理风化加剧，坡面水动力作用强烈，冻融作用为冰碛物长期饱水液化、蠕动、流动提供条件，形成高含水的滑坡-碎屑流或冻融泥石流。

色东普沟近年来降水量增加，冰川裂隙渗流增加冰川底部静水压力，降低了底部摩擦力，导致冰川易发生垮塌。冰崩冲击使冰碛物底部渗流滑动作用更易于发生。

2. 冰川活动

色东普沟冰川活动是沟谷发育塑造的主要因素。冰川融水渗流在冰碛物底部形成伏流，渗流突然释放会形成潜在冲击水流。冰川融水能够形成湿性的松散堆积物补给源，冰川释放内部积存的融水导致冰川跃动和冻融垮塌（Shangguan et al., 2017）。

3. 地质构造与地震活动

区域构造活动强烈，新构造抬升显著，剥蚀作用增强，控制了河流方向，河谷纵坡降急剧转折，形成地势高耸、峡谷深切、沟源刃脊、冰斗等高陡临空的冰蚀地貌，加剧沟谷底部及两侧的冲刷掏蚀。片麻岩等构造破碎严重，抗侵蚀冲击能力差。地震活动频繁，地震作用损伤破裂及滞后效应加剧冰川和山体破坏。

4. 堵江累积效应

沟源区多次崩滑堆积贮存丰富的冰碛物，新的崩塌容易冲击激发冰碛物解体，碎屑流冲击铲刮沿途早期崩滑堆积物，形成多发的"零存整取"或"即存即取"效应。在一次冰崩碎屑流发生后，后期的冰雪融水直接暴露，会形成小规模的冰川泥石流。崩滑碎屑流或泥石流冲入雅鲁藏布江河道形成堰塞坝，自然漫流拉槽只疏通了部分河道，多次碎屑流的冲入形成"累积效应"，会使堰塞堵江日趋严重或频繁。

5. 灾害链模式

雅鲁藏布江堰塞湖形成后，会淹没上游，浸泡掏蚀岸坡造成坍塌。堰塞湖泄流时，上游快速水位消落引起岸坡失稳，高位山洪泥石流会危害下游沿江桥梁、村落和工程设施。

总之，色东普沟域冰崩岩崩—滑坡—碎屑流、泥石流—堵江堰塞湖是构造抬升、断裂活动、地震作用、岩体破碎、气温变化、降雨降雪、冰川活动和侵蚀剥蚀等多种因素综合作用的结果，整个过程是一个崩塌—滑坡—碎屑流—堵江—溃决洪水灾害链。

7.9.7　未来趋势预测

由于缺乏精细化资料，色东普沟冰崩–滑坡–碎屑流未来趋势主要依据气温变化、降水和地震作用进行初步研判。

7.9.7.1　冰崩碎屑流的引发条件

1. 温度变化

色东普沟崩滑–碎屑流的起动与区域气温变化关系密切。胡桂胜等（2011）统计分析，林芝地区可能引起冰川泥石流暴发的温差变化区间为 $4.3 \sim 10.7$℃。李鸿连等（1994）研究认为，海洋性冰川急剧消融引发泥石流的日平均气温下限为 5℃，大陆性冰川为 9℃。

色东普沟域崩滑灾害事件的启动温度远高于海洋性冰川活动的日平均气温下限，也证明其是崩滑冲击下的碎屑流活动，不是一般的冰融泥石流。当林芝地区汛期平均气温超过 15℃，米林县派镇汛期平均气温超过 13℃ 时，色东普沟域发生崩滑–碎屑流并堵江的可能性大。

2. 降雨影响

降雨会导致冰川融水量和地下径流量增加。胡桂胜等（2011）提出，林芝地区 10 分钟降雨量为 $0.2 \sim 2$mm、1h 降雨量为 $0.8 \sim 6.3$mm 或 24h 降雨量为 $3 \sim 19.4$mm 时就可能暴发泥石流，但降雨临界范围较宽，下限显得过低。屈永平等（2015）认为，无降雨时冰川泥石流的起动温差为 1.35℃，融雪的降雨强度为 $0.01 \sim 0.015$mm/h。

综合考虑色东普沟域冰碛物贮存、冰川崩塌规模及碎屑物运动等因素，10 分钟降雨量超过 3mm、1h 降雨量超过 5mm 或 24h 降雨量超过 10mm 时，色东普沟域可能发生崩滑–碎屑流。

3. 地震作用

地震活动及其在陡峻地形上部的放大效应会引发沟源区冰崩、岩崩，破坏冰碛物的完整性，且具有滞后效应。1950 年墨脱地震和 2017 年林芝地震后，均发生过多次冰崩–碎屑流事件。初步统计，色东普沟域受到地震烈度接近Ⅷ度影响或地震 PGA 高于 $0.18g$ 时，引发冰崩–碎屑流事件的可能性很大。

7.9.7.2　崩塌–碎屑流规模预测

1. 预测依据

基于冰川形态特征，综合考虑坡向、坡度、面积、冰川裂隙和高程差等要素，设置了基本的评分标准、要素权重和评分标准，采用专家评分法研判评估了色东普、则隆弄和朗加堡三个沟域的冰崩危险性，具体评估依据见表 7.5。

表7.5　冰川危险性评估要素及评分依据

要素	评分标准	权重	评分依据
坡向	120°~240°为1分（北向为0°），其余方向为0.5分	0.25	阳坡温度高，冰川运动和消融速度快，岩石物理风化严重
坡度	大于35°为1分，小于35°为0.5分	0.15	坡度较陡，冰川下滑力增大，更易发生垮塌
面积	大于1km²为1分，小于1km²为0.5分	0.25	面积大冰川发生垮塌可能性增大，危害严重
裂隙	大于10条为1分，小于10条为0.5分	0.10	裂隙较多冰川不稳定性增加，破坏可能性增大
坡降	大于0.6为1分，小于0.6为0.5分	0.10	坡降较大冰川下滑可能性增大，不稳定性增加
高差	大于1200m为1分，小于1200m为0.5分	0.10	高差大冰川覆盖斜坡陡度增加，不利于稳定
高程	小于4400m为1分，大于4400m为0.5分	0.05	低高程地带温度较高，冰川不稳定性增大

2. 预测结果

图7.40显示了评估预测结果。

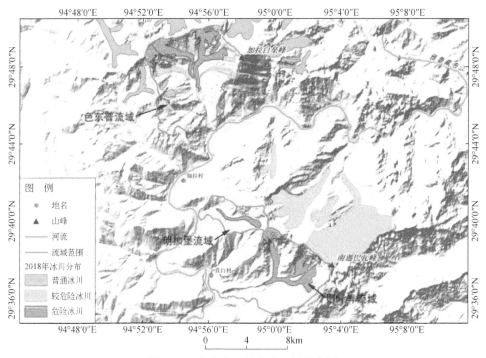

图7.40　色东普沟域危险冰川分布图

（1）色东普沟域主要有12条支沟冰川，其中，5、6、7、9、10号支沟冰川的崩塌危险系数超过0.8，规模在$500\times10^4\sim1800\times10^4\mathrm{m}^3$；1、4、8、11、12号支沟冰川的崩塌危险系数在0.5~0.8，规模在$500\times10^4\sim2000\times10^4\mathrm{m}^3$；2、3号支沟冰川的崩塌危险系数低于0.5，规模分别为$500\times10^4\mathrm{m}^3$和$700\times10^4\mathrm{m}^3$。色东普沟域崩滑-碎屑流主要冲击堵塞雅鲁藏布江。

（2）则隆弄冰川的1、2号支沟冰川崩塌危险较大，估算规模分别为$400\times10^4\mathrm{m}^3$和

$3500 \times 10^4 \mathrm{m}^3$；3、4 号支沟冰川崩塌危险性一般，估算体积分别为 $500 \times 10^4 \mathrm{m}^3$ 和 $1700 \times 10^4 \mathrm{m}^3$。则隆弄冰川崩滑-碎屑流主要威胁沟口的直白村和大峡谷游客中心。

（3）朗加堡沟域内发育一条冰川，冰川厚度小，估算规模为 $600 \times 10^4 \mathrm{m}^3$，危险系数为 0.8。朗加堡沟域崩滑-碎屑流具有威胁雅鲁藏布江的可能性。

7.9.8　结论与对策建议

7.9.8.1　基本结论

（1）色东普沟域冰川冻融引发冰崩—岩崩—冰碛物滑坡—碎屑流—堵江—堰塞湖—溃决洪水灾害链，是特殊的地形地貌、地质结构、气候环境（气温、降雨、降雪）、冰川运动和地震构造活动等综合作用下形成的。

（2）在相当长的时期内，色东普沟域崩滑-碎屑流-堵江事件仍会保持频发多发态势。米林县派镇汛期平均气温超过 13℃、派镇区域 10 分钟降雨量超过 3mm、1h 降雨量超过 5mm、24h 降雨量超过 10mm 或地震 PGA 高于 0.18g 或烈度达到Ⅷ度时，很可能引发崩滑-碎屑流事件。

（3）崩滑-碎屑流的组成物质以碎石土为主，含少量冰雪，容易渗透变形。当堰塞坝前水位升高至坝顶面后，一般会漫顶冲刷，自然泄洪，快速恢复到事前水位。

7.9.8.2　防治对策

（1）认识自然，尊重自然，适应自然，雅鲁藏布江流域自然资源能源开发利用要充分考虑色东普沟域崩滑-碎屑流频发多发态势；

（2）对色东普沟域崩滑-碎屑流的基本应对策略是监测预警，全面避让，局部整治；

（3）适当疏浚清理河道，减轻雅鲁藏布江色东普段多次堵江堰塞的"累积效应"；

（4）建立完善当地政府、工程企业、居民、旅游业与科学技术防灾减灾决策支撑的协同工作机制（平台）。

7.9.8.3　防治建议

（1）开展雅鲁藏布江及类似地区崩塌滑坡-碎屑流、泥石流堵江灾害链风险调查评价工作；

（2）基于天空地一体化技术装备实施综合监测，冰川、气象、水文、地质和地震数据共享，开展重点区段崩塌滑坡-碎屑流、泥石流堵江灾害链监测预警工作，为防灾减灾提供依据；

（3）开展大江大河崩塌滑坡-碎屑流堵江类型及成因规律研究；

（4）开展大江大河崩塌滑坡-碎屑流堵江防治工程可行性研究；

（5）开展崩塌滑坡-碎屑流堵江堰塞湖应急处置方法分类研究，为制定不同类型堵江堰塞坝的应对方案提供依据。

第 8 章　地质安全与生态文明

地质安全是生态文明的基础，是生态文明建设的下垫面。从人类社会与地质环境关系的历史演进看问题，人类经历了只是自然环境的一部分的"本我"阶段，试图改造自然的"自我"阶段和正在探索尊重自然、顺应自然的"超我"阶段。在实际行动中，逐渐摸索着维护地质环境安全、开展地质灾害防治和建设生态文明"三位一体"的工作。

可持续的生态文明建设要求人居环境、工程环境和生态环境的地质基础是安全的。地质安全的研究内容包括地质构成及其活动性、外界因素、致灾体特征、承灾体脆弱性、遭遇风险及其调控可能性等，地质灾害风险评估与调控的目的是要"以人为本"，但工作内容必须坚持以研究斜坡的初始条件、边界条件和引发因素变化为本，才能走向预则立，不预则废。

8.1　基 本 认 知

人类安全涉及区域自然环境、人文历史、经济增长空间需求和自然灾害风险等要素的综合考量。生存安全是人类的最基本需求。地质环境安全是生存安全的最基本层面，实现地质环境安全必须研究人居与工程设施的地质环境安全性或地质环境变化的可接受性。

地质环境安全性是指因区域地质环境变异而产生的对人类社会活动环境构成安全威胁，或建设工程所在地质环境安全状态及未来发生地质不安全事件或地质灾害的可能性，具体包括区域地质环境安全性、场址地质环境安全性和工程地基的地质安全性等。追求地质环境安全的正确策略是既研究与防灾减灾相关的地质环境问题，也研究与地质环境相关的防灾减灾问题（刘传正等，2006e）。

地质环境类型蕴含着地质环境安全的基本属性或孕育地质灾害的潜在内因，也关系到地质环境安全评估范围的确定与评估工作内容及工作量。地质环境类型是根据地质环境条件组合确定的，如高山峡谷地质构造活动型、中低山相对稳定型、断陷盆地型、冲积平原型、河口三角洲型。地质环境条件包括区域气候特征、地表水文系统、地形地貌、地层与岩土性质、地下水活动状况和地质构造及其活动性。地质环境安全的现状评估和预测评估应根据地质环境类型具体确定，以已发生或可能发生的所有地质灾害为主要对象，充分考虑人类社会活动方式、强度遭遇或引发地质灾害的可能性，不能出现评估范围控制不到或遗漏地质不安全因素的问题。

从灾害风险看问题，没有风险是不可能的，完全消除风险也是不现实的。人类社会应对地质灾害常常表现为科学认识不够、财力不足、不值得、技术不可行或缺乏可靠性，合适的选择是一般情况（因素）下与风险共存或有限调控，而超常情况（因素）下能够避险而不致遭受不可接受的危害。为了避免或减轻"灾后忙"的局面，应认真思考论证是"以灾害论防治"，还是从地质本原出发寻求人居环境与建设工程的地质环境安全。正确的道路应该是地质灾害防治与地质环境可持续利用并重，将保护地质环境和防治地质灾害有机结合，树立持续利用地质环境的科学观，方能达到避免或减轻地质灾害的目的（刘传正等，2006e）。

承载力在生态学领域被定义为"某一生境所能支持的某一物种的最大数量"。资源环境承载力是指在一定时间和空间范围内，维持区域可持续发展需要的资源量和环境功能具有稳定供应的能力，即区域资源环境系统能够承受人类社会经济活动的合理需求。区域资源环境承载力分析实质上就是寻求在特定时空条件下区域资源环境系统满足社会经济活动的基本要素、功能结构和完善的方法，并评价资源环境的适宜程度。资源环境承载力评价一般涉及自然资源供给（水资源、土地资源、矿产资源、生物资源）、社会发展需求（农业、工业、能源、人口、交通、通信）和生态环境要素（基于空气、水体、土壤和植被的净化能力）。

为了寻求资源供给、社会需求和生态平衡的良性关系，使生态文明建设逐渐融入人类社会生活之中，资源环境承载能力监测预警规范化、常态化、制度化将成为一种公共活动，以保证资源环境的使用不致超载甚至恶化，充分认识毁林开荒导致植被损毁、动物灭绝、生态退化和水土流失，地表切坡、地下开挖、填方堆载、水库运营、灌溉渗流和爆破振动必然加剧地质灾害形势。

生态文明建设的提出反映了人类的自我觉醒，是人类社会发展与自然关系达到了一个新阶段。人类社会不同阶段向自然索取的程度、时空、性质和时空隔离的程度不同，导致生态恢复的难度也不同。原始社会主要体现为原生生态、原生有机活动和原生有机交换，经过奴隶社会、封建社会，特别是资本主义社会对经济的无限制追求，跨时空、无节制的无机交换、有机交换快速发展，生态净化能力逐渐不能满足自然恢复的需要以致产生不同程度的生态问题。

自然环境不能自我净化人类获取资源造成的损伤，迫使人类不得不自我克制、自觉退让，主动遏制生态恶化的趋向，科技理性应更加主动服务于生态理性而不是经济理性。坚持以"人类尺度"来认识生态环境问题，要求为生态环境保护运动提供正确的导向，使人类社会人格结构由本我向自我，自我向超我发展转化以实现致善，也是人类需求从生理、安全、社交需求向尊重和自我实现递升的表现。

人类索取超过自然生产的极限就会出现新陈代谢断裂，所以，城镇化应该是有限度的！自然界自我净化能力不足将迫使人类自我克制、自觉退让、主动恢复，全面提升人的生态文明素质，建立生态伦理制度体系。

8.2　城镇建设与地质环境

8.2.1　引言

城镇作为人流、物流、信息流的集中地和交换节点，需要建设、运行和生态三个层面的安全保障。城镇化需要地质环境安全，城镇建设需要地质工作先行。

在需求层面，城镇社会、工程企业和公共管理需要正确认识、处理人与自然的关系，尤其在地质灾害易发多发地区开展新农村建设、居民点搬迁和城镇规划建设过程中，要选择安全地带，注意地质灾害治理与造地改良环境相结合，注意城镇化的适度问题。

作为"城镇人"，需要对自己所处的地质环境培育正确的认知，政府与社会的行为要与经济社会发展阶段相适应，要处理好政府、企业、社会和公众等层次的责任分担问题。由于政治经济、社会人文和历史沿革的差异，不同人居区域及其所处地质环境类型会面临不同的地质安全问题，也就需要自觉地针对各自的问题研究正确的应对策略。

由于缺乏正确的自我认知，盲目追求所谓"发展"或快速城镇化，城镇建设自然会出现事倍功半或陷入困境。地质灾害调查评价与风险区划服务土地开发利用、城镇安居、工程建设和社会保险，是现代"城镇人"必须树立的科学理念。

城镇建设的地质环境安全主要受控于地质环境变化，地质环境变化主要体现为边界条件、初始条件和激发条件的变化（刘传正，2005；刘传正和刘艳辉，2012）。地质环境变化会导致地质块体或单元发生物理力学意义上的失衡破坏，形成地质安全风险，直至引发地质灾害。城镇化需要地质环境安全作保障，城镇建设需要地质工作先行。

例如，滑坡灾害的边界条件包括地形高差、坡度、微地貌效应、地质体完整性及其所处褶皱构造部位、断层上下盘关系等，这些条件控制地质体的分割面、表面或交界面的特性，决定了地质力学模型中跨越不连续边界处的渗流场、应力场的性质。初始条件及其改变主要涉及岩土的含水状态、物理、水理和力学性质，地下水的性质和静、动力学平衡条件等，更精细的描述则包括地质体的初始位移量、初始位移速度、位移加速度和初始应力状态等初始变量组合。激发条件的实现一方面依赖于激发因素的位置、时机、强度、周期和持续时间等，另一方面也与地质体的边界条件与初始条件对外界激发作用的敏感性密切相关。例如，台风暴雨会激发大面积的群发性坡面泥石流，持续降雨会孕育激发大滑坡的发生，大幅度的水库水位涨落对顺层斜坡或松散堆积体失稳会产生强烈的激发作用，而强烈地震，特别是能够产生地震波放大效应的区域或地段则可能会激发大型山崩或顺层大滑坡。

不同的主导激发因素可能形成不同的灾害链式反应。地震作用引发山体破坏—堵塞河道—溃决洪水泥石流—冲淤作用—损毁土地、村镇及工程设施等链式灾害；台风-强降雨作用引发山体破坏—堵塞河道—溃决洪水泥石流—冲淤作用—损毁土地、村镇及工程设施等链式灾害；不合理的人类活动引发山体破坏—堵塞河道—溃决洪水泥石流—冲淤作用—损毁土地、村镇及工程设施等链式灾害。

8.2.2　城镇建设地质环境利用误区

初步考察我国部分城镇的地质环境利用过程，可以把城镇建设过程中地质环境开发利用的认识误区或失误划分为四种类型，即理念误导型、主观蛮干型、盲目扩张型和被动应对型（刘传正，2015c）。

8.2.2.1　理念误导型

理念误导型，不是根据地质环境条件进行规划建设，没有把地质工作作为土地利用规划的先导，而是"围绕工程需要搞地质"，工程规划建设到哪里，地质工作就部署到哪里，完全违背科学技术认知规律和基本建设程序。三峡库区巴东县新城区规划建设"三次选址，两次搬迁"，源于地质工作总体上走了一条被动应对，跟着工程需要搞地质，而不是根据地质环境条件进行科学规划（刘传正等，2007）。

1982 年，巴东县新城址选定黄土坡一带并陆续开始建设。1988 年勘察确认该地段存在巨型古滑坡（黄土坡滑坡）而重新选址。1992 年，第二次选址将巴东县城中心区规划在云沱，勘察后认为云沱地段存在"异常地质体"（赵树岭滑坡）而迫使巴东新城建设总体规划第二次变更。1996 年，第三次选址把巴东县政府机关建设中心定在西瀼坡。2002 年，即开始移民迁建 20 年后，又提出了巴东顺层大斜坡会否发生"意大利瓦伊昂式滑坡灾难"的担忧（刘传正，2015c）。

前后历经二十多年的建设与变更，巴东县新城区自东向西逐渐形成黄土坡、大坪、白土坡、云沱和西瀼坡五个小区，沿江展布在长约 8km、宽约 1km 的狭长区域内，分别对应着巴东大斜坡上四条冲沟分割的五个斜坡单元，总面积约 17.5km^2。

巴东县新城区先后开展多次 1∶1 万、1∶5000、1∶2000 比例尺的工程地质调查工作，虽然部分工作覆盖了整个扇形斜坡区，但工作的先行性、空间精度和认识深度不足以提出限制地质环境开发的基本要求，不能支撑建设规划的编制或限制建设规划的随意性。存在的主要问题是：①规划选址阶段工程地质调查研究滞后，未能超前服务于移民工程建设；②对已发现的古滑坡体重复性调查、考察或局部性研究工作较多，全面系统的分析论证不够；③在科学观念上局限于就滑坡论滑坡，没有或很少考虑整个巴东复杂斜坡系统的分布、结构、演化及稳定性；④缺乏区域系统性或整体论的思想指导，建设过程中遇到滑坡灾害或地质风险就引起震惊。

2005 年，作者通过分析前人资料和现场野外调查，编制了巴东斜坡区工程地质图并分区评价。巴东斜坡区发育滑坡 20 余处，黄土坡滑坡和赵树岭滑坡为巨型滑坡，其他为大、中型滑坡（图 8.1）。

研究发现，巴东县新城区所在的扇形大斜坡是一个复杂斜坡系统，是在官渡口-东瀼口向斜南翼（单斜山）的地质背景下，持续经受长江快速侵蚀下切作用，河谷岸坡快速临空导致其自身重力产生强烈的侧向卸荷与滑移等浅表生地质改造作用过程而形成的。巴东大斜坡可划分表层崩塌滑坡成因为主的堆积层、冲沟分割且浅表生地质形迹发育的层状顺倾的中间基岩层和整体连续顺倾的深层基岩层三个层次。数值模拟发现，在长江侵蚀下切的不同阶段，巴东斜坡体前缘和后缘接近底界面位置塑性变形区分布集中，但不具备沿深层界面发生整体滑动剪出的可能性（刘传正等，2006a）。另外，专门开展了巴东斜坡区工程地质环境质量评价、功能区划、工程容量评价和地质灾害风险区划（刘传正等，2006b）。

8.2.2.2 主观蛮干型

主观蛮干型，不尊重科学知识，不懂得山体斜坡的自然稳定性是长期形成并逐渐休止的，不顾地质环境条件而随意扩大城镇建设场址，凭主观意志就决定开挖斜坡，不进行预加固可行性论证或实施预加固，招致重大滑坡险情甚至灾难的情形。

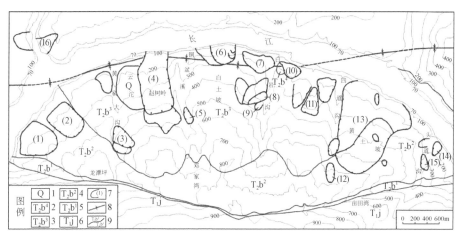

图 8.1　巴东斜坡区工程地质图

1. 第四系；2. 三叠系巴东组第四段；3. 三叠系巴东组第三段；4. 三叠系巴东组第二段；5. 三叠系巴东组第一段；6. 三叠系嘉陵江组；7. 滑坡及编号；8. 向斜构造；9. 地层分界线。（1）童家坪滑坡；（2）西瀼坡西滑坡；（3）谭家湾滑坡；（4）赵树岭滑坡；（5）大岩洞滑坡；（6）榨坊坪滑坡；（7）谭家坪滑坡；（8）花坪滑坡；（9）白岩沟西滑坡；（10）红石包滑坡；（11）凉水溪滑坡；（12）丁家湾滑坡；（13）黄土坡滑坡；（14）三峡教育服务公司滑坡；（15）大园子滑坡；（16）滩坪滑坡

　　四川省丹巴县城后山因切坡建设，导致后山斜坡出现大规模滑坡险情，严重威胁县城主城区的安全，造成社会各界恐慌，花费巨资应急治理。

　　就地质环境安全而论，丹巴县城显然坐落在古滑坡堆积体上，后山斜坡地质安全性本身是脆弱的，是不能随意扩展的（图 8.2）。前缘临河显然挤占了河道，如事先缺少滑坡动态监控，汛期不仅是防范大渡河的洪水问题，也要防范滑坡堆积体的失稳问题。

图 8.2　四川丹巴县城及后山滑坡险情

　　斜坡变形起因于城镇建设不合理开挖坡脚，破坏斜坡的结构和完整性，使原本较陡的斜坡临空面增大，斜坡原有地应力条件发生改变，斜坡坡脚支撑减弱，整个斜坡从前缘向

后山逐次卸荷-拉裂-牵引并渐进发展,形成整体性滑坡险情。

8.2.2.3　盲目扩张型

盲目扩张型,对城镇所处的地质环境条件、地质灾害危险性和风险性缺乏科学认知,随意扩展规划建设区域,占用了山洪泥石流通道,形成重大地质风险或酿成重大灾难,如甘肃省舟曲县城。

1999 年 12 月 16 日,委内瑞拉北部阿维拉山北坡地区多条泥石流暴发,造成下游城镇居民 3 万多人遇难。受太平洋拉尼娜现象的影响,1999 年 12 月委内瑞拉北部阿维拉山区降水异常集中而强烈,12 月 1~17 日迈克蒂亚雨量站记录降雨总量达 1207.0mm,是多年平均年降雨量的 2.3 倍。1999 年 12 月 2~3 日降雨量为 198.5mm,虽未引发明显的泥石流活动,但对斜坡表层岩土起到饱和软化作用。12 月 14 日降雨量为 120.0mm,15 日降雨量为 380.7mm,16 日降雨量为 410.4mm,14~16 日连续三天降雨量达 911.1mm(图 8.3)。16 日晨,持续暴雨引发大量崩塌滑坡堵塞沟谷,最终导致数十条大小沟谷先后暴发山洪泥石流灾害,沿海的六个小城镇基本被摧毁(刘传正,2019c)。

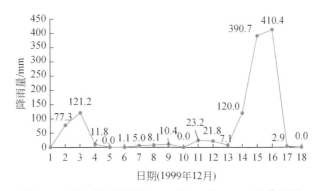

图 8.3　迈克蒂亚雨量站 1999 年 12 月 1~18 日降雨量

1798 年因为人烟稀少,当年的山洪泥石流造成的灾害损失很小。1936 年的航空照片显示,当时阿维拉山北麓沿海的泥石流堆积扇上主要为农田,零星分布的城镇和村庄范围很小,居住在泥石流危险区内的人口很少。1951 年 2 月 15~16 日两日降水总量为225.2mm,使阿维拉山区产生了 200 多处大小滑坡,部分村镇受灾,众多沟谷暴发了泥石流,导致拉瓜伊拉、迈克蒂亚等城镇遭灾,但危害对象主要为农田和少量的城镇与村庄,危害规模不大。20 世纪 90 年代遥感图像显示,阿维拉山北麓泥石流堆积扇上的农田已基本消失,形成密集的城镇、村庄和港口等,人口密度大大增加,是 1999 年 12 月泥石流造成大量人员遇难和巨额财产损失的根本原因。

8.2.2.4　被动应对型

被动应对型,认识到所处地质环境的恶劣态势,但综合防治体系建设滞后,搬迁避让行动拖延,甚至城镇建设继续扩展而陷入更为被动的局面。

重庆市武隆县羊角镇位于乌江中游峡谷的相对宽缓地段,坐落在羊角古老崩滑堆积体上。羊角镇前靠历史崩塌冲入乌江形成的"五里羊角滩",后依地质历史时期形成的崩滑堆积斜坡,远望南山陡崖和危岩带。羊角镇乌江水位汛期影响高程为180.2m,属于长江三峡水库局部淹没的集镇(图8.4)。

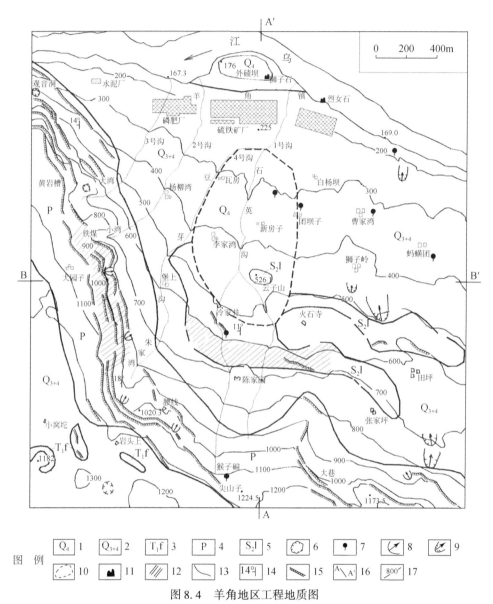

图例　1. Q_4　2. Q_{3+4}　3. T_1f　4. P　5. S_2l　6　7　8　9　10　11　12　13　14. 4°　15　16. A～A　17. 800

图8.4　羊角地区工程地质图

1. 全新世残坡积、冲洪积和崩滑堆积物;2. 全新世与晚更新世冲积物与崩滑堆积物;3. 下三叠统飞仙关组;4. 二叠系;5. 志留系罗惹坪组;6. 岩溶落水洞;7. 下降泉;8. 崩塌;9. 滑坡;10. 云子山崩滑堆积区;11. 崩塌遗留巨石;12. 开裂变形危岩带;13. 地层分界线;14. 地层产状;15. 陡崖带;16. 剖面线;17. 地形等高线(m)

　　1992年,羊角镇被列入三峡水利枢纽建设移民规划,准备搬迁到上游土坎一带,并开展了1:2.5万精度的地质调查选址论证工作,编制了羊角和土坎的微地貌分区图、工程地质图和建筑适宜程度分区图,对该地区地质环境和地质灾害特征形成初步认识(刘传正，2013c）。遗憾的是，直至 2012 年，羊角镇不但没有搬迁，或逐步缩减规模，反而扩展了建设规模，使羊角后山巨大危岩带和滑坡风险威胁的范围更大，陷入地质灾害困境。

羊角大斜坡中后部的云子山由志留系砂页岩组成，是构造单斜山经长期侵蚀后的"残留峰"，不是基岩滑动、变位岩体或滑裂岩体问题。云子山的存在决定了该大斜坡不是一个完整的崩滑堆积大斜坡，不具备大规模整体深层滑动的条件，不存在统一的大滑坡问题（图 8.4）。长期崩滑堆积作用和持续降雨影响，斜坡区多期、多区域的局部蠕动、滑移作用和零星的小规模滑坡是存在的。基本判断是，崩滑堆积物前缘受到 I 级阶地的超覆，说明后山斜坡数千年来没有发生整体性大滑坡（刘传正，2013c）。羊角镇内老建筑和多棵大树的存在，标志着羊角滩地段上百年来未遭受大型崩塌或滑坡的冲击破坏。目前地表未发现涉及整个斜坡的宏观变形破坏迹象，现状条件下斜坡不存在新生的整体性滑坡问题。

羊角镇的地质危险主要来自南山危岩的变形开裂和崩塌，其引发因素主要是南山陡崖地形上的高陡临空、地质结构上节理发育和崖下长期开采煤矿、硫铁矿形成的采空区（刘传正，2013c）。羊角区域地质安全对策包括停止南山陡崖带下的采矿活动，开展监测预警和应急演练，实施地质灾害风险管理，居民点尽快搬迁避让。

令人欣慰的是，2016 年以来，羊角镇居民已逐步搬迁到 1992 年选定的乌江上游约 8km 的土坎新址，脱离了地质灾害困境。

8.2.3　城镇化过程中地质环境科学利用对策

地质工作必须超前于土地利用规划，或者说，地质环境开发利用必须以地质调查评价结论作为依据，特别是地质环境脆弱区的开发应作为关键地带（critical zone）立法限制。规划是上层建筑，地质是安全基础。地质师要力求自己的工作成果科学有据，简明易懂，才能服务到位，实现自我价值，推动减灾文明发展与社会行动。因此，城镇规划建设过程中，地质师与规划师是彼此互馈的伙伴关系，而不是相互疏离或彼此无关。

（1）快速发展的"城镇化运动"必然涉及大规模城镇公共工程、能源工程和交通工程等对地质环境的广泛利用，也就必然广泛地影响地质环境的自然演化进程，使地质环境变化的范围、方式和强度呈现出新的态势，产生具有深远影响的环境地质问题或地质灾害（刘传正，2019c）。开展地质环境安全评价，消除地质灾害风险，指导防洪规划、土地利用规划和城镇建设规划包含足够的防灾减灾考量，如让开河床、河漫滩，自觉疏浚河道和维护行洪区畅通等。

（2）在城镇建设过程中，地质灾害防治与地质环境科学利用是一体两面，主要涉及区域、场址和地基三个尺度的地质安全问题。区域地质环境安全评价要考虑多个斜坡单元或小流域的地质灾害风险区划，场址地质环境安全评价主要考虑所在斜坡单元或单流域的地质灾害风险分析，建筑地基的地质环境安全评价主要考虑地基承载力及工程建设可能引发的地质灾害风险。

（3）建立城镇地质灾害信息管理系统，制定城镇地质灾害应急预案（明确职责分工、危险区、安全区、撤离路线和应急物资储备等），开展防灾减灾社区建设、培训演练和减灾设施管护。工程建设必须考虑安全监测，包括人工堆积边坡地表开裂观测、地面沉降和深部位移监测等，既是工程建设安全要求和防灾需要，也是工程建设效果评定的依据。

（4）政府管理者、地质师与规划师是彼此互馈的伙伴关系，不能相互疏离或彼此封闭。政府管理者应该是执行防灾减灾法规的模范，而不是无视法规的统治者。建筑规划师需要培育规划、设计、施工、运营、维护全过程的地质环境科学利用观和防灾减灾理念，才能使自己的规划建筑具备坚实的安全基础。地质师需要树立服务规划建设的理念，力求自己的工作成果科学有据，简明易懂，服务到位。

（5）法制体制机制建设方面，改变生产安全要求多是从上向下强制推行的做法，要使"安全第一"成为现实生产生活的广泛共识，现实社会经济发展的必守法则和社会公众的自觉行为。香港城镇斜坡安全管理明确界定政府与个人的防灾责任，提出并回答了诸如：①维修斜坡为何重要？②忽视斜坡的维修后果如何？③谁有责任维修斜坡？④如何妥善维修斜坡？⑤为何需要向已存在30年的斜坡的业主发出危险斜坡修葺令？⑥斜坡是否符合安全标准？⑦不理会危险斜坡修葺令的业主如何告诫处罚？等等。香港特区政府记录了约6万处大型人造斜坡，包括约4万处公共斜坡，约2万处私人斜坡。法规明确，政府负责维修公共斜坡，私人业主有责任维修私人斜坡。为了科学应对山泥倾泻危害，香港研发了一套全面的斜坡安全管理系统，核心是利用"量化风险评估"技术评估和管理山泥倾泻风险：

$$山泥倾泻风险＝山泥倾泻发生概率×山泥倾泻后果$$

（6）培育沉淀城镇管理防灾减灾文化，法治化、理性化地建设现代城乡社区，避免以侥幸态度看待灾难的"低概率"，才能避免或减轻新兴城镇管理中诸多问题的"阿喀琉斯之踵"，才能补齐粗放式管理导致防灾减灾"软实力"建设缺位的短板。只有用可持续发展眼光重新审视城镇建设中的问题，把城镇空间布局与城镇居民社区安全结合考量，才会使城镇的内在管理走向"有序"，才能避免快速城镇化过程中狂热追求建设速度和"高大上"形象工程的做法，才能最终减轻乃至避免地质灾害风险。

8.3　灾后重建基本问题

无论是区域性洪水、毁灭性地震，还是局地滑坡泥石流灾害，灾后重建必须基于地质环境安全做好科学规划，显著提升防灾减灾抗灾能力，培育城乡社区的韧性防灾减灾能力，即能够适应环境且可快速自我恢复的能力，避免盲目城镇化、搬迁避让或"集约化"安置陷入新的困境，社会生产生活、基础工程建设和休闲活动遭遇或引发新的地质灾害。

8.3.1　灾后重建规划

灾后恢复重建规划包括多层级的总体规划和若干专项规划，专项规划包括农村建设、城乡住房建设、基础设施建设、公共服务设施建设、生产力布局和产业调整、市场服务体系、防灾减灾和生态修复、土地利用规划等方面。《汶川地震灾后恢复重建条例》（国务院令第526号，2008年）、《汶川地震灾后恢复重建总体规划》（国发〔2008〕31号，2008年）及《"5·12"汶川地震区地质灾害防治专项规划》分别提供了范本。

规划坚持以民生为本、尊重自然、统筹兼顾、科学重建、绿色重建。在基本原则方面，以人为本，民生优先。尊重自然，科学布局。统筹兼顾，协调发展。创新机制，协作共建。安全第一，保证质量。厉行节约，保护耕地。传承文化，保护生态。因地制宜，分步实施。

灾后恢复重建规划应当重点对城镇和乡村的布局、住房建设、基础设施建设、公共服务设施建设、农业生产设施建设、工业生产设施建设、防灾减灾和生态环境以及自然资源和历史文化遗产保护、土地整理和复垦等做出安排。对学校、医院、体育场馆、博物馆、文化馆、图书馆、影剧院、商场、交通枢纽等人员密集的公共服务设施，应当按照高于当地房屋建筑的抗震设防要求进行设计，增强抗震设防能力。

建立健全规划实施机制，明确目标任务，把握重建时序，落实工作责任，完善监督考核，有效推进本规划的顺利实施。四川、甘肃、陕西三省根据当地实际制定了恢复重建年度实施计划，对就地恢复重建与异地新建相结合具体安排。规划编制、实施、管理和完善方面充分吸收历史经验和国际先进模式的做法，不断探索和总结，国家和地方及时研究出台灾后重建的系统化政策法规，实现高效、创新和实用的结合。

规划编制充分考虑了相关的主要因素，并确保测绘、地质、气候、水文、环境等数据资料的真实性、准确性、及时性和评估结论的可靠性。

（1）人员伤亡情况；

（2）城乡社区受损程度和数量，房屋破坏程度和数量，基础设施、公共服务设施、工农业生产设施与商贸流通设施受损程度和数量，农用地毁损程度和数量等；

（3）需要安置人口数量，需要救助伤残人员数量，需要帮助的孤寡老人及未成年人的数量，需要提供的房屋数量，需要恢复重建的基础设施和公共服务设施，需要恢复重建的生产设施，需要整理和复垦的农用地等；

（4）环境污染、生态损害，以及自然和历史文化遗产毁损等情况；

（5）资源环境承载能力，以及地质灾害、地震次生灾害和风险等情况；

（6）水文地质、工程地质、环境地质、地形地貌，以及河川水文情势、重大水利水电工程安全状况；

（7）突发公共卫生事件及其未来风险；

（8）编制灾后恢复重建规划需要调查评估的其他事项。

8.3.2　资源环境与防灾减灾

无论就地重建还是异地重建，要充分考虑地貌、地质、气候、生态、水文、地震、防灾、资源、交通、供水、供电、通信、就业、历史、人文、习俗、自愿、经济状况、社区建设和可持续发展等因素，要考虑必要的自然修复时间，避免急于求成造成重建设施二次破坏，甚至二次重建。

根据资源环境承载能力综合评价，按照国土开发强度、产业发展方向，以及人口集聚和城镇建设的适宜程度，将规划区国土空间划分为适宜重建、适度重建、生态重建三种类型。适宜重建区主要指资源环境承载能力较强，灾害风险较小，适宜在原地重建县城、乡镇，可以较大规模集聚人口，并全面发展各类产业的区域。适度重建区主要指资源环境承载能力较弱、灾害风险较大，在控制规模前提下可以适度在原地重建县城、乡镇，适度集聚人口和发展特定产业的区域。生态重建区主要指资源环境承载能力很低，灾害风险很大，生态功能重要，建设用地严重匮乏，交通等基础设施建设维护代价极大，不适宜在原地重建城镇并较大规模集聚人口的区域。

异地新建重新选址时，应当符合地震灾后恢复重建规划和抗震设防、防灾减灾要求，避开地震活动断层或者生态脆弱和可能发生洪灾、山体滑坡、崩塌、泥石流、地面塌陷等灾害的区域以及传染病自然疫源地。

防灾减灾体系的恢复重建，要坚持预防为主、合理避让、重点整治、统筹调度的原则，加强防灾减灾体系和综合减灾能力建设，提高灾害预防和紧急救援能力。

生态环境的恢复重建，要尊重自然、尊重规律、尊重科学，加强生态修复和环境治理，促进人口、资源、环境协调发展。坚持自然修复与人工治理相结合，以自然修复为主，加快推进林权制度改革。做好天然林保护、退耕还林、退牧还草、封山育林、人工造林和小流域综合治理，恢复受损植被。

土地整理复垦方面重点做好耕地特别是基本农田的修复。对损毁耕地，要尽可能复耕，最大限度地减少耕地损失。对抢险救灾临时用地和过渡性安置用地，要适时清理，尽可能恢复成耕地。对损毁的城镇、村庄和工矿旧址，以及其他具备整理成建设用地条件的地块，要抓紧清理堆积物，平整土地，尽可能减少恢复重建对耕地的占用，对废弃的建设用地，能复垦为耕地的要尽可能复垦。

精神家园的恢复重建，要加强心理疏导，体现人文关怀，重塑积极乐观向上的精神面貌，坚定自力更生、艰苦奋斗的信心，弘扬民族精神和中华民族优秀传统文化。

根据灾区的实际情况，受灾群众的过渡性安置采取就地安置与异地安置，集中安置与分散安置，政府安置与投亲靠友、自行安置相结合的方式。过渡性安置地点的规模应当适度，并安装必要的防雷设施和预留必要的消防应急通道，配备相应的消防设施，防范火灾和雷击灾害发生。

临时住所一般采用帐篷、篷布房，有条件的也可以采用简易住房、活动板房。紧急情况物质不足时安排体育场馆等作为临时避难场所。

8.3.3　农村社区恢复重建问题

灾后农村房屋恢复重建选址坚持以人为本、关注民生的指导思想，正确处理就地就近分散与适度集中的关系。灾后农村房屋恢复重建选址应在本集体经济组织土地所有权范围内选址为主，尽量避免跨行政区域选址新建。只有当生产生存条件灭失，存在重大安全风险且在现阶段无法得到有效治理以及资源环境承载力无法支撑时，才考虑异地安置或重建。

安全重建要对地震活动断层、现阶段技术经济条件下难以治理的地质灾害、洪涝灾害等区域及传染病自然疫源地应予避让，选择安全地段作为灾后农村房屋恢复重建的用地。

生活方便、生产发展的原则。贯彻选择区位条件较好的地段，充分考虑耕作半径，便于交通、供水、供电等基础设施和生产设施配套。保障灾区村民的最低人均耕地指标，促进灾区农村经济社会的协调发展。

尊重民意、尊重自然的原则。应充分尊重农民群众的意见，根据平坝、丘陵、山地不同的地形地貌条件，合理确定农村房屋选址，加强恢复和保护灾区自然生态环境。

因地制宜、保护特色的原则。农村房屋恢复重建选址应突出山水田园特色，保护好原有的地方特色和多民族文化的人文环境。

重建选址应选择少切坡、少挖方的地段，防治水土流失，保护生态环境。远离噪声源、废气污染源、危化品储存点、传染病自然疫源地等不宜人居的场所。远离水源保护区，鼓励净化沼气池等农村生活污水处理设施与农村房屋建设相配套，生活污水应避免集中排入天然水体。避开历史文化保护规划、风景名胜区规划和自然保护区规划中划定不宜选址建设的区域，按照相关规划的安排在区域之外进行重建选址。

8.4　地质环境安全评价

建设工程单元或单体工程布置必须考虑地质环境复杂程度。例如，崩塌、滑坡威胁建设工程安全的评估范围应以第一斜坡带为限；泥石流危害必须考虑完整的沟道流域面积为评估范围；地面塌陷和地面沉降的评估范围应充分考虑第四纪软层分布和人类活动影响范围；地裂缝危害范围应考虑地层、构造活动和人类活动如抽汲地下水等因素的叠加作用。

8.4.1　基本认识

地质安全评价要考虑地质环境区域内与工程或人居环境安全相关的地质成分、地质结构、工程性质、外部形态、区域内外动力作用特点和突发超常干扰因素作用的敏感程度（可变性或抗灾变的能力）形成灾害的可能性或风险性等。超常外来因素破坏对象，也会改变原来的环境态势，问题在于其作用的范围大小、力度强弱、持续长短和危害对象的脆弱性或易损性。

地质环境安全评价的核心问题是识别评估地质灾害风险。地质灾害风险评价不是基于现有地质灾害点的分布，而是基于考虑地形地貌、岩土成分结构、地质构造活动、地震作用、气候气象和人为活动等多种因素影响下地质环境变化的可能性及其可接受程度。因此，在国家层面，要组织调查、监测和研究地球表层系统过程的环境和灾害效应、人类活动对地球表层系统的影响机制，甚至包括地质灾害防治的社会学、文化学与伦理学等。

地质环境安全性评价应该是避免乃至消除远程地质灾害风险，指导防洪规划、土地利用规划和城镇建设规划含有足够防灾减灾考量的重要依据，是实施风险管理和风险控制的指导性技术文件，也是相关法规落到实处的保证。例如，汶川地震区充分显示出地质环境安全的不同分布，处于龙门山断裂带分布区是明显的地震灾害异常严重区，而其东成都平原所在的构造地块具有明显的相对稳定性，即使是同在龙门山断裂带上，因活动强度和运动方式的差异，地质稳定性或安全性也表现出明显的纵向分段性和横向分带性。

地质环境安全管理的核心问题是地质灾害风险管理或风险调控。随着社会经济的快速发展，我国开始实施新的发展战略，通过实施全方位的国家创新工程，逐步构建资源节约型和环境友好型的和谐社会。为避免和减轻负面的风险，就必须创新观念，从人类与地质环境和谐共存的愿望出发，变单纯地保护地质环境和被动地防治地质灾害为持续利用地质环境和主动进行地质灾害防治风险管理。

地质灾害事件是多因素促成的，但一般存在起主导作用的因素或激发条件。经过研判，确认某次地质灾害的引发因素是自然的还是人为的，或多种因素耦合的。如果可能，还应给出促使地质体边界条件和初始条件急剧变化的各类因素组合及其作用大小的定性研判。

地质环境安全分级见表8.1。

表8.1　地质环境安全分级

级别	分级说明
安全	地质环境条件简单，工程建设场址与建筑物本身不会遭受地质灾害的危害。外围区域发生地质灾害的可能性小，危害风险性小，易于处理
基本安全	地质环境条件比较复杂，工程建筑物本身不会遭受地质灾害的危害。工程建设场址及外围发生地质灾害的可能性较大，遭受地质灾害危害的风险性较大，但采取措施后可以避免人员伤亡，显著降低经济损失
不安全	地质环境条件复杂，工程建设场址及建筑物本身可能遭受地质灾害的危害。地质灾害发生的可能性大，整个工程区遭受地质灾害危害的风险性大，采取工程措施难度大费用高，人员伤亡和经济损失风险性大

8.4.2　工作目的任务

总体目标是，立足国内外现有工程地质、岩土工程和地质灾害危险性评价技术规范或标准（指南），充分吸收工程地质研究和地质灾害防治实践经验及国内相关实例，提出建设工程（城镇选址、单体工程）规划选址、设计施工和竣工运营等不同阶段地质环境安全评价的技术指南，用于指导山地丘陵区建设工程的地质环境安全评价工作，推动地质环境科学利用，避免和减轻地质灾害。

具体任务是：

（1）搜集总结建设工程和地质灾害防治实践经验、典型案例；

（2）搜集有关工程地质、岩土工程和地质工程评价技术规范、标准或指南；

（3）编制建设工程区域（规划选址）、工程场址（设计施工）和工程地段（运营）等不同尺度、不同阶段的地质环境安全评价技术指南；

（4）推荐不同空间尺度地质环境安全评价方法（多元统计、统计解析结合和解析方法为主）；

（5）按工程规划选址、设计施工和工程运营三个层次开展地质环境安全评价案例研究。

8.4.3 地质安全评价类型

1. 现状评价

阐明工程建设区和规划区的地质环境条件基本特征。调查分析工程建设区或规划区各种地质灾害的现状。基本查明评估区已发生的崩塌、滑坡、泥石流、地面塌陷（含岩溶塌陷和矿山采空塌陷）、地裂缝和地面沉降等灾害的分布，分析地质灾害形成的地质环境条件、分布、类型、规模、变形活动特征，主要诱发因素与形成机制，对其稳定性进行初步判定，在此基础上对其危险性和对工程危害的范围与程度做出评估。分析论证建设工程遭受地质灾害的可能性，工程建设中和运营中加剧或引发地质灾害的可能性。

2019 年 2 月 8 日（农历年正月初四）20 时 7 分，北京延庆区龙庆峡冰灯展区后山崩塌落石，散落石块总体积约 0.3m³，落差约 100m，碎石飞跃弹跳击穿展区顶棚，造成一名女游客死亡，12 人受伤（图 8.5）。地质安全现状评价要考虑山体陡崖地形、岩体破碎性状、冰雪冻融作用、风化卸荷历史和冰灯展棚的安全距离等。从消除崩塌落石灾害风险角度，要考虑事前风险排查识别、安全评估、清除危岩、挂网喷锚、坡下拦挡、冰灯展棚防护及安全监管等，因为类似的灾难事件是偶然寓于必然之中。

图 8.5 北京龙庆峡崩塌落石陡崖景观

2. 预测评价

对工程建设场地及可能危及工程建设安全的邻近地区可能加剧或引发的地质灾害的危险性做出评估。简要分析评估对象在建设或运营过程中与地质环境相互作用的范围、方式、强度与持续时间。

如水库地区要评价水位升降变化对滑坡或不稳定斜坡的影响；山区城市建设区要评价工程削坡有关的边坡稳定性和可能诱发的崩塌（含危岩体）、滑坡（含变形斜坡）、泥石流或岩溶地面塌陷等的危害；铁路、高速公路或输气管道工程要考虑各种灾害的危害。

预测评价一要考虑建设工程自身可能遭受已存在的崩塌、滑坡、泥石流、地面塌陷、地裂缝、地面沉降等危害风险和潜在不稳定斜坡变形的可能性、危险性和危害程度做出预测评估；二要考虑工程建设中、建成后可能引发或加剧崩塌、滑坡、泥石流、地面塌陷、地裂缝和不稳定的高陡边坡变形等的可能性、危险性和危害程度做出预测评估。

2009 年 7 月 23 日凌晨 2 时 57 分，四川甘孜州康定县舍联乡长河坝水电工程施工场地发生特大泥石流灾害，造成 54 人死亡失踪，掩埋和冲毁省级公路 S211 线近千米，使大渡河河道大部堵塞或成为浅滩。事后调查分析，施工单位在施工队驻地上方的沟道内多处弃置了工程土石，是畅通的沟谷在暴雨时壅堵了水流，形成暂时性堰塞坝，水位达到一定高度时，松散碎石坝溃决形成泥石流灾难（图 8.6）。因此，此类事件的地质安全预测评价不仅要考虑滑坡泥石流形成的地形地貌、气象水文条件，更要评估预测工程废弃土石放置的位置、规模、高度、稳定及其与施工临时住址安全的关系。

图 8.6　大渡河长河坝水电工地泥石流毁灭施工住址

8.4.4　地质环境安全评价尺度

1. 区域地质环境安全评价

区域评价边界是多个局域水系的共同分水岭，涉及区域内部多个斜坡单元，工作精度 1∶50000 ~ 1∶10000。实际工作围绕"地形、地质、水文"三个基本要素开展工作，调查识别和分析预测地质灾害，评价区域地质环境安全性和环境稳定性，提出人类活动或灵生地质作用（anthropogeneous geological processes）的合理方式及限度。研究成果服务于区域地质环境合理开发利用与防灾减灾规划，支撑土地利用、城镇建设和生态环境保护相关的立法、决策和监管，避免过度向山要地，进沟发展，甚至挺进洪泛区，造成被动抗灾的困境。重建选址合理避让活动断裂带和地裂缝，避开可能发生的流域性滑坡、崩塌、泥石流。

区域评价原则上对应工程规划选址阶段，进行多个工程地质单元的区域地质环境安全评价。需要时，也可以作为设计施工或工程运营阶段的补充评价。评价内容以问题为引领，具体回答评价区域的地质灾害发育状况、回答孕育地质灾害的地质环境特征、回答某种引发因素作用下地质灾害发生的可能程度和地质灾害发生后造成的危害程度。考虑要素包括地球表层内、外动力地质作用。

2. 场址地质环境安全评价

在场址尺度上，一般涉及单个地质环境单元（斜坡单元或单沟流域）的内外地质灾害风险，考虑问题的范围到该地质单元的局域分水岭，工作精度 $1:10000\sim1:2000$。研究的主要问题包括避免把沟河流路如河床、河漫滩等规划为建设工程区或人类居住区，评价预测远程地质灾害风险，服务于工程场址安全，并作为风险管理或风险调控的依据。

重建选址应避开行洪区、滞洪区和洪涝灾害易发区域，满足防洪、排涝要求。要避开或处理软弱土，液化土或不均匀的土层及填土层。避让滑地质灾害风险地段，或经科学论证进行地质灾害监测预警、主动避让或综合治理等。

场址评价原则上对应工程建设阶段，工作对象是工程所在工程地质单元的地质环境安全评价。需要时，也可以是工程运营阶段的后评价。评价内容是基于地质环境变化机制的整个工程地质单元的立体稳定性和表层稳定性（刘传正，2015c）。

工程设计施工阶段的地质环境安全评价，从建设工程的设计之初就开始启动。并随着施工的开展过程中遇到的动态的实际问题，随时开展地质环境安全评价，从而为工程的设计施工的动态进行提供参考。对于不同规模、不同等级的工程，提出不同的资料储备指南。资料储备不全的，需要重新进行相应级别的补充勘察或调查工作。评价方法以统计分析与力学分析结合，以机理分析方法和数学力学分析方法为主。工作成果是地质环境安全度（S）及地质灾害风险评价。

案例分析：山早滑坡-山洪灾难事件是研究地质安全、环境安全、生态安全和防灾减灾文化的典型案例。2019 年 8 月 10 日 1 时 45 分，"利奇马"台风在浙江台州温岭城南镇沿海登陆，登陆时中心附近最大风力 16 级。受"利奇马"影响，永嘉县岩坦镇山早村出现特大暴雨，3h 内降雨量达 160mm。暴雨引发山体滑坡，滑坡堵塞了河流，在 10 分钟内堰塞湖内山洪水位升高 10m，山早村约 120 人被洪水围困。因堰塞山早溪水上涨太快，部分村民来不及撤离到安全位置，造成人员 32 人死亡失踪。

山早溪由西向东穿村而过，高架桥在山早溪的下游，从山早村东口穿山而过。8 月 10 日 4 时许，山体滑坡发生在高架桥东侧溪水左岸。滑坡堰塞湖溃决后，急剧积压的洪水喷涌而出，夹带着泥土石头及杂物往下游冲去，上游洪水很快消退（图 8.7）。事发之时，洪水开始迅速上涨和倒灌，洪水冲击楼门发出"啪啪啪"的响声，不到 10 分钟，洪水淹到四楼。短暂的堰塞湖溃决后，多数农户家房屋被冲毁，尤其是木质建筑，人员被冲走或溺亡。

研究总结山早村灾害事件，得到的启示是，这是一次台风—暴雨—滑坡—堰塞湖—山洪等多重作用叠加的灾害链，且是相对封闭的交通环境，需要气象、水文、地质、林业、交通、建设、应急等多方面的知识运用于防灾减灾。

图 8.7　山早溪滑坡及西侧堰塞洪水淹没区

除台风—暴雨—滑坡—泥石流—堵河灾害链外，地质灾害链还包括断裂活动引发崩塌滑坡持续变形—堵河灾害链、降雨渗流引发滑坡—泥石流—堵江灾害链、地震作用引发崩塌—滑坡—堰塞湖灾害链、冻融作用引发崩塌—滑坡—堵河灾害链、工程活动引发崩塌—滑坡—再次滑坡—堵河灾害链。因此，地质灾害风险分析涉及区域风险、单体风险和介于二者之间的灾害链风险三类问题。

在预防方面，需要预测评估台风暴雨情况下山体的地质安全性，要识别地质成分结构脆弱容易破坏失稳尤其是经过人类工程扰动过的地段。在气象水文方面，需要防范洪水发生的可能性及其规模，撤离避让的通道及临时避难所。在生态环境方面，需要研究植被类型经受地表汇流冲刷的能力和渗透涵养水分的能力。在建筑结构方面，不但要考虑工程地基的稳定性，更要考虑洪水淹没、冲击的易损性。在交通方面，要考虑预留逃生通道的可能性。在应急处置方面，要考虑村民自救互救的能力，防灾减灾文化建设，应急处置的演练，外部救援快速进入的能力等。

3. 工程建筑地质环境安全评价

在单个地质块体或地基稳定尺度上，要避免民居建筑物和工程设施规划建设在危险地质体上，工作精度 1 : 2000 ～ 1 : 500。工作重点是研究建筑物所在地质块体及其上工程地基的稳定性，确保避开所在区段的单体滑坡、山洪泥石流灾害风险。研究工作要突出"原型观测""原型试验""原型研究""原型设计"和"原型检验"的理念，避免轻视地质认识深度而迷信或依赖物理模拟或智能模拟。基于变形和强度控制，重点研究地质块体在特定激发因素作用下的变化及其持续期或弛豫期。确有必要且条件许可时，可考虑研究地质块体安全性改良的可行性、工程对策及开发利用的限制条件等。水源、水量、水质应满足生活生产用水要求。

地基尺度评价原则上对应着工程运营阶段单体工程的地质环境安全评价。工作对象是工程所在工程地质体在地质环境要素急剧变化时的地质环境安全评价。需要时，进行外围地质灾害远程风险评价。评价方法以数学物理模拟和力学分析为主。工作成果是工程所在地质体的安全度（S）及其远程风险评价。

　　工程运营阶段单体工程的地质环境安全评价，包含了不同影响因素条件下的现状评价和预测评价（因素波动）。探讨不同影响因素变动情况下，建设工程地质环境安全，影响因素包括降雨、水库蓄水和工程开挖等等。评价重点服务于地质环境安全管理，保证地质环境的可持续安全利用。重点是针对建设工程实际运营阶段，遇到的实际问题，特别是在竣工前始料不及的问题，随时开展地质环境安全评价，实现动态的风险管理。充分利用现有丰富的调查、评价、规范、规程等地质工作手段方法，充分利用现有的稳定性、安全性评价技术，已有成功工作方法的，不再重复研究，直接引用。

8.4.5　技术工作路线

　　通过综合集成现有研究的基本认识和工作方法，提炼编制建设工程地质环境安全评价技术要求，逐步形成建设工程地质环境安全评价技术指南或规范，推进地质环境的科学化规范化开发利用。

　　（1）从地质环境可持续利用的角度出发，转变观念，变被动防灾为主动减灾。

　　（2）从建设工程的地质环境安全评价入手，追求建设工程在规划选址、设计施工及竣工运营各阶段的地质环境安全，或对其可接受的地质灾害风险（包括远程风险）进行评价。

　　（3）建设工程地质环境安全评价不同于岩土工程勘察，不同于工程地质评价，也不同于建设用地规划的地质灾害危险性评估，而是采用岩土工程和工程地质勘测的方法，深化地质灾害危险性评估的内容，重点针对因地质环境变化而产生的、对建设工程（规划选址、建设施工和正常运营）有害的地质环境安全风险。工作对象限定在山地丘陵区的崩塌、滑坡、泥石流和地面塌陷等突发性灾害，不涉及区域地壳稳定性评价和地震危险性区划。

　　（4）充分集成利用现有的勘测评价理论方法，以实用易行，可靠有效为原则，不追求新奇，避免重复研究。

　　（5）从评价对象、评价内容、评价方法、评价标准和评价结果及应用等方面，集成一套实用可行的技术指南，旨在可直接用于工程规划、工程建设、工程运营等不同阶段的地质环境安全评价。

　　（6）工程地质单元是指具有相对独立的地貌边界、地表汇水区、地形条件、地质成分、地质结构、地下水流场和构造环境等。

　　（7）具体工作从三个层面考虑问题。一是目标层（A），包括工程区域（A_1）、工程场址（A_2）和工程地段（A_3）三个目标，分别涉及不同层次的工程地质单元；二是方法层（B），包括多元统计（B_1）、统计解析结合（B_2）和解析方法（B_3）为主三类，分别适用于不同空间尺度、不同时间阶段目标的安全评价需要；三是应用层（C），包括规划选址（C_1）、设计施工（C_2）和工程运营（C_3）三个阶段，每个阶段都涉及自然与人为因素孕育的地质环境变化导致的地质灾害风险。三个层次的对应关系，具体工作程序基本表现为三个组合：$A_1B_1C_1$、$A_2B_2C_2$ 和 $A_3B_3C_3$（图8.8）。

目标层（A）　　　　A_1　　　　A_2　　　　A_3
方法层（B）　　　　B_1　　　　B_2　　　　B_3
应用层（C）　　　　C_1　　　　C_2　　　　C_3

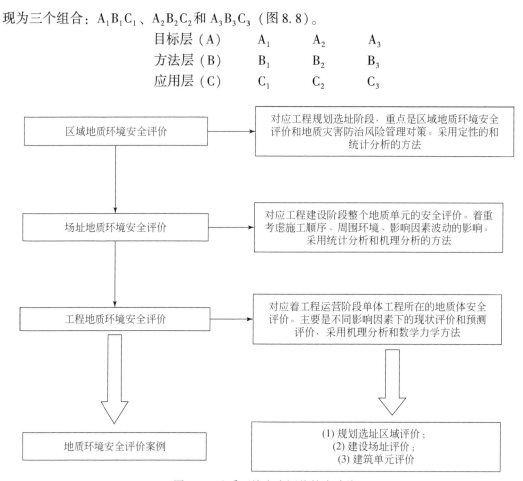

图 8.8　地质环境安全评价技术路线

8.4.6　地质环境评价内容

无论是从寻找"安全区"的角度开展人类社会活动区域地壳稳定性评价，还是从避开"危险区"的角度研判区域断裂活动性、预测地震危险性和评价地质灾害风险性，都需要地质环境认识评价与开发利用管理的一体化。

在国家层面，要组织调查、监测和研究地球表层系统过程的环境和灾害效应、人类活动对地球表层系统的影响机制，甚至包括地质灾害防治的社会学与伦理学。加强我国活动构造体系分布特征与成生演化规律的调查研究，建立以新构造活动、历史地震、滑坡等岩土移动、活动断裂、表层岩土成分结构、地热和地壳形变等要素为基础的评价体系，分析我国不同区域影响重大工程、城镇建设地质环境安全的主要影响因素，编制我国重大工程、城镇密集区、重要经济区带地质环境适宜性区划图、安全度或灾害风险区划图，从战略层面考虑防灾减灾问题，提出考虑地震、气候和人为活动等多种因素影响下的地质灾害风险，甚至包括提出地震多发区和高烈度影响区预留避震空地或缓冲带的基本要求，是综合研判广义的地质灾害（地震、滑坡等）孕育、发生、发展、演变、分布和迁移规律及致灾机理的重要保障条件。

区域地质环境评价应包括四项相互关联的基本内容：①区域工程地质环境质量评价；②区域地质环境工程功能区划；③区域地质环境工程容量评价；④地质灾害防治风险管理研究（刘传正等，2006d）。每项内容都要服务于区域土地开发利用规划和防灾减灾需求，但工作层次和精细程度的要求应根据地区特点和服务对象而确定，目前的研究深度尚很局限，但又是科学利用地质环境，经济社会走向可持续发展的客观要求。

跳出单纯工程地质评价和地质灾害防治的习惯性思维，突出立足地质环境变化研究人类社会的地质环境安全，推动从地质灾害防治逐步走向地质环境科学利用，逐步降低人类遭遇或引发地质灾害的风险，科学技术工作要更加主动地为人居环境减灾服务，为国家重大工程规划、建设与运营安全服务，为提高社会减灾意识、和谐社会的建设与发展服务。

地质环境安全管理的核心问题是地质灾害风险管理或风险调控。科学利用地质环境，逐步减少遭遇或引发地质灾害风险是生态文明建设的重要内容。

建立高效科学地质灾害防治体系必须把人与地质环境和谐共存放在第一位，把规范人类自身的行为融入顺应与改造自然过程之中。生存还是毁灭，全靠人类自己！人类不能无所畏惧，人类的欲望更不能无节制地膨胀。

8.5　生态文明建设认识论

8.5.1　引言

老子提倡"道法自然"。孔子曰"君子忧道不忧贫"。

马克思指出"良心是由人的知识和全部生活方式来决定的"。培根认为"只有顺从自然，才能驾驭自然"。可见，在人类社会发展过程中，先哲们对人类与自然界关系的思考从未停止过。

黑格尔是第一个发现劳动异化的人。"异化"是指人类本身的价值被剥夺了，自然本身的价值也被剥夺了，全面提升人的生态文明素质，建立生态伦理，面对高投入、高消耗、高排放导致的高污染、低效率、大破坏窘境，不能转嫁别人，只能转变自己，实现人的自然化和自然的人化。

习近平（2007）曾指出，"不能不顾子孙后代，有地就占、有煤就挖、有油就采、竭泽而渔；更不能以牺牲人的生命为代价换取一时的发展"。

生态马克思主义者认为走向社会主义是消除生态危机的最佳选择，即生产耐用的物品、可修理的长期使用的机器、长期不过时的服饰、满足基本的真实的需要的生产、有情趣的生产生活、有计划地使用资源和不生产无用的废弃物等。

21 世纪以来，中国生态文明建设已成为全面建成小康社会奋斗目标的内在需要，成为努力建设美丽中国，实现中华民族永续发展的国家战略。2018 年 5 月 18 日，习近平在全国生态环境保护大会上提出，生态文明建设正处于压力叠加、负重前行的关键期，已进入提供更多优质生态产品以满足人民日益增长的优美生态环境需要的攻坚期，也到了有条件有能力解决生态环境突出问题的窗口期。因此，生态文明建设已不再是一种倡导，而是依法依规的国家行动和公民素质的要求。

8.5.2　生态文明建设基本问题

生态是指一切生物在一定的自然环境下生存繁衍状态、生理特性和生活习性，以及它们彼此之间、与环境之间的相互关系。文明是有史以来沉淀下来的，有益增强人类对客观世界的适应和认知、符合人类精神追求、能被绝大多数人认可和接受的人文精神、发明创造以及公序良俗的总和。文明是使人类脱离野蛮状态的所有社会行为和自然行为要素构成的集合。人类行为要素包括家族观念、工具、语言、文字、信仰、宗教观念、法律、城邦和国家等。生态文明指人与自然、人与人、人与社会和谐共生、良性循环、全面发展、持续繁荣为基本宗旨，以建立可持续的生产方式和消费方式为内涵，以引导人们走上持续、和谐的发展道路为着眼点的社会形态、文化伦理形态。生态文明建设关注的问题包括人类社会发展进步遭遇的自然演化或人类活动如开发土地、矿产、水、生物等资源引起的生态环境问题。

生态环境问题按严重程度可分为三个层次，即生态风险、生态危机和生态灾难。诸如全球变暖、臭氧层破坏、物种灭绝、生物多样性减少、热带雨林消失、沙漠化、荒漠化、盐渍化、有毒废料扩散、海洋污染、环境质量下降、贫穷、核污染、土壤侵蚀、水污染、土地污染、空气污染、自然变异等，地震、火山、断层活动、崩塌、滑坡、泥石流、地面塌陷、地裂缝、地面沉降、水土流失、膨胀土等地质灾害。人类消耗与自然界原材料的"自然平衡临界点"取决于生态系统的临界点。

发达国家向发展中国家转移高投入、高消耗、高排放、高污染、低效率和大破坏的生产方式，实质上是生态危机的转嫁，即实行生态殖民主义。资本无节制地追求利润，对自然界的索取超出了生态系统自我供给、净化和恢复功能，"第一（原生的、）的自然"在进入资本主义社会以后变为"第二（人化）自然"、人的异化、自然的异化、土地异化和劳动的异化等提法是马克思的高度概括。

8.5.3　生态马克思主义观

生态文明建设的提出源于生态危机。生态危机的根源是经济发展的非理性，导致自然平衡净化不能维系或恢复（陈学明，2012）。

习近平在 2005 年提出"两山论"，反映了中国可持续发展的生态要求。"两山论"经历了"宁要绿水青山，不要金山银山""既要绿水青山，也要金山银山"和"绿水青山就是金山银山"三个发展阶段，并强调"人不负青山，青山定不负人。绿水青山既是自然财富，又是经济财富"。

1972 年，"罗马俱乐部"对生态危机提出告诫，表达了对于人类未来偏于悲观的观点。

生态马克思主义创始人马尔库塞（Marcuse, 1972）认为,"自然界不仅是有机或无机的物质, 作为独立的生命体……对生命的追求是人与自然界的共同本质"。生态危机使人们渴望安宁、幸福、隐居、独立、主动、行动自由、美的感官世界, 批判过度消费、异化消费, 倡导多一点对自然的责任感。倡导马克思的"对自然的人道的占有""为了物而同物发生关系""按照美的法则来塑造对象的世界"。生态系统与自然环境的"平衡"是动态的、开放的, 资本主义的利润动机必然破坏生态环境, 资本主义的"生产逻辑"无法解决生态问题, 人与自然界之间变成了金钱与利用关系。

生态问题是资本主义生产方式引起的"导致土壤再生产的必需条件持续被切断, 进而打破了新陈代谢的循环"。李比希（Justus von Liebig, 1803 ~ 1873 年）提出以土壤肥力的流失、衰竭和环境退化为表现的"新陈代谢断裂"概念。马克思基于"新陈代谢断裂"（生态意蕴）概念分析资本主义危害生态系统、降低环境舒适度的成本归之于外在的社会, 认为环境危害内在化处理是不可能的。土地的首要功能是稳定地维护着人类的生命, 但"土地成本的上涨从未中断过建筑物的拔地而起和城市景观的水泥化"。

奥康纳（O'Connor, 1998）认为, 资本主义制度和生产方式的非正义, 以及由此带来的科学技术的非理性运用和消费主义价值观与生存方式是当代生态危机产生的根源。也就是说, 资本主义生产力与生产关系之间的矛盾导致经济危机, 资本主义生产的无限性与资本主义生产条件的有限性之间的矛盾导致生态危机, 即所谓双重矛盾导致双重危机。生态危机的祸根是资本逻辑（追求利润）无止境的盘剥自然, "使自然界的一切领域都服从生产", 造成人与自然的对抗。基于"效用"和"增值"原则认为资本运用从本质上是反生态的, 生态危机源于资本主义的利润原则、资本逻辑, 反对生态危机与建设生态文明则与建设社会主义相一致。资本主义把自然界既当作"水龙头", 又当作"污水池"。社会主义国家自己融入世界性的资本主义市场, 其生态问题的起源与资本主义国家是"同一种全球化的力量"。区别也是明显的, 生态危机对资本主义社会是"内生的", 而对社会主义社会是"外在的", 并不具有必然性, 因为资本主义经济模式"需求受限"和社会主义经济模式"资源受限"存在本质不同。

福斯特（Foster, 2002）立足《1844 年经济学哲学手稿》《共产党宣言》《资本论》论述了资本主义制度在本质上是反生态的。自然界是"人的无机的身体""通过行动来解决自然的异化问题""以便创造出一个可持续的社会"。认为马克思主义的唯物主义自然观和唯物主义历史观遵从自然界的客观性和有限性, 可以作为克服生态危机、建设生态文明的指导思想。自然异化是由于私有制度带来的, 是人为造成的。福斯特认为, 从生态危机中走出来的指导理论是马克思主义, 是"潜在的灵感源泉", 资本主义"创造性的破坏""破坏性冲动""破坏性失控", 快速致富必然盘剥自然和更改生命圈。

高兹（Gorz, 1989）提出, 社会主义的本质是使经济行为服从于社会的目的和价值, 而建立在消费主义基础上的经济改革是越来越向资本主义靠拢而远离社会主义的宗旨。

柏格特（Burkett, 1999）认为, 一个符合人性的、可持续的制度应当是社会主义: 实现人的解放, 生产知识为了满足真正的需要, 避免了过度生产, 也就不会产生严重的生态危机。即为生态理性的贯彻。

佩珀（Pepper, 1993）从社会发展脉络区分了古代的（生存需要、使用价值）、封建主义的（维持生计、使用与交换）、资本主义的（为了交换、利润与剩余价值）、未来共产主义的（高层次的需要、使用价值）的生产方式的不同，认为生态帝国–殖民主义主要是进行跨越时空的资源掠夺。

阿格尔（Agger, 1979）提出，生态危机是由消费领域无节制引起的，起源于资本主义无限倾向的生产能力与生态环境有限的承受能力之间存在不可克服的矛盾，资本主义社会为了延缓经济危机而诱使人们在市场机制下把追求消费作为真正的满足而导致过度消费，提出采用分散生产、降低规模、工人管理等改造资本主义的思路。

莱易斯（Leiss, 1988）认为，人的满足最终在于生产活动而不在于消费活动，区分人真实的需求和虚假的需求。人的真正幸福不在消费领域而在生产领域，"较易于生存的社会"是未来社会迫切需要解决的由量的标准转向质的标准，从生态学角度建立一种"否定性的需求理论"，即对现存生活条件的否定，认为不断增长的消费不可能补偿其他生活领域遭受的挫折，应创造一种促进人们直接参与同满足自己需要有关活动的环境，即强调生态生存。基于消费的 GDP 主义必然建立在资本运作基础上，要融入了国内外市场，也就会受到"同一种全球化力量"的支配。

经济理性主导下的社会消费不再是为了满足个人的真正需要，劳动与需要不是"够了就行"或知足常乐（enough is as good as a feast），而是为消费而消费的"越多越好"。利润动机源于经济理性，而经济理性会使生活世界"殖民化"。生态系统供给、净化、恢复跟不上索取的速度或强度，资本的无节制追求利润对自然的索取、投放垃圾超出了自然净化的能力，生态问题、危机甚至灾难必然接踵而至。

8.5.4　初步认识

现实生活中，人类迷恋于物质享受和经济发展，而经济发展必然依赖于地球能源和资源的无度开发利用以及科技的进步。商品的使用价值越来越从属于他们的交换价值，即异化消费。可持续发展的未来只能以生态理性取代经济理性，实现生态理性的最佳选择是建立社会主义有计划按需求的生产方式，才能"更少地生产，更好地生活"。

大规模城镇化导致的城乡割裂打破了自然循环，自然物质制造物进入城镇，但排泄物却无法回归自然。生态帝国主义"制造污染"，让发展中国家的人民"吃下污染"。把自然市场化、资本化，资本的自我扩张严重破坏自然界的自身有限性。

科学技术创新使资源消耗的单位 GDP 减少，但生产总量增加，如何处理科技理性与道德改革、生态伦理的关系成为必须考虑的问题。

1. 生态层次论

在诸要素的自然存在和逻辑层次上，山水林田湖草灵（人及动物）是多层次组成的生命共同体。山是第一层次，是生态系统的根基、基础和下垫面，其他因素都是附着在山体上的，山体不稳导致地质环境不安全，其他方面就会遭受灭顶之灾。水田湖是第二层次，是生态系统得以形成繁育的经脉，是输送营养的网络链路，短路或壅堵就会造成环境剧变，生态枯竭。林草灵（人及动物）是第三层次，是生态系统的具体表象，体现为相生相克的生物多样性关系，并依赖第一、二层次而存在。在第三层次中，人类的行为是决定性的。

生态文明建设的核心要义是人，人类为了经济社会可持续发展而必须保护生态环境。生态环境稳定的先决条件是地质环境稳定，即地质灾害或生态灾难风险处于可控制的限度内。整体认识上，既要认识生态系统演化的本质存在人为不当的因素，也要认识到自然界的演化发展并非都是良性方向的，如第四纪时期冰期、间冰期出现对人类的起源、繁衍与发展显然具有巨大的作用。

生态变化的原因是自然因素与人为因素的综合作用，对自然因素要因势利导，对人为因素则必须自我抑制，如退耕还林还草、封山育林和限制地表地下采掘等。地表地下水网络或脉络天然体系是个敏感区带，对它的科学认知、维护及适度干预，是确保这个敏感带连续、畅通的重要手段。植物种群的选育、栽培、养护、安全管理及动物种群的保护繁衍是考虑生产扩大、消费引领、技术导向，还是需求引领的基础。应探索把生活的质、消费的质放在首位，而不是量，消费才不会突破生态容量的底线。

资本的增殖是建立在无止境地利用自然资源和无止境地向自然界投放垃圾的基础之上的，而自然界接受废品、垃圾的空间是有限的，消化降解的能力也是有限的。人类要可持续发展，就必须寻找自然生态系统平衡的临界点，在资本的原始积累完成后，科学技术的力量应致力于新陈代谢的恢复，使消费的弃物回归自然，促进自然平衡的恢复或新的良性的平衡的建立。

由于中国人口的巨大，巨量消费必然积弱沉舟，滴水成河。现代化运动带来了物质文明，是推动近 200 年人类历史变革的主要动力，但过度城镇化是现代化的标志？还是生态文明的坟墓？

例如，南北向展布的贺兰山是我国北方东西分区的界山，地质上是构造活动带，是我国南北地震带的组成部分，也是滑坡泥石流发育区带。该地属于干旱半干旱地区，降雨少、蒸发大，西北季风强烈，沙尘吹袭严重。地质与气候环境决定了该地区是生态环境脆弱带、关键带。昼夜温差大，冻融作用强烈，降雨集中于夏季，加之不当的矿山开采等人类活动，水土流失、沙漠化、石漠化乃至山洪泥石流频发，有效而稳定的地表地下水网络难以形成，该地区的动植物多样性受到严重影响，决定了人类进行科学保护和有限度的、有选择的开发利用是必然的要求。

2. 发展阶段论

渔猎文明—农耕文明—工业文明—智能文明等人类文明的不同阶段对生态的认识与需求自然是不同的，都存在自然的平衡临界点，否则就会出现灾难。马克思认为，人有"生存、享受、发展"等需求。在发展阶段的时间轴上，经过最近 40 年的发展，我国经济社会正在经历"物质文化需要"到"美好生活需要"的转变，反映了我国经济发展、社会进步和上层建筑认识水平、管理水平的全面提高。中国经济社会发展的不充分体现在自我潜力挖掘不够，发展不平衡、不全面则是存在"木桶短板"，既体现为同一地区的不同行业，更体现在不同地区的显著差异。

如果用地质灾害作为生态文明建设的一个指标来衡量，可从一个侧面看到我国生态文明建设的显著成就。近 20 年来，中国地质灾害造成的人员遇难数量显著地趋势性减少，城乡社区地质灾害造成的直接经济损失占国内生产总值（GDP）的比例不断降低，年平均降率为 0.016‰，反映出"减灾就是增产"的理念是有依据的（刘传正和陈春利，2020a）。单次地质灾害造成的直接经济损失总体呈增长趋势则放映了国家和个人财富的显著增加。

在发展阶段方面，要充分考虑我国东西部、南北方社会经济发展的先后与已经达到的水平。体现在具体问题上，东部地区面临的水、气污染可能是主要问题，而西部则主要是自然生态的维护、生态破坏的修复等。

3. 区域平衡论

不同区域、同一区域不同时段出现或引发的生态问题、危机乃至灾难是不同的。不同区域不同季节的生态修复方式、强度要考虑断裂活动、地震背景、地质灾害、山洪灾害和不同季节风向、温度、温差、霜冻、降雨、降雪、冻融和沙尘暴等的影响。因此，在区域平衡方面，要充分考虑我国东部地区山体稳定、雨量丰沛的特征，而西部地区山体相对活动、降雨少而集中和生态脆弱敏感的背景。

中国南北方、东西部和江河流域上下游地区发展的不平衡是显见的，甚至是差异巨大的，其内在因素不仅是历史人文因素在起作用，还有西部、上游生态建设的巨大贡献及对经济发展的相对抑制作用。不平衡发展主要体现在城乡之间、地区之间的差别，且互为对方发展的条件，从生态功能的不同提出生态补偿制度是当然之议。处于生态链上游地区的西部地区经济社会发展相对滞后，但为下游提供了清洁的空气、水源、能源及矿产。处于生态链下游的东部地区经济发达，必须为上游持续的保护修复生态环境提供经济支持。以"自然界的尺度"看问题，中国东西部、河流上下游形成良性互馈机制就是在现代化建设与生态环境保护之间寻找联结点或平衡点，理性地走向"以生态为导向的现代化"，避免"为了生产而生产"而必然导致生态环境恶化。

在现阶段，既要建设生态文明又要保持适度的发展速度，在战略上对资本只能既要利用又要限制，保持合理的张力。在今后相当长的时间内，资本在中国仍存在合理性，"限制资本"和"超越资本"动态并行，有意识地调节和按比例地协调有利于生态良好的因素逐步占优是特别重要的。过分地"扩大内需"、刺激消费必然激发物欲和贪婪，从而突破生态容量的底线。符合生态文明的消费模式应该是物质消费更少，文化消费更好，强调消费的"质"，降低消费的"量"。

区域（空间）平衡论应该是既有静态的平衡，更多的是动态的平衡，具体把握要考虑生态环境的再生产能力，平衡点的设定依据是保持生态演进的可持续性。

4. 分类施策论

针对不同区域、不同时段和不同层次已经存在或可能产生的生态问题、危机、灾难，必然要求分类施策。德国社会民主党 1989 年纲领提出，"最大限度的生产率和利润率的经济标准服从于社会–生态标准"。社会主义国家掌控经济，具有主动消除生态危机的制度优势或天然可能性。

要建设生态文明，首先树立生态优先为核心的思想体系（节约优先、保护优先、自然恢复为主）、以绿色发展为主体的经济体系（产业生态化、生态产业化）、资源产权与利用的法治约束和政策激励并举的制度体系、生态保护和经济发展并重的责任考核体系和以生态系统良性循环和环境风险有效防控为重点的生态安全体系等。基于资源环境承载力和可接受风险建立生态文化，必须改变需求结构，实现自我满足，人类行为受到约束，倡导"贵为先，富在次"。

生态文明化趋势的一个判断是：资本+生态+社会主义。生态文明建设要运用和掌控发展阶段论与动态（时空强）平衡论。社会主义社会要求每个人都是生态环境的保护者、建设者、受益者，没有哪个人是旁观者、局外人、批评家，谁也不能只说不做、置身事外。

生态修复的先决条件第一层次是地质环境稳定问题，即预防地质灾害或生态灾难风险。第二层次问题是科学认知与维护是地表、地下水脉的天然体系及其适度干预，保护水脉敏感带是连续的，畅通的。第三层次是植物种群、动物种群的选育、栽培、养护、安全管理。在预防和应对三个层次可能出现的问题时，既要认识生态系统演化的本质存在人为不当的因素，也要认识到自然演化并非都是良性方向的，如岷江都江堰是人为干预的好例。

生态文明建设要考虑社会发展阶段与区域动态（时空强）平衡的结合，否则就可能是空中楼阁。分类施策的基本要求是，针对大气污染、地表地下水污染、土壤污染、山地平原的地质稳定性等涉及的生态安全问题，倡导采用自然净化消解问题、人为干预化解风险和避让或工程消除灾难的方法对策分类因应。问题、危机、灾难三个层级的生态安全都需要人类自我规范、约束不当行为，包括法律、倡议在内的生态文明文化建设。

要建设生态文明，人类社会需求就要打断"更多"与"更好"的联结，使"更好"与"更少"结合，生态理性就是实现"更少地生产，更好地生活"，尊重自然，顺应自然，自我克制"共同的贪婪"（陈学明，2012）。社会成员要进行自我道德革命，追求绿色思维、生态伦理、科学理性服务经济理性的"非物质化"。否则，即使人类走出了高能耗、高消费、高污染、低效率的怪圈，生产效率高了、能耗低了，但偏执的科技理性使生产规模更大了，对自然资源的索取数量更多了，仍然不能走向生态文明。生态文明建设对公民的要求是：尊重自己而慎独，尊重他人而修德，尊重环境而主动适应。

参 考 文 献

阿诺尔德.1992.突变理论.陈军译.北京:商务印书馆

白殿一,逄征虎,刘慎斋等.2009.标准的编写.北京:中国标准出版社

蔡嗣经,张栋,何理.2011.地震中尾矿库液化失稳机理及数值模拟研究.有色金属科学与工程,2(2):1~5

蔡耀军,栾约生,杨启贵等.2019.金沙江白格堰塞体结构形态与溃决特征研究.人民长江,50(3):15~22

陈春利,余洋.2019.走近尾矿坝溃决泥石流.城市与减灾,22(2):42~46

陈国亮.1994.岩溶地面塌陷的成因与防治.北京:中国铁道出版社

陈建胜,陈从新,赵海斌等.2013.基于位移时间序列Fourier分析的滑坡预警研究.人民长江,44(22):64~68

陈晓清,崔鹏,赵万玉等.2010."5·12"汶川地震堰塞湖应急处置措施的讨论——以唐家山堰塞湖为例.山地学报,28(3):350~357

陈学明.2012.谁是罪魁祸首——追寻生态危机的根源.北京:人民出版社

陈雪莲.2007.社会应急管理体制改革研究刍议.中国应急管理,1(2):36~41

陈自生,孔纪名.1991.1991年9月23日云南省昭通市头寨沟特大滑坡.山地研究,9(4):265~268

陈祖煜.2003.土质边坡稳定分析——原理·方法·程序.北京:中国水利水电出版社

陈祖煜,汪小刚,杨健等.2005.岩质边坡稳定分析——原理·方法·程序.北京:中国水利水电出版社

程谦恭,张倬元,崔鹏.2004.平卧"支撑拱"锁固滑坡动力学机理与稳定性判据.岩石力学与工程学报,23(17):2855~2864

程谦恭,张倬元,黄润秋.2007.高速远程崩塌滑坡动力学的研究现状及发展趋势.山地学报,25(1):72~84

崔鹏.1991.泥石流起动条件及机理的实验研究.科学通报,36(21):1650~1652

崔鹏,何思明,姚令凯等.2011.汶川地震山地灾害形成机理与风险控制.北京:科学出版社

崔鹏,刘世建,谭万沛.2000.中国泥石流监测预报研究现状与展望.自然灾害学报,9(2):10~15

崔鹏,马东涛,陈宁生,蒋忠信.2003.冰湖溃决泥石流的形成、演化与减灾对策.第四纪研究,23(6):621~628

大唐.2008.生命在岩崩下殒灭.湖南安全与防灾,10(1):41~43

丹·加德纳.2009.黑天鹅效应:你身边无处不在的风险与恐惧.刘宁,冯斌译.北京:中信出版社

丹尼斯·米都斯等.1997.增长的极限——罗马俱乐部关于人类困境的报告.李宝恒译.长春:吉林人民出版社

党超,丁瑜,褚娜娜.2012.土石坝漫顶溃决模型.山地学报,30(2):207~215

邓卫平,王宇姣,陈光海等.2013.里东村滑坡稳定性分析及防治.土工基础,27(6):22~25

邓云峰.2004.重大事故应急演习策划与组织实施.劳动保护,15(4):19~25

丁兴旺.1985.预报新滩镇滑坡有功——长春地院刘传正等三名研究生受表彰.中国地质报(第224号),1985年8月23日第一版

段文刚,周赤,杨金波.2013.土坝漫顶冲蚀溃决过程和峰值流量试验研究.人民长江,44(11):76~80

范恩让,史剑鹏.2007.几个尾矿坝垮塌事故的案例分析与教训.资源环境与工程,21(3):290~292

范宣梅,许强,黄润秋等.2007.丹巴县城后山滑坡锚固动态优化设计和信息化施工.岩石力学与工程学报,26(S2):4139~4146

方海燕，蔡强国，李秋艳等.2010.甘肃舟曲"8·7"特大山洪泥石流灾害原因及防治对策.中国水土保持科学，8（6）：14~18

方玉树.2011.有渗流边坡稳定性一般条分法分析中的水力近似计算.中国地质灾害与防治学报，22（3）：125~128

菲利普·巴格比.1987.文化：历史的投影——比较文明研究.夏克，李天纲，陈江岚译.上海：上海人民出版社

傅征祥，吕晓健，邵辉成等.2008.中国大陆及其分区余震序列 b 值的统计特征分析.地震，28（3）：1~7

高波，肖平，张国军.2014.抚顺西露天矿南帮边坡岩体结构及构造的分析.露天采矿技术，（9）：18~21

高杨，卫童瑶，李滨等.2019.深圳"12·20"渣土场远程流化滑坡动力过程分析.水文地质工程地质，46（1）：129~138

《工程地质手册》编委会.2018.工程地质手册（第五版）.北京：中国建筑工业出版社

龚思礼，周锡元，符圣聪等.1992.建筑抗震设计新发展.北京：中国建筑工业出版社

古迅.1988.韩城电厂滑坡及其成因分析.中国典型滑坡.北京：科学出版社

顾林生.2004.日本大城市防灾应急管理体系及其政府能力建设.城市与减灾，（6）：4~9

国家技术监督局.1990.综合工程地质图图例及色标（GB12328—90）.北京：中国标准出版社

国家技术监督局.1991.矿区水文地质工程地质勘探规范（GB 12719—91）.北京：中国标准出版社

国家技术监督局.1993a.工程地质术语（GB/T 14498—1993）.北京：中国标准出版社

国家技术监督局.1993b.区域水文地质工程地质环境地质综合勘查规范（比例尺 1：50000）（GB/T 14158—93）.北京：中国标准出版社

国土资源部.2006a.滑坡防治工程勘查规范（DZ/T0218 — 2006）.北京：中国标准出版社

国土资源部.2006b.滑坡防治工程设计与施工技术规范（DZ/T0219 — 2006）.北京：中国标准出版社

国土资源部地质灾害应急技术指导中心.2012.2011 年地质灾害应急演练选编.北京：地质出版社

哈肯 H.1984.协同学.徐锡申，陈式刚，陈雅深等译.北京：原子能出版社

韩启德.2012.我对科学文化与科学精神问题的看法.科技导报，30（26）：卷首语

韩晓极，李惠发，郭霁等.2017.抚顺西露天矿南帮边坡变形机制与稳定性分析.煤矿安全，48（7）：242~245

何朝阳，许强，巨能攀等.2018.基于降雨过程自动识别的泥石流实时预警技术.工程地质学报，26（3）：703~710

贺鑫，崔原，滕超等.2018.辽宁抚顺西露天矿南帮滑坡变形与地下水位关系.中国地质灾害与防治学报，29（1）：72~77

侯康明，袁道阳.1995.走滑断裂黏滑、蠕滑作用形成地貌特征.地震地质，17（3）：254~258

胡高建，杨天鸿，张飞.2019.抚顺西露天矿南帮边坡破坏机理及内排压脚措施.吉林大学学报（地球科学版），49（4）：1082~1092

胡广韬.1995.滑坡动力学.北京：地质出版社

胡广韬，林叔中等.1993.大跨度采空影响顺倾构造山体侧向变动的复合机理.工程地质学报，1（1）：51~64

胡桂胜，陈宁生，邓明枫，王元欢.2011.西藏林芝地区泥石流类型及形成条件分析.水土保持通报，31（2）：193~198

胡华，谢金华.2018.以速率为参量的 GM（1，1）滑坡时间预报模型研究.长江科学院院报，35（10）：70~76

胡凯衡，葛永刚，崔鹏等.2010.对甘肃舟曲特大泥石流灾害的初步认识.山地学报，28（5）：628~634

胡向德，毕远宏，魏新平，魏洁.2012.舟曲县三眼峪沟泥石流灾害治理工程分析.水土保持通报，

32 (3)：267~270

胡向德，王根龙，赵成等．2011．舟曲"8·8"三眼峪特大泥石流特征值分析．西北地质，44 (3)：
　　44~52

胡卸文，黄润秋，施裕兵等．2009．唐家山滑坡堵江机制及堰塞坝溃坝模式分析．岩石力学与工程学报，
　　28 (1)：181~189

黄河清，赵其华．2010．汶川地震引发文家沟巨型滑坡-碎屑流基本特征及成因机制初步分析．工程地质
　　学报，18 (2)：168~177

黄润秋．2007．20世纪以来中国的大型滑坡及其发生机制．岩石力学与工程学报，26 (3)：433~454

黄润秋．2011．汶川地震地质灾害后效应分析．工程地质学报，19 (2)：145~151

黄润秋，李为乐．2008．5·12汶川大地震引发地质灾害的发育分布规律研究．岩石力学与工程学报，
　　27 (12)：2585~2592

黄润秋，许强．1997．工程地质广义系统科学分析原理及应用．北京：地质出版社

黄润秋，许强．2008．中国典型灾难性滑坡．北京：科学出版社

黄润秋，张伟峰，裴向军．2014．大光包滑坡工程地质研究．工程地质学报，22 (4)：557~585

黄文星，王国灿，王岸，曹树钊，曹凯．2013．雅鲁藏布江大拐弯地区河流形态特征及其意义．地质通
　　报，32 (1)：130~140

黄阳才等．1992．滑坡体位移的不等时距灰色预测．水文地质工程地质，19 (3)：8~11

冀琴．2018．1990~2015年喜马拉雅山冰川变化及其对气候波动的响应．兰州：兰州大学博士研究生学位
　　论文

贾雪浪．1983．湖北宜昌盐池河磷矿山体滑崩机理及其运动方式的研究．北京：中国地质科学院硕士研究
　　生学术论文

姜卉，黄钧．2009．突发事件分类与应急处置范式研究．中国应急管理，4 (7)：22~25

蒋小珍，雷明堂，郑小战，管振德．2016．岩溶塌陷灾害监测技术．北京：地质出版社

金德镰，王耕夫．1988．柘溪水库塘岩光滑坡，中国典型滑坡．北京：科学出版社

金观涛．1987．整体的哲学：组织的本源、生长和演化．成都：四川人民出版社：75~127

金凌燕，张茂省，王进聪等．2011．舟曲罗家峪"8·8"特大泥石流特征与成因．西北地质，44 (3)：
　　71~79

金龙哲，宋存义．2004．安全科学原理．北京：化学工业出版社

金兴平．2019．金沙江雅鲁藏布江堰塞湖应急处置回顾与思考．人民长江，50 (3)：5~9，46

康彦仁．1992．论岩溶塌陷形成的致塌模式．水文地质工程地质，19 (4)：31~34

康志成，李焯芬，马蔼乃，罗锦添．2004．中国泥石流研究．北京：科学出版社

李炳元，潘保田，韩嘉福．2008．中国陆地基本地貌类型及其划分指标探讨．第四纪研究，28 (4)：
　　535~543

李朝安，胡卸文，王良玮．2011．山区铁路沿线泥石流泥位自动监测预警系统．自然灾害学报，20 (5)：
　　74~81

李朝安，王良玮，廖凯等．2014．山区铁路沿线泥石流灾害预警研究．岩石力学与工程学报，33 (S2)：
　　3810~3816

李聪，肖子牛，张晓玲．2012．近60年中国不同区域降水的气候变化特征．气象，38 (4)：419~424

李翠平，王萍，钱达，唐茂云．2015．雅鲁藏布江大峡谷入口河段最近两期古堰塞湖事件的年龄．地震地
　　质，37 (4)：1136~1146

李海涛，陈邦松，杨雪等．2015．岩溶塌陷监测内容及方法概述．工程地质学报，23 (1)：126~134

李鸿连，赵尚学，李爱弟．1994．泥石流发育的气候环境//甘肃省滑坡泥石流研究会．第四届全国泥石流

学术会议论文集.兰州:甘肃文化出版社:1~9

李吉均,文世宣,张青松,王富葆,郑本兴,李炳元.1979.青藏高原隆起的时代,幅度和形式的探讨.中国科学（D辑）,9（6）:608~616

李全明,李玲,王云海等.2011.尾矿库溃坝淹没范围的定量计算方法研究.中国安全科学学报,21（11）:92~96

李守定,李晓,张军等.2010.唐家山滑坡成因机制与堰塞坝整体稳定性研究.岩石力学与工程学报,29（S1）:2908~2915

李四光.1924.长江峡东地质及峡之历史.中国地质学会会刊,3（3-4）

李腾飞,陈洪涛,王瑞青.2016.湖北宜昌盐池河滑坡成因机理分析.工程地质学报,24（4）:578~583

李廷强,唐军,唐定洪等.2007.四川丹巴县特大型滑坡形成原因及稳定性分析.中国地质灾害与防治学报,18（3）:16~18

李同录,习羽,侯晓坤.2018.水致黄土深层滑坡灾变机理.工程地质学报,26（5）:1113~1120

李祥根.2003.中国新构造运动概论.北京:地震出版社

李秀珍,许强,黄润秋等.2003.滑坡预报判据研究.中国地质灾害与防治学报,14（4）:5~11

李亦纲,尹光辉,黄建发等.2007.应急演练中的几个关键问题.中国应急救援,（3）:33~35

梁宏锟,刘传正,温铭生等.2014."地质灾害五步避险法"动漫设计与制作.中国地质灾害与防治学报,25（3）:141~144

林宗元.2005.岩土工程治理手册.北京:中国建筑工业出版社

刘传正.1990.区域构造孕震活动与重力崩滑时空相谐的一个例证.水文地质工程地质,17（4）:51~52

刘传正.1993.活动断裂系统的分段性及其分形几何特征.水文地质工程地质,20（6）:16~19

刘传正.1995a.环境工程地质学导论.北京:地质出版社

刘传正.1995b.地质灾害防治工程设计的基本问题.水文地质工程地质,22（1）:7~11

刘传正.1996.论滑坡稳定性评价的几个关键问题.中国地质灾害与防治学报,7（3）:55~59

刘传正.1997a.论地质灾害防治工程的地质观与工程观.工程地质学报,5（4）:368~374

刘传正.1997b.我国岩溶地面塌陷分布规律的探讨.中国地质灾害与防治学报,8:11~17

刘传正.1999.我国采矿诱发的山体开裂崩滑地质灾害,工程地质环境.长春:长春出版社

刘传正.2000a.地质灾害勘查指南.北京:地质出版社

刘传正.2000b.长江上游川峡二江续接地段岸坡演变过程探讨.中国地质灾害与防治学报,11（1）:53~57

刘传正.2000c.地质灾害防治工程的理论与技术.工程地质学报,8（1）:100~108

刘传正.2001.突发性地质灾害的监测预警问题.水文地质工程地质,28（2）:1~4

刘传正.2004a.区域滑坡泥石流灾害预警理论与方法研究.水文地质工程地质,31（3）:1~6

刘传正.2004b.区域地质灾害评价预警的递进分析理论与方法.水文地质工程地质,31（4）:1~9

刘传正.2005.论地质环境变化与地质灾害减轻战略.地质通报,24（7）:597~602

刘传正.2006a.菲律宾特大滑坡灾难的教训.中国地质灾害与防治学报,17（3）:170

刘传正.2006b.重大突发地质灾害应急处置的基本问题.自然灾害学报,15（3）:24~30

刘传正.2007.南昆铁路八渡滑坡成因机理新认识.水文地质工程地质,34（5）:1~5

刘传正.2008.四川汶川地震灾害与地质环境安全.地质通报,27（11）:20~25

刘传正.2009.重大地质灾害防治理论与实践.北京:科学出版社

刘传正.2010a.重庆武隆鸡尾山危岩体形成与崩塌成因分析.工程地质学报,18（3）:297~304

刘传正.2010b.贵州关岭大寨崩滑碎屑流灾害初步研究.工程地质学报,18（5）:623~630

刘传正.2010c.单体地质灾害应急预案编制与实施问题.中国地质灾害与防治学报,21（3）:92~96

刘传正 . 2012. 汶川地震区文家沟泥石流成因模式分析 . 地质论评, 58 (4): 709~716

刘传正 . 2013a. 论地质灾害防治的科学理念 . 水文地质工程地质, 40 (6): 1~7

刘传正 . 2013b. 意大利瓦依昂水库滑坡五十年 . 水文地质工程地质, 40 (5): 卷首语

刘传正 . 2013c. 重庆武隆羊角镇地质环境初步研究 . 水文地质工程地质, 40 (2): 1~8

刘传正 . 2014a. 中国崩塌滑坡泥石流灾害成因类型 . 地质论评, 60 (4): 858~868

刘传正 . 2014b. 关注冰雪冻融引发的崩塌滑坡灾害 . 水文地质工程地质, 41 (2): 卷首语

刘传正 . 2015a. 论地质灾害防治科学的哲学观 . 水文地质工程地质, 42 (2): 卷首语

刘传正 . 2015b. 地质灾害防治研究的认识论与方法论 . 工程地质学报, 23 (5): 809~820

刘传正 . 2015c. 城镇建设中的地质环境科学利用问题 . 水文地质工程地质, 42 (4): 1~7

刘传正 . 2016a. 论地质灾害防治文化培育问题 . 中国地质灾害与防治学报, 27 (3): 1~6

刘传正 . 2016b. 深圳红坳弃土场滑坡灾难成因分析 . 中国地质灾害与防治学报, 27 (1): 1~5

刘传正 . 2016c. 关注工程弃土场滑坡泥石流灾害 . 水文地质工程地质, 43 (2): 卷首语

刘传正 . 2017a. 论地质灾害防治的基本对策 . 中国地质灾害与防治学报, 28 (4): 论坛

刘传正 . 2017b. 论岩体稳定之 "关键块体" 问题 . 水文地质工程地质, 44 (3): 论坛

刘传正 . 2017c. 论崩塌滑坡 - 碎屑流高速远程问题 . 地质论评, 63 (6): 1563~1575

刘传正 . 2017d. 论地质灾害风险识问题 . 水文地质工程地质, 44 (4): 1~7

刘传正 . 2018a. 论地质灾害术语 . 水文地质工程地质, 45 (4): 卷首语

刘传正 . 2018b. 地质灾害应急演练的基本问题 . 中国地质灾害与防治学报, 29 (6): 1~7

刘传正 . 2019a. 加强沟通联动/完善地质灾害防治体系 . 中国应急管理, 13 (2): 34~37

刘传正 . 2019b. 地质灾害防治标准化建设的思考 . 中国地质灾害与防治学报, 30 (3): 1~5

刘传正 . 2019c. 城镇化过程中的地质灾害防治问题 . 城市与减灾, 22 (3): 2~8

刘传正 . 2019d. 崩塌滑坡灾害风险识别方法初步研究 . 工程地质学报, 27 (1): 88~97

刘传正 . 2021. 累积变形曲线类型与滑坡预测预报 . 工程地质学报, 29 (1): 86~95

刘传正, 陈春利 . 2020a. 中国地质灾害防治成效与问题对策 . 工程地质学报, 28 (1): 1~10

刘传正, 陈春利 . 2020b. 中国地质灾害成因分析 . 地质论评, 66 (5): 1334~1348

刘传正, 刘艳辉 . 2012. 论地质灾害防治与地质环境利用 . 吉林大学学报 (地球科学版), 42 (5):
　　1469~1476

刘传正, 肖锐铧 . 2021. 湖北远安盐池河 1980 年 "6·3" 山崩灾难成因分析 . 灾害学, 36 (2): 130~
　　133, 150

刘传正, 张明霞 . 1994. 关于地质灾害发育规律与减灾对策的思考 . 中国地质灾害与防治学报, 5 (4):
　　14~18

刘传正, 张明霞 . 1996. 链子崖 T_{11} - T_{12} 缝段危岩体开裂变形机制 . 地学前缘 . 3 (1-2): 234~240

刘传正, 黄学斌, 黎力 . 1995a. 乌江鸡冠岭山崩堵江地质灾害及其防治对策 . 水文地质工程地质,
　　22 (4): 6~11

刘传正, 施韬, 张明霞 . 1995b. 链子崖危岩体 T_8 ~ T_{12} 缝段开裂变形机制的研究 . 工程地质学报, 3 (2):
　　29~41

刘传正, 张明霞, 高道华 . 1996. 链子崖 T_8 - T_{12} 缝段防治工程方案的比选优化//中国水文地质工程地质勘
　　查院 . 环境地质研究 (三) . 北京: 地震出版社

刘传正, 李瑞敏, 李铁锋 . 2003a. 三峡库区白衣庵滑坡防治工程研究 . 中国地质灾害与防治学报,
　　14 (1): 48~54

刘传正, 李铁锋, 邹正盛等 . 2003b. 三峡库区白衣庵滑坡地质研究 . 工程地质学报, 11 (1): 3~9

刘传正, 郭强, 陈红旗 . 2004a. 贵州省纳雍县岩脚寨危岩崩塌灾害成因初步分析 . 中国地质灾害与防治

学报，15（4）：120，Ⅳ

刘传正，温铭生，唐灿．2004b. 中国地质灾害气象预警初步研究．地质通报，23（4）：303~309

刘传正，刘艳辉，连建发．2006a. 长江三峡巴东复杂斜坡系统成因研究．地质论评，52（4）：510~521

刘传正，刘艳辉，连建发等．2006b. 三峡库区巴东复杂斜坡区工程地质环境质量研究．水文地质工程地质，33（5）：1~8

刘传正，王洪德，涂鹏飞等．2006c. 长江三峡链子崖危岩体防治工程效果研究．岩石力学与工程学报，25（11）：2171~2179

刘传正，张明霞，孟晖．2006d. 论地质灾害群测群防体系．防灾减灾工程学报，26（2）：175~179

刘传正，张明霞，刘艳辉．2006e. 区域地质环境可持续利用评价体系初步研究．地学前缘，13（1）：242~245

刘传正，刘艳辉，温铭生等．2007. 长江三峡库区地质灾害成因与评价研究．北京：地质出版社

刘传正，刘艳辉，温铭生等．2009. 中国地质灾害区域预警方法与应用．北京：地质出版社

刘传正，陈红旗，韩冰等．2010. 重大地质灾害应急响应技术支撑体系研究．地质通报，29（1）：147~156

刘传正，苗天宝，陈红旗等．2011. 甘肃舟曲2010年8月8日特大山洪泥石流灾害的基本特征及成因．地质通报，30（1）：141~150

刘传正，温铭生，刘艳辉等．2016. 汶川地震区地质灾害成生规律研究．水文地质工程地质，43（5）：1~16

刘传正，温铭生，刘艳辉．2017. 汶川地震区地质灾害成生规律研究．北京：地质出版社

刘传正，吕杰堂，童立强等．2019. 雅鲁藏布江色东普沟崩滑碎屑流堵江灾害初步研究．中国地质，49（2）：219~234

刘传正，刘秋强，吕杰堂．2020. 地质灾害防治规划编制研究．灾害学，35（1）：1~5

刘蕾．2013. 区域资源环境承载力评价与国土规划开发战略选择研究．北京：人民出版社

刘宁．2008a. 唐家山堰塞湖应急处置与减灾管理工程．中国工程科学，10（12）：67~72

刘宁．2008b. 巨型滑坡堵江堰塞湖处置的技术认知．中国水利，16：1~7

刘伟．2002. 西藏易贡巨型超高速远程滑坡地质灾害链特征研析．中国地质灾害与防治学报，13（3）：9~18

刘宇平，Montgomery D R，Hallet B，唐文清等．2006. 西藏东南雅鲁藏布大峡谷入口处第四纪多次冰川阻江事件．第四纪研究，26（1）：52~62

卢耀如．1999. 岩溶水文地质环境演化与工程效应研究．北京：科学出版社

吕刚，朱要强．2017. 贵州福泉滑坡冲击水塘的涌浪过程分析．中国地质灾害与防治学报，28（4）：1~5

吕贵芳，薛果夫．1987. 新滩滑坡的形成及其预测．人民长江，18（1）：17~26，48

吕杰堂，刘秋强，程凯等．2019. 滑坡堰塞湖及其灾害应对．城市与减灾，22（2）：17~22

罗利环，黄尔，吕文翠等．2010. 堰塞坝溃坝洪水影响因素试验．水利水电科技进展，30（5）：1~4

罗小杰．2015. 也论覆盖型岩溶地面塌陷机理．工程地质学报，23（5）：886~895

罗小杰，沈建．2018. 我国岩溶地面塌陷研究进展与展望．中国岩溶，37（1）：101~111

骆培云．1988. 新滩滑坡的发育过程与临滑预报．水利水电技术，（2）：3~8

马东涛．2010. 舟曲"8·8"特大泥石流灾害治理之我见．山地学报，28（5）：635~640

马东涛，祁龙．1997. 三眼峪沟泥石流灾害及其综合治理．水土保持通报，17（4）：26~31

满作武．1991. 四川巫溪中阳村滑坡发生机制分析．地质灾害与防治，2（1）：71~77

毛昶熙．2005. 管涌与滤层的研究：管涌部分．岩土力学，26（2）：209~215

毛泽东．1991. 毛泽东选集（第二版）．北京：人民出版社：282~340

门永生, 柴建设. 2009. 我国尾矿库安全现状及事故防治措施. 中国安全生产科学技术, 5 (1): 48~52

孟晖, 张若琳, 石菊松等. 2019. 地质环境安全评价. 地球科学, http://kns. cnki. net/kcms/detail/42. 1874. P. 20190314. 1015. 002. html

尼科里斯, 普利高津, 罗久里. 1986. 探索复杂性. 陈奎宁译. 成都: 四川教育出版社

倪化勇, 郑万模, 唐业旗等. 2011. 汶川震区文家沟泥石流成灾机理与特征. 工程地质学报, 19 (2): 262~270

年廷凯, 吴昊, 陈光齐, 郑德凤, 张彦君, 李东阳. 2018. 堰塞坝稳定性评价方法及灾害链效应研究进展. 岩石力学与工程学报, 37 (8): 1796~1812

潘家铮. 1980. 建筑物的抗滑稳定与滑坡分析. 北京: 水利出版社

潘建平, 孔宪京, 邹德高. 2006. 尾矿坝地震液化的简化分析. 水利学报, 37 (10): 1224~1229

亓星, 许强, 余斌等. 2016. 汶川震区文家沟泥石流治理工程效果分析. 地质科技情报, 35 (1): 161~165

秦华礼, 马池香. 2008. 水对尾矿坝稳定性的作用机理研究. 金属矿山, (10): 116~119

秦四清, 王思敬, 孙强等. 2008. 非线性岩土力学基础. 北京: 地质出版社

秦四清, 王媛媛, 马平. 2010. 崩滑灾害临界位移演化的指数律. 岩石力学与工程学报, 29 (5): 873~880

丘成桐. 2014. 数理与人文. 科技导报, 32 (28-29): 27~31

屈永平, 唐川, 刘洋等. 2015. 西藏林芝地区冰川降雨型泥石流调查分析. 岩石力学与工程学报, 34 (增2): 4013~4022

任国林. 1992. 中国区域工程地质条件基本特征. 水文地质工程地质, 19 (3): 36~38

任进. 2004. 突发公共事件应急机制: 美国的经验及其启示. 国家行政学院学报, 2: 82~85

汝乃华. 1983. 重力坝. 北京: 水利电力出版社

尚积伟, 吴群红. 2009. 国外重大应急演练案例解析及对中国的启示. 中国卫生事业管理, 21 (1): 63~66

师哲, 张平仓, 舒安平. 2010. 泥石流监测预报预警系统研究. 长江科学院院报, 27 (11): 115~119

石磊. 2009. 应急管理关键词: 通用模型和应急机制. 中国应急管理, 3 (8): 55~59

舒斯特 R L, 克利泽克 R J. 1987. 滑坡的分析与防治. 北京: 中国铁道出版社

孙广忠. 1988. 岩体结构力学. 北京: 科学出版社

孙萍, 张永双, 殷跃平等. 2009. 东河口滑坡–碎屑流高速远程运移机制探讨. 工程地质学报, 17 (6): 737~744

孙玉进, 宋二祥. 2018. "12·20" 深圳滑坡动态模拟. 岩土工程学报, 40 (3): 441~448

孙玉科, 姚宝魁. 1983. 盐池河磷矿山体崩坍破坏机制的研究. 水文地质工程地质, 10 (1): 1~7

谭炳炎. 2011. 走近泥石流——谭炳炎研究员八秩华诞纪念文集. 成都: 西南交通大学出版社

谭炳炎, 段爱英. 1995. 山区铁路沿线暴雨泥石流预报的研究. 自然灾害学报, 4 (2): 43~52

谭继中. 1993. 云南头寨沟大型高速滑坡运动特征探讨. 地质灾害与环境保护, 4 (1): 37~44

谭万沛. 1989. 泥石流沟的临界雨量线分布特征. 水土保持通报, 9 (6): 21~26

谭万沛. 1996. 中国暴雨泥石流预报研究基本理论与现状. 土壤侵蚀与水土保持学报, 2 (1): 88~95

谭万沛, 王成华, 姚令侃等. 1994. 暴雨泥石流滑坡的区域预测与预报——以攀西地区为例. 成都: 四川科学技术出版社

唐邦兴. 1983. 1981 年四川暴雨泥石流分析//中国科学院成都地理研究所. 泥石流 (2). 重庆: 科学技术文献出版社重庆分社

唐然, 于宇, 唐晓玲等. 2014. 丹巴县城后山滑坡应急加固深部位移监测成果. 四川地质学报, 34 (3):

443 ~ 446

唐亚明，薛强，毕俊擘等.2013.降雨入渗诱发黄土滑塌的模式及临界值初探.地质论评，59（1）：97 ~ 106

陶东良.2011.某钼矿尾矿库洪水溃坝模型试验研究.工程设计与研究，130：18 ~ 24

特科特 D L.1993.分形与混沌.陈颙，郑捷，季颖译.北京：地震出版社

滕超，王雷，刘宝华等.2018.辽宁抚顺西露天矿南帮滑坡应力变化规律及影响因素分析.中国地质灾害与防治学报，29（2）：35 ~ 42

田陵君等.1996.长江三峡河谷发育史.成都：西南交通大学出版社

田陵君，魏伦武，陈辉等.1988.四川省巫溪县西宁区中阳村危岩体形成原因分析及滑坡机制探讨//全国第三次工程地质大会论文选集.成都：成都科技大学出版社：753 ~ 759

童立强，涂杰楠，裴丽鑫等.2018.雅鲁藏布江加拉白垒峰色东普流域频繁发生碎屑流事件初步探讨.工程地质学报，26（6）：1552 ~ 1561

汪定扬，刘世凯.1986.长江新滩滑坡（1985年6月）涌浪调查研究.人民长江，17（10）：24 ~ 27

王纯祥，白世伟，江崎哲郎等.2007.泥石流的二维数学模型.岩土力学，28（6）：1237 ~ 1241

王根龙，张茂省，赵成等.2011.对三眼峪泥石流以往防治措施的反思.西北地质，44（3）：115 ~ 121

王恭先，徐峻龄，刘光代.2004.滑坡学与滑坡防治技术.北京：中国铁道出版社

王国庆.2007.突发公共事件的信息发布和新闻媒体管理.中国应急管理，1（2）：25 ~ 29

王佳运，王根龙，石小亚.2019.陕西山阳滑坡视向滑移–溃屈破坏力学分析.中国地质，46（2）：381 ~ 388

王家鼎，张倬元.1999.典型高速黄土滑坡群的系统工程地质研究.成都：四川科学技术出版社

王来贵，黄润秋，王泳嘉.1998.岩石力学系统运动稳定性理论及其应用.北京：地质出版社

王兰民，袁中夏，石玉成等.1999.黄土地震灾害区划指标与方法研究.自然灾害学报，8（3）：87 ~ 92

王兰生，詹铮，苏道刚.1988.新滩滑坡发育特征和起动、滑动及制动机制的初步研究//中国岩石力学与工程学会地面岩石工程专业委员会，中国地质学会工程地质专业委员会.中国典型滑坡.北京：科学出版社：211 ~ 217

王兰生，李天斌，赵其华.1994.浅生时效构造与人类工程.北京：地质出版社

王礼先，于志民.2001.山洪及泥石流灾害预报.北京：中国林业出版社

王尚庆等.1998.长江三峡滑坡监测预报.北京：地质出版社

王涛，石菊松，吴树仁等.2010.汶川地震触发文家沟高速远程滑坡–碎屑流成因机理分析.工程地质学报，18（5）：631 ~ 644

王秀英.2010.汶川地震引发滑坡与地震动峰值加速度对应关系研究.岩石力学与工程学报，29（1）：82 ~ 89

王毅，张运达.2015.雅鲁藏布江大拐弯入口格嘎冰川泥石流堵江影响分析.四川水力发电，34（4）：81 ~ 84，140

王遵娅，丁一汇，何金海等.2004.近50年来中国气候变化特征的再分析.气象学报，62（2）：228 ~ 236

王遵娅，曾红玲，高歌等.2011.2010年中国气候概况.气象，37（4）：439 ~ 445

温铭生，陈红旗，张鸣之等.2017.四川茂县"6·24"特大滑坡特征与成因机制分析.中国地质灾害与防治学报，28（3）：1 ~ 7

乌尔里希·贝克.2014.风险社会.何博闻译.南京：译林出版社

乌尔里希·贝克.2018.风险社会：新的现代性之路.张文杰，何博闻译.南京：译林出版社

吴积善，康志成，田连权等.1990.云南蒋家沟泥石流观测研究.北京：科学出版社

吴玮江，王念秦.2006.甘肃滑坡灾害.兰州：兰州大学出版社

伍岳，黄学斌，徐绍铨，程温鸣，李英冰.2006.GPS技术在三峡库区地质灾害专业监测中的应用.测绘
　　信息与工程，31（5）：16～17

习近平.2007.之江新语.杭州：浙江人民出版社

项式钧，康彦仁，刘志云等.1986.长江流域的岩溶塌陷.中国岩溶，5（4）：256～268

肖锐铧，陈红旗，冷洋洋等.2018.贵州纳雍"8·28"崩塌破坏过程与变形破坏机理初探.中国地质灾
　　害与防治学报，29（1）：3～9

徐峻龄.1997a.高速远程滑坡研究现状综述//《滑坡文集》编辑委员会.滑坡文集（第十二集）.北京：
　　中国铁道出版社

徐峻龄.1997b.再论高速滑坡的"闸门效应"及其运动特征.中国地质灾害与防治学报，8（4）：23～27

徐开祥.1988.鄂西山岩开裂.水文地质工程地质，15（5）：17～21

徐一飞，周斯富.1991.系统工程应用手册——原理·方法·模型·程序.北京：煤炭工业出版社

徐则民，黄润秋.2010.峨眉山玄武岩大规模灾难性崩滑事件的地质构造约束.地质论评，56（2）：
　　224～236

许冲.2012.汶川地震滑坡详细编录及其与全球其他地震滑坡事件对比.科技导报，30（25）：18～26

许冲，戴福初，徐锡伟.2010.汶川地震滑坡灾害研究综述.地质论评，56（6）：860～874

许强.2010.四川省8·13特大泥石流灾害特点、成因与启示.工程地质学报，18（5）：610～621

许强.2012.滑坡的变形破坏行为与内在机理.工程地质学报，20（2）：145～151

许强.2020.对滑坡监测预警相关问题的认识与思考.工程地质学报，28（2）：360～374

许强，曾裕平.2009.具有蠕变特点滑坡的加速度变化特征及临滑预警指标研究.岩石力学与工程学报，
　　27（6）：1100～1106

许强，黄润秋，李秀珍.2004.滑坡时间预测预报研究进展.地球科学进展，19（3）：478～483

许强，汤明高，徐开祥等.2008.滑坡时空演化规律及预警预报研究.岩石力学与工程学报，27（6）：
　　1104～1112

许强，黄润秋，殷跃平等.2009.2009年"6·5"重庆武隆鸡尾山崩滑灾害基本特征与成因机理初步研
　　究.工程地质学报，17（4）：433～444

许强，李为乐，董秀军等.2017.四川茂县叠溪镇新磨村滑坡特征与成因机制初步研究.岩石力学与工程
　　学报，36（11）：2612～2628

许强，郑光，李为乐等.2018.2018年10月和11月金沙江白格两次滑坡-堰塞堵江事件分析研究.工程
　　地质学报，26（6）：1534～1551

许强，彭大雷，何朝阳等.2020.突发型黄土滑坡监测预警理论方法研究——以甘肃黑方台为例.工程地
　　质学报，28（1）：111～121

许志琴，杨经绥，侯增谦等.2016.青藏高原大陆动力学研究若干进展.中国地质，43（1）：1～42

薛果夫，吕贵芳，任江.1988.新滩滑坡研究，中国典型滑坡.北京：科学出版社

薛澜，刘冰.2013.应急管理体系新挑战及其顶层设计.国家行政学院学报，（1）：10

晏同珍，杨顺安，方云.2000.滑坡学.武汉：中国地质大学出版社

阳吉宝.1994.地下水和岩崩加载在新滩滑坡上段作用的讨论.水文地质工程地质，（5）：26～29

杨成林，丁海涛，陈宁生.2014.基于泥石流形成运动过程的泥石流灾害监测预警系统.自然灾害学报，
　　23（3）：1～9

杨达源.1988.长江三峡的起源与演变.南京大学学报，24（3）：466～474

杨光，沈繁銮.2005.日本阪神地震灾害的一些调查数据.华南地震，25（1）：83～86

杨海平，王金生.2009.长江三峡工程库区千将坪滑坡地质特征及成因分析.工程地质学报，17（2）：

233～239

杨顺, 潘华利, 王钧等. 2014. 泥石流监测预警研究现状综述. 灾害学, 29 (1)：150～156

杨天鸿, 张锋春, 于庆磊等. 2011. 露天矿高陡边坡稳定性研究现状及发展趋势. 岩土力学, 32 (5)：
　　1437～1452

杨逸畴. 1991. 南迦巴瓦峰地区地貌的形成及其对自然环境的影响. 地理科学, 11 (2)：165～171

杨宗喜. 2017. 人类世呼之欲出, 中国地质学家应当有所作为. 中国地质, 44 (2)：411～412

姚宝魁, 孙玉科. 1988. 宜昌盐池河磷矿山崩及其崩塌破坏机制, 中国典型滑坡. 北京：科学出版社：
　　89～98

殷坤龙. 2004. 滑坡灾害预测预报. 武汉：中国地质大学出版社

殷坤龙, 晏同珍. 1996. 滑坡预测及相关模型. 岩石力学与工程学报, 15 (1)：1～8

殷坤龙, 刘艺梁, 汪洋等. 2012. 三峡水库库岸滑坡涌浪物理模型试验. 地球科学–中国地质大学学报,
　　37 (5)：1067～1074

殷坤龙, 姜清辉, 汪洋. 2002a. 滑坡运动过程仿真分析. 地球科学–中国地质大学学报, 27 (5)：
　　632～636

殷坤龙, 汪洋, 唐仲华. 2002b. 降雨对滑坡的作用机理及动态模拟研究. 地质科技情报, 21 (1)：
　　75～78

殷跃平等. 2009. 汶川地震地质与滑坡灾害概论. 北京：地质出版社

殷跃平, 康宏达, 张颖等. 1995. 地质工程设计支持系统与链子崖锚固设计. 北京：地质出版社

殷跃平, 王文沛, 张楠等. 2017. 强震区高位滑坡远程灾害特征研究——以四川茂县新磨滑坡为例. 中国
　　地质, 44 (5)：430～444

游志斌. 2020. 当前美国应急管理体系改革的经验教训及启示. 中国减灾, 7：56～59

于国强, 张茂省, 魏新平等. 2011. 基于 ArcGIS+DEM 的三眼峪泥石流水动力条件分析. 西北地质,
　　44 (3)：53～62

余斌, 马煜, 吴雨夫. 2010a. 汶川地震后四川省绵竹市清平乡文家沟泥石流灾害调查研究. 工程地质学
　　报, 18 (6)：827～836

余斌, 杨永红, 苏永超等. 2010b. 甘肃省舟曲 8·7 特大泥石流调查研究. 工程地质学报, 18 (4)：437～
　　444

余斌, 马煜, 张健楠等. 2011. 汶川地震后四川省都江堰市龙池镇群发泥石流灾害. 山地学报, 29 (6)：
　　738～746

余志球, 邓建辉, 高云建等. 2020. 金沙江白格滑坡及堰塞湖洪水灾害分析. 防灾减灾工程学报,
　　40 (2)：286～292

曾庆利, 魏荣强, 薛鑫宇等. 2018. 茂县新磨特大滑坡–碎屑流的发育特征与运移机理. 工程地质学报,
　　26 (1)：193～206

詹钱登, 李明熹. 2004. 土石流发生降雨警戒模式. 中华水土保持学报, 35 (3)：275～285

詹威威, 黄润秋, 裴向军等. 2017. 沟道型滑坡–碎屑流运动距离经验预测模型研究. 工程地质学报,
　　25 (1)：154～163

张成林. 2012. 大坝瞬时全溃最大流量计算公式对比分析. 人民黄河, 34 (11)：29～31

张洪, 林锋. 2015. 贵州福泉小坝滑坡特征及形成机制初步研究. 科学技术与工程, 15 (35)：112～119

张杰, 王宇, 李长才等. 2018. 云南彝良两河镇坪子滑坡成因及特征分析. 水文地质工程地质, 45 (6)：
　　157～163

张力霆. 2013. 尾矿库溃坝研究综述. 水利学报, 44 (5)：594～600

张明, 殷跃平, 吴树仁, 张永双. 2010. 高速远程滑坡–碎屑流运动机理研究发展现状与展望. 工程地质

学报，18（6）：805~817

张培震，邓起东，张竹琪．2013．中国大陆的活动断裂、地震灾害及其动力过程．中国科学：地球科学，43（10）：1607~1620

张沛全，刘小汉，孔屏．2008．雅鲁藏布江大拐弯地区末次冰期以来的冰川活动证据及其构造–环境意义．地质科学，43（3）：588~602

张文杰，陈云敏，贺可强．2005．加卸载响应比理论应用于堆积层滑坡预报．自然灾害学报，14（5）：79~83

张文敬．1985．南迦巴瓦峰跃动冰川的某些特征．山地研究，3（4）：234~238

张兴凯，孙恩吉，李仲学．2011．尾矿库洪水漫顶溃坝演化规律试验研究．中国安全科学学报，21（7）：118~124

张一希，许强，彭大雷等．2017．深圳“12·20”滑坡土体渗透性模拟试验研究．水文地质工程地质，44（5）：131~136

张永兴，文海家，殴敏．2005．滑坡灾变智能预测理论及其应用．北京：科学出版社

张岳桥，李海龙．2016．青藏高原东部晚新生代重大构造事件与挤出造山构造体系．中国地质，43（6）：1829~1852

张振拴．1988．南迎巴瓦峰西北坡末次冰期以来的冰川变化．冰川冻土，10（2）：181~188

张倬元．2000．滑坡防治工程的现状与发展展望．地质灾害与环境保护，11（2）：89~97

章书成，余南阳．2010．泥石流早期警报系统．山地学报，28（3）：379~384

赵成，王根龙，胡向德等．2011．“8·8”舟曲暴雨泥石流的成灾模式．西北地质，44（3）：63~70

赵诚．1998．长江三峡及其上游的倒插支流和风口．中国地质灾害与防治学报，9（3）：3~5

赵尚学．1992．陇南泥石流研究．兰州大学学报：自然科学版，（5）：178~183

郑光，许强，巨袁臻等．2018．2017年8月28日贵州纳雍县张家湾镇普洒村崩塌特征与成因机理研究．工程地质学报，26（1）：223~240

郑光，许强，刘秀伟等．2020．2019年7月23日贵州水城县鸡场镇滑坡–碎屑流特征与成因机理研究．工程地质学报，28（3）：541~556

郑欣，许开立，魏勇．2008．尾矿坝溃坝致灾机理研究．中国安全生产科学技术，4（5）：8~12

中国地质环境监测院．2008．全国地质灾害防治规划研究．北京：地质出版社

中国国家标准化委员会．2009．标准化工作导则　第1部分：标准的结构和编写（GB/T 1.1—2009）．北京：中国标准出版社

中国国家标准化委员会．2012．标准化工作指南　第1部分：标准化和相关活动的通用词汇（GB/T 20000.1—2002）．北京：中国标准出版社

中国国家标准化委员会．2016．团体标准化　第1部分：良好行为指南（GB/T 20004.1—2016）．北京：中国标准出版社

中华人民共和国国务院．2016．中华人民共和国国民经济和社会发展第十三个五年规划纲要．北京：人民出版社

中国人民共和国建设部，中华人民共和国国家质量监督检验检疫总局．2009．岩土工程勘察规范（GB 50021—2001）．北京：中国建筑工业出版社

中华人民共和国国家质量监督检验检疫总局．2001．地质矿产术语分类代码　工程地质学（GB/T 9649.21—2001）．北京：中国标准出版社

中华人民共和国住房和城乡建设部，中华人民共和国国家质量监督检验检疫总局．2013．建筑边坡工程技术规范（GB 50330—2013）．北京：中国建筑工业出版社

钟开斌．2012．中外政府应急管理比较．北京：国家行政学院出版社

周必凡等.1991. 泥石流防治指南. 北京：科学出版社

周斌.2012. 新滩滑坡预测预报分析. 路基工程，4：182～185

周家铭，邢培育，汪丽莉等.2007. 安全生产应急预案桌面推演的设计与实施探讨. 中国安全科学学报，
17（9）：39～44

周玲.2009. 加强政府应急管理宣教工作探讨. 中国应急管理，30（1）：30～34

朱立峰，胡向德，于国强等.2011. 基于三眼峪特大泥石流降水特征的灾后重建工程设防标准的讨论. 西
北地质，44（3）：63～70

Agger B. 1979. Western Marxism：An Introduction. Santa Monica：Goodyear

AGI（The American Geological Institute）.2012. Critical needs for the twenty-first century：the role of the
geosciences. http：//www. agiweb. org/gap/Critical Needs 2012. pdf

Anma S，Maikuma H，Yoshimura M. 1988. Dynamics of earthquake induced slope failure of Ontake//Proceedings
of the 5th International Symposium On Landslide，Vol 1. Rotterdam：A A Balkema：61～66

Arnould M. 1976. Geological hazards-insurance and legal and technical aspects. Bull Eng Geol，14：263～274

Bagnold R A. 1954. Experiments on a gravity- free dispersion of large solid spheres in a Newton fluid under
shear. Royal Soc London Proc，225：49～63

Bagnold R A. 1968. Deposition in the process of hydraulic transport. Sedimentology，10：45～56

Bagnold R A. 1973. The nature of saltation and of bed- load transport in water. Proceedings，Royal society of
London，Series A，332：473～504

Bertero V V，Bresler B. 1969. Seismic behavior of reinforced concrete framed structures. Proceeding of the Fourth
World Conference on Earthquake Engineering，Santiago，Chile，1（B-2）：109～124

Burkett P. 1999. Marx and Nature：A Red and Green Perspective. New York：St Martin's Press

Buss E，Heim A. 1881. Der Berg sturgsturz von Elm. Zurich：Wurster & Cie：163

Caine N. 1980. The rainfall intensity- duration control of shallow landslides and debris flows. Physical Geography，
62A（1-2）：23～27

Cannon S H，Ellen S D. 1985. Rainfall conditions for abundant debris flow avalanches in the San Francisco Bay
region California. California Geology，38（12）：267～272

Catane S G，Cabria H B，Zarco M A H，et al. 2008. The 17 February 2006 Guinsaugon rock slide-debris
avalanche，Southern Leyte，Philippines：deposit characteristics and failure mechanism. Bull Eng Geol Environ，
67：305～320

Chen X H，Ma T H，Li C J，Liu H J，Ding B L，Peng W B. 2018. The catastrophic 13 November 2015 rock-
debris slide in Lidong，south-western Zhejiang（China）：a landslide triggered by a combination of antecedent
rainfall and triggering rainfall. Geomatics. Natural Hazards and Risk，9（1）：608～623

Costa J E，Schuster R L. 1991. Documented historical landslide dams from around the world. US Geological Survey
Open-file Report，：91～239

Crandell D R，Miler C D，Glicken H X. 1984. Catastrophic debris avalanche on ancestral Mount Shasta volcano
Califonia. Geology. 12：143～146

Crozier M J. 1986. Landslides：Causes，Consequences and Environment. London：Croom Helm：185～189

Crozier M J，Eyles R J. 1980. Assessing the probability of rapid mass movement. Proceedings of the Third
Australia- New Zealand Conference on Geomechanics，New Zealand Institute of Engineers，Proceedings of
Technical Groups，6（1）：247～253

Davies T R. 1982. Spreading of rock avalanche debris by mechanical fluidization. Rock Mechanics，15：9～24

Davies T R，McSaveney M J. 2002. Dynamic simulation of the motion of fragmenting rock avalanches. Canada

Geotechnical Journal, 39: 789～798

Davies T R, McSaveney M J, Hodgson K A. 1999. A fragmentation spreading model for long runout rock avalanches. Canada Geotechnical Journal, 36: 1096～1110

De Vita P. 2000. Fenomeni di instabilità delle coperture piroclastiche dei Monti Lattari, di Sarno e di Salerno (Campania) ed analisi degli eventi pluviometrici determinant. Quaderni di Geologia Applicata, 7 (2): 213～235

Eisbacher G H. 1979. Cliff collapse and rock avalanches (sturstroms) in the Mackenzie Moutains, northwestern Canada. Canada Geotechnical Journal, 16: 309～334

Erismann T H. 1979. Mechanism of large landslides. Rock Mech, 12: 15～46

Erismann T H, Abele G. 2001. Dynamics of Rockslides and Rockfalls. Berlin Heidelberg, New York: Springer-Verlag

Evans S G. 1989. Rock avalanche run-up record. Nature, 340: 271

Evans S G, Hungr O, Clague J J. 2001. Dynamics of the 1984 rock avalanche and associated distal debris flow on Mount Cayley, British Columbia, Canada: implications for landslide hazard assessment on dissected volcanoes. Engineering Geology, 61 (1): 29～51

Fan X M, Westen C J, Xu Q, et al. 2012. Analysis of landslide dams induced by the 2008 Wenchuan earthquake. Journal of Asian Earth Sciences, 57: 25～37

Fernandez P, Whitworth M. 2016. A new technique for the detection of large scale landslides in glacio-lacustrine deposits using image correlation based upon aerial imagery: a case study from the French Alps. International Journal of Applied Earth Observation and Geoinformation, 52: 1～11

Foster J B. 2002. Ecology Against Capitalism. New York: Monthly Review Press

Fouche P, Kuipers B J. 1992. Reasoning about energy in qualitative simulation. IEEE Transaction on Systems, Man, and Cybernetic (S1083-4427), 22 (1): 47～63

Fourie A B, Blight G E, Papageorgiou G. 2001. Static liquefaction as a possible explanation for the merriespruit tailings dam failure. Canada Geotechnical Journal, 38: 707～719

Freud S. 1923. The Ego and the Id. London: W W Norton & Company

Gens A, Alonso E E. 2006. Aznalcollar dam failure. Geotechnique, 56 (3): 165～201

Glade T, Crozier M, Smith P. 2000. Applying probability determination to refine landslide-triggering rainfall thresholds using an empirical "antecedent daily rainfall model". Pure Appl Geophys, 157: 1059～1079

Goguel J P. 1972. Geologie et dynamique de lecoulement du Mt. Granier dans le massif de chartreuse en novenbre 1248. Bureau Recherches Geologie et Mineralogy, 3: 29～38

Gorz A. 1989. Critique of Economic Reason. London: Verso

Gutenberg B, Richter C F. 1942. Earthquake magnitude, intensity, energy and acceleration. Bull Seism Soc Amer, 32: 163～191

Guthrie R H, Evans S G, Catane S G, et al. 2009. The 17 February 2006 rock slide-debris avalanche at Guinsaugon Philippines: a synthesis. Bull Eng Geol Environ, 68: 201～213

Haddow G D. 2008. Introduction to Emergency Management, Third Edition. Oxford: Elsevier Inc

Heim A. 1882. Der Bergsturz von Elm. Deutsch Geol Zeitschr, 34: 74～115

Heim A. 1932. Bergsturz und Mensch enleben. Zôtich: Naturforsch Enden Gesel Schaft

Helmut B. 2006. Common ground in engineering geology, soil mechanics and rock mechanics: past, present and future. Bull Eng Geol Environ, 65: 209～216

Highland L M, Bobrowsky P. 2008. The landslide handbook—a guide to understanding landslide. Circular 1325,

US Geological Survey, Reston, Virginia

Hoek E, Bray J W. 1977. Rock Slope Engineering (Revised Second Edition). London: Institute of Mining and Metallurgy

Hsu K J. 1975. Catastrophic debris streams (sturzstroms) generated by rockfalls. Geological Society of America Bulletin. 86 (1): 129~140

Hungr O, Fell R, Couture R, et al. 2005. Landslide Risk Management. London: Taylor & Francis Group

International Union of Geological Sciences Working Group on Landslide. 1995. A suggested method for describing the rate of movement of a landslide. Bulletin of the International Association of Engineering Geology. 52: 75~78

Jan C D. 1997. A study on the numerical modeling of debris flows//Debris-Flow Hazards Mitigation: Mechanics, Prediction and Assessment. New York: American Society of Civil Engineering

Kamphuis J W, Bowering R J. 1971. Impulse waves generated by landslides. ASCE, Proceeding of the 12th Coastal Engineering Conference, 1: 575~588

Keefer D K. 1984. Landslides caused by earthquakes. Geological Society of America Bulletin, 95 (4): 406~421

Keefer D K. 2002. Investigation landslides caused by earthquake- a historical review. Survey in Geophysics, 23: 473~510

Kent P E. 1966. The transport mechanism in catastrophic rockfalls. Geology. 74: 79~83

Koo C Y, Chern J C. 1998. Modification of the DDA method forrigid block problems. Int J Rock Mech Min Sci, 35 (6): 683~693

Korner H J. 1977. Flow mechanisms and resistances in the debris streams of rock slides. Bulletin of the International Association of Engineering Geology, 16: 101~104

Kyoo-Man H, Hyeon-Mun O. 2014. Selective versus comprehensive emergency management in Korea. Springerplus, 3 (1): 1~9

Leiss W. 1988. The Limits to Satisfaction. Montreal: McGill-Queen's University Press

Lemphers N. 2010. Could the Hungarian tailings dam tragedy happen in Alberta. www. pembina. org-Oct 12

Liu C Z. 2008. Research on the geohazards induced by "5 · 12" Wenchuan earthquakes in China. Proceedings of The First World Landslide Forum, Tokyo: Global Promotion Committee of the International Programme on Landslides (IPL): 353~357

Liu C Z, Liu Y H, Wen M S, et al. 2006. Early warning for geo-hazards based on the weather condition in China. Global Geology, 9 (2): 131~137

Liu C Z, Liu Y H, Wen M S, et al. 2009. Geo-hazard initiation and assessment in the three gorges reservoir// Wang F, Li T (eds). Landslide Disaster Mitigation in Three Gorges Reservoir, China. Environmental Science and Engineering, Berlin Heidelberg: Springer-Verlag: 3~40

Malone A W, 黄润秋. 2000. 香港的边坡安全管理与滑坡风险防范. 山地学报, 18 (2): 187~192

Marcuse H. 1972. Counterrevolution and Revolt. Boston: Beacon Press

Maslow A. 1954. Motivation and Personality. New York: Harper

McConnell R G, Brock R W. 1904. Report on the great landslide at Frank, Alberta. Department of the Interior, Annual Report for 1903, Ottawa Part 8, Canadian

Miles F E. 1914. River of rock. MacLeans Mag. 13: 54~55

Morgenstern N R, Prince V. 1965. The analysis of the stability of general slip surface. Geotechinque, 15 (1): 79~93

Müeller L. 1964. The rock slide in the Vajont valley. Rock Mechanics and Engineering Geology, 2: 1489~1512

Newmark N M. 1959. A method of computation for structural dynamics. Journal Engineering Mechanics Division,

Asce, American Society of Civil Engineers, 8: 67~94

Nicoletti P G, Marino S V. 1991. Geomorphic controls of the shape and mobility of rock avalanches. Geological Society of America Bulletin, 103: 1365~1373

Nonveiller E. 1987. The Vajont reservoir slope failure. Engineering Geology, 24: 491~512

O'Connor J. 1998. Natural Causes: Essays in Ecological Marxism. New York: The Guilford Press

Okura Y, Kitahara H, Sammori T. 2000. Effects of rockfall volume on runout distance. Engineering Geology, 58 (2): 109~124

Pan S K, Jae E L. 1998. Emergency management in Korea and its future direction. Journal of Contingencies and Crisis Management, 6 (4): 192

Peng M, Zhang L M. 2012. Breaching parameters of landslide dams. Landslides, 9 (1): 13~31

Pepper D. 1993. Eco-socialism: from Deep Ecology to Social Justice. London, New York: Routledge

Petak W J, Atkisson A A. 1993. 自然灾害风险评价与减灾政策. 向立云, 程晓陶等译. 北京: 地震出版社

Rickenmann D, Koch T. 1997. Comparison of debris flow modeling approaches//Debris-flow Hazards Mitigation: Mechanics, Prediction and Assessment. New York: American Society of Civil Engineering

Rico M, Benito G, Salgueiro A R. 2008. Reported tailings dam failures: a review of the European incidents in the world-wide context. Journal of Hazardous Materials, 152 (2): 846~852

Riemer M F, Collins B D, Badger T C, et al. 2014. Landslide, Snohomish County, Washington. SR-530 (Oso) Open-File Report 2015-1089

Saito M. 1965. Forecasting the time of occurrence of a slope failure. Proc 6th Int Conf on Soil Mechanics and Foundation Engineering, 537~541

Saito M. 1969. Forecasting time of slope failure by tertiary creep. Proc 7th Int Conf on Soil Mechanics and Foundation Engineering, Mexico City, 2: 677~683

Saito M, Uezawa H. 1961. Failure of soil due to creep. Proc 5th Int Conf on Soil Mechanics and Foundation Engineering, 1: 315~318

Sassa K. 1988. Geotechnical model for the motion of landslides. Proceeding of the 5th International Symposium on Landslides, Lausanne, Switzerland

Scheidegger A E. 1973. On the prediction of the reach and velocity of catastrophic landslides. Rock Mechanics, 5 (3): 231~236

Scheidegger A E. 1974. On the dynamics of scree slopes. Rock Mechanics, 6: 25~38

Schultz A P. 1986. Ancient giant rockslides sinking creek Mountain, southern Appalachians, Virginia. Geology, 14: 11~14

Schuster R L, Crizek R J. 1978. Landslides: analysis and control. Transportation Research Board Special Report 176, Washington DC: National Research Council

Shangguan D, Ding Y, Liu S, Xie Z, Pieczonka T, Xu J, Moldobekov B. 2017. Quick release of internal water storage in a glacier leads to underestimation of the hazard potential of glacial lake outburst floods from lake Merzbacher in Central Tian Shan Mountains. Geophysical Research Letters, 44 (19): 9786~9795

Sharpe C F S. 1938. Landslides and Related Phenomena. New York: Columbia University Press: 76~78

Shi G H. 1988. Discontinuous deformation analysis-a new numerical model for the statics and dynamics of block system. Berkeley: University of California

Shied C L, Chen L Z. 1995. Developing the critical line of debrisflow occurrence. Journal of Chinese Soil and Water Conservation, 26 (3): 167~172

Shreve R L. 1966. Sherman landslide, Alaska. Science. 154: 1639~1643

Shreve R L. 1968a. The Blackhawk landslide. Geol Soc America Spec, 108, 47

Shreve R L. 1968b. Leakage and fluidization in air- layer lubricated avalanches. Geol Soc America Bull, 79: 653 ~ 658

Skempton A W. 1964. Long term stability of clays slope. Geotechnique, 14 ~ 77

Stephen G E, Jerome V D. 2002. Catastrophic landslides: effects, occurrence, and mechanisms. Geological Society of America, 1 ~ 256

Tacconi S C, Segoni S, Casagli N, *et al.* 2016. Geomorphic indexing of landslide dams evolution. Engineering Geology, 208: 1 ~ 10

Takahashi T. 1981. Estimation of potential debris flows and their hazardous zones: soft countermeasures for a disaster. Natural Disaster Science, 3 (1): 57 ~ 89

Terzaghi K. 1950. Mechanism of landslide. Application of Geology to Engineering Practice, Geol Soc New York, 83 ~ 123

Utgard R O, Mckenzie G D, Foley D. 1978. Geology in the Urban Environment. Minneapolis, Minnesota: Burgess Publishing Company

Vallejo L E. 1980. Cliff collapse and rock avalanches (Sturzstroms) in the Mackenzie Moutains, Northwestern Canada: Discussion. Canada Geotechnical Journal, 17: 149 ~ 151

Vanden Berghe J F, Ballard J C, Pirson M, *et al.* 2011. Risks of Tailings Dams Failure. ISGSR: 209 ~ 216

Varnes D J. 1978. Slope movements, type and processes//Schuster R L, Krizek R J (eds). Landslide Analysis and Control, Transportation Research Board. Washington, DC: National Academy of Sciences, Special Report 176: 11 ~ 33

Voight B. 1978. Rockslides and avalanches. Natural phenomena, 1: 1-826. New York: Elsevier

Wieczorek G L, Snyder J B, Waitt R B. 2000. Unusual July 10, 1996, rock fall at Happy Isles, Yosemite National Park, California. Geological Society of America Bulletin, 112 (1): 75 ~ 85

Wilson R C, Keefer D K. 1983. Dynamic analysis of a slope failure from the 1979 Coyote Lake, California, earthquake. Bulletin of the Seismological Society of America, 73: 863 ~ 877

Wilson R C, Keefer D K. 1985. Predicting Areal Limits of Earthquake-Induced Landsliding. US Geological Survey Professional Paper, 19

Xie M, Huang J, Wang L, *et al.* 2016. Early landslide detection based on D-InSAR technique at the Wudongde hydropower reservoir. Environmental Earth Sciences, 75: 717 ~ 731

Xu Q, Peng D L, Li W L, *et al.* 2016. The catastrophic landfill flowslide at Hongao dumpsite on December 20, 2015 in Shenzhen, China. Natural Hazards and Earth System Sciences Discussions, DOI: 10.5194/nhess-2016-96

Yin Y P, Li B, Wang W P, *et al.* 2016. Mechanism of the December 2015 catastrophic landslide at the Shenzhen landfill and controlling geotechnical risks of urbanization. Engineering, (2): 230 ~ 249